普通高等学校“十二五”规划教材

高等数学

主　编　申玉发　陈佐利
副主编　吕金凤　毛学志　王国胜
参　编　刘建平　郭雅彩　王　莹
　　　　马会泉　崔　瑜
主　审　刘继发　李丽华

中国铁道出版社有限公司
CHINA RAILWAY PUBLISHING HOUSE CO., LTD.

内 容 简 介

本书内容包括函数的极限与连续、导数与微分、导数的应用、不定积分、定积分及其应用、多元函数微分学及其应用、二重积分及其应用、微分方程与差分方程简介、无穷级数、数学建模初步。对其中部分内容添加“※”号，以适应不同专业选用和分层教学的需要。为便于学生查阅和课后练习，书后附有部分初等数学公式、极坐标系及几种常用曲线、积分表、习题参考答案与提示。

本书以80～90教学时数为宜，适合作为普通高等学校理工、农林、经济、管理等专业的教材，也可作为专科层次或自考、成人继续教育教材。

图书在版编目(CIP)数据

高等数学/申玉发，陈佐利主编．—北京：中国铁道出版社，2014.8（2024.8重印）

普通高等学校“十二五”规划教材

ISBN 978-7-113-19092-7

Ⅰ.①高… Ⅱ.①申…②陈… Ⅲ.①高等数学-高等学校-教材 Ⅳ.①O13

中国版本图书馆CIP数据核字(2014)第187089号

书　　名： 高等数学
作　　者： 申玉发　陈佐利

策　　划： 祝和谊　　　　**编辑部电话：**（010）51873202
责任编辑： 马洪霞　何　佳
封面设计： 付　巍
封面制作： 白　雪
责任校对： 王　杰
责任印制： 樊启鹏

出版发行： 中国铁道出版社有限公司（100054，北京市西城区右安门西街8号）
网　　址： https://www.tdpress.com/51eds/
印　　刷： 三河市宏盛印务有限公司
版　　次： 2014年8月第1版　　2024年8月第11次印刷
开　　本： 787 mm×1092 mm　1/16　**印张：** 19　**字数：** 456千
书　　号： ISBN 978-7-113-19092-7
定　　价： 39.80元

前　言

高等数学是普通高等院校理工、农林、经济、管理等专业的重要基础课程。作为其核心内容的微积分学，对于培养学生用运动和变化的观点思考问题、分析问题的意识和能力起着至关重要的作用，理解和掌握高等数学的知识也是学生未来发展和从事实际工作的必备基础。

本教材根据高等院校理工、农林、经济、管理等专业的教学基本要求，参考硕士研究生统一入学考试对高等数学Ⅱ和高等数学Ⅲ的要求，集编者多年从事高等数学教学实践经验和体会编写，其特点是：

1. 在保证逻辑严谨的前提下，淡化理论上的严密论证和比较繁杂的数学公式，尽可能地在介绍定义、定理证明和运算性质时，使内容简化、叙述简洁(某些定理的证明用不同字体编排，可作为选修内容)，着重介绍高等数学中的基本概念、基本思想和基本方法。

2. 尽可能通过实例分析引入概念和定义，通过实例总结规律，并具体领会运用这些规律解决实际问题的方式和方法，适当引入高等数学知识在具体学科方面的应用实例，力求体现高等数学是解决一些实际问题时不可或缺的辅助工具，而不是纯理论的课程，这样才更加贴近学生学习数学的本意。

3. 注重知识的前后联系和系统性，适当处理知识片段的衔接与融合。如，我们优化了传统教材关于函数的极限与连续及相关内容的讲授次序，使之更适合“函数连续的概念依极限的概念建立，而初等函数的连续性又是最常用的求极限方法”的特点，等等。

4. 在每节后配置适量难易适度的习题，以巩固本节所学知识的同时为后续内容的学习打下基础。在每章后设置本章的总习题，分为A、B两个组别，A组是本章及前期知识的适度综合习题；B组是知识拓展习题(包括近几年的考研真题)，供学有余力的学生进一步强化提高使用。

本教材适合作为普通高等学校理工、农林、经济、管理等专业的教材和教学参考书，也可作为高职高专各专业教材。讲授本教材全部基本内容需要80～90学时，教材中带“※”的内容可根据教学对象的专业不同和教学实际适当取舍。

本书由申玉发、陈佐利主编，吕金凤、毛学志、王国胜任副主编，其中第三、四章和附录由申玉发和马会泉编写，第一、二章由陈佐利和王莹编写，第八、十章由吕金凤和郭雅彩编写，第六、九章由毛学志和刘建平编写，第五、七章由王国胜和崔瑜编写。全书由申玉发和陈佐利统稿，刘继发和李丽华审阅了本教材的全部书稿。在编写过程中，得到了中国铁道出版社的热情帮助，编者表示衷心感谢！

限于编者的水平，书中难免存在不妥之处，敬请读者批评指正。

编　者
2014年4月

目　　录

第五章　定积分及其应用

第六章　多元函数微分学及其应用

第九章　无穷级数

※第十章　数学建模初步

第一章　函数的极限与连续

函数作为变量之间的相互依存关系的数学抽象是微积分学研究的对象.研究函数的基本方法是极限方法,而且极限理论及其思想方法贯穿于微积分学的整个过程.因此,理解和掌握极限的思想方法和运算方法是学好微积分的基础.本章主要介绍:函数的概念和性质;数列极限和函数极限的定义与运算法则;无穷小与无穷大的定义、性质及其阶的比较;两个重要极限;连续函数的定义及性质等内容.

第一节　函　　数

一、函数的概念

为了研究方便,以下用 $\mathbf{Z}$ 表示整数集合,$\mathbf{N}$ 表示自然数集合,$\mathbf{N}^+$ 表示正整数集合,$\mathbf{R}$ 表示实数集合,$\varnothing$表示空集.有特殊说明的除外.

定义 1　设 D 是一个非空数集,x 和 y 是同一变化过程中的两个变量,对于任意的 $x\in D$,按照一定法则 f,变量 $y(\in \mathbf{R})$有唯一确定的值与之对应,则称 y 是 x 的**函数**,或称 f 为定义在D 上的一个**函数关系**,记作 $y=f(x)$,$x\in D$.其中数集 D 叫做函数的**定义域**,定义域也记为 $D(f)$,x 叫做**自变量**,y 叫做**因变量**.

当自变量 x 取数值 $x_0\in D$ 时,与 x_0 相对应的 y 的值称为函数 $y=f(x)$在点 x_0 处的**函数值**,记作 $f(x_0)$或 $y|_{x=x_0}$.当 x 取遍数集 D 的每个数值时,对应的函数值的全体组成的集合称为函数 $y=f(x)$的**值域**,记作 $R(f)$.

在数学中通常用小写或大写的拉丁字母 $f,g,h,\cdots,F,G,\cdots$和小写或大写的希腊字母 φ,$\phi,\cdots,\Phi,\Psi,\cdots$作为表示函数的记号.

在函数的定义中,对于每个 $x\in D$ 对应的函数值是唯一的(因此,也称为**单值函数**,否则称为**多值函数**.今后如无特别说明,函数均指单值函数).而对每个 $y\in R(f)$,相对应的自变量 x 不一定唯一.

例如,函数 $y=x^2$,定义域为 $\mathbf{R}$,值域为 $R(f)=\{y|y=x^2,x\in \mathbf{R}\}=\{y|y\geqslant 0\}$.对于每个函数值 $y\in R(f)$,当 $y\neq 0$ 时,对应的自变量 x 有两个,即 $x=\pm\sqrt{y}$.

在函数的概念中应注意以下几点:

(1)构成函数的两个要素:定义域和对应法则.如果两个函数具有相同的定义域和对应法则,则它们是相同的函数.例如,$y=\sin x$ 与 $y=\dfrac{x\sin x}{x}$;$y=x$ 与 $y=|x|$都不是相同函数.前者定义域不同,后者对应法则不同,而 $y=|x|$与 $y=\sqrt{x^2}$是相同函数.

(2)严格地说,f 和 $f(x)$的含义是不同的,f 表示从自变量 x 到因变量 y 的对应法则,而 $f(x)$表示与自变量 x 对应的函数值,只是为了叙述方便,常常用 $f(x)(x\in D)$来表示函数.

(3)关于函数的定义域的确定:在实际问题中,函数的定义域由其变量的实际允许变化范围确定.例如,在自由落体运动中,质点从下落到落地的时间为 T,函数关系为:$s=\frac{1}{2}gt^2$,其定义域为$[0,T]$;又如,圆面积与其半径 r 的函数关系是:$A=\pi r^2$,其定义域为$(0,+\infty)$.

在数学中,常常不考虑函数的实际意义,而抽象地用某个具体算式表示函数,其定义域就是使得算式有意义的实数组成的集合(它也称为该函数的**自然定义域**).例如,$y=\frac{1}{x^2-1}$的定义域是 $D=\{x\mid x\in\mathbf{R},x\neq\pm1\}$.

二、函数的表示法与分段函数

常用的函数表示方法:**解析法**(也称**公式法**)、**表格法**、**图象法**.

例 1 $y=\frac{1}{1-x^2}+\sqrt{x+3}$是用解析式表示 y 与 x 之间的函数关系,其定义域为

$$D=[-3,-1)\cup(-1,1)\cup(1,+\infty).$$

例 2 某商店前半年内各月某商品的销售量如表 1-1 所示.

表 1-1 某商品的销售量

月份 t	1	2	3	4	5	6
销售量 s	82	80	40	50	70	30

这是用表格表示的销售量 s 与月份 t 之间的函数关系,其定义域为:$D=\{1,2,3,4,5,6\}$.

例 3 如果某地某一昼夜的气温变化如图 1-1 所示,则图中曲线就表示了气温 T 与时间 t 的函数关系,其定义域为:$[0,24)$.

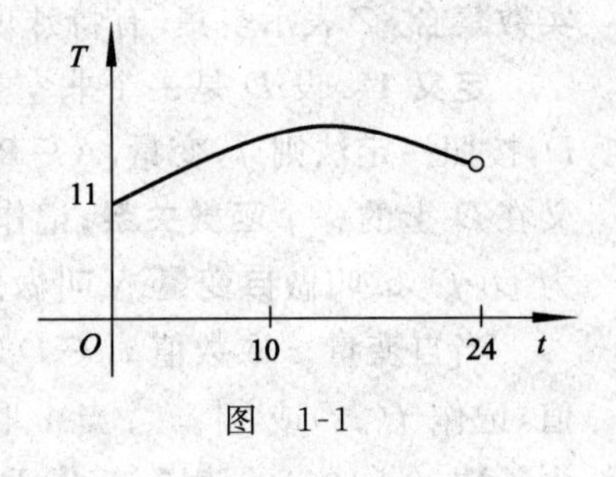

图 1-1

分段函数:有些函数在其定义域的不同部分,其对应法则不能用同一个数学表达式表示,而需要几个式子表示,这样的函数称为**分段函数**.

例 4 函数 $y=|x|=\begin{cases}x & \text{当 } x\geqslant0,\\ -x & \text{当 } x<0\end{cases}$的定义域为$(-\infty,+\infty)$,称其为**绝对值函数**(见图 1-2).

例 5 函数 $y=\operatorname{sgn}x=\begin{cases}-1 & \text{当 } x<0,\\ 0 & \text{当 } x=0,\\ 1 & \text{当 } x>0\end{cases}$的定义域为$(-\infty,+\infty)$,称其为**符号函数**(见图 1-3).

例 6 函数 $y=\begin{cases}x-1 & \text{当 } x<0,\\ 0 & \text{当 } x=0,\\ x+1 & \text{当 } x>0\end{cases}$的定义域为$(-\infty,+\infty)$(见图 1-4).

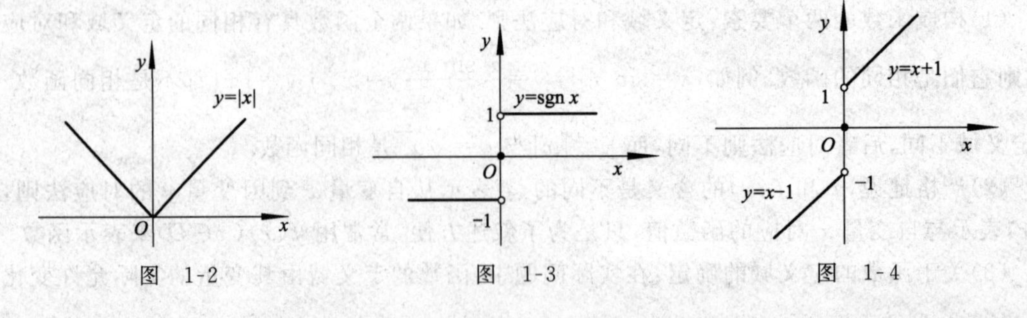

图 1-2　　图 1-3　　图 1-4

需要强调的是，虽然分段函数的表达式用几个式子表示，但是它表示的仍是一个函数，而不是几个函数.

例 7　某运输公司规定货物的吨千米运价为：在不超过 a 千米时，每千米 k 元；超过 a 千米，超过部分每千米 $0.8k$ 元，求每吨运价和里程之间的函数关系.

解　设运价为 m，里程为 s，则由题意可列出函数关系如下：

$$m=\begin{cases} ks & \text{当 } 0\leqslant s\leqslant a \\ ka+0.8k(s-a) & \text{当 } s>a \end{cases}=\begin{cases} ks & \text{当 } 0\leqslant s\leqslant a, \\ 0.8ks+0.2ka & \text{当 } s>a. \end{cases}$$

这里运价 m 和里程 s 之间的函数关系是用分段函数表示的，其定义域为$[0,+\infty)$.

三、函数的几种特性

1. 函数的有界性

定义 2　设函数 $y=f(x)$的定义域为 D，区间 $I\subset D$，若存在正数 M，使得对于任意的 $x\in I$，有$|f(x)|\leqslant M$，则称函数 $y=f(x)$在区间 I 上**有界**．否则，称函数 $y=f(x)$在区间 I 上**无界**. 通常，也将有界函数(无界函数)称为**有界量(无界量)**.

例如，函数 $y=\cos x$ 在$(-\infty,+\infty)$内有界；而函数 $y=\dfrac{1}{x}$在$(0,1)$内无界，在$(1,2)$内有界.

2. 函数的单调性

定义 3　给定函数 $y=f(x)$，$x\in D$，设区间 $I\subset D$，如果对于 I 上任意两点 x_1 及 x_2，当 $x_1<x_2$ 时，恒有 $f(x_1)<f(x_2)$(或 $f(x_1)>f(x_2)$)，则称函数 $y=f(x)$在区间 I 上是**单调增加**(或**单调减少**)的，简称为**增函数**(或**减函数**).

例如，函数 $y=\sin x$ 在$\left[-\dfrac{\pi}{2},\dfrac{\pi}{2}\right]$上单调增加，在区间$\left[\dfrac{\pi}{2},\dfrac{3\pi}{2}\right]$上单调减少.

单调增加函数或单调减少函数统称为**单调函数**.

3. 函数的奇偶性

定义 4　给定函数 $y=f(x)$，$x\in D$，且 D 关于原点对称(即 $x\in D$ 时，必有 $-x\in D$)．如果对于任意 $x\in D$，恒有 $f(-x)=f(x)$，则称函数 $y=f(x)$为**偶函数**．如果对于任意 $x\in D$，恒有 $f(-x)=-f(x)$，则称函数 $y=f(x)$为奇函数.

例如，$y=\cos x$ 为偶函数，$y=\sin x$ 为**奇函数**.

4. 函数的周期性

定义 5　设函数 $y=f(x)$的定义域为 D，如果存在常数 $T(T\neq 0)$，使得对于任意的 $x\in D$，$x+T\in D$，都有 $f(x+T)=f(x)$成立，则称函数 $f(x)$为**周期函数**．满足这个等式的最小正常数 T 称为函数 $f(x)$的**最小正周期**，简称**周期**.

例如，$y=\sin x$，$y=\cos x$ 都是以 2π 为周期的周期函数.

四、反函数、复合函数

1. 反函数

定义 6　设函数 $y=f(x)$的定义域为 $D(f)$，值域为 $R(f)$．如果对于任意的 $y\in R(f)$，总有唯一确定的且满足 $y=f(x)$的 $x\in D(f)$与之对应，则建立了一个以 y 为自变量、以 x 为因变量的新函数．称此新函数为 $y=f(x)$的**反函数**，记作 $x=f^{-1}(y)$.

习惯上用 x 表示自变量，用 y 表示因变量，因此将 $x=f^{-1}(y)$改写为以 x 为自变量、以 y 为

因变量的函数 $y=f^{-1}(x)$. 这时称 $y=f^{-1}(x)$是 $y=f(x)$的**反函数**. 而把$x=f^{-1}(y)$称为 $y=f(x)$的**直接反函数**.

由于 $y=f(x)$与 $y=f^{-1}(x)$的关系是 x 与 y 互换位置,所以它们的图形关于直线$y=x$对称(见图 1-5). 如,$y=2^x$ 与 $y=\log_2 x$ 是互为反函数(见图 1-6).

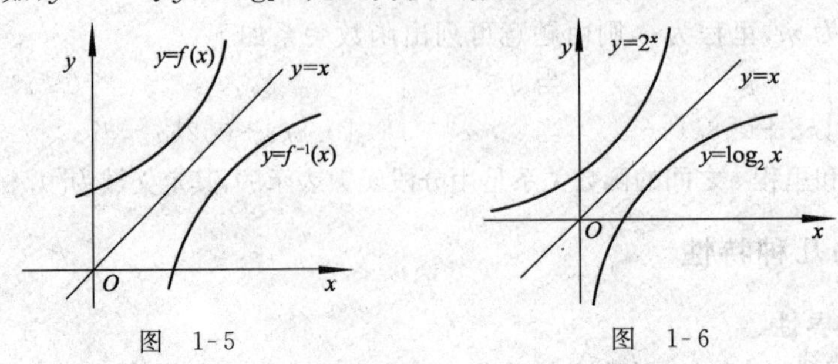

图 1-5　　　　图 1-6

2. 复合函数

设有两个函数 $y=f(u),u\in D(f)$和 $u=g(x),x\in D(g)$. 如果 g 的值域$R(g)\subset D(f)$,则对于每个 $x\in D$,由 g 唯一确定一个 $u\in R(g)$,而 u 又经过 f 唯一确定一个 y. 这样对每个 $x\in D(g)$可以唯一确定一个 y,从而确定一个新函数,其对应关系如图 1-7 所示.

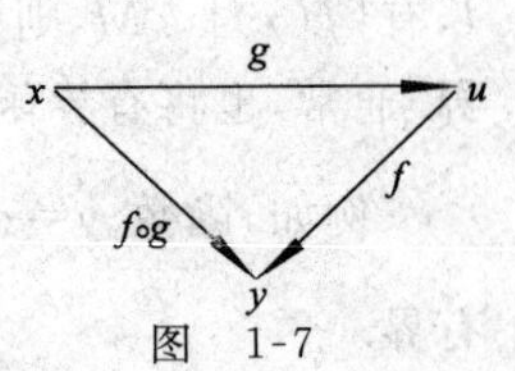

图 1-7

更一般地,如果 $R(g)\not\subset D(f)$,但 $R(g)\cap D(f)\neq\varnothing$,设 $W=\{x|g(x)\in R(g)\cap D(f)\}$,则对任意给定的 $x\in W$,由 g 唯一确定一个 $u\in R(g)\cap D(f)$,而 u 又经过 f 唯一确定一个 y,也就确定了一个新函数. 这个新函数称为由 $u=g(x)$和 $y=f(u)$构成的一个复合函数. 记作 $f\circ g$,即

$$(f\circ g)(x)=f(g(x))=y,\quad x\in W.$$

易见,两个函数 $y=f(u),u\in D(f)$和 $u=g(x),x\in D(g)$可构成复合函数 $y=f(g(x))$的条件是:$R(g)\cap D(f)\neq\varnothing$.

定义 7　设函数 $y=f(u)$的定义域为 $D(f)$,函数 $u=g(x)$的值域为 $R(g)$,若 $R(g)\cap D(f)$非空,则称 $y=f(g(x))$为**复合函数**. 其中 x 为自变量,y 为因变量,u 称为**中间变量**. 复合函数 $y=f(g(x))$的定义域为 $W=\{x|g(x)\in R(g)\cap D(f)\}$.

$y=f(g(x))$是由 $y=f(u)$与 $u=g(x)$构成的复合函数时,可把 $f(u)$称为**外层函数**,$g(x)$称为**内层函数**.

例 8　设 $y=\sqrt{u},u=2-x^2$,将 y 表示成 x 的函数.

解　因为 $y=\sqrt{u}$的定义域为 $D=[0,+\infty)$,$u=2-x^2$ 的值域为 $R(g)=(-\infty,2]$,而交集 $D\cap R(g)=[0,2]$非空,所以由 $y=\sqrt{u}$、$u=2-x^2$ 得到复合函数$y=\sqrt{2-x^2}$.

例 9　函数 $y=\sqrt{2-5x}$是由哪些简单函数复合而成的?

解　$y=\sqrt{2-5x}$由 $y=\sqrt{u}$和 $u=2-5x$ 两个函数复合而成.

需要强调:复合函数不仅可以由两个函数复合而成,还可以由多于两个的函数复合而成. 例如,$y=e^{\sqrt{x^2+1}}$是由 $y=e^u$、$u=\sqrt{v}$和 $v=x^2+1$ 三个函数复合而成.

例 10　设 $f(x)$的定义域是$[0,1]$,求下列函数的定义域.

(1) $f(x^2)$;　　(2) $f(x+a)$　$(a>0)$.

解　(1) 由题设,要使函数 $f(x^2)$有意义,必须 $0\leqslant x^2\leqslant 1\Rightarrow x\in[-1,1]$.

(2) 由题设，要使函数 $f(x+a)$ 有意义，必须 $0\leqslant x+a\leqslant 1\Rightarrow x\in[-a,1-a]$.

五、基本初等函数、初等函数

下列函数统称为**基本初等函数**，是构成函数的基本“元素”.

(1)常函数：$y=c$（c 为常数）；

(2)幂函数：$y=x^{\alpha}$（α 为任意实数）；

(3)指数函数：$y=a^{x}$（$a>0$ 且 $a\neq 1$），特例：$y=\mathrm{e}^{x}$（e 为无理数，见第五节）；

(4)对数函数：$y=\log_{a}x$（$a>0$ 且 $a\neq 1$），特例：$y=\log_{\mathrm{e}}x=\ln x$；

(5)三角函数：$y=\sin x$，$y=\cos x$，$y=\tan x$，$y=\cot x$，$y=\sec x$，$y=\csc x$；

(6)反三角函数：$y=\arcsin x$，$y=\arccos x$，$y=\arctan x$，$y=\operatorname{arccot} x$.

常用的基本初等函数的定义域、值域、图象和性质见表 1-2.

表 1-2　常用基本初等函数的性质、图象

名称及表达式	定义域	图形（举例）	特　性
常函数 $y=c$	$(-\infty,+\infty)$	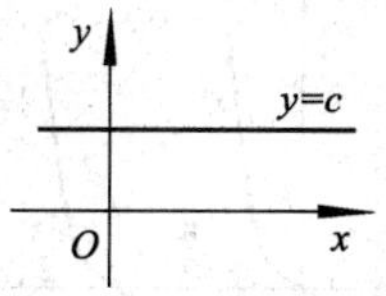 $y=c$	图象为平行于 x 轴的一条直线
幂函数 $y=x^{\alpha}(\alpha\neq 0)$	随 α 不同而不同，但在 $(0,+\infty)$ 中都有意义	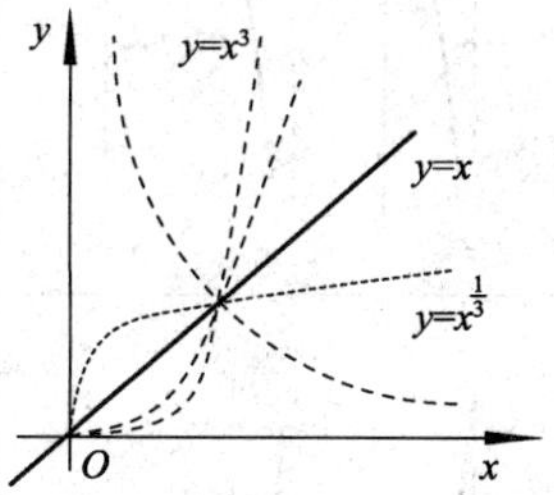 $y=x^3$，$y=x$，$y=x^{\frac{1}{3}}$	经过点(1,1)；在第一象限内当 $\alpha>0$ 时，为增函数；当 $\alpha<0$ 时，为减函数
指数函数 $y=a^{x}$ $(a>0,a\neq 1)$	$(-\infty,+\infty)$	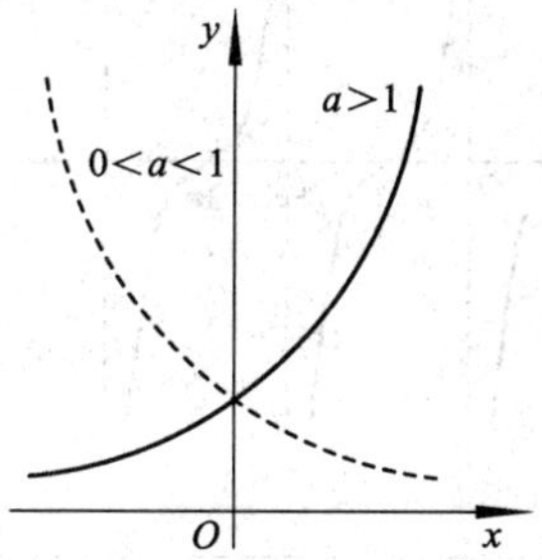 $a>1$，$0<a<1$	图象在 x 轴上方，过(0,1)点；当 $0<a<1$ 时，为减函数；当 $a>1$ 时，为增函数
对数函数 $y=\log_{a}x$ $(a>0,a\neq 1)$	$(0,+\infty)$	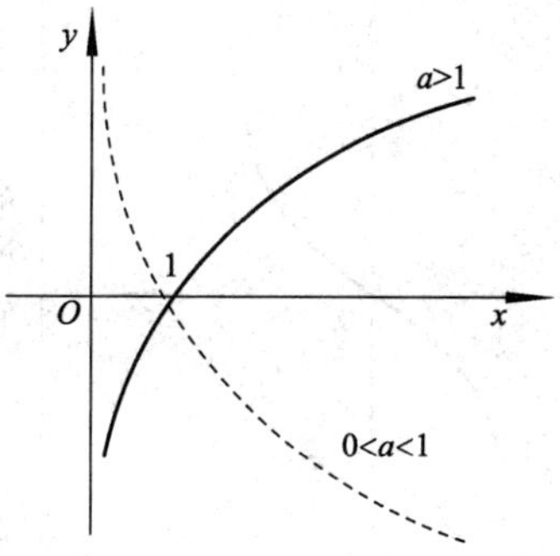 $a>1$，$0<a<1$	图象在 y 轴的右侧，过(1,0)点；当 $0<a<1$ 时，为减函数；当 $a>1$ 时为增函数

续上表

名称及表达式		定义域	图形(举例)	特性
三角函数	正弦函数 $y=\sin x$	$(-\infty,+\infty)$	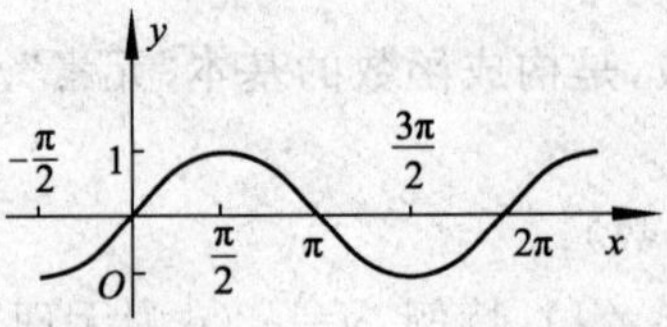	以 2π 为周期；奇函数，图象关于原点对称；在两直线 $y=1$ 与 $y=-1$ 之间，即 $-1\leqslant \sin x\leqslant 1$
	余弦函数 $y=\cos x$	$(-\infty,+\infty)$	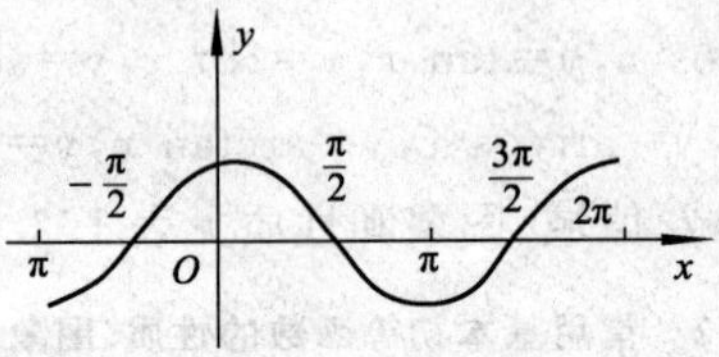	以 2π 为周期；偶函数，图象关于 y 轴对称；在两直线 $y=1$ 与 $y=-1$ 之间，即 $-1\leqslant \cos x\leqslant 1$
	正切函数 $y=\tan x$	$x\neq(2k+1)\frac{\pi}{2}$，$k\in\mathbf{Z}$	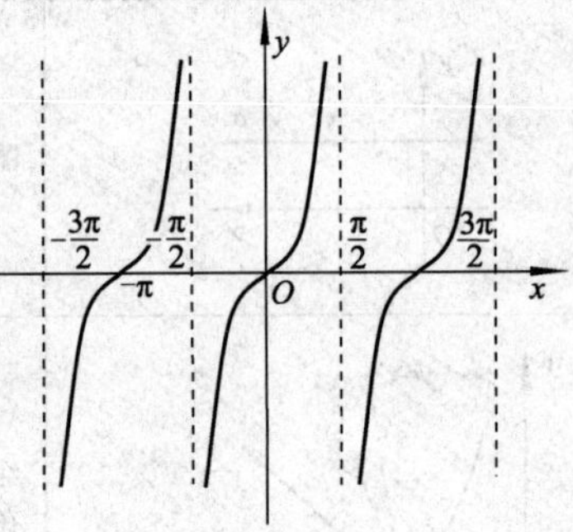	以 π 为周期；奇函数；在 $\left(-\frac{\pi}{2},\frac{\pi}{2}\right)$ 内是增函数；值域为 $(-\infty,+\infty)$
	余切函数 $y=\cot x$	$x\neq k\pi$，$k\in\mathbf{Z}$	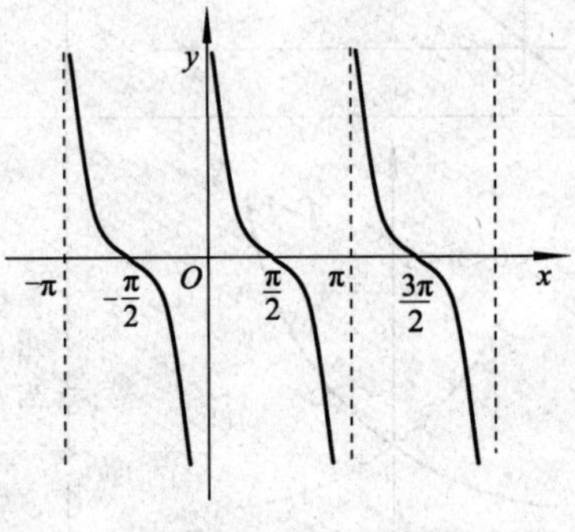	以 π 为周期；奇函数；在 $(0,\pi)$ 内是减函数；值域为 $(-\infty,+\infty)$
反三角函数	反正弦函数 $y=\arcsin x$	$[-1,1]$	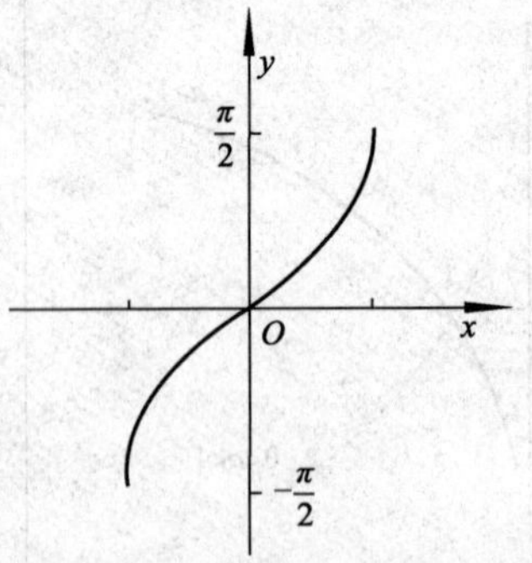	单调增加；奇函数；值域为 $\left[-\frac{\pi}{2},\frac{\pi}{2}\right]$

续表

名称及表达式		定义域	图形(举例)	特性
反三角函数	反余弦函数 $y=\arccos x$	$[-1,1]$		单调减少； 值域为$[0,\pi]$
	反正切函数 $y=\arctan x$	$(-\infty,+\infty)$		单调增加； 奇函数； 值域为$\left(-\frac{\pi}{2},\frac{\pi}{2}\right)$
	反余切函数 $y=\operatorname{arccot} x$	$(-\infty,+\infty)$		单调减少； 值域为$(0,\pi)$

由基本初等函数经过有限次四则运算和有限次函数复合而构成的，并且能用一个解析式表示的函数，称为**初等函数**.

例如，函数 $y=x^2\sqrt{2+\sin x}-\ln(x^2+5)$、$y=\arctan(1+x)-\dfrac{e^x+6x}{3^x-5^{x^3}}+\sin 3$ 等都是初等函数，而函数 $y=\operatorname{sgn} x=\begin{cases}-1 & \text{当 } x<0,\\ 0 & \text{当 } x=0,\\ 1 & \text{当 } x>0\end{cases}$ 和 $y=\begin{cases}x-1 & \text{当 } x<0,\\ 0 & \text{当 } x=0,\\ x+1 & \text{当 } x>0\end{cases}$ 就不是初等函数.

习　题　1-1

1. 求下列函数的定义域：

(1) $y=\sqrt{x^2-4}$；　(2) $y=\ln(x-5)$；　(3) $y=\cos\sqrt{x}$；

(4) $y=\arcsin(x+1)$；　(5) $y=\sqrt{2-x}+\operatorname{arcrtan}\dfrac{1}{x}$；　(6) $y=\dfrac{1}{x^2-9}$.

2. 下列函数是否相等？为什么？

(1) $f(x)=\ln x^2$ 与 $g(x)=2\ln x$；　(2) $f(x)=x$ 与 $g(x)=\sqrt{x^2}$；

(3) $f(x)=\sqrt{\sin^2 x}$ 与 $g(x)=|\sin x|$.

3. 证明：(1) 两个偶函数的和是偶函数，两个奇函数的和是奇函数；

(2) 两个偶函数的积是偶函数，两个奇函数的积是偶函数，偶函数与奇函数的积是奇函数.

4. 求下列函数的反函数：

(1) $y=\frac{1+x}{1-x}$；　(2) $y=\sqrt[3]{x+1}$；　(3) $y=2\sin 5x, -\frac{\pi}{10}\leqslant x\leqslant\frac{\pi}{10}$.

5. 分别指出下列函数是由哪些简单函数复合而成的：

(1) $y=\cos 3x$；　(2) $y=\ln(2x-1)$；　(3) $y=\ln\cos e^x$；

(4) $y=\sin^3(x+5)$；　(5) $y=\arccos\frac{1}{x^2}$.

6. 设 $f(x)$ 的定义域是 $[0,1]$，求下列各函数的定义域：

(1) $f(2x-1)$；　(2) $f(\sin x)$；　(3) $f(x-a)\quad(a>0)$.

7. 在半径为 r 的球内，嵌进一内接圆柱. 试将圆柱的体积 V 表示为其高 h 的函数，并求此函数的定义域.

8. 已知水渠的横断面是等腰梯形，顶边为 b，斜角 $\varphi=40°$，如图 1-8 所示. 当过水断面 $ABCD$ 的面积为定值 S_0 时，求湿周 $L(L=AB+BC+CD)$ 与水深 h 之间的函数关系式，并指明其定义域.

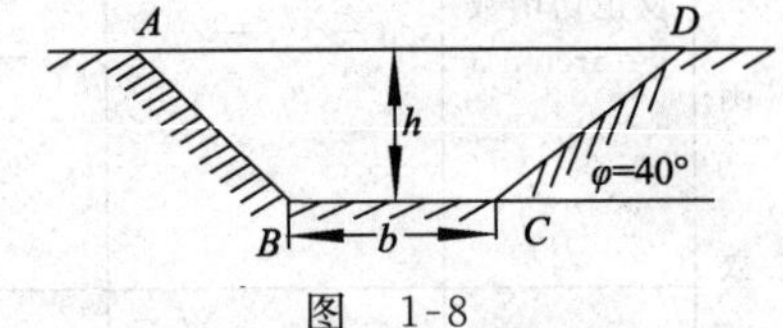

图 1-8

9. 收音机每台售价为 90 元，成本为 60 元. 厂方为鼓励销售商大量采购，决定凡是订购量超过 100 台以上的，每多订购 1 台，售价就降低 0.01 元，但最低价为每台 75 元. (1) 将每台的实际售价 P 表示为订购量 x 的函数；(2) 将厂方所获得的利润 L 表示成订购量 x 的函数；(3) 某一商行订购了 1000 台，厂方可获得利润多少？

第二节　函数的极限

一、数列的极限

1. 数列

定义 1　按下标从小到大依次排列的一列数 $a_1, a_2, \cdots, a_n, \cdots$ 称为一个**数列**，记作 $\{a_n\}$. 称其中每一个数为数列的一**项**，a_n 称为数列的**通项**或**一般项**.

数列也可以看作是定义在正整数集合 $\mathbf{N}^+$ 上的一个函数 $a_n=f(n), n\in\mathbf{N}^+$（称为整标函数），当自变量 n 按正整数 $1,2,3,\cdots,n,\cdots$ 依次增大的顺序取值时，相应的函数值排成一列数 $f(1), f(2), \cdots, f(n), \cdots$. 我们这里所说到的数列都是无穷数列，数列的任意一个无穷子集称为数列的一个**子数列**.

例 1　数列 $\frac{1}{2}, \frac{1}{4}, \frac{1}{8}, \cdots, \frac{1}{2^n}, \cdots$，通项：$a_n=\frac{1}{2^n}$.

例 2　数列 $1+1, 1+\frac{1}{2}, 1+\frac{1}{3}, 1+\frac{1}{4}, \cdots, 1+\frac{1}{n}, \cdots$，通项：$a_n=1+\frac{1}{n}$.

例 3　数列 $1,3,5,7,\cdots,(2n-1),\cdots$，通项：$a_n=2n-1$.

例 4　数列 $1,-1,1,-1,\cdots,(-1)^{n+1},\cdots$，通项：$a_n=(-1)^{n+1}$.

分析上述例子可以看出，随着 n 增大，数列的通项的变化趋势可以分成两种情形.

第一种情形是：当 n 无限增大时，通项 a_n 无限趋近于某个常数. 如，在例 1 中，当 n 无限增大时，$a_n=\frac{1}{2^n}$ 无限趋近于 0；在例 2 中，当 n 无限增大时，$a_n=1+\frac{1}{n}$ 无限趋近于 1.

第二种情形是：当 n 无限增大时，通项 a_n 不趋近于任何常数. 如，在例 3 中，当 n 无限增大时，$a_n=2n-1$ 也无限增大；在例 4 中，当 n 无限增大时，$a_n=(-1)^{n+1}$ 总在 1 和 -1 两数中交替取值. 这里我们重点研究的是第一种情形，并从中引出数列极限的概念.

2. 数列的极限

(1) 数列极限的直观定义

定义 2　设 $\{a_n\}$ 是一个数列，如果当 n 无限增大时，a_n 无限趋近（或接近）于一个确定的常数 A，则称数列 $\{a_n\}$ 以 A 为**极限**，或称数列 $\{a_n\}$ **收敛**于 A，记作

$$\lim_{n\to\infty} a_n=A \text{ 或 } a_n\to A(\text{当 } n\to\infty \text{时}).$$

如果这样的常数 A 不存在，则称数列 $\{a_n\}$ 没有极限，也称数列 $\{a_n\}$ **发散**或**不收敛**.

例 5　求 $\lim\limits_{n\to\infty}\frac{2n+1}{n}$.

解　$\lim\limits_{n\to\infty}\frac{2n+1}{n}=\lim\limits_{n\to\infty}\left(2+\frac{1}{n}\right)=2.$

(2) 数列极限的精确定义

在数列极限的直观描述中，“当 n 无限增大时，a_n 无限趋近于一个确定的常数 A”只是对数列变化趋势的一种形象描述，是不精确的，或者说在数学上是不严谨的. 为了给出数列极限的精确数学定义，首先介绍邻域的概念.

设 a 与 δ 是两个实数，且 $\delta>0$，称开区间 $(a-\delta,a+\delta)$ 为点 a 的 δ **邻域**，记作 $U(a,\delta)$.

从数轴上看，这是一个以 a 为中心，长度为 2δ 的开区间. 在 $U(a,\delta)$ 中，去掉中心 a，剩余点的集合称为点 a 的**去心 δ 邻域**，记作 $\mathring{U}(a,\delta)$，即 $\mathring{U}(a,\delta)=(a-\delta,a)\cup(a,a+\delta)$. 区间 $(a-\delta,a)$ 称为点 a 的**左邻域**，区间 $(a,a+\delta)$ 称为点 a 的**右邻域**.

在不考虑区间长度时，点 a 的邻域可记为 $U(a)$，点 a 的去心邻域可记为 $\mathring{U}(a)$.

看三个数列

$$a_n=1+\frac{1}{n}:2,\frac{3}{2},\frac{4}{3},\frac{5}{4},\cdots \qquad ①$$

$$a_n=1-\frac{1}{n}:0,\frac{1}{2},\frac{2}{3},\frac{3}{4},\cdots \qquad ②$$

$$a_n=1+(-1)^n\frac{1}{n}:0,\frac{3}{2},\frac{2}{3},\frac{5}{4},\frac{4}{5},\cdots \qquad ③$$

这三个数列，当 n 无限增大时，a_n 都无限趋近于 1，即“当 n 无限增大时，a_n 与 1 的差的绝对值都无限接近于 0. 具体地，数列①的取值总大于 1，即有 $a_n-1>0$；数列②的取值总小于 1，因此 $a_n-1<0$；而数列③的取值时而大于 1，时而小于 1，即有 $a_n-1>0$ 或 $a_n-1<0$.

这三个数列的共同特点是：当 n 无限增大时，$|a_n-1|$ 越来越小，无限接近于 0，即在 n 无限增大的过程中，$|a_n-1|$ 可以任意小. “$|a_n-1|$ 可以任意小”是指：不论事先指定一个多么小的正数 ε，在 n 无限增大的变化过程中，总有那么一个时刻（也就是 n 增大到一定程度时），在该时刻以后，有 $|a_n-1|<\varepsilon$.

如数列①，$|a_n-1|=\left|1+\frac{1}{n}-1\right|=\frac{1}{n}$，取 $\varepsilon=\frac{1}{100}$，要使 $|a_n-1|<\varepsilon$ 即 $\frac{1}{n}<\frac{1}{100}$，取 $n\geqslant101$

即可.也就是说,数列①从第 101 项开始,以后各项都满足 $|a_n-1|<\frac{1}{100}$;取 $\varepsilon=\frac{1}{10\,000}$,要使 $|a_n-1|<\varepsilon$ 即 $\frac{1}{n}<\frac{1}{10\,000}$,只需取 $n\geqslant 10\,001$ 即可.也就是说,数列①从第 10 001 项开始,以后各项都满足 $|a_n-1|<\frac{1}{10\,000}$.

由此可见,对于数列①,无论事先指定一个多么小的正数 ε,在 n 无限增大的变化过程中,总有那么一个时刻,在那个时刻以后(即总有那么一项,在那个项以后)都有,$|a_n-1|<\varepsilon$.因此说 $|a_n-1|$ 可以任意小,即数列 a_n 以 1 为极限.

进一步,“总有那么一项”可改叙为:“存在第 N 项”,“在那个项以后”可改叙为:“$n>N$”.由此,上述叙述可改叙为:“对于任意给定的正数 ε,总存在一个正整数 N,当 $n>N$ 时,$|a_n-1|<\varepsilon$ 恒成立.”

由上述讨论抽象出数列极限的精准数学定义.

定义 2′ 给定数列 $\{a_n\}$,如果存在一个确定的常数 A,使得对于任意给定的正数 ε,总存在一个正整数 N,当 $n>N$ 时,有 $|a_n-A|<\varepsilon$ 恒成立,则称当 n 趋近于无穷大时,数列 $\{a_n\}$ 以 A 为极限,记作

$$\lim_{n\to\infty}a_n=A \text{ 或 } a_n\to A(\text{当 } n\to\infty \text{ 时}).$$

定义 2′可简写成:给定数列 $\{a_n\}$,如果 $\exists A$(常数),使得对 $\forall\varepsilon>0$,$\exists N\in\mathbf{N}^+$,当 $n>N$ 时,$|a_n-A|<\varepsilon$ 恒成立,则称 $\{a_n\}$ 以 A 为极限.

说明:(1) 在上述定义中,小正数 ε 是任意给定的,不能看成某一确定的很小的正数,必须是可以任意小.在求 N 时可以将 ε 看成是不变量,一般而言 N 是随着 ε 的变化而变化的,每给定一个 ε 可以确定一个 N,但 N 不唯一.

(2) 由于 $|a_n-A|<\varepsilon$ 等价于 $A-\varepsilon<a_n<A+\varepsilon$,因此数列 $\{a_n\}$ 以 A 为极限的几何意义是:对于数轴上点 A 的 ε 邻域 $(A-\varepsilon,A+\varepsilon)$,总存在一个正整数 N,使得数列 $\{a_n\}$ 从第 $N+1$ 项开始,以后的所有项 $a_{N+1},a_{N+2},\cdots$,都落在该邻域之内,而最多只有有限多项落在这个邻域之外(见图 1-9).

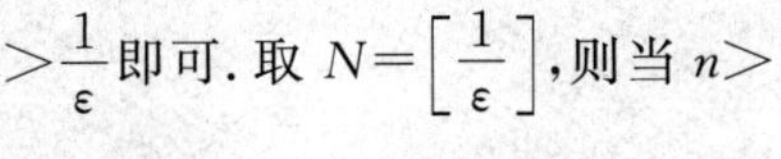

图 1-9

例 6 利用定义证明 $\lim\limits_{n\to\infty}\frac{3n+1}{n}=3$.

证 $\forall\varepsilon>0$,要使 $|a_n-3|=\left|\frac{3n+1}{n}-3\right|=\frac{1}{n}<\varepsilon$,只要 $n>\frac{1}{\varepsilon}$ 即可.取 $N=\left[\frac{1}{\varepsilon}\right]$,则当 $n>N$ 时,$\left|\frac{3n+1}{n}-3\right|<\varepsilon$ 恒成立,所以 $\lim\limits_{n\to\infty}\frac{3n+1}{n}=3$.

注:例 6 证明中的记号 $[x]$ 或 $\lfloor x\rfloor$ 表示不超过 x 的最大整数,称为下取整函数,而 $\{x\}$ 或 $\lceil x\rceil$ 表示不小于 x 的最小整数,称为上取整函数.

二、函数极限的概念

1. 当 $x\to\infty$ 时,函数 $f(x)$ 的极限

前面已经介绍过,数列是定义在正整数集合 $\mathbf{N}^+$ 上的整标函数.将数列极限的定义加以推广,则可得出函数极限的定义.

定义 3 已知函数 $y=f(x)$,如果存在常数 A,使得当 $|x|$ 无限增大时,$f(x)$ 无限趋近(接

近)于常数 A,则称 A 为函数 $f(x)$ 当 x 趋近∞时的**极限**,记作

$$\lim_{n\to\infty} f(x)=A \text{ 或 } f(x)\to A \ (\text{当 } x\to\infty\text{时}).$$

例如,$\lim\limits_{n\to\infty}\dfrac{1}{x}=0$.

与数列极限的分析一样,上例中,"当$|x|$无限增大时,y 无限接近于 0"是指"当$|x|$无限增大时,$|y-0|$可以任意小".换言之,$\forall\varepsilon>0$,一定 $\exists M>0$,使得当$|x|>M$ 时,恒有$|y-0|<\varepsilon$ 成立.

事实上,要使$|y-0|=\left|\dfrac{1}{x}-0\right|=\dfrac{1}{|x|}<\varepsilon$,只需$|x|>\dfrac{1}{\varepsilon}$即可.因此,取 $M=\dfrac{1}{\varepsilon}$,则当$|x|>M$ 时,有$|y-0|<\varepsilon$ 恒成立,由此称 x 趋于无穷大时,$y=\dfrac{1}{x}$以 0 为极限.

定义 3′　给定函数 $y=f(x)$,如果 $\exists A$(常数),使得 $\forall\varepsilon>0$,$\exists M>0$,当$|x|>M$ 时,$|f(x)-A|<\varepsilon$恒成立,则称 x 趋近于无穷大时,函数 $f(x)$以 A 为极限,记作

$$\lim_{x\to\infty} f(x)=A \text{ 或 } f(x)\to A \ (\text{当 } x\to\infty\text{时}).$$

例 7　用定义证明$\lim\limits_{n\to\infty}\dfrac{x+1}{x}=1$.

证　设 $f(x)=\dfrac{x+1}{x}$,$\forall\varepsilon>0$,取 $M=\dfrac{1}{\varepsilon}$,则当$|x|>M$ 时,有

$$|f(x)-1|=\left|\frac{x+1}{x}-1\right|<\varepsilon$$

恒成立,所以$\lim\limits_{n\to\infty}\dfrac{x+1}{x}=1$.

说明:(1) 在上述定义中,ε 用于刻画 $f(x)$与 A 的接近程度,M 用于刻画$|x|$充分大的程度,而且 M 随 ε 的变化而变化.

(2) $\lim\limits_{n\to\infty} f(x)=A$ 的几何意义:$\forall\varepsilon>0$,无论 ε 多么小,总可以找到一个正数 M,使得当自变量 x 的取值落入集合$(-\infty,-M)\cup(M,+\infty)$时,函数 $f(x)$的图形夹在直线 $y=A-\varepsilon$ 和 $y=A+\varepsilon$ 所形成的带形区域内(见图 1-10).

(3) 上述定义中"$x\to\infty$"是 x 趋于无穷大的一般情况,x 的取值有正数也有负数.如果只考虑 $x>0$ 且无限增大(记作 $x\to+\infty$),则只要将上述定义中的$|x|>M$ 改为 $x>M$,就得 $\lim\limits_{x\to+\infty} f(x)=A$ 的定义;如果只考虑 $x<0$ 且$|x|$无限增大(记作 $x\to-\infty$),则把$|x|>M$ 改为 $x<-M$,即得 $\lim\limits_{x\to-\infty} f(x)=A$ 的定义.

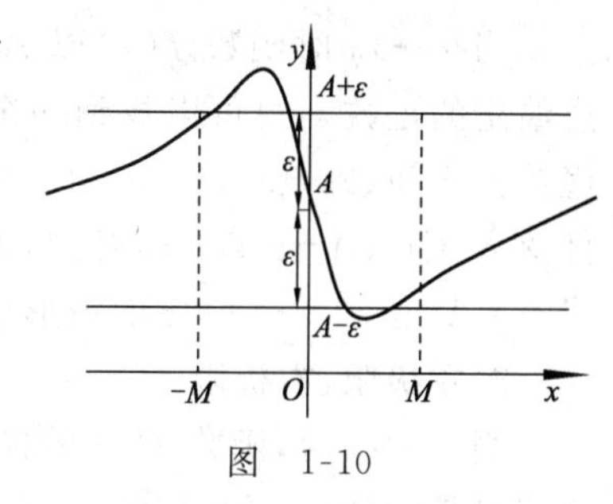

图　1-10

利用定义 3 和上面的说明(3),可以证明下面定理.

定理 1　$\lim\limits_{x\to\infty} f(x)=A$ 成立的充分必要条件是 $\lim\limits_{x\to+\infty} f(x)=\lim\limits_{x\to-\infty} f(x)=A$.

2. 当 $x\to x_0$ 时,函数 $f(x)$的极限

将上述极限定义中的条件"$x\to\infty$"改成"$x\to x_0$",可得出函数在某个点处的极限定义.

定义 4　设函数 $y=f(x)$在 $\mathring{U}(x_0,\delta)$内有定义,如果自变量 x 趋于 x_0 时,函数 $f(x)$无限接近于一个确定的常数 A,则称当 $x\to x_0$ 时,函数 $f(x)$以 A 为**极限**,记作

$$\lim_{x\to x_0} f(x)=A \text{ 或 } f(x)\to A \text{（当 } x\to x_0 \text{ 时）.}$$

同样，用$|f(x)-A|$可以任意小，表示$f(x)$无限接近于A；而$|f(x)-A|$可以任意小又可改叙为$|f(x)-A|<\varepsilon$(其中ε为任意给定的正数). $x\to x_0$可以用$0<|x-x_0|<\delta$(其中δ为某一小的正数)来刻画，于是得到：

定义 4′ 设函数$f(x)$在$\mathring{U}(x_0,\delta)$内有定义，如果存在常数A，使得$\forall\,\varepsilon>0$，$\exists\,\delta>0$，当$0<|x-x_0|<\delta$时，$|f(x)-A|<\varepsilon$恒成立，则称当x趋于x_0时，函数$f(x)$以A为极限，记作

$$\lim_{x\to x_0} f(x)=A \text{ 或 } f(x)\to A \text{（当 } x\to x_0 \text{ 时）.}$$

注意：定义 4′中的ε刻画了$f(x)$与A的接近程度，而δ描述了x与x_0的接近程度，并且δ随ε的变化而变化. 其中的$0<|x-x_0|<\delta$意味着$x\neq x_0$，也就是说$y=f(x)$在x_0处的极限与函数$f(x)$在点x_0处是否有定义无关. 如，$f(x)=\dfrac{4x^2-1}{2x-1}$在$x=\dfrac{1}{2}$处无定义，但由下面的例8可知$\lim\limits_{x\to\frac{1}{2}}\dfrac{4x^2-1}{2x-1}=2$.

例 8 用定义证明$\lim\limits_{x\to\frac{1}{2}}\dfrac{4x^2-1}{2x-1}=2$.

证 设$f(x)=\dfrac{4x^2-1}{2x-1}$. $\forall\,\varepsilon>0$，要使

$$|f(x)-2|=\left|\frac{4x^2-1}{2x-1}-2\right|=|2x-1|=2\left|x-\frac{1}{2}\right|<\varepsilon,$$

只需$\left|x-\dfrac{1}{2}\right|<\dfrac{\varepsilon}{2}$即可，因此可取$\delta=\dfrac{\varepsilon}{2}$. 于是，对$\forall\,\varepsilon>0$，$\exists\,\delta=\dfrac{\varepsilon}{2}$，当$0<\left|x-\dfrac{1}{2}\right|<\delta$时，有$\left|\dfrac{4x^2-1}{2x-1}-2\right|<\varepsilon$恒成立，所以$\lim\limits_{x\to\frac{1}{2}}\dfrac{4x^2-1}{2x-1}=2$.

类似地，可以证明$\lim\limits_{\substack{x\to x_0\\(x\to\infty)}} c=c$($c$为常数)，$\lim\limits_{x\to x_0} x=x_0$，$\lim\limits_{x\to x_0} x^a=x_0^a$($a$为常数，$x_0^a$有意义)，$\lim\limits_{x\to x_0}\sin x=\sin x_0$，$\lim\limits_{x\to x_0}\cos x=\cos x_0$，但是$\lim\limits_{x\to\infty}\sin x$不存在(读者思考为什么?).

当$x\to x_0$时函数$f(x)$以A为极限的几何意义是：对于任意给定的正数ε，总可以找到一个正数δ，使得当自变量x的取值落入区间$(x_0-\delta,x_0+\delta)$且$x\neq x_0$时，对应的函数值$f(x)$全部落入区间$(A-\varepsilon,A+\varepsilon)$之内，而函数$y=f(x)$的图形夹在直线$y=A-\varepsilon$和$y=A+\varepsilon$的带形区域内(见图 1-11).

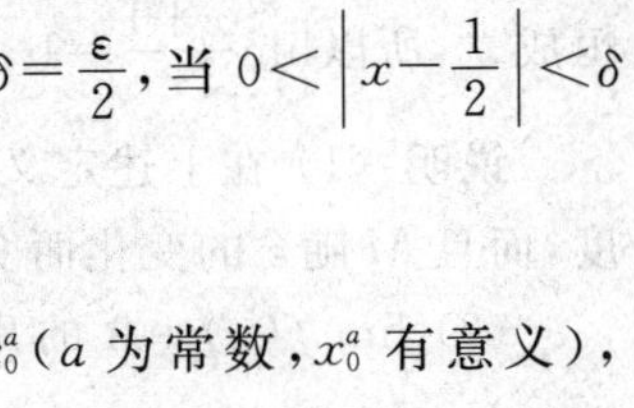

图 1-11

3. 左极限、右极限

当$x\to x_0$时，函数$f(x)$的极限定义中，自变量x趋于x_0的方式是任意的，x既可以从x_0的左侧趋于x_0(此时$x<x_0$)，记作$x\to x_0^-$，也可以从x_0的右侧趋于x_0(此时$x>x_0$)，记作$x\to x_0^+$(见图 1-12).

有时我们需要考虑x仅从x_0的一侧趋于x_0时，函数$f(x)$的变化趋势.

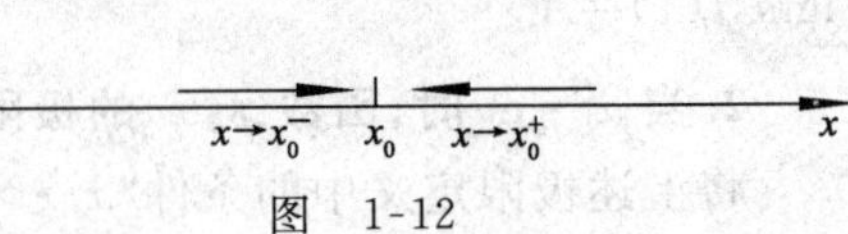

图 1-12

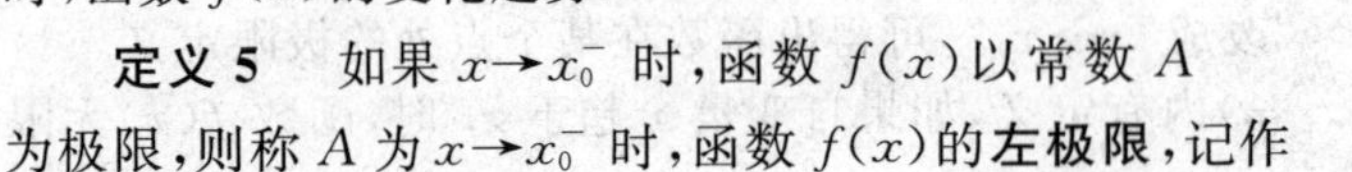

定义 5 如果$x\to x_0^-$时，函数$f(x)$以常数A为极限，则称A为$x\to x_0^-$时，函数$f(x)$的**左极限**，记作

$$\lim_{x\to x_0^-} f(x)=A \text{ 或 } f(x_0-0)=A.$$

如果当 $x\to x_0^+$ 时，函数 $f(x)$ 以常数 A 为极限，则称 A 为 $x\to x_0^+$ 时，函数 $f(x)$ 的**右极限**，记作

$$\lim_{x\to x_0^+} f(x)=A \text{ 或 } f(x_0+0)=A.$$

左极限的精确数学定义可表述为：$\forall\varepsilon>0$，$\exists\delta>0$，当 $0<x_0-x<\delta$ 时，$|f(x)-A|<\varepsilon$ 恒成立；右极限可表述为：$\forall\varepsilon>0$，$\exists\delta>0$，当 $0<x-x_0<\delta$ 时，$|f(x)-A|<\varepsilon$ 恒成立.

左极限与右极限统称为**单侧极限**.

根据左、右极限与极限的定义，可以得到如下定理：

定理 2　$\lim\limits_{x\to x_0} f(x)=A$ 成立的充分必要条件是 $\lim\limits_{x\to x_0^-} f(x)=\lim\limits_{x\to x_0^+} f(x)=A$.

例 9　判断下列函数当 $x\to 0$ 时极限是否存在：

(1) $f(x)=\begin{cases}\dfrac{|x|}{x} & \text{当 } x\neq 0,\\ 1 & \text{当 } x=0;\end{cases}$　　(2) $f(x)=\begin{cases}\dfrac{1}{2-x} & \text{当 } x<0,\\ 0 & \text{当 } x=0,\\ x+\dfrac{1}{2} & \text{当 } x>0.\end{cases}$

解　(1) 由于

$$\lim_{x\to 0^-} f(x)=\lim_{x\to 0^-}\frac{|x|}{x}=\lim_{x\to 0^-}\frac{-x}{x}=-1,\ \lim_{x\to 0^+} f(x)=\lim_{x\to 0^+}\frac{|x|}{x}=\lim_{x\to 0^+}\frac{x}{x}=1,$$

可见 $f(0-0)\neq f(0+0)$. 因此，当 $x\to 0$ 时，$f(x)$ 的极限不存在.

(2) 由于

$$\lim_{x\to 0^-} f(x)=\lim_{x\to 0^-}\frac{1}{2-x}=\frac{1}{2},\ \lim_{x\to 0^+} f(x)=\lim_{x\to 0^+}\left(x+\frac{1}{2}\right)=\frac{1}{2},$$

可见 $f(0-0)=f(0+0)=\dfrac{1}{2}$，所以 $\lim\limits_{x\to 0} f(x)=\dfrac{1}{2}$.

三、函数极限的性质

利用函数极限的精确定义，可以证明函数极限的一些性质定理. 由于函数的极限按自变量的变化过程不同有不同的形式，下面仅以 $x\to x_0$ 的情形为代表，给出定理的结论和某些定理的证明. 对于 $x\to x_0^-$、$x\to x_0^+$、$x\to\infty$、$x\to-\infty$ 或 $x\to+\infty$ 等形式的极限，有类似的结论.

定理 3(唯一性)　如果 $\lim\limits_{x\to x_0} f(x)$ 存在，则极限值唯一.

当然，数列的极限也是唯一的.

推论 1　如果数列 $\{a_n\}$ 的极限存在，则该数列的任意一个子数列也收敛于同一极限.

定理 4(局部有界性)　如果 $\lim\limits_{x\to x_0} f(x)=A$，那么存在常数 $M>0$ 和 $\delta>0$，使得对于任意 $x\in\mathring{U}(x_0,\delta)$，都有 $|f(x)|\leqslant M$.

证　因为 $\lim\limits_{x\to x_0} f(x)=A$，所以取 $\varepsilon=1$，则存在 $\delta>0$，当 $0<|x-x_0|<\delta$ 时，有 $|f(x)-A|<1$. 于是，$|f(x)|=|[f(x)-A]+A|\leqslant|f(x)-A|+|A|$，即 $|f(x)|\leqslant 1+|A|$，取 $M=1+|A|$，则有 $|f(x)|\leqslant M$.

推论 2　如果数列 $\{a_n\}$ 的极限存在，则数列 $\{a_n\}$ 是有界的.

定理 5(局部保号性)　如果$\lim\limits_{x\to x_0} f(x)=A$且$A>0$(或$A<0$),那么存在常数$\delta>0$,使得对于任意$x\in \mathring{U}(x_0,\delta)$,都有$f(x)>0$(或$f(x)<0$).

证　只证$A>0$的情形,$A<0$的情形可以类似的证明.

因为$\lim\limits_{x\to x_0} f(x)=A>0$,所以,取$\varepsilon=\dfrac{A}{2}$,则存在$\delta>0$,当$0<|x-x_0|<\delta$时,有

$$|f(x)-A|<\frac{A}{2}\Rightarrow f(x)-A>-\frac{A}{2}\Rightarrow f(x)>\frac{A}{2}>0.$$

推论 3　如果在x_0的某去心邻域内$f(x)\geqslant 0$(或$f(x)\leqslant 0$)且$\lim\limits_{x\to x_0} f(x)=A$,那么$A\geqslant 0$(或$A\leqslant 0$).

习　题　1-2

1. 观察下列给出的数列$\{x_n\}$的一般项x_n的变化趋势,若有极限,极限是多少?

(1) $x_n=\dfrac{1}{3^n}$;　(2) $x_n=(-1)^n\cdot\dfrac{1}{n}$;　(3) $x_n=1+\dfrac{1}{n^2}$;

(4) $x_n=\dfrac{n-1}{n+1}$;　(5) $x_n=n\cdot(-1)^n$.

2. 用定义证明:

(1) $\lim\limits_{x\to 2}(2x+1)=5$;　(2) $\lim\limits_{x\to+\infty}\dfrac{3x-1}{2x+1}=\dfrac{3}{2}$.

第三节　无穷小与无穷大

一、无穷小的概念

定义 1　如果$\lim\limits_{x\to x_0} f(x)=0$,则称$f(x)$为当$x\to x_0$时的**无穷小量**,简称**无穷小**.

说明:将定义 1 中的条件$x\to x_0$换成$x\to x_0^-$、$x\to x_0^+$、$x\to\infty$、$x\to-\infty$或$x\to+\infty$的任一情形,有类似的定义.

注意:(1) 无穷小不是一个很小的数,而是以 0 为极限的函数. 很小的数(如10^{-10}),不论它多么小都是一个确定的数,不会以 0 为极限.

(2) 数 0 具有二重性,它既可以作为无穷小,又是常数.

(3) 无穷小与其自变量的变化过程密切相关. 如,因为$\lim\limits_{x\to\infty}\dfrac{1}{x}=0$,所以$\dfrac{1}{x}$是当$x\to\infty$时的无穷小;而$\lim\limits_{x\to 1}\dfrac{1}{x}=1$,则$\dfrac{1}{x}$不是当$x\to 1$时的无穷小.

二、无穷小的性质

利用极限的精确定义,可以得到无穷小的如下性质(证明从略).

定理 1　两个无穷小的代数和仍是无穷小.

定理 2　两个无穷小的乘积仍是无穷小.

将定理 1,定理 2 中的“两个”换成“有限个”结论仍成立.

定理 3　有界函数与无穷小的乘积仍是无穷小.

推论　常数与无穷小的乘积仍是无穷小.

注意:定理3提供了确定一类极限的方法,这类极限不能由下一节要介绍的极限的四则运算法则求出.

例　证明$\lim\limits_{x\to 0} x\sin\dfrac{1}{x}$.

证　$\lim\limits_{x\to 0}x=0$,即当$x\to 0$时,x为无穷小,又$\left|\sin\dfrac{1}{x}\right|\leqslant 1$,即$\sin\dfrac{1}{x}$为有界函数.据有界量与无穷小之积还是无穷小,得$\lim\limits_{x\to 0} x\sin\dfrac{1}{x}=0$.

下面的定理说明了无穷小与极限的关系.

定理4(无穷小与极限关系)　$\lim\limits_{x\to x_0} f(x)=A$的充分必要条件是$f(x)=A+\alpha$,其中$\alpha=\alpha(x)$是$x\to x_0$时的无穷小.将条件$x\to x_0$换成$x\to x_0^-$、$x\to x_0^+$、$x\to\infty$、$x\to-\infty$或$x\to+\infty$的任一情形时,有类似的结论.

证　以$x\to x_0$为例.

必要性:若$\lim\limits_{x\to x_0} f(x)=A$,则$\forall\varepsilon>0$,$\exists\delta>0$,当$0<|x-x_0|<\delta$时,有$|f(x)-A|<\varepsilon$成立.令$\alpha(x)=f(x)-A$,则有$|\alpha(x)|<\varepsilon$成立,所以$\lim\limits_{x\to x_0}\alpha(x)=0$,即$\alpha$是当$x\to x_0$时的无穷小,且$f(x)=A+\alpha$.

充分性:若$f(x)=A+\alpha$,其中A是常数,$\alpha=\alpha(x)$是当$x\to x_0$时的无穷小量,则

$$|f(x)-A|=|\alpha(x)|.$$

因为$\lim\limits_{x\to x_0}\alpha(x)=0$,所以,$\forall\varepsilon>0$,$\exists\delta>0$,使得$0<|x-x_0|<\delta$时,有$|\alpha(x)|<\varepsilon$成立,即$|f(x)-A|<\varepsilon$成立.因此,$\lim\limits_{x\to x_0} f(x)=A$.

三、无穷大

定义2　如果$x\to x_0$时,$f(x)$的绝对值无限变大,则称$f(x)$是当$x\to x_0$时的**无穷大量**,简称**无穷大**.

说明:将定义2中的条件$x\to x_0$换成$x\to x_0^-$、$x\to x_0^+$、$x\to\infty$、$x\to-\infty$或$x\to+\infty$的任一情形,有类似的定义.

确切的说,如果对于任意大的数$M>0$,$f(x)$在变化到某一时刻后,恒有$|f(x)|>M$成立,则称$f(x)$为无穷大.例如,当$x\to 0$时,$\dfrac{1}{x}\to\infty$,所以$\dfrac{1}{x}$为$x\to 0$时的无穷大.

$f(x)$为无穷大时,其极限不存在,但由于$f(x)$有确定的变化趋势:绝对值无限变大.所以,借用极限记号表示无穷大:$\lim\limits_{x\to x_0} f(x)=\infty$.此时也说成$f(x)$的极限是无穷大.

四、无穷小与无穷大的关系

定理5　在自变量的同一变化过程中(可以是$x\to x_0$、$x\to x_0^-$、$x\to x_0^+$、$x\to\infty$、$x\to-\infty$或$x\to+\infty$的任一情形),下列论断成立:

(1) 如果$f(x)$为无穷大,则$\dfrac{1}{f(x)}$为无穷小;

(2) 如果$f(x)$为无穷小,但$f(x)\neq 0$,则$\dfrac{1}{f(x)}$为无穷大.

证 (1) 以 $x\to x_0$ 为例. 设 $f(x)$ 为无穷大,即 $\lim\limits_{x\to x_0} f(x)=\infty$,则 $\forall\varepsilon>0$,取 $M=\dfrac{1}{\varepsilon}$,$\exists\delta>0$,当 $0<|x-x_0|<\delta$ 时,$|f(x)|>M$ 恒成立,即 $\left|\dfrac{1}{f(x)}\right|<\varepsilon$ 恒成立. 因此 $\lim\limits_{x\to x_0}\dfrac{1}{f(x)}=0$.

同理可证(2).

五、无穷小的比较

我们已经知道无穷小是以 0 为极限的函数. 一般说来,在自变量的同一变化过程中,不同的无穷小趋于 0 的速度是不同的,例如,当 $x\to 0$ 时,x、$2x$ 和 x^3 均为无穷小,但是 x 与 $2x$ 趋于 0 的速度相仿,而 x^3 比 x 趋于 0 的速度快得多. 为了描述无穷小趋于 0 的快慢程度,我们引入如下**无穷小的阶**的概念.

定义 3 设 α 与 β 是同一变化过程中的两个无穷小,且 $\beta\neq 0$.

(1) 如果 $\lim\dfrac{\alpha}{\beta}=0$,则称 α 是比 β 高阶的无穷小,记作 $\alpha=o(\beta)$;

(2) 如果 $\lim\dfrac{\alpha}{\beta}=\infty$,则称 α 是比 β 低阶的无穷小;

(3) 如果 $\lim\dfrac{\alpha}{\beta}=c$($c$ 为常数且 $c\neq 0$),则称 α 与 β 是同阶无穷小;特别地,如果 $c=1$,则称 α 与 β 是等价无穷小,记作 $\alpha\sim\beta$;

(4) 如果 $\lim\dfrac{\alpha}{\beta^k}=c\neq 0,k>0$,则称 α 是关于 β 的 k 阶无穷小.

例如,当 $x\to 0$ 时,$x,2x,x^3$ 均为无穷小. 因为 $\lim\limits_{x\to 0}\dfrac{x^3}{x}=0$,所以当 $x\to 0$ 时,x^3 是比 x 高阶的无穷小;因为 $\lim\limits_{x\to 0}\dfrac{2x}{x}=2$,所以当 $x\to 0$ 时,$2x$ 与 x 为同阶无穷小;又因为 $\lim\limits_{x\to 0}\dfrac{x^3}{(2x)^3}=\dfrac{1}{8}$,所以 x^3 是关于 $2x$ 的 3 阶无穷小.

定理 6 两个无穷小 β 与 α 等价的充分必要条件是 $\beta=\alpha+o(\alpha)$.

证 必要性:设 $\beta\sim\alpha$,则

$$\lim\frac{\beta-\alpha}{\alpha}=\lim\left(\frac{\beta}{\alpha}-1\right)=\lim\frac{\beta}{\alpha}-1=0,$$

因此 $\beta-\alpha=o(\alpha)$,即 $\beta=\alpha+o(\alpha)$.

充分性:设 $\beta=\alpha+o(\alpha)$,则

$$\lim\frac{\beta}{\alpha}=\lim\frac{\alpha+o(\alpha)}{\alpha}=1+\lim\frac{o(\alpha)}{\alpha}=1,$$

因此 $\beta\sim\alpha$.

习 题 1-3

1. 下列变量在给定的变化过程中,哪些是无穷小? 哪些是无穷大? 哪些既非无穷小又非无穷大?

(1) $2-\dfrac{1}{x}$ $(x\to 0)$; (2) $\sin\dfrac{1}{x}$ $(x\to 0)$; (3) $e^{\frac{1}{x}}$ $(x\to 0^-)$;

(4) $e^{\frac{1}{x}}$ $(x\to 0^+)$; (5) $\ln(1+x^4)$ $(x\to 0)$; (6) $\dfrac{x-2}{x^2-4}$ $(x\to 2)$.

2. 函数 $y=\dfrac{1}{(x-2)^2}$ 在什么变化过程中是无穷大？又在什么变化过程中是无穷小？

3. 设数列 $\{x_n\}$ 有界，又 $\lim\limits_{n\to\infty}y_n=0$，证明：$\lim\limits_{n\to\infty}x_ny_n=0$.

4. 利用无穷小的性质求极限：

(1) $\lim\limits_{x\to 0}x^3\sin\dfrac{1}{x}$；　　(2) $\lim\limits_{x\to\infty}\dfrac{\arctan x^2}{x}$.

第四节　极限的运算法则

本节介绍函数四则运算的极限和复合函数的极限的运算法则. 我们仅以 $x\to x_0$ 的情形为代表给出定理. 对于 $x\to x_0^-$、$x\to x_0^+$、$x\to\infty$、$x\to-\infty$ 或 $x\to+\infty$ 等形式，以及数列的极限，有类似的结论.

定理 1(极限运算法则)　设 $\lim\limits_{x\to x_0}f(x)=A$，$\lim\limits_{x\to x_0}g(x)=B$，则

(1) $\lim\limits_{x\to x_0}[f(x)\pm g(x)]=\lim\limits_{x\to x_0}f(x)\pm\lim\limits_{x\to x_0}g(x)=A\pm B$；

(2) $\lim\limits_{x\to x_0}[f(x)g(x)]=\lim\limits_{x\to x_0}f(x)\cdot\lim\limits_{x\to x_0}g(x)=A\cdot B$；

(3) $\lim\limits_{x\to x_0}\dfrac{f(x)}{g(x)}=\dfrac{\lim\limits_{x\to x_0}f(x)}{\lim\limits_{x\to x_0}g(x)}=\dfrac{A}{B}$　$(B\neq 0, g(x)\neq 0)$.

证　(1) 由 $\lim\limits_{x\to x_0}f(x)=A$，$\lim\limits_{x\to x_0}g(x)=B$，则由上一节定理 4，$f(x)=A+\alpha$，$g(x)=B+\beta$，其中 α 和 β 都是 $x\to x_0$ 时的无穷小，于是 $f(x)+g(x)=A+B+\alpha+\beta$. 再由上一节定理 1，$\alpha+\beta$ 是 $x\to x_0$ 时的无穷小. 最后由上一节定理 4，可得 $\lim\limits_{x\to x_0}[f(x)+g(x)]=A+B$.

类似可证明(2)和(3).

注意：极限的运算法则成立的前提条件是：在同一变化过程中，$\lim f(x)$、$\lim g(x)$ 都存在. 如果二者中有一个不存在，则极限法则不成立. 例如，若 $\lim\limits_{x\to x_0}f(x)=A$，而 $\lim\limits_{x\to x_0}g(x)$ 不存在，则 $\lim\limits_{x\to x_0}[f(x)+g(x)]$ 不存在. 事实上，若 $\lim\limits_{x\to x_0}[f(x)+g(x)]=C$，则

$$\lim_{x\to x_0}g(x)=\lim_{x\to x_0}[(f(x)+g(x))-f(x)]=\lim_{x\to x_0}[f(x)+g(x)]-\lim_{x\to x_0}f(x)=C-A,$$

与 $\lim\limits_{x\to x_0}g(x)$ 不存在矛盾.

说明：定理 1 中的前两条可以推广到有限多个函数的情形.

推论 1　若 $\lim\limits_{x\to x_0}f(x)=A$，则 $\lim\limits_{x\to x_0}[Cf(x)]=C\lim\limits_{x\to x_0}f(x)=CA$($C$ 为常数).

推论 2　若 $\lim\limits_{x\to x_0}f(x)=A$，则 $\lim\limits_{x\to x_0}[f(x)]^n=[\lim\limits_{x\to x_0}f(x)]^n=A^n$，其中 $n\in\mathbf{N}^+$.

由推论 2 可知，$\lim\limits_{x\to x_0}x^n=x_0^n$. 进一步，结合推论 1 可知，若

$$f_n(x)=a_0x^n+a_1x^{n-1}+\cdots+a_{n-1}x+a_n\quad(a_0\neq 0)$$

为 n 次多项式函数，则

$$\begin{aligned}\lim_{x\to x_0}f_n(x)&=\lim_{x\to x_0}(a_0x^n+a_1x^{n-1}+\cdots+a_{n-1}x+a_n)\\&=a_0\lim_{x\to x_0}(x^n)+a_1\lim_{x\to x_0}(x^{n-1})+\cdots+a_{n-1}\lim_{x\to x_0}x+a_n\\&=a_0x_0^n+a_1x_0^{n-1}+\cdots+a_{n-1}x_0+a_n=f(x_0).\end{aligned}$$

若 $P(x)$ 和 $Q(x)$ 都是多项式，且 $Q(x_0)\neq 0$，则对 $P(x)$ 和 $Q(x)$ 的商 $F(x)=\dfrac{P(x)}{Q(x)}$(称为有理函数或有理分式)，有 $\lim\limits_{x\to x_0}F(x)=\lim\limits_{x\to x_0}\dfrac{P(x)}{Q(x)}=\dfrac{P(x_0)}{Q(x_0)}=F(x_0)$.

但必须注意，当 $Q(x_0)=0$ 时，商的极限的运算法则不能应用. 这时，我们必须做其他考虑，下面将通过例子进一步说明.

例 1 求极限：(1) $\lim\limits_{x\to 0}(2x^2+x+1)$； (2) $\lim\limits_{x\to 0}\dfrac{x+1}{x^2+x+2}$.

解 (1) $\lim\limits_{x\to 0}(2x^2+x+1)=(2x^2+x+1)\big|_{x=0}=1$.

(2) 由于 $\lim\limits_{x\to 0}(x^2+x+2)=(x^2+x+2)\big|_{x=0}=2\neq 0$，所以

$$\lim_{x\to 0}\frac{x+1}{x^2+x+2}=\left(\frac{x+1}{x^2+x+2}\right)\bigg|_{x=0}=\frac{1}{2}.$$

例 2 求极限：(1) $\lim\limits_{x\to 1}\dfrac{x+1}{x^2+x-2}$； (2) $\lim\limits_{x\to 1}\dfrac{x^2-1}{2x^2-x-1}$.

解 (1) 因为 $\lim\limits_{x\to 1}(x^2+x-2)=0$，不能用商的极限的运算法则. 但由 $\lim\limits_{x\to 1}(x+1)=2\neq 0$，可知 $\lim\limits_{x\to 1}\dfrac{x^2+x-2}{x+1}=0$(是无穷小)，由无穷小与无穷大的关系得 $\lim\limits_{x\to 1}\dfrac{x+1}{x^2+x-2}=\infty$.

(2) 因为 $\lim\limits_{x\to 1}(2x^2-x-1)=0$，不能用商的极限的运算法则. 又 $\lim\limits_{x\to 1}(x^2-1)=0$，也不能用与(1) 类似的方法. 但这时分子与分母有公因式 $x-1$，约掉公因式后可求极限.

$$\lim_{x\to 1}\frac{x^2-1}{2x^2-x-1}=\lim_{x\to 1}\frac{(x-1)(x+1)}{(x-1)(2x+1)}=\lim_{x\to 1}\frac{x+1}{2x+1}=\left(\frac{x+1}{2x+1}\right)\bigg|_{x=1}=\frac{2}{3}.$$

例 3 求 $\lim\limits_{x\to 1}\left(\dfrac{1}{1-x}-\dfrac{3}{1-x^3}\right)$.

解 此时 $\lim\limits_{x\to 1}\dfrac{1}{1-x}=\infty$，$\lim\limits_{x\to 1}\dfrac{3}{1-x^3}=\infty$，即两者的极限都不存在，不能直接应用差的极限的运算法则，但可先经过通分，再转化为例 2 中(2)的方法.

$$\begin{aligned}\lim_{x\to 1}\left(\frac{1}{1-x}-\frac{3}{1-x^3}\right)&=\lim_{x\to 1}\frac{1+x+x^2-3}{(1-x)(1+x+x^2)}=\lim_{x\to 1}\frac{(x-1)(x+2)}{(1-x)(1+x+x^2)}\\&=-\lim_{x\to 1}\frac{x+2}{1+x+x^2}=-\left(\frac{x+2}{1+x+x^2}\right)\bigg|_{x=1}=-1.\end{aligned}$$

例 4 求极限：(1) $\lim\limits_{x\to\infty}\dfrac{4x^3+6x-5}{3x^3+4x^2-7}$；(2) $\lim\limits_{x\to\infty}\dfrac{5x^2+7x-8}{3x^3+2x^2-9}$；(3) $\lim\limits_{x\to\infty}\dfrac{3x^3+2x^2-9}{5x^2+7x-8}$.

解 (1) 当 $x\to\infty$ 时，分子分母的极限都是无穷大(极限不存在)，不能直接用商的极限的运算法则，但可用 x^3 去除分子和分母，然后再计算极限.

$$\lim_{x\to\infty}\frac{4x^3+6x-5}{3x^3+4x^2-7}=\lim_{x\to\infty}\frac{4+\dfrac{6}{x^2}-\dfrac{5}{x^3}}{3+\dfrac{4}{x}-\dfrac{7}{x^3}}=\frac{4}{3}.$$

(2) 用 x^3 去除分子和分母，得

$$\lim_{x\to\infty}\frac{5x^2+7x-8}{3x^3+2x^2-9}=\lim_{x\to\infty}\frac{\dfrac{5}{x}+\dfrac{7}{x^2}-\dfrac{8}{x^3}}{3+\dfrac{2}{x}-\dfrac{9}{x^3}}=\frac{0}{3}=0.$$

(3) 因为$\lim\limits_{x\to\infty}\dfrac{5x^2+7x-8}{3x^3+2x^2-9}=0$，利用无穷小与无穷大的关系定理，得

$$\lim_{x\to\infty}\frac{3x^3+2x^2-9}{5x^2+7x-8}=\infty.$$

将例 4 的结果推广，当 $a_n\neq0,b_m\neq0,n$ 和 m 为正整数时，可以得到如下结论：

$$\lim_{x\to\infty}\frac{a_nx^n+a_{n-1}x^{n-1}+\cdots+a_1x+a_0}{b_mx^m+b_{m-1}x^{m-1}+\cdots+b_1x+b_0}=\begin{cases}0 & \text{当 } m>n,\\ \dfrac{a_n}{b_m} & \text{当 } m=n,\\ \infty & \text{当 } m<n.\end{cases}$$

定理 2(复合函数的极限运算法则) 设 $y=f(g(x))$ 由函数 $y=f(u)$ 与 $u=g(x)$ 复合而成，$y=f(g(x))$ 在点 x_0 的某去心邻域有定义.若 $\lim\limits_{x\to x_0}g(x)=u_0$，$\lim\limits_{u\to u_0}f(u)=A$，且存在 $\delta_0>0$，当 $x\in\mathring{U}(x_0,\delta_0)$ 时，有 $g(x)\neq u_0$，则 $\lim\limits_{x\to x_0}f(g(x))=\lim\limits_{u\to u_0}f(u)=A$.

证 欲证 $\lim\limits_{x\to x_0}f(g(x))=A$，只需证：对 $\forall\varepsilon>0$，$\exists\delta>0$，使得当 $0<|x-x_0|<\delta$ 时，有 $|f(g(x))-A|<\varepsilon$ 成立即可.

由 $\lim\limits_{u\to u_0}f(u)=A$，则对 $\forall\varepsilon>0$，$\exists\eta>0$，使得当 $0<|u-u_0|<\eta$ 时，有 $|f(u)-A|<\varepsilon$ 成立.

又由 $\lim\limits_{x\to x_0}g(x)=u_0$，则对上述 $\eta>0$，$\exists\delta_1>0$，使得当 $0<|x-x_0|<\delta_1$ 时，有 $|u-u_0|=|g(x)-u_0|<\eta$ 成立.

再由题设，当 $x\in\mathring{U}(x_0,\delta_0)$ 时，$g(x)\neq u_0$.取 $\delta=\min\{\delta_0,\delta_1\}$，则当 $0<|x-x_0|<\delta$ 时，有 $|u-u_0|<\eta$ 及 $|u-u_0|\neq0$ 同时成立，即 $0<|u-u_0|<\eta$ 成立.从而有

$$|f(g(x))-A|=|f(u)-A|<\varepsilon$$

成立.

说明：在定理 2 中，将 $\lim\limits_{x\to x_0}g(x)=u_0$ 换成 $\lim\limits_{x\to x_0}g(x)=\infty$ 或 $\lim\limits_{x\to\infty}g(x)=\infty$，而将 $\lim\limits_{u\to u_0}f(u)=A$ 换成 $\lim\limits_{u\to\infty}f(u)=A$，可得类似结论.

定理 2 表明：若 $f(u)$ 与 $g(x)$ 满足定理的条件，则通过变量替换 $u=g(x)$，把求 $\lim\limits_{\substack{x\to x_0\\(x\to\infty)}}f(g(x))$ 转化成求 $\lim\limits_{\substack{u\to u_0\\(u\to\infty)}}f(u)$，这里 $\lim\limits_{\substack{x\to x_0\\(x\to\infty)}}g(x)=u_0$（或为 ∞）.

习 题 1-4

计算下列极限：

(1) $\lim\limits_{x\to1}\dfrac{x^2+1}{x-2}$； (2) $\lim\limits_{x\to\sqrt{3}}\dfrac{x^2-5}{x^2-2}$； (3) $\lim\limits_{x\to1}\dfrac{x^2-2x+1}{x^2-1}$；

(4) $\lim\limits_{x\to0}\dfrac{4x^3-2x^2+x}{3x^2+2x}$； (5) $\lim\limits_{h\to0}\dfrac{(x-h)^2-x^2}{h}$； (6) $\lim\limits_{x\to1}\left(\dfrac{1}{1-x}-\dfrac{4}{1-x^4}\right)$；

(7) $\lim\limits_{x\to\infty}\dfrac{2x^2+x-1}{(x+1)^2}$； (8) $\lim\limits_{x\to\infty}\dfrac{x^2+2x-1}{3x^3+2x+8}$； (9) $\lim\limits_{x\to\infty}\dfrac{2x^3+3x-5}{3x^2+2x+1}$；

(10) $\lim\limits_{x\to\infty}\left(\dfrac{1}{n^2}+\dfrac{2}{n^2}+\cdots+\dfrac{n}{n^2}\right)$.

第五节　极限存在准则、两个重要极限

一、极限存在准则

准则 1(迫敛性准则)　设在 x_0 的某去心邻域 $\mathring{U}(x_0,\delta)$ 内，函数 $f(x)$、$g(x)$ 和 $h(x)$ 满足 $g(x)\leqslant f(x)\leqslant h(x)$，且 $\lim\limits_{x\to x_0}g(x)=\lim\limits_{x\to x_0}h(x)=A$，则当 $x\to x_0$ 时，$f(x)$ 的极限存在，且 $\lim\limits_{x\to x_0}f(x)=A$.

证　由题设 $\lim\limits_{x\to x_0}g(x)=\lim\limits_{x\to x_0}h(x)=A$，则 $\forall\varepsilon>0$，总存在 $\delta_1>0$ 和 $\delta_2>0$，使得当 $x\in\mathring{U}(x_0,\delta_1)$ 时，有
$$|g(x)-A|<\varepsilon;\qquad ①$$
当 $x\in\mathring{U}(x_0,\delta_2)$ 时，有
$$|h(x)-A|<\varepsilon.\qquad ②$$
又 $x\in\mathring{U}(x_0,\delta)$ 时，有
$$g(x)\leqslant f(x)\leqslant h(x).\qquad ③$$
取 $\delta_0=\min\{\delta_1,\delta_2,\delta\}$，则当 $x\in\mathring{U}(x_0,\delta_0)$ 时，①、②和③式同时成立. 即有
$$A-\varepsilon<g(x)\leqslant f(x)\leqslant h(x)<A+\varepsilon,$$
亦即 $|f(x)-A|<\varepsilon$ 成立，故 $\lim\limits_{x\to x_0}f(x)=A$.

注：准则 1 对 $x\to x_0^-$、$x\to x_0^+$、$x\to\infty$、$x\to-\infty$ 或 $x\to+\infty$ 的情形有类似结论.

准则 1′　如果存在某正整数 n_0，当 $n>n_0$ 时，数列 $\{x_n\}$、$\{y_n\}$ 和 $\{z_n\}$ 满足 $y_n\leqslant x_n\leqslant z_n$，且 $\lim\limits_{n\to\infty}y_n=\lim\limits_{n\to\infty}z_n=A$，则数列 $\{x_n\}$ 的极限存在，且 $\lim\limits_{n\to\infty}x_n=A$.

如果数列 $\{x_n\}$ 满足条件：$x_1\leqslant x_2\leqslant\cdots\leqslant x_n\leqslant x_{n+1}\leqslant\cdots$，则称数列 $\{x_n\}$ 是**单调增加数列**. 如果数列 $\{x_n\}$ 满足条件：$x_1\geqslant x_2\geqslant\cdots\geqslant x_n\geqslant x_{n+1}\geqslant\cdots$，则称数列 $\{x_n\}$ 是**单调减少数列**，单调增加数列和单调减少数列统称为**单调数列**.

准则 2　单调有界数列必有极限.

对准则 2 我们不作证明，只给出如下几何解释：

从数轴上看，当 $n\to\infty$ 时，对应于单调数列的点 x_n，只能向一个方向移动，x_n 只有两种可能情形：x_n 沿数轴趋于无穷远处($x_n\to+\infty$ 或 $x_n\to-\infty$)，或者 x_0 无限接近于某个定点 A(见图 1-13)，即 x_n 以 A 为极限. 但现在 $\{x_n\}$ 是有界数列，即存在正数 M，使得 $|x_n|\leqslant M$，此时 x_n 不可能沿数轴趋于无穷远处，这表明数列 $\{x_n\}$ 以 A 为极限，且 $|A|\leqslant M$.

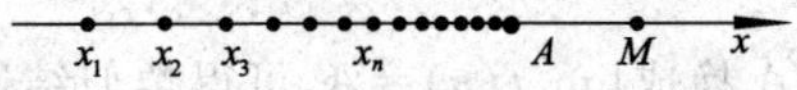

图　1-13

例 1　用极限存在准则证明：

(1) $\lim\limits_{x\to 0}\sqrt[n]{1+x}=1$；　　(2) $\lim\limits_{n\to\infty}n\left(\dfrac{1}{n^2+\pi}+\dfrac{1}{n^2+2\pi}+\cdots+\dfrac{1}{n^2+n\pi}\right)=1$.

证　(1) 当 $x>0$ 时，$1<\sqrt[n]{1+x}<1+x$，而 $\lim\limits_{x\to 0^+}1=1$ 且 $\lim\limits_{x\to 0^+}(1+x)=1$，因此由准则 1 有
$$\lim_{x\to 0^+}\sqrt[n]{1+x}=1.$$
当 $x<0$ 时，$1+x<\sqrt[n]{1+x}<1$，而 $\lim\limits_{x\to 0^-}(1+x)=1$ 且 $\lim\limits_{x\to 0^-}1=1$，因此仍由准则 1 有
$$\lim_{x\to 0^-}\sqrt[n]{1+x}=1.$$
综合上述讨论得 $\lim\limits_{x\to 0}\sqrt[n]{1+x}=1$.

(2) 由于 $\dfrac{1}{n^2+n\pi}\leqslant\dfrac{1}{n^2+k\pi}\leqslant\dfrac{1}{n^2+\pi}$　$(k=1,2,\cdots,n)$，所以

$$\frac{n^2}{n^2+n\pi}\leqslant n\left(\frac{1}{n^2+\pi}+\frac{1}{n^2+2\pi}+\cdots+\frac{1}{n^2+n\pi}\right)\leqslant\frac{n^2}{n^2+\pi}.$$

由于$\lim\limits_{x\to\infty}\frac{n^2}{n^2+n\pi}=1$，$\lim\limits_{x\to\infty}\frac{n^2}{n^2+\pi}=1$，所以由准则 1 得

$$\lim_{x\to\infty}n\left(\frac{1}{n^2+\pi}+\frac{1}{n^2+2\pi}+\cdots+\frac{1}{n^2+n\pi}\right)=1.$$

二、两个重要极限

作为上面两个极限的存在准则的应用，我们讨论两个重要极限.

1. $\lim\limits_{x\to 0}\frac{\sin x}{x}=1$.

在$\lim\limits_{x\to 0}\frac{\sin x}{x}$中，分子和分母的极限均为 0，不能用商的极限的运算法则，这里也不可能用上一节中约掉分子和分母中公因式的方法.

前面已经知道，这种分子和分母的极限均为 0 的商的极限可能存在也可能不存在，通常称之为$\frac{0}{0}$型未定式（类似还有$\frac{\infty}{\infty}$型、$\infty-\infty$型、1^{∞}型未定式）. 对这类未定式，即使其极限存在，也不能用极限的四则运算求解. 下面我们用准则 1 证明$\lim\limits_{x\to 0}\frac{\sin x}{x}=1$.

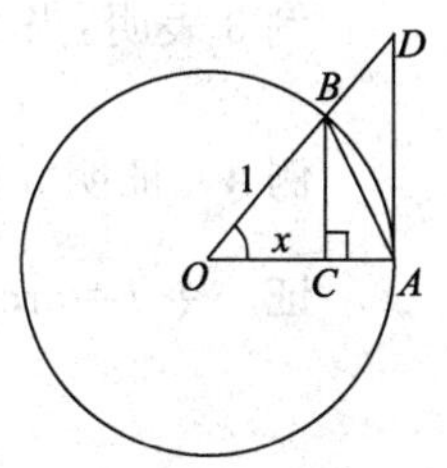

图 1-14

证　由于$\frac{\sin x}{x}$为偶函数，因此只需讨论 $x\to 0^+$ 时的极限. 如图 1-14 所示的单位圆中，设圆心角$\angle AOB=x\left(0<x<\frac{\pi}{2}\right)$，点 A 处的切线与 OB 的延长线交于点 D，$BC\perp OA$，则 $BC=\sin x$，$AB=x$，$DA=\tan x$. 显然有 $BC<AB<DA$，即

$$\sin x<x<\tan x, \tag{④}$$

将④式各边同时除以 $\sin x$，得 $1<\frac{x}{\sin x}<\frac{1}{\cos x}$，于是

$$\cos x<\frac{\sin x}{x}<1. \tag{⑤}$$

当 $0<|x|<\frac{\pi}{2}$时，显然有

$$0<1-\cos x=2\sin^2\frac{x}{2}<2\left(\frac{x}{2}\right)^2=\frac{x^2}{2},$$

当 $x\to 0$ 时，上式两端的极限均为 0，由准则 1，有$\lim\limits_{x\to 0}(\cos x-1)=0$，即$\lim\limits_{x\to 0}\cos x=1$. 再由准则 1 及不等式⑤得$\lim\limits_{x\to 0}\frac{\sin x}{x}=1$.

注：以上证明中，得到一个重要的不等式④：$|\sin x|<|x|<|\tan x|$在 $0<|x|<\frac{\pi}{2}$时成立.

说明：(1)$\lim\limits_{x\to 0}\frac{\sin x}{x}=1$ 表明，当 $x\to 0$ 时，$\sin x$ 和 x 是等价的无穷小，即 $\sin x\sim x$. 这种等价的无穷小在以后求极限时有着重要的应用，应尽可能多地记住一些等价无穷小.

(2) 由复合函数的极限的运算法则,可得如上重要极限的推广模型:$\lim\limits_{\square\to 0}\frac{\sin \square}{\square}=1$,其中“□”可以是自变量 x 也可以是 x 的函数.

例 2 证明 $\lim\limits_{x\to 0}\frac{\tan x}{x}=1$.

证 $\lim\limits_{x\to 0}\frac{\tan x}{x}=\lim\limits_{x\to 0}\frac{\sin x}{x}\cdot\frac{1}{\cos x}=\lim\limits_{x\to 0}\frac{\sin x}{x}\cdot\frac{1}{\lim\limits_{x\to 0}\cos x}=1$.

例 2 表明:当 $x\to 0$ 时,$\tan x\sim x$.

例 3 证明 $\lim\limits_{x\to 0}\frac{1-\cos x}{x^2}=\frac{1}{2}$.

证

$$\lim_{x\to 0}\frac{1-\cos x}{x^2}=\lim_{x\to 0}\frac{2\sin^2\frac{x}{2}}{x^2}=\frac{1}{2}\lim_{x\to 0}\left[\frac{\sin\frac{x}{2}}{\frac{x}{2}}\right]^2=\frac{1}{2}.$$

例 3 表明:当 $x\to 0$ 时,$1-\cos x\sim\frac{x^2}{2}$.

例 4 证明 $\lim\limits_{x\to 0}\frac{\arcsin x}{x}=1$.

证 令 $t=\arcsin x$,则 $x=\sin t$,且当 $x\to 0$ 时,有 $t\to 0$. 于是

$$\lim_{x\to 0}\frac{\arcsin x}{x}=\lim_{t\to 0}\frac{t}{\sin t}=1.$$

例 4 表明:当 $x\to 0$ 时,$\arcsin x\sim x$.

2. $\lim\limits_{x\to\infty}\left(1+\frac{1}{x}\right)^x=\mathrm{e}$

$\lim\limits_{x\to\infty}\left(1+\frac{1}{x}\right)^x$ 是形如 $\lim\limits_{x\to\square}u(x)^{v(x)}$ 的极限,形如 $u(x)^{v(x)}$ 的函数称为**幂指函数**. 注意到,$\lim\limits_{x\to\infty}\left(1+\frac{1}{x}\right)=1$,$\lim\limits_{x\to\infty}x=\infty$,$\lim\limits_{x\to\infty}\left(1+\frac{1}{x}\right)^x$ 是 1^∞ 型未定式(极限可能存在也可能不存在). 这种类型的极限,即使它的极限存在,也不能用极限的四则运算求解.

这里仅就 x 取正整数 n 且趋于 $+\infty$ 的情形,利用准则 2 证明 $\lim\limits_{n\to\infty}\left(1+\frac{1}{n}\right)^n=\mathrm{e}$.

证 设 $x_n=\left(1+\frac{1}{n}\right)^n$. 首先证明 $\{x_n\}$ 的单调性. 由于

$$\begin{aligned}x_n&=\left(1+\frac{1}{n}\right)^n=1+n\cdot\frac{1}{n}+\frac{n(n-1)}{2!}\cdot\frac{1}{n^2}+\frac{n(n-1)(n-2)}{3!}\cdot\frac{1}{n^3}\\&\quad+\cdots+\frac{n(n-1)\cdots(n-n+1)}{n!}\cdot\frac{1}{n^n}\\&=1+1+\frac{1}{2!}\left(1-\frac{1}{n}\right)+\frac{1}{3!}\left(1-\frac{1}{n}\right)\left(1-\frac{2}{n}\right)+\cdots\\&\quad+\frac{1}{n!}\left(1-\frac{1}{n}\right)\left(1-\frac{2}{n}\right)\cdots\left(1-\frac{n-1}{n}\right),\end{aligned}$$

同样

$$x_{n+1}=1+1+\frac{1}{2!}\left(1-\frac{1}{n+1}\right)+\frac{1}{3!}\left(1-\frac{1}{n+1}\right)\left(1-\frac{2}{n+1}\right)$$

$$+\cdots+\frac{1}{n!}\left(1-\frac{1}{n+1}\right)\left(1-\frac{2}{n+1}\right)\cdots\left(1-\frac{n-1}{n+1}\right)$$
$$+\frac{1}{(n+1)!}\left(1-\frac{1}{n+1}\right)\left(1-\frac{2}{n+1}\right)\cdots\left(1-\frac{n}{n+1}\right).$$

比较 x_n, x_{n+1} 的展开式可见，除前两项外，x_n 的每一项都小于 x_{n+1} 的对应项，且 x_{n+1} 还多了值大于零的最后一项，因此 $x_n<x_{n+1}(n=1,2\cdots)$. 所以数列 $\{x_n\}$ 为单调增加数列.

其次证数列 $\{x_n\}$ 有界. 用 1 代替 x_n 展开式括号中的数，有

$$x_n<1+1+\frac{1}{2!}+\cdots+\frac{1}{n!}<1+1+\frac{1}{2}+\frac{1}{2^2}+\cdots+\frac{1}{2^{n-1}}=1+\frac{1-\frac{1}{2^n}}{1-\frac{1}{2}}=3-\frac{1}{2^{n-1}}<3.$$

所以数列 $\{x_n\}$ 为有界数列.

最后，根据极限存在准则 2，知 $\lim\limits_{n\to\infty}\left(1+\frac{1}{n}\right)^n$ 存在，并记此极限值为 e，即

$$\lim_{n\to\infty}\left(1+\frac{1}{n}\right)^n=\mathrm{e}.$$

上式中 e 为无理数，其值为 $\mathrm{e}=2.718\,281\,828\,450\,945\,0\cdots$，指数函数 $y=\mathrm{e}^x$ 与对数函数 $y=\ln x$ 的底数 e 就是这个常数.

说明:(1) 对极限 $\lim\limits_{x\to\infty}\left(1+\frac{1}{x}\right)^x=\mathrm{e}$，做变量替换，令 $\frac{1}{x}=t$，则 $x=\frac{1}{t}$，且当 $x\to\infty$ 时，$t\to0$. 由复合函数的极限运算法则可得 $\lim\limits_{x\to\infty}\left(1+\frac{1}{x}\right)^x=\mathrm{e}$ 的等价形式为 $\lim\limits_{t\to0}(1+t)^{\frac{1}{t}}=\mathrm{e}$.

(2) 极限 $\lim\limits_{x\to\infty}\left(1+\frac{1}{x}\right)^x=\mathrm{e}$ 或 $\lim\limits_{t\to0}(1+t)^{\frac{1}{t}}=\mathrm{e}$ 在形式上有以下特点：底数趋于 1（但不是 1）、指数趋于 ∞，括号内第二项与指数的乘积为 1，且式子 $\lim\limits_{x\to\infty}\left(1+\frac{1}{x}\right)^x$ 或 $\lim\limits_{t\to0}(1+t)^{\frac{1}{t}}=\mathrm{e}$ 中三个"x"或"t"具有形式上的一致性，即有如下模型

$$\lim_{\square\to\infty}\left(1+\frac{1}{\square}\right)^{\square}=\mathrm{e}\text{ 及 }\lim_{\triangledown\to0}(1+\triangledown)^{\frac{1}{\triangledown}}=\mathrm{e}.$$

例 5　证明：(1) $\lim\limits_{x\to\infty}\left(1-\frac{1}{x}\right)^x=\mathrm{e}^{-1}$；　(2) $\lim\limits_{t\to0}(1-t)^{\frac{1}{t}}=\mathrm{e}^{-1}$.

证　(1) 令 $t=-x$，则当 $x\to\infty$ 时，$t\to\infty$，于是

$$\lim_{x\to\infty}\left(1-\frac{1}{x}\right)^x=\lim_{t\to\infty}\left(1+\frac{1}{t}\right)^{-1}=\frac{1}{\lim\limits_{t\to\infty}\left(1+\frac{1}{t}\right)^t}=\mathrm{e}^{-1}.$$

(2) 在(1)的左边，令 $\frac{1}{x}=t$，立即可得 $\lim\limits_{t\to0}(1-t)^{\frac{1}{t}}=\mathrm{e}^{-1}$.

注:例 5 中的结果可以作为结论直接应用.

例 6　求极限：(1) $\lim\limits_{x\to\infty}\left(1-\frac{2}{x}\right)^x$；　(2) $\lim\limits_{x\to\infty}\left(1+\frac{3}{2x}\right)^{2x+2}$；　(3) $\lim\limits_{x\to\infty}\left(\frac{x+2}{x+4}\right)^x$.

解　(1) $\lim\limits_{x\to\infty}\left(1-\frac{2}{x}\right)^x=\lim\limits_{x\to\infty}\left[\left(1-\frac{2}{x}\right)^{-\frac{x}{2}}\right]^{-2}=\mathrm{e}^{-2}$.

(2) $\lim\limits_{x\to\infty}\left(1+\frac{3}{2x}\right)^{2x+2}=\lim\limits_{x\to\infty}\left(1+\frac{3}{2x}\right)^{2x}\cdot\left(1+\frac{3}{2x}\right)^2$

$$=\lim_{x\to\infty}\left[\left(1+\frac{3}{2x}\right)^{\frac{2x}{3}}\right]^{3}\cdot\lim_{x\to\infty}\left(1+\frac{3}{2x}\right)^{2}=\mathrm{e}^{3}.$$

(3) $\lim\limits_{x\to\infty}\left(\frac{x+2}{x+4}\right)^{x}=\lim\limits_{x\to\infty}\left[\frac{1+\frac{2}{x}}{1+\frac{4}{x}}\right]^{x}=\lim\limits_{x\to\infty}\frac{\left(1+\frac{2}{x}\right)^{x}}{\left(1+\frac{4}{x}\right)^{x}}=\lim\limits_{x\to\infty}\frac{\left[\left(1+\frac{2}{x}\right)^{\frac{x}{2}}\right]^{2}}{\left[\left(1+\frac{4}{x}\right)^{\frac{x}{4}}\right]^{4}}=\mathrm{e}^{-2}.$

或者，由 $\left(\frac{x+2}{x+4}\right)^{x}=\left(1-\frac{2}{x+4}\right)^{x}$，令 $\frac{2}{x+4}=t$，则 $x=\frac{2}{t}-4$，于是

$$\lim_{x\to\infty}\left(\frac{x+2}{x+4}\right)^{x}=\lim_{x\to\infty}\left(1-\frac{2}{x+4}\right)^{x}=\lim_{t\to 0}(1-t)^{\frac{2}{t}-4}=\frac{\lim\limits_{t\to 0}\left[(1-t)^{\frac{1}{t}}\right]^{2}}{\lim\limits_{t\to 0}(1-t)^{4}}=\mathrm{e}^{-2}.$$

习 题 1-5

1. 求下列极限：

(1) $\lim\limits_{x\to 0}\frac{\sin 5x}{x}$；　(2) $\lim\limits_{x\to 0}\frac{1-\cos 2x}{x\sin x}$；　(3) $\lim\limits_{x\to 0}\frac{\sin ax}{\sin bx}\quad(a,b\neq 0)$；

(4) $\lim\limits_{x\to\infty}\left(1+\frac{2}{x}\right)^{x+2}$；　(5) $\lim\limits_{x\to\infty}\left(\frac{x+1}{x-1}\right)^{x}$；　(6) $\lim\limits_{x\to 0}\frac{\ln(1+2x)}{\sin 3x}$；

(7) $\lim\limits_{x\to\infty}\{n\cdot[\ln(n+2)-\ln n]\}$.

2. 利用极限存在准则，求：

(1) $\lim\limits_{n\to\infty}\left(\frac{1}{\sqrt{n^2+1}}+\frac{1}{\sqrt{n^2+2}}+\cdots+\frac{1}{\sqrt{n^2+n}}\right)$；(2) 数列 $\sqrt{2}$，$\sqrt{2+\sqrt{2}}$，$\sqrt{2+\sqrt{2+\sqrt{2}}}$ … 的极限.

3. 证明极限 $\lim\limits_{x\to 0}\frac{\sin|x|}{x}$ 不存在.

第六节　函数的连续性

客观世界中很多变量的变化是连续不断的，如气温的变化、植物的生长等. 例如，说气温是连续变化的，是因为当时间变动很微小时，气温的变化也很微小，这些特点反映到数学上就是函数的连续性.

一、函数连续的概念

为了给出函数连续性的定义，首先介绍增量的概念：设变量 x 从它的一个初值 x_1 变到终值 x_2，终值与初值的差 x_2-x_1 叫做变量 x 的**增量**（或**改变量**），记作 $\Delta x=x_2-x_1$.

需要注意：增量 Δx 可以是正的也可以是负的，其本质是变量 x 的改变量，当 $\Delta x>0$ 时，变量 x 的值在增大，当 $\Delta x<0$ 时，变量 x 的值在减小.

对函数 $y=f(x)$，设 $f(x)$ 在点 x_0 的某邻域内有定义. 当自变量 x 在 x_0 处有一个增量 Δx，使之变为 $x_0+\Delta x$，相应地，函数 $f(x)$ 的值从 $f(x_0)$ 变为 $f(x_0+\Delta x)$，$f(x)$ 的增量 $\Delta y=f(x_0+\Delta x)-f(x_0)$. 如果当自变量的增量 Δx 趋于零时，函数 $f(x)$ 的增量 Δy 也趋于零（见图 1-15），我们称函数 $f(x)$ 在点 x_0 处是连续的，即有如下定义.

定义 1　设函数 $y=f(x)$ 在点 x_0 的某邻域内有定义，如果

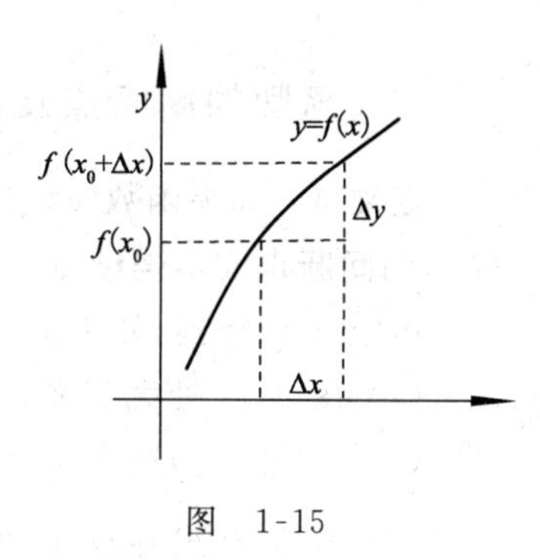

图　1-15

$$\lim_{\Delta x\to 0}\Delta y=0 \text{ 或 } \lim_{\Delta x\to 0}[f(x_0+\Delta x)-f(x_0)]=0,$$

则称函数 $f(x)$ 在点 x_0 处**连续**.

记 $x=x_0+\Delta x$，则当 $\Delta x\to 0$ 时，$x\to x_0$，于是有

$$\lim_{\Delta x\to 0}\Delta y=\lim_{x\to x_0}[f(x)-f(x_0)]=\lim_{x\to x_0}f(x)-f(x_0)=0,$$

即 $\lim\limits_{x\to x_0}f(x)=f(x_0)$. 因此，函数在一点处连续也可以使用如下定义.

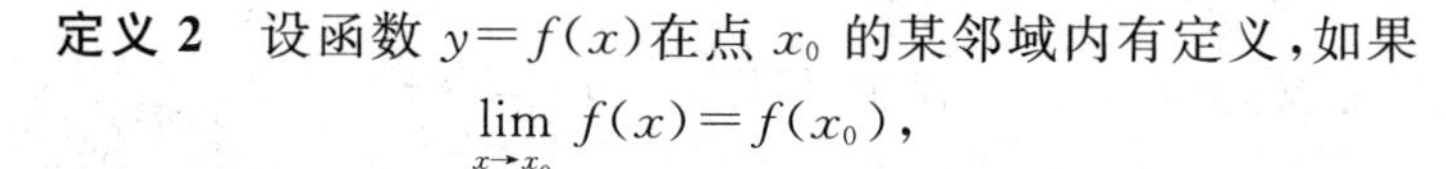

定义 2　设函数 $y=f(x)$ 在点 x_0 的某邻域内有定义，如果

$$\lim_{x\to x_0}f(x)=f(x_0),$$

则称函数 $y=f(x)$ 在点 x_0 **连续**.

定义 2 也可用"$\varepsilon-\delta$"语言表达如下：

定义 2′　设函数 $y=f(x)$ 在点 x_0 的某邻域内有定义，如果对 $\forall\varepsilon>0$，$\exists\delta>0$，当 $|x-x_0|<\delta$ 时 $|f(x)-f(x_0)|<\varepsilon$ 恒成立，则称函数 $y=f(x)$ 在点 x_0 连续.

例 1　根据定义证明函数 $y=x^2$ 在 $x=1$ 处连续.

证　$y=x^2$ 的定义域为 $\mathbf{R}$. 在 $x=1$ 处，给 x 一个改变量 Δx，则相应的函数改变量为 $\Delta y=(\Delta x+1)^2-1^2=2\Delta x+\Delta x^2$. 因为 $\lim\limits_{\Delta x\to 0}\Delta y=\lim\limits_{\Delta x\to 0}(2\Delta x+\Delta x^2)=0$，所以函数 $f(x)$ 在点 $x=1$ 处连续.

在讨论函数的极限时，有左极限、右极限的概念. 相应地，函数也有左连续与右连续的概念.

定义 3　设函数 $y=f(x)$ 在区间 $(x_0-\delta,x_0]$ 有定义，如果 $\lim\limits_{x\to x_0^-}f(x)=f(x_0)$，则称函数 $y=f(x)$ 在点 x_0 **左连续**；设 $y=f(x)$ 在区间 $[x_0,x_0+\delta)$ 有定义，如果 $\lim\limits_{x\to x_0^+}f(x)=f(x_0)$，则称函数 $y=f(x)$ 在点 x_0 **右连续**.

注意：函数 $f(x)$ 在点 x_0 左连续时，在 $(x_0,x_0+\delta)$ 可以有定义，也可以无定义；$f(x)$ 在点 x_0 右连续时，在 $(x_0-\delta,x_0)$ 可以有定义，也可以无定义.

如果函数 $y=f(x)$ 在开区间 (a,b) 内每一点都连续，则称函数 $f(x)$ 在开区间 (a,b) 内连续. 如果函数 $f(x)$ 在开区间 (a,b) 内连续，而且在点 a 右连续，在点 b 左连续，则称函数 $f(x)$ 在闭区间 $[a,b]$ 上连续.

例 2　证明 $f(x)=\sin x$ 在 $(-\infty,+\infty)$ 内连续.

证　对任意的 $x_0\in(-\infty,+\infty)$，当 x 在 x_0 处有改变量 Δx 时，$f(x)$ 相应的有改变量

$$\Delta y=\sin(x_0+\Delta x)-\sin x_0=2\sin\frac{\Delta x}{2}\cdot\cos\left(x_0+\frac{\Delta x}{2}\right).$$

由于

$$\left|\sin\frac{\Delta x}{2}\right|\leqslant\left|\frac{\Delta x}{2}\right|,\ \left|\cos\left(x_0+\frac{\Delta x}{2}\right)\right|\leqslant 1,$$

从而有 $|\Delta y|\leqslant 2\cdot\left|\frac{\Delta x}{2}\right|\cdot 1=|\Delta x|$，即 $-|\Delta x|\leqslant\Delta y\leqslant|\Delta x|$. 又 $\lim\limits_{\Delta x\to 0}(-|\Delta x|)=0$ 且 $\lim\limits_{\Delta x\to 0}|\Delta x|=0$，所以，由追敛性准则有 $\lim\limits_{\Delta x\to 0}\Delta y=0$，即 $\sin x$ 在 x_0 处连续. 由 x_0 的任意性得 $\sin x$ 在 $(-\infty,+\infty)$ 内连续.

同理可证 $f(x)=\cos x$ 在 $(-\infty,+\infty)$ 内连续.

二、函数的间断点及其分类

定义 4 如果函数 $y=f(x)$在点 x_0 处不连续，则称函数 $f(x)$在 x_0 处**间断**，点 x_0 称为 $f(x)$的**间断点**或**不连续点**.

由定义 4 得到，如果函数 $f(x)$至少有下列三种情形之一：

(1) 在点 x_0 处无定义；

(2) 虽然 $f(x)$在点 x_0 处有定义，但$\lim\limits_{x\to x_0} f(x)$不存在；

(3) 虽然 $f(x)$在点 x_0 处有定义，且$\lim\limits_{x\to x_0} f(x)$存在，但$\lim\limits_{x\to x_0} f(x)\neq f(x_0)$，

则 $f(x)$在 x_0 处间断.

通常，将函数的间断点划分为两类：

如果 x_0 是函数 $f(x)$的间断点，且 $\lim\limits_{x\to x_0^-} f(x)$与 $\lim\limits_{x\to x_0^+} f(x)$都存在，则称 x_0 为 $f(x)$的第一类间断点. 除第一类间断点之外的间断点称为**第二类间断点**.

进一步，第一类间断点又分为可去间断点和跳跃间断点：

在第一类间断点中，若 $\lim\limits_{x\to x_0^-} f(x)=\lim\limits_{x\to x_0^+} f(x)$，即$\lim\limits_{x\to x_0} f(x)$存在，则称 x_0 为 $f(x)$的**可去间断点**；若 $\lim\limits_{x\to x_0^-} f(x)\neq\lim\limits_{x\to x_0^+} f(x)$，则称 x_0 为 $f(x)$的**跳跃间断点**.

第二类间断点又分为无穷间断点和振荡间断点：

在第二类间断点中，$\lim\limits_{x\to x_0^-} f(x)$与 $\lim\limits_{x\to x_0^+} f(x)$至少有一个不存在. 如果极限不存在的原因是极限为无穷大，则称 x_0 为 $f(x)$的**无穷间断点**；如果极限不存在的原因是由函数振荡取值引起的，则称 x_0 为 $f(x)$的**振荡间断点**.

例 3 考察下列函数在指定点处的连续性，若该点是间断点，指出其类型：

(1) $f(x)=\dfrac{x^2+x}{x}$在 $x=0$ 处；　　(2) $f(x)=\begin{cases} x-1 & \text{当 } x<0, \\ 0 & \text{当 } x=0, \\ x+1 & \text{当 } x>0 \end{cases}$在 $x=0$ 处；

(3) $f(x)=\dfrac{1}{x-1}$在 $x=1$ 处；　　(4) $f(x)=\sin\dfrac{1}{x}$在 $x=0$ 处.

解 (1) $f(x)$在 $x=0$ 处无定义，$x=0$ 是 $f(x)$的间断点. 由于

$$\lim_{x\to 0} f(x)=\lim_{x\to 0}\frac{x^2+x}{x}=\lim_{x\to 0}(x+1)=1,\text{（当然}\lim_{x\to 0^-} f(x)=\lim_{x\to 0^+} f(x)\text{）}$$

所以 $x=0$ 是 $f(x)$的第一类间断点，且是可去间断点（见图 1-16）.

(2) $f(x)$ 在 $x=0$ 的邻域内有定义，且 $f(0)=0$，又因为

$$\lim_{x\to 0^-} f(x)=\lim_{x\to 0^-}(x-1)=-1,\ \lim_{x\to 0^+} f(x)=\lim_{x\to 0^+}(x+1)=1,\ \lim_{x\to 0^-} f(x)\neq\lim_{x\to 0^+} f(x),$$

可见$\lim\limits_{x\to 0} f(x)$不存在，因此函数 $f(x)$在点 $x=0$ 间断，$x=0$ 是 $f(x)$的第一类间断点，且是跳跃间断点（见图 1-17）.

(3) 由于 $f(x)$在 $x=1$ 处无定义，$x=1$ 是 $f(x)$的间断点. 由于$\lim\limits_{x\to 1}\dfrac{1}{x-1}=\infty$，所以$x=1$是 $f(x)$的第二类间断点，且是无穷间断点（见图 1-18）.

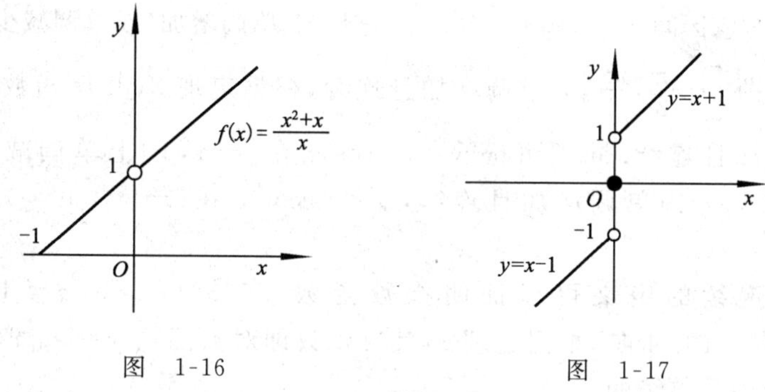

图　1-16　　　　图　1-17

(4) $f(x)=\sin\dfrac{1}{x}$在$x=0$处无定义,$x=0$是$f(x)$的间断点.$\lim\limits_{x\to 0}f(x)=\lim\limits_{x\to 0}\sin\dfrac{1}{x}$不存在,由于在$x\to 0$时$f(x)$的值在$-1$和$1$之间变动无限多次,所以$x=0$是$f(x)$的第二类间断点,且是振荡间断点(见图1-19).

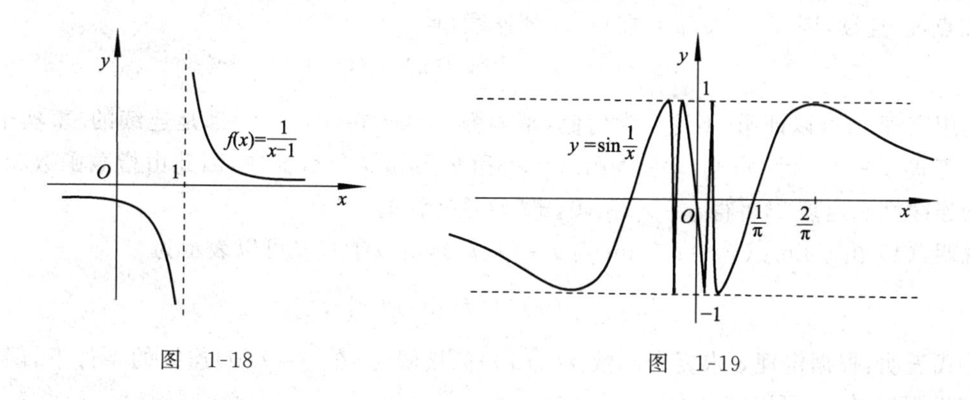

图　1-18　　　　图　1-19

说明:x_0为$f(x)$的可去间断点的原因可能是$f(x)$在点x_0处无定义,也可能是$f(x)$在点x_0处有定义,但$\lim\limits_{x\to x_0}f(x)\neq f(x_0)$.此时,我们可以补充或改变$f(x)$在点$x_0$处的定义,使$f(x_0)=\lim\limits_{x\to x_0}f(x)$,从而使所得新函数成为在点$x_0$连续的函数.

如在例3(1)中,若补充定义$f(0)=1$,使$f(x)$成为新函数$f_1(x)=\begin{cases}\dfrac{x^2+x}{x} & 当x\neq 0,\\ 1 & 当x=0,\end{cases}$则$f_1(x)$成为在$x=0$处连续的函数.

三、连续函数的运算与初等函数的连续性

1. 连续函数的四则运算和复合运算

由函数连续的定义和极限的四则运算法则,可得下面定理.

定理 1　如果函数$f(x)$与$g(x)$在点x_0处连续,那么它们的和$f(x)+g(x)$、差$f(x)-g(x)$、积$f(x)\cdot g(x)$、商$\dfrac{f(x)}{g(x)}$(当$g(x_0)\neq 0$时)都在点x_0处连续.

根据例2的结果知道$y=\sin x$和$y=\cos x$都在$(-\infty,+\infty)$内连续,由定理1可得$y=\tan x$和$y=\cot x$在其定义域内是连续的.

关于反函数的连续性,我们给出下面定理(证明从略).

定理 2　如果函数$y=f(x)$在区间上I_x单调增加(或单调减少)且连续,那么它的反函

数 $x=f^{-1}(y)$也在对应区间 $I_y=\{y|y=f(x),x\in I_x\}$上单调增加(或单调减少)且连续.

由于 $y=\sin x$ 在$\left[-\frac{\pi}{2},\frac{\pi}{2}\right]$上单调增加且连续,根据定理 2,其反函数 $y=\arcsin x$ 在$[-1,1]$上单调增加且连续.同理可证 $y=\arccos x$ 在$[-1,1]$上单调减少且连续,$y=\arctan x$ 在$(-\infty,+\infty)$内单调增加且连续,$y=\text{arccot}\ x$ 在$(-\infty,+\infty)$内单调减少且连续.

我们指出,用连续的定义可以证明指数函数 $y=a^x\ (a>0,a\neq1)$在其定义域$(-\infty,+\infty)$内是连续的.于是,根据定理 2,其反函数即对数函数 $y=\log_a x(a>0,a\neq1)$在其定义域$(0,+\infty)$内是连续的.

由函数连续的定义和复合函数的极限运算法则(第四节定理 2),可得下面定理.

定理 3 设函数 $y=f(g(x))$是由函数 $y=f(u)$与 $u=g(x)$复合而成,函数 $y=f(g(x))$在点 x_0 的某一邻域内有定义.如果函数 $u=g(x)$在点 x_0 连续且$\lim\limits_{x\to x_0}g(x)=u_0$,而函数 $y=f(u)$在点 u_0 连续,则 $y=f(g(x))$在点 x_0 处连续,且

$$\lim_{x\to x_0}f(g(x))=\lim_{u\to u_0}f(u)=f(u_0). \qquad ①$$

利用定理 3,可以证明:不论 α 为何值,幂函数 $y=x^\alpha$ 在$(0,+\infty)$都是连续的.事实上,由对数恒等式 $y=x^\alpha=e^{\alpha\ln x}$可知,$y=x^\alpha$ 由 $y=e^u$ 和 $u=\alpha\ln x$ 复合而成,因此由指数函数和对数函数的连续性和定理 3,可得 $y=x^\alpha$ 在$(0,+\infty)$是连续的.

说明:(1) 由于$\lim\limits_{x\to x_0}g(x)=u_0$,$\lim\limits_{u\to u_0}f(u)=f(u_0)$,所以①式又可以表示为

$$\lim_{x\to x_0}f(g(x))=f(\lim_{x\to x_0}g(x)). \qquad ②$$

②式表明:根据定理 3 求复合函数 $f(g(x))$的极限时,在 $y=f(u)$连续的条件下,函数符号 f 与极限符号$\lim\limits_{x\to x_0}$可以交换次序.

(2) 在定理 3 中将 $x\to x_0$ 换成 $x\to\infty$,可得类似的定理.

(3) 把定理 3 中的条件"如果函数 $u=g(x)$在点 x_0 连续且$\lim\limits_{x\to x_0}g(x)=u_0$"改为"如果 $x\to x_0$时 $u=g(x)$有极限$\lim\limits_{x\to x_0}g(x)=u_0$",①式和②式仍成立.

2. 初等函数的连续性

根据前面的讨论,我们已经知道了三角函数与反三角函数、指数函数与对数函数在它们的定义域内都是连续的,不论 α 为何值,幂函数 $y=x^\alpha$ 在$(0,+\infty)$是连续的.此外,我们指出幂函数 $y=x^\alpha$ 在其定义域内都是连续的(在一般的 α 取值,$y=x^\alpha$ 的定义域未必是$(0,+\infty)$).

综合以上讨论,我们得到:**基本初等函数在其定义域内都是连续的**.

进一步,根据初等函数的定义,由基本初等函数的连续性和本节的定理 1 和定理 3 可得重要结论:**一切初等函数在其定义区间内都是连续的**.所谓**定义区间**就是包含在定义域内的区间.

说明:(1) 初等函数的连续性为我们提供了求初等函数极限的重要方法:如果 $f(x)$是初等函数且 x_0 是 $f(x)$的定义区间内的点,则$\lim\limits_{x\to x_0}f(x)=f(x_0)$.

在此只举一个简单的例子,下一节中再进一步讨论.

例 4 求极限$\lim\limits_{x\to0}(\sqrt{1-x^2}+\sin^2 x)$.

解 由于 $f(x)=\sqrt{1-x^2}+\sin^2 x$ 是初等函数,且 $x=0$ 是 $f(x)$定义区间$[-1,1]$内的

点，所以$\lim\limits_{x\to 0}(\sqrt{1-x^2}+\sin^2 x)=\sqrt{1-0^2}+\sin^2 0=1$.

(2) 必须注意，按照初等函数的定义，一般情况下分段函数不是初等函数，分段函数的连续性问题关键是讨论其在分段点处是否连续.

例 5　讨论函数 $f(x)=\begin{cases} e^x & 当 -1\leqslant x<0, \\ \sqrt{1-x^2}+\sin^2 x & 当 0\leqslant x\leqslant 1 \end{cases}$ 的连续性.

解　此函数的定义域为$[-1,1]$，它不是初等函数.

当 $x\in[-1,0)$或 $x\in(0,1]$时，$f(x)$是初等函数，所以 $f(x)$连续.

在 $x=0$ 处，$f(0)=\sqrt{1-0^2}+\sin^2 0=1$，又

$$\lim_{x\to 0^-} f(x)=\lim_{x\to 0^-} e^x=e^0=1（因 y=e^x 在 x=0 处连续，当然左连续），$$

$\lim\limits_{x\to 0^+} f(x)=\lim\limits_{x\to 0^+}(\sqrt{1-x^2}+\sin^2 x)=1$（因 $y=\sqrt{1-x^2}+\sin^2 x$ 在 $x=0$ 处连续，当然右连续），可见 $\lim\limits_{x\to 0^-} f(x)=\lim\limits_{x\to 0^+} f(x)=f(0)$，所以 $f(x)$在 $x=0$ 处连续.

综上，$f(x)$在其整个定义域内连续.

四、闭区间上连续函数的性质

闭区间上连续的函数有几个重要性质，它们的证明需要实数理论的知识，这里我们仅以定理的形式给出结论，并做适当的几何解释.

定义 5　设函数 $f(x)$在区间 I 上有定义，如果存在 $x_0\in I$，使得对于任意的 $x\in I$，都有 $f(x)\leqslant f(x_0)$（或 $f(x)\geqslant f(x_0)$），则称 $f(x_0)$是函数 $f(x)$在区间 I 上的**最大值**（或**最小值**），称点 x_0 为 $f(x)$的**最大值点**（或**最小值点**）.

最大值与最小值统称为函数的**最值**. 最大值点与最小值点统称为函数的**最值点**.

例如，$f(x)=2+\sin x$ 在区间$[0,2\pi]$上有最大值 3 和最小值 1. 几何上，函数的最大值是与区间 I 对应的函数图象的最高点；函数的最小值是与区间 I 对应的函数图象的最低点（见图 1-20），函数的最大值为 M，最小值为 m.

定理 4（最大值与最小值定理）　如果函数 $y=f(x)$在$[a,b]$上连续，则 $y=f(x)$在$[a,b]$上一定有最大值和最小值.

定理表明，若 $f(x)$在$[a,b]$上连续，则至少有一点 $x_1\in[a,b]$，使 $f(x_1)$是 $f(x)$在$[a,b]$上的最大值，又至少存在一点 $x_2\in[a,b]$，使 $f(x_2)$是 $f(x)$在$[a,b]$上的最小值（见图 1-20）.

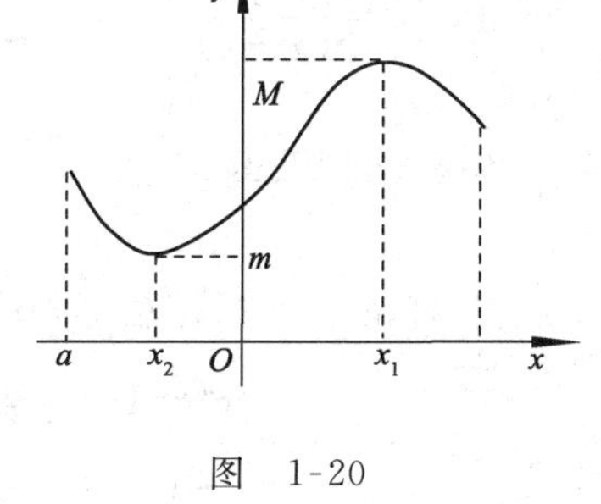

图　1-20

注：定理 4 中的条件“闭区间”和“连续”缺一不可。例如，$f(x)=x$ 在开区间$(0,1]$内连续，它有最大值 1，但它没有最小值；$f(x)=\dfrac{1}{x}$在闭区间$[-1,1]$内不连续，它既没有最大值也没有最小值.

定理 5（有界性定理）　如果函数 $y=f(x)$在闭区间$[a,b]$上连续，则 $f(x)$在这个区间上有界.

定理 6（介值定理）　设函数 $f(x)$在闭区间$[a,b]$上连续，m 和 M 分别为 $f(x)$在$[a,b]$上的最小值与最大值，则对介于 m 与 M 之间的任一实数 c（即 $m<c<M$），至少存在一点 $\xi\in(a,b)$，使得 $f(\xi)=c$.

该定理的几何意义：闭区间$[a,b]$上连续函数$y=f(x)$的图象与直线$y=c$至少有一个交点(见图1-21)，在$x=\xi_1$、ξ_2和ξ_3处，有$f(x)=c$.

推论(零点定理)　如果函数$f(x)$在闭区间$[a,b]$上连续，且$f(a)$与$f(b)$异号(即$f(a)\cdot f(b)<0$)，则至少存在一点$\xi\in(a,b)$使得$f(\xi)=0$.

如图1-22所示，$x=\xi_1$、ξ_2和ξ_3三点均为函数$f(x)$的零点.

零点定理表明：若$f(x)$在闭区间$[a,b]$上连续且$f(a)\cdot f(b)<0$，则方程$f(x)=0$在(a,b)内至少有一个根. 零点定理的"$f(a)$与$f(b)$异号"可改成"最大值与最小值异号".

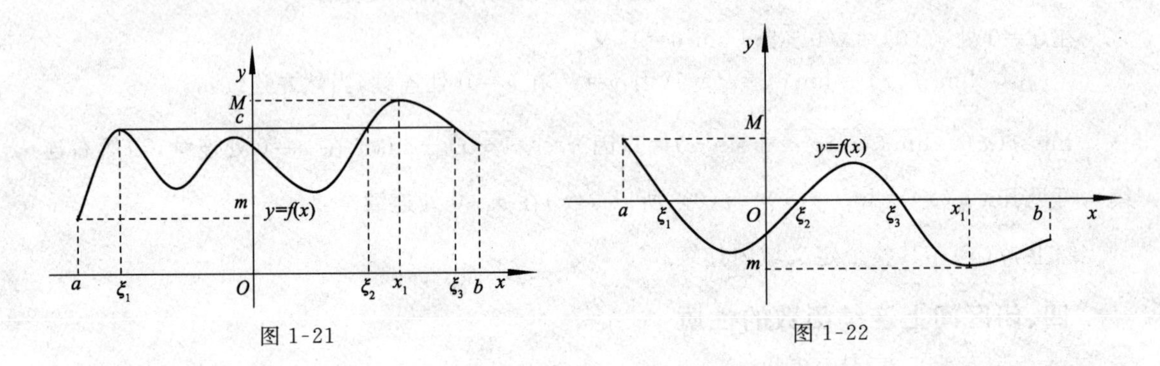

图1-21　　　　图1-22

例6　证明方程$x^5-14x-2=0$在区间$(1,2)$内至少有一个根.

证　令$f(x)=x^5-14x-2$. 因为$f(x)$为初等函数，$f(x)$在其定义域$(-\infty,+\infty)$内连续，而$[1,2]\subset(-\infty,+\infty)$，所以$f(x)$在$[1,2]$上连续.

又因为$f(1)=-15<0$，$f(2)=2>0$，即有$f(1)\cdot f(2)=-30<0$. 根据零点定理，在$(1,2)$内至少存在一点ξ，使得$f(\xi)=0$，即方程$x^5-14x-2=0$在区间$(1,2)$内至少有一个根.

习　题　1-6

1. 求下列函数的间断点，并判断间断点的类型：

(1) $y=\dfrac{1}{(x+2)^2}$；　　(2) $y=\dfrac{x^2-1}{x^2-3x+2}$；

(3) $y=\dfrac{\sin x}{x}$；　　(4) $f(x)=\begin{cases}\dfrac{1-x^2}{1-x} & \text{当 } x\neq1,\\ 0 & \text{当 } x=1.\end{cases}$

2. 讨论下列函数在$x=0$处的连续性：

(1) $f(x)=\begin{cases}e^x-1 & \text{当 } x\neq0,\\ 1 & \text{当 } x=0;\end{cases}$　　(2) $f(x)=\begin{cases}e^x & \text{当 } x\leqslant0,\\ \dfrac{\sin x}{x} & \text{当 } x>0;\end{cases}$

(3) $f(x)=\begin{cases}x^2\sin\dfrac{1}{x} & \text{当 } x\neq0,\\ 0 & \text{当 } x=0;\end{cases}$　　(4) $f(x)=\begin{cases}\dfrac{\sin x}{|x|} & \text{当 } x\neq0,\\ 1 & \text{当 } x=0.\end{cases}$

3. 证明方程$x^5-3x=1$在1与2之间至少有一个根.

4. 证明曲线$y=x^4-3x^2+7x-10$在$x=1$与$x=2$之间至少与x轴有一个交点.

5. 设$f(x)=e^x-2$，求证：在区间$(0,2)$内至少有一点x_0，使$e^{x_0}-2=x_0$.

第七节　求极限的几种方法及其应用

本节对已经学过的求极限的方法进行总结，并介绍用等价无穷小代换求极限的方法.

一、利用初等函数的连续性求极限

在上一节，我们已经得到结论：一切初等函数在其定义区间内都是连续的. 这表明：如果 $f(x)$ 是初等函数且 x_0 是 $f(x)$ 的定义区间内的点，则 $\lim\limits_{x\to x_0} f(x)=f(x_0)$. 这是求极限最简单的方法，实际中我们应该尽可能直接或间接运用这一方法.

例 1　求 $\lim\limits_{x\to 0}\dfrac{e^{x^2}\cos x}{\arctan(1+x)}$.

解　由于初等函数 $f(x)=\dfrac{e^{x^2}\cos x}{\arctan(1+x)}$ 在点 $x=0$ 有定义，所以

$$\lim_{x\to 0}\frac{e^{x^2}\cos x}{\arctan(1+x)}=\frac{e^0\cos 0}{\arctan(1+0)}=\frac{4}{\pi}.$$

例 2　求 $\lim\limits_{x\to 0}\dfrac{x^2}{1-\sqrt{1+x^2}}$.

解　虽然 $f(x)=\dfrac{x^2}{1-\sqrt{1+x^2}}$ 是初等函数，但 $f(x)$ 在 $x=0$ 处无定义，我们可以间接利用初等函数的连续性求它的极限.

$$\lim_{x\to 0}\frac{x^2}{1-\sqrt{1+x^2}}=\lim_{x\to 0}\frac{x^2(1+\sqrt{1+x^2})}{1-(\sqrt{1+x^2})^2}=\lim_{x\to 0}\frac{x^2(1+\sqrt{1+x^2})}{-x^2}=-\lim_{x\to 0}(1+\sqrt{1+x^2})=-2,$$

上式最后一步的依据是初等函数 $g(x)=1+\sqrt{1+x^2}$ 在 $x=0$ 处连续.

例 3　求 $\lim\limits_{x\to 0}\dfrac{\ln(1+x)}{x}$.

解　$f(x)=\dfrac{\ln(1+x)}{x}$ 在 $x=0$ 处不连续，对函数变形 $\dfrac{\ln(1+x)}{x}=\dfrac{1}{x}\ln(1+x)=\ln(1+x)^{\frac{1}{x}}$.

令 $u=(1+x)^{\frac{1}{x}}$，根据重要极限的结论，$\lim\limits_{x\to 0}u=\lim\limits_{x\to 0}(1+x)^{\frac{1}{x}}=e$，而函数 $\ln u$ 在 $u=e$ 处连续，所以，由上一节的定理 3 及其相关说明（复合函数的连续性），得

$$\lim_{x\to 0}\frac{\ln(1+x)}{x}=\lim_{x\to 0}\ln(1+x)^{\frac{1}{x}}=\lim_{u\to e}\ln u=\ln e=1.$$

注：熟练时，可省略上面变量替换的过程，直接按下式计算

$$\lim_{x\to 0}\frac{\ln(1+x)}{x}=\lim_{x\to 0}\ln(1+x)^{\frac{1}{x}}=\ln\lim_{x\to 0}(1+x)^{\frac{1}{x}}=\ln e=1.$$

例 3 表明：当 $x\to 0$ 时，$\ln(1+x)\sim x$.

例 4 求 $\lim\limits_{x\to 0}\dfrac{e^x-1}{x}$.

解　$f(x)=\dfrac{e^x-1}{x}$ 在 $x=0$ 处不连续，令 $e^x-1=t$，则 $x=\ln(1+t)$，且 $\lim\limits_{x\to 0}t=\lim\limits_{x\to 0}(e^x-1)$ $=0$，所以

$$\lim_{x\to 0}\frac{e^x-1}{x}=\lim_{t\to 0}\frac{t}{\ln(1+t)}=1\text{（根据例 3 的结果）}.$$

例 4 表明：当 $x\to 0$ 时，$e^x-1\sim x$.

例 5 求$\lim\limits_{x\to\infty}(\sqrt{x^2+1}-\sqrt{x^2-1})\sqrt{x^2+2}$.

解 $\lim\limits_{x\to\infty}(\sqrt{x^2+1}-\sqrt{x^2-1})\sqrt{x^2+2}=\lim\limits_{x\to\infty}\sqrt{x^2+2}\cdot\dfrac{(x^2+1)-(x^2-1)}{\sqrt{x^2+1}+\sqrt{x^2-1}}$

$$=\lim_{x\to\infty}\frac{2\sqrt{x^2+2}}{\sqrt{x^2+1}+\sqrt{x^2-1}}=\lim_{x\to\infty}\frac{2\sqrt{1+\frac{2}{x^2}}}{\sqrt{1+\frac{1}{x^2}}+\sqrt{1-\frac{1}{x^2}}}\overset{\frac{1}{x}=t}{=\!=\!=}\lim_{t\to 0}\frac{2\sqrt{1+2t^2}}{\sqrt{1+t^2}+\sqrt{1-t^2}}$$

$$=\left.\frac{2\sqrt{1+2t^2}}{\sqrt{1+t^2}+\sqrt{1-t^2}}\right|_{t=0}=1.$$

二、利用等价无穷小替换求极限

这种方法的理论依据是下面定理.

定理 设 $\alpha,\alpha',\beta,\beta'$ 都是自变量的同一变化过程中的无穷小量，且 $\alpha\sim\alpha'$，$\beta\sim\beta'$. 如果$\lim\dfrac{\beta'}{\alpha'}$存在，则$\lim\dfrac{\beta}{\alpha}=\lim\dfrac{\beta'}{\alpha'}$.

证 $\lim\dfrac{\beta}{\alpha}=\lim\left(\dfrac{\beta}{\beta'}\cdot\dfrac{\beta'}{\alpha'}\cdot\dfrac{\alpha'}{\alpha}\right)=\lim\dfrac{\beta}{\beta'}\cdot\lim\dfrac{\beta'}{\alpha'}\cdot\lim\dfrac{\alpha'}{\alpha}=\lim\dfrac{\beta'}{\alpha'}$.

该定理表明，求两个无穷小之比的极限时，分子和分母中的因子都可用等价无穷小替换. 因此，熟记一些常见的等价无穷小是十分必要的，目前我们已经知道如下等价无穷小：当$x\to 0$时，$\sin x\sim x$，$\tan x\sim x$，$\arctan x\sim x$，$\arcsin x\sim x$，$\ln(1+x)\sim x$，$e^x-1\sim x$，$1-\cos x\sim\dfrac{x^2}{2}$. 此外，我们指出：当 $x\to 0$ 时，$\sqrt[n]{1+x}-1\sim\dfrac{1}{n}x$（见第三章第二节例 1）.

例 6 求$\lim\limits_{x\to 0}\dfrac{\tan 7x}{\sin 9x}$.

解 因为 $x\to 0$ 时，$\sin 9x\sim 9x$，$\tan 7x\sim 7x$，所以$\lim\limits_{x\to 0}\dfrac{\tan 7x}{\sin 9x}=\lim\limits_{x\to 0}\dfrac{7x}{9x}=\dfrac{7}{9}$.

例 7 求$\lim\limits_{x\to 0}\dfrac{\tan x\ln(1+x)}{e^{x^2}-1}$.

解 因为 $x\to 0$ 时，$e^{x^2}-1\sim x^2$，$\tan x\sim x$，$\ln(1+x)\sim x$，所以

$$\lim_{x\to 0}\frac{\tan x\ln(1+x)}{\sin x^2}=\lim_{x\to 0}\frac{x\cdot x}{x^2}=1.$$

例 8 求$\lim\limits_{x\to 0}\dfrac{\tan x-\sin x}{\sin^3 x}$.

解 因为 $x\to 0$ 时，$\sin x\sim x$，$\tan x\sim x$，$1-\cos x\sim\dfrac{x^2}{2}$，所以

$$\lim_{x\to 0}\frac{\tan x-\sin x}{\sin^3 x}=\lim_{x\to 0}\frac{\tan x(1-\cos x)}{\sin^3 x}=\lim_{x\to 0}\frac{x\cdot\frac{x^2}{2}}{x^3}=\frac{1}{2}.$$

注意:在用等价无穷小替换时,只能对分子分母中作为"因子"的项进行替换,而对加、减项不能代换.如,对例 8 下面的作法是是错误的:

$$\lim_{x\to 0}\frac{\tan x-\sin x}{\sin^3 x}=\lim_{x\to 0}\frac{x-x}{x^3}=0.$$

三、求极限的其他方法

除了上面所介绍的求极限的方法,在本章中我们还介绍了利用极限的存在准则求极限、利用重要极限的结果求极限等方法.在第三章的第二节,我们还要学习另外一种求极限的重要方法,即洛必达(L'Hospital)法则.此外,我们还要特别强调:在求极限时,有一类极限只能用前面学过的结论:**"有界量与无穷小之积还是无穷小"**得出.实际求极限时,需要注意各种方法的灵活运用.

例 9 求极限:(1) $\lim\limits_{x\to\infty}x\sin\dfrac{1}{x}$; (2) $\lim\limits_{x\to\infty}\dfrac{\sin x}{x}$; (3) $\lim\limits_{x\to 0}\dfrac{3\sin x+x^2\cos\dfrac{1}{x}}{(1+\cos x)\ln(1+x)}$.

解 (1) $\lim\limits_{x\to\infty}x\sin\dfrac{1}{x}=\lim\limits_{x\to\infty}\dfrac{\sin\dfrac{1}{x}}{\dfrac{1}{x}}=1$ (可以理解为令$\dfrac{1}{x}=t$,$x\to\infty$时,$t\to 0$).

(2) $\lim\limits_{x\to\infty}\dfrac{\sin x}{x}=\lim\limits_{x\to\infty}\dfrac{1}{x}\sin x$,由$\lim\limits_{x\to\infty}\dfrac{1}{x}=0$,$|\sin x|\leqslant 1$,据有界量与无穷小之积还是无穷小,可得$\lim\limits_{x\to\infty}\dfrac{1}{x}\sin x=0$.

(3) 当 $x\to 0$ 时,$\ln(1+x)\sim x$,$1+\cos x\to 2$,$\dfrac{\sin x}{x}\to 1$,所以

$$\lim_{x\to 0}\frac{3\sin x+x^2\cos\dfrac{1}{x}}{(1+\cos x)\ln(1+x)}=\lim_{x\to 0}\frac{3\sin x+x^2\cos\dfrac{1}{x}}{2x}=\frac{3}{2}+\frac{1}{2}\lim_{x\to 0}x\cos\frac{1}{x}.$$

由$\lim\limits_{x\to 0}x=0$,$\left|\cos\dfrac{1}{x}\right|\leqslant 1$,据有界量与无穷小之积还是无穷小,得$\lim\limits_{x\to 0}x\cos\dfrac{1}{x}=0$,因此得

$$\lim_{x\to 0}\frac{3\sin x+x^2\cos\dfrac{1}{x}}{(1+\cos x)\ln(1+x)}=\frac{3}{2}+0=\frac{3}{2}.$$

习　题　1-7

1. 用初等函数的连续性求下列极限:

(1) $\lim\limits_{x\to -2}\dfrac{\sqrt{1-x}-\sqrt{3}}{x^2+x-2}$; (2) $\lim\limits_{x\to 1}\dfrac{\sqrt{5x-4}-\sqrt{x}}{x-1}$; (3) $\lim\limits_{x\to +\infty}\left(\sqrt{x^2+x}-\sqrt{x^2-x}\right)$.

2. 用等价无穷小代换求下列极限:

(1) $\lim\limits_{x\to 0}\dfrac{1-\cos x}{x\sin x}$; (2) $\lim\limits_{x\to 0}\dfrac{\tan x-\sin x}{\sqrt{2+x}(e^{x^3}-1)}$; (3) $\lim\limits_{x\to 0}\dfrac{\arctan 2x}{x}$;

(4) $\lim\limits_{x\to a}\dfrac{\cos x-\cos a}{x-a}$; (5) $\lim\limits_{x\to 0}\dfrac{(\sqrt{1+2x}-1)\arcsin x}{\tan x^2}$; (6) $\lim\limits_{x\to 0}\dfrac{1-\cos x}{(e^{\sin x}-1)^2}$.

总习题一

A 组

一、填空题：

1. 极限$\lim\limits_{x\to\infty}x\sin\dfrac{2x}{x^2+1}=$______.

2. 在“充分”、“必要”和“充分必要”三者中选择一个正确的填入下列空格内；

(1) 数列$\{x_n\}$有界是$\{x_n\}$收敛的______条件. 数列$\{x_n\}$收敛是数列$\{x_n\}$有界的______条件.

(2) $f(x)$ 在 x_0 的某一去心邻域内有界是$\lim\limits_{x\to x_0}f(x)$存在的______条件. $\lim\limits_{x\to x_0}f(x)$存在是$f(x)$在 x_0 的某一去心邻域内有界的______条件.

(3) 函数 $f(x)$当 $x\to x_0$ 时的右极限 $f(x_0+0)$及左极限 $f(x_0-0)$都存在且相等是$\lim\limits_{x\to x_0}f(x)$存在的______条件.

二、单项选择题：

选择以下各题给出的四个结论中一个正确的结论.

1. 设 $f(x)=2^x+3^x-2$，则当 $x\to 0$ 时，有（　　）.

A. $f(x)$与 x 是等价无穷小　　B. $f(x)$ 与 x 同阶但非等价无穷小

C. $f(x)$是比 x 高阶的无穷小　　D. $f(x)$是比 x 低阶的无穷小

2. 设函数 $f(x)=\dfrac{1}{\dfrac{x}{e^{x-1}-1}}$，则（　　）.

A. $x=0,x=1$ 都是 $f(x)$的第一类间断点

B. $x=0,x=1$，都是 $f(x)$的第二类间断点

C. $x=0$ 是 $f(x)$的第一类间断点，$x=1$ 是 $f(x)$的第二类间断点

D. $x=0$ 是 $f(x)$的第二类间断点，$x=1$ 是 $f(x)$的第一类间断点

三、计算、证明题：

1. 设 $f(x)$的定义域是$[0,1]$，求下列函数的定义域：

(1) $f(e^x)$；　(2) $f(\ln x)$；　(3) $f(\arctan x)$；　(4) $f(\cos x)$.

2. 把半径为 r 的一圆形铁皮，自中心处剪去中心角为 α 的一扇形后围成一无底圆锥. 试将这圆锥的体积表示为 α 的函数.

3. 求下列极限：

(1) $\lim\limits_{x\to 3}\dfrac{2x^3-5x^2-3x}{x^2+2x-15}$；　(2) $\lim\limits_{n\to\infty}\sqrt{n+1}(\sqrt{n}-\sqrt{n-4})$；　(3) $\lim\limits_{x\to+\infty}x(\sqrt{x^2+1}-x)$；

(4) $\lim\limits_{x\to\infty}\left(\dfrac{2x-1}{2x+1}\right)^{4x}$；　(5) $\lim\limits_{x\to\infty}\left(\dfrac{2x+3}{2x+1}\right)^{x+1}$.

4. 设 $f(x)=\begin{cases} x\sin\dfrac{1}{x} & 当\ x>0, \\ a+x^2 & 当\ x\leqslant 0, \end{cases}$ 要使 $f(x)$在$(-\infty,+\infty)$内连续，a 应取何值？

5. 证明方程 $\sin x+x+1=0$ 在开区间$\left(-\dfrac{\pi}{2},\dfrac{\pi}{2}\right)$内至少有一个根.

B　组

一、选择题：

1. 设函数 $f(x)$ 在点 x_0 处连续，则下列结论肯定正确的是(　　).

A. $\lim\limits_{x\to x_0}\dfrac{f(x)-f(x_0)}{x-x_0}$ 必存在　　B. $\lim\limits_{x\to x_0}f(x)=0$

C. 当 $x\to x_0$ 时，$f(x)-f(x_0)$ 不是无穷小　　D. 当 $x\to x_0$ 时，$f(x)-f(x_0)$ 必为无穷小

2. 设函数 $f(x)=\begin{cases}\arctan x & 当\ x<0,\\ 4x^2+4x+1 & 当\ x\geqslant 0,\end{cases}$ 则当 $x\to 0$ 时(　　).

A. $f(x)$ 的极限存在　　B. $f(x)$ 的左极限存在，右极限不存在

C. $f(x)$ 的左极限不存在，右极限存在　　D. $f(x)$ 的左、右极限都存在，但它们不相等

3. 当 $x\to 0$ 时，$\arcsin(x^2+3x)$ 与 $3x$ 比较是(　　).

A. 较高阶的无穷小　　B. 等价的无穷小

C. 同阶但非等价的无穷小　　D. 较低阶的无穷小

4. 函数 $f(x)=\dfrac{1}{x^2}$ 在区间 $(0,1)$ 内是(　　).

A. 单调增加连续的　　B. 单调增加不连续的

C. 单调减少连续的　　D. 单调减少不连续的

5. 设函数 $f(x)=\begin{cases}\dfrac{\sin 2x}{x(x-1)} & 当\ x>0,\\ \dfrac{x^2-1}{x+2} & 当\ x\leqslant 0,\end{cases}$ 则函数 $f(x)$ 的间断点是(　　)(可多选).

A. $x=-2$　　B. $x=-1$　　C. $x=1$　　D. $x=0$

二、填空题：

1. 设函数 $f(x)=\begin{cases}\dfrac{\sqrt{x+4}-2}{x(x-1)} & 当\ x\neq 0,\\ a & 当\ x=0\end{cases}$ 在 $x=0$ 处连续，则 $a=$______.

2. $\lim\limits_{x\to 0}\dfrac{e^x+e^{-x}-2}{x}=$________.

3. 若 $\lim\limits_{x\to 1}\dfrac{x^2+ax+b}{\sin(x^2-1)}=3$，则 $a=$________，$b=$________.

4. $\lim\limits_{x\to\frac{1}{2}}\sqrt{4+\arcsin(2x^2+5x-3)}=$________.

5. 函数 $y=f(x)$ 在 $x=x_0$ 处连续的三个要素是________，________，________.

三、计算、证明题：

1. 求下列极限：

(1) $\lim\limits_{x\to\infty}\ln\left(1+\dfrac{x\cos x}{x^2+4}\right)$；　(2) $\lim\limits_{x\to 0}\dfrac{\ln(1+x)}{\tan x^2}$；　(3) $\lim\limits_{x\to 0}x\cot x$；

(4) $\lim\limits_{x\to 0}\left(\dfrac{2-x}{2}\right)^{\frac{1}{x}}$；　(5) $\lim\limits_{x\to 0}\dfrac{\cos 3x-\cos 2x}{\sin x^2}$；　(6) $\lim\limits_{x\to\frac{\pi}{3}}\dfrac{\sin\left(x+\frac{\pi}{3}\right)}{1-\cos 2x}$.

2. 已知 $\lim\limits_{x\to 3}\dfrac{x^2+2x+a}{x^2-9}=\dfrac{4}{3}$，求 a 的值.

3. 已知当 $x \to 0$ 时，$a(\sqrt{1+x}-1) \sim (\sqrt{4+x}-2)$，求 a 的值.

4. (1) 证明当 $x \to 0^+$ 时，$x\ln(1+x)$ 是比 $\sin x^{\frac{3}{2}}$ 高阶的无穷小.

(2) 证明函数 $f(x)=\begin{cases} e^{\frac{1}{x}} & 当\ x<0, \\ 0 & 当\ x=0, \\ x\arctan\dfrac{1}{x} & 当\ x>0 \end{cases}$ 在 $(-\infty,+\infty)$ 上连续.

5. 指出函数 $f(x)=\begin{cases} 10^{-\frac{1}{x}} & 当\ x<0, \\ \sqrt{x+3} & 当\ 0\leqslant x\leqslant 1, \\ \dfrac{1}{x-2} & 当\ x>1 \end{cases}$ 的间断点.

6. 证明方程 $x^6-6x+1=0$ 在区间 $(0,1)$ 内至少有一个实根.

7. 求下列函数的连续区间，并求相应的极限：

(1) $f(x)=\dfrac{1}{\sqrt[3]{x^2-3x+2}}$，求 $\lim\limits_{x\to 0} f(x)$；(2) $f(x)=\sqrt{x-4}+\sqrt{6-x}$，求 $\lim\limits_{x\to 5} f(x)$.

第二章 导数与微分

为了深入研究变量之间的函数关系，需要考虑因变量随自变量变化而变化的快慢程度，即变化率问题，这就导致了导数概念的产生. 进一步，还希望描述在自变量发生微小的变化时，所引起的函数值的改变量，这又导致了微分概念的产生. 导数和微分是微分学中最重要的概念，理解、掌握和运用导数和微分的概念，对整个微积分的学习起着至关重要的作用. 本章主要介绍导数和微分的概念以及它们之间的联系，并给出它们的运算法则和计算方法.

第一节 导数的概念

一、引例

1. 变速直线运动的瞬时速度问题

设某质点作变速直线运动，其所经过的路程 S 是时间 t 的函数 $S=S(t)$. 求质点在 $t=t_0$ 时的瞬时速度 $v(t_0)$.

当时间由 t_0 变到 $t_0+\Delta t$ 时，质点在 Δt 这段时间内所经过的路程为

$$\Delta S=S(t_0+\Delta t)-S(t_0).$$

质点在 Δt 这段时间内的平均速度为

$$\bar{v}=\frac{\Delta S}{\Delta t}=\frac{S(t_0+\Delta t)-S(t_0)}{\Delta t}.$$

当 Δt 很小时，可以用 $\bar{v}$ 近似地表示质点在时刻 t_0 的速度，而且 Δt 越小，近似的程度就越好. 如果当 $\Delta t\to 0$ 时，极限 $\lim\limits_{\Delta t\to 0}\bar{v}$ 存在，则称此极限值为质点在时刻 t_0 的**瞬时速度**，记作 $v(t_0)$，即

$$v(t_0)=\lim_{\Delta t\to 0}\frac{\Delta S}{\Delta t}=\lim_{\Delta t\to 0}\frac{S(t_0+\Delta t)-S(t_0)}{\Delta t}.$$

2. 切线问题

设点 $M_0(x_0,y_0)$ 为连续曲线 C：$y=f(x)$ 上的一个定点，求曲线 $y=f(x)$ 在点 M_0 处的切线的斜率 k.

在 C 上任取异于 M_0 的一点 $M(x_0+\Delta x, y_0+\Delta y)$ $(\Delta x\neq 0)$（如图 2-1 所示）. 过点 M_0、M 的直线 M_0M 称为**曲线的割线**，设割线 M_0M 的倾斜角为 φ，若当点 M 沿曲线 C 趋向于点 M_0 时，割线 M_0M 也随之变动而趋向于其极限位置——直线 M_0T，则称直线 M_0T 为曲线 C 在点 M_0 处的切线. 若设切线倾斜角为 α，则有

$$k=\tan\alpha=\lim_{\Delta x\to 0}\tan\varphi=\lim_{\Delta x\to 0}\frac{\Delta y}{\Delta x}=\lim_{\Delta x\to 0}\frac{f(x_0+\Delta x)-f(x_0)}{\Delta x}.$$

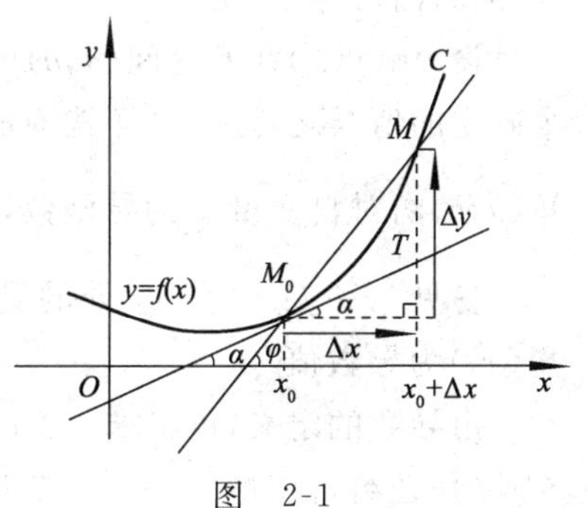

图 2-1

尽管上面两个实例的具体含义不同，但从数学关系来

看，其实质是一样的，都归结为求函数改变量 Δy 与自变量改变量 Δx 的比值 $\frac{\Delta y}{\Delta x}$ 在 Δx 趋于 0 时的极限，即求 $\lim\limits_{\Delta x\to 0}\frac{\Delta y}{\Delta x}$. 实际中还有关于变化率的问题，如角速度、线密度等，都可归结为这种形式的极限，抽出这种极限的数学本质就得出如下**函数的导数**概念.

二、导数的概念

定义 1 设函数 $y=f(x)$ 在点 x_0 的某邻域内有定义，当自变量 x 在点 x_0 处取得改变量 Δx（点 $x_0+\Delta x$ 仍在该邻域内，且 $\Delta x\neq 0$）时，函数 $f(x)$ 取得相应的改变量 Δy. 如果当 $\Delta x\to 0$ 时，$\frac{\Delta y}{\Delta x}$ 的极限存在，则称函数 $y=f(x)$ 在点 x_0 处**可导**，并把这个极限值称为函数 $y=f(x)$ 在点 x_0 处的**导数**. 记作 $f'(x_0)$、$y'\Big|_{x=x_0}$、$\frac{\mathrm{d}y}{\mathrm{d}x}\Big|_{x=x_0}$、$\frac{\mathrm{d}f(x)}{\mathrm{d}x}\Big|_{x=x_0}$ 或 $\frac{\mathrm{d}}{\mathrm{d}x}f(x)_{x=x_0}$，即

$$f'(x_0)=\lim_{\Delta x\to 0}\frac{\Delta y}{\Delta x}=\lim_{\Delta x\to 0}\frac{f(x_0+\Delta x)-f(x_0)}{\Delta x}. \qquad ①$$

函数 $y=f(x)$ 在点 x_0 处可导，也称 $f(x)$ 在 x_0 处具有导数或导数存在. 如果极限①不存在，则称 $f(x)$ 在点 x_0 处不可导. 如果不可导的原因是由于 $\Delta x\to 0$ 时，$\frac{\Delta y}{\Delta x}\to\infty$. 虽然导数不存在，但为方便起见，此时也说函数 $y=f(x)$ 在点 x_0 处的导数为无穷大.

$\frac{\Delta y}{\Delta x}=\frac{f(x_0+\Delta x)-f(x_0)}{\Delta x}$ 反映的是自变量 x 从 x_0 改变到 $x_0+\Delta x$ 时，函数 $f(x)$ 的平均变化速度，称为函数的平均变化率；而 $f'(x_0)=\lim\limits_{\Delta x\to 0}\frac{\Delta y}{\Delta x}$ 反映的是函数 $f(x)$ 在 x_0 处的变化速度，称为函数在点 x_0 处的变化率（或瞬时变化率）.

根据导数的定义可知，引例中变速直线运动在时刻 t_0 的瞬时速度为 $v(t_0)=S'(t_0)$；曲线 $y=f(x)$ 在点 M_0 处切线的斜率为 $k=f'(x_0)$.

注意：导数的定义式也可以表示成其他形式，例如

$$f'(x_0)=\lim_{h\to 0}\frac{f(x_0+h)-f(x_0)}{h} \text{或} f'(x_0)=\lim_{x\to x_0}\frac{f(x)-f(x_0)}{x-x_0},$$

分别是将①式中 Δx 换成 h 或 $x-x_0$ 所得的形式，$\Delta x\to 0$ 时，即有 $h\to 0$ 或 $x\to x_0$.

定义 2 如果函数 $y=f(x)$ 在开区间 (a,b) 内的每一点处都可导，则称函数 $f(x)$ 在开区间 (a,b) 内可导.

设 $y=f(x)$ 在开区间 (a,b) 内可导，则对任意的 $x\in(a,b)$，$f(x)$ 在点 x 处的导数都有一个确定的值与之对应，这样就构成了一个以 $f(x)$ 的导数为函数的新函数，称为 $f(x)$ 在开区间 (a,b) 内对自变量 x 的导函数，简称导数. 记作 $f'(x)$、y'、y'_x、$\frac{\mathrm{d}y}{\mathrm{d}x}$、$\frac{\mathrm{d}f(x)}{\mathrm{d}x}$ 或 $\frac{\mathrm{d}}{\mathrm{d}x}f(x)$.

易见，$y=f(x)$ 在 x_0 处的导数 $f'(x_0)$ 就是导（函）数 $f'(x)$ 在 x_0 处的函数值，以下称 $f'(x_0)$ 为导数值.

由导数的定义，可将求 $y=f(x)$ 的导数 $f'(x)$ 的过程概括成以下三个步骤：

(1) 任给自变量 x 一个改变量 Δx，求函数的改变量 $\Delta y=f(x+\Delta x)-f(x)$；

(2) 求比值 $\frac{\Delta y}{\Delta x}$；

(3)求极限 $f'(x)=\lim\limits_{\Delta x\to 0}\dfrac{\Delta y}{\Delta x}$.

注:在上面步骤(3)求极限的过程中,把 x 看作常量,Δx 是变量.另外,求函数 $f(x)$ 的导数 $f'(x)$,都是指 $f'(x)$ 存在的点处的导数,以后不再说明.

例 1 求函数 $f(x)=x^n(n\in\mathbf{N}^+)$ 在 $x=x_0$ 处的导数.

解 由 $f(x)-f(x_0)=x^n-x_0^n=(x-x_0)(x^{n-1}+x_0x^{n-2}+\cdots+x_0^{n-2}x+x_0^{n-1})$,得

$$f'(x_0)=\lim_{x\to x_0}\frac{f(x)-f(x_0)}{x-x_0}=\lim_{x\to x_0}(x^{n-1}+x_0x^{n-2}+\cdots+x_0^{n-2}x+x_0^{n-1})=nx_0^{n-1}.$$

将上式中的 x_0 换成 x,得到 $(x^n)'=nx^{n-1}$.

这里需要指出,对一般的幂函数 $y=x^\alpha$(α 为常数),也可以证明

$$(x^\alpha)'=\alpha x^{\alpha-1}.$$

利用这个公式,可以很方便地求出幂函数的导数,例如

$$(\sqrt{x})'=(x^{\frac{1}{2}})'=\frac{1}{2}x^{\frac{1}{2}-1}=\frac{1}{2}x^{-\frac{1}{2}}=\frac{1}{2\sqrt{x}},\left(\frac{1}{x}\right)'=(x^{-1})'=(-1)x^{-1-1}=-\frac{1}{x^2}.$$

例 2 求函数 $f(x)=c$(c 为常数)的导数.

解 任给自变量 x 一个改变量 Δx,$\Delta y=c-c=0$.所以

$$f'(x)=\lim_{\Delta x\to 0}\frac{\Delta y}{\Delta x}=\lim_{\Delta x\to 0}\frac{0}{\Delta x}=0.$$

即常数的导数等于零:$(c)'=0$.

例 3 求函数 $f(x)=\sin x$ 的导数.

解 给 x 一个改变量 Δx,$\Delta y=\sin(x+\Delta x)-\sin x=2\cos\left(x+\dfrac{\Delta x}{2}\right)\sin\dfrac{\Delta x}{2}$,于是

$$f'(x)=\lim_{\Delta x\to 0}\frac{\Delta y}{\Delta x}=\lim_{\Delta x\to 0}\frac{2\cos\left(x+\frac{\Delta x}{2}\right)\sin\frac{\Delta x}{2}}{\Delta x}=\lim_{\Delta x\to 0}\frac{\sin\frac{\Delta x}{2}}{\frac{\Delta x}{2}}\cos\left(x+\frac{\Delta x}{2}\right)=\cos x.$$

即 $(\sin x)'=\cos x$.

用同样方法可得 $(\cos x)'=-\sin x$.

例 4 求函数 $f(x)=a^x(a>0,a\neq 1)$ 的导数.

解 $f'(x)=\lim\limits_{h\to 0}\dfrac{f(x+h)-f(x)}{h}=\lim\limits_{h\to 0}\dfrac{a^{x+h}-a^x}{h}=a^x\lim\limits_{h\to 0}\dfrac{a^h-1}{h}$.

仿第一章第七节例 4 方法,令 $a^h-1=t$,则 $h=\log_a(1+t)$,当 $h\to 0$ 时,$t\to 0$,则

$$\lim_{h\to 0}\frac{a^h-1}{h}=\lim_{t\to 0}\frac{t}{\log_a(1+t)}=\lim_{t\to 0}\frac{1}{\log_a(1+t)^{\frac{1}{t}}}=\frac{1}{\log_a \mathrm{e}}=\ln a.$$

即 $(a^x)'=a^x\ln a$.

特别地,$(\mathrm{e}^x)'=\mathrm{e}^x$.

例 5 求函数 $f(x)=\log_a x(a>0,a\neq 1)$ 的导数.

解 仿照第一章第七节例 3 的方法,

$$f'(x)=\lim_{h\to 0}\frac{\log_a(x+h)-\log_a x}{h}=\lim_{h\to 0}\left(\frac{1}{h}\log_a\frac{x+h}{x}\right)$$

$$=\lim_{h\to 0}\left[\frac{1}{x}\cdot\frac{x}{h}\cdot\log_a\left(1+\frac{h}{x}\right)\right]=\frac{1}{x}\lim_{h\to 0}\log_a\left(1+\frac{h}{x}\right)^{\frac{x}{h}}=\frac{1}{x}\log_a \mathrm{e}=\frac{1}{x\ln a}.$$

即
$$(\log_a x)'=\frac{1}{x\ln a}.$$

特别地
$$(\ln x)'=\frac{1}{x}.$$

有时要研究函数在某点 x_0 一侧的导数问题，这就是左导数、右导数的概念.

定义 3 设函数 $y=f(x)$在含 x_0 的左邻域内有定义，如果 $\lim\limits_{\Delta x\to 0^-}\frac{f(x_0+\Delta x)-f(x_0)}{\Delta x}$存在，则称该极限值为 $f(x)$在点 x_0 处的左导数，记作 $f'_-(x_0)$. 即

$$f'_-(x_0)=\lim_{\Delta x\to 0^-}\frac{f(x_0+\Delta x)-f(x_0)}{\Delta x}.$$

同样，设函数 $y=f(x)$在含 x_0 的右邻域内有定义，如果 $\lim\limits_{\Delta x\to 0^+}\frac{f(x_0+\Delta x)-f(x_0)}{\Delta x}$存在，则称该极限值为 $f(x)$在点 x_0 处的右导数，记作 $f'_+(x_0)$. 即

$$f'_+(x_0)=\lim_{\Delta x\to 0^+}\frac{f(x_0+\Delta x)-f(x_0)}{\Delta x}.$$

左导数和右导数统称为**单侧导数**.

易见，$f'(x_0)$存在的充分必要条件是 $f'_-(x_0)$和 $f'_+(x_0)$都存在，且 $f'_-(x_0)=f'_+(x_0)=f'(x_0)$.

例 6 考察函数 $f(x)=|x|$在 $x=0$ 处的可导性.

解 因为

$$f'_-(0)=\lim_{\Delta x\to 0^-}\frac{f(0+\Delta x)-f(0)}{\Delta x}=\lim_{\Delta x\to 0^-}\frac{-\Delta x-0}{\Delta x}=-1,$$

$$f'_+(0)=\lim_{\Delta x\to 0^+}\frac{f(0+\Delta x)-f(0)}{\Delta x}=\lim_{\Delta x\to 0^+}\frac{\Delta x-0}{\Delta x}=1,$$

可见 $f'_-(0)\neq f'_+(0)$. 因此，函数 $f(x)=|x|$在 $x=0$ 处不可导（见图 2-2）.

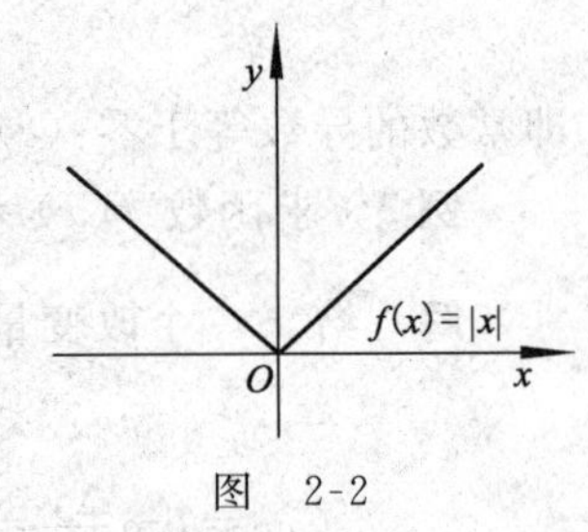

图 2-2

三、函数可导与连续的关系

定理（可导的必要条件） 若函数 $y=f(x)$在 x_0 处可导，则 $f(x)$在点 x_0 处一定连续.

证 因为函数 $y=f(x)$在 x_0 处可导，所以有$\lim\limits_{\Delta x\to 0}\frac{\Delta y}{\Delta x}=f'(x_0)$. 于是

$$\lim_{\Delta x\to 0}\Delta y=\lim_{\Delta x\to 0}\frac{\Delta y}{\Delta x}\cdot\Delta x=\lim_{\Delta x\to 0}\frac{\Delta y}{\Delta x}\cdot\lim_{\Delta x\to 0}\Delta x=f'(x_0)\cdot 0=0.$$

因而函数 $y=f(x)$在 x_0 处连续.

注：这个定理的逆命题不成立，即函数在某点连续，但在该点不一定可导. 如例 6 中的 $f(x)=|x|$在 $x=0$ 处连续，但在 $x=0$ 处不可导.

由命题与逆否命题之间的关系，立即得到如下结论：如果函数 $y=f(x)$在 x_0 处不连续，则 $f(x)$在点 x_0 处一定不可导.

例如，函数 $f(x)=\begin{cases}x-1 & 当\ x\leqslant 0,\\ 2x & 当\ x>0\end{cases}$ 在 $x=0$ 处不连续，因此 $f(x)$在 $x=0$ 处不可导（见图 2-3）.

例 7　讨论函数 $f(x)=\begin{cases}2x & \text{当 } x\leqslant 0,\\ x^2 & \text{当 } x>0\end{cases}$ 在点 $x=0$ 处的连续性和可导性.

解　因为

$$f(0)=0,\lim_{x\to0^-}f(x)=\lim_{x\to0^-}2x=0,\lim_{x\to0^+}f(x)=\lim_{x\to0^+}x^2=0,$$

可见 $\lim\limits_{x\to0^-}f(x)=\lim\limits_{x\to0^+}f(x)=f(0)$，所以 $f(x)$ 在点 $x=0$ 处连续.

因为

$$f'_-(0)=\lim_{x\to0^-}\frac{f(x)-f(0)}{x-0}=\lim_{x\to0^-}\frac{2x-0}{x}=2,$$

$$f'_+(0)=\lim_{x\to0^+}\frac{f(x)-f(0)}{x-0}=\lim_{x\to0^+}\frac{x^2-0}{x}=0,$$

可见 $f'_-(0)\neq f'_+(0)$，所以 $f(x)$ 在 $x=0$ 处不可导(见图 2-4).

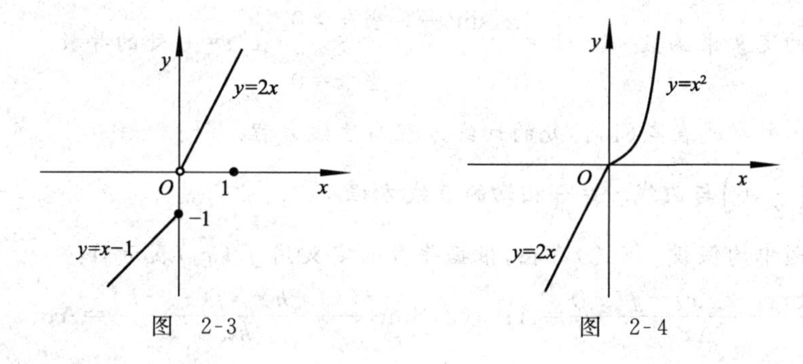

图　2-3　　　　图　2-4

四、导数的几何意义

由本节引例中的切线问题知，函数 $y=f(x)$ 在点 x_0 处的导数 $f'(x_0)$ 在几何上表示曲线 $y=f(x)$ 在点 $M_0(x_0,y_0)$ 处的切线的斜率，即 $f'(x_0)=\tan\alpha$，其中 α 是切线的倾斜角，如图 2-5 所示.

根据导数的几何意义，函数 $y=f(x)$ 在点 x_0 处有导数 $f'(x_0)$ 时，曲线 $y=f(x)$ 在点 $M_0(x_0,y_0)$ 处的切线方程为

$$y-y_0=f'(x_0)(x-x_0).$$

过切点与切线垂直的直线称为曲线的**法线**. 若 $f'(x_0)\neq0$，则曲线在点 $M_0(x_0,y_0)$ 处的法线方程为

$$y-y_0=-\frac{1}{f'(x_0)}(x-x_0).$$

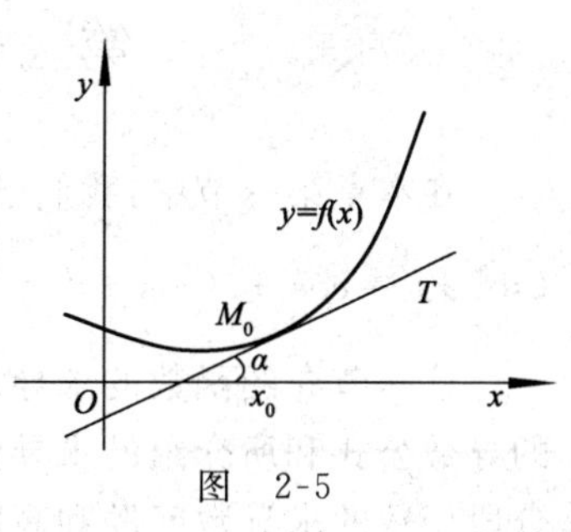

图　2-5

若 $f'(x_0)=0$，则法线方程为 $x=x_0$.

例 8　求曲线 $y=x^3$ 在点(1,1)处的切线方程和法线方程.

解　根据导数的几何意义，所求切线的斜率 $k=y'|_{x=1}$. 由幂函数的导数公式，$y'=(x^3)'=3x^2$，可得 $k=(3x^2)|_{x=1}=3$，从而所求的切线方程为 $y-1=3(x-1)$，即 $3x-y-2=0$；法线方程为 $y-1=-\frac{1}{3}(x-1)$，即 $x+3y-4=0$.

最后，我们再看一个例子，它对理解导数的概念是有帮助的.

例 9　假设 $f'(x_0)$ 存在，根据导数的定义用 $f'(x_0)$ 表示 A 和 B：

(1) $A=\lim\limits_{\Delta x\to 0}\dfrac{f(x_0-\Delta x)-f(x_0)}{\Delta x}$；　(2) $B=\lim\limits_{x\to 0}\dfrac{f(x_0+\mathrm{e}^x-1)-f(x_0)}{2x}$.

解　与导数的定义式$\lim\limits_{h\to 0}\dfrac{f(x_0+h)-f(x_0)}{h}=f'(x_0)$对比，可分别确定$A$和$B$如下：

(1) 令$-\Delta x=h$，则当$\Delta x\to 0$时，$h\to 0$，于是$A=\lim\limits_{h\to 0}(-1)\cdot\dfrac{f(x_0+h)-f(x_0)}{h}=-f'(x_0)$；

(2) 令$\mathrm{e}^x-1=h$，则当$x\to 0$时，$h\to 0$，且$\mathrm{e}^x-1\sim x$，于是

$$B=\lim_{x\to 0}\frac{\mathrm{e}^x-1}{2x}\cdot\frac{f(x_0+\mathrm{e}^x-1)-f(x_0)}{\mathrm{e}^x-1}=\lim_{x\to 0}\frac{\mathrm{e}^x-1}{2x}\cdot\lim_{h\to 0}\frac{f(x_0+h)-f(x_0)}{h}=\frac{1}{2}f'(x_0).$$

习　题　2-1

1. 用导数的定义求函数$y=2x^2-1$在$x=1$处的导数.

2. 用导数的定义求函数$f(x)=\begin{cases}x^2\sin\dfrac{1}{x} & 当\ x\neq 0,\\ 0 & 当\ x=0\end{cases}$在$x=0$处的导数.

3. 求曲线$y=\sqrt[3]{x^2}$在点$(1,1)$处的切线方程与法线方程.

4. 求过点$\left(\dfrac{3}{2},0\right)$与曲线$y=\dfrac{1}{x^2}$相切的直线方程.

5. 下列各题中均假设$f'(x_0)$存在，根据导数的定义用$f'(x_0)$表示A：

(1) $\lim\limits_{\Delta x\to 0}\dfrac{f(x_0-2\Delta x)-f(x_0)}{\Delta x}=A$；　(2) $\lim\limits_{h\to 0}\dfrac{f(x_0+h)-f(x_0-h)}{h}=A$；

(3) $\lim\limits_{x\to 0}\dfrac{f(x_0+\sin 2x)-f(x_0)}{x}=A$；　(4) $x_0=0$且$f(0)=0$，$\lim\limits_{x\to 0}\dfrac{f(x)}{x}=A$.

6. 讨论函数$f(x)=\begin{cases}x^2+1 & 当\ 0\leqslant x<1,\\ 3x-1 & 当\ x\geqslant 1\end{cases}$在点$x=1$处的连续性和可导性.

第二节　函数的求导法则与高阶导数

在本章第一节中，我们已讨论过几个基本初等函数的求导公式：$(c)'=0$，$(x^n)'=nx^{n-1}$，$(\sin x)'=\cos x$，$(\cos x)'=-\sin x$，$(a^x)'=a^x\ln a$，$(\mathrm{e}^x)'=\mathrm{e}^x$，$(\log_a x)'=\dfrac{1}{x\ln a}$，$(\ln x)'=\dfrac{1}{x}$.

这一节介绍函数的求导法则，并推导其他基本初等函数的导数公式，借助基本初等函数的导数公式和所介绍的求导法则能够方便地求出一般初等函数的导数. 最后，我们还要讨论分段函数的求导数问题和高阶导数的概念与求法.

一、函数四则运算的求导法则

定理1　如果$f(x)$、$g(x)$都是x的**可导函数**，那么它们的和、差、积、商(分母为零的点除外)都是x的**可导函数**，且

(1) $[f(x)\pm g(x)]'=f'(x)\pm g'(x)$；

(2) $[f(x)g(x)]'=f'(x)g(x)+f(x)g'(x)$；

(3) $\left[\dfrac{f(x)}{g(x)}\right]'=\dfrac{f'(x)g(x)-f(x)g'(x)}{[g(x)]^2}$.

证　(1) $[f(x)\pm g(x)]'=\lim\limits_{\Delta x\to 0}\dfrac{[f(x+\Delta x)\pm g(x+\Delta x)]-[f(x)\pm g(x)]}{\Delta x}$

$$=\lim_{\Delta x\to 0}\frac{[f(x+\Delta x)-f(x)]\pm[g(x+\Delta x)-g(x)]}{\Delta x}$$

$$=\lim_{\Delta x\to 0}\frac{f(x+\Delta x)-f(x)}{\Delta x}\pm\lim_{\Delta x\to 0}\frac{g(x+\Delta x)-g(x)}{\Delta x}$$

$$=f'(x)\pm g'(x).$$

(2) $[f(x)g(x)]'=\lim\limits_{\Delta x\to 0}\dfrac{f(x+\Delta x)g(x+\Delta x)-f(x)g(x)}{\Delta x}$

$$=\lim_{\Delta x\to 0}\left[\frac{f(x+\Delta x)-f(x)}{\Delta x}\cdot g(x+\Delta x)+\frac{g(x+\Delta x)-g(x)}{\Delta x}\cdot f(x)\right].$$

由于 $g(x)$ 可导，所以 $g(x)$ 连续，因而有 $\lim\limits_{\Delta x\to 0}g(x+\Delta x)=g(x)$. 于是

$$[f(x)g(x)]'=\lim_{\Delta x\to 0}\frac{f(x+\Delta x)-f(x)}{\Delta x}\cdot\lim_{\Delta x\to 0}g(x+\Delta x)+\lim_{\Delta x\to 0}\frac{g(x+\Delta x)-g(x)}{\Delta x}\cdot\lim_{\Delta x\to 0}f(x)$$

$$=f'(x)g(x)+f(x)g'(x).$$

(3)的证明与(2)的证明类似，从略.

特别地，$[C\cdot f(x)]'=C\cdot f'(x)$，$C$ 为常数；$\left[\dfrac{1}{g(x)}\right]'=-\dfrac{g'(x)}{[g(x)]^2}$.

说明：定理 1 中的(1)和(2)可以推广到任意多个函数的情形. 例如，若 $u=u(x)$、$v=v(x)$、$w=w(x)$ 均为 x 的可导函数，则有

$$(u+v+w)'=u'+v'+w',$$

$$(uvw)'=(uv)'w+(uv)w'=(u'v+uv')w+uvw'=u'vw+uv'w+uvw'.$$

例 1　求 $y=\tan x$ 的导数.

解　$y'=(\tan x)'=\left(\dfrac{\sin x}{\cos x}\right)'=\dfrac{(\sin x)'\cos x-\sin x\,(\cos x)'}{\cos^2 x}=\dfrac{\cos^2 x+\sin^2 x}{\cos^2 x}=\sec^2 x$，

即 $(\tan x)'=\sec^2 x$.

类似可得 $(\cot x)'=-\csc^2 x$.

例 2　求 $y=\sec x$ 的导数.

解　$y'=(\sec x)'=\left(\dfrac{1}{\cos x}\right)'=-\dfrac{(\cos x)'}{\cos^2 x}=\dfrac{\sin x}{\cos^2 x}=\sec x\tan x$，即 $(\sec x)'=\sec x\tan x$.

类似地可得 $(\csc x)'=-\csc x\cot x$.

例 3　求 $y=\dfrac{1}{4}x^4-\dfrac{1}{3}x^{-3}+\sin x-\csc x+\sin\dfrac{\pi}{2}$ 的导数.

解　$y'=\left(\dfrac{1}{4}x^4\right)'-\left(\dfrac{1}{3}x^{-3}\right)'+(\sin x)'-(\csc x)'+\left(\sin\dfrac{\pi}{2}\right)'$

$$=x^3+x^{-4}+\cos x+\csc x\cot x.$$

二、反函数的求导法则

定理 2　如果函数 $x=f(y)$ 在区间 I_y 内**单调**、**可导**，且对任一 $y\in I_y$，$f'(y)\neq 0$，则其反函数 $y=f^{-1}(x)$ 在区间 $I_x=\{x\,|\,x=f(y),y\in I_y\}$ 内也**可导**，且

$$[f^{-1}(x)]'_x=\left.\frac{1}{f'(y)}\right|_{y=f^{-1}(x)} \text{或} \frac{\mathrm{d}y}{\mathrm{d}x}=\frac{1}{\dfrac{\mathrm{d}x}{\mathrm{d}y}}.$$

证 由于$x=f(y)$在区间I_y内单调、可导(从而连续),则据第一章第六节定理2,其反函数$y=f^{-1}(x)$在区间I_x内单调且连续. 当$y=f^{-1}(x)$的自变量x取得改变量Δx时,由其单调性可知$\Delta y\neq 0$,且由$y=f^{-1}(x)$的连续性可知,当$\Delta x\to 0$时,有$\Delta y\to 0$,从而

$$[f^{-1}(x)]'_x=\lim_{\Delta x\to 0}\frac{\Delta y}{\Delta x}=\lim_{\Delta y\to 0}\frac{1}{\frac{\Delta x}{\Delta y}}=\frac{1}{f'(y)}\bigg|_{y=f^{-1}(x)}.$$

注:定理2可简述为:反函数的导数等于直接函数导数的倒数. 但需注意,上式左边是$y=f^{-1}(x)$关于x的导数,而右边是$x=f(y)$关于y的导数.

例4 求$y=\arcsin x\quad(-1<x<1)$的导数.

解 因为$y=\arcsin x$是$x=\sin y\quad\left(-\frac{\pi}{2}<y<\frac{\pi}{2}\right)$的反函数,而

$$(\sin y)'_y=\cos y>0\quad\left(-\frac{\pi}{2}<y<\frac{\pi}{2}\right),\quad \cos y=\sqrt{1-\sin^2 y}=\sqrt{1-x^2}>0,$$

所以

$$(\arcsin x)'=\frac{1}{(\sin y)'_y}=\frac{1}{\cos y}=\frac{1}{\sqrt{1-\sin^2 y}}\xlongequal{y=\arcsin x}\frac{1}{\sqrt{1-x^2}}.$$

类似可得

$$(\arccos x)'=-\frac{1}{\sqrt{1-x^2}}\quad(-1<x<1),\quad(\arctan x)'=\frac{1}{1+x^2},\quad(\operatorname{arccot} x)'=-\frac{1}{1+x^2}.$$

三、基本初等函数的导数公式表

到目前,我们已经得到全部基本初等函数的导数公式,熟练掌握它们是求一般初等函数导数的基础,将它们汇总如下:

(1) $(C)'=0$; (2) $(x^\mu)'=\mu x^{\mu-1}$;

(3) $(a^x)'=a^x\ln a$; (4) $(e^x)'=e^x$;

(5) $(\log_a x)'=\frac{1}{x\ln a}$; (6) $(\ln x)'=\frac{1}{x}$;

(7) $(\sin x)'=\cos x$; (8) $(\cos x)'=-\sin x$;

(9) $(\tan x)'=\sec^2 x$; (10) $(\cot x)'=-\csc^2 x$;

(11) $(\sec x)'=\sec x\tan x$; (12) $(\csc x)'=-\csc x\cot x$;

(13) $(\arcsin x)'=\frac{1}{\sqrt{1-x^2}}$; (14) $(\arccos x)'=-\frac{1}{\sqrt{1-x^2}}$;

(15) $(\arctan x)'=\frac{1}{1+x^2}$; (16) $(\operatorname{arccot} x)'=-\frac{1}{1+x^2}$.

四、复合函数的求导法则

定理3 已知函数$y=f(g(x))$是由函数$y=f(u)$,$u=g(x)$复合而成. 如果$u=g(x)$在点x处可导,函数$y=f(u)$在相应的点u处可导,则复合函数$y=f(g(x))$在点x处可导,并且

$$\frac{dy}{dx}=f'(u)g'(x)u\Big|=g(x)\text{或}\frac{dy}{dx}=\frac{dy}{du}\cdot\frac{du}{dx}\bigg|_{u=g(x)}\text{或}\ y'_x=y'_u u'_x\Big|_{u=g(x)}.\qquad ①$$

证 设x取得改变量Δx,则u取得相应的改变量Δu,y取得相应的改变量Δy,当

$\Delta u\neq 0$ 时,有

$$\frac{\Delta y}{\Delta x}=\frac{\Delta y}{\Delta u}\cdot\frac{\Delta u}{\Delta x}.$$

因为 $u=g(x)$ 在点 x 可导必连续,所以当 $\Delta x\to 0$ 时,$\Delta u\to 0$. 因此

$$\lim_{\Delta x\to 0}\frac{\Delta y}{\Delta x}=\lim_{\Delta x\to 0}\frac{\Delta y}{\Delta u}\cdot\frac{\Delta u}{\Delta x}=\lim_{\Delta x\to 0}\frac{\Delta y}{\Delta u}\cdot\lim_{\Delta x\to 0}\frac{\Delta u}{\Delta x}=\lim_{\Delta u\to 0}\frac{\Delta y}{\Delta u}\cdot\lim_{\Delta x\to 0}\frac{\Delta u}{\Delta x}=y'_u\cdot u'_x.$$

即 $y'_x=y'_u\cdot u'_x$.

当 $\Delta u=0$ 时,利用极限与无穷小的关系(第一章第三节定理 4)可以证明公式①仍然成立,这里从略.

定理 3 中的公式①也称为复合函数求导的**链式法则**. 公式①表明,复合函数对自变量的导数等于外层函数对中间变量的导数乘以中间变量(内层函数)对自变量的导数,因此正确确定中间变量是复合函数求导的关键. 外层函数对中间变量求导时把中间变量看作自变量对待,求导后要把中间变量换成内层函数.

复合函数的求导法则可以推广到多个中间变量的情形. 例如,设 $y=f(u)$、$u=g(v)$、$v=h(x)$,则 $\frac{\mathrm{d}y}{\mathrm{d}x}=\frac{\mathrm{d}y}{\mathrm{d}u}\cdot\frac{\mathrm{d}u}{\mathrm{d}v}\cdot\frac{\mathrm{d}v}{\mathrm{d}x}\Big|_{u=g(v),v=h(x)}$.

例 5　求 $y=\ln\cos x$ 的导数.

解　设 $y=\ln u$,$u=\cos x$(u 为中间变量). 因为 $\frac{\mathrm{d}y}{\mathrm{d}u}=\frac{1}{u}$,$\frac{\mathrm{d}u}{\mathrm{d}x}=-\sin x$,所以

$$\frac{\mathrm{d}y}{\mathrm{d}x}=\frac{\mathrm{d}y}{\mathrm{d}u}\cdot\frac{\mathrm{d}u}{\mathrm{d}x}=\frac{1}{u}(-\sin x)=-\frac{\sin x}{\cos x}=-\tan x.$$

例 6　求 $y=(1+5x)^{30}$ 的导数.

解　设 $y=u^{30}$,$u=1+5x$(u 为中间变量). 因为 $y'_u=30u^{29}$,$u'_x=5$,所以

$$y'_x=y'_u u'_x=150u^{29}=150\,(1+5x)^{29}.$$

熟练掌握复合函数的求导法则后,就不必再写出中间变量.

例 7　求 $y=\sin(3x^2+1)$ 的导数.

解　$y'=[\sin(3x^2+1)]'_{3x^2+1}\cdot(3x^2+1)'_x=\cos(3x^2+1)\cdot 6x=6x\cos(3x^2+1)$.

注意:上式中的 $[\sin(3x^2+1)]'_{3x^2+1}$ 必须写出脚标"$3x^2+1$". 因为不写出脚标时,即默认是对自变量 x 求导,即 $[\sin(3x^2+1)]'$ 等同于 $[\sin(3x^2+1)]'_x$. 当然,熟练后,第一步直接写出外层函数对中间变量求导的结果即可:$y'=\cos(3x^2+1)\cdot(3x^2+1)'=6x\cos(3x^2+1)$.

例 8　求 $y=\ln(x+\sqrt{x^2+a^2})$ 的导数.

解

$$y'=\frac{1}{x+\sqrt{x^2+a^2}}(x+\sqrt{x^2+a^2})'=\frac{1}{x+\sqrt{x^2+a^2}}\left[1+\frac{1}{2}(x^2+a^2)^{-\frac{1}{2}}\cdot 2x\right]$$

$$=\frac{1}{x+\sqrt{x^2+a^2}}\left(1+\frac{x}{\sqrt{x^2+a^2}}\right)=\frac{1}{\sqrt{x^2+a^2}}.$$

例 8 的结果可作为公式使用.

例 9　求 $y=\arctan(\mathrm{e}^{3x})$ 的导数.

解　$y'=\frac{1}{1+(\mathrm{e}^{3x})^2}(\mathrm{e}^{3x})'=\frac{1}{1+\mathrm{e}^{6x}}\cdot\mathrm{e}^{3x}(3x)'=\frac{3\mathrm{e}^{3x}}{1+\mathrm{e}^{6x}}$.

例 10　求 $y=\mathrm{e}^{\cos\frac{1}{x}}$ 的导数.

解　$y'=\mathrm{e}^{\cos\frac{1}{x}}\left(\cos\frac{1}{x}\right)'=\mathrm{e}^{\cos\frac{1}{x}}\left(-\sin\frac{1}{x}\right)\left(\frac{1}{x}\right)'=\frac{1}{x^2}\mathrm{e}^{\cos\frac{1}{x}}\cdot\sin\frac{1}{x}$.

例 11 求当 $x\neq 0$ 时，$y=x^{\alpha}$（α 为常数）的导数.

解 当 $x>0$ 时，$y=\mathrm{e}^{\ln(x^{\alpha})}=\mathrm{e}^{\alpha\ln x}$ 成为复合函数

$$y'=(\mathrm{e}^{\alpha\ln x})'=\mathrm{e}^{\alpha\ln x}(\alpha\ln x)'=x^{\alpha}\cdot\alpha\cdot\frac{1}{x}=\alpha x^{\alpha-1}.$$

当 $x<0$ 时，令 $x=-t$，则 $y=(-1)^{\alpha}t^{\alpha}$，$y$ 是以 $t=-x$ 为中间变量的 x 的函数，于是

$$y'=(-1)^{\alpha}\alpha t^{\alpha-1}\cdot(-x)'=\alpha x^{\alpha-1}.$$

综合可知，当 $x\neq 0$ 时，$(x^{\alpha})'=\alpha x^{\alpha-1}$.

五、分段函数的导数

由于在一般情况下分段函数不是初等函数，需要对分段函数的求导问题作一专门讨论，其中的关键是要用导数的定义求分段点处的导数.

设分段函数 $f(x)=\begin{cases}u(x) & 当\ x<x_0,\\ v(x) & 当\ x\geqslant x_0,\end{cases}$ $u(x)$、$v(x)$是可导函数，求 $f'(x)$的步骤为：

(1)当 $x<x_0$ 时和当 $x>x_0$ 时，分别求 $u(x)$的导数 $u'(x)$和 $v(x)$的导数 $v'(x)$.

(2)如果能判定函数 $f(x)$在分段点 $x=x_0$ 处不连续性，则由函数可导与连续的关系可知 $f(x)$在 $x=x_0$ 处一定不可导.

(3)如果 $f(x)$在 $x=x_0$ 处连续，需计算极限 $\lim\limits_{x\to x_0^-}\dfrac{u(x)-u(x_0)}{x-x_0}$ 和 $\lim\limits_{x\to x_0^+}\dfrac{v(x)-v(x_0)}{x-x_0}$. 若这两个极限都存在且相等，则 $f(x)$在 $x=x_0$ 处可导，且

$$f'(x_0)=\lim_{x\to x_0^-}\frac{u(x)-u(x_0)}{x-x_0}=\lim_{x\to x_0^+}\frac{v(x)-v(x_0)}{x-x_0}.$$

否则，$f(x)$在 $x=x_0$ 处不可导.

(4)给出结论：若 $f(x)$在 $x=x_0$ 处不可导，则

$$f'(x)=\begin{cases}u'(x) & 当\ x<x_0,\\ v'(x) & 当\ x>x_0.\end{cases}$$

若 $f(x)$在 $x=x_0$ 处可导，则

$$f'(x)=\begin{cases}u'(x) & 当\ x<x_0,\\ f'(x_0) & 当\ x=x_0,\\ v'(x) & 当\ x>x_0.\end{cases}$$

对有多个分段点的分段函数，可类似地求其导函数.

例 12 设函数 $f(x)=\begin{cases}ax+1, & x\leqslant 2,\\ x^2+b, & x>2\end{cases}$ 在 $x=2$ 处可导，求常数 a 和 b 的值，并求导函数 $f'(x)$.

解 由函数可导必连续，得 $f(2-0)=f(2+0)=f(2)$，即

$$2a+1=2^2+b,b=2a-3. \qquad ②$$

当 $x\neq 2$ 时，$f'(x)=\begin{cases}a & 当\ x<2,\\ 2x & 当\ x>2.\end{cases}$

在 $x=2$ 处，有

$$f'_-(2)=\lim_{x\to 2^-}\frac{f(x)-f(2)}{x-2}=\lim_{x\to 2^-}\frac{(ax+1)-(2a+1)}{x-2}=\lim_{x\to 2^-}\frac{a(x-2)}{x-2}=a,$$

$$f'_+(2)=\lim_{x\to 2^+}\frac{f(x)-f(2)}{x-2}=\lim_{x\to 2^+}\frac{(x^2+b)-(2a+1)}{x-2}=\lim_{x\to 2^+}\frac{x^2-4}{x-2}=4.$$

由于 $f(x)$ 在 $x=2$ 处可导，所以 $f'_-(2)=f'_+(2)=f'(2)$，从而

$$f'(2)=a=4, \tag{③}$$

将③带入②，得 $b=5$. 因此

$$f'(x)=\begin{cases}4 & \text{当 } x\leqslant 2,\\ 2x & \text{当 } x>2.\end{cases}$$

六、高阶导数

我们知道，变速直线运动的速度 $v=v(t)$ 是路程 $s=s(t)$ 对时间 t 的导数，即 $v=\dfrac{\mathrm{d}s}{\mathrm{d}t}$ 或 $v=s'$. 而加速度 $a=a(t)$ 又是速度 $v(t)$ 对时间 t 的变化率，即速度 v 对时间 t 的导数

$$a(t)=\frac{\mathrm{d}v}{\mathrm{d}t}=\frac{\mathrm{d}}{\mathrm{d}t}\left(\frac{\mathrm{d}s}{\mathrm{d}t}\right) \text{或} a=(s')'.$$

这种导数的导数 $\dfrac{\mathrm{d}}{\mathrm{d}t}\left(\dfrac{\mathrm{d}s}{\mathrm{d}t}\right)$ 或 $(s')'$ 称为 s 对 t 的**二阶导数**.

定义　如果函数 $y=f(x)$ 的导数 $f'(x)$ 仍在点 x 处可导，则称 $f'(x)$ 在点 x 处的导数为函数 $f(x)$ 在点 x 处的**二阶导数**，记作 $f''(x)$、y'' 或 $\dfrac{\mathrm{d}^2y}{\mathrm{d}x^2}$. 即

$$f''(x)=\lim_{h\to 0}\frac{f'(x+h)-f'(x)}{h}.$$

类似地，二阶导数 $y''=f''(x)$ 的导数叫做 $f(x)$ 的**三阶导数**，记作 $f'''(x)$、y''' 或 $\dfrac{\mathrm{d}^3y}{\mathrm{d}x^3}$.

一般地，$f(x)$ 的 $(n-1)$ 阶导数的导数称为 $f(x)$ 的 n **阶导数**，记作 $f^{(n)}(x)$、$y^{(n)}$ 或 $\dfrac{\mathrm{d}^ny}{\mathrm{d}x^n}$.

二阶及二阶以上的导数统称为 $f(x)$ 的**高阶导数**. 函数的导数 $f'(x)$ 称为**一阶导数**.

函数 $f(x)$ 具有 n 阶导数也可说成 $f(x)$ 为 n 阶可导. 如果 $f(x)$ 在点 x 处具有 n 阶导数，意味着 $f(x)$ 在点 x 的某一邻域内必定具有一切低于 n 阶的导数.

由高阶导数的定义可知，求 $f(x)$ 的高阶导数就是对 $f(x)$ 及其各阶导数一次一次地接连求导，所以仍可用前面学过的求导方法来求 $f(x)$ 的高阶导数.

例 13　求 $y=x^5$ 的各阶导数.

解　$y'=5x^4, y''=20x^3, y'''=60x^2, y^{(4)}=120x, y^{(5)}=120, y^{(6)}=y^{(7)}=\cdots=0$.

例 14　求 $y=\mathrm{e}^x$ 的 n 阶导数.

解　因为 $(\mathrm{e}^x)'=\mathrm{e}^x$，所以 $y^{(n)}=\mathrm{e}^x$.

例 15　求 $y=\sin x$ 的 n 阶导数.

解　$y'=\cos x=\sin\left(x+\dfrac{\pi}{2}\right)$,

$$y''=\cos\left(x+\frac{\pi}{2}\right)=\sin\left(x+\frac{\pi}{2}+\frac{\pi}{2}\right)=\sin\left(x+2\cdot\frac{\pi}{2}\right),$$

$$y'''=\cos\left(x+2\cdot\frac{\pi}{2}\right)=\sin\left(x+2\cdot\frac{\pi}{2}+\frac{\pi}{2}\right)=\sin\left(x+3\cdot\frac{\pi}{2}\right),$$

…　…　…　…　…　…

$$y^{(n)}=(\sin x)^{(n)}=\sin\left(x+n\cdot\frac{\pi}{2}\right).$$

用类似的方法可求得：$(\cos x)^{(n)}=\cos\left(x+n\cdot\frac{\pi}{2}\right)$.

习　题　2-2

1. 求下列函数的导数：

(1) $y=x^3+\frac{7}{x^4}-\frac{2}{x}+12$；　(2) $y=2\sqrt{x}-\frac{1}{x}+e^5$；

(3) $y=(\sqrt{x}+1)\cdot\left(\frac{1}{\sqrt{x}}-1\right)$；　(4) $y=\sqrt{x\sqrt{x\sqrt{x}}}$.

2. 求下列函数的导数：

(1) $y=x\sin x+\cos x$；　(2) $y=\ln(-x)$；　(3) $y=\frac{x}{1+\cos x}$；

(4) $y=\frac{2\sin x}{1+\cos x}$；　(5) $y=\frac{\sin x}{x}+\frac{x}{\sin x}$；　(6) $y=x\sin x\cdot\ln x$.

3. 求下列函数的导数：

(1) $y=(1+x^2)^5$；　(2) $y=\arcsin(x^2)$；　(3) $y=\ln(a^2+x^2)$；

(4) $y=\ln\sqrt{x}+\sqrt{\ln x}$；　(5) $y=\ln\frac{1+\sqrt{x}}{1-\sqrt{x}}$；　(6) $y=\ln\tan\frac{x}{2}$；

(7) $y=\tan\frac{x}{3}-\frac{x}{3}$；　(8) $y=\ln\ln x$；　(9) $\sin(3^{x^2})$.

4. 设函数 $f(x)=\begin{cases}x^2 & 当\ x\leqslant 1,\\ ax+b & 当\ x>1\end{cases}$ 在 $x=1$ 处可导，求常数 a 和 b 的值，并求导函数 $f'(x)$.

5. 求下列各函数的二阶导数：

(1) $y=\ln(1+x^2)$；　(2) $y=x\sin x$；

(3) $y=(1+x^2)\arctan x$；　(4) $y=xe^{x^2}$.

6. 求下列函数的 n 阶导数：

(1) $y=\ln(1+x)$；　(2) $y=(1+x)^\alpha$　（α 为常数）.

第三节　隐函数与参数函数的导数

一、隐函数的导数

如果变量 y 与 x 的函数关系 $y=f(x)$ 是用关于 x 的解析式直接表示的，则称这种函数为**显函数**. 例如，$y=e^x+\sin x$ 为显函数. 如果 y 与 x 的函数关系 $y=f(x)$ 是由方程 $F(x,y)=0$ 确定的，则称这种函数为**隐函数**（由一个方程 $F(x,y)=0$ 确定 y 是 x 的函数的条件，见第六章第四节定理 5）. 如，$e^x+e^y-xy=1$，$x^2+y^2=1$ 等，均为隐函数.

由方程 $F(x,y)=0$ 确定的隐函数 $y=f(x)$，有的可以化成显函数，如 $x-2y+1=0$ 可变形为 $y=\frac{x+1}{2}$；有的却很难（甚至不可能）化成显函数，如 $e^x+e^y-xy=1$. 因此，我们希望有一种方法，不论隐函数是否能够化成显函数，都能由方程 $F(x,y)=0$ 直接求出它所确定的函数的导数.

假定方程 $F(x,y)=0$ 表示的隐函数 $y=y(x)$ 存在并且可导，求$\frac{\mathrm{d}y}{\mathrm{d}x}$或 y'_x 的方法是：

把方程 $F(x,y)=0$ 中含有的 y 均看作 $y=y(x)$，则方程 $F(x,y)=0$ 成为 $F(x,y(x))=0$，将方程 $F(x,y(x))=0$ 两边对 x 求导，最后把$\frac{\mathrm{d}y}{\mathrm{d}x}$或 y'_x 解出即可.

注意：在方程 $F(x,y)=0$ 中每一个含有 y 的表达式 $\varphi(y)$，均要按 x 的复合函数 $\varphi(y(x))$ 对待，在对 x 求导时，视 y 为中间变量，按复合函数的求导法$\frac{\mathrm{d}\varphi(y)}{\mathrm{d}x}=\varphi'(y)\frac{\mathrm{d}y}{\mathrm{d}x}$进行.

例 1　设方程 $y=x\ln y$ 确定 y 是 x 的函数，求$\frac{\mathrm{d}y}{\mathrm{d}x}$.

解　将 y 均看作 $y=y(x)$，有 $y(x)=x\ln y(x)$，两边对 x 求导，得

$$\frac{\mathrm{d}y}{\mathrm{d}x}=\ln y+x\cdot\frac{1}{y}\cdot\frac{\mathrm{d}y}{\mathrm{d}x}\text{或 } y'=\ln y+x\cdot\frac{1}{y}\cdot y',$$

解出$\frac{\mathrm{d}y}{\mathrm{d}x}$或 y'，得

$$\frac{\mathrm{d}y}{\mathrm{d}x}=\frac{y\ln y}{y-x}\text{或 } y'=\frac{y\ln y}{y-x}.$$

例 2　求曲线 $y^3+4y-2x^5+2x=0$ 在 $x=1$ 对应的点处的切线方程.

解　将 y 均看作 $y=y(x)$，方程两边对 x 求导，得

$$3y^2y'+4y'-10x^4+2=0,$$

于是 $y'=\frac{10x^4-2}{3y^2+4}$. 将 $x=1$ 代入原方程，可解得 $y=0$，所以$y'\Big|_{x=1}=\frac{10x^4-2}{3y^2+4}\Big|_{x=1,y=0}=2$. 于是，所求切线方程为 $y-0=2(x-1)$，即 $2x-y+2=0$.

例 3　设方程 $x-y+\sin y=0$ 确定 y 是 x 的函数，求$\frac{\mathrm{d}y}{\mathrm{d}x}$及$\frac{\mathrm{d}^2y}{\mathrm{d}x^2}$.

解　将 y 均看作 $y=y(x)$，方程两边对 x 求导，得

$$1-y'+\cos y\cdot y'=0,$$

于是

$$\frac{\mathrm{d}y}{\mathrm{d}x}=y'=\frac{1}{1-\cos y}.$$

将上式两边再对 x 求导，得

$$\frac{\mathrm{d}^2y}{\mathrm{d}x^2}=y''=\left(\frac{1}{1-\cos y}\right)'=\frac{-1}{(1-\cos y)^2}\cdot(1-\cos y)'=\frac{-1}{(1-\cos y)^2}\cdot(0+\sin y)\cdot y'$$

$$=\frac{-\sin y}{(1-\cos y)^2}\cdot\frac{1}{1-\cos y}=\frac{-\sin y}{(1-\cos y)^3}.$$

二、取(自然)对数求导法

所谓取(自然)对数求导法，就是先对 $y=f(x)$ 两边取(自然)对数，再按隐函数的求导方法求导数 y'. 对数求导法主要用于如下两种情况：

(1)幂指函数 $y=u(x)^{v(x)}$ $(u(x)>0)$的求导，在此假定 $u(x)$和 $v(x)$都是可导函数；

(2)多个(幂)函数的连乘、除所构成函数的求导. 取对数后能把连乘、除化成和与差的形式，使计算简化.

例 4 求 $y=(\sin x)^x$(假设 $\sin x>0$)的导数 y'.

解 两边取自然对数,得 $\ln y=x\ln\sin x$,两边对 x 求导,得

$$\frac{1}{y}\cdot y'=\ln\sin x+\frac{x\cos x}{\sin x},$$

所以

$$y'=y(\ln\sin x+x\cot x)=(\sin x)^x(\ln\sin x+x\cot x).$$

例 5 求 $y=\frac{x^2}{x^2-1}\cdot\sqrt[3]{\frac{x+2}{(x-2)^2}}$ 的导数 y'.

解 两边取自然对数,得

$$\ln y=2\ln x-\ln(x^2-1)+\frac{1}{3}\ln(x+2)-\frac{2}{3}\ln(x-2),$$

将上式两边对 x 求导,得

$$\frac{1}{y}\cdot y'=\frac{2}{x}-\frac{2x}{x^2-1}+\frac{1}{3(x+2)}-\frac{2}{3(x-2)}.$$

所以

$$\begin{aligned}y'&=y\left[\frac{2}{x}-\frac{2x}{x^2-1}+\frac{1}{3(x+2)}-\frac{2}{3(x-2)}\right]\\&=\frac{x^2}{x^2-1}\cdot\sqrt[3]{\frac{x+2}{(x-2)^2}}\left[\frac{2}{x}-\frac{2x}{x^2-1}+\frac{1}{3(x+2)}-\frac{2}{3(x-2)}\right].\end{aligned}$$

三、参数函数的导数

在有些实际问题中,因变量 y 与自变量 x 的函数关系不是直接用解析式 $y=f(x)$ 或方程 $F(x,y)=0$ 来表达的,而是通过一个参变量 t 表示成参数方程 $\begin{cases}x=\varphi(t),\\y=\psi(t)\end{cases}$ 的形式,把如此形式构成的函数称为**参数函数**(也称为**由参数方程所确定的函数**).

如果能够从参数方程中消去参数 t,用前面所学的方法可求出 $\frac{dy}{dx}$ 或 y'_x. 但有时消去参数 t 是困难的,我们希望能直接由参数方程求出它所确定函数的导数. 实际上,求参数函数的导数问题,仍可利用复合函数的求导法来解决.

设 $x=\varphi(t)$,$y=\psi(t)$ 都是 t 的可导函数,且 $\varphi'(t)\neq 0$. 如果 $x=\varphi(t)$ 具有单调连续的反函数 $t=\varphi^{-1}(x)$,则将 t 看成中间变量,y 与 x 的关系可看成 $y=\psi(t)$ 与 $t=\varphi^{-1}(x)$ 的复合函数 $y=\psi(\varphi^{-1}(x))$,利用复合函数和反函数的求导法,有

$$\frac{dy}{dx}=\frac{dy}{dt}\cdot\frac{dt}{dx}=\frac{dy}{dt}\cdot\frac{1}{\frac{dx}{dt}}=\frac{\psi'(t)}{\varphi'(t)} \text{或} y'_x=y'_t\cdot t'_x=y'_t\cdot\frac{1}{x'_t}=\frac{\psi'(t)}{\varphi'(t)}.$$

如上求出的 $\frac{dy}{dx}$ 的表达式形式上是参变量 t 的函数,实际上我们求的是 y 关于 x 的导数,结合 $x=\varphi(t)$ 得 y 关于 x 的导数为 $\begin{cases}x=\varphi(t),\\\frac{dy}{dx}=\frac{\psi'(t)}{\varphi'(t)}.\end{cases}$

如果 $x=\varphi(t)$,$y=\psi(t)$ 还是二阶可导的,则

$$\frac{d^2y}{dx^2}=\frac{d\left(\frac{dy}{dx}\right)}{dx}=\frac{\left(\frac{\psi'(t)}{\varphi'(t)}\right)'_t}{x'_t}=\frac{\varphi'(t)\psi''(t)-\psi'(t)\varphi''(t)}{[\varphi'(t)]^3}.$$

注：此二阶导数公式不易记忆，应该掌握它的计算方法. 在不会产生误解的情况下，求出的$\frac{dy}{dx}$、$\frac{d^2y}{dx^2}$可不与$x=\varphi(t)$联立.

例 6　已知$\begin{cases}x=3e^{-t},\\ y=2e^{t},\end{cases}$确定 y 是 x 的函数，求$\frac{dy}{dx}$、$\frac{d^2y}{dx^2}$.

解　因为$\frac{dx}{dt}=x'_t=-3e^{-t}$，$\frac{dy}{dt}=y'_t=2e^{t}$，所以

$$\frac{dy}{dx}=y'_t\cdot t'_x=\frac{y'_t}{x'_t}=\frac{2e^{t}}{-3e^{-t}}=-\frac{2}{3}e^{2t},$$

$$\frac{d^2y}{dx^2}=\frac{d\left(-\frac{2}{3}e^{2t}\right)}{dx}=\left(-\frac{2}{3}e^{2t}\right)'_t\cdot t'_x=\frac{-\frac{4}{3}e^{2t}}{x'_t}=\frac{-\frac{4}{3}e^{2t}}{-3e^{-t}}=\frac{4}{9}e^{3t}.$$

例 7　求椭圆参数方程$\begin{cases}x=a\cos t\\ y=b\sin t\end{cases}$，确定函数的一、二阶导数$\frac{dy}{dx}$、$\frac{d^2y}{dx^2}$，并求椭圆在$t=\frac{\pi}{4}$对应的点处的切线方程.

解　由于 $x'_t=-a\sin t$，$y'_t=b\cos t$，所以

$$\frac{dy}{dx}=y'_t\cdot t'_x=\frac{y'_t}{x'_t}=\frac{b\cos t}{-a\sin t}=-\frac{b}{a}\cot t,$$

$$\frac{d^2y}{dx^2}=\frac{d\left(-\frac{b}{a}\cot t\right)}{dx}=\left(-\frac{b}{a}\cot t\right)'_t\cdot t'_x=\frac{\frac{b}{a}\csc^2 t}{x'_t}=\frac{\frac{b}{a}\csc^2 t}{-a\sin t}=-\frac{b}{a^2}\csc^3 t.$$

在 $t=\frac{\pi}{4}$相应点处的切线斜率为$\left.\frac{dy}{dx}\right|_{t=\frac{\pi}{4}}=-\frac{b}{a}\cot t\Big|_{t=\frac{\pi}{4}}=-\frac{b}{a}$，又 $t=\frac{\pi}{4}$对应椭圆上的点$\left(\frac{\sqrt{2}}{2}a,\frac{\sqrt{2}}{2}b\right)$，所以所求切线方程为 $y-\frac{\sqrt{2}}{2}b=-\frac{b}{a}\left(x-\frac{\sqrt{2}}{2}a\right)$，即 $y=-\frac{b}{a}x+\sqrt{2}b$.

习　题　2-3

1. 求由下列方程所确定的隐函数的导数$\frac{dy}{dx}$：

(1) $x^2+y^2-xy=1$；　(2) $\arcsin y=e^{x+y}$；　(3) $e^x-e^y=\sin(xy)$.

2. 求由下列方程所确定的隐函数的二阶导数$\frac{d^2y}{dx^2}$：

(1) $b^2x^2-a^2y^2=a^2b^2$；　(2) $y=1+xe^y$.

3. 利用对数求导法，求下列函数的导数 y'_x：

(1) $y=(\ln x)^{\sin x}$；　(2) $y=(\sin x)^{x^2}$；　(3) $y=\sqrt[5]{\frac{x^3(x+1)^2}{(x^4+1)(x+\sin x)}}$.

4. 求下列参数函数的导数：

(1) 已知$\begin{cases}x=2t-t^2,\\ y=3t-t^3,\end{cases}$求$\frac{dy}{dx}$；　(2) 已知$\begin{cases}x=a\sin 3\theta\cos\theta,\\ y=a\sin 3\theta\sin\theta,\end{cases}$其中 a 为常数，求$\left.\frac{dy}{dx}\right|_{\theta=\frac{\pi}{3}}$.

5. 求下列参数函数的二阶导数$\frac{d^2y}{dx^2}$：

(1) $\begin{cases}x=\frac{t^2}{2},\\ y=1-t;\end{cases}$　(2) $\begin{cases}x=t^3+3t+1,\\ y=t^3-3t+1.\end{cases}$

第四节　函数的微分

在实际问题中，往往需要研究当自变量 x 有微小的改变量 Δx 时，函数 $y=f(x)$ 相应的改变量 Δy. 对复杂函数计算 Δy 的精确值往往是困难的，这时需要考虑 Δy 的近似计算问题，这就导致了微分概念的产生. 既然导数 $f'(x)$ 表示 $f(x)$ 在点 x 处的变化率，描述了 $f(x)$ 在点 x 处变化的快慢程度，这意味着微分的概念与导数的概念有密切关系.

一、微分的概念

引例：对边长为 x_0 的正方形金属薄片均匀加热，一定时间后，边长从 x_0 变为 $x_0+\Delta x$（见图 2-6），薄片的面积改变了多少？

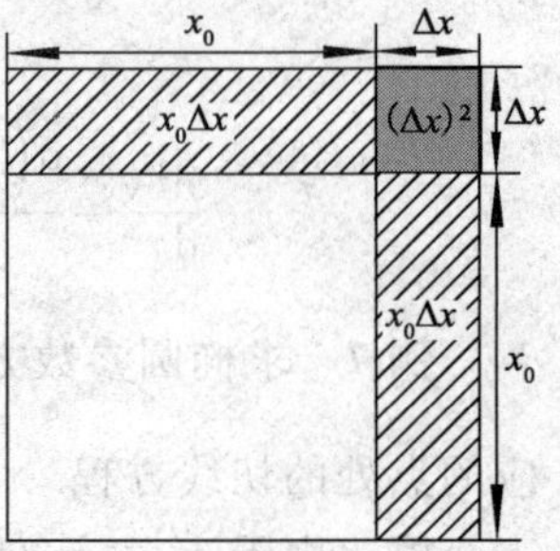

薄片面积 $A=A(x)=x^2$. 当边长从 x_0 变为 $x_0+\Delta x$ 时，函数 A 相应的改变量

$$\Delta A=(x_0+\Delta x)^2-x_0^2=2x_0\Delta x+(\Delta x)^2.$$

图　2-6

ΔA 包含两部分：第一部分 $2x_0\Delta x$ 是 Δx 的线性函数，是画斜线的两个矩形面积的和；第二部分 $(\Delta x)^2$ 是黑色的小正方形的面积，它是比 Δx 高阶的无穷小（当 $\Delta x\to 0$ 时）. 因此，当 $|\Delta x|$ 很小时，第二部分 $(\Delta x)^2$ 可以忽略不计，用第一部分 $2x_0\Delta x$ 近似代替 ΔA，即 $\Delta A\approx 2x_0\Delta x$，误差为 $\Delta A-2x_0\Delta x=o(\Delta x)$. 此时，称 ΔA 的主要部分 $2x_0\Delta x$ 为正方形面积 A 的微分，记作 $\mathrm{d}A=2x_0\Delta x$.

需要注意，在上式中，$2x_0$ 是不依赖于 Δx 的常数.

定义　设函数 $y=f(x)$ 在 x_0 的某邻域内有定义，给自变量一个改变量 Δx，且 $x_0+\Delta x$ 属于该邻域. 如果函数 $y=f(x)$ 相应的改变量 Δy 可表示为

$$\Delta y=A\cdot\Delta x+o(\Delta x),\qquad ①$$

其中 A 是不依赖于 Δx 的常数，则称函数 $y=f(x)$ 在 x_0 点**可微**，并称 $A\cdot\Delta x$ 为**函数** $y=f(x)$ 在 x_0 处的**微分**，记作 $\mathrm{d}y$ 或 $\mathrm{d}f(x)$. 即

$$\mathrm{d}y=A\cdot\Delta x.\qquad ②$$

在函数的微分定义中，"A 是不依赖于 Δx 的常数"，是怎样的常数呢？

命题 1（可微的必要条件）　如果 $y=f(x)$ 在 x_0 处可微，且 $\mathrm{d}y=A\cdot\Delta x$，则 $f(x)$ 在 x_0 处可导，且 $A=f'(x_0)$.

证　由函数 $y=f(x)$ 在 x_0 处可微，则①式成立，即 $\Delta y=A\cdot\Delta x+o(\Delta x)$. 于是

$$\frac{\Delta y}{\Delta x}=A+\frac{o(\Delta x)}{\Delta x},\quad \lim_{\Delta x\to 0}\frac{\Delta y}{\Delta x}=\lim_{\Delta x\to 0}\left[A+\frac{o(\Delta x)}{\Delta x}\right]=A,$$

所以 $A=f'(x_0)$.

命题 2（可微的充分条件）　如果函数 $y=f(x)$ 在 x_0 处可导，则 $f(x)$ 在 x_0 处也可微，且 $f'(x_0)\Delta x$ 就是 $f(x)$ 在 x_0 处的微分.

证　由函数 $y=f(x)$ 在 x_0 处可导，即 $\lim\limits_{\Delta x\to 0}\dfrac{\Delta y}{\Delta x}=f'(x_0)$，根据极限与无穷小的关系定理（第一章第三节定理 4），得 $\dfrac{\Delta y}{\Delta x}=f'(x_0)+\alpha$，其中 $\alpha=\alpha(\Delta x)\to 0$（当 $\Delta x\to 0$ 时），于是

$$\Delta y=f'(x_0)\cdot\Delta x+\alpha\Delta x.$$

由于 $f'(x_0)$ 是不依赖于 Δx 的常数，且 $\alpha\Delta x=o(\Delta x)$，所以根据微分的定义得 $f(x)$ 在 x_0

处可微，且 $f'(x_0)\Delta x$ 就是它的微分.

综上所述，函数 $y=f(x)$ 在 x_0 处可微的充分必要条件是 $f(x)$ 在 x_0 处可导，且

$$dy=f'(x_0)\Delta x.$$

由于自变量 x 可看成自己的函数 $x=x$，则 $dx=x'\Delta x=\Delta x$. 因此，自变量的微分就是它的改变量. 于是，函数的微分可写成

$$dy=f'(x_0)dx. \quad ③$$

即函数的微分就是函数的导数与自变量的微分的乘积.

由③式又得 $\frac{dy}{dx}=f'(x_0)$. 以前我们曾把 $\frac{dy}{dx}$ 作为一个整体记号来表示函数的导数，引入微分定义后，可知 $\frac{dy}{dx}$ 表示的是函数微分与自变量微分的商，因此导数也称为**微商**.

如果 $y=f(x)$ 在区间 I_x 上每一点处可微，则在点 x 处的微分记作 $dy=f'(x)dx$，从而在点 $x_0(\in I_x)$ 处的微分记作 $dy|_{x=x_0}=f'(x_0)dx$.

根据如上讨论，当 $f'(x_0)\neq 0$ 时，由 $\lim\limits_{\Delta x\to 0}\frac{\Delta y}{dy}=\lim\limits_{\Delta x\to 0}\frac{\Delta y}{f'(x_0)\Delta x}=1$ 可知，当 $\Delta x\to 0$ 时，Δy 与 dy 是等价无穷小，因此由第一章第三节定理 6 可得 $\Delta y=dy+o(dy)$，这表明 dy 是 Δy 的主要部分. 又 $dy=f'(x_0)\Delta x$ 是 Δx 的线性函数，所以在 $f'(x_0)\neq 0$ 的条件下，通常称 dy 是 Δy 的**线性主部**. 于是，当 $|\Delta x|=|dx|$ 很小时，有如下微分近似公式：

$$\Delta y\approx dy=f'(x_0)\Delta x,$$

其误差是 $o(dx)$（比 dx 高阶的无穷小），也是 $o(dy)$（比 dy 高阶的无穷小）.

例 1　求函数 $y=x^2$ 当 $x=2,\Delta x=0.01$ 时的改变量 Δy 和微分 dy.

解　$\Delta y=(2+0.01)^2-2^2=0.0401$. 因为 $dy=(x^2)'dx=2x\Delta x$，所以

$$dy\Big|_{\substack{x=2\\ \Delta x=0.01}}=2\times 2\times 0.01=0.04.$$

Δy 与 dy 之差为 0.0001，很微小.

二、微分的几何意义

在直角坐标系中，函数 $y=f(x)$ 的图形是一条曲线. 在曲线 $y=f(x)$ 上取一定点 $M_0(x_0,y_0)$，设自变量 x 在 x_0 有一个微小的改变量 Δx（见图 2-7），则得曲线上另一点 $M(x_0+\Delta x,y_0+\Delta y)$，过 M 作垂直于 x 轴的直线交过 M_0 点的曲线的切线 M_0T 于点 T，交过 M_0 点平行于 x 轴的直线于点 N.

设切线 M_0T 倾斜角为 α，则切线 M_0T 的斜率为 $\tan\alpha=f'(x_0)$. 而 $M_0N=\Delta x$，$NM=\Delta y$，所以

$$NT=M_0N\tan\alpha=f'(x_0)\Delta x=dy.$$

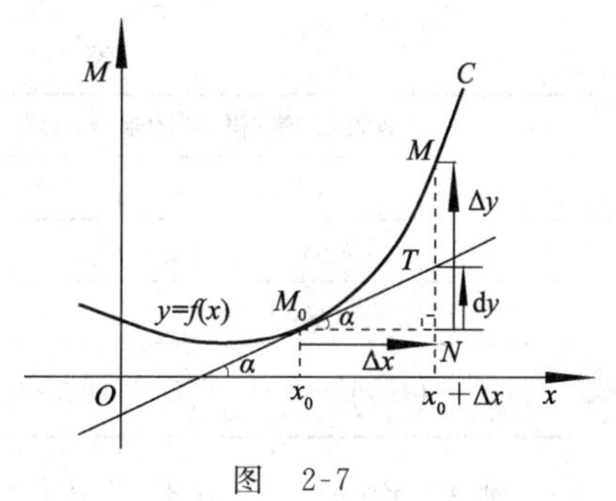

图　2-7

由此可见，对于可微函数 $y=f(x)$，Δy 是曲线 $y=f(x)$ 上的点的纵坐标的改变量，而 dy 是曲线相应的切线上点的纵坐标的改变量. 当 $|\Delta x|$ 很小时，$|\Delta y-dy|$（即图中线段 TM）比 NT 小的多. 因此在点 M_0 的邻近，可以用切线来近似代替曲线. 换言之，微分近似公式④的实质就是在点 M_0 的邻近用 M_0 处曲线 $f(x)$ 的切线段近似代替曲线段，这是微分学的基本思想方法之一，在实际中有广泛的应用.

三、微分公式与微分运算法则

由函数微分的表达式 $dy=f'(x)dx$ 可知，要计算函数的微分，只要计算函数的导数，再乘以自变量的微分即可. 因此，函数的微分运算实际上归结为导数的运算.

由基本初等函数的导数公式，可以直接得到基本初等函数的微分公式. 为了便于对照记忆，列表 2-1.

表 2-1　导数与微分基本公式对照表

导数公式	微分公式
$(c)'=0$	$d(c)=0dx$
$(x^a)'=ax^{a-1}$	$d(x^a)=ax^{a-1}dx$
$(a^x)'=a^x\ln a(a>0$ 且 $a\neq1)$	$d(a^x)=a^x\ln a dx(a>0$ 且 $a\neq1)$
$(e^x)'=e^x$	$d(e^x)=e^x dx$
$(\log_a x)'=\frac{1}{x\ln a}(a>0$ 且 $a\neq1)$	$d(\log_a x)=\frac{1}{x\ln a}dx(a>0$ 且 $a\neq1)$
$(\ln x)'=\frac{1}{x}$	$d(\ln x)=\frac{1}{x}dx$
$(\sin x)'=\cos x$	$d(\sin x)=\cos x dx$
$(\cos x)'=-\sin x$	$d(\cos x)=-\sin x dx$
$(\tan x)'=\sec^2 x$	$d(\tan x)=\sec^2 x dx$
$(\cot x)'=-\csc^2 x$	$d(\cot x)=-\csc^2 x dx$
$(\sec x)'=\sec x\tan x$	$d(\sec x)=\sec x\tan x dx$
$(\csc x)'=-\csc x\cot x$	$d(\csc x)=-\csc x\cot x dx$
$(\arcsin x)'=\frac{1}{\sqrt{1-x^2}}$	$d(\arcsin x)=\frac{1}{\sqrt{1-x^2}}dx$
$(\arccos x)'=-\frac{1}{\sqrt{1-x^2}}$	$d(\arcsin x)=-\frac{1}{\sqrt{1-x^2}}dx$
$(\arctan x)'=\frac{1}{1+x^2}$	$d(\arctan x)=\frac{1}{1+x^2}dx$
$(\text{arccot}\, x)'=-\frac{1}{1+x^2}$	$d(\text{arccot}\, x)=-\frac{1}{1+x^2}dx$

由函数的和、差、积、商的求导法则，可直接推得相应的微分法则，为便于对照记忆，列表 2-2.

表 2-2　函数的求导法则与微分法则对照表

函数和、差、积、商的求导法则	函数和、差、积、商的微分法则
$(f\pm g)'=f'\pm g'$	$d(f\pm g)=df\pm dg$
$(f\cdot g)'=f'\cdot g+f\cdot g'$	$d(f\cdot g)=g\cdot df+f\cdot dg$
$(c\cdot f)'=c\cdot f'$	$d(c\cdot f)=c\cdot df$
$\left(\frac{f}{g}\right)'=\frac{f'\cdot g-f\cdot g'}{g^2}\quad(g\neq0)$	$d\left(\frac{f}{g}\right)=\frac{g\cdot df-f\cdot dg}{g^2}\quad(g\neq0)$

例 2　设 $y=e^x\sin x$，求 dy.

解　$dy=d(e^x\sin x)=\sin x d(e^x)+e^x d(\sin x)=\sin x\cdot e^x dx+e^x\cos x dx$
$=e^x(\sin x+\cos x)dx.$

四、微分形式的不变性

设函数 $y=f(u)$是 u 的可导函数.当 u 是自变量时,有 $dy=f'(u)du$.

当 u 不是自变量,而是 x 的可导函数 $u=\varphi(x)$时,y 是 x 的复合函数 $y=f(\varphi(x))$,有 $dy=y'_x dx$.根据复合函数的求导公式 $y'_x=f'(u)\cdot\varphi'(x)$,便得复合函数的微分公式

$$dy=f'(u)\cdot\varphi'(x)dx.$$

又 $du=\varphi'(x)dx$,所以当 u 是中间变量时,仍然有 $dy=f'(u)du$.

可见,对函数 $y=f(u)$,不论 u 是自变量还是中间变量,其微分形式 $dy=f'(u)du$ 保持不变.这一性质称为微分形式不变性.

例 3　已知 $y=\sin(x^2+1)$,求 dy.

解　把 x^2+1 看成中间变量 u,则

$$dy=(\sin u)'_u du=\cos(x^2+1)d(x^2+1)=2x\cos(x^2+1)dx.$$

计算熟练后,可以不写出中间变量.

例 4　设 $y=\ln(1+e^{2x+1})$,求 dy.

解　$dy=d[\ln(1+e^{2x+1})]=\dfrac{1}{1+e^{2x+1}}d(1+e^{2x+1})=\dfrac{1}{1+e^{2x+1}}\cdot e^{2x+1}d(2x+1)$

$$=\frac{e^{2x+1}}{1+e^{2x+1}}\cdot 2dx=\frac{2e^{2x+1}}{1+e^{2x+1}}dx.$$

五、微分在近似计算中的应用

1.函数的近似计算

我们已经知道,函数 $y=f(x)$在点 x_0 处 $f'(x_0)\neq 0$,且$|\Delta x|=|dx|$很小时,有如下微分近似公式

$$\Delta y\approx dy=f'(x_0)\Delta x. \quad ④$$

④式也可写成

$$f(x_0+\Delta x)\approx f(x_0)+f'(x_0)\Delta x. \quad ⑤$$

在⑤式中,令 $x=x_0+\Delta x$,则⑤式可改写为

$$f(x)\approx f(x_0)+f'(x_0)(x-x_0). \quad ⑥$$

注:⑥式右端就是曲线 $f(x)$在 $M_0(x_0,f(x_0))$处的切线方程.

当 $f(x_0)$和 $f'(x_0)$容易求出,且精度要求不太高时,可用公式④来近似计算 Δy,用公式⑤或⑥来近似计算 $f(x_0+\Delta x)$或 $f(x)$的值.

在公式④、⑤或⑥的使用中,关键是确定函数 $f(x)$、x_0 及 Δx.

例 5　求 $\sqrt[3]{1.03}$的近似值.

解　构造函数,令 $f(x)=\sqrt[3]{x}$,并设 $x_0=1$,$\Delta x=0.03$,则 $f'(x)=\dfrac{1}{3}x^{-\frac{2}{3}}$.于是

$$f(x_0)=f(1)=\sqrt[3]{1}=1,f'(x_0)=f'(1)=\frac{1}{3}\times 1^{-\frac{2}{3}}=\frac{1}{3}.$$

由微分近似公式⑤,得

$$\sqrt[3]{1.03}=f(x_0+\Delta x)\approx f(x_0)+f'(x_0)\Delta x=1+\frac{1}{3}\times 0.03=1.01.$$

例 6　求 $\sin 33^\circ$的近似值(保留 4 位小数).

解 构造函数,令 $f(x)=\sin x$,并设 $x_0=30^\circ=\frac{\pi}{6}$,$\Delta x=3^\circ=\frac{\pi}{60}$,又 $f'(x)=\cos x$.

于是

$$f(x_0)=f\left(\frac{\pi}{6}\right)=\frac{1}{2},\qquad f'(x_0)=f'\left(\frac{\pi}{6}\right)=\frac{\sqrt{3}}{2}.$$

由微分近似公式⑤,得

$$\sin 33^\circ=f(x_0+\Delta x)\approx f(x_0)+f'(x_0)\Delta x=\frac{1}{2}+\frac{\sqrt{3}}{2}\times\frac{\pi}{60}=0.5453.$$

例 7 当 $|x|$ 很小时,证明 $\ln(1+x)\approx x$.

证 令 $f(x)=\ln(1+x)$,并取 $x_0=0$,则 $f(x_0)=f(0)=\ln 1=0$. 又因为 $f'(x)=\frac{1}{1+x}$,所以 $f'(x_0)=f'(0)=1$. 于是由近似公式⑥可得

$$\ln(1+x)=f(x)\approx f(x_0)+f'(x_0)(x-x_0)=0+1\cdot x=x.$$

※2. 误差估计

在生产实践中,需要测量各种数据,而有的数据是不易直接测量的,这就需要通过测量其他有关数据后,根据某种公式计算出所要的数据. 由于测量的条件、方法、测量仪器的精度等诸因素的影响,测量的结果往往带有误差,而根据有误差的数据计算所得的值一定会有误差,我们称之为**间接测量误差**.

如果某个量的精确值为 x,近似值(或实际测量得到的值)为 x_0,则 $|x-x_0|$ 叫做 x_0 的**绝对误差**,而称 $\frac{|x-x_0|}{|x_0|}$ 为 x_0 的**相对误差**. 若已知 $|\Delta x|=|x-x_0|\leqslant\delta_x$($\delta_x$ 与测量工具的精度有关),这时把 δ_x 叫做 x_0 的**绝对误差限**.

当量 y 是由函数 $y=f(x)$ 经计算得到时,由于实际测量得到的只是 x 的近似值 x_0,所以由 $y_0=f(x_0)$ 计算得到的也是 $y=f(x)$ 的一个近似值. 同样,$|\Delta y|=|y-y_0|$ 是 y_0 的绝对误差,而 $\frac{|y-y_0|}{|y_0|}$ 是 y_0 的相对误差.

若已知 x_0 的绝对误差限为 δ_x,且 δ_x 很小时,则由微分近似公式,得

$$|\Delta y|=|f(x)-f(x_0)|\approx|\mathrm{d}y|=|f'(x_0)\Delta x|\leqslant|f'(x_0)|\cdot\delta_x,$$

于是 y_0 的绝对误差限大约为 $\delta_y=|f'(x_0)|\cdot\delta_x$,$y_0$ 的相对误差限大约为 $\frac{\delta_y}{|y_0|}=\left|\frac{f'(x_0)}{f(x_0)}\right|\cdot\delta_x$.

例 8 设测得一球体的直径为 42cm,测量工具的精度为 0.05cm,试估计以此直径计算球体体积时,所引起的误差.

解 设球体的直径为 D,球体的体积 $V=\frac{1}{6}\pi D^3$. 已知 $D_0=42$,$\delta_D=0.05$. 因为 $V'(D)=\frac{\pi}{2}D^2$,所以,V 的绝对误差限为

$$\delta_V\approx|V'(D_0)|\cdot\delta_D=\frac{\pi}{2}\times 42^2\times 0.05=138.47(\mathrm{cm}^3).$$

V 的相对误差限为

$$\frac{\delta_V}{V_0}\approx\left|\frac{V'(D_0)}{V(D_0)}\right|\cdot\delta_D=\frac{\frac{\pi}{2}D_0^2}{\frac{\pi}{6}D_0^3}\cdot\delta_D=\frac{3}{D_0}\cdot\delta_D=\frac{3}{42}\times0.05=0.36\%.$$

习　题　2-4

1. 求下列各函数的微分：

(1) $y=\tan\frac{x}{2}$；　(2) $y=\arctan x^2$；　(3) $y=e^{-x}\cos x$.

2. 一个平面圆环域，其内半径为 10 cm，宽为 0.1 cm，求其面积的精确值与近似值.

3. 证明当 $|x|$ 很小时，下列各近似公式成立：

(1) $e^x\approx1+x$；　(2) $\sqrt[n]{1+x}\approx1+\frac{x}{n}$；　(3) $\sin x\approx x$.

4. 求下列各式的近似值：

(1) $\sqrt[5]{0.95}$；　(2) $e^{0.05}$；　(3) $\cos 60°20'$；　(4) $\arctan 1.02$.

总 习 题 二

A　组

一、选择题：

1. 已知函数 $y=f(x)$ 在 x_0 处可导，则极限 $\lim\limits_{x\to0}\frac{f(x_0-x)-f(x_0+x)}{x}$ 等于（　　）.

A. $f'(x_0)$　B. $2f'(x_0)$　C. $-2f'(x_0)$　D. 0

2. 下列函数中，在 $x=0$ 处可导的是（　　）.

A. $y=|x|$　B. $y=x^3$　C. $y=2\sqrt{x}$　D. $y=\begin{cases}x^2 & 当\ x\leqslant0,\\ x & 当\ x>0.\end{cases}$

3. 设函数 $y=f(x)$ 在 $x=1$ 处可导，且 $\lim\limits_{\Delta x\to0}\frac{f(1-2\Delta x)-f(1)}{\Delta x}=\frac{1}{2}$，则 $f'(1)$ 等于（　　）.

A. $\frac{1}{2}$　B. $\frac{1}{4}$　C. $-\frac{1}{4}$　D. $-\frac{1}{2}$

4. 直线 l 与 x 轴平行，且与 $y=x-e^x$ 相切，则切点的坐标是（　　）.

A. $(1,1)$　B. $(-1,1)$　C. $(0,-1)$　D. $(0,1)$

5. 设 $f'(\cos^2x)=\sin^2x$，且 $f(0)=0$，则 $f(x)$ 等于（　　）.

A. $x+\frac{1}{2}x^2$　B. $x-\frac{1}{2}x^2$　C. $\sin^2x$　D. $\cos x-\frac{1}{2}\cos^2x$

二、填空题：

1. 若函数 $f(x)=\begin{cases}e^x & 当\ x<0,\\ a-bx & 当\ x\geqslant0\end{cases}$ 在 $x=0$ 处可导，则 $a=$________，$b=$________.

2. 若当 $h\to0$ 时，$f(x_0-3h)-f(x_0)+2h$ 为 h 的高阶无穷小，则 $f'(x_0)=$________.

3. 设 $f(x)=\begin{cases}-\sin x & 当\ -\pi<x<0,\\ \sin x & 当\ 0\leqslant x<\pi,\end{cases}$ 则 $f(x)$ 在 $x=0$ 处左导数 $f'_-(0)=$______，右导数 $f'_+(0)=$______.

4.设函数 $f(x)=\begin{cases}x^2 & 当\ x\leqslant 0,\\ xe^x & 当\ x>0,\end{cases}$ 则 $f(x)$ 在 $x=0$ 处左导数 $f'_-(0)=$______，右导数 $f'_-(0)=$______.

三、计算、证明题：

1.设曲线 $y=x\ln x$，试求曲线的平行于直线 $2x+2y+3=0$ 的切线方程.

2.求下列函数的一阶导数，并观察化简后的结果有什么特点：

(1) $y=x\ln x-x$；　　(2) $y=-\ln\cos x$；

(3) $y=x\arcsin x+\sqrt{1-x^2}$；　　(4) $y=x\arctan x-\ln\sqrt{1+x^2}$.

3.若 $f(x)$ 可导，令 $y=f(x^2)+f(\arctan x)$，试求 $\left.\dfrac{dy}{dx}\right|_{x=1}$ 的值.

4.设 $f'(x)=\sin\sqrt{x}\,(x>0)$，令 $y=f(e^{2x}\cdot x^2)$，求 $\dfrac{dy}{dx}$.

5.若 $\dfrac{d}{dx}f(\ln x)=x$，求 $f'(x)$.

6.求由下列方程所确定的隐函数的导数 $\dfrac{dy}{dx}$：

(1) $e^y=xy$；　　(2) $\sin(x^2+y)=xy$；　　(3) $y^3=x+\arccos(xy)$.

7.利用对数求导法，求下列函数的导数 y'_x：

(1) $y=(1+x)^{\frac{1}{x}}$；　　(2) $x^y=y^x$；　　(3) $y=\dfrac{1}{2}\sqrt{x\sin x\sqrt{1-e^x}}$.

8.求下列隐函数的二阶导数 $\dfrac{d^2y}{dx^2}$：

(1) $y=\tan(x+y)$；　　(2) $x^2+y^2=a^2$.

9.求下列参数函数的二阶导数 $\dfrac{d^2y}{dx^2}$：

(1) $\begin{cases}x=t^2+1,\\ y=4t-t^2；\end{cases}$　　(2) $\begin{cases}x=f'(t)+1,\\ y=tf'(t)-f(t),\end{cases}$ 设 $f''(t)$ 存在且 $f''(t)\neq 0$.

10.设函数 $f(x)$ 二阶可导，求 $\dfrac{d^2y}{dx^2}$.

(1) $y=\dfrac{1}{f(x)}$；　　(2) $y=f(\sin x)$；　　(3) $y=f[f(x)]$；　　(4) $y=\ln f(x)$.

11.求下列函数的微分 dy：

(1) $xy-2^x+2^y=0$；　　(2) $y=xy^3+f(y)$（其中 $f(y)$ 可导）.

B　组

一、填空题：

1.设 $f(x)=x(x+1)(x+2)\cdots(x+100)$，则 $f'(0)=$______.

2.已知 $y=y(x)$ 是由 $e^y+6xy+x^2-1=0$ 确定的函数，则 $y''(0)=$______.

3.设 $y=f(x)$ 在 $x=0$ 处可导，且 $f(x)=f(0)+3x+\alpha(x)$，又 $\lim\limits_{x\to 0}\dfrac{\alpha(x)}{x}=0$，则 $f'(0)=$______.

二、计算、证明题：

1.设 $f(x)=2^x$，$g(x)=x^2$，求 $\dfrac{d}{dx}f(g(x))$.

2. 设 $y=f(\mathrm{e}^x)\cdot\mathrm{e}^{f(x)}$，且 $f(x)$ 可导，求 $\frac{\mathrm{d}y}{\mathrm{d}x}$.

3. $F(x)=f(x)-f(-x)$，且 $f(x)$ 可导，试证：

(1) $F(x)$ 为奇函数；　　(2) $f'(x)$ 为偶函数.

4. 若 $\frac{\mathrm{d}}{\mathrm{d}x}f\left(\frac{1}{x^2}\right)=\frac{1}{x}$，求 $f'(x)$ 及 $f'\left(\frac{1}{2}\right)$.

5. 证明双曲线 $xy=a^2\ (a\neq 0)$ 上任一点的切线与两坐标轴组成的三角形的面积等于常数.

6. 设 $f(x)=2x^2+x|x|$，求 $f'(0)$ 并证明 $f(x)$ 在 $x=0$ 处不存在二阶导数.

7. 已知 $g(x)=a^{f^2(x)}$ 且 $f'(x)=\frac{1}{f(x)\ln a}$，证明：$g'(x)=2g(x)$.

8. 设 $F(x)=\lim\limits_{t\to+\infty}t^2\left[f\left(x+\frac{\pi}{t}\right)-f(x)\right]\sin\frac{x}{t}$，$f(x)$ 有二阶导数，求 $F'(x)$.

第三章 导数的应用

以上一章中导数与微分的概念和计算方法为基础，这一章我们应用导数来研究函数及其对应曲线的某些性态，并介绍这些知识在解决实际问题中的应用. 为此，作为理论上的准备，先介绍几个微分中值定理.

第一节 微分中值定理

微分中值定理指的是一系列定理. 通常包括罗尔(Rolle)中值定理、拉格朗日(Lagrange)中值定理、柯西(Cauchy)中值定理和泰勒(Taylor)中值定理，其中拉格朗日中值定理处于核心地位(称为微分学基本定理)，罗尔中值定理是拉格朗日中值定理的特例，柯西中值定理和泰勒中值定理分别是拉格朗日中值定理在两个不同侧面的推广.

一、罗尔中值定理

设以 A、B 为端点的曲线弧是函数 $y=f(x)(x\in[a,b])$ 的图形(见图 3-1). 除端点外该曲线弧处处有不垂直于 x 轴的切线，且两端点的纵坐标相等，即 $f(a)=f(b)$. 从图形中可以发现，在曲线弧的最低点 $C(x=\xi_1)$ 或最高点 $D(x=\xi_2)$ 处，曲线均有水平的切线，即 $f'(\xi_1)=f'(\xi_2)=0$. 这种几何图形的特点用数学语言描述出来，就是罗尔中值定理.

图 3-1

罗尔中值定理 如果函数 $f(x)$ 满足

(1) 在闭区间 $[a,b]$ 上连续；

(2) 在开区间 (a,b) 内可导；

(3) $f(a)=f(b)$，

则在开区间 (a,b) 内至少存在一点 ξ，使得 $f'(\xi)=0$.

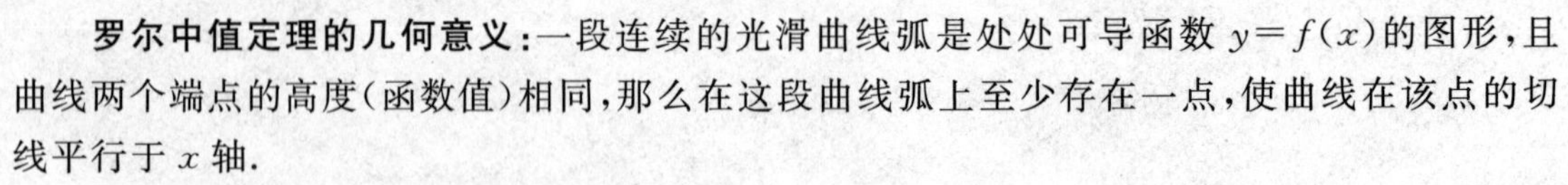

罗尔中值定理的几何意义： 一段连续的光滑曲线弧是处处可导函数 $y=f(x)$ 的图形，且曲线两个端点的高度(函数值)相同，那么在这段曲线弧上至少存在一点，使曲线在该点的切线平行于 x 轴.

为给出罗尔中值定理的证明，先介绍费马(Fermat)引理.

费马引理 设函数 $f(x)$ 在点 x_0 的某邻域 $U(x_0)$ 内有定义，且在 x_0 处可导. 如果对任意的 $x\in U(x_0)$，有 $f(x)\geqslant f(x_0)$ 或者 $f(x)\leqslant f(x_0)$，则 $f'(x_0)=0$.

证 不妨设对任意的 $x\in U(x_0)$，有 $f(x)\geqslant f(x_0)$ (当 $f(x)\leqslant f(x_0)$ 时，同理可证)，则对于 $x_0+\Delta x\in U(x_0)$，有 $f(x_0+\Delta x)\geqslant f(x_0)$. 从而当 $\Delta x>0$ 时，$\dfrac{f(x_0+\Delta x)-f(x_0)}{\Delta x}\geqslant 0$；当 $\Delta x<0$ 时，$\dfrac{f(x_0+\Delta x)-f(x_0)}{\Delta x}\leqslant 0$. 由 $f(x)$ 在 x_0 处可导，即 $f'(x_0)=f'_+(x_0)=f'_-(x_0)$，根据

极限的保号性定理，得

$$f'_+(x_0)=\lim_{\Delta x\to 0^+}\frac{f(x_0+\Delta x)-f(x_0)}{\Delta x}\geqslant 0 \text{ 及 } f'_-(x_0)=\lim_{\Delta x\to 0^-}\frac{f(x_0+\Delta x)-f(x_0)}{\Delta x}\leqslant 0,$$

所以 $f'(x_0)=f'_+(x_0)=f'_-(x_0)=0$.

罗尔中值定理的证明　由于 $f(x)$在闭区间$[a,b]$上连续，根据闭区间上连续函数的最大值与最小值定理，$f(x)$在闭区间$[a,b]$上必定取得最大值 M 和最小值 m. 于是，有以下两种情形：

(1)若 $M=m$，此时 $f(x)$在闭区间$[a,b]$上必然取相同的值，即 $f(x)\equiv M$(如图 3-1中的弦 AB)，因此，对 $\forall x\in(a,b)$有 $f'(x)=0$. 从而，对 $\forall \xi\in(a,b)$均有 $f'(\xi)=0$.

(2)若 $M\neq m(m<M)$，由于 $m\leqslant f(x)\leqslant M$，且 $f(a)=f(b)$，则 M 和 m 两个数中至少有一个不等于 $f(a)$. 不妨设 $m\neq f(a)$(如果 $M\neq f(a)$，证法类似)，那么 $\exists \xi\in(a,b)$使 $f(\xi)=m$，即对 $\forall x\in[a,b]$，有 $f(x)\geqslant f(\xi)$，于是由费马引理可知 $f'(\xi)=0$.

例 1　验证罗尔中值定理对函数 $f(x)=x^3-3x+2$ 在区间$[-\sqrt{3},\sqrt{3}]$上成立，并求出满足罗尔中值定理条件的 ξ.

证　由于 $f(x)$在$(-\infty,+\infty)$上处处连续且可导，因而 $f(x)$在区间$[-\sqrt{3},\sqrt{3}]$上连续，在区间$(-\sqrt{3},\sqrt{3})$内可导. 又 $f(-\sqrt{3})=f(\sqrt{3})=2$，所以罗尔中值定理对函数 $f(x)=x^3-3x+2$ 在区间$[-\sqrt{3},\sqrt{3}]$上成立. 又 $f'(x)=3x^2-3$，由 $f'(\xi)=0$，即 $3\xi^2-3=0$，得 $\xi=\pm 1$. 而 $\xi=\pm 1\in(-\sqrt{3},\sqrt{3})$，所以在区间$(-\sqrt{3},\sqrt{3})$上函数 $f(x)=x^3-3x+2$ 满足罗尔中值定理条件的 ξ 有两个：$\xi_1=-1$，$\xi_2=1$.

例 2　不求导数，判断函数 $f(x)=x(x-1)(x-2)$的导数有几个实根，以及各个根的所在范围.

解　由于 $f(0)=f(1)=f(2)=0$，易见 $f(x)$在区间$[0,1]$及$[1,2]$上分别满足罗尔中值定理的条件，从而在区间$(0,1)$及$(1,2)$内，方程 $f'(x)=0$ 分别至少有一个实根.

又因为 $f(x)$是三次多项式函数，而 $f'(x)$是二次多项式函数，所以 $f'(x)=0$ 至多有两个实根. 因此，$f(x)$的导数只有两个实根，分别在区间$(0,1)$及$(1,2)$内.

二、拉格朗日中值定理

在罗尔中值定理中，对函数 $f(x)$要求满足条件 $f(a)=f(b)$，但这一条件对一般函数未必满足，使得罗尔中值定理的应用有较大的局限性. 把这个条件去掉，并相应改变结论，就得到拉格朗日中值定理.

拉格朗日中值定理　如果函数 $f(x)$满足

(1)在闭区间$[a,b]$上连续；

(2)在开区间(a,b)内可导，

则在开区间(a,b)内至少存在一点 ξ，使得

$$f'(\xi)=\frac{f(b)-f(a)}{b-a}. \tag{①}$$

拉格朗日中值定理的几何意义：如图 3-2 所示，$\frac{f(b)-f(a)}{b-a}$是弦 AB 的斜率，而 $f'(\xi)$是对应于点 $x=\xi$ 的曲线上点 C 处的切线斜率. 两者相等，说明切线平行于弦. 从而，拉格朗日中值定理的几何解释是：如果连续曲线 $y=f(x)$的 AB 弧段上除端点外处处有不垂直于 x 轴的

切线，那么在 AB 弧段上至少存在一点 C，使得曲线在点 C 处的切线与弦 AB 平行.

从图 3-2 可见，若在拉格朗日中值定理中加上条件 $f(a)=f(b)$，则弦 AB 是平行于 x 轴的，从而点 C 处的切线也平行于弦 AB，这说明罗尔中值定理是拉格朗日中值定理的特例，拉格朗日中值定理是罗尔中值定理的推广.

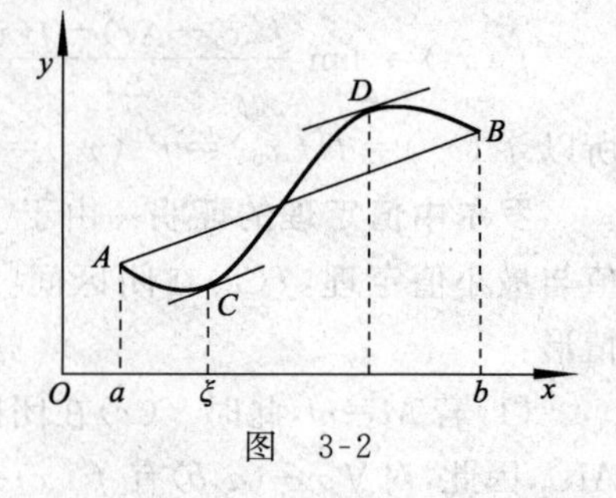

图 3-2

证明思路分析 待证等式 $f'(\xi)=\dfrac{f(b)-f(a)}{b-a}$ 等价于 $f'(\xi)-\dfrac{f(b)-f(a)}{b-a}=0$，即

$$\left[f'(x)-\frac{f(b)-f(a)}{b-a}\right]_{x=\xi}=0.$$

因此，只要选择函数 $F(x)$，使 $F'(x)=f'(x)-\dfrac{f(b)-f(a)}{b-a}$，且 $F(x)$ 满足罗尔中值定理的条件，便可利用罗尔中值定理得到 $F'(\xi)=\left[f'(x)-\dfrac{f(b)-f(a)}{b-a}\right]_{x=\xi}=0$. 经如上分析以易见，可以选取函数 $F(x)=f(x)-\dfrac{f(b)-f(a)}{b-a}x$，并验证它满足罗尔中值定理的条件.

拉格朗日中值定理的证明 作辅助函数 $F(x)=f(x)-\dfrac{f(b)-f(a)}{b-a}x$，易于验证

$$F(a)=F(b)=\frac{bf(a)-af(b)}{b-a}.$$

由已知条件，可知函数 $F(x)$ 在闭区间 $[a,b]$ 上满足罗尔中值定理的条件. 因此，在开区间 (a,b) 内至少存在一点 ξ，使得 $F'(\xi)=0$，即有

$$f'(\xi)=\frac{f(b)-f(a)}{b-a}.$$

关于拉格朗日中值定理的进一步说明：

(1)拉格朗日中值定理结论中的①式通常称为微分中值公式，或称为拉格朗日中值公式. 此公式也可写成如下形式

$$f(b)-f(a)=f'(\xi)(b-a),a<\xi<b. \quad ②$$

若记 $\theta=\dfrac{\xi-a}{b-a}$，则 $\xi=a+\theta(b-a)$，其中 $0<\theta<1$，则②式又可以写成

$$f(b)-f(a)=f'[a+\theta(b-a)](b-a).$$

(2)如果函数 $f(x)$ 在闭区间 $[a,b]$ 上满足拉格朗日中值定理的条件，则在区间 $[a,b]$ 上的任意两点所构成的子区间上也满足拉格朗日中值定理的条件.

设 x、$x+\Delta x\in[a,b]$，则有

$$f(x+\Delta x)-f(x)=f'(\xi)\Delta x,$$

其中 ξ 介于 x 与 $x+\Delta x$ 之间，或写成

$$f(x+\Delta x)-f(x)=f'(x+\theta\Delta x)\Delta x,$$

其中 $0<\theta<1$. 若设 $y=f(x)$，则上式又可写作

$$\Delta y=f'(x+\theta\Delta x)\Delta x. \quad ③$$

由微分的概念我们已经知道，$\Delta y\approx dy=f'(x)\Delta x$，但 $f'(x)\Delta x$ 只是在 $|\Delta x|$ 很小时 Δy 的近似表达式，而③式则给出在 Δx 为有限值时 Δy 的准确表达式. 因此，拉格朗日中值定理也称为**有限增量定理**(拉格朗日中值公式也称为**有限增量公式**)，它精确地表达了函数在一个区

间上的增量与函数在这区间内某点处的导数之间的关系.

推论 1　如果在区间(a,b)内,函数$f(x)$的导数$f'(x)$恒为零,即$f'(x)\equiv 0$,则在该区间内,$f(x)$是一个常数函数.

证　对$\forall x_1$、$x_2\in(a,b)$,不妨设$x_1<x_2$,显然在闭区间$[x_1,x_2]$上$f(x)$满足拉格朗日中值定理的条件.因此,$\exists\xi\in(x_1,x_2)$,使$f(x_2)-f(x_1)=f'(\xi)(x_2-x_1)$.

由条件$f'(x)\equiv 0$知$f'(\xi)=0$,即有$f(x_2)-f(x_1)=0$,亦即$f(x_2)=f(x_1)$.又由x_1和x_2的任意性知,$f(x)$在区间(a,b)内的函数值处处相等,即$f(x)$在(a,b)内为一常数函数.

此推论表明,只有区间上的常数函数才会导数恒为零.

推论 2　如果在区间(a,b)内,函数$f(x)$与$g(x)$满足$f'(x)\equiv g'(x)$,则在该区间内,$f(x)$与$g(x)$最多只差一个常数,即$f(x)=g(x)+C$,其中C为常数.

证　因为$f'(x)\equiv g'(x)$,即$f'(x)-g'(x)\equiv 0$,由推论1知$f(x)-g(x)$在区间(a,b)内为一常数,设此常数为C,则$f(x)-g(x)=C$,即$f(x)=g(x)+C$.

例 3　证明:对任意实数$x\in[-1,1]$,有$\arcsin x+\arccos x=\frac{\pi}{2}$.

证　令$f(x)=\arcsin x+\arccos x, x\in[-1,1]$.显然,当$x=\pm 1$时,$\arcsin x+\arccos x=\frac{\pi}{2}$成立.

当$x\in(-1,1)$时,

$$f'(x)=\frac{1}{\sqrt{1-x^2}}-\frac{1}{\sqrt{1-x^2}}=0,$$

由推论1,在$(-1,1)$内$f(x)\equiv C$,其中C是某常数.又$f(0)=\arcsin 0+\arccos 0=\frac{\pi}{2}$,所以$C=\frac{\pi}{2}$.

综上,对任意实数$x\in[-1,1]$,有$\arcsin x+\arccos x=\frac{\pi}{2}$.

例 4　证明:对任意实数x_1和x_2,有$|\sin x_1-\sin x_2|\leqslant|x_1-x_2|$.

证　显然,当$x_1=x_2$时等号成立.当$x_1\neq x_2$时,设$f(x)=\sin x$,则$f(x)$在$(-\infty,+\infty)$连续且可导,所以在由x_1和x_2构成的区间上$f(x)$满足拉格朗日定理的条件,从而有

$$\sin x_1-\sin x_2=\cos\xi\cdot(x_1-x_2),$$

其中ξ在x_1与x_2之间,即有

$$|\sin x_1-\sin x_2|=|\cos\xi|\cdot|x_1-x_2|.$$

又由于$|\cos\xi|\leqslant 1$,所以$|\sin x_1-\sin x_2|\leqslant|x_1-x_2|$.

例 5　设$f(x)$在$[0,1]$上连续,在$(0,1)$内可导,且$f(0)=0$.证明:存在$\xi\in(0,1)$,使得$f'(\xi)(1-\xi)=f(\xi)$.

证明思路分析　待证等式等价于$f'(\xi)(1-\xi)-f(\xi)=0$,即$[f'(x)(1-x)-f(x)]_{x=\xi}=0$.将$f'(x)(1-x)-f(x)$与两函数之积的导数公式相比较可见,只要设$F(x)=f(x)(1-x)$,则$f'(x)(1-x)-f(x)=F'(x)$.因此,只须对$F(x)$利用罗尔中值定理证明存在$\xi\in(0,1)$,使得$F'(\xi)=0$.

证　令$F(x)=f(x)(1-x)$,则$F(0)=F(1)=0$,由题设$f(x)$的条件可知$F(x)$在$[0,1]$上满足罗尔中值定理的条件,因此存在$\xi\in(0,1)$,使得$F'(\xi)=0$.而$F'(x)=f'(x)(1-x)-f(x)$,即

存在$\xi\in(0,1)$,使得$f'(\xi)(1-\xi)=f(\xi)$.

三、柯西中值定理

在拉格朗日中值定理中,如果函数$y=f(x)$表示成参数函数$\begin{cases}x=F(t)\\ y=G(t)\end{cases}$,其中$t$为参数($t\in[a,b]$),且$F(t)$和$G(t)$是关于$t$的可导函数,且$F'(t)\neq 0$(见图 3-3).由参数函数的求导法,$f(x)$的切线斜率为$\frac{dy}{dx}=\frac{G'(t)}{F'(t)}$,而弦$AB$的斜率为$\frac{G(b)-G(a)}{F(b)-F(a)}$,于是存在点$t=\xi(a<\xi<b)$,使得

$$\frac{G(b)-G(a)}{F(b)-F(a)}=\frac{G'(\xi)}{F'(\xi)}.$$

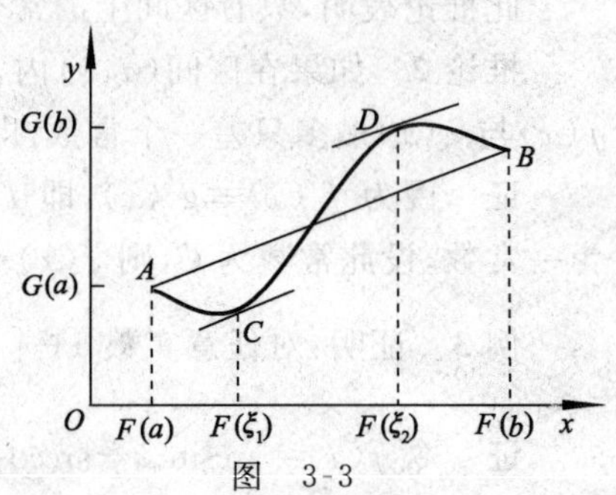

图 3-3

柯西中值定理 如果函数$F(x)$和$G(x)$满足

(1)在闭区间$[a,b]$上连续;

(2)在开区间(a,b)内可导;

(3)$\forall x\in(a,b)$,$F'(x)\neq 0$,

则在开区间(a,b)内至少存在一点ξ,使得

$$\frac{G(b)-G(a)}{F(b)-F(a)}=\frac{G'(\xi)}{F'(\xi)}.$$

证明思路分析 将$\frac{G(b)-G(a)}{F(b)-F(a)}=\frac{G'(\xi)}{F'(\xi)}$变形为$[G(b)-G(a)]F'(\xi)=[F(b)-F(a)]G'(\xi)$,移项、还原为$\{[G(b)-G(a)]F'(x)-[F(b)-F(a)]G'(x)\}\Big|_{x=\xi}=0$,由此式构造辅助函数利用罗尔中值定理进行证明即可.

证 由拉格朗日中值定理知,存在$\eta\in(a,b)$,使得$F(b)-F(a)=F'(\eta)(b-a)$,而$F'(x)\neq 0$,所以,$F(b)-F(a)\neq 0$.

令$\varphi(x)=[G(b)-G(a)]F(x)-[F(b)-F(a)]G(x)$,则$\varphi(x)$在$[a,b]$上满足罗尔中值定理的条件,从而至少存在一点$\xi\in(a,b)$,使得$\varphi'(\xi)=0$,即

$$[G(b)-G(a)]F'(\xi)-[F(b)-F(a)]G'(\xi)=0.$$

由于$F'(x)\neq 0$,$F(b)-F(a)\neq 0$,得

$$\frac{G(b)-G(a)}{F(b)-F(a)}=\frac{G'(\xi)}{F'(\xi)}$$

成立.

在柯西中值定理中,令$F(x)=x$,该定理就变成了拉格朗日中值定理,因此柯西中值定理是拉格朗日中值定理从一个函数向两个函数的推广.

例 6 设函数$f(x)$在区间$[a,b]$($a>0$)上连续,在区间(a,b)内可导,则在(a,b)内至少存在一点ξ,使$f(b)-f(a)=\xi f'(\xi)\ln\frac{b}{a}$.

证明思路分析 把$f(b)-f(a)=\xi f'(\xi)\ln\frac{b}{a}$变形为$\frac{f(b)-f(a)}{\ln b-\ln a}=\frac{f'(\xi)}{\frac{1}{\xi}}$,而$(\ln x)'|_{x=\xi}=\frac{1}{\xi}$,因此,对$f(x)$和$g(x)=\ln x$在区间$[a,b]$上应用柯西中值定理即可给出例 6 的证明(详细证明留给读者完成).

※四、泰勒中值定理

在第二章第四节中介绍微分近似公式时，我们已经知道：若函数 $f(x)$ 在 x_0 处有一阶导数且 $|x-x_0|$ 很小时，可用线性函数（一次多项式）来近似表达 $f(x)$，即有

$$f(x)\approx f(x_0)+f'(x_0)(x-x_0).$$

上面这种近似表达的误差是关于 $(x-x_0)$ 的高阶无穷小. 为了提高近似表达的精度，且具体估算误差的大小，我们希望用更高次的多项式来近似表达函数. 为此，把拉格朗日中值定理中的条件“$f(x)$ 在区间 (a,b) 内可导”改成“$f(x)$ 在区间 (a,b) 内存在更高阶导数”，得到下面的泰勒中值定理（定理的证明从略）.

泰勒中值定理　如果函数 $f(x)$ 在含 x_0 的某开区间 (a,b) 内具有直到 $n+1$ 阶导数，则对任一 $x\in(a,b)$，有

$$f(x)=f(x_0)+f'(x_0)(x-x_0)+\frac{f''(x_0)}{2!}(x-x_0)^2+\cdots+\frac{f^{(n)}(x_0)}{n!}(x-x_0)^n+R_n(x),\qquad ④$$

其中 $R_n(x)$ 称为**余项**，且

$$R_n(x)=\frac{f^{(n+1)}(\xi)}{(n+1)!}(x-x_0)^{n+1},\ \xi\text{ 在 }x_0\text{ 与 }x\text{ 之间}.$$

公式④称为函数 $f(x)$ 在点 x_0 处的 **n 阶泰勒公式**或 **n 阶泰勒展开式**，上面形式的余项称为**拉格朗日型余项**.

关于泰勒中值定理的进一步说明：

(1)当 $n=0$ 时，④式就是 $f(x)$ 在 $[x_0,x]$ 或 $[x,x_0]$ 上的拉格朗日中值公式，这说明泰勒中值定理是拉格朗日中值定理的推广.

(2)若记

$$p_n(x)=f(x_0)+f'(x_0)(x-x_0)+\frac{f''(x_0)}{2!}(x-x_0)^2+\cdots+\frac{f^{(n)}(x_0)}{n!}(x-x_0)^n,\qquad ⑤$$

则④式可写成 $f(x)=p_n(x)+R_n(x)$. 这里由⑤式给出的 $p_n(x)$ 是一个 n 次多项式，它由 $f(x)$ 在 x_0 处的函数值和一阶、二阶、直到 n 阶导数的值唯一确定，称为函数 $f(x)$ 按 $(x-x_0)$ 的幂展开的**泰勒多项式**.

(3)由泰勒公式可知，如果一个函数 $f(x)$ 在点 x_0 的某个邻域内具有直到 $n+1$ 阶导数，则在该邻域内的任一点 x 处，可用 n 次多项式函数 $p_n(x)$ 近似代替 $f(x)$，其误差为 $|R_n(x)|$. 如果对某个固定的 n，当 $x\in(a,b)$ 时，$|f^{(n+1)}(x)|\leqslant M$，则有估计式

$$|R_n(x)|=\left|\frac{f^{(n+1)}(\xi)}{(n+1)!}(x-x_0)^{n+1}\right|\leqslant\frac{M}{(n+1)!}|x-x_0|^{n+1},$$

因此，$\lim\limits_{x\to x_0}\dfrac{R_n(x)}{(x-x_0)^n}=0$. 这表明 $|R_n(x)|$ 是比 $(x-x_0)^n$ 高阶的无穷小，即

$$R_n(x)=o[(x-x_0)^n].\qquad ⑥$$

此外，由⑤式易见

$$p_n^{(k)}(x_0)=f^{(k)}(x_0),k=0,1,2,\cdots,n,$$

这表明 $p_n(x)$ 与 $f(x)$ 在 x_0 处有很好的拟合.

(4)在不需要精确地表达余项 $R_n(x)$ 时，$R_n(x)$ 也可由⑥式给出（尽管⑥式是在 $x\in(a,b)$

时 $|f^{(n+1)}(x)|\leqslant M$ 的条件下推出的，但事实上它在泰勒中值定理的条件之下总是成立的），即 $f(x)$ 在点 x_0 处的 n 阶泰勒公式也可写成

$$f(x)=p_n(x)+o[(x-x_0)^n]. \tag{⑦}$$

由⑥式给出的 $R_n(x)$ 的表达式称为**皮亚诺**(Peano)**型余项**，公式⑦称为 $f(x)$ 在点 x_0 处的带皮亚诺型余项的 n 阶泰勒公式.

(5)若在泰勒公式中，取 $x_0=0$，则④式成为

$$f(x)=f(0)+f'(0)x+\frac{f''(0)}{2!}x^2+\cdots+\frac{f^{(n)}(0)}{n!}x^n+R_n(x), \tag{⑧}$$

其中

$$R_n(x)=\frac{f^{(n+1)}(\xi)}{(n+1)!}x^{n+1}, \xi \text{在 } 0 \text{ 与 } x \text{ 之间}.$$

⑧式是 $f(x)$ 在点 $x=0$ 处的 n 阶泰勒公式，一般称为 $f(x)$ 的 **n 阶麦克劳林**(Maclaulin)**公式**或 **n 阶麦克劳林展开式**.

由于 ξ 在 0 与 x 之间，可以设 $\xi=\theta x$，其中 $0<\theta<1$，则余项可写成

$$R_n(x)=\frac{f^{(n+1)}(\theta x)}{(n+1)!}x^{n+1}, 0<\theta<1.$$

例 7 求 $f(x)=\mathrm{e}^x$ 的 n 阶麦克劳林公式，并估计 $x=1$ 时用 $p_n(1)$ 代替 $f(1)=\mathrm{e}$ 的误差.

解 因为 $f(x)=f'(x)=\cdots=f^{(n)}(x)=\mathrm{e}^x, x\in\mathbf{R}$，所以 $f(0)=f'(0)=\cdots=f^{(n)}(0)=\mathrm{e}^0=1$. 因此，$f(x)=\mathrm{e}^x$ 的 n 阶麦克劳林公式为

$$\mathrm{e}^x=1+x+\frac{x^2}{2!}+\cdots+\frac{x^n}{n!}+R_n(x), x\in\mathbf{R},$$

其中余项 $R_n(x)=\dfrac{\mathrm{e}^{\theta x}}{(n+1)!}x^{n+1}, 0<\theta<1$.

当 $x=1$ 时，得 $\mathrm{e}=1+1+\dfrac{1}{2!}+\cdots+\dfrac{1}{n!}+R_n(1)$，此时误差

$$|R_n(1)|=\frac{\mathrm{e}^\theta}{(n+1)!}<\frac{\mathrm{e}}{(n+1)!}<\frac{3}{(n+1)!}.$$

取 $n=6$ 时，$\mathrm{e}\approx 2.718\,056$，误差小于 $\dfrac{3}{(n+1)!}=\dfrac{3}{7!}\approx 0.000\,595$；

取 $n=10$ 时，$\mathrm{e}\approx 2.718\,281\,8$，误差小于 $\dfrac{3}{(n+1)!}=\dfrac{3}{11!}\approx 7.5\times 10^{-8}$.

用同样的方法可以求得 $\sin x$、$\cos x$、$\ln(1+x)$ 和 $(1+x)^\alpha$ 的麦克劳林公式如下：

$$\sin x=x-\frac{x^3}{3!}+\frac{x^5}{5!}-\frac{x^7}{7!}+\cdots+\frac{(-1)^{n-1}x^{2n-1}}{(2n-1)!}+(-1)^n\frac{\cos(\theta x)}{(2n+1)!}x^{2n+1}, x\in\mathbf{R}, 0<\theta<1;$$

$$\cos x=1-\frac{x^2}{2!}+\frac{x^4}{4!}-\frac{x^6}{6!}+\cdots+\frac{(-1)^n x^{2n}}{(2n)!}+(-1)^{n+1}\frac{\cos(\theta x)}{(2n+2)!}x^{2n+2}, x\in\mathbf{R}, 0<\theta<1;$$

$$\ln(1+x)=x-\frac{x^2}{2}+\frac{x^3}{3}-\frac{x^4}{4}+\cdots+\frac{(-1)^{n-1}x^n}{n}+\frac{(-1)^n}{(n+1)(1+\theta x)^{n+1}}x^{n+1},$$
$$x>-1, 0<\theta<1;$$

$$(1+x)^\alpha=1+\alpha x+\frac{\alpha(\alpha-1)}{2!}x^2+\cdots+\frac{\alpha(\alpha-1)\cdots(\alpha-n+1)}{n!}x^n$$
$$+\frac{\alpha(\alpha-1)\cdots(\alpha-n+1)(\alpha-n)}{(n+1)!}(1+\theta x)^{\alpha-n-1}x^{n+1}, x>-1, 0<\theta<1.$$

习 题 3-1

1. 验证罗尔中值定理对函数 $f(x)=\ln(1+x^2)$ 在区间 $[-2,2]$ 上的正确性.

2. 举例说明,罗尔中值定理中的条件是缺一不可的.

3. 证明下列等式或不等式:

(1) 对任意实数 x,有 $\arctan x+\operatorname{arccot} x=\dfrac{\pi}{2}$;

(2) 对任意实数 x_1、x_2,有 $|\arctan x_2-\arctan x_1|\leqslant|x_2-x_1|$;

(3) 若 $0<a<b$,则 $\dfrac{b-a}{b}<\ln\dfrac{b}{a}<\dfrac{b-a}{a}$.

4. 若方程 $x^n+a_1x^{n-1}+\cdots+a_{n-1}x=0\quad(n>1)$ 有一个正根 $x=x_0$,证明方程

$$nx^{n-1}+a_1(n-1)x^{n-2}+\cdots+a_{n-1}=0$$

必有一个小于 x_0 的正根.

5. 若函数 $f(x)$ 在区间 (a,b) 内具有二阶导数,且 $f(x_1)=f(x_2)=f(x_3)$,其中互不相等的三个数 x_1、x_2、$x_3\in(a,b)$,试证明至少存在一点 $\xi\in(a,b)$,使得 $f''(\xi)=0$.

6. 设 $f(x)$ 在 $[0,1]$ 上连续,在 $(0,1)$ 内可导,且 $f(1)=0$,则存在 $\xi\in(0,1)$,使得 $f'(\xi)\xi+f(\xi)=0$.

7. 设函数 $f(x)$ 在 $(-\infty,+\infty)$ 内满足关系式 $f'(x)=f(x)$,且 $f(0)=1$. 证明 $f(x)=\mathrm{e}^x$.

※8. 求函数 $f(x)=a^x(a>0,a\neq1)$ 的 3 阶麦克劳林公式.

第二节 洛必达法则

在第一章中我们已经知道,如果当 $x\to a$(或 $x\to a^-$、$x\to a^+$、$x\to\infty$、$x\to-\infty$ 或 $x\to+\infty$)时,两个函数 $f(x)$ 与 $g(x)$ 都趋于零或趋于无穷大,那么极限 $\lim\limits_{x\to a}\dfrac{f(x)}{g(x)}$ 可能存在也可能不存在,通常称这种类型的极限为**未定式(不定式)**,分别记为 $\dfrac{0}{0}$ 型或 $\dfrac{\infty}{\infty}$ 型未定式. 对于这类极限,即使它存在,有时用前面学过的方法也不能求出其极限值. 根据柯西中值定理可以推出求这类极限的一种简便且重要的方法,即洛必达(L'Hospital)法则.

一、$\dfrac{0}{0}$ 型或 $\dfrac{\infty}{\infty}$ 型未定式的情形

定理 1 设 $f(x)$ 与 $g(x)$ 满足:

(1) 当 $x\to a$ 时,函数 $f(x)$ 与 $g(x)$ 都趋于零;

(2) 在点 a 的某去心邻域内,$f'(x)$ 与 $g'(x)$ 都存在,且 $g'(x)\neq0$;

(3) $\lim\limits_{x\to a}\dfrac{f'(x)}{g'(x)}$ 存在(或为无穷大),

则

$$\lim_{x\to a}\frac{f(x)}{g(x)}=\lim_{x\to a}\frac{f'(x)}{g'(x)}.$$

用此定理求未定式极限的方法称为**洛必达法则**.

证 由条件(1)知,$x=a$ 是函数 $f(x)$ 与 $g(x)$ 的连续点或可去间断点. 若 $x=a$ 是连续点,则有 $\lim\limits_{x\to a}f(x)=f(a)=0$,$\lim\limits_{x\to a}g(x)=g(a)=0$;若 $x=a$ 是可去间断点,则改变或补充定

义，使 $f(a)=g(a)=0$，从而 $f(x)$ 与 $g(x)$ 在点 $x=a$ 及其某邻域内成为连续函数.

对于该邻域内的任意 $x(x\neq a)$，由柯西中值定理，在 x 与 a 之间存在 ξ，使得

$$\frac{f(x)}{g(x)}=\frac{f(x)-f(a)}{g(x)-g(a)}=\frac{f'(\xi)}{g'(\xi)},$$

两边取极限，有

$$\lim_{x\to a}\frac{f(x)}{g(x)}=\lim_{x\to a}\frac{f'(\xi)}{g'(\xi)}.$$

由于 ξ 在 x 与 a 之间，因此当 $x\to a$ 时，有 $\xi\to a$，结合条件(3)可得定理 1 的结论.

说明：把定理 1 中的条件 $x\to a$ 换成 $x\to a^-$、$x\to a^+$、$x\to\infty$、$x\to-\infty$ 或 $x\to+\infty$ 时，把条件(2)作相应的修改，结论仍成立.

例 1 求 $\lim\limits_{x\to 0}\frac{\sqrt[n]{1+x}-1}{x}$ （其中 n 是正整数).

解 这是 $\frac{0}{0}$ 型未定式. 由于 $[\sqrt[n]{1+x}-1]'=\frac{1}{n}(1+x)^{\frac{1}{n}-1}$，$(x)'=1$. 当 $x\to 0$ 时，这两个导数商的极限存在，所以原极限适用洛必达法则，即

$$\lim_{x\to 0}\frac{\sqrt[n]{1+x}-1}{x}=\lim_{x\to 0}\frac{\frac{1}{n}(1+x)^{\frac{1}{n}-1}}{1}=\frac{1}{n}.$$

此例表明：当 $x\to 0$ 时，$\sqrt[n]{1+x}-1\sim\frac{1}{n}x$.

在对 $f(x)$ 和 $g(x)$ 用了一次洛必达法则之后，如果 $f'(x)$ 与 $g'(x)$ 也满足洛必达法则的条件，则可对 $\lim\limits_{x\to a}\frac{f'(x)}{g'(x)}$ 继续应用洛必达法则，即有 $\lim\limits_{x\to a}\frac{f(x)}{g(x)}=\lim\limits_{x\to a}\frac{f'(x)}{g'(x)}=\lim\limits_{x\to a}\frac{f''(x)}{g''(x)}$. 但当所面对的极限不是未定式时，则不能对它运用洛必达法则.

例 2 求 $\lim\limits_{x\to 0}\frac{6\sin x-x^3-6x}{x^4+x^3}$.

解 这是 $\frac{0}{0}$ 型未定式. 连续应用三次洛必达法则，有

$$\lim_{x\to 0}\frac{6\sin x-x^3-6x}{x^4+x^3}=\lim_{x\to 0}\frac{6\cos x-3x^2-6}{4x^3+3x^2}=\lim_{x\to 0}\frac{-6\sin x-6x}{12x^2+6x}=\lim_{x\to 0}\frac{-\cos x-1}{4x+1}=-2.$$

需要注意，上式中 $\lim\limits_{x\to 0}\frac{-\cos x-1}{4x+1}$ 已不是未定式，不能对它再应用洛必达法则.

对于 $\frac{\infty}{\infty}$ 型未定式，也有相应的洛必达法则，即有如下定理.

定理 2 设 $f(x)$ 与 $g(x)$ 满足：

(1) 当 $x\to a$ 时，函数 $f(x)$ 与 $g(x)$ 都趋于 ∞；

(2) 在点 a 的某去心邻域内，$f'(x)$ 与 $g'(x)$ 都存在，且 $g'(x)\neq 0$；

(3) $\lim\limits_{x\to a}\frac{f'(x)}{g'(x)}$ 存在(或为无穷大)，

则

$$\lim_{x\to a}\frac{f(x)}{g(x)}=\lim_{x\to a}\frac{f'(x)}{g'(x)}.$$

说明：把定理 2 中的条件 $x\to a$ 换成 $x\to a^-$、$x\to a^+$、$x\to\infty$、$x\to-\infty$ 或 $x\to+\infty$ 时，把条件(2)作相应的修改，结论仍成立.

例 3　求 $\lim\limits_{x\to+\infty}\dfrac{\ln x}{x^{\alpha}}$　($\alpha>0$ 为常数).

解　这是$\dfrac{\infty}{\infty}$型未定式.应用定理 2,有

$$\lim_{x\to+\infty}\frac{\ln x}{x^{\alpha}}=\lim_{x\to+\infty}\frac{\frac{1}{x}}{\alpha x^{\alpha-1}}=\lim_{x\to+\infty}\frac{1}{\alpha x^{\alpha}}=0.$$

例 4　求 $\lim\limits_{x\to+\infty}\dfrac{a^{x}}{x^{n}}$　($a>1$ 为常数,n 为正整数).

解　这是$\dfrac{\infty}{\infty}$型未定式.应用定理 2,有

$$\lim_{x\to+\infty}\frac{a^{x}}{x^{n}}=\lim_{x\to+\infty}\frac{a^{x}\ln a}{nx^{n-1}}=\lim_{x\to+\infty}\frac{a^{x}\ln^{2}a}{n(n-1)x^{n-2}}=\cdots=\lim_{x\to+\infty}\frac{a^{x}\ln^{n}a}{n!}=+\infty.$$

例 3 和例 4 表明:在 $x\to+\infty$时,幂函数 $y=x^{\alpha}$ 比对数函数 $y=\ln x$ 增大的速度快得多,而指数函数 $y=a^{x}$ 又比幂函数 $y=x^{\alpha}$ 增大的速度快得多.

在运用洛必达法则时,需要注意在能化简时先化简,并将洛必达法则与其他求极限的方法结合使用,使计算更方便.

例 5　求$\lim\limits_{x\to0}\dfrac{(\tan x-x)(3+\cos x^{2})}{\ln(1+x^{3})}$.

解　这是一个$\dfrac{0}{0}$型未定式,注意到$\lim\limits_{x\to0}(3+\cos x^{2})=4$,$x\to0$ 时,$\ln(1+x^{3})\sim x^{3}$,所以

$$\begin{aligned}\lim_{x\to0}\frac{(\tan x-x)(3+\cos x^{2})}{\ln(1+x^{3})}&=\lim_{x\to0}\frac{(\tan x-x)}{\ln(1+x^{3})}\cdot\lim_{x\to0}(3+\cos x^{2})=4\lim_{x\to0}\frac{\tan x-x}{x^{3}}\\&=4\lim_{x\to0}\frac{\sec^{2}x-1}{3x^{2}}=4\lim_{x\to0}\frac{\tan^{2}x}{3x^{2}}=\frac{4}{3}.\end{aligned}$$

二、其他类型的未定式的情形

除了$\dfrac{0}{0}$型和$\dfrac{\infty}{\infty}$型未定式外,还有 $0\cdot\infty$(或$\infty\cdot0$)型、$\infty-\infty$型、0^{0} 型、1^{∞}型和∞^{0} 型未定式,求这些未定式的极限均可转化为求$\dfrac{0}{0}$型或$\dfrac{\infty}{\infty}$型未定式的极限,下面通过例子说明.

例 6　求 $\lim\limits_{x\to+\infty}x\left(\dfrac{\pi}{2}-\arctan x\right)$.

解　这是一个$\infty\cdot0$ 型的未定式,可转化为$\dfrac{0}{0}$型(有时转化为$\dfrac{\infty}{\infty}$型计算更方便).

$$\begin{aligned}\lim_{x\to+\infty}x\left(\frac{\pi}{2}-\arctan x\right)&=\lim_{x\to+\infty}\frac{\frac{\pi}{2}-\arctan x}{\frac{1}{x}}=\lim_{x\to+\infty}\frac{-\frac{1}{1+x^{2}}}{-\frac{1}{x^{2}}}\\&=\lim_{x\to+\infty}\frac{x^{2}}{1+x^{2}}=\lim_{x\to+\infty}\frac{2x}{2x}=1.\end{aligned}$$

例 7　求$\lim\limits_{x\to\frac{\pi}{2}}(\sec x-\tan x)$.

解　这是$\infty-\infty$型未定式,将其通分化为两函数之比的形式,可以转化为$\dfrac{0}{0}$型.

$$\lim_{x\to\frac{\pi}{2}}(\sec x-\tan x)=\lim_{x\to\frac{\pi}{2}}\left(\frac{1}{\cos x}-\frac{\sin x}{\cos x}\right)=\lim_{x\to\frac{\pi}{2}}\frac{1-\sin x}{\cos x}=\lim_{x\to\frac{\pi}{2}}\frac{-\cos x}{-\sin x}=0.$$

对 0^0 型、1^∞ 型和 ∞^0 型未定式 $\lim\limits_{x\to\square}f(x)^{g(x)}$，均可通过取对数的方法先转化为 $0\cdot\infty$（或 $\infty\cdot 0$）型未定式，再转化为 $\frac{0}{0}$ 型或 $\frac{\infty}{\infty}$ 型未定式，其中 $x\to\square$ 可以是 $x\to a$、$x\to a^-$、$x\to a^+$、$x\to\infty$、$x\to-\infty$ 或 $x\to+\infty$.

事实上：令 $y=f(x)^{g(x)}$，则 $\ln y=g(x)\ln f(x)$ 均成为 $0\cdot\infty$（或 $\infty\cdot 0$）型未定式. 再将 $\ln y$ 转化为 $\frac{0}{0}$ 型或 $\frac{\infty}{\infty}$ 型未定式可求得 $\lim\limits_{x\to\square}\ln y$，最后利用对数恒等式可得 $\lim\limits_{x\to\square}y=\lim\limits_{x\to\square}e^{\ln y}=e^{\lim\limits_{x\to\square}\ln y}$.

例 8 求 $\lim\limits_{x\to 0^+}(\sin x)^x$.

解 这是 0^0 型未定式. 令 $y=(\sin x)^x$，取对数得 $\ln y=x\ln(\sin x)$ 是 $0\cdot\infty$ 型未定式. 由于

$$\lim_{x\to 0^+}\ln y=\lim_{x\to 0^+}\frac{\ln(\sin x)}{\frac{1}{x}}=\lim_{x\to 0^+}\frac{\frac{1}{\sin x}\cdot\cos x}{-\frac{1}{x^2}}=-\lim_{x\to 0^+}\frac{x}{\sin x}\cdot x\cos x=0,$$

而 $y=e^{\ln y}$，所以

$$\lim_{x\to 0^+}(\sin x)^x=\lim_{x\to 0^+}y=\lim_{x\to 0^+}e^{\ln y}=e^{\lim\limits_{x\to 0^+}\ln y}=e^0=1.$$

例 9 求 $\lim\limits_{x\to 0^+}(\cot x)^{\frac{1}{\ln x}}$.

解 这是 ∞^0 型未定式. 设 $y=(\cot x)^{\frac{1}{\ln x}}$，取对数得 $\ln y=\frac{\ln(\cot x)}{\ln x}$ 是 $\frac{\infty}{\infty}$ 型未定式，则

$$\lim_{x\to 0^+}\ln y=\lim_{x\to 0^+}\frac{\ln(\cot x)}{\ln x}=\lim_{x\to 0^+}\frac{\frac{-\csc^2 x}{\cot x}}{\frac{1}{x}}=-\lim_{x\to 0^+}\frac{x}{\sin x\cos x}=-1,$$

而 $y=e^{\ln y}$，所以

$$\lim_{x\to 0^+}(\cot x)^{\frac{1}{\ln x}}=\lim_{x\to 0^+}y=\lim_{x\to 0^+}e^{\ln y}=e^{\lim\limits_{x\to 0^+}\ln y}=e^{-1}.$$

三、洛必达法则失效的情形

在应用洛必达法则求极限时，应该注意法则的条件只是充分条件. 当 $\frac{f'(x)}{g'(x)}$ 的极限不存在（或不是无穷大）时，并不能得出 $\frac{f(x)}{g(x)}$ 的极限不存在的结论.

例 10 求 $\lim\limits_{x\to+\infty}\frac{e^x-e^{-x}}{e^x+e^{-x}}$.

解 因为 $x\to+\infty$ 时，$e^x\to+\infty$，$e^{-x}\to 0$，所以此极限为 $\frac{\infty}{\infty}$ 型未定式，若试图应用洛必达法则，得

$$\lim_{x\to+\infty}\frac{e^x-e^{-x}}{e^x+e^{-x}}=\lim_{x\to+\infty}\frac{e^x+e^{-x}}{e^x-e^{-x}}.$$

上式右端仍是 $\frac{\infty}{\infty}$ 型未定式，再用洛必达法则，得

$$\lim_{x\to+\infty}\frac{e^x+e^{-x}}{e^x-e^{-x}}=\lim_{x\to+\infty}\frac{e^x-e^{-x}}{e^x+e^{-x}},$$

回归原式.若继续应用洛必达法则,就成为循环而求不出解.但可将原式变形如下求解:

$$\lim_{x\to+\infty}\frac{e^x-e^{-x}}{e^x+e^{-x}}=\lim_{x\to+\infty}\frac{(e^x-e^{-x})e^x}{(e^x+e^{-x})e^x}=\lim_{x\to+\infty}\frac{e^{2x}-1}{e^{2x}+1}=\lim_{x\to+\infty}\frac{2e^{2x}}{2e^{2x}}=1.$$

或由 $e^{-x}\to0$ 而 $e^{-x}\neq0$,有

$$\lim_{x\to+\infty}\frac{e^x-e^{-x}}{e^x+e^{-x}}=\lim_{x\to+\infty}\frac{(e^x-e^{-x})e^{-x}}{(e^x+e^{-x})e^{-x}}=\lim_{x\to+\infty}\frac{1-e^{-2x}}{1+e^{-2x}}=1.$$

例 11　验证 $\lim\limits_{x\to\infty}\frac{2x+\sin 3x}{x}$ 的极限存在,但不能用洛必达法则计算.

解　这是 $\frac{\infty}{\infty}$ 型未定式,若试图用洛必达法则,有

$$\lim_{x\to\infty}\frac{2x+\sin 3x}{x}=\lim_{x\to\infty}\frac{(2x+\sin 3x)'}{(x)'}=\lim_{x\to\infty}(2+3\cos 3x),$$

由于 $\lim\limits_{x\to\infty}\cos 3x$ 不存在,所以 $\lim\limits_{x\to\infty}(2+3\cos 3x)$ 不存在.但 $\lim\limits_{x\to\infty}(2+3\cos 3x)$ 不存在并不意味着 $\lim\limits_{x\to\infty}\frac{2x+\sin 3x}{x}$ 不存在.实际上,利用有界量乘以无穷小还是无穷小的性质,有

$$\lim_{x\to\infty}\frac{2x+\sin 3x}{x}=\lim_{x\to\infty}\left(2+\frac{\sin 3x}{x}\right)=2+\lim_{x\to\infty}\frac{1}{x}\cdot\sin 3x=2+0=2.$$

习　题　3-2

1. 应用洛必达法则求下列极限:

(1) $\lim\limits_{x\to0}\frac{\sin 3x}{\tan 5x}$;　(2) $\lim\limits_{x\to a}\frac{\cos x-\cos a}{x-a}$;　(3) $\lim\limits_{x\to\frac{\pi}{4}}\frac{1-\tan x}{\cos 2x}$;

(4) $\lim\limits_{x\to1}\left(\frac{3}{x^3-1}-\frac{1}{x-1}\right)$;　(5) $\lim\limits_{x\to+\infty}\frac{e^x}{\ln x}$;　(6) $\lim\limits_{x\to0}\left(\frac{1}{x}-\frac{1}{e^x-1}\right)$;

(7) $\lim\limits_{x\to0^+}\ln x\cdot\ln(1-x)$;　(8) $\lim\limits_{x\to0^+}x^x$;　(9) $\lim\limits_{x\to1}x^{\frac{1}{1-x}}$;

(10) $\lim\limits_{x\to0^+}\left(\frac{1}{x}\right)^{\tan x}$.

2. 验证极限 $\lim\limits_{x\to\infty}\frac{x-\sin x}{x+\sin x}$ 存在,但不能用洛必达法则计算.

3. 讨论 $\lim\limits_{x\to\infty}\frac{\ln(1+e^x)}{x}$ 的存在性.

第三节　函数的单调性及其判别法

在第一章中我们已经介绍了函数的单调性的概念,函数的单调性是函数的一个重要特性.但是,用定义判别函数的单调性需要比较两个函数值 $f(x_1)$ 与 $f(x_2)$ 的大小,或者是判断差 $f(x_2)-f(x_1)$ 的正负,这往往是比较困难的.这一节,我们根据拉格朗日中值公式,给出利用 $f'(x)$ 的正负判别函数单调性的方法.

直观上,如图 3-4 所示,如果函数 $y=f(x)$ 在区间 $[a,b]$ 上单调增加(单调减少),那么 $f(x)$ 对应的曲线是上升(下降)的,曲线上各点处切线的斜率是非负(非正)的,即 $y'=f'(x)\geqslant0(\leqslant0)$.由此可见,函数的单调性与导数 $y'=f'(x)$ 的符号有密切关系.下面定理表明用导数 $y'=f'(x)$ 的符号可以判断函数的单调性.

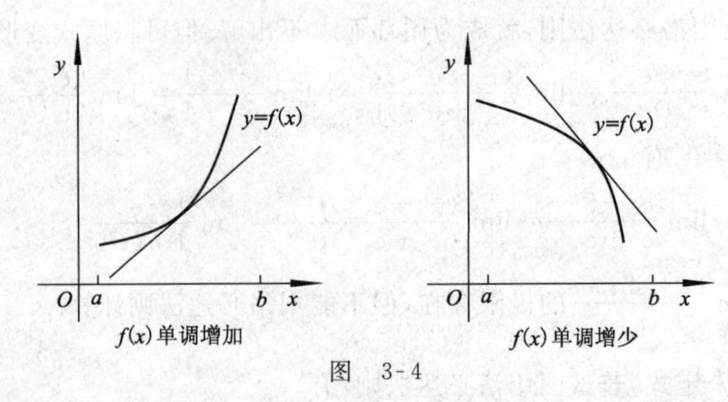

图 3-4

定理 设函数 $f(x)$在闭区间$[a,b]$上连续，在开区间(a,b)内可导.

(1)若对$\forall x\in(a,b)$，有 $f'(x)>0(f'(x)\geqslant 0)$，则 $f(x)$在$[a,b]$上单调增加(单调不减)；

(2)若对$\forall x\in(a,b)$，有 $f'(x)<0(f'(x)\leqslant 0)$，则 $f(x)$在$[a,b]$上单调减少(单调不增).

证 因为 $f(x)$在$[a,b]$上连续，在(a,b)内可导，在$[a,b]$上任取两点 x_1、x_2，且$x_1<x_2$，由拉格朗日中值定理，有

$$f(x_2)-f(x_1)=f'(\xi)(x_2-x_1),\xi\in(x_1,x_2).$$

(1)注意到 $x_2-x_1>0$，若对$\forall x\in(a,b)$，有 $f'(x)>0$，则 $f'(\xi)>0$，所以 $f'(\xi)(x_2-x_1)>0$，即 $f(x_2)>f(x_1)$，因此 $y=f(x)$在$[a,b]$上单调增加.

同理可证 $f'(x)\geqslant 0$ 的情形和结论(2).

注：在$(a,b]$、$[a,b)$、(a,b)、$(-\infty,b]$、$(-\infty,b)$、$[a,+\infty)$、$(a,+\infty)$或$(-\infty,+\infty)$上有与上面定理类似的结论.

例如 $y=x^2$ 在$(-\infty,+\infty)$内可导(当然是连续的)，且 $y'=2x$. 显然，当 $x\in(-\infty,0)$时，$y'=2x<0$；当 $x\in(0,+\infty)$时，$y'=2x>0$，因此 $y=x^2$ 在$(-\infty,0]$上单调减少，在$[0,+\infty)$上单调增加(见图 3-5).

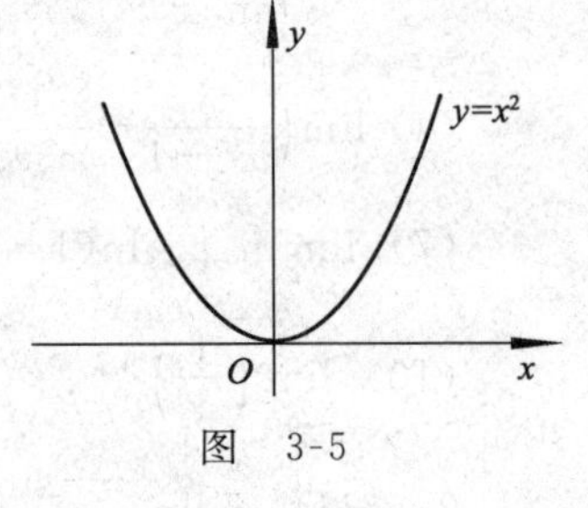

图 3-5

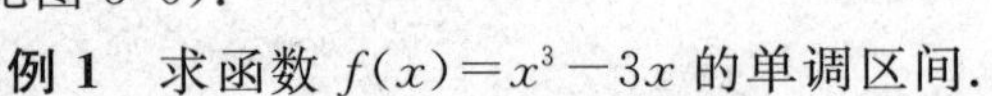

例 1 求函数 $f(x)=x^3-3x$ 的单调区间.

解 $f(x)$的定义域为$(-\infty,+\infty)$，且在整个定义域内 $f(x)$可导，且

$$f'(x)=3x^2-3=3(x+1)(x-1).$$

令 $f'(x)=0$，得 $x_1=-1$、$x_2=1$；x_1 和 x_2 将定义域分为三个子区间：$(-\infty,-1)$，$(-1,1)$，$(1,+\infty)$，列表确定 $f(x)$的单调区间如下：

x	$(-\infty,-1)$	-1	$(-1,1)$	1	$(1,+\infty)$
$f'(x)$	+	0	−	0	+
$f(x)$	↗		↘		↗

上表中符号↗和↘分别表示函数 $f(x)$的相应区间内是单调增加的和单调减少的，由表知，函数 $f(x)$的单调增加区间为$(-\infty,-1]$和$[1,+\infty)$，单调减少区间为$[-1,1]$.

例 2 讨论函数 $f(x)=(x-1)x^{\frac{2}{3}}$ 的单调性.

解 $f(x)$的定义域为$(-\infty,+\infty)$，在整个定义域内 $f(x)$连续，在点 $x\neq 0$ 处 $f(x)$可导，

$$f'(x)=\frac{2}{3}x^{-\frac{1}{3}}(x-1)+x^{\frac{2}{3}}=\frac{5x-2}{3x^{\frac{1}{3}}},x\neq 0.$$

令 $f'(x)=0$ 得 $x=\frac{2}{5}$. 于是,导数不存在的点 $x=0$ 与导数为 0 的点 $x=\frac{2}{5}$ 将定义域划分为三个子区间 $(-\infty,0)$, $\left(0,\frac{2}{5}\right)$, $\left(\frac{2}{5},+\infty\right)$,列表确定 $f(x)$ 的单调区间如下:

x	$(-\infty,0)$	0	$\left(0,\frac{2}{5}\right)$	$\frac{2}{5}$	$\left(\frac{2}{5},+\infty\right)$
$f'(x)$	$+$	不存在	$-$	0	$+$
$f(x)$	↗		↘		↗

由上表知,$f(x)$ 在 $(-\infty,0]$ 和 $\left[\frac{2}{5},+\infty\right)$ 上单调增加,在 $\left[0,\frac{2}{5}\right]$ 上单调减少.

根据上面两个例子,总结研究函数 $f(x)$ 的单调区间的一般步骤如下:

(1)确定 $f(x)$ 的定义域,讨论 $f(x)$ 的连续性和可导性;

(2)求出使函数 $f'(x)=0$ 和 $f'(x)$ 不存在的点,并以这些点为分界点,将定义域分成若干个子区间;

(3)确定 $f'(x)$ 在各个子区间的符号,从而得出 $f(x)$ 单调增区间和单调减区间.

例 3　证明:当 $x>0$ 时,$\ln(1+x)>\frac{x}{1+x}$.

证　设 $f(x)=\ln(1+x)-\frac{x}{1+x}$, $x\in[0,+\infty)$. 因 $f(x)$ 在区间 $[0,+\infty)$ 上连续,当 $x>0$ 时,$f(x)$ 可导,且

$$f'(x)=\frac{1}{1+x}-\frac{1+x-x}{(1+x)^2}=\frac{x}{(1+x)^2}>0,$$

所以 $f(x)$ 在区间 $[0,+\infty)$ 内单调增加. 因此,当 $x>0$ 时,恒有 $f(x)>f(0)$. 又 $f(0)=0$,于是,当 $x>0$ 时,有 $f(x)>0$,即当 $x>0$ 时,$\ln(1+x)>\frac{x}{1+x}$.

运用函数的单调性证明不等式的关键在于构造适当的辅助函数,并研究它在相应区间内的单调性.

习　题　3-3

1. 求下列函数的单调区间:

(1) $f(x)=2x^3-9x^2+12x-3$;

(2) $f(x)=(x-1)(x+1)^3$;

(3) $f(x)=\sqrt[3]{x^3-x^2-x+1}$;

(4) $f(x)=\frac{2x}{x^2+1}$.

2. 证明下列不等式:

(1)当 $x>0$ 时,$1+\frac{1}{2}x>\sqrt{1+x}$;

(2)当 $x>0$ 时,$1+x\ln(x+\sqrt{1+x^2})>\sqrt{1+x^2}$;

(3)当 $0<x<\frac{\pi}{2}$ 时,$\tan x>x+\frac{1}{3}x^3$;

(4)对任意实数 x,有 $e^x\geqslant ex$.

3. 研究下列命题,如果正确给出证明;如果错误,举出反例:

(1)若 $x>0$ 时，$f'(x)>g'(x)$，则 $x>0$ 时，$f(x)>g(x)$；

(2)若 $f(0)=g(0)$，且当 $x>0$ 时，$f'(x)>g'(x)$，则当 $x>0$ 时，$f(x)>g(x)$；

(3)若 $f(b)=0$，$f'(x)<0(a<x<b)$，则 $f(x)>0(a<x<b)$.

第四节　函数的极值及其应用

一、函数的极值及其判别法

观察图 3-6 所示的函数 $y=f(x)$的图形，$f(x)$在某些点处的值比其邻近点处的函数值都大(或小)，这种局部最大值或局部最小值称为函数的极值，它们在应用上具有重要意义.

定义 1　设函数 $y=f(x)$在点 x_0 的一个邻域 $U(x_0)$内有定义，如果对于去心邻域 $\mathring{U}(x_0)$内的任一点 x，恒有 $f(x)>f(x_0)$ ($f(x)<f(x_0)$)，则称 $f(x_0)$为 $f(x)$的**极小值(极大值)**，称 x_0 是 $f(x)$的**极小值(极大值)点**. 极大值和极小值统称为**极值**，极大值点和极小值点统称**极值点**，简称**极点**.

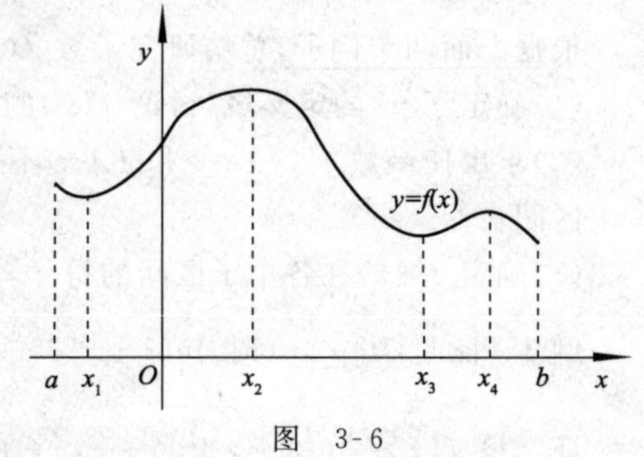

图　3-6

如图 3-6 所示的函数 $y=f(x)$，x_1 和 x_3 为它的极小值点，x_2 和 x_4 为它的极大值点. 注意到极小值 $f(x_1)$比极大值 $f(x_4)$还要大，这表明极值是一种局部性的概念，它只是函数在一个邻域内的最小值或最大值.

定理 1　(必要条件)如果函数 $f(x)$在点 x_0 处可导，且在 x_0 处取得极值，则 $f'(x_0)=0$.

证　由 $f(x)$在 x_0 处取得极值，则存在 x_0 的某个邻域 $U(x_0)$，对任意的 $x\in U(x_0)$，有 $f(x)\geqslant f(x_0)$或者 $f(x)\leqslant f(x_0)$. 因此，根据本章第一节的费马引理，必有 $f'(x_0)=0$.

定理 1 的几何意义是，可导函数的图形在极值点处的切线与 x 轴平行.

定义 2　使导数 $f'(x)$为零的点 x，称为函数 $f(x)$的**驻点**.

定理 1 表明，对可导函数，极值点一定是驻点. 但定理 1 只是给出可导函数取得极值的必要条件，亦即驻点不一定是极值点. 例如，图 3-7 中的 x_0 是驻点却不是极值点. 函数的极值也可能在其导数不存在的点处取得. 例如，图 3-8 中导数不存在的点 x_0 是极(小)值点.

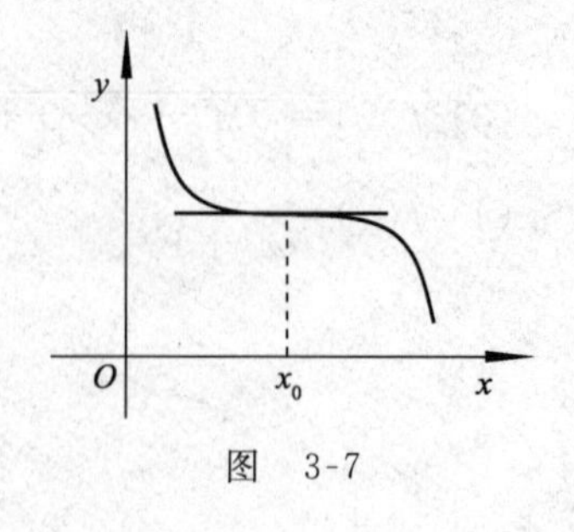

图　3-7

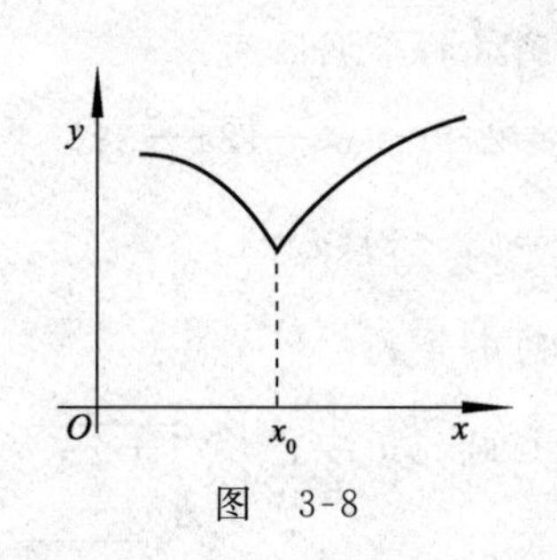

图　3-8

定理 2(第一充分条件)　设函数 $f(x)$在点 x_0 处连续，且在 x_0 的去心邻域内可导.

(1)如果当 $x<x_0$ 时 $f'(x)>0$，当 $x>x_0$ 时 $f'(x)<0$，则 $f(x)$在 x_0 取得极大值 $f(x_0)$；

(2)如果当 $x<x_0$ 时 $f'(x)<0$，当 $x>x_0$ 时 $f'(x)>0$，则 $f(x)$在 x_0 取得极小值 $f(x_0)$；

(3)如果当 $x<x_0$ 和 $x>x_0$ 时，$f'(x)$不变号，则 $f(x)$在 x_0 不取得极值.

证(1)因为当 $x<x_0$ 时 $f'(x)>0$,所以 $f(x)$ 在 x_0 左侧是单调增加的,有 $f(x)<f(x_0)$;而当 $x>x_0$ 时 $f'(x)<0$,所以 $f(x)$ 在 x_0 右侧是单调减少的,仍然有 $f(x)<f(x_0)$. 因此,$f(x_0)$ 为函数 $f(x)$ 的极大值.

同理可证明(2)和(3).

注:定理 2 中并未要求 $f(x)$ 在 x_0 点的导数存在,也就是说,当 $f'(x_0)$ 不存在且满足定理 2 的条件时,结论同样成立.

例 1　求函数 $f(x)=(x-1)x^{\frac{2}{3}}$ 的极值.

解　$f(x)$ 的定义域为$(-\infty,+\infty)$,在整个定义域内 $f(x)$ 连续,在点 $x\neq0$ 处 $f(x)$ 可导,由上节例 2 知 $f(x)$ 有驻点 $x_1=\dfrac{2}{5}$ 和导数不存在点 $x_2=0$,列表讨论如下:

x	$(-\infty,0)$	0	$\left(0,\frac{2}{5}\right)$	$\frac{2}{5}$	$\left(\frac{2}{5},+\infty\right)$
$f'(x)$	+	不存在	−	0	+
$f(x)$	↗	极大值	↘	极小值	↗

根据定理 2,从上表可知:$x_1=\dfrac{2}{5}$ 是极小值点,极小值为 $f\left(\dfrac{2}{5}\right)=-\dfrac{3}{5}\left(\dfrac{2}{5}\right)^{\frac{2}{3}}$;$x_2=0$ 是极大值点,极大值为 $f(0)=0$.

定理 3(第二充分条件)　设函数 $y=f(x)$ 在点 x_0 处的二阶导数存在,且 $f'(x_0)=0$,$f''(x_0)\neq0$,则 x_0 是函数的极值点,$f(x_0)$ 为函数的极值,并且,

(1)如果 $f''(x_0)>0$,那么 x_0 为极小值点,$f(x_0)$ 为极小值;

(2)如果 $f''(x_0)<0$,那么 x_0 为极大值点,$f(x_0)$ 为极大值.

证(1)由于 $f''(x_0)>0$,由二阶导数定义,有

$$f''(x_0)=\lim_{x\to x_0}\frac{f'(x)-f'(x_0)}{x-x_0}>0.$$

根据极限的局部保号性可知,在 x_0 的某个去心邻域内,有

$$\frac{f'(x)-f'(x_0)}{x-x_0}>0.$$

又 $f'(x_0)=0$,所以 $\dfrac{f'(x)}{x-x_0}>0$. 从而,当 $x<x_0$ 时 $f'(x)<0$;当 $x>x_0$ 时 $f'(x)>0$. 由定理 2 知,$f(x)$ 在 x_0 处得极小值 $f(x_0)$.

同理可证明(2).

说明:当函数 $f(x)$ 在点 x_0 处二阶可导,且 $f'(x_0)=0$,$f''(x_0)=0$ 时,定理 3 不能应用. 此时 $f(x)$ 在 x_0 处可能有极大值,也可能有极小值,也可能没有极值. 例如,对 $f_1(x)=x^4$,$f_2(x)=-x^4$ 和 $f_3(x)=x^3$ 均有 $f_i'(0)=0$,$f''_i(0)=0(i=1,2,3)$,$f_1(0)$ 是极小值,$f_2(0)$ 是极大值,而 $f_3(0)$ 不是极值.

例 2　求函数 $f(x)=(x^2-1)^3+1$ 的极值.

解　$f(x)$ 的定义域为$(-\infty,+\infty)$,在整个定义域内 $f(x)$ 可导,且 $f'(x)=6x(x^2-1)^2$. 令 $f'(x)=6x(x^2-1)^2=0$,得 $f(x)$ 的驻点 $x_1=-1$、$x_2=0$、$x_3=1$.

易见,函数在整个定义域内也是二阶可导的,且 $f''(x)=6(x^2-1)(5x^2-1)$.

由于 $f''(0)=6>0$,故由定理 3 可知,$x_2=0$ 为极小值点,相应的极小值 $f(0)=0$.

由于 $f''(-1)=f''(1)=0$,故定理 3 在 $x_1=-1$ 和 $x_3=1$ 处失效,因此改用定理 2 确定.

因为 $f'(x)$在 $x_1=-1$ 的两侧同号(均为负值),在 $x_3=1$ 的两侧也同号(均为正值),所以在 $x_1=-1$ 和 $x_3=1$ 处均不是极值点.

根据上面两个例子,总结求函数 $f(x)$的极值的一般步骤如下:

(1)确定 $f(x)$的定义域,讨论其连续性与可导性,求出 $f(x)$的全部驻点和不可导点;

(2)考察二阶导数的存在性,若驻点 x_0 处的二阶导数存在且不为零,考察 x_0 处二阶导数的符号,利用定理 3 确定极大值点和极小值点;若 $f'(x_0)=0$ 且 $f''(x_0)=0$,或 $f'(x_0)=0$ 但 $f''(x_0)$不存在,或 $f'(x_0)$不存在,定理 3 失效,利用定理 2 考察 x_0 点两侧一阶导数的符号,确定 x_0 是否为极值点,并进一步明确极值点 x_0 是极大值点还是极小值点;

(3)求出极值点处的函数值得到极值,并指出是极大值还是极小值.

二、函数的最大值、最小值的求法

在实际中常常会遇到这样一类问题:在一定条件下,怎样使投入最少,产出最多,成本最低.这类问题在数学上通常归结为求一个函数在给定区间上的最大值和最小值.

1. 闭区间连续函数的最大值、最小值

在第一章中,我们已经知道在闭区间$[a,b]$上连续的函数 $f(x)$一定在该区间上存在最大值和最小值.假设 $f(x)$在开区间(a,b)内除有限个点外可导,且至多有有限个驻点.在此假设之下,如果 $f(x_0)$是 $f(x)$的最大值(或最小值),且 $x_0\in(a,b)$,则 $f(x_0)$也一定是 $f(x)$的极大值(或极小值).又函数的最大值和最小值也可能在区间的端点处取得,因此可按如下方法求得$f(x)$在闭区间$[a,b]$上的最大值和最小值:

(1)求出函数 $f(x)$在(a,b)内所有可能的极值点,即驻点和不可导点;

(2)求出 $f(x)$在可能的极值点处及区间$[a,b]$的端点处的函数值,然后比较它们的大小,其中最大者为 $f(x)$在$[a,b]$上的最大值,最小者为 $f(x)$在$[a,b]$上的最小值.

2. 单峰、单谷原理

如果函数 $f(x)$在其定义域内连续,且在其定义域的内部只有一个极值点 x_0,则容易得到如下结论:

如果 x_0 是极大值点,则 $f(x_0)$就是最大值;如果 x_0 是极小值点,则 $f(x_0)$就是最小值.

通常将这一结论称为**单峰、单谷原理**.

3. 实际问题中的最大值、最小值

在实际问题中,如果根据问题的实际意义可断定可导函数 $f(x)$确有最大值(或最小值),而且最大值(或最小值)一定在定义区间的内部取得,且 $f(x)$在定义区间内有唯一驻点 x_0,那么不必讨论 $f(x_0)$是否为极值,就可断定 $f(x_0)$就是所求的最大值(或最小值).

例 3 求 $f(x)=(x-1)\sqrt[3]{x^2}$ 在 $\left[-1,\dfrac{1}{2}\right]$上的最大值和最小值.

解 $f(x)=(x-1)\sqrt[3]{x^2}$ 在 $\left[-1,\dfrac{1}{2}\right]$上连续,在 $\left(-1,\dfrac{1}{2}\right)$内当 $x\neq0$ 时可导,且 $f'(x)=\dfrac{5x-2}{3\sqrt[3]{x}}$,所以 $f(x)$在 $\left(-1,\dfrac{1}{2}\right)$内的驻点为 $x_1=\dfrac{2}{5}$,不可导点为 $x_2=0$,计算这两个点和区间 $\left[-1,\dfrac{1}{2}\right]$的端点处相应的函数值,得

$$f(x_1)=f\left(\frac{2}{5}\right)=-\frac{3}{5}\sqrt[3]{\frac{4}{25}}\approx -0.3257,\quad f(x_2)=f(0)=0,\quad f(-1)=-2,$$

$$f\left(\frac{1}{2}\right)=-\frac{1}{2}\sqrt[3]{\frac{1}{4}}\approx -0.3150.$$

比较这四个数的大小可知 $f(x)$在$\left[-1,\frac{1}{2}\right]$上的最大值为 $f(0)=0$,最小值为 $f(-1)=-2$.

例 4　设生产某产品 x 件的成本函数为$C(x)=3\,800+5x-\frac{x^2}{1\,000}$(元),该产品的单价 P 与产量 x 的关系是 $P(x)=50-\frac{x}{100}$(元). 试确定产量为多少件时,能使利润达到最大.

解　产品的收益函数为 $R(x)=xP(x)=x\left(50-\frac{x}{100}\right)$,利润函数为 $L(x)=R(x)-C(x)$,即

$$L(x)=x\left(50-\frac{x}{100}\right)-\left(3\,800+5x-\frac{x^2}{1\,000}\right).$$

由于产品的单价应该为正值,即 $P(x)=50-\frac{x}{100}>0$,得 $x<5\,000$,而产品件数 x 也应为正值,因此可得 $L(x)$的定义域为$(0,5\,000)$.

在$(0,5\,000)$内 $L(x)$可导,且

$$L'(x)=50-\frac{x}{50}-5+\frac{x}{500}=\frac{45\times 500-9x}{500}.$$

令 $L'(x)=0$,得 $x_0=2\,500$ 是 $L(x)$的唯一驻点. 又 $L''(x)=-\frac{9}{500}$,即 $L''(x_0)=-\frac{9}{500}<0$,所以,$x_0=2\,500$ 是 $L(x)$在$(0,5\,000)$内的唯一极大值点. 因此,根据单峰原理可知$x_0=2\,500$ 也是 $L(x)$的最大值点,即当产量为 2 500 件时,利润达到最大.

例 5　如图 3-9 所示,铁路线上 B、C 两站点的距离 BC 为 100 km,工厂 A 到 B 的距离为 20 km,且 AB 垂直于 BC,现要在铁路线 BC 上选定一点 D(作为中转站)向工厂 A 修一条公路,已知每千米的铁路运费与公路运费之比为3∶5. 为使货物从车站 C 运到工厂 A 所需运费最省,问 D 点应选在何处?

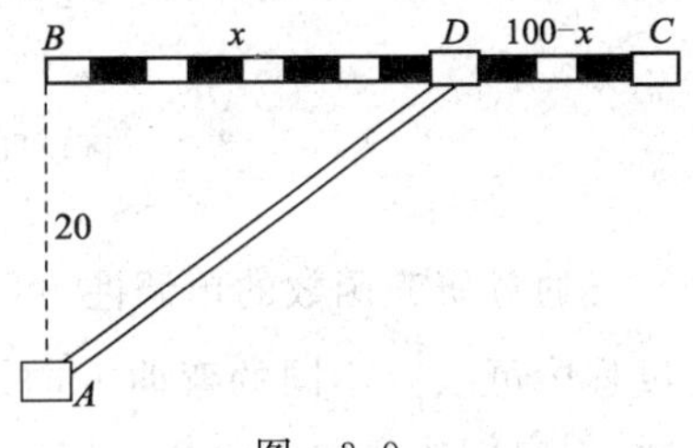

图　3-9

解　设 $BD=x,x\in[0,100]$,则 $AD=\sqrt{x^2+20^2}$,$CD=100-x$. 设铁路运费为 $3a$ 元/km,其中 a 为某个正数,则公路运费为 $5a$ 元/km,于是从车站 C 经 D 运货到工厂 A 所需总运费为

$$y=5a\sqrt{x^2+20^2}+3a(100-x),x\in[0,100].$$

问题归结为求此函数在区间$[0,100]$上的最小值点.

易见,$y=y(x)$在$(0,100)$可导,且 $y'=\frac{5ax}{\sqrt{x^2+20^2}}-3a$. 令 $y'=0$,得 $5x=3\sqrt{x^2+20^2}$,由此解得 $x=15$ 是满足 $0<x<100$ 的唯一驻点. 根据问题的实际意义,$y=y(x)$在$[0,100]$上的最小值一定存在,且一定在$(0,100)$的内部取得,所以 $x=15$ 一定是 $y=y(x)$在$[0,100]$上的最小值点. 因此,当中转站 D 建于 B 与 C 之间且与 B 相距 15 km 之处时运费最省.

注:此题也可用求闭区间上连续函数的最小值的方法或用单谷原理,严格验证$x=15$ 是函数 $y=y(x)$的最小值点. 解题时不论用哪种方法得到最小值或最大值均需说明理由.

习 题 3-4

1. 求下列函数的极值：

(1) $f(x)=2x^3-9x^2+12x-3$；　　(2) $f(x)=(x-1)(x+1)^3$；

(3) $f(x)=\sqrt[3]{x^3-x^2-x+1}$；　　(4) $f(x)=\dfrac{2x}{x^2+1}$；

(5) $f(x)=x-\ln(x+1)$.

2. 求下列函数在给定区间上的最大值和最小值：

(1) $y=x^4-2x^2+5, x\in[-2,2]$；　　(2) $y=\dfrac{x^2}{1+x}, x\in\left[-\dfrac{1}{2},1\right]$.

3. 已知函数 $y=ax^3-6ax^2+b(a>0)$ 在区间 $[-1,2]$ 上的最大值为 3，最小值为 -29，求常数 a,b 的值.

4. 研究下列命题，如果正确给出证明；如果错误，举出反例：

(1)极值点一定是函数的驻点，驻点也一定是极值点；

(2)若 $f(x_1)$，$f(x_2)$ 分别是函数 $f(x)$ 在 (a,b) 上的极大值和极小值，则 $f(x_1)>f(x_2)$；

(3)若 $f'(x_0)=f''(x_0)=0$，则 $x=x_0$ 一定不是函数 $f(x)$ 的极值点.

5. 建造一个容积为 300m^3 的无盖圆柱形蓄水池，已知池底单位面积造价是周围单位面积造价的两倍. 问蓄水池的尺寸如何设计才能使总造价最低？

6. 某商品的总成本函数为 $C=1000+3Q$，其中 Q 为产品的产量，而市场对该商品的需求量与商品单价 P 之间的关系是 $Q=-100P+1000$，求出使利润最大的商品单价.

7. 从一块半径为 R 的圆铁片上剪去一个扇形后做成一个圆锥形漏斗. 问留下的扇形的中心角取多大时，做成的漏斗的容积最大？

第五节　曲线的凹凸性与拐点

通过研究函数的单调性，可以了解其对应曲线的上升或下降情况，但曲线在上升或下降过程中可以有不同的弯曲方向. 例如，两个抛物线 $y=x^2$ 与 $y=\sqrt{x}$ 在区间 $[0,1]$ 上都是增函数，但它们的弯曲方向截然相反，我们称前者及其类似弯曲方向的曲线为**凹曲线**，后者及其类似弯曲方向的曲线为**凸曲线**.

直观上看，在凹曲线上任意取两点作弦，则弦在曲线弧的上方(或曲线位于其上任意一点切线的上方)；在凸曲线上任意取两点作弦，则弦在曲线弧的下方(或曲线位于其上任意一点切线的下方). 由此，可给出曲线凹凸的如下定义.

定义 1　设 $f(x)$ 在区间 I 上连续，对于 I 上任意两点 x_1 和 x_2：

(1)如果恒有 $f\left(\dfrac{x_1+x_2}{2}\right)<\dfrac{f(x_1)+f(x_2)}{2}$，则称 $f(x)$ 在 I 上的**图形是**(**向上**)**凹的**(**凹弧**)，区间 I 称为函数(曲线) $f(x)$ 的**凹区间**(见图 3-10(a))；

(2)如果恒有 $f\left(\dfrac{x_1+x_2}{2}\right)>\dfrac{f(x_1)+f(x_2)}{2}$，则称 $f(x)$ 在 I 上的**图形是**(**向上**)**凸的**(**凸弧**)，区间 I 称为函数(曲线) $f(x)$ 的**凸区间**(见图 3-10(b)).

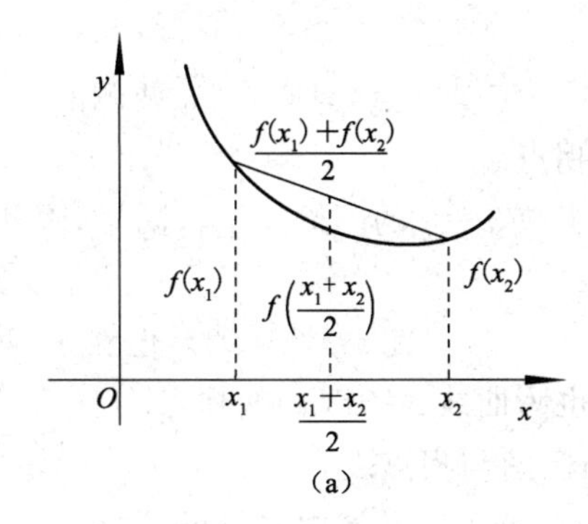

(a)

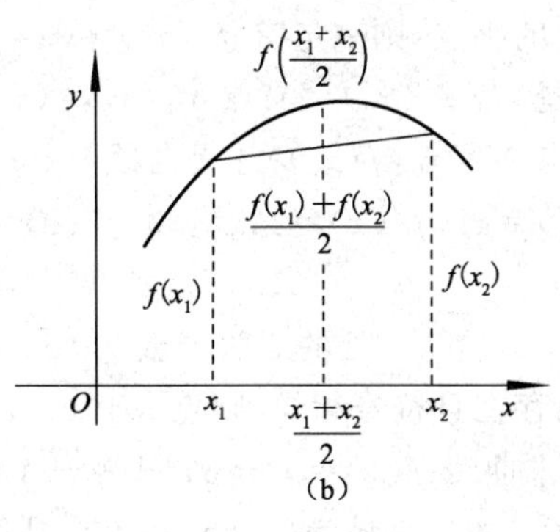

(b)

图　3-10

定义 2　设函数 $y=f(x)$ 在某区间 I 上连续，x_0 是区间 I 内部的一点，若曲线 $y=f(x)$ 在经过点 $M(x_0,f(x_0))$ 时，曲线的凹凸性改变了，则称 M 为函数(曲线) $y=f(x)$ 的**拐点**.

注:拐点 M 是曲线上的点，需用横坐标与纵坐标同时表示，即表成 $M(x_0,f(x_0))$.

直观上看，凹曲线位于其上任意一点切线的上方，曲线上任一点 (x,y) 处切线的斜率 $f'(x)$ 是 x 的增函数，应该对应有 $f''(x)>0$；凸曲线位于其上任意一点切线的下方，曲线上任一点 (x,y) 处切线的斜率 $f'(x)$ 是 x 的减函数，应该对应有 $f''(x)<0$. 这意味着曲线的凹凸性与函数的二阶导数有密切关系. 下面定理表明，用二阶导数 $f''(x)$ 的符号可以判断曲线的凹凸性.

定理(曲线凹凸性判别法)　设函数 $y=f(x)$ 在区间 $[a,b]$ 上连续，在区间 (a,b) 内具有一阶和二阶导数，那么

(1)若 $x\in(a,b)$ 时，恒有 $f''(x)>0$，则曲线 $y=f(x)$ 在区间 $[a,b]$ 上是凹的；

(2)若 $x\in(a,b)$ 时，恒有 $f''(x)<0$，则曲线 $y=f(x)$ 在区间 $[a,b]$ 上是凸的.

证　设 x_1 和 x_2 为 $[a,b]$ 上任意两点，且 $x_1<x_2$，记 $\dfrac{x_1+x_2}{2}=x_0$ 及 $x_2-x_0=x_0-x_1=h(h>0)$. 由拉格朗日中值公式，得

$$f(x_1)=f(x_0)-f'(\xi_1)h(x_1<\xi_1<x_0);\quad f(x_2)=f(x_0)+f'(\xi_2)h\quad(x_0<\xi_2<x_2).$$

两式相加，得

$$f(x_1)+f(x_2)=2f(x_0)+[f'(\xi_2)-f'(\xi_1)]h.$$

再对 $f'(x)$ 在区间 $[\xi_1,\xi_2]$ 上用拉格朗日中值公式，得

$$f'(\xi_2)-f'(\xi_1)=f''(\xi)(\xi_2-\xi_1)\quad(\xi_1<\xi<\xi_2).$$

于是

$$f(x_1)+f(x_2)=2f(x_0)+f''(\xi)(\xi_2-\xi_1)h.$$

由于 $(\xi_2-\xi_1)h>0$，若 $x\in(a,b)$ 时，恒有 $f''(x)>0$，则 $f(x_1)+f(x_2)>2f(x_0)$，即

$$\frac{f(x_1)+f(x_2)}{2}>f(x_0)=f\left(\frac{x_1+x_2}{2}\right),$$

从而 $y=f(x)$ 在 $[a,b]$ 上是凹的；

若 $x\in(a,b)$ 时，恒有 $f''(x)<0$，则 $f(x_1)+f(x_2)<2f(x_0)$，即

$$\frac{f(x_1)+f(x_2)}{2}<f(x_0)=f\left(\frac{x_1+x_2}{2}\right),$$

从而，$y=f(x)$ 在 $[a,b]$ 上是凸的.

说明:(1)上面定理只是就区间 I 为闭区间 $[a,b]$ 的情形给出的，类似可证明当 I 为其他类型的所有区间时，定理的结论也成立；

(2)若函数 $y=f(x)$ 在含有 x_0 的区间 (a,b) 内有二阶连续导数，且点 $M_0(x_0,f(x_0))$ 为曲

线 $y=f(x)$ 的拐点，则一定有 $f''(x_0)=0$；

(3)但是，若 $f''(x_0)=0$，点 $M_0(x_0,f(x_0))$ 却不一定是拐点，只有在 x_0 两侧的二阶导数符号相异时，点 $M_0(x_0,f(x_0))$ 才是曲线 $y=f(x)$ 的拐点.

如 $f(x)=x^4$，$f''(x)=12x^2\geqslant 0$，$f''(0)=0$，由于在 $x=0$ 的两侧 $f''(x)$ 同号，因此 $f(x)$ 没有拐点.

(4)若 $f(x)$ 在 x_0 处的二阶导数 $f''(x_0)$ 不存在(但 $f(x)$ 在 x_0 处连续)，但在 x_0 两侧 $f(x)$ 的二阶导数存在且符号相异，则点 $M_0(x_0,f(x_0))$ 也为曲线 $y=f(x)$ 的拐点.

例 1 求曲线 $f(x)=x^3-6x^2+9x+1$ 的凹凸区间与拐点.

解 $f(x)$ 的定义域为 $(-\infty,+\infty)$，易见 $f(x)$ 在整个定义域内二阶可导，且

$$f'(x)=3x^2-12x+9,\quad f''(x)=6x-12=6(x-2).$$

由 $f''(x)=0$ 可得 $x=2$，列表讨论如下：

x	$(-\infty,2)$	2	$(2,+\infty)$
$f''(x)$	$-$	0	$+$
$f(x)$	凸	拐点 $(2,3)$	凹

由上表可知，曲线的凸区间是 $(-\infty,2]$，凹区间是 $[2,+\infty)$，拐点是 $(2,3)$.

例 2 求下列曲线的凹凸区间与拐点.

(1) $y=\dfrac{1}{\sqrt{2\pi}}e^{-\frac{x^2}{2}}$；(2) $y=a-\sqrt[3]{x-b}$ (a,b 为常数)；(3) $y=(x+1)^4$.

解 (1)函数的定义域为 $(-\infty,+\infty)$，易见函数在整个定义域内二阶可导，且

$$y'=\frac{1}{\sqrt{2\pi}}e^{-\frac{x^2}{2}}\cdot(-x)=-\frac{1}{\sqrt{2\pi}}xe^{-\frac{x^2}{2}},$$

$$y''=-\frac{1}{\sqrt{2\pi}}\left[e^{-\frac{x^2}{2}}+xe^{-\frac{x^2}{2}}\cdot(-x)\right]=\frac{1}{\sqrt{2\pi}}(x^2-1)e^{-\frac{x^2}{2}}.$$

令 $y''=0$，得 $x=\pm 1$，列表如下：

x	$(-\infty,-1)$	-1	$(-1,1)$	1	$(1,+\infty)$
y''	$+$	0	$-$	0	$+$
y	凹	拐点 $\left(-1,\frac{1}{\sqrt{2\pi e}}\right)$	凸	拐点 $\left(1,\frac{1}{\sqrt{2\pi e}}\right)$	凹

曲线的凹区间是 $(-\infty,-1]$ 和 $[1,+\infty)$；凸区间是 $[-1,1]$；拐点是 $\left(-1,\dfrac{1}{\sqrt{2\pi e}}\right)$ 和 $\left(1,\dfrac{1}{\sqrt{2\pi e}}\right)$.

(2)函数的定义域为 $(-\infty,+\infty)$，易见函数在整个定义域内连续，在 $x\neq b$ 时二阶可导，

$$y'=-\frac{1}{3}(x-b)^{-\frac{2}{3}},\quad y''=\frac{2}{9}(x-b)^{-\frac{5}{3}}.$$

不存在使 $y''=0$ 的实数 x，但 $x=b$ 是二阶导数不存在的点，且当 $x<b$ 时，$y''<0$；当 $x>b$ 时，$y''>0$，故曲线在 $(-\infty,b]$ 内是凸的，在 $[b,+\infty)$ 内是凹的. $x=b$ 时 $y=a$，故点 (b,a) 是曲线的拐点.

(3)函数的定义域为 $(-\infty,+\infty)$，易见函数在整个定义域内二阶可导，$y'=4(x+1)^3$，$y''=12(x+1)^2$，令 $y''=0$ 得 $x=-1$. 无论 $x>-1$ 还是 $x<-1$，都有 $y''>0$，因此点 $(-1,0)$ 不

是曲线的拐点,即曲线 $y=(x+1)^4$ 没有拐点,它在$(-\infty,+\infty)$内是凹的.

例 3　证明:当 $x>0,y>0,x\neq y$ 时,$x\ln x+y\ln y>(x+y)\ln\frac{x+y}{2}$.

证　原不等式等价于$\frac{x\ln x+y\ln y}{2}>\frac{x+y}{2}\ln\frac{x+y}{2}$. 与函数凹凸性的定义式对比,可以设函数 $f(t)=t\ln t,t>0$. 因为 $f'(t)=\ln t+1,f''(t)=\frac{1}{t}>0$,所以 $f(t)$在区间$(0,+\infty)$上为凹的,从而,对任意 $x,y\in(0,+\infty),x\neq y$,有

$$\frac{f(x)+f(y)}{2}>f\left(\frac{x+y}{2}\right),$$

即

$$\frac{x\ln x+y\ln y}{2}>\frac{x+y}{2}\ln\frac{x+y}{2},$$

所以所要证明的不等式成立.

习　题　3-5

1. 求下列函数的凹凸区间及拐点:

(1) $y=2x^3+3x^2-12x-6$;　　(2) $y=(x-1)^3(x+2)$;

(3) $y=\sqrt[3]{x^3-x^2-x+1}$;　　(4) $y=\ln(1+x^2)$.

2. 证明下列不等式:

(1)当 $x\neq y$ 时,$\frac{e^x+e^y}{2}>e^{\frac{x+y}{2}}$;　(2)当 $x>0,y>0,x\neq y,n>1$ 时,$\frac{x^n+y^n}{2}>\left(\frac{x+y}{2}\right)^n$.

3. 若曲线 $y=ax^3+bx^2+cx+d$ 在点 $x=0$ 处有极值 $y=0$,点$(1,1)$为拐点,求 a,b,c,d 的值.

4. 研究下列命题,如果正确给出证明;如果错误,举出反例:

(1)若 $f'(x_0)=f''(x_0)=0$,则点$(x_0,f(x_0))$是曲线 $f(x)$的拐点而不是极值点;

(2)若 $f''(x_0)=0$,但 $f'''(x_0)\neq 0$,则点$(x_0,f(x_0))$一定是曲线 $f(x)$的拐点.

第六节　函数图形的描绘

描点法是函数作图的基本方法,利用描点法作图的关键是对函数的性态进行分析. 这一节主要介绍利用微分学的方法描绘函数图形的基本知识. 尽管随着计算机技术的发展,现在我们可以利用计算机借助各种数学软件,方便地绘出各种函数的图形,但是为完成选择作图的范围、掌握图形上的关键点、识别机器作图的误差等工作,仍需要我们具有运用微分学的方法描绘函数图形的基本知识.

我们已经知道,利用一阶导数的符号可确定函数的单调区间和极值点,利用二阶导数的符号可确定函数的凹凸区间和拐点,这些都是研究函数性态的重要方法. 除此之外,对于定义域包含无穷区间的函数和无界函数,为了更完整地掌握函数的性态,还要了解函数的图形在无穷远处的性态,为此首先介绍曲线(函数)的渐进线的概念及其求法.

一、曲线的渐近线

在平面上,当曲线延伸至无穷远处时,通常很难把它描绘准确,如果曲线在伸向无穷远处

时能渐渐靠近一条直线，则可以较好地描绘出这条曲线的走向趋势. 这条直线就是曲线的渐近线. 我们在这里介绍曲线的三种渐近线及其求法.

定义 1 （水平渐近线）设函数 $y=f(x)$ 的定义域含有无限区间. 如果 $\lim\limits_{x\to\infty} f(x)=a$，或 $\lim\limits_{x\to-\infty} f(x)=a$，或 $\lim\limits_{x\to+\infty} f(x)=a$，其中 a 为常数，则称直线 $y=a$ 是曲线 $y=f(x)$ 的一条**水平渐近线**.

定义 2 （铅直渐近线）如果有常数 x_0，使得 $\lim\limits_{x\to x_0} f(x)=\infty$，或 $\lim\limits_{x\to x_0^+} f(x)=\infty$，或 $\lim\limits_{x\to x_0^-} f(x)=\infty$，则称直线 $x=x_0$ 是曲线 $y=f(x)$ 的一条**铅直渐近线**.

例 1 讨论曲线 $y=\dfrac{1}{x-1}$ 的渐近线.

解 因为 $\lim\limits_{x\to\infty} y=\lim\limits_{x\to\infty}\dfrac{1}{x-1}=0$，所以 $y=0$ 为曲线 $y=\dfrac{1}{x-1}$ 水平渐近线（见图 3-11）.

因为 $\lim\limits_{x\to1} y=\lim\limits_{x\to1}\dfrac{1}{x-1}=\infty$，所以直线 $x=1$ 为曲线 $y=\dfrac{1}{x-1}$ 的铅直渐近线（见图 3-11）.

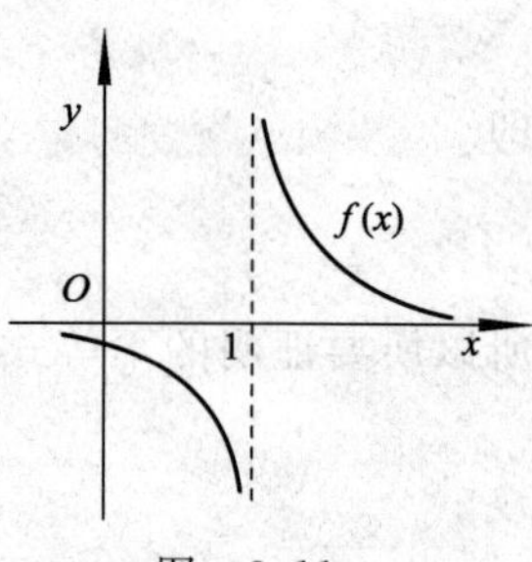

图 3-11

定义 3（斜渐近线） 设函数 $y=f(x)$ 的定义域含有无限区间. 如果存在常数 $k(k\neq0)$ 和 b，使得

$$\lim_{x\to\infty}[f(x)-kx-b]=0，\text{或}\lim_{x\to-\infty}[f(x)-kx-b]=0，\text{或}\lim_{x\to+\infty}[f(x)-kx-b]=0，$$

则称直线 $y=kx+b$ 是曲线 $y=f(x)$ 的一条**斜渐近线**.

求 $y=f(x)$ 的斜渐近线 $y=kx+b$ 中常数 k 和 b 的一般方法是（以 $x\to\infty$ 为例）：

先按 $k=\lim\limits_{x\to\infty}\dfrac{f(x)}{x}$ 求出 k，再按 $b=\lim\limits_{x\to\infty}[f(x)-kx]$ 求出 b.

事实上：若 $y=kx+b$ 是曲线 $y=f(x)$ 的斜渐近线，则由 $\lim\limits_{x\to\infty}[f(x)-kx-b]=0$，可知

$$\lim_{x\to\infty}\frac{f(x)-kx-b}{x}=\lim_{x\to\infty}\left(\frac{f(x)}{x}-k-\frac{b}{x}\right)=\lim_{x\to\infty}\frac{f(x)}{x}-k=0,$$

由此可得 $k=\lim\limits_{x\to\infty}\dfrac{f(x)}{x}$，再由 $\lim\limits_{x\to\infty}[f(x)-kx-b]=0$ 可得 $b=\lim\limits_{x\to\infty}[f(x)-kx]$.

注：如上由 $\lim\limits_{x\to\infty}[f(x)-kx-b]=0$ 求常数 k 和 b 的过程体现了确定某些极限表达式中待定常数的方法.

例 2 求曲线 $f(x)=2x+\dfrac{1}{x}$ 的渐近线.

解 因为 $\lim\limits_{x\to\infty} f(x)=\lim\limits_{x\to\infty}\left(2x+\dfrac{1}{x}\right)=\infty$（不是一个常数），所以曲线 $f(x)$ 没有水平渐近线.

因为 $\lim\limits_{x\to0} f(x)=\lim\limits_{x\to0}\left(2x+\dfrac{1}{x}\right)=\infty$，所以直线 $x=0$ 为曲线 $f(x)$ 的铅直渐近线（见图 3-12）.

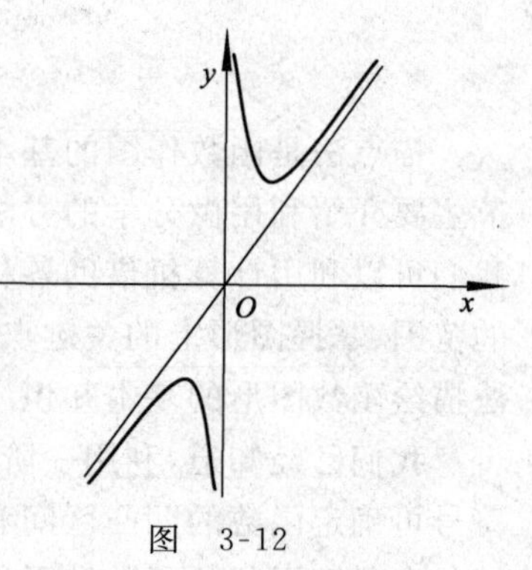

图 3-12

因为 $k=\lim\limits_{x\to\infty}\dfrac{f(x)}{x}=2$，$b=\lim\limits_{x\to\infty}[f(x)-2x]=0$，所以 $y=2x$ 是曲线 $f(x)$ 的一条斜渐近线（见图 3-12）.

二、描绘函数图形的步骤

一般地，描绘函数的图形有如下步骤：

(1)确定函数的定义域，讨论函数的连续性、可导性、对称性和周期性；

(2)讨论函数的单调性，极值点和极值；讨论曲线的凹凸性和拐点(可列表表示)；

(3)确定曲线的渐近线；

(4)根据需要计算出曲线上一些特殊点的坐标，特别是曲线与坐标轴的交点坐标；

(5)根据上面掌握的函数性态，描绘函数的图形.

例 3　作出函数 $y=x^3-3x-2$ 的图形.

解　(1)函数的定义域为$(-\infty,+\infty)$，函数在整个定义域内二阶可导，且 $y'=3x^2-3=3(x-1)(x+1)$，$y''=6x$；

(2)令 $y'=0$，得驻点为 $x=-1$ 及 $x=1$. 令 $y''=0$，得 $x=0$. 列表讨论函数的单调区间、极值点和极值、凹凸区间和拐点如下：

x	$(-\infty,-1)$	-1	$(-1,0)$	0	$(0,1)$	1	$(1,+\infty)$
y'	$+$	0	$-$	$-$	$-$	0	$+$
y''	$-$	$-$	$-$	0	$+$	$+$	$+$
y	↗凸	极大值 0	↘凸	拐点$(0,-2)$	↘凹	极小值-4	↗凹

(3) $\lim\limits_{x\to-\infty} y=-\infty$，$\lim\limits_{x\to\infty} y=+\infty$，曲线左侧向下、右侧向上无限延伸，没有渐近线；

(4)曲线通过点$(-1,0)$、$(0,-2)$、$(1,-4)$，再适当增加描点，如点$(2,0)$、$(-2,-4)$.

(5)根据如上讨论，作出其图形如图 3-13 所示.

例 4　描绘函数 $y=e^{-x^2}$ 的图形.

解　(1)函数的定义域为$(-\infty,+\infty)$，函数为偶数函数，且 $y>0$，因此只要作出它在$[0,+\infty)$内的图形(在第一象限内)，就可根据其对称性得到它的全部图形. 函数在$[0,+\infty)$内二阶可导，且 $y'=-2xe^{-x^2}$，$y''=2e^{-x^2}(2x^2-1)$.

(2)令 $y'=0$，得驻点 $x=0$；令 $y''=0$，得 $x=\pm\dfrac{\sqrt{2}}{2}$. 列表讨论函数的单调区间、极值点和极值、凹凸区间和拐点如下：

x	0	$\left(0,\frac{\sqrt{2}}{2}\right)$	$\frac{\sqrt{2}}{2}$	$\left(\frac{\sqrt{2}}{2},+\infty\right)$
y'	0	$-$	$-$	$-$
y''	$-$	$-$	0	$+$
y	极大值 $f(0)=1$	↘凸	拐点$\left(\frac{\sqrt{2}}{2},\frac{\sqrt{e}}{e}\right)$	↘凹

(3)当 $x\to\infty$时 $y\to0$，所以 $y=0$ 为该函数对应曲线的水平渐近线；

(4)适当增加描点，如点$(-1,e^{-1})$、$(1,e^{-1})$、$(-0.5,e^{-0.25})$、$(0.5,e^{-0.25})$等.

(5)根据以讨论，即可描绘所给函数的图形如图 3-14 所示.

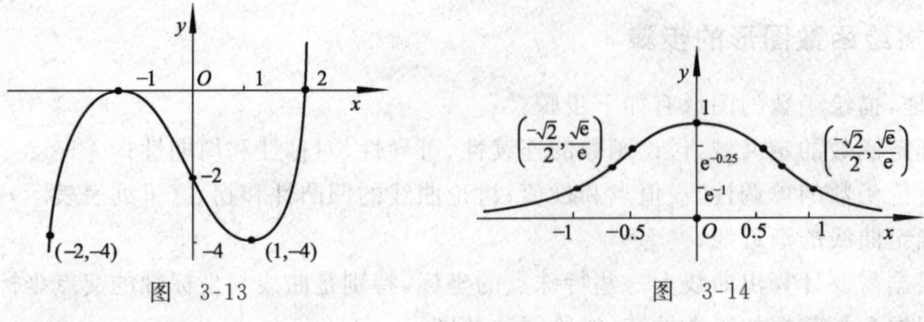

图 3-13　　　　图 3-14

例 5　描绘函数 $y=2x+\frac{1}{x}$ 的图形.

解　(1)函数的定义域为 $(-\infty,0)\cup(0,+\infty)$，函数为奇函数，因此只要作出它在 $(0,+\infty)$ 内的图形，就可根据其对称性得到它的全部图形. 函数在整个定义域内二阶可导，且

$$y'=2-\frac{1}{x^2}=\frac{2x^2-1}{x^2},\quad y''=\frac{2}{x^3};$$

(2)令 $y'=0$，得驻点为 $x=-\frac{\sqrt{2}}{2}$ 及 $x=\frac{\sqrt{2}}{2}$. 不存在 $y''=0$ 的点. 列表讨论函数在 $(0,+\infty)$ 内的单调区间、极值点和极值、凹凸区间和拐点如下：

x	0	$\left(0,\frac{\sqrt{2}}{2}\right)$	$\frac{\sqrt{2}}{2}$	$\left(\frac{\sqrt{2}}{2},+\infty\right)$
y'	无	−	0	+
y''	无	+	+	+
y	间断点	↘凹	极小值 $2\sqrt{2}$	↗凹

(3)由例 2 知，曲线没有水平渐近线，有铅直渐近线 $x=0$，有斜渐近线 $y=2x$；

(4)适当增加描点，如点 $(-1,-3)$、$(1,3)$、$(-0.5,-3)$、$(0.5,3)$.

(5)根据以上讨论，即可描绘所给函数的图形如图 3-15 所示.

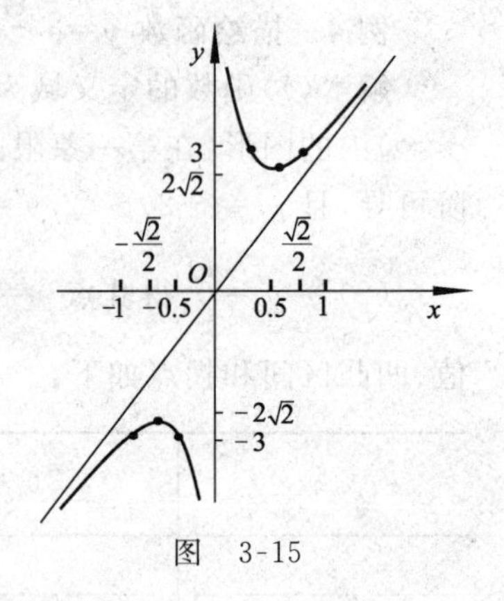

图 3-15

习　题　3-6

1. 描绘下列函数的图形：

(1) $y=2x^3+3x^2-12x-6$；　　(2) $y=\frac{2x}{1+x^2}$；

(3) $y=x^2+\frac{1}{x}$；　　(4) $f(x)=\sqrt[3]{x^3-x^2-x+1}$.

2. 求曲线 $y=(2x-1)e^{\frac{1}{x}}$ 的斜渐近线.

3. 试作出逻辑斯蒂曲线 $y=\frac{c}{1+be^{-ax}}$（a,b,c 均为正常数）的图形.

※第七节　弧微分与曲率

作为导数的进一步应用,本节简单介绍弧微分与曲率及相关的概念.

一、弧微分

设函数 $y=f(x)$在区间(a,b)内具有连续导数.在曲线 $f(x)$上选定一点 $M_0(x_0,y_0)$作为度量弧长的基点(见图 3-16),并规定 x 增大的方向为曲线的正向.对曲线上任意一点 $M(x,y)$,规定有向弧段$\overset{\frown}{M_0M}$的值 $s=s(x)$(该值也可用$\overset{\frown}{M_0M}$表示)如下:

当 $x>x_0$ 时,$s(x)>0$;当 $x<x_0$ 时,$s(x)<0$.

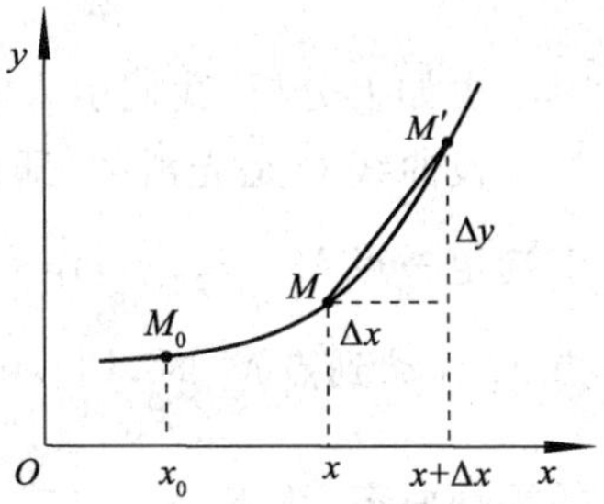

图 3-16

易见 $s(x)$是 x 的单调增加函数,弧$\overset{\frown}{M_0M}$的长度$|\overset{\frown}{M_0M}|=|s(x)|$.下面求 $s(x)$的微分.给 x 增量 Δx,x 和 $x+\Delta x$ 分别对应曲线 $f(x)$上的点 M 和 M',则 $s(x)$相应的增量 $\Delta s=\overset{\frown}{M_0M'}-\overset{\frown}{M_0M}=\overset{\frown}{MM'}$,于是

$$\left(\frac{\Delta s}{\Delta x}\right)^2=\left(\frac{\overset{\frown}{MM'}}{\Delta x}\right)^2=\left(\frac{\overset{\frown}{MM'}}{|MM'|}\right)^2\cdot\frac{|MM'|^2}{(\Delta x)^2}=\left(\frac{\overset{\frown}{MM'}}{|MM'|}\right)^2\cdot\frac{(\Delta x)^2+(\Delta y)^2}{(\Delta x)^2},$$

因为$\lim\limits_{\Delta x\to 0}\frac{|\overset{\frown}{MM'}|}{|MM'|}=1$,$\lim\limits_{\Delta x\to 0}\frac{\Delta y}{\Delta x}=y'$,所以

$$\frac{\mathrm{d}s}{\mathrm{d}x}=\lim_{\Delta x\to 0}\frac{\Delta s}{\Delta x}=\lim_{\Delta x\to 0}\pm\sqrt{\left(\frac{\overset{\frown}{M_0M'}}{|MM'|}\right)^2\cdot\frac{(\Delta x)^2+(\Delta y)^2}{(\Delta x)^2}}=\pm\sqrt{1+y'^2}.$$

又因为 $s(x)$是 x 的单调增加函数,必有$\frac{\mathrm{d}s}{\mathrm{d}x}>0$,所以$\frac{\mathrm{d}s}{\mathrm{d}x}=\sqrt{1+y'^2}$,从而

$$\mathrm{d}s=\sqrt{1+y'^2}\,\mathrm{d}x. \qquad ①$$

①式称为**弧微分公式**.

二、曲率

在实际中往往需要定量描述平面曲线的弯曲程度.直观上看,直线不弯曲,半径较小的圆相比于半径较大的圆弯曲得厉害些,一条曲线的不同部分弯曲的程度不同.曲率就是定量描述曲线的弯曲程度的量.

现在考察如何来描述曲线的弯曲程度.由图 3-17 可见,弧$\overset{\frown}{M_1M_2}$比较平直,当曲线上动点由点 M_1 移动到点 M_2 时,切线转过的角度(简称切线的转角)$\Delta\alpha$ 不大,而弧$\overset{\frown}{M_2M_3}$弯曲得比较厉害,相应切线的转角 $\Delta\beta$ 则比较大,这说明曲线的弯曲程度与切线的转角有关.

但是,切线的转角还不能完全反映曲线的弯曲程度.例如,在图 3-18 中,与两段弧$\overset{\frown}{M_1M_2}$和$\overset{\frown}{N_1N_2}$相比,尽管它们切线的转角 $\Delta\gamma$ 相同,它们的弯曲程度却不同,短弧$\overset{\frown}{N_1N_2}$比长弧$\overset{\frown}{M_1M_2}$弯曲得更厉害,这说明曲线的弯曲程度还与弧段的长度有关.

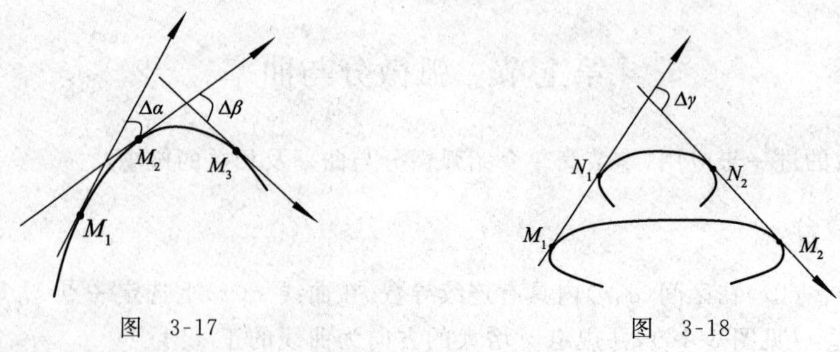

图 3-17　　　　图 3-18

由如上分析，我们引入曲率的概念如下.

设曲线 C 是光滑的(即曲线上每一点都有切线，且切线随切点的移动而连续转动)，在 C 上选定一点 $M_0(x_0, y_0)$ 作为度量弧长的基点(见图 3-19). 弧段 $\overset{\frown}{MM'}$ 的长度为 $|\Delta s|$，当动点从点 M 移动到点 M' 时，切线的转角为 $\Delta\alpha$，则称 $\overline{K}=\left|\dfrac{\Delta\alpha}{\Delta s}\right|$ 为弧段 $\overset{\frown}{MM'}$ 的**平均曲率**，称 $K=\lim\limits_{\Delta s\to 0}\left|\dfrac{\Delta\alpha}{\Delta s}\right|$ 为曲线 C 上点 M 处的**曲率**.

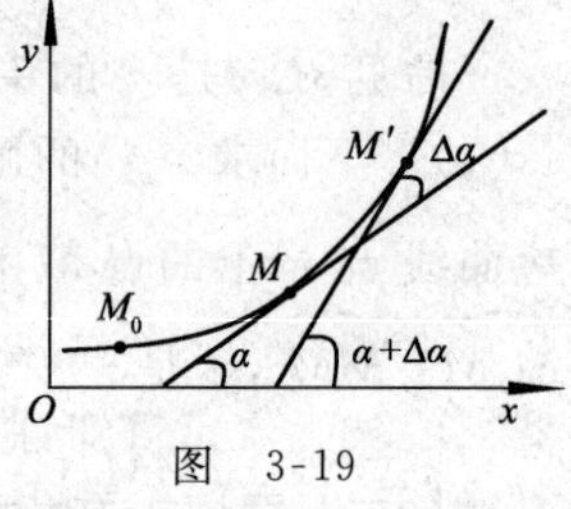

图 3-19

如果 $\lim\limits_{\Delta s\to 0}\dfrac{\Delta\alpha}{\Delta s}=\dfrac{\mathrm{d}\alpha}{\mathrm{d}s}$ 存在，则曲线 C 的曲率为

$$K=\left|\frac{\mathrm{d}\alpha}{\mathrm{d}s}\right|. \qquad ②$$

对于直线，其上任意一点的切线与直线本身重合，当动点沿直线移动时，切线的倾角 α 不变，$\Delta\alpha=0$，从而 $K=\left|\dfrac{\mathrm{d}\alpha}{\mathrm{d}s}\right|=0$，即直线上任意一点 M 处的曲率都等于 0，这与“直线不弯曲”的直观认识完全一致.

对于半径为 r 的圆，如图 3-20 所示，圆上任意两点 M 和 M' 处的切线所夹的角 $\Delta\alpha$ 等于圆心角 $\angle MDM'$，且 $\Delta s=r\cdot\Delta\alpha$，因此 $\dfrac{\Delta\alpha}{\Delta s}=\dfrac{1}{r}$，从而圆上任意一点 M 处的曲率 $K=\dfrac{1}{r}$，这表明圆上各点处的曲率都等于半径 r 的倒数. 这与直觉“圆上各点处的弯曲程度一样，且半径越小曲率越大，即弯曲得越厉害”是一致的.

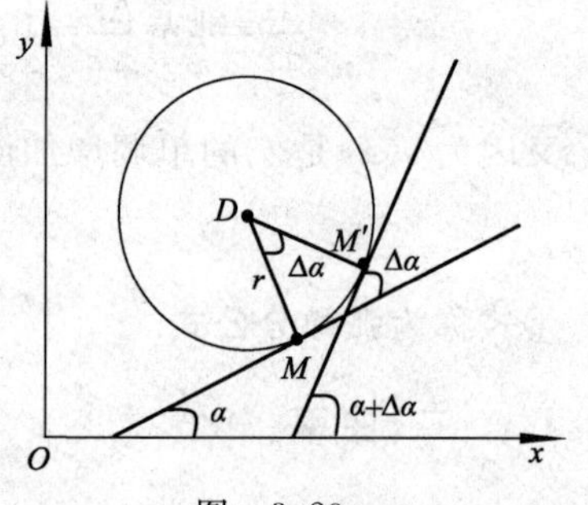

图 3-20

对一般的平面曲线，可根据②式推导出曲率的计算公式.

设曲线由直角坐标方程 $y=f(x)$ 的给出，其中 $f(x)$ 具有二阶导数(这时 $f'(x)$ 连续，从而曲线是光滑的). 由于 $\tan\alpha=y'$，即 $\alpha=\arctan y'$，所以 $\mathrm{d}\alpha=\dfrac{1+y''}{1+y'^2}\mathrm{d}x$，再由弧微分公式 $\mathrm{d}s=\sqrt{1+y'^2}\,\mathrm{d}x$，可得

$$K=\left|\frac{\mathrm{d}\alpha}{\mathrm{d}s}\right|=\frac{|y''|}{(1+y'^2)^{3/2}}. \qquad ③$$

③式就是**直角坐标系下曲率的计算公式**.

如果曲线由参数方程 $\begin{cases}x=\varphi(t)\\ y=\psi(t)\end{cases}$ 给出，利用参数函数的求导法，求出 $y'=\dfrac{\psi'(t)}{\varphi'(t)}$ 和 $y''=\dfrac{\varphi'(t)\psi''(t)-\psi'(t)\varphi''(t)}{[\varphi'(t)]^3}$，代入③式可得**曲率的参数函数计算公式**

$$K=\left|\frac{\mathrm{d}\alpha}{\mathrm{d}s}\right|=\frac{|\varphi'(t)\psi''(t)-\psi'(t)\varphi''(t)|}{[\varphi'^2(t)+\psi'^2(t)]^{3/2}}.$$

例 1　确定抛物线 $y=ax^2+bx+c$ 上哪一点的曲率最大,并求该点的曲率.

解　令 $M(x,y)$ 是抛物线上任意一点,由 $y=ax^2+bx+c$,有 $y'=2ax+b$,$y''=2a$,代入曲率公式③,得 $M(x,y)$ 处的曲率为

$$K=\left|\frac{\mathrm{d}\alpha}{\mathrm{d}s}\right|=\frac{|y''|}{(1+y'^2)^{3/2}}=\frac{|2a|}{[1+(2ax+b)^2]^{3/2}}.$$

显然,当 $2ax+b=0$,即 $x=-\dfrac{b}{2a}$ 时,K 取得最大值.因此抛物线顶点处曲率最大,该点的曲率为 $K=|2a|$.

三、曲率圆与曲率半径

设曲线 $y=f(x)$ 在点 $M(x,y)$ 处的曲率为 $K(K\neq 0)$,在 M 处作曲线的法线,并在曲线凹的一侧的法线上取一点 D,使 $|DM|=\dfrac{1}{K}=\rho$,再以 $\rho=\dfrac{1}{K}$ 为半径作圆(见图 3-21),这个圆叫做曲线在点 M 处的**曲率圆**,曲率圆的圆心 D 叫做曲线在点 M 处的**曲率中心**,曲率圆的半径 ρ 叫做曲线在点 M 处的**曲率半径**.

由如上规定可知,曲率圆与曲线在点 M 处有相同的切线和曲率,且在 M 邻近有相同的凹向.因此,在实际问题中,为使问题简化,常常用曲线的曲率圆在 M 邻近的一段圆弧来近似代替曲线弧.

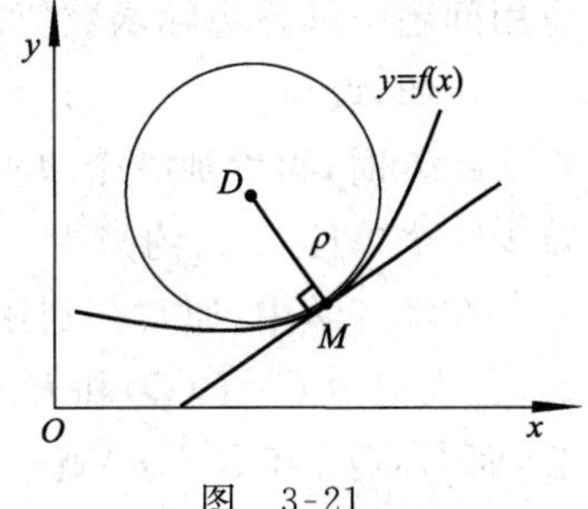

图 3-21

例 2　设工件内表面的截线为抛物线 $y=0.4x^2$(见图 3-22).现在要用砂轮磨削其内表面,试问要直径多大的砂轮才比较合适?

解　为了在磨削时不使砂轮与工件接触处附近的那部分工件被磨去太多,砂轮的半径不应大于抛物线各点处曲率半径的最小值.

由本节例 1 知,抛物线 $y=ax^2+bx+c$ 在其顶点处的曲率最大,即曲率半径最小.而 $y=ax^2+bx+c$ 在其顶点处的曲率为 $K=|2a|$,曲率半径为 $\rho=\dfrac{1}{K}=\left|\dfrac{1}{2a}\right|$.本题中,$a=0.4$,所以抛物线 $y=0.4x^2$ 在顶点 $O(0,0)$ 处的曲率半径 $\rho=\dfrac{1}{2\times 0.4}=1.25$.因此,所选砂轮的直径以不超过 $2\rho=2.5$ 单位长为宜.

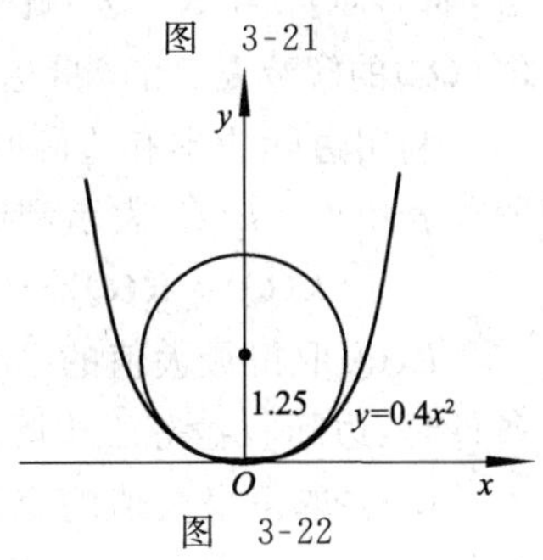

图 3-22

习题 3-7

1. 求等边双曲线 $xy=1$ 在点 $(1,1)$ 处的曲率.
2. 求抛物线 $y=x^2-4x+3$ 在其顶点处的曲率和曲率半径.
3. 求摆线 $x=a(t-\sin t)$,$y=a(1-\cos t)(a>0)$ 在 $t=\dfrac{\pi}{2}$ 对应的点处的曲率和曲率半径.
4. 对数曲线 $y=\ln x$ 上哪一点处的曲率半径最小?求该点处的曲率半径.

※第八节　边际函数与弹性函数简介

本节简单介绍边际函数与弹性函数的概念及其在经济学中的意义.

一、边际函数

定义1　设函数 $y=f(x)$ 可导,导函数 $f'(x)$ 也称为 $f(x)$ 的**边际函数**.

在导数的定义中,比值 $\dfrac{\Delta y}{\Delta x}=\dfrac{f(x_0+\Delta x)-f(x_0)}{\Delta x}$ 是函数 $f(x)$ 在区间 $[x_0,x_0+\Delta x]$ 或 $[x_0+\Delta x,x_0]$ 上的平均变化率,它表示函数 $f(x)$ 在区间 $[x_0,x_0+\Delta x]$ 或 $[x_0+\Delta x,x_0]$ 上的平均变化速度,而导数值 $f'(x_0)$(即 $f(x)$ 在点 x_0 处的边际函数值)是函数 $f(x)$ 在点 x_0 处的瞬时变化率,它表示在点 x_0 处的变化速度.

在点 x_0 处,x 从 x_0 改变一个单位(即 $\Delta x=1$)时,$y=f(x)$ 相应的改变量为 $\Delta y\Big|_{\substack{x=x_0\\ \Delta x=1}}$. 于是,当 x 改变的"单位"很小时,或 x 的"一个单位"与 x_0 值相对来说很小时,则有

$$\Delta y\Big|_{\substack{x=x_0\\ \Delta x=1}}\approx \mathrm{d}y\Big|_{\substack{x=x_0\\ \Delta x=1}}=f'(x)\Delta x\Big|_{\substack{x=x_0\\ \Delta x=1}}=f'(x_0).$$

这表明在点 x_0 处,当 x 有一个单位的改变时,$y=f(x)$ 近似改变了 $f'(x_0)$ 个单位. 一般地,在应用问题中解释边际函数值的具体意义时略去"近似"二字.

例如,设 $y=x^2+x$,$y'=2x+1$,在点 $x=20$ 处的边际函数值为 $y'(20)=41$,它的含义是:当 $x=20$ 时,再增加一个单位到 $x=21$ 时,y 大约增加 41 个单位(实际增加 42 单位);如果 x 减少一个单位,y 大约减少 41 个单位(实际减少 40 单位).

在经济学中,通常分别用 Q、C 和 R 表示产量、成本和收益,成本和收益均是产量 Q 的函数,分别记为 $C=C(Q)$ 和 $R=R(Q)$. 这样,$C'=C'(Q)$ 和 $R'=R'(Q)$ 就是边际成本和边际收益,而 $C'(Q_0)$ 和 $R'(Q_0)$ 就是在当前产量为 Q_0 时的边际成本和边际收益,经济学对 $C'(Q_0)$ 和 $R'(Q_0)$ 的解释是:当产量达到 Q_0 时,再生产一个单位的产品所有要增加的成本和收益.

利用边际成本和边际收益的概念,容易解释经济学中的所谓最大利润原则:

若用 $L=L(Q)$ 表示利润函数,则

$$L(Q)=R(Q)-C(Q),L'(Q)=R'(Q)-C'(Q),L''(Q)=R''(Q)-C''(Q).$$

$L(Q)$ 取得最大值的必要条件为 $L'(Q)=0$,即 $R'(Q)=C'(Q)$,因此取得最大利润的必要条件是:边际收益等于边际成本;

$L(Q)$ 取得最大值的充分条件为 $L''(Q)<0$,即 $R''(Q)<C''(Q)$,因此取得最大利润的充分条件是:边际收益的变化率小于边际成本的变化率.

例1　已知某产品的需求函数为 $P=P(Q)=10-0.2Q$,其中 P 表示价格,Q 表示需求量(可视为产量),成本函数为 $C=C(Q)=50+2Q$,求产量 Q 为多少时利润 L 最大? 并验证是否符合最大利润原则.

解　已知价格函数 $P(Q)=10-0.2Q$,成本函数为 $C(Q)=50+2Q$,所以收益函数为

$$R(Q)=QP(Q)=10Q-0.2Q^2,$$

利润函数为

$$L(Q)=R(Q)-C(Q)=8Q-0.2Q^2-50.$$

又 $L'(Q)=8-0.4Q$,令 $L'(Q)=0$,得 $Q=20$,而 $L''(20)=-0.4<0$,所以当 $Q=20$ 时,利润 L 最大.

此时,由于

$$R'(Q)=10-0.4Q, C'(Q)=2, R''(Q)=-0.4, C''(Q)=0,$$

可见

$$R'(20)=C'(20)=2, -0.4=R''(20)<C''(20)=0,$$

所以符合最大利润原则.

二、弹性函数

前面介绍导数的概念时,所涉及的改变量和变化率是绝对改变量和绝对变化率,而在实际中仅研究绝对改变量和绝对变化率是不够的.例如,一个变量从10增加到11和从100增加到101,绝对改变量都是1,但相对于初始值两个变化的百分比却大不相同,前者改变了10%,而后者变化了1%,因此研究函数的相对改变量和相对变化率是必要的.

定义2　设函数 $y=f(x)$ 在点 $x=x_0$ 处可导,函数的相对改变量 $\Delta y/y_0$ 与自变量的相对改变量 $\Delta x/x_0$ 之比 $\dfrac{\Delta y/y_0}{\Delta x/x_0}$,称为函数 $f(x)$ 从 $x=x_0$ 到 $x=x_0+\Delta x$ **两点间的相对变化率**,也称为**两点间的弹性**.当 $\Delta x\to 0$ 时,$\dfrac{\Delta y/y_0}{\Delta x/x_0}$ 的极限称为 $f(x)$ 在点 $x=x_0$ 处的**相对变化率**或**点弹性**,简称**弹性**.记作

$$\left.\frac{Ey}{Ex}\right|_{x=x_0} \text{或} \frac{E}{Ex}f(x_0).$$

易见,弹性和导数的关系为

$$\left.\frac{Ey}{Ex}\right|_{x=x_0}=\lim_{\Delta x\to 0}\frac{\Delta y/y_0}{\Delta x/x_0}=\lim_{\Delta x\to 0}\frac{\Delta y}{\Delta x}\cdot\frac{x_0}{y_0}=f'(x_0)\frac{x_0}{f(x_0)}.$$

如果函数 $y=f(x)$ 存在导函数 $f'(x)$,$f(x)\neq 0$,则 $\dfrac{Ey}{Ex}=f'(x)\dfrac{x}{f(x)}$ 是 x 的函数,称为 $f(x)$ 的**弹性函数**.

例如,对函数 $y=x^2$,当 x 由10改变到12时,y 由100改变到144,此时自变量 x 和因变量 y 的绝对改变量分别为 $\Delta x=2$ 和 $\Delta y=44$,x 和 y 的相对改变量分别为 $\Delta x/x=20\%$ 和 $\Delta y/y=44\%$.这表示当 x 由10改变到12时,x 产生了20%的改变,y 产生了44%的改变.而 $\dfrac{\Delta y/y}{\Delta x/x}=\dfrac{44\%}{20\%}=2.2$ 则表示在[10,12]上,从 $x=10$,x 改变1%时,y 平均改变2.2%.

函数 $f(x)$ 在点 x 处的弹性 $\dfrac{E}{Ex}f(x)$ 反映了随着 x 的变化 $f(x)$ 变化幅度的大小,也就是 $f(x)$ 对 x 的变化反应的强烈程度或灵敏度.

$\dfrac{E}{Ex}f(x_0)$ 表示在点 $x=x_0$ 处,当 x 产生1%的改变时,$f(x)$ 近似地改变 $\dfrac{E}{Ex}f(x_0)\%$.

一般地,在实际应用中,可以忽略弹性的近似特点而直接对问题进行解释.另外,弹性是有方向性的,其值为正数时,表示函数的改变量随自变量的改变量同向变化;其值为负数时,表示函数的改变量随自变量的改变量反向变化.在实际应用中一般都是用其绝对值做为弹性的定义,这时的弹性就只反映相对变化幅度的大小.下面,以需求弹性为例进行说明.

设某商品的需求函数为 $Q=f(P)$,由于需求量 Q 是价格 P 的减函数,从而 ΔP 与 ΔQ 异号,又 P 与 Q 都是正数,因此 $\dfrac{\Delta Q/Q}{\Delta P/P}$ 及 $f'(P)\dfrac{P}{f(P)}$ 都是负数.为了用正数表示,采用如下取相

反数方法定义需求弹性.

定义 3 某商品需求函数 $Q=f(P)$ 在点 P 处可导，称 $-\dfrac{\Delta Q/Q}{\Delta P/P}$ 为该商品在 P 与 $P+\Delta P$ **两点间的需求弹性**，记作

$$\bar{\eta}_{(P,P+\Delta P)}=-\frac{\Delta Q/Q}{\Delta P/P},$$

称 $\lim\limits_{\Delta P\to 0}\left(-\dfrac{\Delta Q/Q}{\Delta P/P}\right)=-f'(P)\dfrac{P}{f(P)}$ 为该商品在点 P 处的**需求弹性**，记作

$$\eta(P)=-f'(P)\frac{P}{f(P)}.$$

最后，我们利用需求弹性对收益的变化规律进行分析.

商品的价格与需求量（销售量）的变动影响收益的变化. 收益 R 是商品价格 P 与需求量（销售量）Q 的乘积，即 $R=PQ=Pf(P)$，导数为

$$R'(P)=f(P)+Pf'(P)=f(P)\left[1+f'(P)\frac{P}{f(P)}\right]=f(P)[1-\eta(P)].$$

(1)若 $\eta(P)<1$（称为商品处于低弹性或缺乏弹性），需求变动的幅度小于价格变动的幅度. 此时，$R'(P)>0$，R 是 P 的增函数，适当涨价会增加总收益（但要在消费者经济负担及心理承受的范围内稍做提价. 生活必需品如粮食、蔬菜等就属于缺乏弹性的商品）.

(2)若 $\eta(P)>1$（称为商品处于高弹性或富有弹性），需求变动的幅度大于价格变动的幅度. 此时，$R'(P)<0$，R 是 P 的减函数，适当降价会增加总收益（所谓"薄利多销"就是这个道理. 奢侈品（如珠宝）、国外旅游等就属于富有弹性的商品）.

(3)若 $\eta(P)=1$（称为商品处于单位弹性），需求变动的幅度等于价格变动的幅度. 此时，$R'(P)=0$，R 取得最大值，涨价或降价都不会影响总收益，还是维持现状为好.

例 2 设某产品的需求量 Q 与价格 P 之间满足关系式 $P+0.1Q=80$. (1)求需求弹性函数；(2)求当 $P=30$ 时的需求弹性；(3)当 $P=30$ 时，若价格上涨 1%，收益 R 是增加还是减少？收益变化的百分比是多少？(4)P 为何值时，收益最大？最大收益是多少？

解 (1)由于 $Q=f(P)=800-10P$，$f'(P)=-10$，所以需求弹性函数为

$$\eta(P)=-f'(P)\frac{P}{f(P)}=\frac{10P}{800-10P}=\frac{P}{80-P}.$$

(2)$\eta(30)=\left.\dfrac{P}{80-P}\right|_{p=30}=\dfrac{30}{80-30}=0.6$.

(3)由于 $\eta(30)=0.6<1$，所以，在 $P=30$ 时，若价格上涨 1%，收益增加.

收益 R 变化（增加）的百分比就是 R 的弹性 $\left.\dfrac{ER}{EP}\right|_{p=30}$，由 $R(P)=PQ=800P-10P^2$，$R'(P)=800-20P$，可得 $R(30)=15\,000$，$R'(30)=200$，因此

$$\left.\frac{ER}{EP}\right|_{p=30}=R'(P)\left.\frac{P}{R(P)}\right|_{p=30}=R'(30)\frac{30}{R(30)}=0.4,$$

即当 $P=30$ 时，若价格上涨 1%，收益增加 0.4%.

(4)由 $R'(P)=800-20P$，令 $R'(P)=0$，得 $P=40$. 又 $R''(P)=-20$，$R''(40)=-20<0$，因此当 $P=40$ 时收益最大，最大收益为 $R(40)=[800P-10P^2]_{p=40}=16\,000$.

能熟练地运用弹性理论，对生产者或经营者的工作会有很大的裨益.

习 题 3-8

1. 设某产品的总成本函数和总收益函数分别为 $C(Q)=3+2\sqrt{Q}$，$R(Q)=\dfrac{5Q}{Q+1}$，其中 Q 为此产品的销售量，求该产品的边际成本、边际收益和边际利润.

2. 某企业生产某种产品，每天的固定成本为 50 元，每多生产一单位产品，成本增加 5 元，该商品的需求函数为 $Q=50-2P$. 求每天产量为多少时，企业的总利润最大，最大利润是多少？

3. 设某产品的需求函数为 $Q=e^{-\frac{P}{4}}$，求：

(1) 需求弹性函数；　(2) 当 $P=2,4,6$ 时的需求弹性，并分别说明其经济意义.

总 习 题 三

A　组

1. 设函数 $f(x)=x(x-1)(x-2)\cdots(x-100)$，则方程 $f'(x)=0$ 有多少个实根？

2. 计算下列极限：

(1) $\lim\limits_{x\to\infty}x(e^{\frac{1}{x}}-1)$；　(2) $\lim\limits_{x\to+\infty}\left(\dfrac{2}{\pi}\arctan x\right)^x$；　(3) $\lim\limits_{x\to\infty}\left(\dfrac{a_1^{\frac{1}{x}}+a_2^{\frac{1}{x}}+\cdots+a_n^{\frac{1}{x}}}{n}\right)^{nx}$ $(a_i>0, i=1,2,\cdots,n)$.

3. 设 $\lim\limits_{x\to\infty}f'(x)=k$，求 $\lim\limits_{x\to\infty}[f(x+a)-f(x)]$，其中 a,k 为常数.

4. 证明方程 $x^5+3x=2$ 有唯一实根.

5. 讨论方程 $\ln x=ax$ 有几个实根.

6. 求函数 $y=\sin x+\dfrac{1}{3}\sin 3x$ 在区间 $(0,\pi)$ 内的极值.

7. 求由参数方程 $\begin{cases}x=1-t^2,\\ y=t-t^3\end{cases}$ 所表示的曲线上的纵坐标最大与最小的点.

8. 有一块长 90 cm、宽 60 cm 的铁皮，四角各剪去边长为 x cm 的小正方形后，折成一个长方体形的无盖水箱，问 x 取多少时，水箱容积最大？

9. 对某物体的长度进行了 n 次测量，得 n 个数 $x_1,x_2,\cdots,x_n$，现在求一个量 x，使得它与测得的数值之差的平方和最小，x 应为多少？

10. 某厂生产某种商品，年销售量为 100 万件，每批生产需增加准备费 1 000 元，而每件商品的库存费为 0.05 元. 如果年销售量是均匀的，且上批销售完后，下一批的生产刚好完成（此时商品库存数为批量的一半），问应分几批生产，才能使准备费及库存费之和最小？

※11. 设生产 x 单位某产品时，产品单价为 $P=200-0.01x$（元）. 求生产 100 单位产品时的总收益、平均收益和边际收益.

※12. 某厂生产某种商品，每批固定成本为 200 万元，生产每件产品的可变成本为 5 万元，生产 x 单位此商品时，销售单价为 $P=10-0.01x$ 万元. 求总利润函数、边际利润函数，并问每批生产多少单位才能使总利润最大？

※13. 某商品的需求函数为 $Q=75-P^2$，P 为价格.

(1) 求 $P=4$ 时的边际需求，并说明其经济意义；

(2) 求 $P=4$ 时的需求弹性，并说明其经济意义；

(3) 当 $P=4$ 时，若价格 P 上涨 1%，总收益将变化百分之几？

(4)当 $P=6$ 时,若价格 P 上涨 1%,总收益将变化百分之几?

(5)P 为多少时,总收益最大?

14. 证明曲线 $y=\dfrac{x-1}{x^2+1}$ 有三个拐点,且它们位于同一条直线上.

15. 判别由参数方程 $\begin{cases} x=a\cos^3 t, \\ y=a\sin^3 t \end{cases}$ $(a>0)$ 表示的曲线随 $t(0\leqslant t\leqslant 2\pi)$ 变化时的凹凸性.

B 组

1. 选择题:

(1)当 $x\to 0$ 时,$f(x)=x-\sin ax$ 与 $g(x)=x^2\ln(1-bx)$ 是等价无穷小,则(　　).

A. $a=1,b=-\dfrac{1}{6}$　　B. $a=1,b=\dfrac{1}{6}$

C. $a=-1,b=-\dfrac{1}{6}$　　D. $a=-1,b=\dfrac{1}{6}$

(2)当 $x\to 0^+$ 时,与 $\sqrt{x}$ 等价的无穷小量是(　　).

A. $1-e^{\sqrt{x}}$　　B. $\ln\dfrac{1+x}{1-\sqrt{x}}$

C. $\sqrt{1+\sqrt{x}}-1$　　D. $1=-\cos\sqrt{x}$.

(3)设函数 $f(x)$ 连续,且 $f'(0)>0$,则存在 $\delta>0$,使得(　　).

A. $f(x)$ 在 $(0,\delta)$ 内单调增加

B. $f(x)$ 在 $(-\delta,0)$ 内单调减小

C. 对任意的 $x\in(0,\delta)$ 有 $f(x)>f(0)$

D. 对任意的 $x\in(-\delta,0)$ 有 $f(x)>f(0)$

(4)设函数 $y=f(x)$ 具有二阶导数,且 $f'(x)>0,f''(x)>0,\Delta x$ 为自变量 x 在点 x_0 处的增量,Δy 与 dy 分别为 $f(x)$ 在点 x_0 处对应的增量与微分,若 $\Delta x>0$,则(　　).

A. $0<dy<\Delta y$　　B. $0<\Delta y<dy$

C. $\Delta y<dy<0$　　D. $dy<\Delta y<0$

(5)设 $f(x)=x\sin x+\cos x$,下列命题中正确的是(　　).

A. $f(0)$ 是极大值,$f\left(\dfrac{\pi}{2}\right)$ 是极小值　　B. $f(0)$ 是极小值,$f\left(\dfrac{\pi}{2}\right)$ 是极大值

C. $f(0)$ 是极大值,$f\left(\dfrac{\pi}{2}\right)$ 也是极大值　　D. $f(0)$ 是极小值,$f\left(\dfrac{\pi}{2}\right)$ 也是极小值

(6)当 a 取下列哪个值时,函数 $f(x)=2x^3-9x^2+12x-a$ 恰好有两个不同的零点(　　).

A. 2　　B. 4　　C. 6　　D. 8

(7)曲线 $y=\dfrac{1}{x}+\ln(1+e^x)$ 的渐近线的条数为(　　).

A. 0　　B. 1　　C. 2　　D. 3

(8)设 $f(x)=|x(1-x)|$,则(　　).

A. $x=0$ 是 $f(x)$ 的极值点,但 $(0,0)$ 不是曲线 $y=f(x)$ 的拐点

B. $x=0$ 不是 $f(x)$ 的极值点,但 $(0,0)$ 是曲线 $y=f(x)$ 的拐点

C. $x=0$ 是 $f(x)$ 的极值点,且 $(0,0)$ 是曲线 $y=f(x)$ 的拐点

D. $x=0$ 不是 $f(x)$ 的极值点，$(0,0)$ 也不是曲线 $y=f(x)$ 的拐点

(9) 设函数 $f(x)$ 在 $(-\infty,+\infty)$ 内连续，其导函数的图形如图 3-23 所示，则 $f(x)$ 有（　　）.

A. 一个极小值点和两个极大值点

B. 两个极小值点和一个极大值点

C. 两个极小值点和两个极大值点

D. 三个极小值点和一个极大值点

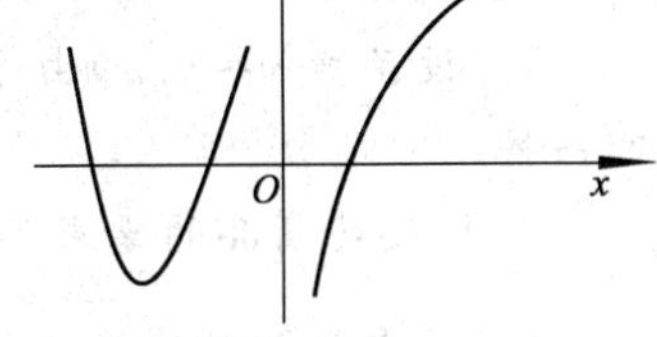

图　3-23

(10) 曲线 $y=xe^{\frac{1}{x^2}}$ 满足下面的（　　）.

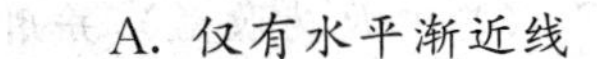

A. 仅有水平渐近线　　B. 仅有铅直渐近线

C. 既有铅直又有水平渐近线　　D. 既有铅直又有斜渐近线

※(11) 设某商品的需求函数为 $Q=160-2P$，其中 Q,P 分别表示需要量和价格，如果该商品需求弹性的绝对值等于 1，则商品的价格是（　　）.

A. 10　　B. 20　　C. 30　　D. 40

2. 填空题：

(1) 当 $x\to 0$ 时，$\alpha(x)=kx^2$ 与 $\beta(x)=\sqrt{1+x\arcsin x}-\sqrt{\cos x}$ 是等价无穷小，则 $k=$________；

(2) 若 $x\to 0$ 时，$(1-ax^2)^{\frac{1}{4}}-1$ 与 $x\sin x$ 是等价无穷小，则 $a=$________；

(3) $\lim\limits_{x\to+\infty}\dfrac{x^3+x^2+1}{2^x+x^3}(\sin x+\cos x)=$________；

(4) $y=2^x$ 的麦克劳林公式中 x^n 项的系数是________；

(5) 函数 $y=x^{2x}$ 在区间 $(0,1]$ 上的最小值为________；

(6) 设函数 $y=y(x)$ 由参数方程 $\begin{cases}x=t^3+3t+1,\\ y=t^3-3t+1\end{cases}$ 确定，则曲线 $y=y(x)$ 向上凸的 x 取值范围为________；

(7) 极限 $\lim\limits_{x\to 0}[1+\ln(1+x)]^{\frac{2}{x}}=$________；

※(8) 设某产品的需求函数为 $Q=Q(P)$，其对应价格 P 的弹性 $\eta=0.2$，则当需求量为 1 000 件时，价格增加 1 元会使产品收益增加________元.

3. 求下列极限：

(1) $\lim\limits_{x\to 0}\dfrac{(1-\cos x)[x-\ln(1+\tan x)]}{\sin^4 x}$；　　(2) $\lim\limits_{x\to 0}\dfrac{\arctan x-\sin x}{x^3}$；

(3) $\lim\limits_{x\to 0}\left(\dfrac{1+x}{1-e^{-x}}-\dfrac{1}{x}\right)$；　　(4) $\lim\limits_{x\to 0}\dfrac{1}{x^3}\left[\left(\dfrac{2+\cos x}{3}\right)^x-1\right]$.

4. 证明：若函数 $f(x)$ 在 $x=0$ 处连续，在 $(0,\delta)(\delta>0)$ 内可导，且 $\lim\limits_{x\to 0^+}f'(x)=A$，则 $f'_+(0)$ 存在，且 $f'_+(0)=A$.

5. 设函数 $f(x)$ 和 $g(x)$ 在 $[a,b]$ 上连续，在 (a,b) 内具有二阶导数且存在相等的最大值，$f(a)=g(a)$，$f(b)=g(b)$. 证明：存在 $\xi\in(a,b)$，使得 $f''(\xi)=g''(\xi)$.

6. 已知函数 $f(x)$ 在 $[0,1]$ 上连续，在 $(0,1)$ 内可导，且 $f(0)=0$，$f(1)=1$. 证明：

(1) 存在 $\xi\in(0,1)$，使得 $f(\xi)=1-\xi$；

(2) 存在两个不同的点 $\eta,\zeta\in(0,1)$，使得 $f'(\eta)f'(\zeta)=1$.

7. 试确定 A,B,C 的值，使得 $e^x(1+Bx+Cx^2)=1+Ax+o(x^3)$，其中 $o(x^3)$ 是当 $x\to 0$ 时

比 x^3 高阶的无穷小.

8. 证明:当 $e<a<b<e^2$ 时,$\ln^2 b-\ln^2 a>\frac{4(b-a)}{e^2}$.

9. 设 $a>1$,$f(t)=a^t-at$ 在 $(-\infty,+\infty)$ 内的驻点为 $t(a)$. 问 a 为何值时,$t(a)$ 最小?并求出最小值.

10. 设函数 $y=y(x)$ 由方程 $y\ln y-x+y=0$ 确定,试判断曲线 $y=y(x)$ 在点 $(1,1)$ 附近的凹凸性.

※11. 设某商品的需求函数为 $Q=100-5P$,其中价格 $P\in(0,20)$,Q 为需求量.

(1)求需求量对价格的弹性 $E_d(E_d>0)$; (2)推导 $\frac{dR}{dP}=Q(1-E_d)$(其中 R 为收益),并用弹性 E_d 说明价格在什么范围内变化时,降低价格反而使收益增加.

12. 设函数

$$f(x)=\begin{cases}\dfrac{\ln(1+ax^3)}{x-\arcsin x} & 当\ x<0,\\ 6 & 当\ x=0,\\ \dfrac{e^{ax}+x^2-ax-1}{x\sin\dfrac{x}{4}} & 当\ x>0.\end{cases}$$

问 a 为何值时,$f(x)$ 在 $x=0$ 处连续;a 为何值时,$x=0$ 是 $f(x)$ 的可去间断点?

第四章 不定积分

在前两章中,我们讨论了函数的导数和微分的概念及其计算方法,并介绍了导数的应用.在许多实际问题中,往往会遇到相反的问题:即已知一个函数的导数或微分,求这个函数.这种由函数的导数(或微分)去求这个函数的问题称作不定积分问题,它是积分学的基本问题之一.本章主要介绍不定积分的概念、性质和运算方法.

第一节 不定积分的概念与性质

一、原函数与不定积分

定义1 若在某区间 I 上,函数 $f(x)$ 与 $F(x)$ 满足:$F'(x)=f(x)$ 或 $\mathrm{d}F(x)=f(x)\mathrm{d}x$,则称$F(x)$是 $f(x)$在区间 I 上的一个**原函数**.

例如:在$(-\infty,+\infty)$上$(\sin x)'=\cos x$,则 $\sin x$ 是 $\cos x$ 的一个原函数.注意到常数的导数为0,所以 $\sin x+\sqrt{2}$,$\sin x-3$,$\sin x+C$(C 为任意常数)也都是 $\cos x$ 的原函数.因此,关于原函数,我们首先要明确如下两点:

(1)若 $f(x)$在区间 I 上有原函数 $F(x)$,则对任意常数 C,$F(x)+C$ 也是 $f(x)$的原函数;反之,如果 $G(x)$是区间 I 上 $f(x)$的另一个原函数,则$[G(x)-F(x)]'=0$,由拉格朗日中值定理的推论可知 $G(x)-F(x)=C_0$(C_0 为某常数),即 $G(x)$与 $F(x)$只差一个常数.这表明,表达式 $F(x)+C$(C 为任意常数)可表示 $f(x)$的任意一个原函数.

(2)若函数 $f(x)$在区间 I 上连续,则 $f(x)$在 I 上必有原函数.通常,将这一结论称为**原函数存在定理**(在下一章我们将给出它的证明).

由以上两点说明,我们引入不定积分的定义.

定义2 若 $f(x)$在区间 I 上有原函数 $F(x)$,则 $f(x)$的任意原函数的表达式$F(x)+C$(C为任意常数)称为 $f(x)$的**不定积分**,记为$\int f(x)\mathrm{d}x$,即

$$\int f(x)\mathrm{d}x = F(x)+C.$$

上式中 x 称为**积分变量**,$f(x)$称为**被积函数**,$\int$ 称为**积分号**,$f(x)\mathrm{d}x$ 称为**被积表达式**,任意常数 C 称为**积分常数**.

例1 求下列不定积分:

(1) $\int\cos x\mathrm{d}x$; (2) $\int\frac{1}{x}\mathrm{d}x$; (3) $\int(x^2-1)\mathrm{d}x$.

解 (1)因为 $(\sin x)'=\cos x$,所以$\int\cos x\mathrm{d}x=\sin x+C$.

(2)当 $x>0$ 时,$(\ln x)'=\frac{1}{x}$;当 $x<0$ 时,$[\ln(-x)]'=\frac{1}{-x}\cdot(-1)=\frac{1}{x}$,所以

$$\int \frac{1}{x}\,dx = \ln|x| + C(x \neq 0).$$

(3)因为$\left(\frac{1}{3}x^3 - x\right)' = x^2 - 1$,所以$\int (x^2 - 1)dx = \frac{1}{3}x^3 - x + C$.

例 2 已知一曲线过点(1,1),且在该曲线上任一点(x,y)处的切线斜率为$2x$,求此曲线的方程.

解 设所求曲线方程为$y=f(x)$,依题意$y'=2x$,即$f(x)$是$2x$的一个原函数,所以$y=x^2+C$.又所求曲线通过点(1,1)故$1=1^2+C$,得$C=0$.于是所求曲线方程为$y=x^2$.

不定积分的几何意义:在平面直角坐标系中,$f(x)$的任意一个原函数$F(x)$的图形都是一条曲线,称为**积分曲线**.而$F(x)+C$在几何上表示一簇积分曲线,$f(x)$是积分曲线$F(x)+C$在点x处切线的斜率.由于积分曲线簇中的每一条曲线,对应于同一横坐标$x=x_0$的点处曲线的切线有相同的斜率$f(x_0)$,所以对应于这些点处,它们的切线相互平行,任意两条积分曲线的纵坐标之间相差一个常数.因而,积分曲线簇$y=F(x)+C$中每一条曲线都可以由曲线$y=F(x)$沿y轴方向上下平移而得到.图 4-1 是$f(x)=x^2-1$的不同原函数$F(x)=\frac{1}{3}x^3-x+C$的曲线示意图.

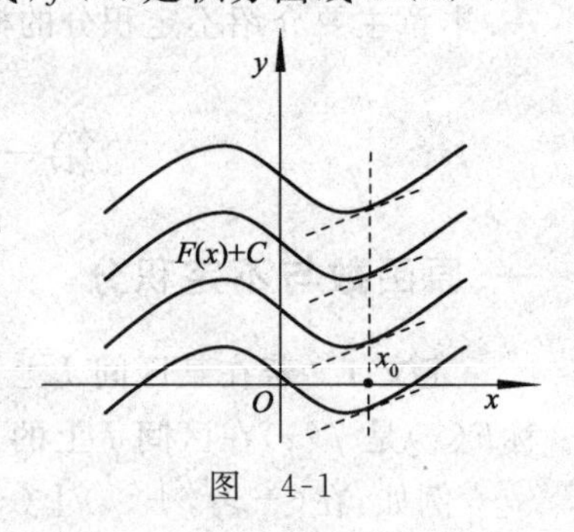

图 4-1

二、不定积分的性质

1. 积分与导数或微分的互逆性质

根据不定积分的定义,下面两条性质是显然的.

(1) $\frac{d}{dx}\left[\int f(x)dx\right] = f(x)$ 或 $d\left[\int f(x)dx\right] = f(x)dx$;

(2) $\int F'(x)dx = F(x) + C$ 或 $\int dF(x) = F(x) + C$.

可以用(1)检验积分结果是否正确,用(2)求出不定积分.

2. 不定积分的运算性质

(1) 设函数$f(x)$和$g(x)$的原函数都存在,则$\int [f(x)+g(x)]dx = \int f(x)dx + \int g(x)dx$.

证 $\left[\int f(x)dx + \int g(x)dx\right]' = \left[\int f(x)dx\right]' + \left[\int g(x)dx\right]' = f(x) + g(x)$,这表明$\int f(x)dx + \int g(x)dx$是$f(x)+g(x)$的原函数,又$\int f(x)dx + \int g(x)dx$本身包含着任意常数,所以$\int f(x)dx + \int g(x)dx$是$f(x)+g(x)$的不定积分,即$\int [f(x)+g(x)]dx = \int f(x)dx + \int g(x)dx$.

性质(1) 可以推广到任意有限多个函数的情形.

类似地,可证明下面性质.

(2)$\int kf(x)dx = k\int f(x)dx$($k$是常数,$k \neq 0$).

由于导数或微分与不定积分互为逆运算,对于每个求导公式都可以得到一个积分公式.下面把一些基本积分公式列成一个表,称为**基本积分表**.

三、基本积分表

(1) $\int k\mathrm{d}x = kx + C$ （k 是常数）；

(2) $\int x^{\alpha}\mathrm{d}x = \frac{1}{\alpha+1}x^{\alpha+1} + C$ （$\alpha \neq -1$）；

(3) $\int \frac{1}{x}\mathrm{d}x = \ln|x| + C$；

(4) $\int a^{x}\mathrm{d}x = \frac{a^{x}}{\ln a} + C$；

(5) $\int \mathrm{e}^{x}\mathrm{d}x = \mathrm{e}^{x} + C$；

(6) $\int \cos x\mathrm{d}x = \sin x + C$；

(7) $\int \sin x\mathrm{d}x = -\cos x + C$；

(8) $\int \frac{1}{\cos^{2}x}\mathrm{d}x = \int \sec^{2}x\mathrm{d}x = \tan x + C$；

(9) $\int \frac{1}{\sin^{2}x}\mathrm{d}x = \int \csc^{2}x\mathrm{d}x = -\cot x + C$；

(10) $\int \frac{1}{1+x^{2}}\mathrm{d}x = \arctan x + C$；

(11) $\int \frac{1}{\sqrt{1-x^{2}}}\mathrm{d}x = \arcsin x + C$；

(12) $\int \sec x\tan x\mathrm{d}x = \sec x + C$；

(13) $\int \csc x\cot x\mathrm{d}x = -\csc x + C$.

例 3　求$\int \frac{1}{x^{4}}\mathrm{d}x$.

解　$\int \frac{1}{x^{4}}\mathrm{d}x = \int x^{-4}\mathrm{d}x = \frac{1}{-4+1}x^{-4+1} + C = -\frac{1}{3x^{3}} + C$.

例 4　求$\int\left(\frac{2}{\sqrt{1-x^{2}}} - x^{3}\sqrt{x}\right)\mathrm{d}x$.

解　$\int\left(\frac{2}{\sqrt{1-x^{2}}} - x^{3}\sqrt{x}\right)\mathrm{d}x$

$$= 2\int \frac{1}{\sqrt{1-x^{2}}}\mathrm{d}x - \int x^{\frac{7}{2}}\mathrm{d}x = 2\arcsin x - \frac{1}{\frac{7}{2}+1}x^{\frac{7}{2}+1} + C = 2\arcsin x - \frac{2}{9}x^{4}\sqrt{x} + C.$$

例 5　求$\int \frac{(x-1)^{2}}{\sqrt{x}}\mathrm{d}x$.

解　$\int \frac{(x-1)^{2}}{\sqrt{x}}\mathrm{d}x = \int (x^{\frac{3}{2}} - 2x^{\frac{1}{2}} + x^{-\frac{1}{2}})\mathrm{d}x = \frac{2}{5}x^{2}\sqrt{x} - \frac{4}{3}x\sqrt{x} + 2\sqrt{x} + C$.

例 6　求$\int \tan^{2}x\mathrm{d}x$.

解　$\int \tan^{2}x\mathrm{d}x = \int (\sec^{2}x - 1)\mathrm{d}x = \int \sec^{2}x\mathrm{d}x - \int \mathrm{d}x = \tan x - x + C$.

例 7　求$\int \sin^{2}\frac{x}{2}\mathrm{d}x$.

解　$\int \sin^{2}\frac{x}{2}\mathrm{d}x = \int \frac{1-\cos x}{2}\mathrm{d}x = \frac{1}{2}\int (1-\cos x)\mathrm{d}x = \frac{1}{2}(x - \sin x) + C$.

例 8　求$\int \frac{1+x+x^{2}}{x(1+x^{2})}\mathrm{d}x$.

解　$\int \frac{1+x+x^{2}}{x(1+x^{2})}\mathrm{d}x = \int \frac{(1+x^{2})+x}{x(1+x^{2})}\mathrm{d}x = \int\left(\frac{1}{x} + \frac{1}{1+x^{2}}\right)\mathrm{d}x$

$$= \ln|x| + \arctan x + C.$$

例 9 求$\int 3^x e^x dx$.

解 $\int 3^x e^x dx = \int (3e)^x dx = \frac{1}{\ln(3e)}(3e)^x + C = \frac{3^x e^x}{1+\ln 3} + C.$

例 10 求$\int \frac{\cos 2x}{\cos x - \sin x} dx$.

解 $\int \frac{\cos 2x}{\cos x - \sin x} dx = \int \frac{\cos^2 x - \sin^2 x}{\cos x - \sin x} dx = \int (\cos x + \sin x) dx = \sin x - \cos x + C.$

例 11 求$\int \frac{1}{\sin^2 x \cos^2 x} dx$.

解 $\int \frac{1}{\sin^2 x \cos^2 x} dx = \int \frac{\sin^2 x + \cos^2 x}{\sin^2 x \cos^2 x} dx = \int \left(\frac{1}{\cos^2 x} + \frac{1}{\sin^2 x}\right) dx = \tan x - \cot x + C.$

习 题 4-1

1. 求下列不定积分：

(1) $\int x\sqrt{x}\, dx$；
(2) $\int \frac{\sqrt{x} - 2\sqrt[3]{x^2} + 1}{\sqrt[4]{x}} dx$；

(3) $\int \frac{(x^2+1)^2}{x^3} dx$；
(4) $\int \frac{x^4}{1+x^2} dx$；

(5) $\int \frac{2 \cdot 3^x - 5 \cdot 2^x}{3^x} dx$；
(6) $\int \left(\frac{\sin x}{2} - \frac{1}{\cos^2 x} + \frac{6}{1+x^2}\right) dx$；

(7) $\int \sec x(\sec x - \tan x) dx$；
(8) $\int \frac{\cos 2x}{\cos x + \sin x} dx$；

(9) $\int \cos^2 \frac{x}{2} dx$；
(10) $\int \frac{1}{1+\cos 2x} dx$；

(11) $\int \frac{e^{2t} - 1}{e^t - 1} dt$；
(12) $\int \frac{1}{x^2(1+x^2)} dx$；

(13) $\int \cot^2 x dx$；
(14) $\int \frac{1+\cos^2 x}{1+\cos 2x} dx$；

(15) $\int \frac{1+2x^2}{x^2(1+x^2)} dx$.

2. 已知$\int f(x) dx = e^{-2x} + C$，求 $f(x)$.

3. 设一质点从原点开始作变速直线运动，其速度为 $v(t) = t^2 - 2t + 3$，求质点运动方程.

第二节 换元积分法

利用基本积分公式只能计算简单函数的不定积分.对于更一般函数的不定积分，需要利用积分运算与求导运算的互逆关系，把复合函数的求导法则反过来用于求不定积分，即利用变量替换的方法求不定积分，这种方法称为**换元积分法**.本节主要介绍两类换元积分法，它们都以复合函数的求导法则为基础.

一、第一类换元积分法

定理 1 （第一类换元积分法）设 $f(u)$ 具有原函数 $F(u)$，$u = \varphi(x)$ 可导，则有

$$\int f[\varphi(x)]\varphi'(x)\mathrm{d}x=\int f[\varphi(x)]\mathrm{d}\varphi(x)=\int f(u)\mathrm{d}u=F(u)+C=F[\varphi(x)]+C. \quad ①$$

证　由复合函数求导法则，有

$$\{F[\varphi(x)]\}'=F'[\varphi(x)]\cdot\varphi'(x)=f[\varphi(x)]\cdot\varphi'(x),$$

可见，$F[\varphi(x)]$是 $f[\varphi(x)]\cdot\varphi'(x)$的一个原函数，故①式成立.

利用第一类换元积分法的思路：要计算的积分$\int g(x)\mathrm{d}x$ 不能直接用基本积分公式得出，而 $g(x)\mathrm{d}x$ 可表成 $f[\varphi(x)]\varphi'(x)\mathrm{d}x=f(u)\mathrm{d}u$ 的形式，且$\int f(u)\mathrm{d}u$ 能用基本积分公式得出或比较容易求出，则可利用第一类换元积分法. 其中关键是适当引入 x 的函数 $u=\varphi(x)$，使 u 作为中间变量，将原来的被积表达式 $g(x)\mathrm{d}x$ 凑成 $f[\varphi(x)]\varphi'(x)\mathrm{d}x=f(u)\mathrm{d}u$ 的形式，因此第一类换元积分法也称为**凑微分法**.

例 1　求$\int 2\mathrm{e}^{2x}\mathrm{d}x$.

分析　被积函数中 e^{2x} 是一个复合函数，$\mathrm{e}^{2x}=\mathrm{e}^{u}$，$u=2x$. 常数因子 2 恰好是中间变量 u 的导数，于是作变换 $u=2x$ 即可求出该不定积分.

解　$\int 2\mathrm{e}^{2x}\mathrm{d}x=\int \mathrm{e}^{2x}(2x)'\mathrm{d}x=\int \mathrm{e}^{2x}\mathrm{d}(2x)\xlongequal{2x=u}\int \mathrm{e}^{u}\mathrm{d}u=\mathrm{e}^{u}+C\xlongequal{u=2x}\mathrm{e}^{2x}+C.$

例 2　求$\int \frac{1}{x+2}\mathrm{d}x$.

解

$$\int \frac{1}{x+2}\mathrm{d}x=\int \frac{1}{x+2}\mathrm{d}(x+2)\xlongequal{x+2=u}\int \frac{1}{u}\mathrm{d}u$$

$$=\ln|u|+C\xlongequal{u=x+2}\ln|x+2|+C.$$

熟练后，换元过程可省略，只要把复合函数部分的内层函数理解成 u 即可求解.

例 3　求$\int x\sqrt{1+x^2}\,\mathrm{d}x$.

解

$$\int x\sqrt{1+x^2}\,\mathrm{d}x=\frac{1}{2}\int \sqrt{1+x^2}\,\mathrm{d}(1+x^2)=\frac{1}{2}\cdot\frac{2}{3}(1+x^2)^{\frac{3}{2}}+C$$

$$=\frac{1}{3}(1+x^2)^{\frac{3}{2}}+C.$$

例 4　求$\int \frac{\mathrm{d}x}{x^2-4x-5}$.

解

$$\int \frac{\mathrm{d}x}{x^2-4x-5}=\int \frac{\mathrm{d}x}{(x-5)(x+1)}=\frac{1}{6}\int\left(\frac{1}{x-5}-\frac{1}{x+1}\right)\mathrm{d}x$$

$$=\frac{1}{6}\ln|x-5|-\frac{1}{6}\ln|x+1|+C.$$

例 5　求$\int x\cos x^2\mathrm{d}x$.

解　$\int x\cos x^2\mathrm{d}x=\frac{1}{2}\int \cos x^2\mathrm{d}(x^2)=\frac{1}{2}\sin x^2+C.$

例 6　求$\int \frac{\ln^3 x}{x}\mathrm{d}x$.

解　$\int \frac{\ln^3 x}{x}\mathrm{d}x=\int \ln^3 x\mathrm{d}(\ln x)=\frac{1}{4}\ln^4 x+C.$

例 7 求$\int \tan x\mathrm{d}x$.

解 $\int \tan x\mathrm{d}x = \int \frac{\sin x}{\cos x}\mathrm{d}x = -\int \frac{1}{\cos x}\mathrm{d}(\cos x) = -\ln|\cos x| + C.$

同理可得$\int \cot x\mathrm{d}x = \ln|\sin x| + C.$

例 8 求$\int \frac{1}{a^2+x^2}\mathrm{d}x$ （其中 $a>0$ 是某常数）.

解
$$\int \frac{1}{a^2+x^2}\mathrm{d}x = \frac{1}{a^2}\int \frac{1}{1+\left(\frac{x}{a}\right)^2}\mathrm{d}x$$
$$= \frac{1}{a}\int \frac{1}{1+\left(\frac{x}{a}\right)^2}\mathrm{d}\left(\frac{x}{a}\right) = \frac{1}{a}\arctan\left(\frac{x}{a}\right) + C.$$

例 9 求$\int \frac{1}{\sqrt{a^2-x^2}}\mathrm{d}x$ （其中 $a>0$ 是某常数）.

解
$$\int \frac{1}{\sqrt{a^2-x^2}}\mathrm{d}x = \frac{1}{a}\int \frac{1}{\sqrt{1-\left(\frac{x}{a}\right)^2}}\mathrm{d}x = \int \frac{1}{\sqrt{1-\left(\frac{x}{a}\right)^2}}\mathrm{d}\left(\frac{x}{a}\right) = \arcsin\frac{x}{a} + C.$$

例 10 求$\int \frac{1}{a^2-x^2}\mathrm{d}x$(其中 $a>0$ 是某常数).

解
$$\int \frac{1}{a^2-x^2}\mathrm{d}x = \frac{1}{2a}\int \left(\frac{1}{a+x} + \frac{1}{a-x}\right)\mathrm{d}x = \frac{1}{2a}\int \frac{1}{a+x}\mathrm{d}x + \frac{1}{2a}\int \frac{1}{a-x}\mathrm{d}x$$
$$= \frac{1}{2a}\ln|a+x| - \frac{1}{2a}\ln|a-x| + C = \frac{1}{2a}\ln\left|\frac{a+x}{a-x}\right| + C.$$

例 11 求$\int \sec x\mathrm{d}x$.

解 由于$(\sec^2 x + \sec x\tan x)\mathrm{d}x = \mathrm{d}(\sec x + \tan x)$，因此
$$\int \sec x\mathrm{d}x = \int \frac{\sec x(\sec x + \tan x)}{\sec x + \tan x}\mathrm{d}x = \int \frac{\sec^2 x + \sec x\tan x}{\sec x + \tan x}\mathrm{d}x$$
$$= \int \frac{\mathrm{d}(\sec x + \tan x)}{\sec x + \tan x} = \ln|\sec x + \tan x| + C.$$

同理可得$\int \csc x\mathrm{d}x = \ln|\csc x - \cot x| + C.$

注:以上例 7 ～ 例 11 的结论可直接作为公式使用.

例 12 求$\int \sin^3 x\mathrm{d}x$.

解 $\int \sin^3 x\mathrm{d}x = \int \sin^2 x\sin x\mathrm{d}x = -\int (1-\cos^2 x)\mathrm{d}(\cos x) = -\cos x + \frac{1}{3}\cos^3 x + C.$

例 13 求$\int \sin^2 x\cos^3 x\mathrm{d}x$.

解
$$\int \sin^2 x\cos^3 x\mathrm{d}x = \int \sin^2 x\cos^2 x\cos x\mathrm{d}x = \int \sin^2 x(1-\sin^2 x)\mathrm{d}(\sin x)$$
$$= \int (\sin^2 x - \sin^4 x)\mathrm{d}(\sin x) = \frac{1}{3}\sin^3 x - \frac{1}{5}\sin^5 x + C.$$

例 14 求$\int \sin^2 x\cos^4 x\mathrm{d}x$.

解 $\int \sin^2 x\cos^4 x\mathrm{d}x = \frac{1}{8}\int(1-\cos 2x)(1+\cos 2x)^2\mathrm{d}x$

$$= \frac{1}{8}\int(1+\cos 2x-\cos^2 2x-\cos^3 2x)\mathrm{d}x$$

$$= \frac{1}{8}\int(1-\cos^2 2x)\mathrm{d}x+\frac{1}{8}\int(1-\cos^2 2x)\cos 2x\mathrm{d}x$$

$$= \frac{1}{8}\int\frac{1}{2}(1-\cos 4x)\mathrm{d}x+\frac{1}{16}\int\sin^2 2x\mathrm{d}(\sin 2x)$$

$$= \frac{x}{16}-\frac{1}{64}\sin 4x+\frac{1}{48}\sin^3 2x+C.$$

一般地,计算形如$\int\sin^m x\cos^n x\mathrm{d}x$的积分的方法是:(1) 当$m$或$n$为奇数时,将奇数次方的因子分出一个$\sin x$或$\cos x$,凑成$\sin x\mathrm{d}x=-\mathrm{d}\cos x$或$\cos x\mathrm{d}x=\mathrm{d}\sin x$,使原积分化成$\cos x$或$\sin x$的积分;(2) 当$m$与$n$都是偶数时,先降幂,再积分.

例 15 求$\int\sec^4 x\mathrm{d}x$.

解 $\int\sec^4 x\mathrm{d}x=\int\sec^2 x\sec^2 x\mathrm{d}x=\int(1+\tan^2 x)\mathrm{d}(\tan x)=\tan x+\frac{1}{3}\tan^3 x+C.$

例 16 求$\int\tan^5 x\sec^3 x\mathrm{d}x$.

解 $\int\tan^5 x\sec^3 x\mathrm{d}x=\int\tan^4 x\sec^2 x\tan x\sec x\mathrm{d}x=\int(\sec^2 x-1)^2\sec^2 x\mathrm{d}(\sec x)$

$$=\int(\sec^6 x-2\sec^4 x+\sec^2 x)\mathrm{d}(\sec x)$$

$$=\frac{1}{7}\sec^7 x-\frac{2}{5}\sec^5 x+\frac{1}{3}\sec^3 x+C.$$

一般地,对于$\tan^n x\sec^{2k}x$或$\tan^{2k-1}x\sec^n x$(k为正整数)型函数的积分,可依次作变换$u=\tan x$或$u=\sec x$来求得结果.

由上面的例题可以看出,第一类换元积分法在求不定积分中起着重要作用.但这种方法技巧性较强,而且如何适当的选择变量代换$u=\varphi(x)$没有一般规律可循.因此,需要多作练习,不断归纳总结,才能灵活运用.

受上面的例题启发,结合基本微分公式,可总结常用的凑微分方法如下:

(1) $\int f\left(\frac{1}{x}\right)\frac{1}{x^2}\mathrm{d}x=-\int f\left(\frac{1}{x}\right)\mathrm{d}\left(\frac{1}{x}\right)$;

(2) $\int f(\sqrt{x})\frac{1}{\sqrt{x}}\mathrm{d}x=2\int f(\sqrt{x})\mathrm{d}(\sqrt{x})$;

(3) $\int f(\mathrm{e}^x)\mathrm{e}^x\mathrm{d}x=\int f(\mathrm{e}^x)\mathrm{d}(\mathrm{e}^x)$;

(4) $\int f(\ln x)\frac{1}{x}\mathrm{d}x=\int f(\ln x)\mathrm{d}(\ln x)$;

(5) $\int f(\cos x)\sin x\mathrm{d}x=-\int f(\cos x)\mathrm{d}(\cos x)$;

(6) $\int f(\sin x)\cos x\mathrm{d}x=\int f(\sin x)\mathrm{d}(\sin x)$;

(7) $\int f(\tan x)\sec^2 x\mathrm{d}x=\int f(\tan x)\mathrm{d}(\tan x)$;

(8) $\int f(\sec x)\sec x\tan x\mathrm{d}x=\int f(\sec x)\mathrm{d}(\sec x)$；

(9) $\int f(ax+b)\mathrm{d}x=\frac{1}{a}\int f(ax+b)\mathrm{d}(ax+b)(a\neq 0)$；

(10) $\int f(ax^n+b)x^{n-1}\mathrm{d}x=\frac{1}{na}\int f(ax^x+b)\mathrm{d}(ax^n+b)$；

(11) $\int f(\arcsin x)\frac{1}{\sqrt{1-x^2}}\mathrm{d}x=\int f(\arcsin x)\mathrm{d}(\arcsin x)$；

(12) $\int f(\arctan x)\frac{1}{1+x^2}\mathrm{d}x=\int f(\arctan x)\mathrm{d}(\arctan x)$.

二、第二类换元积分法

第一类换元积分法是通过选择 x 的函数 $u=\varphi(x)$ 作为新变量，将原积分化成新变量 u 的积分. 但对有些被积函数则需作相反方式的换元，即令 x 为一个新变量 t 的函数 $x=\psi(t)$，以 t 作为自变量，将原积分 $\int f(x)\mathrm{d}x$ 化为新变量 t 的积分 $\int f[\psi(t)]\psi'(t)\mathrm{d}t$. 这种方法称为第二类换元积分法.

定理 2（第二类换元积分法） 设 $x=\psi(t)$ 是单调、可导函数，且 $\psi'(t)\neq 0$. 又设 $f[\psi(t)]\psi'(t)$ 具有原函数 $F(t)$，则有积分公式

$$\int f(x)\mathrm{d}x=\int f[\psi(t)]\psi'(t)\mathrm{d}t=F(t)+C=F[\psi^{-1}(x)]+C, \quad ②$$

其中 $t=\psi^{-1}(x)$ 是 $x=\psi(t)$ 的反函数.

证 由假设知

$$\frac{\mathrm{d}F(t)}{\mathrm{d}t}=f[\psi(t)]\psi'(t)=f(x)\frac{\mathrm{d}x}{\mathrm{d}t},$$

利用复合函数和反函数求导公式，得

$$\frac{\mathrm{d}}{\mathrm{d}x}F[\psi^{-1}(x)]=\frac{\mathrm{d}F(t)}{\mathrm{d}t}\cdot\frac{\mathrm{d}t}{\mathrm{d}x}=f(x)\cdot\frac{\mathrm{d}x}{\mathrm{d}t}\cdot\frac{\mathrm{d}t}{\mathrm{d}x}=f(x).$$

因此，$F[\psi^{-1}(x)]$ 是 $f(x)$ 的一个原函数，故 ② 式成立.

利用第二类换元积分法的思路：要计算的不定积分 $\int f(x)\mathrm{d}x$ 不能直接用基本积分公式得出，作适当的变量替换 $x=\psi(t)$，将原积分化为新变量 t 的积分 $\int f[\psi(t)]\psi'(t)\mathrm{d}t$，且这个积分能用基本积分公式得出或比较容易求出，则可利用第二类换元积分法.

例 17 求 $\int\frac{\mathrm{d}x}{\sqrt{x}+\sqrt[3]{x}}$.

解 为了去掉根式 $\sqrt{x}$ 和 $\sqrt[3]{x}$，令 $\sqrt[6]{x}=t$，即 $x=t^6$，于是 $\mathrm{d}x=6t^5\mathrm{d}t$，从而

$$\begin{aligned}\int\frac{\mathrm{d}x}{\sqrt{x}+\sqrt[3]{x}}&=\int\frac{6t^5\mathrm{d}t}{t^3+t^2}=6\int\frac{t^3\mathrm{d}t}{t+1}=6\int\frac{t^3+1-1}{t+1}\mathrm{d}t\\&=6\int\frac{(t+1)(t^2-t+1)}{t+1}\mathrm{d}t-6\int\frac{\mathrm{d}t}{t+1}\\&=6\left(\frac{t^3}{3}-\frac{t^2}{2}+t\right)-6\ln|1+t|+C\end{aligned}$$

$$= 2\sqrt{x} - 3\sqrt[3]{x} + 6\sqrt[6]{x} - 6\ln\left|1+\sqrt[6]{x}\right| + C.$$

由上例可以看出，被积函数中含有被开方因式为 n 次根式 $\sqrt[n]{ax+b}$ 或 $\sqrt[n]{\dfrac{ax+b}{cx+d}}$ 时，可令这个根式为 u，去掉根号，从而求得积分.

例 18　求 $\displaystyle\int \frac{1}{\sqrt{1+e^x}}dx$.

解　令 $t=\sqrt{1+e^x}$，则 $e^x=t^2-1$，$x=\ln(t^2-1)$，$dx=\dfrac{2tdt}{t^2-1}$，于是

$$\int \frac{1}{\sqrt{1+e^x}}dx = \int\frac{2}{t^2-1}dt = \int\left(\frac{1}{t-1}-\frac{1}{t+1}\right)dt$$

$$= \ln\left|\frac{t-1}{t+1}\right| + C = \ln\left|\frac{\sqrt{1+e^x}-1}{\sqrt{1+e^x}+1}\right| + C.$$

例 19　求 $\displaystyle\int\sqrt{a^2-x^2}\,dx$（其中 $a>0$ 是某常数）.

解　令 $x=a\sin t$，$-\dfrac{\pi}{2}<t<\dfrac{\pi}{2}$，则 $\sqrt{a^2-x^2}=\sqrt{a^2-a^2\sin^2 t}=a\cos t$，$dx=a\cos t dt$，于是

$$\int\sqrt{a^2-x^2}\,dx = \int a\cos t\cdot a\cos t dt = a^2\int\cos^2 t dt$$

$$= a^2\int\frac{1+\cos 2x}{2}dt = \frac{a^2}{2}\left(t+\frac{1}{2}\sin 2t\right)+C.$$

由于 $-\dfrac{\pi}{2}<t<\dfrac{\pi}{2}$，$\sin t=\dfrac{x}{a}$，故 $t=\arcsin\dfrac{x}{a}$，$\cos t=\sqrt{1-\sin^2 t}=\dfrac{\sqrt{a^2-x^2}}{a}$，所以

$$\int\sqrt{a^2-x^2}\,dx = \frac{a^2}{2}\left(t+\frac{1}{2}\sin 2t\right)+C = \frac{a^2}{2}(t+\sin t\cos t)+C$$

$$= \frac{a^2}{2}\arcsin\frac{x}{a}+\frac{1}{2}x\sqrt{a^2-x^2}+C.$$

为把 $\cos t$ 化成 x 的函数，也可以由 $\sin t=\dfrac{x}{a}$，构造如图 4-2 所示的辅助三角形，得到 $\cos t=\dfrac{\sqrt{a^2-x^2}}{a}$.

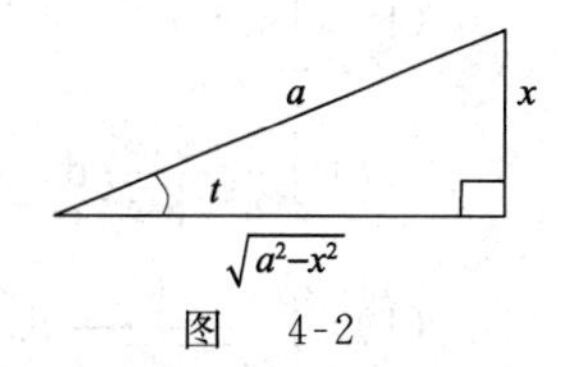

图　4-2

说明：在上例中，我们明确了 t 的取值范围限定在 $\left(-\dfrac{\pi}{2},\dfrac{\pi}{2}\right)$ 上. 今后约定：在计算不定积分时，为了计算方便，可以略去对变量取值范围的这种讨论，且遇到 $\sqrt{A^2}$ 的形式去根号时，不必写成 $\sqrt{A^2}=|A|$ 的形式，而直接写成 $\sqrt{A^2}=A$.

例 20　求 $\displaystyle\int\frac{1}{\sqrt{x^2+a^2}}dx$　（其中 $a>0$ 是某常数）.

解　令 $x=a\tan t$，则 $\sqrt{x^2+a^2}=\sqrt{a^2+a^2\tan^2 t}=a\sec t$，$dx=a\sec^2 t dt$，于是

$$\int\frac{dx}{\sqrt{x^2+a^2}} = \int\frac{a\sec^2 t}{a\sec t}dt = \int\sec t dt = \ln|\sec t+\tan t|+C.$$

为把 $\sec t$ 化为 x 的函数，可由 $\tan t=\dfrac{x}{a}$ 构造如图 4-3 所示的辅助三角形，可得 $\sec t=\dfrac{\sqrt{x^2+a^2}}{a}$，所以

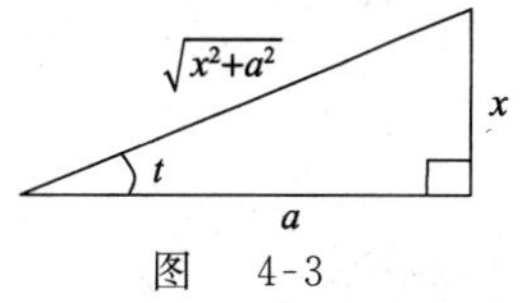

图　4-3

$$\int \frac{1}{\sqrt{x^2+a^2}}\mathrm{d}x = \ln\left|\frac{x}{a}+\frac{\sqrt{x^2+a^2}}{a}\right|+C = \ln|x+\sqrt{x^2+a^2}|+C_1,$$

其中 $C_1 = C - \ln a$.

例 21 求$\int \frac{\mathrm{d}x}{\sqrt{x^2-a^2}}$（其中 $a>0$ 是某常数）.

解 令 $x = a\sec t$，则 $\mathrm{d}x = a\sec t\tan t\mathrm{d}t$，$\sqrt{x^2-a^2} = \sqrt{a^2\sec^2 t - a^2} = a\tan t$. 于是

$$\int \frac{\mathrm{d}x}{\sqrt{x^2-a^2}} = \int \frac{1}{a\tan t}\cdot a\cdot \sec t\cdot \tan t\mathrm{d}t = \int \sec t\mathrm{d}t = \ln|\sec t+\tan t|+C_1.$$

为把 $\tan t$ 化为 x 的函数，可由 $\sec t = \frac{x}{a}$ 构造如图 4-4 所示的辅助三角形，可得 $\tan t = \frac{\sqrt{x^2-a^2}}{a}$，所以

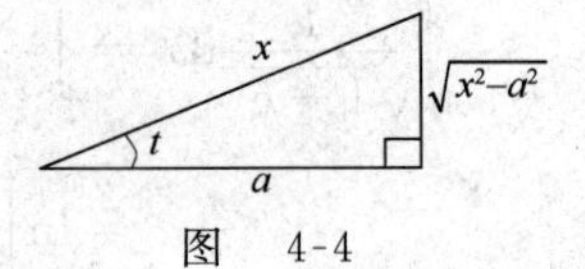

图 4-4

$$\int \frac{\mathrm{d}x}{\sqrt{x^2-a^2}} = \ln\left|\frac{x}{a}+\frac{\sqrt{x^2-a^2}}{a}\right|+C_1 = \ln|x+\sqrt{x^2-a^2}|+C,$$

其中 $C = C_1 - \ln a$.

以上三例中所使用的变换称为**三角变换**，归纳如表 4-1 所示。

表 4-1

被积函数含有	$\sqrt{a^2-x^2}$	$\sqrt{x^2+a^2}$	$\sqrt{x^2-a^2}$
作变换	$x = a\sin t$	$x = a\tan t$	$x = a\sec t$

本节得到的一些积分结果常作为公式使用，归纳如下（续接基本积分公式编号）：

(13) $\int \tan x\mathrm{d}x = -\ln|\cos x|+C$；　(14) $\int \cot x\mathrm{d}x = \ln|\sin x|+C$；

(15) $\int \sec x\mathrm{d}x = \ln|\sec x+\tan x|+C$；　(16) $\int \csc x\mathrm{d}x = \ln|\csc x-\cot x|+C$；

(17) $\int \frac{1}{a^2+x^2}\mathrm{d}x = \frac{1}{a}\arctan\frac{x}{a}+C$；　(18) $\int \frac{1}{a^2-x^2}\mathrm{d}x = \frac{1}{2a}\ln\left|\frac{a+x}{a-x}\right|+C$；

(19) $\int \frac{1}{\sqrt{a^2-x^2}}\mathrm{d}x = \arcsin\frac{x}{a}+C$；　(20) $\int \frac{\mathrm{d}x}{\sqrt{x^2\pm a^2}} = \ln|x+\sqrt{x^2\pm a^2}|+C.$

例 22 求$\int \frac{\mathrm{d}x}{x^2+4x+6}$.

解 $\int \frac{\mathrm{d}x}{x^2+4x+6} = \int \frac{\mathrm{d}x}{(x+2)^2+2} = \int \frac{\mathrm{d}(x+2)}{(x+2)^2+(\sqrt{2})^2} = \frac{1}{\sqrt{2}}\arctan\left(\frac{x+2}{\sqrt{2}}\right)+C$（由公式(18)）.

例 23 求$\int \frac{\mathrm{d}x}{\sqrt{x^2-4x-5}}$.

解
$$\begin{aligned}\int \frac{\mathrm{d}x}{\sqrt{x^2-4x-5}} &= \int \frac{\mathrm{d}(x-2)}{\sqrt{(x-2)^2-9}} \\ &= \ln|(x-2)+\sqrt{(x-2)^2-9}|+C \quad \text{（由公式(20)）} \\ &= \ln|x-2+\sqrt{x^2-4x-5}|+C.\end{aligned}$$

习 题 4-2

1. 填空题：

(1) $e^{2x}dx = d(\quad)$； (2) $\frac{1}{x}dx = d(\quad)$；

(3) $\frac{1}{x^2}dx = d(\quad)$； (4) $\frac{dx}{\cos^2 2x} = d(\quad)$；

(5) $\frac{xdx}{\sqrt{x^2+a^2}} = d(\quad)$； (6) $\sin\frac{3x}{2}dx = (\quad)d\left(\cos\frac{3x}{2}\right)$；

(7) $e^{-\frac{x}{2}}dx = (\quad)d(1+e^{-\frac{x}{2}})$； (8) $\frac{dx}{\sqrt{1-x^2}} = (\quad)d(1-\arcsin x)$；

(9) $\frac{dx}{1+9x^2} = (\quad)d(\arctan 3x)$； (10) $\frac{1}{x}dx = (\quad)d(3-5\ln|x|)$.

2. 求下列不定积分：

(1) $\int(x+1)^{15}dx$； (2) $\int xe^{-x^2}dx$； (3) $\int\frac{dx}{\sqrt[3]{2-3x}}$；

(4) $\int\frac{x}{\sqrt{1-x^2}}dx$； (5) $\int x^2\sqrt{1+x^3}dx$； (6) $\int\frac{dx}{\sqrt{x}(1+x)}$；

(7) $\int e^{-2x+1}dx$； (8) $\int\frac{dx}{e^x+e^{-x}}$； (9) $\int e^{\cos x}\cdot\sin x dx$；

(10) $\int\frac{\ln^2 x}{x}dx$； (11) $\int\frac{dx}{\sqrt{e^{2x}-1}}$； (12) $\int\frac{\arctan x}{1+x^2}dx$；

(13) $\int\sin^3 x dx$； (14) $\int\tan^4 x dx$； (15) $\int\frac{dx}{\sin^4 x}$；

(16) $\int\tan^3 x\sec x dx$； (17) $\int\frac{dx}{\arcsin x\sqrt{1-x^2}}$； (18) $\int\frac{x-1}{x^2+1}dx$；

(19) $\int\frac{\sin 2x}{\sqrt{1+\sin^2 x}}dx$； (20) $\int\frac{f'(x)}{1+f^2(x)}dx$； (21) $\int\frac{1}{1+\sqrt[3]{x+1}}dx$；

(22) $\int\frac{\sqrt{x}}{1+\sqrt[3]{x}}dx$； (23) $\int\frac{dx}{\sqrt{(x^2+1)^3}}$； (24) $\int\frac{dx}{1+\sqrt{1-x^2}}$；

(25) $\int\frac{dx}{x^3\sqrt{x^2-9}}$； (26) $\int\frac{dx}{(1+x)^2}$； (27) $\int\frac{dx}{\sqrt{9x^2-4}}$；

(28) $\int\frac{dx}{\sqrt{9x^2-6x+7}}$； (29) $\int\frac{dx}{e^x-1}$； (30) $\int\frac{dx}{x+\sqrt{1-x^2}}$.

第三节 分部积分法

上一节介绍了基于复合函数求导法则的换元积分法，换元积分法能够解决许多积分问题，但对诸如$\int xe^x dx$、$\int x^2\sin x dx$等积分，用换元积分法还是不能方便地求解. 为了解决这类积分问题，本节利用两个函数乘积的求导法则导出另一种重要的积分方法，即分部积分法.

设函数 $u=u(x)$ 及 $v=v(x)$ 具有连续导数，由 $(uv)'=u'v+uv'$ 或 $d(uv)=vdu+udv$ 得

$$uv' = (uv)' - vu', \text{或 } u\mathrm{d}v = \mathrm{d}(uv) - v\mathrm{d}u.$$

两边求不定积分,得

$$\int uv'\mathrm{d}x = uv - \int vu'\mathrm{d}x, \text{或} \int u\mathrm{d}v = uv - \int v\mathrm{d}u. \quad ①$$

上述公式 ① 称为**分部积分公式**.

利用分部积分公式的思路:不定积分$\int f(x)\mathrm{d}x$ 不易求出,若可选取两个恰当的函数 $u(x)$ 和 $v(x)$,使 $f(x)\mathrm{d}x = u\mathrm{d}v$,而交换 u 和 v 的位置后得到的$\int v\mathrm{d}u = \int vu'\mathrm{d}x$ 容易求出,则可利用分部积分公式. 下面通过例子说明如何利用分部积分公式计算积分.

例 1　求$\int x\mathrm{e}^x\mathrm{d}x$.

解　设 $u = x, \mathrm{d}v = \mathrm{e}^x\mathrm{d}x$,则 $\mathrm{d}u = \mathrm{d}x, v = \mathrm{e}^x$,利用分部积分公式,得

$$\int x\mathrm{e}^x\mathrm{d}x = \int x\mathrm{d}(\mathrm{e}^x) = x\mathrm{e}^x - \int \mathrm{e}^x\mathrm{d}x = x\mathrm{e}^x - \mathrm{e}^x + C.$$

在求上面积分时,若令 $u = \mathrm{e}^x, \mathrm{d}v = x\mathrm{d}x = \mathrm{d}\left(\frac{x^2}{2}\right)$,再利用分部积分公式,有

$$\int x\mathrm{e}^x\mathrm{d}x = \int \mathrm{e}^x\mathrm{d}\left(\frac{x^2}{2}\right) = \mathrm{e}^x \cdot \frac{x^2}{2} - \int \frac{x^2}{2} \cdot \mathrm{e}^x\mathrm{d}x.$$

显然,右端的积分比原积分更难求出.

由此可见,若 u 和 $\mathrm{d}v$ 的选取不当就求不出结果,所以应用分部积分的关键是如何根据 $f(x)\mathrm{d}x$ 的具体形式,恰当选择 u 和 $\mathrm{d}v$. 选取 u 和 $\mathrm{d}v$ 的一般原则是:

(1)v 要容易求出;(2)$\int v\mathrm{d}u$ 或$\int vu'\mathrm{d}x$ 比$\int u\mathrm{d}v$ 或$\int uv'\mathrm{d}x$ 容易求出.

例 2　求$\int x\cos x\mathrm{d}x$.

解　设 $u = x, \mathrm{d}v = \cos x\mathrm{d}x$,则 $\mathrm{d}u = \mathrm{d}x, v = \sin x$,于是

$$\int x\cos x\mathrm{d}x = \int x\mathrm{d}(\sin x) = x\sin x - \int \sin x\mathrm{d}x = x\sin x + \cos x + C.$$

分部积分公式也可以多次应用. 在熟练以后,计算中可不必具体写出 u 和 v.

例 3　求$\int x^2\sin x\mathrm{d}x$.

解

$$\int x^2\sin x\mathrm{d}x = -\int x^2\mathrm{d}(\cos x) = -x^2\cos x + \int \cos x\mathrm{d}(x^2)$$

$$= -x^2\cos x + 2\int x\cos x\mathrm{d}x.$$

对$\int x\cos x\mathrm{d}x$ 继续利用分部积分公式,由例 2 结果,得

$$\int x^2\sin x\mathrm{d}x = -x^2\cos x + 2(x\sin x + \cos x) + C.$$

例 4　求$\int x^2\ln x\mathrm{d}x$.

解

$$\int x^2\ln x\mathrm{d}x = \int \ln x\mathrm{d}\left(\frac{x^3}{3}\right) = \frac{x^3}{3}\ln x - \int \frac{x^3}{3}\mathrm{d}(\ln x) = \frac{x^3}{3}\ln x - \int \frac{x^2}{3}\mathrm{d}x$$

$$= \frac{x^3}{3}\ln x - \frac{x^3}{9} + C.$$

例 5　求$\int x\arctan x\mathrm{d}x$.

解　$$\int x\arctan x\mathrm{d}x=\frac{1}{2}\int\arctan x\mathrm{d}(x^2)=\frac{1}{2}x^2\arctan x-\frac{1}{2}\int x^2\mathrm{d}(\arctan x)$$
$$=\frac{1}{2}x^2\arctan x-\frac{1}{2}\int\frac{x^2}{1+x^2}\mathrm{d}x$$
$$=\frac{1}{2}x^2\arctan x-\frac{1}{2}\int\left(1-\frac{1}{1+x^2}\right)\mathrm{d}x$$
$$=\frac{1}{2}x^2\arctan x-\frac{1}{2}x+\frac{1}{2}\arctan x+C.$$

例 6　求$\int \mathrm{e}^x\cos x\mathrm{d}x$.

解　$$\int\mathrm{e}^x\cos x\mathrm{d}x=\int\cos x\mathrm{d}(\mathrm{e}^x)=\mathrm{e}^x\cos x-\int\mathrm{e}^x\mathrm{d}(\cos x)=\mathrm{e}^x\cos x+\int\mathrm{e}^x\sin x\mathrm{d}x$$
$$=\mathrm{e}^x\cos x+\int\sin x\mathrm{d}(\mathrm{e}^x)=\mathrm{e}^x\cos x+\mathrm{e}^x\sin x-\int\mathrm{e}^x\cos x\mathrm{d}x.$$
移项得

$2\int\mathrm{e}^x\cos x\mathrm{d}x=\mathrm{e}^x\cos x+\mathrm{e}^x\sin x+C_1$（注意：移项后要加上任意常数），

所以

$$\int\mathrm{e}^x\cos x\mathrm{d}x=\frac{1}{2}\mathrm{e}^x(\cos x+\sin x)+C\left(C=\frac{C_1}{2}\right).$$

注：求解例 6 的这种利用两次分部积分法，使$\int f(x)\mathrm{d}x=g(x)+a\int f(x)\mathrm{d}x$（其中$a\neq 1$为某常数），从而通过移项解出$\int f(x)\mathrm{d}x=\frac{g(x)}{1-a}+C$的方法称为还原法. 还原法在计算不定积分时经常用到.

例 7　求$\int\sec^3x\mathrm{d}x$.

解　$$\int\sec^3x\mathrm{d}x=\int\sec x\sec^2x\mathrm{d}x=\int\sec x\mathrm{d}(\tan x)=\sec x\tan x-\int\tan x\mathrm{d}(\sec x)$$
$$=\sec x\tan x-\int\sec x\tan^2x\mathrm{d}x=\sec x\tan x-\int\sec x(\sec^2x-1)\mathrm{d}x$$
$$=\sec x\tan x-\int\sec^3x\mathrm{d}x+\int\sec x\mathrm{d}x$$
$$=\sec x\tan x+\ln|\sec x+\tan x|-\int\sec^3x\mathrm{d}x,$$
所以

$$\int\sec^3x\mathrm{d}x=\frac{1}{2}(\sec x\tan x+\ln|\sec x+\tan x|)+C.$$

下述几种类型积分均可用分部积分法求解，且 u 和 $\mathrm{d}v$ 的选择有规律可循：

(1) $\int x^n\mathrm{e}^{ax}\mathrm{d}x$、$\int x^n\sin\alpha x\mathrm{d}x$、$\int x^n\cos\alpha x\mathrm{d}x$，可设 $u=x^n$；

(2) $\int x^n\ln x\mathrm{d}x$、$\int x^n\arcsin x\mathrm{d}x$、$\int x^n\arctan x\mathrm{d}x$，可分别设 $u=\ln x$、$\arcsin x$、$\arctan x$；

(3) $\int\mathrm{e}^{ax}\sin bx\mathrm{d}x$、$\int\mathrm{e}^{ax}\cos bx\mathrm{d}x$，可设 $u=\mathrm{e}^{ax}$，也可分别 $u=\sin bx$、$u=\cos bx$.

在积分过程中,有时需要同时用换元法和分部积分法.

例 8 求$\int \cos\sqrt{x}\,dx$.

解 令$\sqrt{x}=t$,即$x=t^2$,$dx=2tdt$,于是

$$\int \cos\sqrt{x}\,dx=2\int t\cos t dt=2\int td(\sin t)=2t\sin t-2\int \sin t dt$$

$$=2t\sin t+2\cos t+C=2\sqrt{x}\sin\sqrt{x}+2\cos\sqrt{x}+C.$$

例 9 利用还原法求$I_n=\int \sin^n x\,dx$(n为正整数,$n>2$)的递推公式.

解 $I_n=\int \sin^n x\,dx=\int \sin^{n-1}x\cdot\sin x dx=\int \sin^{n-1}x d(-\cos x)$

$$=\sin^{n-1}x(-\cos x)-\int(-\cos x)d(\sin^{n-1}x)$$

$$=-\sin^{n-1}x\cos x+(n-1)\int \cos x\sin^{n-2}x\cos x dx$$

$$=-\sin^{n-1}x\cos x+(n-1)\int(1-\sin^2 x)\sin^{n-2}x dx$$

$$=-\sin^{n-1}x\cos x+(n-1)\int \sin^{n-2}x dx-(n-1)\int \sin^n x dx,$$

移项得

$$(1+(n-1))\int \sin^n x dx=-\sin^{n-1}x\cos x+(n-1)\int \sin^{n-2}x dx,$$

于是

$$\int \sin^n x dx=-\frac{1}{n}\sin^{n-1}x\cos x+\frac{n-1}{n}\int \sin^{n-2}x dx,$$

即

$$I_n=\int \sin^n x dx=-\frac{1}{n}\sin^{n-1}x\cos x+\frac{n-1}{n}I_{n-2}.$$

注:连续利用如上递推公式,最终可将$I_n=\int \sin^n x\,dx$转化为计算积分

$$I_0=\int \sin^0 x dx=\int 1dx=x+C(n\text{ 为偶数}),$$

或

$$I_1=\int \sin x dx=-\cos x+C(n\text{ 为奇数}),$$

从而得到$I_n=\int \sin^n x\,dx$的具体结果.

习 题 4-3

1. 求下列不定积分:

(1) $\int x\ln(x-1)dx$; (2) $\int \ln^2 x dx$; (3) $\int x\cos\frac{x}{2}dx$;

(4) $\int e^{\sqrt{x}}dx$; (5) $\int(\arcsin x)^2 dx$; (6) $\int\frac{\ln^3 x}{x^2}dx$;

(7) $\int e^{-x}\cos x dx$; (8) $\int e^{ax}\sin bx dx$; (9) $\int \csc^3 x dx$;

(10) $\int \frac{\ln x}{\sqrt{x}} \mathrm{d}x$.

2. 求下列不定积分：

(1) $\int f'(ax+b)\mathrm{d}x$；　　(2) $\int xf''(x)\mathrm{d}x$.

第四节　有理函数的积分

这一节介绍有理函数的积分方法，并举例说明某些函数可化为有理函数进行积分.

一、有理函数的积分

两个实系数多项式 $P(x)$ 和 $Q(x)$ 的商 $\frac{P(x)}{Q(x)}$ $(Q(x)\neq 0)$ 称为**有理函数**，又称为**有理分式**. 为讨论方便，假定 $P(x)$ 和 $Q(x)$ 没有公因式. 如果 $P(x)$ 的次数小于 $Q(x)$ 的次数，称该有理函数为**真分式**，否则称之为**假分式**.

由多项式的除法，假分式总可以化成一个多项式与一个真分式之和. 例如

$$\frac{x^3-21x-14}{x^2-4x-5}=x+4+\frac{6}{x^2-4x-5}.$$

我们已经会求多项式的积分，只需讨论真分式的积分.

假定 $\frac{P(x)}{Q(x)}$ 为真分式. 由代数学的知识，实系数多项式 $Q(x)$ 一定能分解成常数与若干个形如 $(x-a)^k$ 和 $(x^2+px+q)^l$ 的因式之积，其中 a、p 和 q 是常数，k 和 l 是正整数，x^2+px+q 是二次质因式，即 $p^2-4q<0$，且 $\frac{P(x)}{Q(x)}$ 可分拆成若干个形如

$$\frac{A_1}{x-a}+\frac{A_2}{(x-a)^2}+\cdots+\frac{A_k}{(x-a)^k} \text{ 和}$$

$$\frac{B_1x+C_1}{x^2+px+q}+\frac{B_2x+C_2}{(x^2+px+q)^2}+\cdots+\frac{B_lx+C_l}{(x^2+px+q)^l} \quad ①$$

的部分分式之和，其中 $A_i(i=1,2,\cdots,k)$，B_j 和 $C_j(j=1,2,\cdots,l)$ 都是常数.

不难发现，① 式中各项的不定积分都能求出，因此 $\frac{P(x)}{Q(x)}$ 的积分就可逐项求出. 下面我们通过例子说明有理函数分解为部分分式之和的方法及其积分问题.

例 1　求 $\int \frac{\mathrm{d}x}{x^2-4x-5}$.

解　令

$$\frac{1}{x^2-4x-5}=\frac{1}{(x-5)(x+1)}=\frac{A}{x-5}+\frac{B}{x+1}.$$

为确定待定常数 A 和 B，将上式右端通分，再由两边分子相等，有

$$1=A(x+1)+B(x-5),$$

在此式中依次取 $x=5,-1$ 代入，可解得 $A=\frac{1}{6}$，$B=-\frac{1}{6}$，于是

$$\int \frac{\mathrm{d}x}{x^2-4x-5}=\int \frac{\mathrm{d}x}{(x-5)(x+1)}=\frac{1}{6}\int\left(\frac{1}{x-5}-\frac{1}{x+1}\right)\mathrm{d}x$$

$$= \frac{1}{6}\ln|x-5| - \frac{1}{6}\ln|x+1| + C.$$

例 2 求 $\int \frac{x^4-9x^2+5x+7}{x^3-3x^2+4}dx$.

解 由多项式的除法,可得 $\frac{x^4-9x^2+5x+7}{x^3-3x^2+4} = x+3+\frac{x-5}{x^3-3x^2+4}$. 令

$$\frac{x-5}{x^3-3x^2+4} = \frac{x-5}{(x+1)(x-2)^2} = \frac{A}{x+1} + \frac{B}{x-2} + \frac{C}{(x-2)^2}.$$

将上式右端通分,再由两边分子相等,有

$$x-5 = A(x-2)^2 + B(x+1)(x-2) + C(x+1),$$

在此式中依次取 $x=-1, 2, 0$ 代入,可解得 $A=-\frac{2}{3}, C=-1, B=\frac{2}{3}$,于是

$$\int \frac{x^4-9x^2+5x+7}{x^3-3x^2+4}dx = \int\left(x+3-\frac{2}{3(x+1)}+\frac{2}{3(x-2)}-\frac{1}{(x-2)^2}\right)dx$$

$$= \frac{1}{2}x^2+3x-\frac{2}{3}\ln|x+1|+\frac{2}{3}\ln|x-2|+\frac{1}{x-2}+C.$$

例 3 求 $\int \frac{x+5}{x^3+x^2+x-3}dx$.

解 令

$$\frac{x+5}{x^3+x^2+x-3} = \frac{x+5}{(x-1)(x^2+2x+3)} = \frac{A}{x-1} + \frac{Bx+C}{x^2+2x+3}.$$

为确定待定常数 A、B 和 C,将上式右端通分,再由两边分子相等,有

$$\begin{aligned} x+5 &= A(x^2+2x+3) + (Bx+C)(x-1) \\ &= (A+B)x^2 + (2A-B+C)x + 3A - C, \end{aligned}$$

比较上式两边同次幂的系数,有 $\begin{cases} A+B=0 \\ 2A-B+C=1 \\ 3A-C=5 \end{cases}$,解得 $A=1, B=-1, C=-2$,于是

$$\begin{aligned} \int \frac{x+5}{x^3+x^2+x-3}dx &= \int\left(\frac{1}{x-1}+\frac{-x-2}{x^2+2x+3}\right)dx \\ &= \ln|x-1| - \frac{1}{2}\int\frac{(2x+2)+2}{x^2+2x+3}dx \\ &= \ln|x-1| - \frac{1}{2}\int\frac{d(x^2+2x+3)}{x^2+2x+3} - \int\frac{d(x+1)}{(x+1)^2+2} \\ &= \ln|x-1| - \frac{1}{2}\ln(x^2+2x+3) - \frac{1}{\sqrt{2}}\arctan\frac{x+1}{\sqrt{2}} + C. \end{aligned}$$

二、可化为有理函数的积分举例

1. 被积函数中含有一些简单根式时,如 $\sqrt[n]{ax+b}$ 或 $\sqrt[n]{\frac{ax+b}{cx+d}}$ 等,可通过变量替换消去根号,化为有理函数的积分. 本章第二节的例 17 和例 18 就是这种情况,下面再举一例.

例 4 求 $\int \frac{dx}{1+\sqrt[3]{x+3}}$.

解 令 $\sqrt[3]{x+3}=t$,即 $x=t^3-3$,则 $dx=3t^2dt$,于是

$$\int \frac{\mathrm{d}x}{1+\sqrt[3]{x+3}} = \int \frac{3t^2}{1+t}\mathrm{d}t = 3\int\left(t-1+\frac{1}{1+t}\right)\mathrm{d}t = \frac{3}{2}t^2 - 3t + 3\ln|1+t| + C$$

$$= \frac{3}{2}\sqrt[3]{(x+3)^2} - 3\sqrt[3]{x+3} + 3\ln|1+\sqrt[3]{x+3}| + C.$$

2. 由三角函数经过有限次四则运算所构成的函数，简称**三角函数有理式**. 由于 $\sin x$ 和 $\cos x$ 都可以用 $\tan\frac{x}{2}$ 的有理式表示（相应的公式称为三角函数的**万能公式**），即

$$\sin x = 2\sin\frac{x}{2}\cos\frac{x}{2} = \frac{2\tan\frac{x}{2}}{\sec^2\frac{x}{2}} = \frac{2\tan\frac{x}{2}}{1+\tan^2\frac{x}{2}},$$

$$\cos x = \cos^2\frac{x}{2} - \sin^2\frac{x}{2} = \frac{\cos^2\frac{x}{2}-\sin^2\frac{x}{2}}{\cos^2\frac{x}{2}+\sin^2\frac{x}{2}} = \frac{1-\tan^2\frac{x}{2}}{1+\tan^2\frac{x}{2}},$$

所以三角函数有理式的积分都可以通过变量替换 $t=\tan\frac{x}{2}$（称为**万能替换**）转化为有理函数的积分.

例 5　求 $\int \frac{2+\sin x}{\sin x(1+\cos x)}\mathrm{d}x$.

解　令 $t=\tan\frac{x}{2}$，则 $\sin x = \frac{2t}{1+t^2}$，$\cos x = \frac{1-t^2}{1+t^2}$. 而 $x = 2\arctan t$，$\mathrm{d}x = \frac{2\mathrm{d}t}{1+t^2}$，于是

$$\int \frac{2+\sin x}{\sin x(1+\cos x)}\mathrm{d}x = \int \frac{2+\frac{2t}{1+t^2}}{\frac{2t}{1+t^2}\left(1+\frac{1-t^2}{1+t^2}\right)}\cdot\frac{2\mathrm{d}t}{1+t^2} = \int\left(t+1+\frac{1}{t}\right)\mathrm{d}t$$

$$= \frac{t^2}{2} + t + \ln|t| + C = \frac{1}{2}\tan^2\frac{x}{2} + \tan\frac{x}{2} + \ln\left|\tan\frac{x}{2}\right| + C.$$

注：对三角函数有理式的积分，通过变量替换 $t=\tan\frac{x}{2}$ 化为有理式的积分方法总是有效的，但未必是最简捷的. 例如，积分 $\int \frac{2+\sin x}{1+\cos x}\mathrm{d}x$ 可化为有理式的积分，但如下方法更简捷：

$$\int \frac{2+\sin x}{1+\cos x}\mathrm{d}x = \int \frac{2}{1+\cos x}\mathrm{d}x + \int \frac{\sin x}{1+\cos x}\mathrm{d}x$$

$$= \int \frac{1}{\cos^2\frac{x}{2}}\mathrm{d}x - \int \frac{\mathrm{d}(1+\cos x)}{1+\cos x}$$

$$= 2\tan\frac{x}{2} - \ln|1+\cos x| + C.$$

作为本章的结束，我们再做两点说明：

(1) 为使用方便，汇总常用的积分公式得到积分表（见书后附录 C）. 对一些较为复杂的积分，可以根据被积函数的类型直接或经过简单变形后，在表中查得相应的结果.

(2) 根据本章第一节指出的原函数存在定理，若函数 $f(x)$ 在区间 I 上连续，则 $f(x)$ 在 I 上必有原函数. 但有些初等函数的原函数却不一定是初等函数，或者说其原函数不能用初等函数表示. 这时，通常称相应的积分“无法积出”，如：$\int e^{x^2}\mathrm{d}x$，$\int \frac{\sin x}{x}\mathrm{d}x$，$\int \frac{\mathrm{d}x}{\ln x}$ 等都是不能用初

等函数表示其原函数的例子.

习　题　4-4

求下列不定积分：

(1) $\int \frac{2x+3}{x^2+3x-10}dx$；　(2) $\int \frac{3}{x^3+1}dx$；　(3) $\int \frac{x^2}{(x-1)(x+1)^2}dx$；

(4) $\int \frac{1}{x^4-1}dx$；　(5) $\int \frac{2}{3+\cos x}dx$；　(6) $\int \frac{\sqrt{x+1}-1}{\sqrt{x+1}+1}dx$；

(7) $\int \frac{1}{1+\sin x+\cos x}dx$；(8) $\int \frac{1}{1+\sqrt[3]{x+1}}dx$.

总习题四

A　组

1. 填空：

(1) $\int f(x)dx = x\ln x + C$，则$\int xf(x)dx =$ ____________；

(2) $\int d\sin(2x-1) =$ ____________；

(3) $\int \frac{f'(x)}{f(x)}dx =$ ____________；

(4) $\frac{d}{dx}\int f(x)dx =$ ____________；

(5) 若$\int f(x)dx = 2^x + \sin x + C$，则 $f(x) =$ ____________；

(6) 若 $f(x)$ 的一个原函数为 $\cos x$，则$\int f'(x)dx =$ ____________；

(7) $\int xf(x^2)f'(x^2)dx =$ ____________；

(8) 已知 $\sin x$ 是 $f(x)$ 的一个原函数，则$\int xf'(x)dx =$ ____________.

2. 计算下列积分：

(1) $\int \frac{x^2-2\sqrt{2}x+2}{x-\sqrt{2}}dx$；　(2) $\int \frac{2^{x+1}-3^{x-1}}{6^x}dx$；　(3) $\int \frac{1}{x\ln\sqrt{x}}dx$；

(4) $\int \frac{1-\sin x}{x+\cos x}dx$；　(5) $\int \frac{1+\cos x}{1-\cos x}dx$；　(6) $\int \frac{\ln(\ln x)}{x}dx$；

(7) $\int \frac{\ln\tan x}{\sin x\cos x}dx$；　(8) $\int \arctan\sqrt{x}\,dx$；　(9) $\int \frac{\arctan\sqrt{x}}{\sqrt{x}(1+x)}dx$；

(10) $\int \sqrt{\frac{1-x}{1+x}}dx$；　(11) $\int \frac{1}{1+\tan x}dx$；　(12) $\int \frac{1}{x^3+1}dx$；

(13) $\int \frac{1}{\sqrt{x-x^2}}dx$；　(14) $\int \frac{1-\ln x}{(x-\ln x)^2}dx$；　(15) $\int \frac{1}{x(x^6+4)}dx$；

(16) $\int \frac{\sqrt[3]{x}}{x(\sqrt{x}+\sqrt[3]{x})}\mathrm{d}x$；　(17) $\int \frac{1}{(1+\mathrm{e}^x)^2}\mathrm{d}x$；　(18) $\int \sin 3x\sin 5x\mathrm{d}x$；

(19) $\int x\mathrm{e}^{10x}\mathrm{d}x$；　(20) $\int \frac{\ln \sin x}{\sin^2 x}\mathrm{d}x$.

3. 若 $f'(\mathrm{e}^x)=1+\mathrm{e}^{2x}$，且 $f(0)=1$，求 $f(x)$.

B　组

1. 计算下列不定积分：

(1) $\int \frac{x\mathrm{e}^x}{\sqrt{\mathrm{e}^x-1}}\mathrm{d}x$；　(2) $\int \frac{x^2\mathrm{e}^x}{(2+x)^2}\mathrm{d}x$；　(3) $\int \frac{\sqrt{x(x+1)}}{\sqrt{x}+\sqrt{x+1}}\mathrm{d}x$；

(4) $\int \frac{\sin x}{1+\sin x}\mathrm{d}x$；　(5) $\int \frac{\cot x}{1+\sin x}\mathrm{d}x$；　(6) $\int \frac{x^2}{(x+1)^{100}}\mathrm{d}x$；

(7) $\int \frac{x^2-5x+9}{x^2-5x+6}\mathrm{d}x$；　(8) $\int \frac{1}{2+\sin x}\mathrm{d}x$；　(9) $\int \frac{\sin 2x}{\sqrt{1+\sin^2 x}}\mathrm{d}x$；

(10) $\int \frac{\sin x\cos x}{1+\sin^4 x}\mathrm{d}x$；　(11) $\int \frac{\ln x}{x\sqrt{1+\ln x}}\mathrm{d}x$；　(12) $\int \frac{1}{1+\sin x}\mathrm{d}x$；

(13) $\int \frac{1+\sin x}{1+\cos x}\mathrm{e}^x\mathrm{d}x$；　(14) $\int \mathrm{e}^{2x}(\tan x+1)^2\mathrm{d}x$；(15) $\int \frac{\arcsin \mathrm{e}^x}{\mathrm{e}^x}\mathrm{d}x$；

(16) $\int \ln\left(1+\sqrt{\frac{1+x}{x}}\right)\mathrm{d}x \quad (x>0)$.

2. 设 $f(x)=\begin{cases} x^2-\frac{x}{2}+1 & 当\ x<0, \\ 1 & 当\ x=0, \\ \mathrm{e}^x & 当\ x>0, \end{cases}$ 求 $\int f(x)\mathrm{d}x$.

第五章　定积分及其应用

定积分是积分学中又一重要的基本概念，与上一章的不定积分概念有着本质的不同，但两者从计算上有着一定的内在联系. 本章在建立定积分概念的基础上，给出定积分的性质、计算方法及其在相关领域中的应用.

第一节　定积分的概念与性质

定积分的概念是从实际问题中抽象概括出来的. 下面通过几何、物理及经济中的三个典型实例，引出定积分的概念.

一、引例

1. 曲边梯形的面积

在初等数学中我们已经学过一些常见平面图形面积的计算，如矩形、正多边形、圆等，这些都是规则平面图形，但有时需要计算同一平面上若干条曲线所围成的不规则图形的面积，其中之一就是曲边梯形的面积.

曲边梯形：设函数 $y=f(x)$ 在区间 $[a,b]$ 上非负、连续. 由直线 $x=a$、$x=b$、$y=0$ 和曲线 $y=f(x)$ 所围成的平面图形称为**曲边梯形**（见图 5-1），其中曲线弧 $f(x)$ 称为**曲边**. 以下考虑其面积 A 的计算方法.

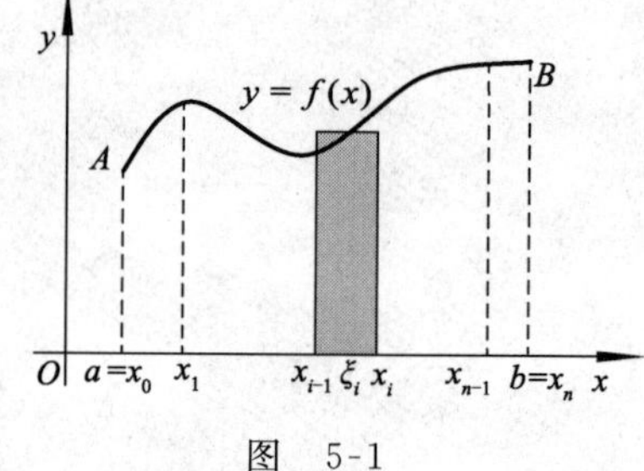

图　5-1

若 $f(x)$ 恒等于常数，那么这个曲边梯形是个矩形，可以按公式

$$矩形面积=底\times高$$

来计算其面积. 而对于曲边梯形，由于其在底边上各点 x 处的高 $f(x)$ 在区间 $[a,b]$ 上是变动的，故它的面积不能直接按上述公式来计算.

注意到，所求面积 A 是一个具有"可加性"的量，即当把曲边梯形分割成 n 个窄的曲边梯形时，有 $A=\sum\limits_{i=1}^{n}\Delta A_i$，其中 ΔA_i 表示第 i 个窄曲边梯形的面积，$i=1,2,\cdots,n$. 由于曲边梯形的高 $f(x)$ 在区间 $[a,b]$ 上是连续变化的，在一段很小区间上它的变化很小，近似于不变. 因此，将曲边梯形分割成一些窄的曲边梯形后，每个窄曲边梯形都可用一个小矩形代替，每个窄曲边梯形的面积都近似地等于小矩形的面积，则所有小矩形面积之和就是曲边梯形面积的近似值. 若把区间 $[a,b]$ 无限细分下去，即令每个小区间的长度都趋于零，这时得到所有窄矩形面积之和的极限，就是曲边梯形的面积. 具体方法是：

(1)分割：在区间 $[a,b]$ 中任意插入若干个分点

$$a=x_0<x_1<x_2<\cdots<x_{n-1}<x_n=b,$$

把 $[a,b]$ 分成 n 个小区间 $[x_{i-1},x_i]$，并记 $\Delta x_i=x_i-x_{i-1}$，$i=1,2,\cdots,n$. 经过每一个分点作平

行于 y 轴的直线段，把曲边梯形分成 n 个窄曲边梯形，记第 i 个窄曲边梯形的面积为 ΔA_i，$i=1,2,\cdots,n$，则

$$A=\sum_{i=1}^{n}\Delta A_i .$$

(2)取近似：在每个小区间 $[x_{i-1},x_i]$ 上任取一点 ξ_i，用以 $[x_{i-1},x_i]$ 为底，$f(\xi_i)$ 为高的窄矩形的面积 $f(\xi_i)\Delta x_i$ 近似替代第 i 个窄曲边梯形的面积 ΔA_i，即

$$\Delta A_i\approx f(\xi_i)\Delta x_i,\quad i=1,2,\cdots,n.$$

(3)作和：把 n 个窄矩形面积之和作为所求曲边梯形面积 A 的近似值，即

$$A=\sum_{i=1}^{n}\Delta A_i\approx f(\xi_1)\Delta x_1+f(\xi_2)\Delta x_2+\cdots+f(\xi_n)\Delta x_n=\sum_{i=1}^{n}f(\xi_i)\Delta x_i.$$

(4)求极限：显然，分割越细，即每个小曲边梯形越窄，所求得的曲边梯形面积 A 的近似值就越接近 A 的精确值．因此，曲边梯形面积 A 的精确值就是当每个小曲边梯形的宽度都趋于零时 $\sum\limits_{i=1}^{n}f(\xi_i)\Delta x_i$ 的极限值．记 $\lambda=\max\{\Delta x_1,\Delta x_2,\cdots,\Delta x_n\}$，令 $\lambda\to 0$，则曲边梯形的面积为

$$A=\lim_{\lambda\to 0}\sum_{i=1}^{n}f(\xi_i)\Delta x_i.$$

2. 变速直线运动物体的路程

我们知道，对作变速直线运动的物体而言，在每一时刻物体的速度不同，在某一时间段的路程不能按匀速运动物体的公式(路程=速度×时间)来计算，由此提出以下问题．

设物体作变速直线运动，已知速度 $v=v(t)$ 是时间间隔 $[T_1,T_2]$ 上的连续函数，且 $v(t)\geqslant 0$，计算在这段时间内物体所经过的路程 S．

仿照求曲边梯形面积的方法，把时间间隔 $[T_1,T_2]$ 分成 n 个小的时间间隔 Δt_i，$i=1,2,\cdots,n$．在每个小的时间间隔 Δt_i 内，物体运动看成是匀速的，其速度近似为物体在 Δt_i 内某时刻 τ_i 的速度 $v(\tau_i)$．物体在 Δt_i 内运动的路程近似为 $\Delta S_i\approx v(\tau_i)\Delta t_i$，可把物体在每一 Δt_i 内运动的路程的和作为物体在 $[T_1,T_2]$ 内所经过的路程 S 的近似值．具体做法是：

(1)分割：在时间间隔 $[T_1,T_2]$ 内任意插入若干个分点

$$T_1=t_0<t_1<t_2<\cdots<t_{n-1}<t_n=T_n,$$

把 $[T_1,T_2]$ 分成 n 个小段 $[t_{i-1},t_i]$，并记 $\Delta t_i=t_i-t_{i-1}$，$i=1,2,\cdots,n$．相应地，在各小段时间内物体经过的路程依次为 ΔS_i，$i=1,2,\cdots,n$，则

$$S=\sum_{i=1}^{n}\Delta S_i.$$

(2)取近似：在时间间隔 $[t_{i-1},t_i]$ 上任取一个时刻 τ_i，以 τ_i 时刻的速度 $v(\tau_i)$ 来代替 $[t_{i-1},t_i]$ 上各个时刻的速度，得到部分路程 ΔS_i 的近似值，即

$$\Delta S_i\approx v(\tau_i)\Delta t_i,\quad i=1,2,\cdots,n.$$

(3)作和：把这 n 段部分路程的近似值之和作为 S 的近似值，即

$$S=\sum_{i=1}^{n}\Delta S_i\approx\sum_{i=1}^{n}v(\tau_i)\Delta t_i.$$

(4)求极限：记 $\lambda=\max\{\Delta t_1,\Delta t_2,\cdots,\Delta t_n\}$，当 $\lambda\to 0$ 时，取上述和式的极限，即为所求变速直线运动物体的路程

$$S=\lim_{\lambda\to 0}\sum_{i=1}^{n}v(\tau_i)\Delta t_i.$$

3. 收益问题

在生产经营中，常遇到成本、利润核算等问题. 设某商品的价格 P 是销售量 x 的函数 $P=P(x)$，其中 x 视作连续变量，我们来计算销售量从 a 变动到 b 时的收益 R.

由于价格随销售量的变动而变动，不能直接用销售量乘以价格计算收益，仿照上面两个例子，有相类似的计算方法.

在 $[a,b]$ 内任意插入若干个分点，$a=x_0<x_1<\cdots<x_{n-1}<x_n=b$，每个销售量段 $[x_{i-1},x_i]$ 的销售量为 $\Delta x_i=x_i-x_{i-1}$，该段上相应的收益为 ΔR_i，$i=1,2,\cdots,n$，则 $R=\sum\limits_{i=1}^{n}\Delta R_i$. 在每个销售量段 $[x_{i-1},x_i]$ 上任取一点 ξ_i，把 $P(\xi_i)$ 作为该段的近似价格，则该段对应的收益近似为 $\Delta R_i\approx P(\xi_i)\Delta x_i$，$i=1,2,\cdots,n$. 把 n 段的收益近似值相加，得销售量从 a 变动到 b 时收益的近似值 $R\approx\sum\limits_{i=1}^{n}P(\xi_i)\Delta x_i$. 记 $\lambda=\max\{\Delta x_1,\Delta x_2,\cdots,\Delta x_n\}$，则所求的收益为

$$R=\lim_{\lambda\to 0}\sum_{i=1}^{n}P(\xi_i)\Delta x_i.$$

二、定积分的概念

从上面三个例子可以看出，尽管所求的三个量的实际意义不同，但解决问题的思路和步骤是一样的. 从数量关系来看，最后都归结为求特定形式的和式的极限问题. 在实际中，还有很多其他问题中量的计算都归结为求这种和式的极限. 抽出其数学本质，引入如下定积分的概念，并把这种和式的极限称为**定积分**.

1. 定积分的定义

设函数 $f(x)$ 在 $[a,b]$ 上有界，用分点 $a=x_0<x_1<x_2<\cdots<x_{n-1}<x_n=b$ 把 $[a,b]$ 分成 n 个小区间：$[x_0,x_1]$，$[x_1,x_2]$，$\cdots$，$[x_{n-1},x_n]$，记 $\Delta x_i=x_i-x_{i-1}\,(i=1,2,\cdots,n)$. 任取 $\xi_i\in[x_{i-1},x_i]\,(i=1,2,\cdots,n)$，作和 $S=\sum\limits_{i=1}^{n}f(\xi_i)\Delta x_i$. 记 $\lambda=\max\{\Delta x_1,\Delta x_2,\cdots,\Delta x_n\}$，如果当 $\lambda\to 0$ 时，上述和式的极限存在，且极限值与区间 $[a,b]$ 的分法和 ξ_i 的取法无关（即对 $[a,b]$ 的任意分割及相应的任意 $\xi_i\in[x_{i-1},x_i]$ 而言，当 $\lambda\to 0$ 时 $\sum\limits_{i=1}^{n}f(\xi_i)\Delta x_i$ 的极限都存在且为同一个值），则这个极限值为函数 $f(x)$ 在区间 $[a,b]$ 上的定积分，记作 $\int_a^b f(x)\mathrm{d}x$，即

$$\int_a^b f(x)\mathrm{d}x=\lim_{\lambda\to 0}\sum_{i=1}^{n}f(\xi_i)\Delta x_i.$$

其中 $f(x)$ 称为**被积函数**，$f(x)\mathrm{d}x$ 称为**被积表达式**，x 称为**积分变量**，a 称为**积分下限**，b 称为**积分上限**，$[a,b]$ 称为**积分区间**，$\sum\limits_{i=1}^{n}f(\xi_i)\Delta x_i$ 称为**积分和**（也称**黎曼**(Riemann)**和**）.

由定积分的定义，前面三个实际问题都可以表示为定积分，即

曲边梯形面积 $A=\int_a^b f(x)\mathrm{d}x$；变速直线运动距离 $S=\int_a^b v(t)\mathrm{d}t$；收益 $R=\int_a^b P(x)\mathrm{d}x$.

2. 关于定积分定义的几点说明

(1) 如果定积分 $A=\int_a^b f(x)\mathrm{d}x$ 存在，则称函数 $f(x)$ 在区间 $[a,b]$ 上可积. 可积时，定积分表示一个数，通过上面三个实例可以得出，这个数只依赖于被积函数 $f(x)$ 的对应法则与积分

区间$[a,b]$，而与积分变量用什么字母表示无关，即

$$\int_a^b f(x)\mathrm{d}x = \int_a^b f(u)\mathrm{d}u = \int_a^b f(t)\mathrm{d}t.$$

(2) 若 $f(x)$ 在$[a,b]$上连续或 $f(x)$ 在$[a,b]$上只有有限个第一类间断点，$f(x)$ 一定可积. 但以上条件都是函数 $f(x)$ 在闭区间$[a,b]$上可积的充分条件，不是必要条件.

(3) 在定积分的定义中，我们假设 $a < b$. 若 $b < a$，则规定$\int_a^b f(x)\mathrm{d}x = -\int_b^a f(x)\mathrm{d}x$. 特别地，若 $a = b$，就有$\int_a^b f(x)\mathrm{d}x = \int_a^a f(x)\mathrm{d}x = 0$.

3. 定积分的几何意义

若 $f(x)$ 在$[a,b]$上可积($a < b$)且 $f(x) \geqslant 0$(见图 5-2(a))，则定积分表示相应曲边梯形的面积 A，即$\int_a^b f(x)\mathrm{d}x = A$.

若 $f(x) \leqslant 0$，则曲边梯形位于 x 轴下方(见图 5-2(b))，积分值为负，即$\int_a^b f(x)\mathrm{d}x = -A$.

若 $f(x)$ 在$[a,b]$上有正有负时(见图 5-2(c))，则积分值等于曲线 $y = f(x)$ 在 x 轴上方部分面积 $A_{上}$ 与下方部分面积 $A_{下}$ 的差，即$\int_a^b f(x)\mathrm{d}x = A_{上} - A_{下}$.

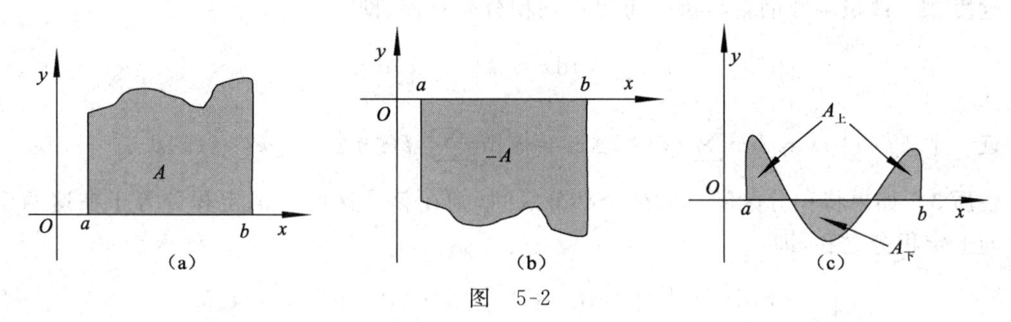

图　5-2

例 1　利用定义计算定积分$\int_0^1 x^2\mathrm{d}x$.

解　由 $f(x) = x^2$ 在$[0,1]$上连续，根据前面的说明，该定积分存在. 由定积分定义，对积分区间的特殊分割方法和分点的特殊取法积分值不变. 为方便计算，可把区间$[0,1]$分成 n 等份，即分点为 $x_i = \dfrac{i}{n}, i = 0,1,2,\cdots,n$，对每个小区间均有 $\Delta x_i = \dfrac{1}{n}$，并取 $\xi_i = \dfrac{i}{n}, i = 1,2,\cdots,n$，作积分和

$$\sum_{i=1}^{n} f(\xi_i)\Delta x_i = \sum_{i=1}^{n} \xi_i^2 \Delta x_i = \sum_{i=1}^{n} \left(\frac{i}{n}\right)^2 \cdot \frac{1}{n} = \frac{1}{n^3}\sum_{i=1}^{n} i^2$$

$$= \frac{1}{n^3} \cdot \frac{1}{6}n(n+1)(2n+1) = \frac{1}{6}\left(1+\frac{1}{n}\right)\left(2+\frac{1}{n}\right).$$

因为 $\lambda = \dfrac{1}{n}$，当 $\lambda \to 0$ 时，$n \to \infty$，所以

$$\int_0^1 x^2\mathrm{d}x = \lim_{\lambda\to 0}\sum_{i=1}^{n} f(\xi_i)\Delta x_i = \lim_{n\to\infty}\frac{1}{6}\left(1+\frac{1}{n}\right)\left(2+\frac{1}{n}\right) = \frac{1}{3}.$$

例 2　利用定积分几何意义，求定积分$\int_{-1}^{1} x\mathrm{d}x$ 的值.

解 设 $f(x)=x$，积分$\int_{-1}^{1}x\mathrm{d}x$表示函数$f(x)$与区间$[-1,1]$对应的曲边梯形面积的代数和. 于是，根据$f(x)=x$在$[-1,1]$上的对称性和定积分的几何意义，得$\int_{-1}^{1}x\mathrm{d}x=0$.

三、定积分的基本性质

下面介绍定积分的一些基本性质，它们是定积分计算及有关理论的基础. 这里假设下列各条性质中所涉及的定积分都存在.

性质 1 函数的和(或差)的定积分等于它们的定积分的和(或差)，即

$$\int_a^b[f(x)\pm g(x)]\mathrm{d}x=\int_a^b f(x)\mathrm{d}x\pm\int_a^b g(x)\mathrm{d}x.$$

证

$$\begin{aligned}\int_a^b[f(x)\pm g(x)]\mathrm{d}x&=\lim_{\lambda\to 0}\sum_{i=1}^{n}[f(\xi_i)\pm g(\xi_i)]\Delta x_i\\&=\lim_{\lambda\to 0}\sum_{i=1}^{n}f(\xi_i)\Delta x_i\pm\lim_{\lambda\to 0}\sum_{i=1}^{n}g(\xi_i)\Delta x_i\\&=\int_a^b f(x)\mathrm{d}x\pm\int_a^b g(x)\mathrm{d}x.\end{aligned}$$

性质 2 被积函数的常数因子可以提到积分号外面，即

$$\int_a^b kf(x)\mathrm{d}x=k\int_a^b f(x)\mathrm{d}x.$$

证 $\int_a^b kf(x)\mathrm{d}x=\lim_{\lambda\to 0}\sum_{i=1}^{n}kf(\xi_i)\Delta x_i=k\lim_{\lambda\to 0}\sum_{i=1}^{n}f(\xi_i)\Delta x_i=k\int_a^b f(x)\mathrm{d}x.$

性质 3 如果将积分区间分成两个部分区间，则在整个区间上的定积分等于在这两个部分区间上定积分之和，即

$$\int_a^b f(x)\mathrm{d}x=\int_a^c f(x)\mathrm{d}x+\int_c^b f(x)\mathrm{d}x\text{，其中 }a<c<b.$$

性质 3 表明**定积分对于积分区间具有可加性**. 它还可以推广到积分区间被分成有限多个部分区间的情形.

注：对任意三个数 a、b、c，等式$\int_a^b f(x)\mathrm{d}x=\int_a^c f(x)\mathrm{d}x+\int_c^b f(x)\mathrm{d}x$成立.

事实上，当 $a<b<c$ 时，由于$\int_a^c f(x)\mathrm{d}x=\int_a^b f(x)\mathrm{d}x+\int_b^c f(x)\mathrm{d}x$，于是有

$$\int_a^b f(x)\mathrm{d}x=\int_a^c f(x)\mathrm{d}x-\int_b^c f(x)\mathrm{d}x=\int_a^c f(x)\mathrm{d}x+\int_c^b f(x)\mathrm{d}x.$$

类似可证明 a、b、c 的其他情形.

性质 4 如果在区间$[a,b]$上 $f(x)\equiv 1$，则

$$\int_a^b 1\mathrm{d}x=\int_a^b \mathrm{d}x=b-a.$$

性质 5 由定积分定义，如果在区间$[a,b]$上 $f(x)\geqslant 0$，则

$$\int_a^b f(x)\mathrm{d}x\geqslant 0.$$

注：由定积分几何意义知，若在$[a,b]$上，$f(x)\geqslant 0$ 且不恒等于零，则$\int_a^b f(x)\mathrm{d}x>0$.

推论 1 如果在区间$[a,b]$上 $f(x)\leqslant g(x)$，则

$$\int_a^b f(x)\mathrm{d}x \leqslant \int_a^b g(x)\mathrm{d}x.$$

证　由于 $g(x)-f(x)\geqslant 0$,所以

$$\int_a^b g(x)\mathrm{d}x - \int_a^b f(x)\mathrm{d}x = \int_a^b [g(x)-f(x)]\mathrm{d}x \geqslant 0,$$

从而

$$\int_a^b f(x)\mathrm{d}x \leqslant \int_a^b g(x)\mathrm{d}x.$$

由推论 1 的证明可知,若在$[a,b]$上,$f(x)\leqslant g(x)$且 $f(x)$与 $g(x)$不恒等,则

$$\int_a^b f(x)\mathrm{d}x < \int_a^b g(x)\mathrm{d}x.$$

推论 2　$\left|\int_a^b f(x)\mathrm{d}x\right| \leqslant \int_a^b |f(x)|\mathrm{d}x$,其中 $a<b$.

证　由于$-|f(x)|\leqslant f(x)\leqslant |f(x)|$,所以$-\int_a^b |f(x)|\mathrm{d}x \leqslant \int_a^b f(x)\mathrm{d}x \leqslant \int_a^b |f(x)|\mathrm{d}x$,

即

$$\left|\int_a^b f(x)\mathrm{d}x\right| \leqslant \int_a^b |f(x)|\mathrm{d}x.$$

例 3　不计算定积分,比较定积分$\int_0^1 x\mathrm{d}x$与$\int_0^1 x^2\mathrm{d}x$ 的大小.

解　由于在区间$[0,1]$上 $x\geqslant x^2$,但在$[0,1]$上 x 与 x^2 不恒等,所以根据推论 1,有

$$\int_0^1 x\mathrm{d}x > \int_0^1 x^2\mathrm{d}x.$$

性质 6(估值定理)　设 M 及 m 分别是函数 $f(x)$在区间$[a,b]$上的最大值和最小值,则

$$m(b-a) \leqslant \int_a^b f(x)\mathrm{d}x \leqslant M(b-a).$$

性质 6 的几何解释:$f(x)\geqslant 0$ 时,相应曲边梯形的面积介于两个矩形的面积之间(见图 5-3).

证　因为 $m\leqslant f(x)\leqslant M$,所以

$$\int_a^b m\mathrm{d}x \leqslant \int_a^b f(x)\mathrm{d}x \leqslant \int_a^b M\mathrm{d}x,$$

从而

$$m(b-a) \leqslant \int_a^b f(x)\mathrm{d}x \leqslant M(b-a).$$

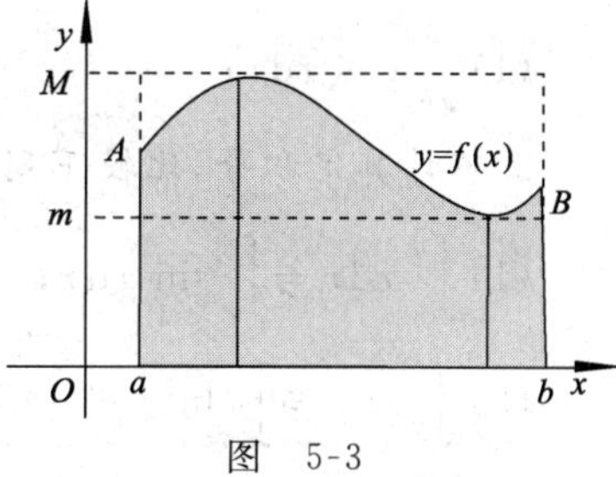

图　5-3

例 4　估计定积分$\int_{-1}^1 \mathrm{e}^{-x^2}\mathrm{d}x$ 的值的范围.

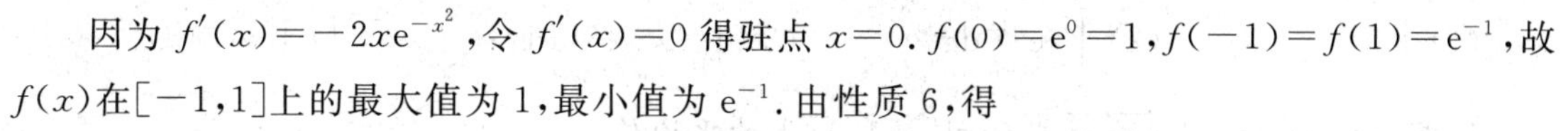

解　令 $f(x)=\mathrm{e}^{-x^2}$,先求 $f(x)$在$[-1,1]$上的最大、最小值.

因为 $f'(x)=-2x\mathrm{e}^{-x^2}$,令 $f'(x)=0$ 得驻点 $x=0$. $f(0)=\mathrm{e}^0=1$,$f(-1)=f(1)=\mathrm{e}^{-1}$,故 $f(x)$在$[-1,1]$上的最大值为 1,最小值为 e^{-1}. 由性质 6,得

$$2\mathrm{e}^{-1} \leqslant \int_{-1}^1 \mathrm{e}^{-x^2}\mathrm{d}x \leqslant 2.$$

性质 7(定积分中值定理)　如果函数 $f(x)$在闭区间$[a,b]$上连续,则在积分区间$[a,b]$上至少存在一点 ξ,使下式成立

$$\int_a^b f(x)\mathrm{d}x = f(\xi)(b-a).$$

这个公式叫做**积分中值公式**.

证 由性质6,有

$$m(b-a)\leqslant\int_a^b f(x)\mathrm{d}x\leqslant M(b-a),$$

各项除以 $b-a$,得

$$m\leqslant\frac{1}{b-a}\int_a^b f(x)\mathrm{d}x\leqslant M,$$

再由连续函数的介值定理,在$[a,b]$上至少存在一点 ξ,使

$$f(\xi)=\frac{1}{b-a}\int_a^b f(x)\mathrm{d}x,$$

上式两端乘以 $b-a$,得中值公式

$$\int_a^b f(x)\mathrm{d}x=f(\xi)(b-a).$$

积分中值公式的几何解释:如图5-4所示,设 $f(x)\geqslant 0$,曲边梯形面积等于与之等底的一个矩形面积,矩形的高是$[a,b]$上某点 ξ 处所对应的函数值 $f(\xi)$.

若函数 $f(x)$ 在闭区间$[a,b]$上连续,称 $\frac{1}{b-a}\int_a^b f(x)\mathrm{d}x$ 为 $f(x)$ 在$[a,b]$上的平均值.

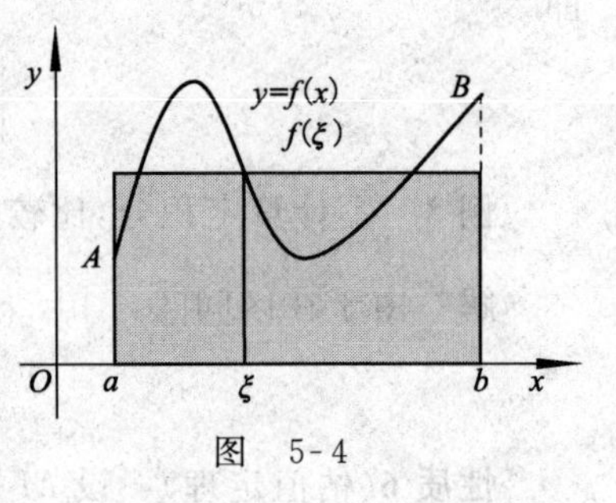

图 5-4

例5 已知某地某日自零时至24时的气温曲线为 $T=f(t)$,其中 t 为时间,求该地该日的平均气温.

解 由平均值公式,该地该日的平均气温为 $\frac{1}{24}\int_0^{24}f(t)\mathrm{d}t$.

习 题 5-1

1. 利用定积分的几何意义,求下列定积分的值:

(1) $\int_0^{2\pi}\cos x\mathrm{d}x$; (2) $\int_{-1}^1\sqrt{1-x^2}\mathrm{d}x$.

2. 不计算定积分,比较下列各组定积分的大小:

(1) $\int_0^{\frac{\pi}{2}}x\mathrm{d}x$ 与 $\int_0^{\frac{\pi}{2}}\sin x\mathrm{d}x$; (2) $\int_1^2 x^2\mathrm{d}x$ 与 $\int_1^2 x^3\mathrm{d}x$;

(3) $\int_0^1 x\mathrm{d}x$ 与 $\int_0^1\ln(1+x)\mathrm{d}x$.

3. 不计算定积分,估计下列积分的值的范围:

(1) $\int_1^2 x^2\mathrm{d}x$; (2) $\int_0^1 \mathrm{e}^{-\frac{x^2}{2}}\mathrm{d}x$; (3) $\int_1^4(x^2+1)\mathrm{d}x$; (4) $\int_2^0\mathrm{e}^{x^2-x}\mathrm{d}x$.

4. 求函数 $f(x)=\sqrt{1-x^2}$ 在区间$[-1,1]$上的平均值.

第二节 微积分基本定理

本节主要讨论定积分的计算问题. 在定积分存在的情况下它是一个特定和式的极限,用定义求定积分的值十分麻烦,为此要寻求更合理的行之有效的途径. 由上一节的引例,可通过

对定积分与原函数关系的讨论来给出计算定积分的简便方法.

在变速直线运动物体的路程求解问题中,设变速直线运动的速度为 $v(t)$,路程为 $S(t)$,则在时间区间 $[T_1,T_2]$ 内运动的路程为 $S(T_2)-S(T_1)$. 另一方面,由上节分析知道,这个路程又等于 $\int_{T_1}^{T_2} v(t)\mathrm{d}t$,从而

$$\int_{T_1}^{T_2} v(t)\mathrm{d}t = S(T_2)-S(T_1),$$

即 $v(t)$ 在 $[T_1,T_2]$ 上的定积分等于 $v(t)$ 的一个原函数 $S(t)$ 在 $[T_1,T_2]$ 上的增量. 以下会看到,这一结论具有普遍性.

一、积分上限函数及其导数

设函数 $f(x)$ 在 $[a,b]$ 上连续,$x\in[a,b]$,则函数 $f(x)$ 在 $[a,x]$ 上连续,故积分 $\int_a^x f(t)\mathrm{d}t$ 存在(这里为了不与上限符号 x 混淆,把被积函数中的自变量及积分变量符号都换成了 t,x 在 $[a,b]$ 上变化,t 在 $[a,x]$ 上变化).

显然,对 $[a,b]$ 上任一点 x,有唯一确定的积分值 $\int_a^x f(t)\mathrm{d}t$ 与之对应,所以 $\int_a^x f(t)\mathrm{d}t$ 是定义在 $[a,b]$ 上的一个以 x 为自变量的函数,称为**积分上限函数**,记为 $\Phi(x)$,即 $\Phi(x)=\int_a^x f(t)\mathrm{d}t$,$x\in[a,b]$($\Phi(x)$ 的几何意义为图 5-5中阴影部分的面积).

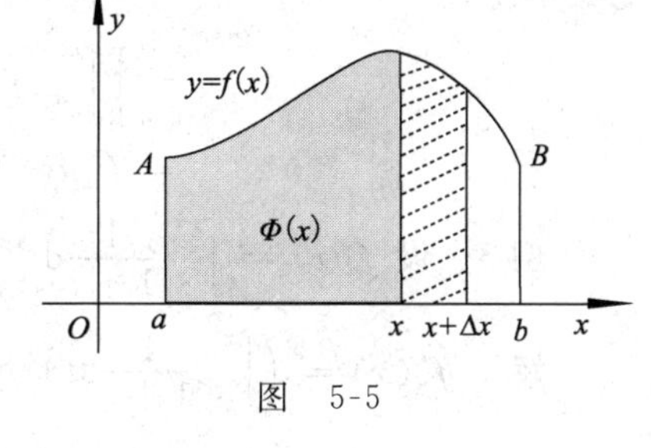

图 5-5

关于积分上限函数有如下重要定理.

定理 1 若函数 $f(x)$ 在 $[a,b]$ 上连续,则积分上限函数 $\Phi(x)=\int_a^x f(t)\mathrm{d}t$ 在 $[a,b]$ 上可导,且 $\Phi'(x)=\frac{\mathrm{d}}{\mathrm{d}x}\int_a^x f(t)\mathrm{d}t=f(x)$,$x\in[a,b]$.

证 设 $x\in[a,b]$,在 x 处有增量 Δx,$x+\Delta x\in[a,b]$(见图 5-5),函数 $\Phi(x)$ 相应增量

$$\begin{aligned}\Delta\Phi(x) &= \Phi(x+\Delta x)-\Phi(x)\\ &= \int_a^{x+\Delta x} f(t)\mathrm{d}t-\int_a^x f(t)\mathrm{d}t=\int_x^{x+\Delta x} f(t)\mathrm{d}t.\end{aligned}$$

由于 $f(x)$ 在 $[a,b]$ 上连续,由积分中值定理可知,在 x 与 $x+\Delta x$ 之间至少存在一点 ξ,使得

$$\Delta\Phi(x)=\int_x^{x+\Delta x} f(t)\mathrm{d}t=f(\xi)(x+\Delta x-x)=f(\xi)\Delta x,$$

于是 $\frac{\Delta\Phi(x)}{\Delta x}=f(\xi)$. 当 $\Delta x\to 0$ 时,$\xi\to x$,又由于 $f(x)$ 是连续函数,所以

$$\lim_{\Delta x\to 0}\frac{\Delta\Phi(x)}{\Delta x}=\lim_{\xi\to x} f(\xi)=f(x),$$

即 $\Phi'(x)=f(x)$.

例 1 求 $\frac{\mathrm{d}}{\mathrm{d}x}\int_0^x \mathrm{e}^{-t}\mathrm{d}t$.

解 由定理 1,$\frac{\mathrm{d}}{\mathrm{d}x}\int_0^x \mathrm{e}^{-t}\mathrm{d}t=\mathrm{e}^{-x}$.

例 2 设 $f(x)=\int_1^{x^2}\frac{\sin t}{t}\mathrm{d}t$,求 $f'(x)$.

解 本例不能直接使用定理 1,可将$\int_1^{x^2}\frac{\sin t}{t}\mathrm{d}t$看成是 x 的复合函数,令 $u=x^2$,则 $f(x)=\int_1^{x^2}\frac{\sin t}{t}\mathrm{d}t=\int_1^{u}\frac{\sin t}{t}\mathrm{d}t$,由复合函数求导法则可得

$$f'(x)=\frac{\mathrm{d}}{\mathrm{d}x}\int_1^{x^2}\frac{\sin t}{t}\mathrm{d}t\xlongequal{x^2=u}\left(\int_1^{u}\frac{\sin t}{t}\mathrm{d}t\right)'_u\cdot u'_x$$

$$=\frac{\sin u}{u}\cdot 2x\xlongequal{u=x^2}\frac{\sin x^2}{x^2}\cdot 2x=\frac{2\sin x^2}{x}.$$

一般地,设 $g(x)=\int_{v(x)}^{u(x)}f(t)\mathrm{d}t$,其中 $u(x)$ 与 $v(x)$ 为可导函数,$f(t)$ 在以 $u(x)$ 与 $v(x)$ 为端点的区间上为连续可积函数,利用性质 3 可推得

$$g'(x)=f[u(x)]\cdot u'(x)-f[v(x)]\cdot v'(x).$$

事实上,对适当的常数 a,有

$$g'(x)=\left[\int_{v(x)}^{u(x)}f(t)\mathrm{d}t\right]'_x=\left[\int_{v(x)}^{a}f(t)\mathrm{d}t+\int_{a}^{u(x)}f(t)\mathrm{d}t\right]'_x$$

$$=\left[\int_{a}^{u(x)}f(t)\mathrm{d}t-\int_{a}^{v(x)}f(t)\mathrm{d}t\right]'_x$$

$$=\left[\int_{a}^{u(x)}f(t)\mathrm{d}t\right]'_u\cdot u'(x)-\left[\int_{a}^{v(x)}f(t)\mathrm{d}t\right]'_v\cdot v'(x)$$

$$=f[u(x)]\cdot u'(x)-f[v(x)]\cdot v'(x).$$

例 3 设 $f(x)=\int_{x^2}^{x^3}\frac{1}{1+t}\mathrm{d}t$,求 $f'(x)$.

解 $f'(x)=\left(\int_{x^2}^{x^3}\frac{1}{1+t}\mathrm{d}t\right)'_x=\frac{1}{1+x^3}\cdot(x^3)'-\frac{1}{1+x^2}\cdot(x^2)'$

$$=\frac{3x^2}{1+x^3}-\frac{2x}{1+x^2}.$$

例 4 求 $\lim\limits_{x\to 0}\frac{\int_0^x t\cos t\mathrm{d}t}{x^2}$.

解 这是$\frac{0}{0}$型未定式,由洛必达法则,有

$$\lim_{x\to 0}\frac{\int_0^x t\cos t\mathrm{d}t}{x^2}=\lim_{x\to 0}\frac{\left(\int_0^x t\cos t\mathrm{d}t\right)'}{(x^2)'}=\lim_{x\to 0}\frac{x\cos x}{2x}=\lim_{x\to 0}\frac{\cos x}{2}=\frac{1}{2}.$$

由定理 1,立即得到第四章第一节中已经指出过的**原函数存在定理**.

定理 2(原函数存在定理) 若函数 $f(x)$在区间$[a,b]$上连续,则积分上限函数 $\Phi(x)=\int_a^x f(x)\mathrm{d}x$ 是 $f(x)$在$[a,b]$上的一个原函数.

定理 2 的意义不仅在于给出任何一个连续函数都存在原函数的事实,还给出了定积分与原函数的联系,为计算定积分奠定了基础. 利用它可以推导出著名的微积分基本定理,该定理给出计算定积分的重要公式——**牛顿**(Newton)–**莱布尼茨**(Leibniz)**公式**.

二、微积分基本定理

定理 3(牛顿–莱布尼茨公式) 设函数 $f(x)$在$[a,b]$上连续,$F(x)$是 $f(x)$在$[a,b]$上的一个原函数,则

$$\int_a^b f(x)\mathrm{d}x = F(b) - F(a).$$

证　已知函数 $F(x)$ 是连续函数 $f(x)$ 的一个原函数，又根据定理 2，积分上限函数 $\Phi(x) = \int_a^x f(t)\mathrm{d}t$ 也是 $f(x)$ 的一个原函数. 于是存在常数 C，使 $F(x) - \Phi(x) = C(a \leqslant x \leqslant b)$.

当 $x = a$ 时，有 $F(a) - \Phi(a) = C$，而 $\Phi(a) = \int_a^a f(x)\mathrm{d}x = 0$，所以 $C = F(a)$；

当 $x = b$ 时，有 $F(b) - \Phi(b) = C = F(a)$，所以 $\Phi(b) = F(b) - F(a)$，即

$$\int_a^b f(x)\mathrm{d}x = F(b) - F(a).$$

将定理 3 中的牛顿–莱布尼茨公式与积分中值定理联系起来，有

$$F(b) - F(a) = f(\xi)(b - a)(a \leqslant \xi \leqslant b),$$

它就变成了微分中值定理. 因此，定理 3 也称为**微积分基本定理**.

在运用牛顿–莱布尼茨公式时，常常写成如下形式

$$\int_a^b f(x)\mathrm{d}x = F(x)\Big|_a^b \text{（或}[F(x)]_a^b\text{）} = F(b) - F(a).$$

牛顿–莱布尼茨公式揭示了定积分与不定积分之间的关系，即定积分的值等于被积函数的任一原函数在积分区间上的增量，同时也为定积分计算提供了一个简便的方法.

例如，对本章第一节中的例 1 运用牛顿–莱布尼茨公式，有 $\int_0^1 x^2\mathrm{d}x = \frac{1}{3}x^3\Big|_0^1 = \frac{1}{3}$.

例 5　求 $\int_0^{\pi} \cos x\mathrm{d}x$.

解　$\int_0^{\pi} \cos x\mathrm{d}x = \sin x\Big|_0^{\pi} = \sin \pi - \sin 0 = 0$.

例 6　求 $\int_1^2 \frac{1}{x}\mathrm{d}x$.

解　$\int_1^2 \frac{1}{x}\mathrm{d}x = \ln x\Big|_1^2 = \ln 2 - \ln 1 = \ln 2$.

例 7　求 $\int_0^2 (x^2 - 1)\mathrm{d}x$.

解　由定积分性质 1，$\int_0^2 (x^2 - 1)\mathrm{d}x = \int_0^2 x^2\mathrm{d}x - \int_0^2 1\mathrm{d}x = \frac{1}{3}x^3\Big|_0^2 - x\Big|_0^2 = \frac{2}{3}$.

例 8　求 $\int_0^2 \frac{x}{\sqrt{1 + x^2}}\mathrm{d}x$.

解　$\int_0^2 \frac{x}{\sqrt{1 + x^2}}\mathrm{d}x = \frac{1}{2}\int_0^2 (1 + x^2)^{-\frac{1}{2}}\mathrm{d}(1 + x^2) = \frac{1}{2} \cdot 2\sqrt{1 + x^2}\Big|_0^2 = \sqrt{5} - 1$.

例 9　已知某产品总产量的变化率是时间 t（年）的函数 $p(t) = 2t + 5$（单位 / 年），$t \geqslant 0$，求前 5 年的总产量 Q.

解　$Q = \int_0^5 p(t)\mathrm{d}t = \int_0^5 (2t + 5)\mathrm{d}t = (t^2 + 5t)\Big|_0^5 = 50$（单位）.

例 10　求 $\int_{-1}^3 |2 - x|\mathrm{d}x$.

解 $f(x)=|2-x|=\begin{cases}2-x & 当 -1\leqslant x\leqslant 2\\ x-2 & 当 2\leqslant x\leqslant 3\end{cases}$ 在$[-1,3]$上连续. 被积函数中有绝对值符号，为求原函数，将积分区间$[-1,3]$分成两个区间$[-1,2]$和$[2,3]$，由定积分性质3得

$$\begin{aligned}\int_{-1}^{3}|2-x|\,\mathrm{d}x &= \int_{-1}^{2}(2-x)\,\mathrm{d}x+\int_{2}^{3}(x-2)\,\mathrm{d}x\\ &=\left(2x-\frac{x^2}{2}\right)\Big|_{-1}^{2}+\left(\frac{x^2}{2}-2x\right)\Big|_{2}^{3}\\ &=\frac{9}{2}+\frac{1}{2}=5.\end{aligned}$$

说明：(1) 使用牛顿–莱布尼茨公式时，$f(x)$必须在积分区间上满足定理3的条件. 否则，可能会导致错误的结果. 例如$\int_{-1}^{1}\frac{1}{x^2}\mathrm{d}x$，如果应用牛顿–莱布尼茨公式计算，则有$\int_{-1}^{1}\frac{1}{x^2}\mathrm{d}x=\left(-\frac{1}{x}\right)\Big|_{-1}^{1}=-1-1=-2$，显然结论是错误的，因为在$[-1,1]$上被积函数$f(x)=\frac{1}{x^2}$在$x=0$点不连续，$x=0$点是它的无穷间断点.

(2) 如果$f(x)$在$[a,b]$上不连续，但它只有有限个第一类间断点时，牛顿–莱布尼茨公式仍然适用(这一点由定积分的几何意义容易理解)，请看下例.

例 11 求$\int_{0}^{2}f(x)\,\mathrm{d}x$，其中$f(x)=\begin{cases}x+1 & 当 x\leqslant 1\\ \frac{1}{2}x^2 & 当 x>1\end{cases}$.

解 此$f(x)$在积分区间$[0,2]$上不连续，但$f(x)$的间断点$x=1$(即$f(x)$的分段点)是$f(x)$的第一类(跳跃)间断点(见图5-6). 因此，牛顿–莱布尼茨公式仍然适用，由$f(x)$的自变量的分段范围可得

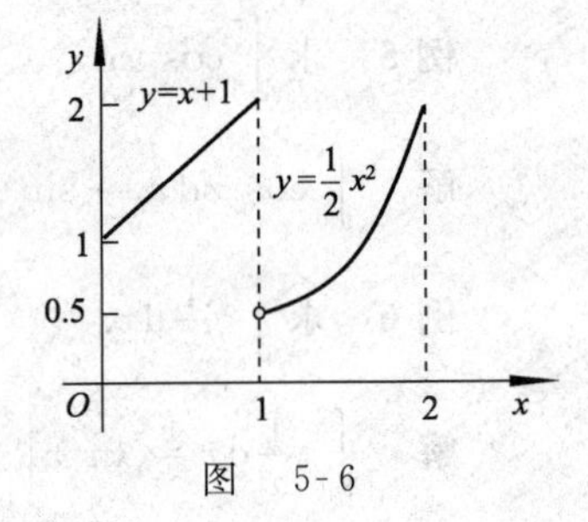

图 5-6

$$\begin{aligned}\int_{0}^{2}f(x)\,\mathrm{d}x &= \int_{0}^{1}(x+1)\,\mathrm{d}x+\int_{1}^{2}\frac{1}{2}x^2\,\mathrm{d}x\\ &=\left(\frac{1}{2}x^2+x\right)\Big|_{0}^{1}+\left(\frac{x^3}{6}\right)\Big|_{1}^{2}=\frac{8}{3}.\end{aligned}$$

习 题 5-2

1. 求下列函数的导数：

(1) $F(x)=\int_{0}^{x}\mathrm{e}^{t^2}\,\mathrm{d}t$； (2) $F(x)=\int_{\cos x}^{\sin x}\sin t^2\,\mathrm{d}t$；

(3) 求由参数方程$\begin{cases}x=\int_{0}^{t}\cos u\mathrm{d}u\\ y=\int_{0}^{t}\sin u\mathrm{d}u\end{cases}$所确定的函数$y=y(x)$对$x$的导数.

2. 求下列极限：

(1) $\lim\limits_{x\to 0}\dfrac{\int_{0}^{x}\arctan t\mathrm{d}t}{x^2}$； (2) $\lim\limits_{x\to 0}\dfrac{\int_{0}^{x}t\mathrm{e}^{2t^2}\,\mathrm{d}t}{\left(\int_{0}^{x}\mathrm{e}^{t^2}\,\mathrm{d}t\right)^2}$.

3. 计算下列积分：

(1) $\int_1^2 \frac{1}{x}dx$；　　(2) $\int_{-1}^1 (x^3-3x^2)dx$；

(3) $\int_0^5 \frac{x^3}{1+x^2}dx$；　　(4) $\int_0^3 e^{\frac{x}{3}}dx$；

(5) $\int_1^2 \frac{e^{\frac{1}{x}}}{x^2}dx$；　　(6) $\int_e^{e^2} \frac{\ln^2 x}{x}dx$；

(7) $\int_0^{\pi} \sqrt{\sin x-\sin^3 x}\,dx$；　　(8) $\int_0^2 |x-1|dx$；

(9) $\int_0^{2\pi} |\sin x|dx$；

(10) $\int_{-1}^1 f(x)dx$，其中 $f(x)=\begin{cases} x+1 & 当 -1\leqslant x\leqslant 0, \\ 1-x^2 & 当 0<x\leqslant 1. \end{cases}$

第三节　定积分的换元积分法与分部积分法

由牛顿–莱布尼茨公式可知，定积分计算归结为求被积函数的原函数，而有些定积分的计算，被积函数的原函数不易或不能直接求出，常需要使用第四章不定积分的换元法和分部积分法这两种常用辅助手段间接求出函数的原函数. 我们把不定积分的换元法和分部积分法在某些限定条件下用于定积分，就得到本节中的两种方法.

一、定积分的换元积分法

1. 定积分的第二类换元积分法

定理　设函数 $f(x)$ 在 $[a,b]$ 上连续，作变量代换 $x=\varphi(t)$，$\varphi(t)$ 满足条件：

(1) $\varphi(\alpha)=a$，$\varphi(\beta)=b$；

(2) $x=\varphi(t)$ 在 $[\alpha,\beta]$ 或 $[\beta,\alpha]$ 上具有连续的导数，且当 t 在 $[\alpha,\beta]$ 或 $[\beta,\alpha]$ 上变化时，$x=\varphi(t)$ 的值在 $[a,b]$ 上变化，则

$$\int_a^b f(x)dx=\int_\alpha^\beta f[\varphi(t)]\varphi'(t)dt. \qquad ①$$

证　由假设，① 式两端被积函数都是连续的，所以原函数都存在.

设 $F(x)$ 是 $f(x)$ 在 $[a,b]$ 上的一个原函数，则 $\int_a^b f(x)dx=F(b)-F(a)$.

另一方面，$F[\varphi(t)]$ 可以看作是 $F(x)$ 与 $x=\varphi(t)$ 复合而成的函数. 由复合函数求导法则，得

$$\{F[\varphi(t)]\}'_t=F'[\varphi(t)]\cdot\varphi'(t)=[f(x)\cdot\varphi'(t)]_{x=\varphi(t)}=f[\varphi(t)]\cdot\varphi'(t),$$

此式表明 $F[\varphi(t)]$ 是 $f[\varphi(t)]\cdot\varphi'(t)$ 的一个原函数，于是有

$$\int_\alpha^\beta f[\varphi(t)]\varphi'(t)dt=F[\varphi(t)]\Big|_\alpha^\beta=F[\varphi(\beta)]-F[\varphi(\alpha)]=F(b)-F(a),$$

因此 ① 式成立.

注：在 ① 式右端积分的上下限中未必是下限小于上限.

例 1　计算 $\int_0^a \sqrt{a^2-x^2}\,dx\quad(a>0)$.

解　设 $x=a\sin t, t\in\left[0,\frac{\pi}{2}\right]$, $dx=a\cos t dt$. 当 $x=0$ 时, $t=0$; 当 $x=a$ 时, $t=\frac{\pi}{2}$,

于是 $\int_0^a\sqrt{a^2-x^2}dx=\int_0^{\frac{\pi}{2}}a^2\cos^2 t dt=a^2\int_0^{\frac{\pi}{2}}\frac{1+\cos 2t}{2}dt=\frac{a^2}{2}\left(t+\frac{\sin 2t}{2}\right)\Big|_0^{\frac{\pi}{2}}=\frac{\pi a^2}{4}$.

注:由定积分的几何意义, $\int_0^a\sqrt{a^2-x^2}dx$ 的如上结果是显然的.

例 2　求 $\int_0^3\frac{x+2}{\sqrt{x+1}}dx$.

解　设 $\sqrt{x+1}=t$, 即 $x=t^2-1$, $dx=2tdt$, 当 $x=0$ 时, $t=1$; 当 $x=3$ 时, $t=2$. 于是

$$\int_0^3\frac{x+2}{\sqrt{x+1}}dx=\int_1^2\frac{t^2-1+2}{t}\cdot 2tdt=\int_1^2 2(t^2+1)dt=\left(2t+\frac{2}{3}t^3\right)\Big|_1^2=\frac{20}{3}.$$

如果将公式 ① 反过来使用,可得定积分的另一个换元法.

2. 定积分的第一类换元积分法

$$\int_a^b f[\varphi(x)]\varphi'(x)dx=\int_\alpha^\beta f(t)dt, \qquad ②$$

其中 $t=\varphi(x)$ 且 $\varphi(a)=\alpha$, $\varphi(b)=\beta$.

例 3　求 $\int_0^{\frac{\pi}{2}}\cos^5 x\sin x dx$.

解　解法一:由定积分的第一类换元法,令 $t=\cos x$, 则 $dt=-\sin x dx$. 当 $x=0$ 时, $t=1$; 当 $x=\frac{\pi}{2}$ 时, $t=0$. 于是

$$\int_0^{\frac{\pi}{2}}\cos^5 x\sin x dx=-\int_1^0 t^5 dt=-\frac{1}{6}t^6\Big|_1^0=\frac{1}{6}.$$

解法二: $\int_0^{\frac{\pi}{2}}\cos^5 x\sin x dx=-\int_0^{\frac{\pi}{2}}\cos^5 x d\cos x=-\frac{1}{6}\cos^6 x\Big|_0^{\frac{\pi}{2}}=\frac{1}{6}$.

需要注意,用定积分的换元法时,不论用哪类换元法,若换元必须换积分限,且上限对上限、下限对下限,不换元则不换限.

例 4　设 $f(x)$ 在 $[-a,a]$ $(a>0)$ 上连续,证明:

(1) 当 $f(x)$ 为奇函数时, $\int_{-a}^a f(x)dx=0$;

(2) 当 $f(x)$ 为偶函数时, $\int_{-a}^a f(x)dx=2\int_0^a f(x)dx$.

证　因为

$$\int_{-a}^a f(x)dx=\int_{-a}^0 f(x)dx+\int_0^a f(x)dx,$$

在 $\int_{-a}^0 f(x)dx$ 中,令 $x=-t$, 有

$$\int_{-a}^0 f(x)dx=\int_a^0 -f(-t)dt=\int_0^a f(-t)dt=\int_0^a f(-x)dx,$$

其中最后一个积分只是改换了积分变量记号,于是

$$\int_{-a}^a f(x)dx=\int_0^a f(-x)dx+\int_0^a f(x)dx.$$

(1)当 $f(x)$ 为奇函数时,有 $f(-x)=-f(x)$, 从而,由上式得

$$\int_{-a}^{a} f(x)\mathrm{d}x = \int_{0}^{a} -f(x)\mathrm{d}x + \int_{0}^{a} f(x)\mathrm{d}x = -\int_{0}^{a} f(x)\mathrm{d}x + \int_{0}^{a} f(x)\mathrm{d}x = 0;$$

(2)当 $f(x)$ 为偶函数时，有 $f(-x)=f(x)$，从而

$$\int_{-a}^{a} f(x)\mathrm{d}x = \int_{0}^{a} f(x)\mathrm{d}x + \int_{0}^{a} f(x)\mathrm{d}x = 2\int_{0}^{a} f(x)\mathrm{d}x.$$

利用例 4 的结果，求奇（或偶）函数在关于原点对称的区间上的积分可以得到简化，有时甚至不经过计算即可得出结果. 如

$$\int_{-\pi}^{\pi} (x^4 \sin x + 2)\mathrm{d}x = \int_{-\pi}^{\pi} x^4 \sin x\mathrm{d}x + 4\int_{0}^{\pi} \mathrm{d}x = 4\pi.$$

例 5　求证：$\int_{0}^{\frac{\pi}{2}} \sin^n x\mathrm{d}x = \int_{0}^{\frac{\pi}{2}} \cos^n x\mathrm{d}x$，其中 n 为正整数.

证　要证两个定积分的值相等，一般不采用直接计算的方法，而是通过观察等号两边积分限和被积函数的特点，用换元法证明.

设 $x=\frac{\pi}{2}-t$，$\mathrm{d}x=-\mathrm{d}t$. 当 $x=0$ 时，$t=\frac{\pi}{2}$；当 $x=\frac{\pi}{2}$ 时，$t=0$，于是

$$\int_{0}^{\frac{\pi}{2}} \sin^n x\mathrm{d}x = \int_{\frac{\pi}{2}}^{0} \sin^n\left(\frac{\pi}{2}-t\right)(-\mathrm{d}t) = \int_{0}^{\frac{\pi}{2}} \cos^n t\mathrm{d}t = \int_{0}^{\frac{\pi}{2}} \cos^n x\mathrm{d}x.$$

为了更好掌握定积分的两种换元方法，这里有必要与不定积分的两种换元方法做一下比较，弄清它们的关系.

(1)换元时机相同，也就是说若计算不定积分用第一、二类换元法，相应的定积分对应也用第一、二类换元法，从这个角度讲，两者解题思路相同；

(2)换元目的不同，不定积分换元是便于求出原函数，定积分换元是为了简化求值过程；

(3)换元后的处理方式不同，不定积分换元后，由于求的是原函数，有回代变量过程；定积分换元后，由于是求值，不需要回代变量.

二、定积分的分部积分法

设函数 $u=u(x)$、$v=v(x)$ 在区间 $[a,b]$ 上具有连续导数，由求导法则 $(uv)'=u'v+uv'$，得 $uv'=(uv)'-u'v$，在区间 $[a,b]$ 上求两端函数的定积分，再由定积分运算性质得

$$\int_{a}^{b} u\mathrm{d}v = (uv)\Big|_{a}^{b} - \int_{a}^{b} v\mathrm{d}u.$$

此式称为定积分的**分部积分公式**.

由以上推导可见，定积分的分部积分法，就是将不定积分的分部积分法与牛顿–莱布尼茨公式结合使用. 也就是说，在使用定积分的分部积分法时，经分部积分后，对积分出来的部分直接求其在积分区间上的增量，而不必等到最后再求.

例 6　求 $\int_{0}^{1} x\mathrm{e}^x\mathrm{d}x$.

解　$\int_{0}^{1} x\mathrm{e}^x\mathrm{d}x = \int_{0}^{1} x\,\mathrm{d}\mathrm{e}^x = (x\mathrm{e}^x)\Big|_{0}^{1} - \int_{0}^{1} \mathrm{e}^x\mathrm{d}x = \mathrm{e} - \mathrm{e}^x\Big|_{0}^{1} = \mathrm{e}-(\mathrm{e}-1) = 1.$

例 7　求 $\int_{0}^{1} \mathrm{e}^{\sqrt{x}}\mathrm{d}x$.

解　令 $\sqrt{x}=t$，则 $\int_{0}^{1} \mathrm{e}^{\sqrt{x}}\mathrm{d}x = 2\int_{0}^{1} t\mathrm{e}^t\mathrm{d}t = 2\int_{0}^{1} t\,\mathrm{d}\mathrm{e}^t = 2\,(t\mathrm{e}^t)\Big|_{0}^{1} - 2\int_{0}^{1} \mathrm{e}^t\mathrm{d}t = 2\mathrm{e} - 2\,\mathrm{e}^t\Big|_{0}^{1} = 2.$

例 8　求 $\int_{\mathrm{e}^{-1}}^{\mathrm{e}} |\ln x|\mathrm{d}x$.

解 $\int_{e^{-1}}^{e}|\ln x|dx=\int_{e^{-1}}^{1}(-\ln x)dx+\int_{1}^{e}\ln x dx$

$$=-(x\ln x)\Big|_{e^{-1}}^{1}+\int_{e^{-1}}^{1}x\cdot\frac{1}{x}dx+x\ln x\Big|_{1}^{e}-\int_{1}^{e}x\cdot\frac{1}{x}dx$$

$$=e^{-1}\ln e^{-1}+(1-e^{-1})+e\ln e-(e-1)=2-2e^{-1}.$$

例 9 设 $f(x)=\int_{1}^{x^2}\frac{\sin t}{t}dt$,求$\int_0^1 xf(x)dx$.

解 $\int_0^1 xf(x)dx=\frac{1}{2}\int_0^1 f(x)d(x^2)=\frac{1}{2}\left[x^2f(x)\Big|_0^1-\int_0^1 x^2f'(x)dx\right]$

$$=\frac{1}{2}f(1)-\frac{1}{2}\int_0^1 x^2\cdot\frac{\sin x^2}{x^2}\cdot 2xdx$$

$$=\frac{1}{2}\int_1^1\frac{\sin t}{t}dt-\frac{1}{2}\int_0^1\sin x^2dx^2$$

$$=0+\frac{1}{2}\cos x^2\Big|_0^1=\frac{1}{2}(\cos 1-1).$$

例 10 记 $I_n=\int_0^{\frac{\pi}{2}}\sin^n x dx\left(=\int_0^{\frac{\pi}{2}}\cos^n x dx\right.$,见例 5),证明:

(1)当 n 为正偶数时,$I_n=\frac{n-1}{n}I_{n-2}=\frac{n-1}{n}\cdot\frac{n-3}{n-2}\cdot\cdots\cdot\frac{3}{4}\cdot\frac{1}{2}\cdot\frac{\pi}{2}=\frac{(n-1)!!}{n!!}\cdot\frac{\pi}{2}$;

(2)当 n 为大于 1 的奇数时,$I_n=\frac{n-1}{n}I_{n-2}=\frac{n-1}{n}\cdot\frac{n-3}{n-2}\cdot\cdots\cdot\frac{4}{5}\cdot\frac{2}{3}=\frac{(n-1)!!}{n!!}$.

证 由第四章第三节例 9,已有

$$\int\sin^n x dx=-\frac{1}{n}\sin^{n-1}x\cos x+\frac{n-1}{n}\int\sin^{n-2}x dx,$$

于是 $$I_n=-\frac{1}{n}\left[\sin^{n-1}x\cos x\right]_0^{\frac{\pi}{2}}+\frac{n-1}{n}\int_0^{\frac{\pi}{2}}\sin^{n-2}x dx=\frac{n-1}{n}I_{n-2}.$$

由此得,n 为正偶数时, $$I_n=\frac{n-1}{n}\cdot\frac{n-3}{n-2}\cdot\cdots\cdot\frac{3}{4}\cdot\frac{1}{2}I_0;$$

n 为大于 1 的奇数时, $$I_n=\frac{n-1}{n}\cdot\frac{n-3}{n-2}\cdot\cdots\cdot\frac{4}{5}\cdot\frac{2}{3}I_1,$$

而 $I_0=\int_0^{\frac{\pi}{2}}dx=\frac{\pi}{2}$,$I_1=\int_0^{\frac{\pi}{2}}\sin x dx=1$,因此本题的结论成立.

例 10 得到的积分公式称为**华莱士(Wallis)公式**.

习 题 5-3

1. 计算下列积分:

(1) $\int_0^1 x(1+x^2)^2dx$;

(2) $\int_0^2\frac{x^2}{1+x^3}dx$;

(3) $\int_1^{e^2}\frac{dx}{x\sqrt{1+\ln x}}$;

(4) $\int_0^{\frac{\pi}{2}}\sin^3 x dx$;

(5) $\int_1^4\frac{dx}{1+\sqrt{x}}$;

(6) $\int_{-\pi}^{\pi}x^2\sin x dx$;

(7) $\int_{-\frac{\pi}{2}}^{\frac{\pi}{2}}\sqrt{\cos x-\cos^3 x}dx$;

(8) $\int_0^{\pi}\sqrt{1+\cos 2x}dx$;

(9) $\int_0^{\ln 2}\sqrt{e^x-1}\,dx$；　　(10) $\int_0^{\frac{\pi}{2}}\cos^6 x\sin 2x\,dx$；

(11) $\int_1^2\frac{\sqrt{x^2-1}}{x}dx$；　　(12) $\int_0^1(1+x^2)^{-\frac{3}{2}}dx$；

(13) $\int_1^2 xe^x\,dx$；　　(14) $\int_1^{e^2}\sqrt{x}\ln x\,dx$；

(15) $\int_0^{\frac{\sqrt{3}}{2}}\arccos x\,dx$；　　(16) $\int_1^e\sin(\ln x)\,dx$；

(17) $\int_0^{\frac{\pi}{2}}e^x\sin x\,dx$；　　(18) $\int_0^{\frac{\pi}{4}}\frac{x}{\cos^2 x}dx$；

(19) $\int_1^e(\ln x)^2\,dx$；　　(20) $\int_1^4\frac{e^{\sqrt{x}}}{\sqrt{x}}dx$.

2. 设 $f(x)$在$[0,1]$上连续，证明：$\int_0^{\frac{\pi}{2}}f(\sin x)\,dx=\int_0^{\frac{\pi}{2}}f(\cos x)\,dx$.

3. 设 $f(x)$是以 T 为周期的可积函数，证明：对任意 a，有$\int_a^{a+T}f(x)\,dx=\int_0^T f(x)\,dx$.

4. 设 $f(x)=\int_1^x e^{-t^2}dt$，求$\int_0^1 f(x)\,dx$.

第四节　定积分的应用

前面介绍了定积分的概念及定积分的换元积分法和分部积分法，这一节主要以几何、物理方面的问题为例介绍定积分的一些应用. 应用定积分解决实际问题的基本思想方法是**微元法**，即通过微元分析将所求量归结为一个定积分，其中的关键是确定被积函数（或被积式）和积分区间. 为此，我们首先介绍微元法.

一、微元分析法

为便于理解，先通过第一节讨论过的曲边梯形的面积 A 的求法说明什么是微元法.

在第一节引例中，经过四个步骤（依次为分割、取近似、作和、求极限），将 A 归结为 $A=\lim\limits_{\lambda\to 0}\sum\limits_{i=1}^{n}f(\xi_i)\Delta x_i=\int_a^b f(x)\,dx$.

在实施这四个步骤中有一个前提和一个关键，这个前提是：所求量 A，即曲边梯形的面积只与一个区间$[a,b]$和定义在该区间上的函数 $f(x)$有关，且 A 对于区间$[a,b]$具有“可加性”，即把$[a,b]$分成 n 个小区间$[x_{i-1},x_i]$$(i=1,2,\cdots,n)$后，若记第 i 个小区间对应的窄曲边梯形的面积为 ΔA_i，则 $A=\sum\limits_{i=1}^{n}\Delta A_i$.

这个关键是：确定与第 i 个小区间$[x_{i-1},x_i]$对应的窄曲边梯形的面积 ΔA_i，即与$[x_{i-1},x_i]$相应的 A 的部分量 ΔA_i 的近似值 $f(\xi_i)\Delta x_i$. 比较$\int_a^b f(x)\,dx$ 被积表达式 $f(x)\,dx$ 与 $f(\xi_i)\Delta x_i$ 发现，其结构非常相似. 由此可见，在得到 $\Delta A_i\approx f(\xi_i)\Delta x_i$ 之后，只要将式中的 ξ_i 换成 x，将 Δx_i 换成 dx，就可得到 $f(x)\,dx$，从而得到 $A=\int_a^b f(x)\,dx$.

此外，由于积分上限函数 $A(x)=\int_a^x f(t)\mathrm{d}t$ 表示以 $[a,x]$ 为底的曲边梯形的面积，其微分 $\mathrm{d}A(x)=f(x)\mathrm{d}x$ 正是 $A=\int_a^b f(x)\mathrm{d}x$ 的被积表达式，因此通常把 $\mathrm{d}A=f(x)\mathrm{d}x$ 称为曲边梯形的**面积微元**（**或面积元素**）.

一般地，确定面积微元 $\mathrm{d}A=f(x)\mathrm{d}x$ 也可由如下方法得到：在 $[a,b]$ 上任取一小区间 $[x,x+\mathrm{d}x]$（见图 5-7），以 $[x,x+\mathrm{d}x]$ 代替第 i 个小区间 $[x_{i-1},x_i]$，以 $\mathrm{d}x$ 代替 Δx_i，取 ξ_i 为 $[x,x+\mathrm{d}x]$ 的左端点 x，则与 $[x,x+\mathrm{d}x]$ 相应的量 A 的部分量的近似值为 $\mathrm{d}A=f(x)\mathrm{d}x$.

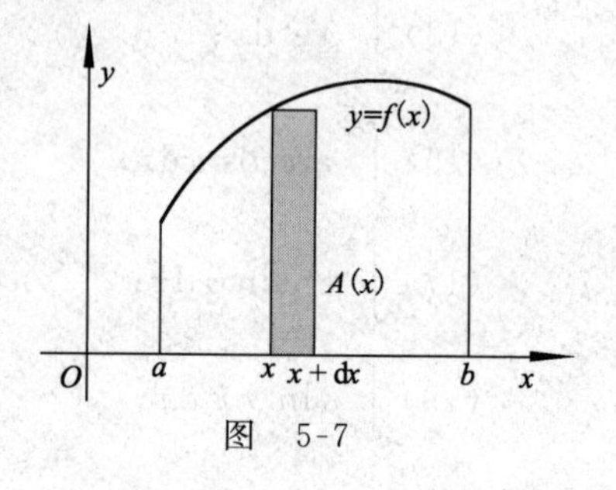

图　5-7

以上我们概括了确定曲边梯形面积的积分表达式 $A=\int_a^b f(x)\mathrm{d}x$ 的前提和关键，这种解决问题的方法称为**微元分析法**.

一般地，如果某一实际问题中的所求量 Q 满足如下条件：

(a) Q 与变量 x 的变化区间 $[a,b]$ 以及定义在该区间上的某一函数 $f(x)$ 有关；(b) Q 在 $[a,b]$ 上具有“可加性”，即把区间 $[a,b]$ 分成 n 个小区间 $[x_{i-1},x_i]$ $(i=1,2,\cdots,n)$ 后，则 Q 相应地分成各部分量 ΔQ_i $(i=1,2,\cdots,n)$ 之和；(c) 部分量 ΔQ_i $(i=1,2,\cdots,n)$ 的近似值可以表示为 $f(\xi_i)\Delta x_i$ 的形式，则可考虑用定积分的微元法来计算量 Q. 通常，写出这个量 Q 的积分表达式的步骤是：

(1) 根据问题的具体情况，选取一个变量，不妨记为 x，作为积分变量，并确定它的变化区间，比如区间 $[a,b]$；

(2) 设想把区间 $[a,b]$ 分成 n 个小区间，取其中的任意一个小区间 $[x,x+\mathrm{d}x]$，求出与该小区间相应的部分量 ΔQ 的近似值，如果 ΔQ 能近似地表示为 $f(x)\mathrm{d}x$，其中 $f(x)$ 是 $[a,b]$ 上的一个连续函数，就把 $f(x)\mathrm{d}x$ 作为 Q 的微元且记作 $\mathrm{d}Q$，即 $\mathrm{d}Q=f(x)\mathrm{d}x$；

(3) 以 Q 的微元 $\mathrm{d}Q=f(x)\mathrm{d}x$ 为被积表达式，在区间 $[a,b]$ 上作定积分，就得

$$Q=\int_a^b \mathrm{d}Q=\int_a^b f(x)\mathrm{d}x.$$

在使用微元法将所求量 Q 表示成某个定积分时，关键是确定 Q 的微元 $\mathrm{d}Q=f(x)\mathrm{d}x$.

二、几何应用

定积分在几何上的应用，主要包括计算平面图形的面积、立体图形的体积、平面曲线的弧长、旋转曲面的面积等.

1. 平面图形的面积

(1) 直角坐标的情形

对于由曲线 $y=f(x)$ 和直线 $x=a$、$x=b$ $(a<b)$ 及 x 轴所围成的平面图形（见图 5-8），由于 $f(x)$ 在 $[a,b]$ 上的值有正有负，面积微元为 $\mathrm{d}A=|f(x)|\mathrm{d}x$，所求面积为

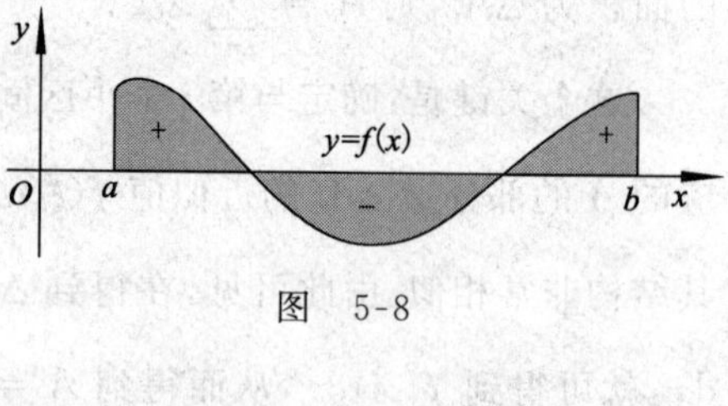

$$A=\int_a^b |f(x)|\mathrm{d}x.$$

图　5-8

对于由曲线 $y=f(x)$、$y=g(x)$ 和直线 $x=a$、$x=b(a<b)$ 所围成平面图形(见图 5-9(a)),面积微元为 $\mathrm{d}A=|g(x)-f(x)|\mathrm{d}x$,所求面积为

$$A=\int_a^b|g(x)-f(x)|\,\mathrm{d}x.$$

类似地,对于由曲线 $x=\varphi(y)$、$x=\psi(y)$ 和直线 $y=c$、$y=d(c<d)$ 所围成平面图形(见图 5-9(b)),面积微元为 $\mathrm{d}A=|\psi(y)-\varphi(y)|\mathrm{d}y$,所求面积为

$$A=\int_c^d|\psi(y)-\varphi(y)|\,\mathrm{d}y.$$

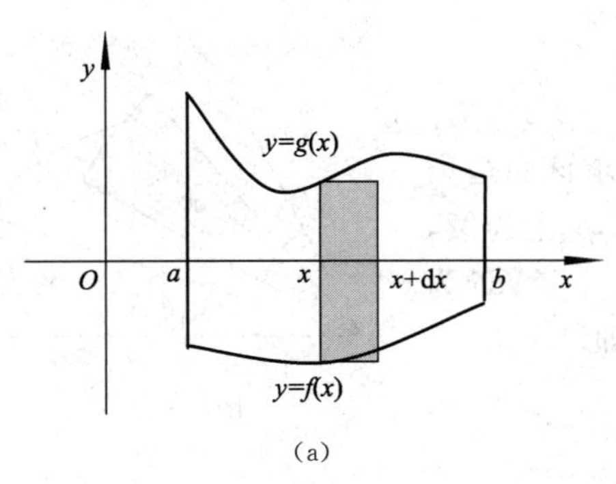

(a)　　　　(b)

图　5-9

例 1　计算由两条抛物线 $y^2=x$、$y=x^2$ 所围成图形的面积.

解　为确定积分区间,先求抛物线 $y^2=x$、$y=x^2$ 的交点,解 $\begin{cases}y^2=x,\\ y=x^2\end{cases}$ 得到两条曲线相交的交点(0,0)、(1,1)(见图 5-10),以 x 为积分变量,得所求面积为

$$A=\int_0^1(\sqrt{x}-x^2)\mathrm{d}x=\left(\frac{2}{3}x^{\frac{3}{2}}-\frac{1}{3}x^3\right)\Big|_0^1=\frac{1}{3}.$$

例 2　抛物线 $y^2=2x$ 把图形 $x^2+y^2=8$ 的内部分成两部分 s_1 和 s_2(见图 5-11),求阴影部分 s_2 的面积.

解　由联立方程组 $\begin{cases}y^2=2x\\ x^2+y^2=8\end{cases}$,得到两条曲线相交的交点为(2,2)、(2,−2),以 y 为积分变量,得所求面积为

$$s_2=2\int_0^2\left(\sqrt{8-y^2}-\frac{y^2}{2}\right)\mathrm{d}y=2\left(\int_0^2\sqrt{8-y^2}\,\mathrm{d}y-\int_0^2\frac{y^2}{2}\mathrm{d}y\right)=2\pi+\frac{4}{3}.$$

例 3　证明:椭圆 $\dfrac{x^2}{a^2}+\dfrac{y^2}{b^2}=1$ 所围的面积为 πab.

证　根据椭圆的对称性,只需讨论第Ⅰ象限内(见图 5-12)的面积即可得解.椭圆的参数方程为 $\begin{cases}x=a\cos t\\ y=b\sin t\end{cases}$,应用定积分换元法,令 $x=a\cos t$,则 $y=b\sin t$,$\mathrm{d}x=-a\sin t\mathrm{d}t$.当 x 由 0 变到 a 时,t 由 $\frac{\pi}{2}$ 变到 0,所求面积为

$$A=4\int_0^a y\mathrm{d}x=4\int_{\frac{\pi}{2}}^0 b\sin t(-a\sin t)\mathrm{d}t=-4ab\int_{\frac{\pi}{2}}^0\sin^2t\mathrm{d}t$$

$$=4ab\int_0^{\frac{\pi}{2}}\sin^2t\mathrm{d}t=4ab\cdot\frac{1}{2}\cdot\frac{\pi}{2}=\pi ab.$$

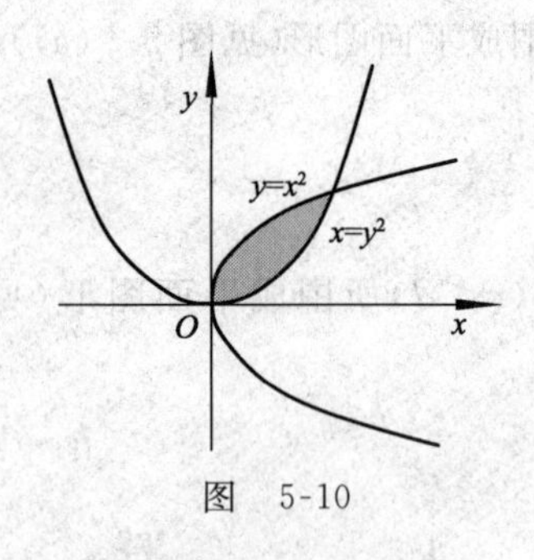

图 5-10

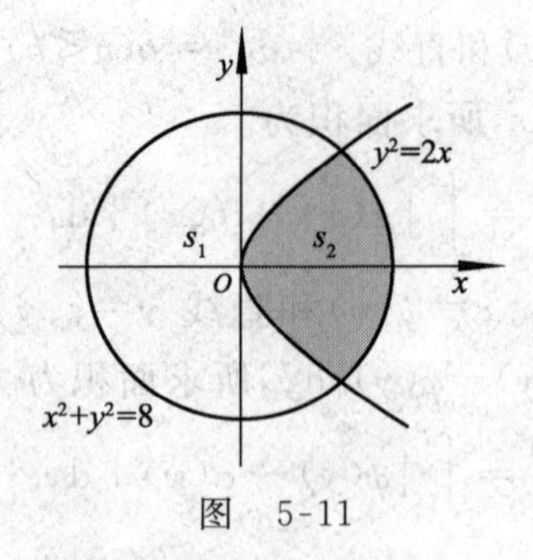

图 5-11

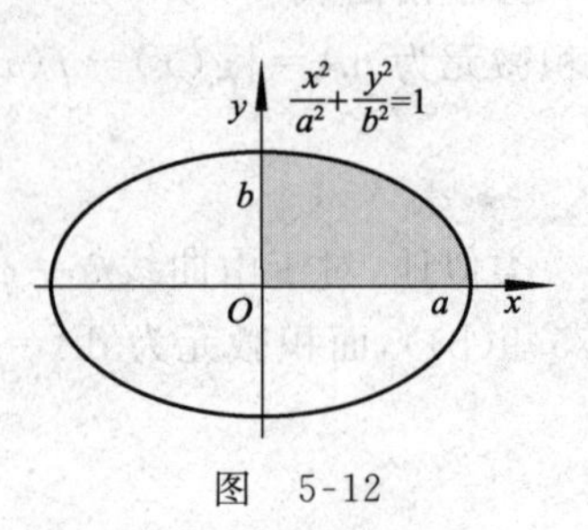

图 5-12

(2)极坐标的情形

在极坐标系中，曲线 $\rho=\rho(\theta)$ 及射线 $\theta=\alpha$ 和 $\theta=\beta(\alpha<\beta,\ \beta-\alpha\leqslant 2\pi)$ 围成的图形称为**曲边扇形**(见图 5-13). 求该曲边扇形的面积时，通常以极角 θ 为积分变量. 设 $\rho(\theta)$ 在 $[\alpha,\beta]$ 上连续，任取极角 $\theta(\theta\in[\alpha,\beta])$ 并给以增量 $\mathrm{d}\theta$，以 $\rho=\rho(\theta)$ 为半径、$\mathrm{d}\theta$ 为圆心角的圆扇形的面积就是曲边扇形的面积微元，即

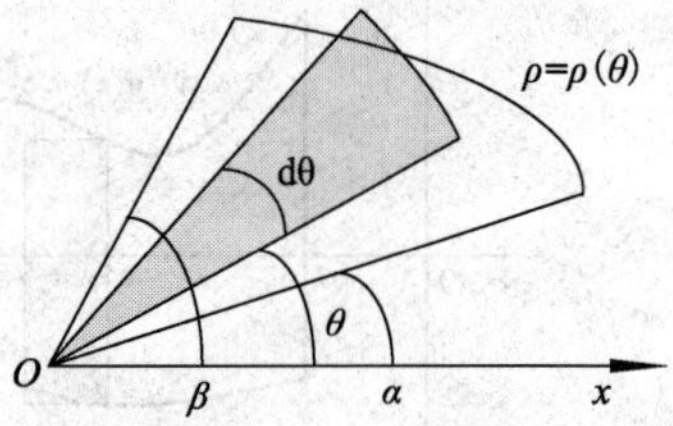

$$\mathrm{d}A=\frac{1}{2}[\rho(\theta)]^2\mathrm{d}\theta,$$

图 5-13

从而，曲边扇形的面积为

$$A=\int_\alpha^\beta\frac{1}{2}[\rho(\theta)]^2\mathrm{d}\theta.$$

例 4 计算阿基米德螺线 $\rho=a\theta(a>0)$ 相应于 θ 从 0 变到 2π 的一段弧与极轴所围成的图形(见图 5-14)的面积.

解 θ 的变化区间为 $[0,2\pi]$，对 $[0,2\pi]$ 上任一小区间 $[\theta,\theta+\mathrm{d}\theta]$，面积微元为 $\mathrm{d}A=\frac{1}{2}(a\theta)^2\mathrm{d}\theta$，于是所求面积

$$A=\int_0^{2\pi}\frac{a^2}{2}\theta^2\mathrm{d}\theta=\frac{1}{6}a^2\theta^3\Big|_0^{2\pi}=\frac{4}{3}a^2\pi^3.$$

例 5 求如图 5-15 所示的心形线 $\rho=a(1+\cos\theta)(a>0)$ 所围成图形的面积.

解 由于心形线关于极轴对称，其面积为极轴以上部分的两倍. 对极轴以上的部分图形，θ 的变化区间为 $[0,\pi]$，对 $[0,\pi]$ 上任一小区间 $[\theta,\theta+\mathrm{d}\theta]$，面积微元为 $\mathrm{d}A=\frac{1}{2}a^2(1+\cos\theta)^2\mathrm{d}\theta$，于是

$$\begin{aligned}A&=2\int_0^\pi\frac{1}{2}a^2(1+\cos\theta)^2\mathrm{d}\theta=4a^2\int_0^\pi\cos^4\frac{\theta}{2}\mathrm{d}\theta\overset{\frac{\theta}{2}=t}{=\!=\!=\!=}8a^2\int_0^{\frac{\pi}{2}}\cos^4t\mathrm{d}t\\&=8a^2\cdot\frac{3}{4}\cdot\frac{1}{2}\cdot\frac{\pi}{2}=\frac{3}{2}a^2\pi.\end{aligned}$$

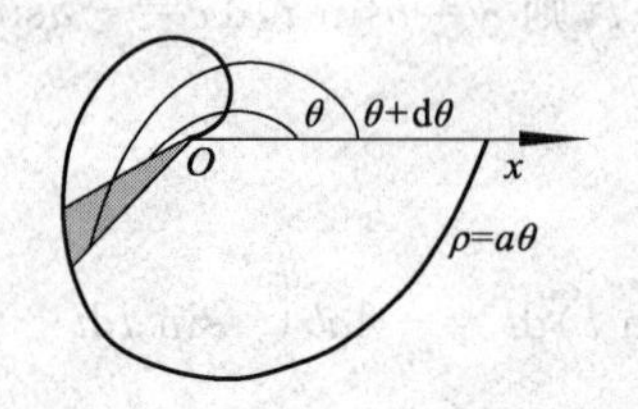

图 5-14

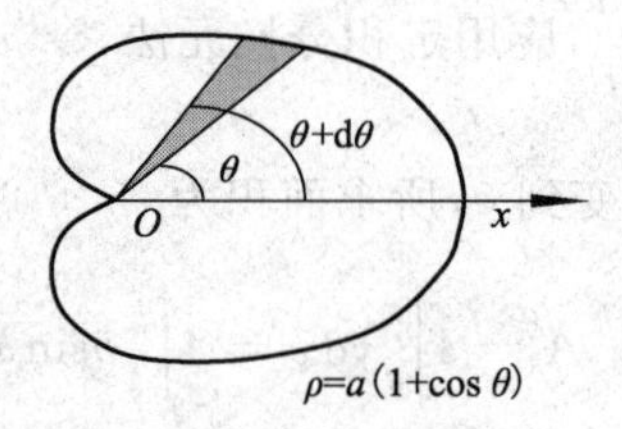

图 5-15

2. 立体的体积

(1)平行截面面积为已知的立体的体积

设一立体被垂直于某直线(设为 x 轴)的平面所截的截面面积 $A(x)$ 是 x 的连续函数,且此物体位于 $x=a$ 与 $x=b(a<b)$ 之间(见图 5-16),在点 x 处给 x 增量 $\mathrm{d}x$,则体积微元 $\mathrm{d}V=A(x)\mathrm{d}x$,从而立体的体积为

$$V=\int_a^b A(x)\mathrm{d}x.$$

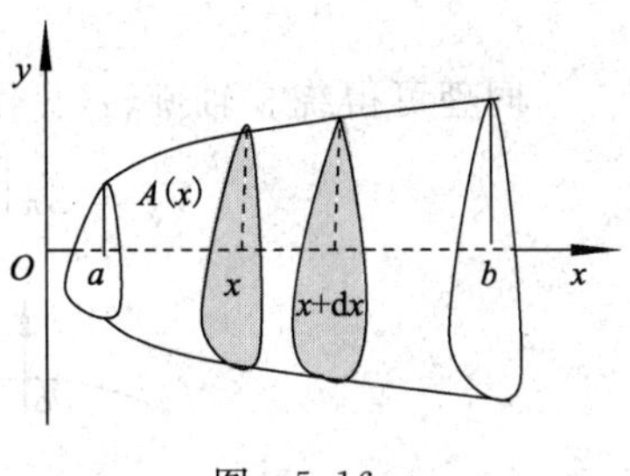

图　5-16

例 6　一平面经过半径为 R 的圆柱体的底圆中心,并与底面交成角 α,计算这平面截圆柱所得立体的体积.

解　取这平面与圆柱体的底面的交线为 x 轴,底面上过圆中心、且垂直于 x 轴的直线为 y 轴建立直角坐标系(见图 5-17),那么底圆的方程为 $x^2+y^2=R^2$. 立体中过点 x 且垂直于 x 轴的截面是一个直角三角形,两个直角边分别为 $\sqrt{R^2-x^2}$ 及 $\sqrt{R^2-x^2}\tan\alpha$. 因而截面面积为 $A(x)=\frac{1}{2}(R^2-x^2)\tan\alpha$,于是所求的立体体积为

$$V=\int_{-R}^{R}\frac{1}{2}(R^2-x^2)\tan\alpha\mathrm{d}x=\frac{1}{2}\tan\alpha\left[R^2x-\frac{1}{3}x^3\right]_{-R}^{R}$$

$$=\frac{2}{3}R^3\tan\alpha.$$

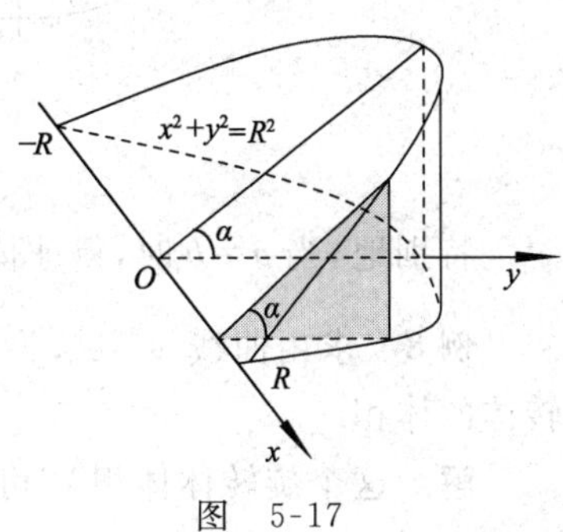

图　5-17

(2)旋转体的体积

设一立体是以连续曲线 $y=f(x)$ 和直线 $x=a$、$x=b(a<b)$ 及 x 轴所围成的平面图形绕 x 轴旋转一周而成的旋转体(见图 5-18),求它的体积 V_x.

过点 $x(a\leqslant x\leqslant b)$ 作垂直于 x 轴的平面截此旋转体,则所得截面为半径为 $|f(x)|$ 的圆,其面积为 $A(x)=\pi[f(x)]^2$. 因此,旋转体体积为

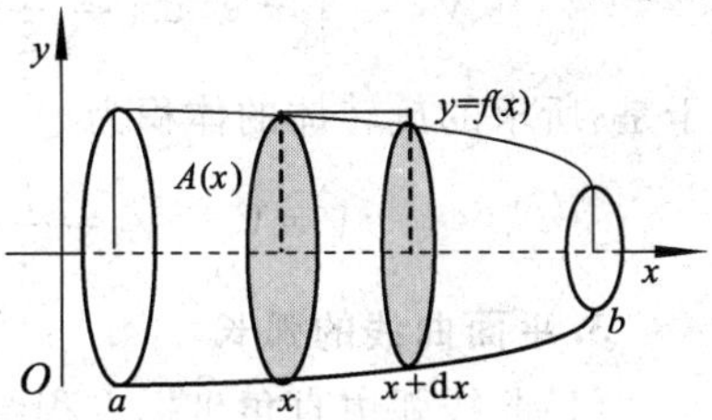

图　5-18

$$V_x=\pi\int_a^b[f(x)]^2\mathrm{d}x.$$

同理,由连续曲线 $x=\varphi(y)$ 和直线 $y=c$、$y=d(c<d)$ 及 y 轴所围成的平面图形绕 y 轴旋转一周而成的旋转体的体积为

$$V_y=\pi\int_c^d[\varphi(y)]^2\mathrm{d}y.$$

例 7　求椭圆 $\frac{x^2}{a^2}+\frac{y^2}{b^2}=1$ 分别绕 x 轴与 y 轴旋转一周产生的旋转体体积.

解　作椭圆图形(见图 5-19(a)). 由于图形关于 x 轴对称,所以绕 x 轴旋转所产生的旋转体体积 V_x 等于第一象限内的曲边梯形绕 x 轴旋转所产生的旋转体体积的两倍.

$$V_x=2\pi\int_0^a y^2\mathrm{d}x=2\pi\int_0^a\frac{b^2}{a^2}(a^2-x^2)\mathrm{d}x$$

$$=\frac{2\pi b^2}{a^2}\left(a^2x-\frac{x^3}{3}\right)\Bigg|_0^a=\frac{2\pi b^2}{a^2}\left(a^3-\frac{a^3}{3}\right)$$

$$= \frac{4}{3}\pi ab^2.$$

同理可得绕 y 轴旋转(见图 5-19(b))所产生的旋转体体积

$$V_y = 2\pi\int_0^b x^2\mathrm{d}y = 2\pi\int_0^b \frac{a^2}{b^2}(b^2 - y^2)\mathrm{d}y = \frac{4}{3}\pi a^2 b.$$

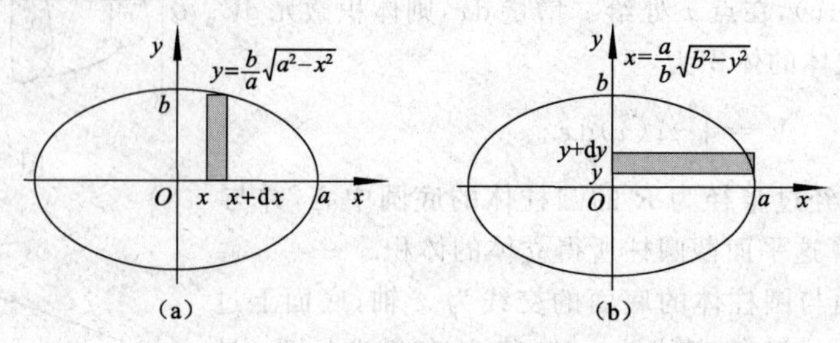

图 5-19

特别地,当 $a=b$ 时,得球体体积 $V=\frac{4}{3}\pi a^3$.

例 8 求由曲线 $y=\mathrm{e}^x$,$y=\mathrm{e}^{-x}$ 及直线 $x=1$ 所围成的平面图形绕 x 轴旋转一周所成的旋转体的体积.

解 这个旋转体体积 V 可看成是两个旋转体体积之差:一个是由曲线 $y=\mathrm{e}^x$、直线 $x=0$、$x=1$ 和 x 轴所围成的曲边梯形绕 x 轴旋转所成的旋转体的体积,记为 V_1(见图 5-20);另一个是由曲线 $y=\mathrm{e}^{-x}$、直线 $x=0$、$x=1$ 和 x 轴所围成的曲边梯形绕 x 轴旋转所成的旋转体的体积,记为 V_2,则有

$$V_1 = \int_0^1 \pi\, \mathrm{e}^{2x}\mathrm{d}x = \frac{1}{2}\pi\,(\mathrm{e}^2 - 1),\quad V_2 = \int_0^1 \pi\, \mathrm{e}^{-2x}\mathrm{d}x = \frac{1}{2}\pi(1 - \mathrm{e}^{-2}).$$

于是,所求的旋转体的体积为

$$V=V_1-V_2=\frac{1}{2}\pi(\mathrm{e}^2-1)-\frac{1}{2}\pi(1-\mathrm{e}^{-2})=\frac{\pi}{2}(\mathrm{e}^2+\mathrm{e}^{-2}-2).$$

3. 平面曲线的弧长

(1)曲线弧由直角坐标方程给出的情形

设函数 $y=f(x)$ 在区间 $[a,b]$ 上有连续导数,求曲线 $y=f(x)$ 上相应于 x 从 a 到 b 的一段弧的长度(见图 5-21).

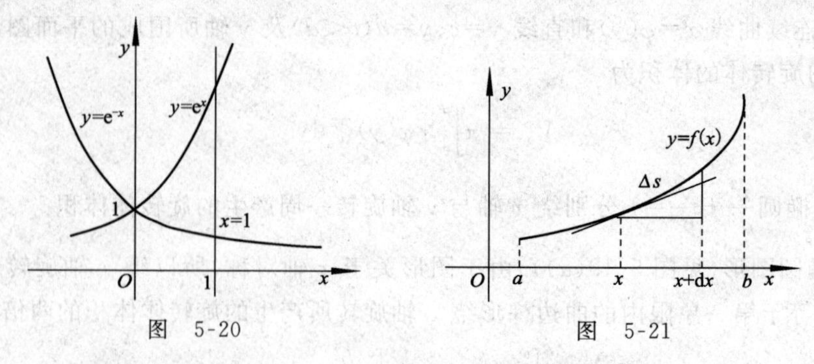

图 5-20　　图 5-21

曲线 $y=f(x)$ 上任一小区间 $[x,x+\mathrm{d}x]$ 所对应的一段弧 Δs 的长度近似于点 x 处斜率为 $f'(x)$ 的相应于 $[x,x+\mathrm{d}x]$ 的一段切线长 $\mathrm{d}s$,即 $\Delta s\approx \mathrm{d}s=\sqrt{(\mathrm{d}x)^2+(\mathrm{d}y)^2}$,弧长微元为 $\mathrm{d}s=$

$\sqrt{1+y'^2}\,\mathrm{d}x$，所以弧长为

$$s=\int_a^b\sqrt{1+y'^2}\,\mathrm{d}x.$$

一般地，$\mathrm{d}s=\sqrt{1+y'^2}\,\mathrm{d}x$ 称为**弧微分公式**(可参见第二章第七节).

例 9　求曲线 $y=\frac{2}{3}x^{\frac{3}{2}}$ 上相应于 x 从 0 到 8 的一段弧的长度.

解　$s=\int_0^8\sqrt{1+y'^2}\,\mathrm{d}x=\int_0^8\sqrt{1+x}\,\mathrm{d}x=\frac{2}{3}(1+x)^{\frac{3}{2}}\Big|_0^8=\frac{52}{3}.$

(2)曲线弧由参数方程给出的情形

设曲线 L 的参数方程为 $\begin{cases}x=\varphi(t)\\y=\psi(t)\end{cases}$ $(\alpha\leqslant t\leqslant\beta)$，其中 $\varphi(t)$、$\psi(t)$ 在$[\alpha,\beta]$上具有连续导数，则弧长微元为 $\mathrm{d}s=\sqrt{(\mathrm{d}x)^2+(\mathrm{d}y)^2}=\sqrt{\varphi'^2(t)+\psi'^2(t)}\,\mathrm{d}t$，曲线弧长为

$$s=\int_\alpha^\beta\sqrt{x_t'^2+y_t'^2}\,\mathrm{d}t=\sqrt{\varphi'^2(t)+\psi'^2(t)}\,\mathrm{d}t.$$

例 10　计算摆线 $\begin{cases}x=a(\theta-\sin\theta)\\y=a(1-\cos\theta)\end{cases}$ 的一拱$(0\leqslant\theta\leqslant2\pi)$的长度(见图 5-22).

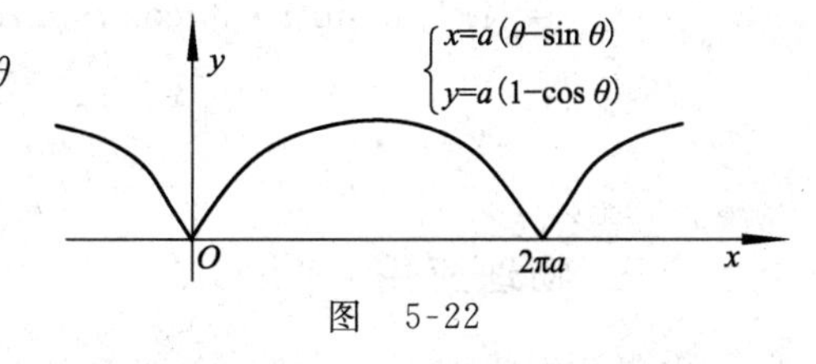

图　5-22

解　弧长微元为

$$\mathrm{d}s=\sqrt{a^2(1-\cos\theta)^2+a^2\sin^2\theta}\,\mathrm{d}\theta$$
$$=a\sqrt{2(1-\cos\theta)}\,\mathrm{d}\theta=2a\sin\frac{\theta}{2}\mathrm{d}\theta,$$

所求弧长为

$$s=\int_0^{2\pi}2a\sin\frac{\theta}{2}\mathrm{d}\theta=2a\left(-2\cos\frac{\theta}{2}\right)\Big|_0^{2\pi}=8a.$$

(3)曲线弧由极坐标方程给出的情形

设曲线 L 的极坐标方程 $\rho=\rho(\theta)(\alpha\leqslant\theta\leqslant\beta)$，其中 $\rho(\theta)$ 在$[\alpha,\beta]$上具有连续导数，则由极坐标与直角坐标的关系，有 $\begin{cases}x=\rho(\theta)\cos\theta\\y=\rho(\theta)\sin\theta\end{cases}(\alpha\leqslant\theta\leqslant\beta)$，看成以 θ 为参数的参数方程形式，可得弧长微元为 $\mathrm{d}s=\sqrt{\rho'^2(\theta)+\rho^2(\theta)}\,\mathrm{d}\theta$，弧长为

$$s=\int_\alpha^\beta\sqrt{[\rho'^2(\theta)]+\rho^2(\theta)}\,\mathrm{d}\theta.$$

例 11　计算心形线 $\rho=a(1+\cos\theta)$(a 为正的常数)的全长.

解　弧长微元为 $\mathrm{d}s=\sqrt{(-a\sin\theta)^2+a^2(1+\cos\theta)^2}\,\mathrm{d}\theta=a\sqrt{2(1+\cos\theta)}\,\mathrm{d}\theta$，由对称性可得心形线(见图 5-15)的全长为

$$s=2a\int_0^\pi\sqrt{2(1+\cos\theta)}\,\mathrm{d}\theta=2a\int_0^\pi2\cos\frac{\theta}{2}\mathrm{d}\theta=8a\sin\frac{\theta}{2}\Big|_0^\pi=8a.$$

※4. 旋转曲面的面积(旋转体的侧面积)

设 $f(x)$ 在区间$[a,b]$上连续且 $f(x)\geqslant0$，将曲线弧段 $y=f(x)(x\in[a,b])$绕 x 轴旋转一周得到旋转曲面(此曲面也就是由曲线 $y=f(x)$、直线 $x=a$、$x=b(a<b)$及 x 轴所围成的平面图形绕 x 轴旋转所得旋转体的侧面，见图 5-23)，求此旋

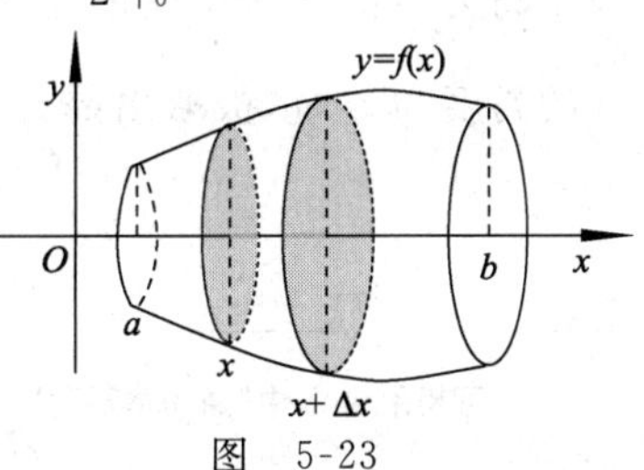

图　5-23

转曲面的面积.

设导函数 $f'(x)$在$[a,b]$上连续,首先求旋转曲面的面积微元 $\mathrm{d}A$.

在图 5-23 中,$\forall x\in[a,b]$,在点 x,旋转半径是 $f(x)$,在曲线上点 $P(x,f(x))$相应于 $\mathrm{d}x$ 的弧长微元是 $\mathrm{d}s$,则在点 x 旋转曲面的面积的微元就是以 $f(x)$为半径的圆周的周长 $2\pi f(x)$ 为长、以 $\mathrm{d}s$($\mathrm{d}s=\sqrt{1+y'^2}\,\mathrm{d}x=\sqrt{1+[f'(x)]^2}\,\mathrm{d}x$)为宽的矩形面积,即 $\mathrm{d}A=2\pi f(x)\mathrm{d}s$. 再将每一点 x 旋转的面积微元 $\mathrm{d}A$ 从 a 到 b 累加,就得到旋转曲面面积

$$A=\int_a^b \mathrm{d}A=2\pi\int_a^b f(x)\sqrt{1+[f'(x)]^2}\,\mathrm{d}x.$$

例 12 求如图 5-24 所示的星形线$\begin{cases}x=a\cos^3 t\\ y=a\sin^3 t\end{cases}$ $(0\leqslant t\leqslant 2\pi)$围成的图形绕 x 轴旋转所得旋转体的侧面积.

解
$$\begin{aligned}A&=2\int_0^a 2\pi y\sqrt{1+{y'_x}^2}\,\mathrm{d}x\\&=4\pi\int_0^{\frac{\pi}{2}} a\sin^3 t\cdot 3a\cos t\sin t\,\mathrm{d}t\\&=12\pi a^2\cdot\frac{1}{5}\sin^5 t\Big|_0^{\frac{\pi}{2}}=\frac{12}{5}\pi a^2.\end{aligned}$$

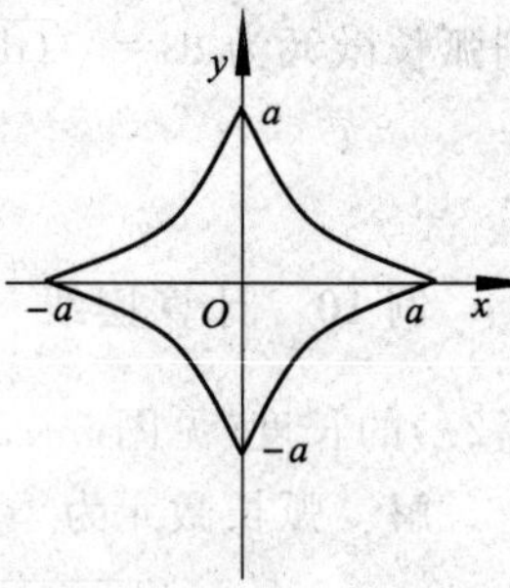

图 5-24

※三、物理应用

定积分在物理上的应用,主要包括计算变力所作的功、液体的侧压力、引力等方面.

1. 变力作功问题

从物理学知道,如果物体在作直线运动的过程中,有一个不变的力 F 作用在这个物体上,且力的方向与物体运动的方向一致,那么在物体移动了距离 S 时,力 F 对物体所作的功为 $W=F\cdot S$.

如果物体在运动过程中所受的力 F 是变化的,F 对物体所作的功 W 就不能直接用上面的公式计算,必须将 W 转化为定积分来计算.

设 $F=F(x)$是随物体运动位置 x 变化而变化的力,由于 $F(x)$是连续变化的,故 F 在区间$[a,b]$上所作的功 W 的微元为 $\mathrm{d}W=F(x)\mathrm{d}x$,因此 $W=\int_a^b F(x)\mathrm{d}x$.

例 13 半径为 r 的球沉入水中,球的上部与水面相切,球与水的密度均为 1,现将这球从水中取出,需作多少功?

解 以过球的直径铅直向上为 y 轴、水平面上垂直于 y 轴的直线为 x 轴建立如图 5-25 所示的坐标系. 设当球被取出部分的高度为 y 时提升球所需的力为 $F(y)$. 由于球与水的密度均为 1,所以球在水中部分所受的重力与它所受的浮力相等,因此 $F(y)$ 等于高为 y 的球缺所受的重力. 由球缺体积公式①得球被取出部分的高度为 y 时,被取出部分的体积 $V(y)=\pi y^2\left(r-\frac{y}{3}\right)$,于是

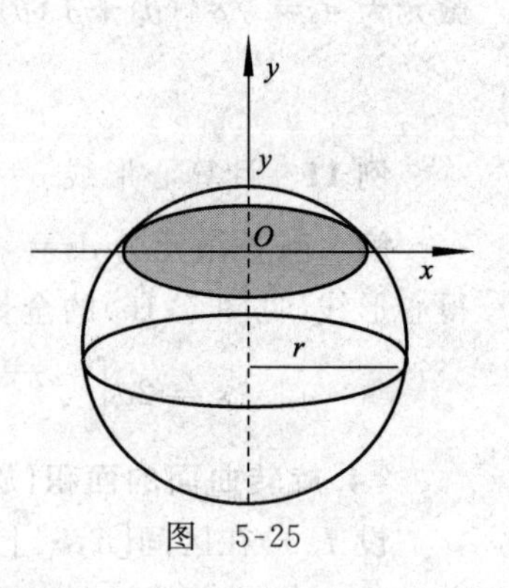

图 5-25

① 可用附录 A 中"通用体积"公式推导,也可以用旋转体体积公式求出.

$$F(y)=\pi y^2\left(r-\frac{y}{3}\right)g,\quad y\in[0,2r].$$

从水中将球取出所作的功等于 y 从 0 改变至 $2r$ 时变力 $F(y)$ 所作的功. 取 y 为积分变量,则 $y\in[0,2r]$,对于 $[0,2r]$ 上的任一小区间 $[y,y+\mathrm{d}y]$,变力 $F(y)$ 从 0 到 $y+\mathrm{d}y$ 这段距离内所作的功,即功微元为

$$\mathrm{d}W=F(y)\mathrm{d}y=\pi y^2\left(r-\frac{y}{3}\right)g\mathrm{d}y.$$

因此,将这球从水中取出需作的功为

$$W=\int_0^{2r}\pi gy^2\left(r-\frac{y}{3}\right)\mathrm{d}y=\pi g\left(\frac{r}{3}y^3-\frac{1}{12}y^4\right)\Big|_0^{2r}=\frac{4}{3}\pi g\cdot r^4.$$

2. 液体的侧压力

在水深为 h 处的压强为 $p=\mu gh$,这里 μ 是水的密度. 如果有一面积为 A 的平板水平地放置在水深 h 处,那么,平板一侧所受的水压力为

$$P=p\cdot A=\mu ghA.$$

若平板非水平地放置在水中,那么由于水深不同之处的压强不相等. 此时,平板一侧所受的水压力就必须使用定积分来计算.

例 14　边长为 a 和 b 的矩形薄板,与水面成 β 角斜沉于水中,长边平行于水面而位于水深 h 处. 设 $a>b$,水的密度为 μ,试求薄板所受的水压力 P.

解　建立坐标系见图 5-26,即 y 轴在水面这个水平面上. 由于薄板 $ABCD$ 与水面成 β 角斜放置于水中,则它位于水中最深的位置是 $h+b\sin\beta$. 取 x 为积分变量,则 $x\in[h,h+b\sin\beta]$(注:x 表示水深).

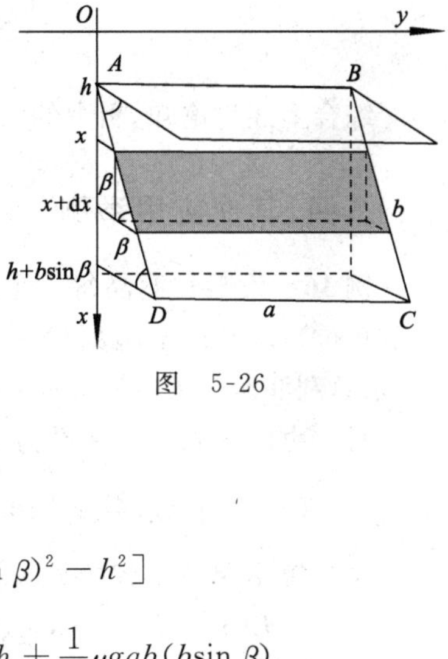

在 x 轴上区间 $[h,h+b\sin\beta]$ 中任取一小区间 $[x,x+\mathrm{d}x]$,与此小区间相对应的薄板上窄条形薄板(图中阴影所示)的面积是 $a\cdot\dfrac{\mathrm{d}x}{\sin\beta}$,它所承受的水压力微元为

图　5-26

$$\mathrm{d}P=\mu g\cdot x\cdot a\,\frac{\mathrm{d}x}{\sin\beta},$$

从而薄板一侧所受压力为

$$\begin{aligned}P&=\int_h^{h+b\sin\beta}\frac{\mu ga}{\sin\beta}x\,\mathrm{d}x=\frac{\mu ga}{2\sin\beta}[(h+b\sin\beta)^2-h^2]\\&=\frac{\mu ga}{2\sin\beta}(2bh\sin\beta+b^2\sin^2\beta)=\mu gabh+\frac{1}{2}\mu gab(b\sin\beta).\end{aligned}$$

这一结果的实际意义十分明显:$\mu gabh$ 正好是薄板水平放置在深度为 h 的水中时所受到的压力;而 $\frac{1}{2}\mu gab(b\sin\beta)$ 是将薄板斜放置所产生的压力,它相当于将薄板水平放置在深度为 $\frac{1}{2}b\sin\beta$ 处所受的水压力.

3. 引力

由物理学知道,质量为 m_1、m_2,相距为 r 的两质点间的引力大小为 $F=k\,\dfrac{m_1m_2}{r^2}$,其中 k 为引力系数,引力的方向沿着两质点的连线方向.

如果要计算一根细棒对一个质点的引力,由于细棒上各点与该质点的距离是变化的,且

各点对该质点的引力方向也是变化的,便不能简单地用上述公式进行计算.

例 15 设有一半径为 R、中心角为 φ 的圆弧形细棒,其线密度为常数 μ,在圆心处有一质量为 m 的质点 M,试求这细棒对质点 M 的引力.

解 建立如图 5-27 所示的坐标系,质点 M 位于坐标原点,该圆弧的参数方程为 $\begin{cases} x=R\cos\theta, \\ y=R\sin\theta, \end{cases} -\dfrac{\varphi}{2}\leqslant\theta\leqslant\dfrac{\varphi}{2}.$

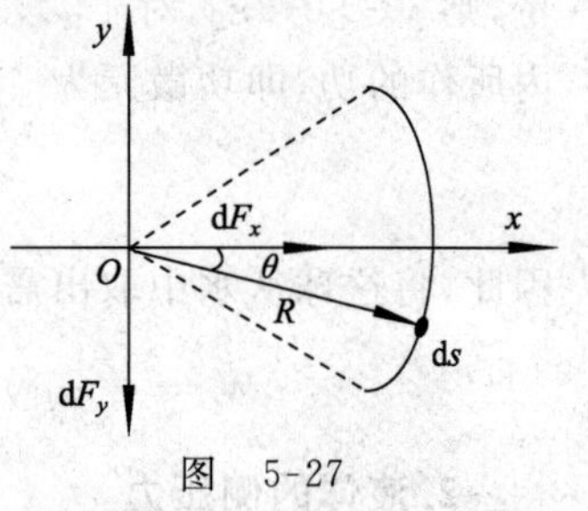

图 5-27

在圆弧细棒上截取一小段,其长度为 ds,它的质量为 μds,到原点的距离为 R,其与 x 轴夹角为 θ,它对质点 M 的引力记作 ΔF,则这引力的大小为 $\Delta F\approx k\cdot\dfrac{m\rho ds}{R^2}$. ΔF 在水平方向的分力记作 ΔF_x,则有 $\Delta F_x\approx k\cdot\dfrac{m\rho ds}{R^2}\cos\theta$. 而 $ds=\sqrt{(dx)^2+(dy)^2}=Rd\theta$,于是得到 F_x 的微元

$$dF_x=\frac{km\rho}{R}\cos\theta d\theta,$$

因此

$$F_x=\int_{-\frac{\varphi}{2}}^{\frac{\varphi}{2}}dF_x=\int_{-\frac{\varphi}{2}}^{\frac{\varphi}{2}}\frac{km\rho}{R}\cos\theta d\theta=\frac{2km\rho}{R}\sin\frac{\varphi}{2}.$$

类似地有引力在垂直方向的分力

$$F_y=\int_{-\frac{\varphi}{2}}^{\frac{\varphi}{2}}dF_y=\int_{-\frac{\varphi}{2}}^{\frac{\varphi}{2}}\frac{km\rho}{R}\sin\theta d\theta=0.$$

综合上述讨论知,引力的大小为 $\dfrac{2km\rho}{R}\sin\dfrac{\varphi}{2}$,而方向指向圆弧的中点.

※四、其他应用举例

例 16 设某种商品每天生产 x 单位时固定成本为 20 元,边际成本函数为 $C'=0.4x+2$ (元/单位),求总成本函数 $C(x)$. 如果这种商品规定的销售单价为 18 元,且产品可以全部售出,求总利润函数 $L(x)$,并问每天生产多少单位时才能获得最大利润.

解 由已知固定成本设为 $C(0)=20$,则每天生产 x 单位时总成本为

$$C(x)=\int_0^x(0.4t+2)dt+C(0)=(0.2t^2+2t)\Big|_0^x+20=0.2x^2+2x+20.$$

设销售 x 单位得到的总收益为 $R(x)$,由题意,得 $R(x)=18x$,而

$$L(x)=R(x)-C(x)=18x-(0.2x^2+2x+20)=-0.2x^2+16x-20.$$

由 $L'(x)=-0.4x+16=0$,得 $x=40$,而 $L''(40)=-0.4<0$,所以每天生产 40 单位获得最大利润,最大利润为 $L(40)=-0.2\times40^2+16\times40-20=300$(元).

例 17 设某产品在时刻 x 总产量的变化率为 $f(x)=100+12x-0.6x^2$(单位/小时),求从 $x=2$ 到 $x=4$ 这两小时的总产量.

解 因为总产量是它的变化率的原函数,所以 $x=2$ 到 $x=4$ 这两小时的总产量为

$$\int_2^4 f(x)dx=\int_2^4(100+12x-0.6x^2)dx=260.8\text{(单位)}.$$

习 题 5-4

1. 求下列各曲线所围成的平面图形的面积:

(1) $y=a-x^2(a>0)$与 x 轴；　　(2) $y=x^2$ 与 $y=2-x^2$；

(3) 抛物线 $y=\frac{1}{4}x^2$ 与直线 $3x-2y-4=0$；(4) $y=e^x, y=e^{-x}$与直线 $x=1$；

(5) $y=\ln x$, y 轴与直线 $y=\ln a, y=\ln b$,这里 $b>a>0$；

(6) $y=x^2-8$ 与直线 $2x+y+8=0$、$y=-4$.

2. 求由下列参数方程或极坐标方程表示的曲线所围成的平面图形的面积：

(1) 星形线 $x=a\cos^3 t; y=a\sin^3 t$；　　(2) 双纽线 $\rho=4\sin 2\theta$.

3. 求下列已知曲线所围成的图形，按指定的轴旋转所产生的旋转体的体积：

(1) $y=\sqrt{x}$与 $x=1, x=4, y=0$ 所围成的平面图形，绕 x 轴；

(2) $y=x^2, x=y^2$ 所围成的平面图形，绕 x 轴；

(3) $y=x^3, x=2, y=0$ 所围成的平面图形，绕 y 轴；

(4) $x^2+(y-5)^2=16$，绕 x 轴；

(5) $y=\sin x\ (0\leqslant x\leqslant \pi)$，绕 y 轴.

4. 计算下列曲线的弧长：

(1) 计算曲线 $y=\frac{\sqrt{x}}{3}(3-x)$上相应于 $1\leqslant x\leqslant 3$ 的一段弧的长度；

(2) 计算星形线 $x=a\cos^3 t, y=a\sin^3 t$ 的全长；

(3) 计算螺线 $\rho=e^{a\theta}(0\leqslant\theta\leqslant\pi)$的长度.

※5. 求下列曲线绕指定轴旋转所成旋转曲面面积：

(1) $y^2=x\quad(0\leqslant x\leqslant 6)$，绕 x 轴；　(2) $\frac{x^2}{a^2}+\frac{y^2}{b^2}=1\quad(0<b<a)$，绕 x 轴.

※6. 在一个上口直径为 20 m、深为 15 m 的圆锥形水池中盛满了水，若将水全部抽尽需作多少功？

※7. 有一水渠，它的横截面是直径为 2 m 的半圆形(半圆的直径平行于水面)，并设有垂直于水渠的铁板闸门，当水渠盛满水时，求闸门一侧所受的水压力.

※8. 生产某商品 x 单位时的边际成本 $C'(x)=x^2-4x+6$，且固定成本为 2，求总成本函数. 当产品产量从 2 个单位增加到 4 个单位时，求总成本的增量.

第五节　反 常 积 分

前面介绍的定积分 $\int_a^b f(x)\mathrm{d}x$ 涉及两个条件：积分区间为有限闭区间$[a,b]$；被积函数 $f(x)$有界，这种积分叫做常义积分. 将定积分的概念推广到积分区间为无穷区间或者被积函数 $f(x)$无界的情形，对应的积分叫做反常积分(也称为广义积分). 本节介绍两种反常积分的概念及其计算方法.

一、无穷区间上的反常积分

根据无穷区间的类型，无穷区间上的反常积分有三种形式.

定义 1　设函数 $f(x)$在区间$[a,+\infty)$上连续. 取 $b>a$，如果极限

$$\lim_{b\to+\infty}\int_a^b f(x)\mathrm{d}x$$

存在，则称此极限为**函数 $f(x)$ 在无穷区间 $[a,+\infty)$ 上的反常积分**，记作 $\int_a^{+\infty} f(x)\mathrm{d}x$，即

$$\int_a^{+\infty} f(x)\mathrm{d}x = \lim_{b\to+\infty}\int_a^b f(x)\mathrm{d}x.$$

这时也称**反常积分** $\int_a^{+\infty} f(x)\mathrm{d}x$ **收敛**；如果上述极限不存在，则称**反常积分** $\int_a^{+\infty} f(x)\mathrm{d}x$ **发散**(此时函数 $f(x)$ 在无穷区间 $[a,+\infty)$ 上的反常积分 $\int_a^{+\infty} f(x)\mathrm{d}x$ 没有意义，记号 $\int_a^{+\infty} f(x)\mathrm{d}x$ 不再表示数值).

类似地，设函数 $f(x)$ 在区间 $(-\infty,b]$ 上连续. 取 $a<b$，如果极限

$$\lim_{a\to-\infty}\int_a^b f(x)\mathrm{d}x$$

存在，则称此极限为**函数 $f(x)$ 在无穷区间 $(-\infty,b]$ 上的反常积分**，记作 $\int_{-\infty}^b f(x)\mathrm{d}x$，即

$$\int_{-\infty}^b f(x)\mathrm{d}x = \lim_{a\to-\infty}\int_a^b f(x)\mathrm{d}x.$$

这时也称**反常积分** $\int_{-\infty}^b f(x)\mathrm{d}x$ **收敛**；否则，就称**反常积分** $\int_{-\infty}^b f(x)\mathrm{d}x$ **发散**.

设函数 $f(x)$ 在区间 $(-\infty,+\infty)$ 上连续，如果反常积分

$$\int_{-\infty}^0 f(x)\mathrm{d}x \text{ 和} \int_0^{+\infty} f(x)\mathrm{d}x$$

都收敛，则称上述两反常积分之和为**函数 $f(x)$ 在无穷区间 $(-\infty,+\infty)$ 上的反常积分**，记作 $\int_{-\infty}^{+\infty} f(x)\mathrm{d}x$，即

$$\int_{-\infty}^{+\infty} f(x)\mathrm{d}x = \int_{-\infty}^0 f(x)\mathrm{d}x + \int_0^{+\infty} f(x)\mathrm{d}x = \lim_{a\to-\infty}\int_a^0 f(x)\mathrm{d}x + \lim_{b\to+\infty}\int_0^b f(x)\mathrm{d}x.$$

这时也称**反常积分** $\int_{-\infty}^{+\infty} f(x)\mathrm{d}x$ **收敛**；否则，就称**反常积分** $\int_{-\infty}^{+\infty} f(x)\mathrm{d}x$ **发散**.

说明：如果函数 $F(x)$ 是 $f(x)$ 在区间 $[a,+\infty)$ 上的一个原函数，且 $\int_a^{+\infty} f(x)\mathrm{d}x$ 收敛，则常常把 $\lim\limits_{b\to+\infty}\int_a^b f(x)\mathrm{d}x = \lim\limits_{b\to+\infty} F(b)-F(a)$，记作 $F(+\infty)-F(a)$ 或 $F(x)\Big|_a^{+\infty}$ (或 $[F(x)]_a^{+\infty}$)，其他情形有类似的记号.

例 1 计算反常积分 $\int_0^{+\infty} x\mathrm{e}^{-x^2}\mathrm{d}x$.

解 $\int_0^{+\infty} x\mathrm{e}^{-x^2}\mathrm{d}x = \lim\limits_{b\to+\infty}\int_0^b x\mathrm{e}^{-x^2}\mathrm{d}x = \lim\limits_{b\to+\infty}\left[-\dfrac{1}{2}\int_0^b \mathrm{e}^{-x^2}\mathrm{d}(-x^2)\right]$

$$=-\frac{1}{2}\lim_{b\to+\infty}\mathrm{e}^{-x^2}\Big|_0^b = \frac{1}{2}.$$

例 2 证明反常积分 $\int_a^{+\infty}\dfrac{1}{x^p}\mathrm{d}x\,(a>0)$ 当 $p>1$ 时收敛；当 $p\leqslant 1$ 时发散.

证 当 $p=1$ 时，

$$\int_a^{+\infty}\frac{1}{x^p}\mathrm{d}x = \int_a^{+\infty}\frac{1}{x}\mathrm{d}x = \ln x\Big|_a^{+\infty} = +\infty;$$

当 $p\neq 1$ 时，

$$\int_a^{+\infty}\frac{1}{x^p}\mathrm{d}x=\left.\frac{x^{1-p}}{1-p}\right|_a^{+\infty}=\begin{cases}+\infty & 当\ p<1,\\ \dfrac{a^{1-p}}{p-1} & 当\ p>1.\end{cases}$$

因此,所给反常积分当 $p>1$ 时收敛;当 $p\leqslant 1$ 时发散.

例 3　计算反常积分$\int_{-\infty}^{+\infty}\frac{1}{1+x^2}\mathrm{d}x$.

解　因为

$$\int_{-\infty}^{0}\frac{1}{1+x^2}\mathrm{d}x=\lim_{a\to-\infty}\int_a^0\frac{1}{1+x^2}\mathrm{d}x=\lim_{a\to-\infty}\arctan x\Big|_a^0=0-\left(-\frac{\pi}{2}\right)=\frac{\pi}{2},$$

$$\int_0^{+\infty}\frac{1}{1+x^2}\mathrm{d}x=\lim_{b\to+\infty}\int_0^b\frac{1}{1+x^2}\mathrm{d}x=\lim_{b\to+\infty}\arctan x\Big|_0^b=\frac{\pi}{2}-0=\frac{\pi}{2};$$

所以 $\int_{-\infty}^{+\infty}\frac{1}{1+x^2}\mathrm{d}x=\frac{\pi}{2}+\frac{\pi}{2}=\pi$.

例 4　设 $a<b$,函数 $f(x)=\begin{cases}\dfrac{1}{b-a} & 当\ a\leqslant x\leqslant b,\\ 0 & 其他,\end{cases}$ 求:$F(x)=\int_{-\infty}^{x}f(t)\mathrm{d}t$ 的解析式.

解　由于 $f(x)$ 为分段函数,所以当 $x\leqslant a$ 时,有

$$\int_{-\infty}^{x}f(t)\mathrm{d}t=\int_{-\infty}^{x}0\mathrm{d}t=0;$$

当 $a<x\leqslant b$ 时,有

$$\int_{-\infty}^{x}f(t)\mathrm{d}t=\int_{-\infty}^{a}0\mathrm{d}t+\int_a^x\frac{1}{b-a}\mathrm{d}t=\frac{x-a}{b-a};$$

当 $x>b$ 时,有

$$\int_{-\infty}^{x}f(t)\mathrm{d}t=\int_{-\infty}^{a}0\mathrm{d}t+\int_a^b\frac{1}{b-a}\mathrm{d}t+\int_b^x0\mathrm{d}t=0+\frac{b-a}{b-a}+0=1.$$

综合起来得 $F(x)$ 的解析式为

$$F(x)=\begin{cases}0 & 当\ x\leqslant a,\\ \dfrac{x-a}{b-a} & 当\ a<x\leqslant b,\\ 1 & 当\ x>b.\end{cases}$$

二、无界函数的反常积分(瑕积分)

如果函数 $f(x)$ 在点 a 的任一邻域内无界(即 a 是 $f(x)$ 的无穷间断点),则称点 a 为 $f(x)$ 的瑕点,无界函数的反常积分又称为**瑕积分**. 无界函数的反常积分有三种形式.

定义 2　设函数 $f(x)$ 在 $(a,b]$ 上连续,点 a 为 $f(x)$ 的瑕点. 取 $\varepsilon>0$,如果极限

$$\lim_{\varepsilon\to0^+}\int_{a+\varepsilon}^{b}f(x)\mathrm{d}x$$

存在,则称此极限为**函数 $f(x)$ 在 $(a,b]$ 上的反常积分**,仍然记作 $\int_a^b f(x)\mathrm{d}x$,即

$$\int_a^b f(x)\mathrm{d}x=\lim_{\varepsilon\to0^+}\int_{a+\varepsilon}^{b}f(x)\mathrm{d}x.$$

这时也称**反常积分** $\int_a^b f(x)\mathrm{d}x$ **收敛**;如果上述极限不存在,则称**反常积分**$\int_a^b f(x)\mathrm{d}x$ **发散**.

类似地,设函数 $f(x)$ 在 $[a,b)$ 上连续,点 b 为 $f(x)$ 的瑕点. 取 $\varepsilon>0$,如果极限

$$\lim_{\varepsilon \to 0^+}\int_a^{b-\varepsilon} f(x)\,\mathrm{d}x$$

存在，则称此极限为**函数 $f(x)$ 在$[a,b)$上的反常积分**，仍然记作 $\int_a^b f(x)\,\mathrm{d}x$，即

$$\int_a^b f(x)\,\mathrm{d}x = \lim_{\varepsilon \to 0^+}\int_a^{b-\varepsilon} f(x)\,\mathrm{d}x.$$

这时也称**反常积分** $\int_a^b f(x)\,\mathrm{d}x$ **收敛**；否则，就称**反常积分** $\int_a^b f(x)\,\mathrm{d}x$ **发散**.

设函数 $f(x)$ 在$[a,c)\cup(c,b]$上连续，点 c 为 $f(x)$ 的瑕点. 如果两个反常积分

$$\int_a^c f(x)\,\mathrm{d}x \text{ 与} \int_c^b f(x)\,\mathrm{d}x$$

都收敛，则称上述两反常积分之和为**函数 $f(x)$ 在$[a,c)\cup(c,b]$上的反常积分**，仍然记作 $\int_a^b f(x)\,\mathrm{d}x$，即

$$\int_a^b f(x)\,\mathrm{d}x = \int_a^c f(x)\,\mathrm{d}x + \int_c^b f(x)\,\mathrm{d}x = \lim_{\varepsilon \to 0^+}\int_a^{c-\varepsilon} f(x)\,\mathrm{d}x + \lim_{\varepsilon' \to 0^+}\int_{c+\varepsilon'}^b f(x)\,\mathrm{d}x.$$

这时也称**反常积分** $\int_a^b f(x)\,\mathrm{d}x$ **收敛**；否则，就称**反常积分** $\int_a^b f(x)\,\mathrm{d}x$ **发散**.

说明：设点 a 为 $f(x)$ 的瑕点，如果函数 $F(x)$ 是 $f(x)$ 在区间$(a,b]$上的一个原函数，且 $\int_a^b f(x)\,\mathrm{d}x$ 收敛，有的教材上把 $\lim\limits_{\varepsilon \to 0^+}\int_{a+\varepsilon}^b f(x)\,\mathrm{d}x = F(b) - \lim\limits_{\varepsilon \to 0^+} f(a+\varepsilon) = F(b) - F(a^+)$ 也记作 $F(x)\Big|_a^b$（或$[F(x)]_a^b$），其他情形有类似的记号. 但是，我们并不提倡使用这种记号，以避免将常义积分与反常积分混淆.

例 5 计算反常积分 $\int_0^a \frac{\mathrm{d}x}{\sqrt{a^2 - x^2}}\quad(a > 0)$.

解 在所给积分中，点 $x=a$ 为被积函数的瑕点，所以

$$\begin{aligned}\int_0^a \frac{\mathrm{d}x}{\sqrt{a^2-x^2}} &= \lim_{\varepsilon \to 0^+}\int_0^{a-\varepsilon} \frac{\mathrm{d}x}{\sqrt{a^2-x^2}} = \lim_{\varepsilon \to 0^+} \arcsin\frac{x}{a}\Big|_0^{a-\varepsilon} \\ &= \lim_{\varepsilon \to 0^+}\left(\arcsin\frac{a-\varepsilon}{a} - 0\right) = \arcsin 1 = \frac{\pi}{2}.\end{aligned}$$

例 6 讨论反常积分 $\int_{-1}^1 \frac{1}{x^2}\,\mathrm{d}x$ 的敛散性.

解 在所给积分中，点 $x=0$ 为被积函数的瑕点，因为

$$\int_{-1}^0 \frac{1}{x^2}\,\mathrm{d}x = \lim_{\varepsilon \to 0^+}\int_{-1}^{-\varepsilon} \frac{1}{x^2}\,\mathrm{d}x = -\lim_{\varepsilon \to 0^+} \frac{1}{x}\Big|_{-1}^{-\varepsilon} = \lim_{\varepsilon \to 0^+}\left(\frac{1}{\varepsilon} - 1\right) = +\infty,$$

故所求反常积分 $\int_{-1}^1 \frac{1}{x^2}\,\mathrm{d}x$ 发散.

例 7 证明反常积分 $\int_a^b \frac{\mathrm{d}x}{(x-a)^q}\quad(a<b)$ 当 $q<1$ 时收敛；当 $q\geqslant 1$ 时发散.

证 在所给积分中，点 $x=a$ 为被积函数的瑕点，所以当 $q=1$ 时，有

$$\int_a^b \frac{\mathrm{d}x}{x-a} = \lim_{\varepsilon \to 0^+}\int_{a+\varepsilon}^b \frac{\mathrm{d}x}{x-a} = \lim_{\varepsilon \to 0^+} \ln(x-a)\Big|_{a+\varepsilon}^b = \lim_{\varepsilon \to 0^+}[\ln(b-a) - \ln\varepsilon] = +\infty;$$

当 $q\neq 1$ 时，有

$$\int_a^b \frac{\mathrm{d}x}{(x-a)^q} = \lim_{\varepsilon \to 0^+}\int_{a+\varepsilon}^b \frac{\mathrm{d}x}{(x-a)^q} = \lim_{\varepsilon \to 0^+} \frac{(x-a)^{1-q}}{1-q}\Big|_{a+\varepsilon}^b$$

$$=\lim_{\varepsilon\to0^+}\left[\frac{(b-a)^{1-q}}{1-q}-\frac{\varepsilon^{1-q}}{1-q}\right]=\begin{cases}\dfrac{(b-a)^{1-q}}{1-q} & 当\ q<1,\\ +\infty & 当\ q>1.\end{cases}$$

因此,所给积分当 $q<1$ 时收敛;当 $q\geqslant1$ 时发散.

三、Γ 函数

下面介绍一种含有参变量的反常积分,称作 Γ 函数,它在工程数学中及以后学习概率论时有重要应用.

1. Γ 函数的定义

定义 3　积分 $\Gamma(r)=\int_0^{+\infty}x^{r-1}\mathrm{e}^{-x}\mathrm{d}x\ (r>0)$ 是参变量 r 的函数,称为 **Γ 函数**.

$\Gamma(r)=\int_0^{+\infty}x^{r-1}\mathrm{e}^{-x}\mathrm{d}x$ 是一个反常积分,它的积分区间是无穷区间,且当 $r<1$ 时,$x=0$ 是被积函数的瑕点,可以证明这个反常积分在 $r>0$ 时总是收敛的. 因此,它作为参变量 r 的函数,其定义域为$(0,+\infty)$. Γ 函数的图形如图 5-28 所示.

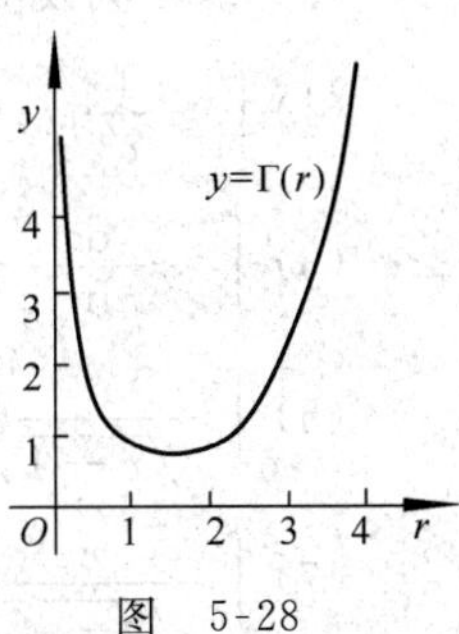

图　5-28

2. Γ 函数的递推公式

$$\Gamma(r+1)=r\Gamma(r)\quad(r>0).$$

证　$\Gamma(r+1)=\int_0^{+\infty}x^r\mathrm{e}^{-x}\mathrm{d}x$

$$=[-x^r\mathrm{e}^{-x}]_0^{+\infty}+r\int_0^{+\infty}x^{r-1}\mathrm{e}^{-x}\mathrm{d}x$$

$$=r\int_0^{+\infty}x^{r-1}\mathrm{e}^{-x}\mathrm{d}x=r\Gamma(r).$$

特别地,因为 $\Gamma(1)=\int_0^{+\infty}\mathrm{e}^{-x}\mathrm{d}x=[-\mathrm{e}^{-x}]_0^{+\infty}=1$,所以当 r 为正整数 n 时,可得

$$\Gamma(n+1)=n\Gamma(n)=n(n-1)\Gamma(n-1)=\cdots=n(n-1)\cdots2\cdot1\cdot\Gamma(1)=n!.$$

3. Γ 函数的第二形式

设 $\Gamma(r)=\int_0^{+\infty}x^{r-1}\mathrm{e}^{-x}\mathrm{d}x\ (r>0)$ 中,令 $x=t^2$,即 $t=\sqrt{x}$,则当 $x=0$ 时,$t=0$,当 $x\to+\infty$ 时,$t\to+\infty$,$\mathrm{d}x=2t\mathrm{d}t$,于是

$$\Gamma(r)=\int_0^{+\infty}t^{2r-2}\mathrm{e}^{-t^2}\cdot2t\mathrm{d}t=2\int_0^{+\infty}t^{2r-1}\mathrm{e}^{-t^2}\mathrm{d}t,$$

上式称为 Γ 函数的第二形式.

利用 Γ 函数的第二形式,当 $r=\frac{1}{2}$ 时,$\Gamma\left(\frac{1}{2}\right)=2\int_0^{+\infty}\mathrm{e}^{-t^2}\mathrm{d}t=\sqrt{\pi}$(证明详见第七章第二节,式中的反常积分是概率论中常用的泊松积分).

例 8　计算积分:(1) $\int_0^{+\infty}x^3\mathrm{e}^{-x}\mathrm{d}x$;　(2) $\int_0^{+\infty}x^{r-1}\mathrm{e}^{-\lambda x}\mathrm{d}x\quad(r>0,\lambda>0)$.

解　(1) $\int_0^{+\infty}x^3\mathrm{e}^{-x}\mathrm{d}x=\Gamma(4)=3!=6$;

(2) 令 $\lambda x=t$,则 $\lambda\mathrm{d}x=\mathrm{d}t$,当 $x=0$ 时,$t=0$,当 $x\to+\infty$ 时,$t\to+\infty$,于是

$$\int_0^{+\infty}x^{r-1}\mathrm{e}^{-\lambda x}\mathrm{d}x=\frac{1}{\lambda}\int_0^{+\infty}\left(\frac{t}{\lambda}\right)^{r-1}\mathrm{e}^{-t}\mathrm{d}t=\frac{1}{\lambda^r}\int_0^{+\infty}t^{r-1}\mathrm{e}^{-t}\mathrm{d}t=\frac{\Gamma(r)}{\lambda^r}.$$

例 9 计算下列积分：(1) $\int_0^{+\infty} x^7 e^{-x^2} dx$；(2) $\int_0^{+\infty} x^6 e^{-x^2} dx$.

解 (1) $\int_0^{+\infty} x^7 e^{-x^2} dx = \frac{1}{2}\times 2\int_0^{+\infty} x^{2\times 4-1} e^{-x^2} dx = \frac{1}{2}\Gamma(4) = \frac{1}{2}\times 3! = 3.$

(2) $\int_0^{+\infty} x^6 e^{-x^2} dx = \frac{1}{2}\times 2\int_0^{+\infty} x^{2\times\frac{7}{2}-1} e^{-x^2} dx = \frac{1}{2}\Gamma\left(\frac{7}{2}\right) = \frac{1}{2}\times\frac{5}{2}\Gamma\left(\frac{5}{2}\right)$

$$= \frac{1}{2}\times\frac{5}{2}\times\frac{3}{2}\times\frac{1}{2}\Gamma\left(\frac{1}{2}\right) = \frac{15}{16}\sqrt{\pi}.$$

习 题 5-5

1. 计算下列反常积分：

(1) $\int_1^{+\infty} \frac{1}{x^4} dx$；　(2) $\int_{-\infty}^{+\infty} \frac{dx}{x^2+2x+2}$；

(3) $\int_e^{+\infty} \frac{dx}{x\ln x}$；　(4) $\int_1^{+\infty} \frac{\arctan x}{x^2} dx$；

(5) $\int_1^2 \frac{x}{\sqrt{x-1}} dx$；　(6) $\int_0^2 \frac{1}{(1-x)^2} dx$；

(7) $\int_0^1 \frac{x}{\sqrt{1-x^2}} dx$.

2. 设函数 $f(x)=\begin{cases} x & 当\ 0\leqslant x<1, \\ 2-x & 当\ 1\leqslant x\leqslant 2, \\ 0 & 其他, \end{cases}$ 求 $F(x)=\int_{-\infty}^{x} f(t)dt$ 的解析式.

3. 计算：(1) $2\int_0^{+\infty} x e^{-x} dx$；(2) $\int_0^{+\infty} x^2 e^{-x^2} dx$.

总 习 题 五

A 组

1. 利用定义计算定积分：

(1) $\int_0^1 k dx$；　(2) $\int_0^1 x dx$.

2. 利用定积分求下列极限：

(1) $\lim\limits_{n\to+\infty}\left(\frac{n}{n^2+1^2}+\frac{n}{n^2+2^2}+\cdots+\frac{n}{n^2+n^2}\right)$；

(2) $\lim\limits_{n\to+\infty}\frac{1}{n}\left(\sin\frac{\pi}{n}+\sin\frac{2\pi}{n}+\cdots+\sin\frac{n\pi}{n}\right)$；

(3) $\lim\limits_{n\to+\infty}\left(\frac{1}{n+1}+\frac{1}{n+2}+\cdots+\frac{1}{n+n}\right)$.

3. 填空：

(1) $\frac{d}{dx}\left(\int_1^2 f(x)dx\right) =$ ______；　(2) $\frac{d}{dx}\left(\int_1^x \sin t^2 dt\right) =$ ______；

(3) $\lim\limits_{x\to 0}\frac{1}{x}\int_0^x (1+t^2)e^{t^2-x^2} dt =$ ____；　(4) $y=\int_0^x (t-1)^2(t+2)dt$，则 $\left.\frac{dy}{dx}\right|_{x=0} =$ ____；

(5) 设$\frac{\mathrm{d}}{\mathrm{d}x}\int_0^{\mathrm{e}^{-x}} f(t)\mathrm{d}t = \mathrm{e}^x$，则 $f(x) =$ ________；

(6) $\frac{\mathrm{d}}{\mathrm{d}x}\int_a^x g(x)f(t)\mathrm{d}t =$ ________；

(7) 若 $f(x)$在$[-1,1]$上连续，且平均值为 2，则$\int_1^{-1} f(x)\mathrm{d}x =$ ________.

4. 设 $f(x)$ 连续，且满足$\int_0^x f(t)\mathrm{d}t = x^2 + 2x\cos x + \frac{1}{2}\sin 2x, x \in (-\infty, +\infty)$，求 $f\left(\frac{\pi}{2}\right)$，$f'\left(\frac{\pi}{4}\right)$.

5. 求极限：

(1) $\lim\limits_{x\to+\infty}\frac{\int_0^x (\arctan y)^2\mathrm{d}y}{\sqrt{x^2+1}}$；　(2) $\lim\limits_{x\to 0}\frac{\int_0^{\sin x}\sin t^2\mathrm{d}t}{x^3+x^4}$.

6. 一物体以速度 $v=3t^2+2t(\mathrm{m/s})$作直线运动，计算它在 $t=0$ 到 $t=3$ 这一段时间内的平均速度.

7. 计算下列定积分：

(1) $\int_{-4}^{3}\max\{1,x^2,x^3\}\mathrm{d}x$；　(2) $\int_a^b \mathrm{e}^{x+b}\mathrm{d}x$；

(3) $\int_0^{\frac{\pi}{4}}\frac{\sec^2 x}{2+\tan^2 x}\mathrm{d}x$；　(4) $\int_1^2\sqrt{x}\ln x\mathrm{d}x$；

(5) $\int_1^{-1}(x+\sqrt{1-x^2})^2\mathrm{d}x$；　(6) 设 $f(x) = \begin{cases}\cos x & \text{当 } x\geqslant 0,\\ x^4 & \text{当 } x<0,\end{cases}$ 求$\int_{-2}^{1}f(x)\mathrm{d}x$.

(7) $\int_0^{\frac{\pi}{2}}\frac{\sin x}{1+\sin x}\mathrm{d}x$　(8) $\int_0^2\frac{1}{\sqrt{x+1}+\sqrt{(x+1)^3}}\mathrm{d}x$.

8. 确定正数 k，使曲线 $y^2=x$ 与 $y=kx$ 所围成的图形的面积为$\frac{1}{6}$.

9. 求曲线 $y=x^3-3x+2$ 在 x 轴上介于两极值点间的曲边梯形的面积.

10. 求曲线 $y=\int_0^x\tan t\mathrm{d}t$ 相应于 $0\leqslant x\leqslant\frac{\pi}{4}$的一段弧的长度.

11. 求下列各曲线所围成图形的公共部分的面积：

(1) 圆 $\rho=3\cos\theta$ 与心形线 $\rho=1+\cos\theta$；　(2) 双纽线 $\rho^2=2\cos 2\theta$ 与圆 $\rho=1$.

12. 求圆 $x^2+(y-b)^2=a^2(0<a<b)$绕 x 轴旋转所得旋转体（环体）的（表）面积.

13. 求以半径为 R 的圆为底、平行且等于底圆直径的线段为顶、高为 h 的正劈锥体的体积.

14. 求由曲线 $y=x^3$，$x=0$，$y=8$ 所围成的平面图形，绕 x 轴旋转所产生的旋转体的体积.

※15. 两质点的质量分别为 M 和 m，相距为 a，现将质量为 m 的质点沿两质点连线向外移动距离 l，求克服引力所作的功.

※16. 一圆柱形物体，底半径为 R，高为 h，该物体铅直立于水中，且上底面与水面相齐，现将它铅直打捞出来，试对下列两种情况分别计算使该物体刚刚脱离水面时需要作的功.

(1) 该物体的密度 $\mu=1$（与水的密度相同）；　(2) 该物体的密度 $\mu>1$.

17. 当 k 为何值时，反常积分$\int_2^{+\infty}\frac{\mathrm{d}x}{x(\ln x)^k}$收敛？$k$ 为何值时，这个反常积分发散？在收

敛的情况下，当 k 为何值时，这个反常积分取得最小值？

B　组

1. 设 $f(x)$ 是连续函数，$F(x)$ 是 $f(x)$ 的原函数，证明当 $f(x)$ 是奇函数时，$F(x)$ 必是偶函数.

2. 设函数 $f(x)$ 连续，且 $\int_0^x tf(2x-t)\mathrm{d}t=\frac{1}{2}\arctan x^2$. 已知 $f(1)=1$，求 $\int_1^2 f(x)\mathrm{d}x$ 的值.

3. 设 $f(x)=\begin{cases}\frac{1}{x^3}\int_0^x \sin t^2\mathrm{d}t & 当\ x\neq 0,\\ a & 当\ x=0\end{cases}$ 在点 $x=0$ 处连续，求 a 的值.

4. 设 $f(x)$ 是区间 $\left[0,\frac{\pi}{4}\right]$ 上单调、可导的函数，且满足 $\int_0^{f(x)} f^{-1}(t)\mathrm{d}t=\int_0^x t\cdot\frac{\cos t-\sin t}{\sin t+\cos t}\mathrm{d}t$，其中 $f^{-1}(x)$ 是 $f(x)$ 的反函数，求 $f(x)$.

5. 计算 $\lim\limits_{n\to\infty}\int_0^1 \mathrm{e}^{-x}\sin nx\mathrm{d}x$.

6. 设 $f(x)$，$g(x)$ 在 $[0,1]$ 上的导数连续，且 $f(0)=0$，$f'(x)\geqslant 0$，$g'(x)\geqslant 0$，证明：对任何 $a\in[0,1]$ 有 $\int_0^a g(x)f'(x)\mathrm{d}x+\int_0^1 f(x)g'(x)\mathrm{d}x\geqslant f(a)g(1)$.

7. 求定积分 $\int_{-1}^1(|x|+x)\mathrm{e}^{-|x|}\mathrm{d}x$ 的值.

8. 一个高为 l 的柱体形贮油罐，底面是长轴为 $2a$，短轴为 $2b$ 的椭圆. 现将贮油罐平放，当油罐中油面高度为 $\frac{3}{2}b$ 时，计算油的质量（长度单位为 m，质量单位为 kg，油的密度为常数 ρ kg/m^3）.

9. 设 xOy 平面上有正方形 $D=\{(x,y)\,|\,0\leqslant x\leqslant 1,0\leqslant y\leqslant 1\}$ 及直线 l：$x+y=t(t\geqslant 0)$. 若 $S(t)$ 表示正方形 D 位于直线 l 左下方部分的面积. 试求 $\int_0^x S(t)\mathrm{d}t(x\geqslant 0)$.

10. 设 D 是位于曲线 $y=\sqrt{x}\cdot a^{-\frac{x}{2a}}(a>1,0\leqslant x<+\infty)$ 下方、x 轴上方的无界区域.

(1) 求区域 D 绕 x 轴旋转一周所成的旋转的体积 $V(a)$；

(2) 当 a 为何值时，$V(a)$ 最小？并求此最小值.

11. 求值 $\int_0^{+\infty}\frac{x}{(1+x^2)^2}\mathrm{d}x$.

12. 设函数 $f(x)=\begin{cases}k\mathrm{e}^{3x} & 当\ x\geqslant 0,\\ 0 & 当\ x<0\end{cases}$ 满足 $\int_{-\infty}^{+\infty}f(x)\mathrm{d}x=1$，求：

(1) 常数 k；(2) $F(x)=\int_{-\infty}^x f(t)\mathrm{d}t$ 的解析式；(3) $\int_1^{+\infty}f(x)\mathrm{d}x$.

13. 设 $f(x)$ 是连续函数且满足 $f(x)=x^2\cos x+\int_0^{\frac{\pi}{2}}f(t)\mathrm{d}t$，求 $f(x)$.

14. 设函数 $f(x)$ 连续，且 $f(0)\neq 0$. 求 $\lim\limits_{x\to 0}\frac{\int_0^x(x-t)f(t)\mathrm{d}t}{x\int_0^x f(x-t)\mathrm{d}t}$.

第六章　多元函数微分学及其应用

前面我们讨论了因变量只依赖于一个自变量的函数(这种函数叫做一元函数)的微分和积分问题.但在很多实际问题中,往往会涉及一个变量依赖于多个变量的情形,这类函数称为多元函数.本章首先介绍多元函数的概念,然后将一元函数微分学推广到多元函数的情形,重点讨论二元函数的微分法及其简单应用.从一元函数到二元函数会产生一些新的问题,不过从二元到二元以上的多元函数则可以类推.因此,在本章的学习过程中,应注意与一元函数的相关内容进行对比,不仅要注意它们的共同点,更要注意它们的不同点.

第一节　空间解析几何简介

空间解析几何的知识是学习多元函数微积分必不可少的基础.与平面解析几何类似,空间解析几何通过建立空间直角坐标系,把空间的点与三元有序数组对应起来,把空间图形与三元方程联系起来,从而用代数方法研究几何问题.

一、空间直角坐标系

在空间选定一点 O,以点 O 为共同原点作三条互相垂直的数轴,它们一般具有相同的长度单位,这三条数轴分别称为 x 轴(**横轴**)、y 轴(**纵轴**)和 z 轴(**竖轴**或**立轴**),一般是把 x 轴和 y 轴放在水平面上,z 轴垂直于水平面.它们的正方向符合**右手法则**:伸出右手,四指并拢且与大拇指垂直,四指先指向 x 轴的正向,然后沿握拳方向旋转 $90°$ 指向 y 轴的正向,大拇指所指的方向就是 z 轴的正向,一般取 z 轴的正向向上(见图 6-1).这样就构成了一个**空间直角坐标系** $Oxyz$,点 O 称为坐标**原点**.

在空间直角坐标系中,x 轴、y 轴和 z 轴中的每两个轴所确定的平面称为**坐标平面**,简称**坐标面**.x 轴与 y 轴确定的平面称为 xOy 坐标面,类似地有 yOz 坐标面、zOx 坐标面.三个坐标面把空间分为八个部分,每一部分称为一个卦限.与 xOy 坐标面Ⅰ、Ⅱ、Ⅲ、Ⅳ象限对应的上侧(z 轴正半轴周围)四个卦限分别记作Ⅰ、Ⅱ、Ⅲ、Ⅳ卦限,与 xOy 坐标面Ⅰ、Ⅱ、Ⅲ、Ⅳ象限对应的下侧四个卦限分别记作Ⅴ、Ⅵ、Ⅶ、Ⅷ卦限(见 6-2).

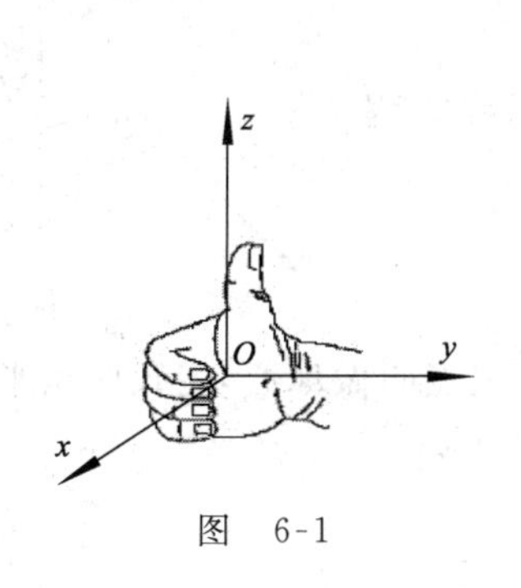

图　6-1

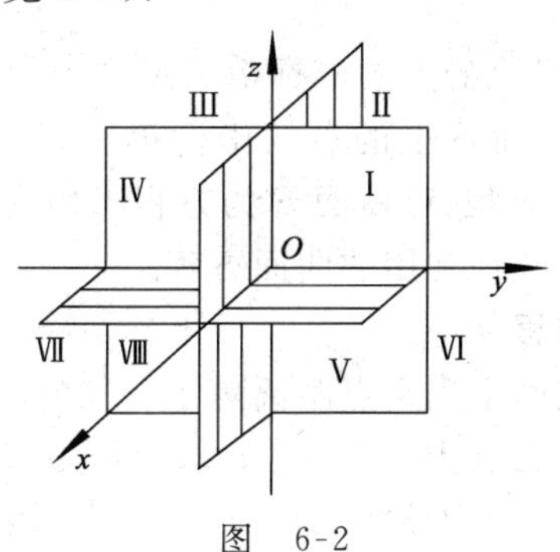

图　6-2

设空间直角坐标系中有一点 M,过 M 分别作与三个坐标轴垂直的平面,三个垂足在各自坐标轴上的坐标分别记为 x、y、z(见图 6-3),则点 M 与有序数组(x,y,z)唯一对应;反之,对任意给定的有序数组(x,y,z),在 x 轴上 x 点、y 轴上 y 点、z 轴上 z 点分别作与各自坐标轴垂直的平面,三平面交于唯一的一点 M,这样,就建立了空间点 M 与有序数组(x,y,z)之间的一一对应关系. 有序数组(x,y,z)称为点 **M 的坐标**;x、y、z 分别称为 **x 坐标(或横坐标)**,**y 坐标(或纵坐标)**,**z 坐标(或竖坐标)**.

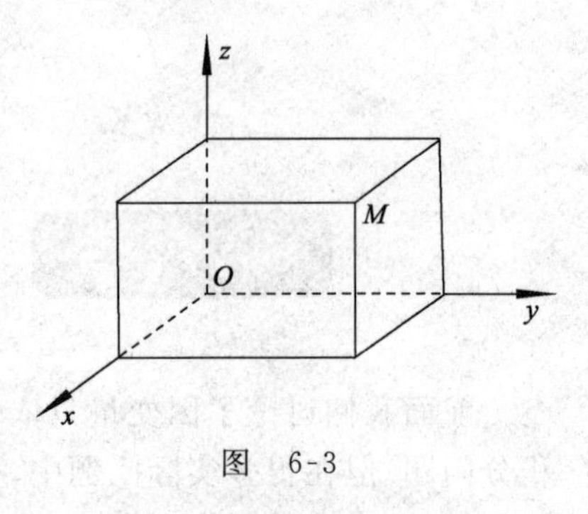

图 6-3

设 $P_1(x_1,y_1,z_1)$与 $P_2(x_2,y_2,z_2)$是空间直角坐标系中的两个点,它们之间的距离为

$$|P_1P_2|=\sqrt{(x_2-x_1)^2+(y_2-y_1)^2+(z_2-z_1)^2}.$$

这两点连线段的中点坐标 $P_0(x_0,\ y_0,\ z_0)$满足

$$x_0=\frac{x_1+x_2}{2},\ y_0=\frac{y_1+y_2}{2},\ z_0=\frac{z_1+z_2}{2}.$$

显然,点 P_1 到 xOy 坐标面的距离为$|z_1|$,到 z 轴的距离为$|P_1z|=\sqrt{x_1^2+y_1^2}$.

例 1 已知点 $M_1(5,10,5)$与点 $M_2(x,y,z)$的中点坐标为 $M(3,6,9)$,求点 M_2 的坐标及 M_1 与 M_2 两点间的距离,再求 M_1 点到 y 轴的距离.

解 由中点坐标公式,得

$$3=\frac{5+x}{2},\ 6=\frac{10+y}{2},\ 9=\frac{5+z}{2},$$

从而 $x=1,y=2,z=13$,所以点 M_2 的坐标为 $M_2(1,2,13)$.

又由两点间距离公式,得

$$|M_1M_2|=\sqrt{(1-5)^2+(2-10)^2+(13-5)^2}=12.$$

由点到坐标轴的距离公式,得 M_1 点到 y 轴的距离为$|M_1y|=\sqrt{5^2+5^2}=5\sqrt{2}$.

二、曲面及其方程

在平面解析几何中有曲线的方程的概念,相仿,在空间解析几何中也有曲面的方程的概念.

1. 曲面方程的概念

如图 6-4 所示,在空间直角坐标系中,如果曲面 S 与三元方程

$$F(x,y,z)=0 \qquad ①$$

满足关系:

(1)曲面 S 上的点的坐标都满足方程①;

(2)不在曲面 S 上的点的坐标都不满足方程①. 则称**方程①为曲面 S 的方程,称曲面 S 为方程①的图形.**

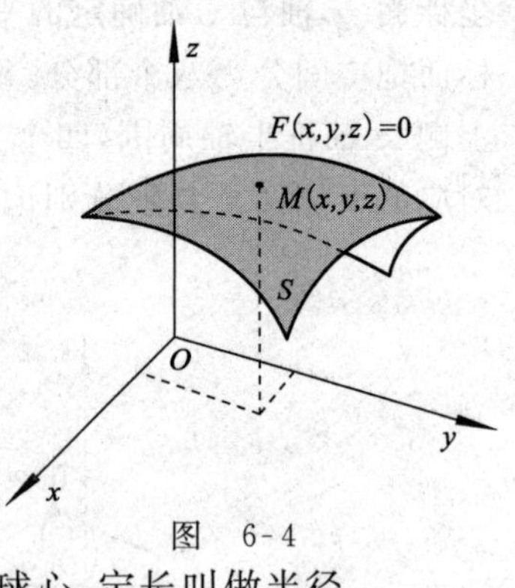

图 6-4

下面介绍几种常用的曲面方程.

2. 球面方程

球面是空间中到定点距离等于定长的动点的轨迹. 定点叫做球心,定长叫做半径.

建立球心在点 $P_0(x_0,y_0,z_0)$、半径为 R 的球面的方程.

设 $P(x,y,z)$为球面上任意一点,则$|P_0P|=R$,即

$$\sqrt{(x-x_0)^2+(y-y_0)^2+(z-z_0)^2}=R.$$

整理得

$$(x-x_0)^2+(y-y_0)^2+(z-z_0)^2=R^2,$$

这就是球面的(标准)方程.

如果球心在坐标原点,则球面方程就是

$$x^2+y^2+z^2=R^2.$$

而方程 $z=\sqrt{R^2-(x^2+y^2)}$ 与 $z=-\sqrt{R^2-(x^2+y^2)}$ 就分别是上半球面与下半球面的方程.

球面及其所包围的空间点的全体称为球体.球心在点 $P_0(x_0,y_0,z_0)$、半径为 R 的球体上任意一点满足关系式

$$(x-x_0)^2+(y-y_0)^2+(z-z_0)^2\leqslant R^2.$$

这个不等式也称为**球体方程**.

3. 圆柱面方程

空间中,到一条定直线的距离等于定长的动点的轨迹叫做**圆柱面**.定直线叫做**圆柱面的轴**,定长叫做**圆柱面的半径**.

设 $P(x,y,z)$ 为圆柱面上任意一点,圆柱面半径为 R,则由点到坐标轴的距离公式得到以 z 轴为轴的圆柱面方程为 $\sqrt{x^2+y^2}=R$,即

$$x^2+y^2=R^2.$$

同理,以 y 轴为轴的圆柱面方程为

$$x^2+z^2=R^2,$$

以 x 轴为轴的圆柱面方程为

$$y^2+z^2=R^2.$$

观察这三个方程,它们有什么特点?如果改成圆柱体,方程将如何变化?又如果圆柱面的轴过点 $(a,b,0)$ 且垂直于 xOy 面,方程如何?

4. 平面方程

平面总可以看成是空间中某两个定点所连线段的垂直平分面.在空间直角坐标系中有两个定点 $P_1(x_1,y_1,z_1)$ 与 $P_2(x_2,y_2,z_2)$,求线段 P_1P_2 垂直平分面的方程.

设动点的坐标为 $P(x,y,z)$,则 $|P_1P|=|P_2P|$,即

$$\sqrt{(x-x_1)^2+(y-y_1)^2+(z-z_1)^2}=\sqrt{(x-x_2)^2+(y-y_2)^2+(z-z_2)^2}.$$

整理得

$$2(x_2-x_1)x+2(y_2-y_1)y+2(z_2-z_1)z+(x_1^2-x_2^2+y_1^2-y_2^2+z_1^2-z_2^2)=0.$$

记

$$A=2(x_2-x_1),B=2(y_2-y_1),C=2(z_2-z_1),D=x_1^2-x_2^2+y_1^2-y_2^2+z_1^2-z_2^2,$$

则上式成为

$$Ax+By+Cz+D=0,$$

这就是所求的平分面方程.

一般地,将形如 $Ax+By+Cz+D=0$ 的平面方程称为**平面的一般式方程**.

由于 $P_1(x_1,y_1,z_1)$ 与 $P_2(x_2,y_2,z_2)$ 是两个不同的点,所以 A,B,C 不同时为 0.反之,当 A,B,C 不同时为 0 时,方程 $Ax+By+Cz+D=0$ 所对应的曲面均是平面.

例 2　求经过三点 $M_1(5,10,5)$、$M_2(1,2,1)$ 和 $M_3(3,6,9)$ 的平面方程.

解　设所求平面方程为 $Ax+By+Cz+D=0$.因 M_1、M_2 和 M_3 三点都在这个平面上,所

以它们的坐标都满足这个方程. 把三点坐标分别代入,得

$$\begin{cases}5A+10B+5C+D=0,\\A+2B+C+D=0,\\3A+6B+9C+D=0.\end{cases}$$

解得 $A=-2B,C=0,D=0(B\neq 0)$. 因此,所求平面的方程为 $2x-y=0$.

例 3 求经过三点 $M_1(a,0,0)$、$M_2(0,b,0)$ 和 $M_3(0,0,c)(abc\neq 0)$ 的平面方程.

解 设所求平面的方程为 $Ax+By+Cz+D=0$. 因 M_1、M_2 和 M_3 三点都在这个平面上,所以它们的坐标都满足这个方程. 把三点坐标分别代入,得

$$\begin{cases}aA+D=0,\\bB+D=0,\\cC+D=0,\end{cases}$$

解得 $A=-\dfrac{D}{a},B=-\dfrac{D}{b},C=-\dfrac{D}{c}(D\neq 0)$. 因此,所求平面的方程为

$$\frac{x}{a}+\frac{y}{b}+\frac{z}{c}=1.$$

一般地,称形如 $\dfrac{x}{a}+\dfrac{y}{b}+\dfrac{z}{c}=1$ 的平面方程为**平面的截距式方程**, a,b,c 依次称为该平面在 x 轴、y 轴、z 轴上的截距.

过点 $M(a,0,0)$ 且垂直于 x 轴的平面方程为 $x=a$;过点 $N(0,b,0)$ 且垂直于 y 轴的平面方程为 $y=b$;过点 $P(0,0,c)$ 且垂直于 z 轴的平面方程为 $z=c$;xOy 坐标面的方程为 $z=0$;yOz 坐标面的方程为 $x=0$;zOx 坐标面的方程为 $y=0$.

5. 旋转曲面

平面内一条曲线 C,绕该平面内一条定直线 L 旋转一周所形成的曲面,称为**旋转曲面**,其中平面曲线 C 称为该旋转曲面的**母线**,定直线 L 称为该旋转曲面的**轴**.

圆柱面是旋转曲面,球面也是旋转曲面. 这里主要介绍母线在坐标面上,绕某个坐标轴旋转所形成的旋转曲面.

设 yOz 坐标面内曲线 C 的方程为 $f(y,z)=0$,以 C 为母线绕 z 轴旋转一周生成一个旋转曲面(见图 6-5).

设曲线 C 上的点 $M_1(0,y_1,z_1)$ 旋转时对应曲面上的点 $M(x,y,z)$, M_1 旋转所成圆的圆心记为 O_1, O_1 在 z 轴上,则 $z=z_1$ 保持不变,且 $|O_1M_1|=|O_1M|$,即 $\sqrt{y_1^2}=\sqrt{x^2+y^2}$,亦即 $y_1=\pm\sqrt{x^2+y^2}$. 将它们代入 $f(y_1,z_1)=0$ 中,得 $f(\pm\sqrt{x^2+y^2},z)=0$,这就是旋转曲面的方程,即只要把 yOz 坐标面上曲线 C 的方程 $f(y,z)=0$ 中的 y 换成 $\pm\sqrt{x^2+y^2}$,就可得到曲线 C 绕 z 轴旋转所成的旋转曲面方程.

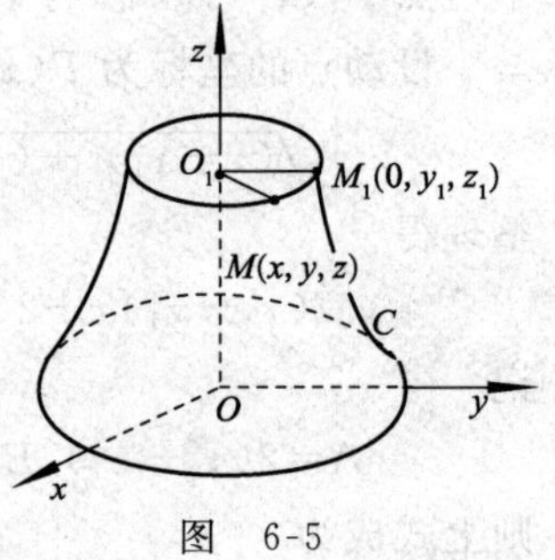

图 6-5

同理,曲线 C 绕 y 轴旋转所成的旋转曲面方程为 $f(y,\pm\sqrt{x^2+z^2})=0$.

对于其他坐标面上的曲线,用同样方法可得曲线绕其坐标平面上任何一条坐标轴旋转所生成的旋转曲面方程.

例 4 求 yOz 坐标面上的椭圆 $\dfrac{y^2}{b^2}+\dfrac{z^2}{c^2}=1$ 绕 y 轴旋转而成的旋转曲面方程.

解 绕 y 轴旋转而成的旋转曲面方程为

$$\frac{y^2}{b^2}+\frac{x^2+z^2}{c^2}=1.$$

此曲面叫做**旋转椭球面**(见图 6-6). 特别地,当 $b=c$ 时,它成为球面.

例 5　求 yOz 坐标面上双曲线$\frac{y^2}{b^2}-\frac{z^2}{c^2}=1$ 分别绕 y 轴、z 轴旋转而成的旋转曲面方程.

解　绕 y 轴旋转而成的旋转曲面方程为

$$\frac{y^2}{b^2}-\frac{x^2+z^2}{c^2}=1,$$

此曲面叫做**旋转双叶双曲面**(见 6-7);

绕 z 轴旋转而成的旋转曲面方程为

$$\frac{x^2+y^2}{b^2}-\frac{z^2}{c^2}=1,$$

此曲面叫做**旋转单叶双曲面**(见图 6-8).

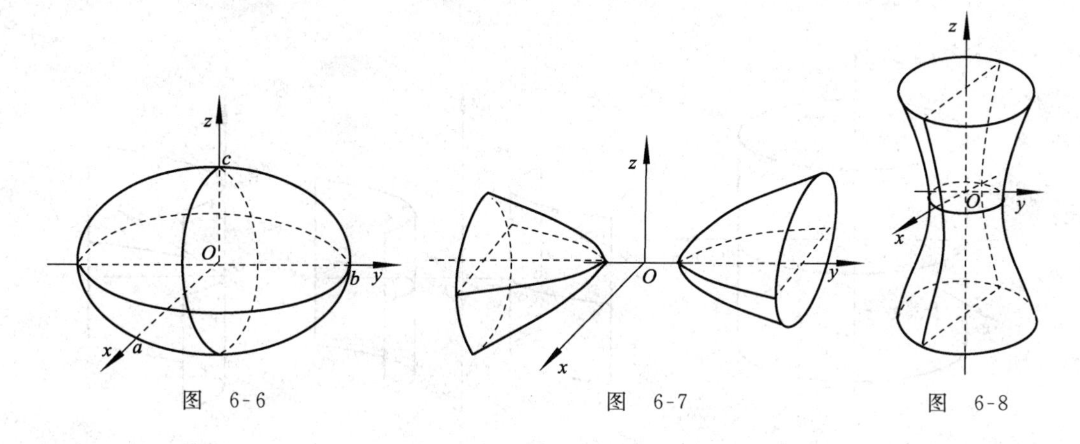

图　6-6　　图　6-7　　图　6-8

例 6　求 yOz 坐标面上的直线 $kz=y(k\neq0)$ 绕 z 轴旋转而成的旋转曲面方程.

解　把方程 $kz=y$ 中的 y 换成 $\pm\sqrt{x^2+y^2}$ 后两边平方,得旋转曲面方程为

$$k^2z^2=x^2+y^2.$$

此曲面叫做**圆锥面**(见图 6-9),常用的圆锥面是 $z=\sqrt{x^2+y^2}$.

例 7　求 yOz 坐标面上的抛物线 $z=ay^2(a>0)$绕 z 轴旋转而成的旋转曲面方程.

解　把方程 $z=ay^2$ 中的 y 换成$\pm\sqrt{x^2+y^2}$,得所求旋转曲面的方程

$$z=a(x^2+y^2).$$

此曲面叫做**旋转抛物面**(见图 6-10).

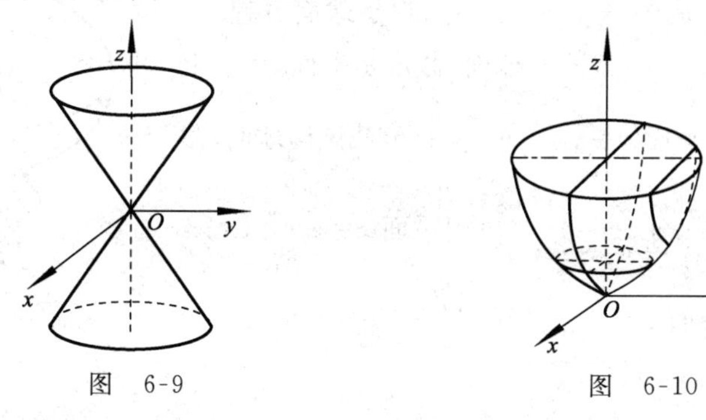

图　6-9　　图　6-10

6. 柱面方程

直线 L 沿定曲线 C 平行移动所形成的曲面称为**柱面**. 定曲线 C 称为柱面的**准线**,动直线 L 称为柱面的**母线**.

如果柱面的准线 C 在 xOy 坐标面上的方程为 $f(x,y)=0$,那么以 C 为准线,母线平行于 z 轴的柱面方程就是 $f(x,y)=0$;同样,方程 $g(y,z)=0$ 表示母线平行于 x 轴的柱面;方程 $h(x,z)$表示母线平行于 y 轴的柱面. 一般地,在空间直角坐标系中,含有两个变量的方程就是柱面方程,且在其方程中缺少哪个变量,此柱面的母线就平行于哪一个坐标轴.

例如,方程$\dfrac{x^2}{a^2}+\dfrac{y^2}{b^2}=1$, $\dfrac{x^2}{a^2}-\dfrac{y^2}{b^2}=1$, $y^2=2px$ 分别表示母线平行于 z 轴的椭圆柱面、双曲柱面和抛物柱面(见图 6-11~图 6-13).

方程 $x^2+y^2=2Rx(R>0)$表示的是以 xOy 坐标面上的圆$(x-R)^2+y^2=R^2$ 为准线、母线平行于 z 轴的圆柱面.

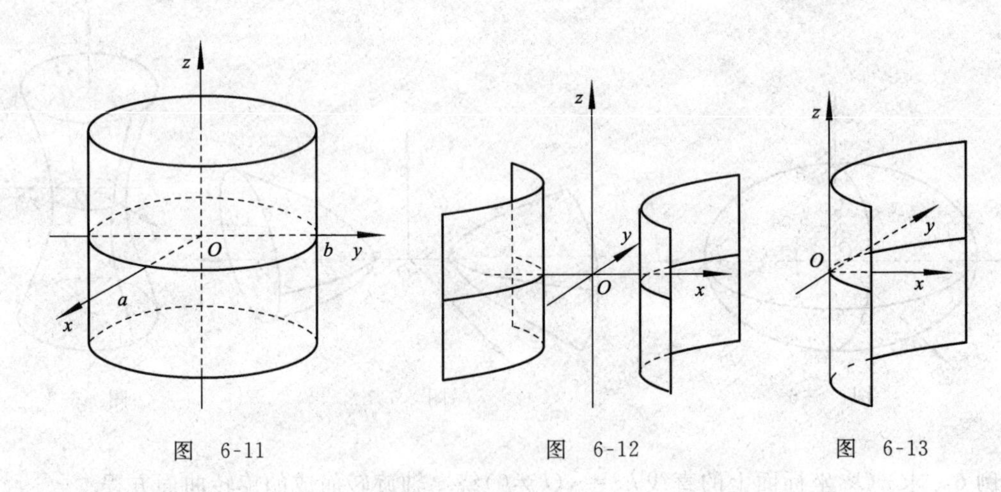

图 6-11　　图 6-12　　图 6-13

7. 二次曲面

前面讨论过的曲面除平面外,其方程都是三元二次方程(含二元二次方程),我们把三元二次方程所表示的曲面称为**二次曲面**. 而把平面称为**一次曲面**.

下面是常用的二次曲面方程.

(1)椭球面

方程$\dfrac{x^2}{a^2}+\dfrac{y^2}{b^2}+\dfrac{z^2}{c^2}=1$ 表示的曲面叫做**椭球面**(见图 6-14).

当 $a=b=c=r$ 时,方程变成 $x^2+y^2+z^2=r^2$,它是球面方程.

用平面 $x=x_0(-a<x_0<a)$截该椭球面,截痕是平面$x=x_0$上的椭圆$\dfrac{y^2}{b^2}+\dfrac{z^2}{c^2}=1-\dfrac{x_0^2}{a^2}$;用平面 $y=y_0(-b<y_0<b)$截该椭球面,截痕是平面 $y=y_0$ 上的椭圆$\dfrac{x^2}{a^2}+\dfrac{z^2}{c^2}=1-\dfrac{y_0^2}{b^2}$;用平面 $z=z_0(-c<z_0<c)$截该椭球面,截痕是平面 $z=z_0$ 上的椭圆$\dfrac{x^2}{a^2}+\dfrac{y^2}{b^2}=1-\dfrac{z_0^2}{c^2}$.

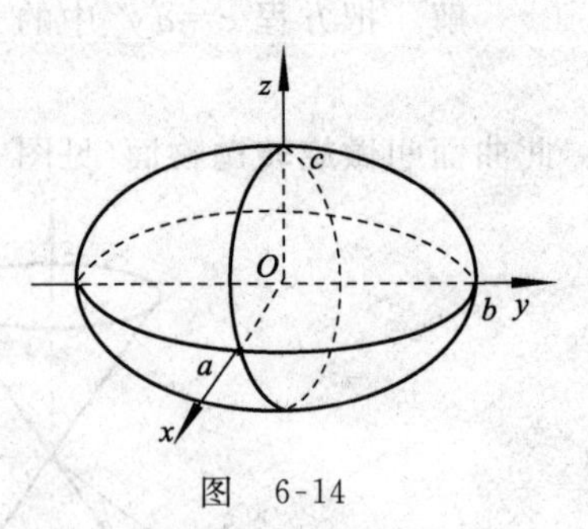

图 6-14

(2)单叶双曲面

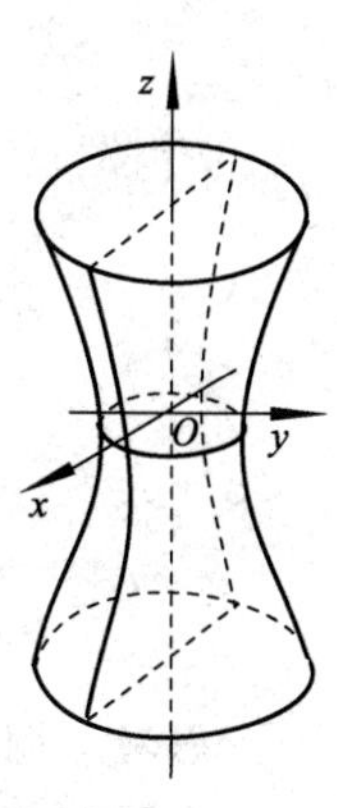

图　6-15

方程$\frac{x^2}{a^2}+\frac{y^2}{b^2}-\frac{z^2}{c^2}=1$表示的曲面叫做**单叶双曲面**(见图 6-15).

用平面 $x=x_0$ 截该曲面,截痕是平面 $x=x_0$ 上的双曲线$\frac{y^2}{b^2}-\frac{z^2}{c^2}=1-\frac{x_0^2}{a^2}$;用平面 $y=y_0$ 截该曲面,截痕是平面 $y=y_0$ 上的双曲线$\frac{x^2}{a^2}-\frac{z^2}{c^2}=1-\frac{y_0^2}{b^2}$;用平面 $z=z_0$ 截该曲面,截痕是平面 $z=z_0$ 上的椭圆$\frac{x^2}{a^2}+\frac{y^2}{b^2}=1+\frac{z_0^2}{c^2}$.

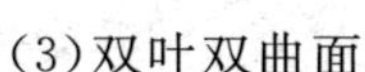

(3)双叶双曲面

方程$\frac{x^2}{a^2}-\frac{y^2}{b^2}+\frac{z^2}{c^2}=-1$表示的曲面叫做**双叶双曲面**(见图 6-16).

用平面 $x=x_0$ 去截该曲面,截痕是平面 $x=x_0$ 上的双曲线$\frac{y^2}{b^2}-\frac{z^2}{c^2}=1+\frac{x_0^2}{a^2}$;用平面 $y=y_0$($|y_0|>b$)去截该曲面,截痕是平面 $y=y_0$ 上的椭圆$\frac{x^2}{a^2}+\frac{z^2}{c^2}=\frac{y_0^2}{b^2}-1$;用平面 $z=z_0$ 去截该曲面,截痕是平面 $z=z_0$ 上的双曲线$-\frac{x^2}{a^2}+\frac{y^2}{b^2}=1+\frac{z_0^2}{c^2}$.

(4)锥面

方程 $a^2x^2-b^2y^2+c^2z^2=0$ ($abc\neq 0$)表示的曲面叫做**锥面**(见图 6-17).

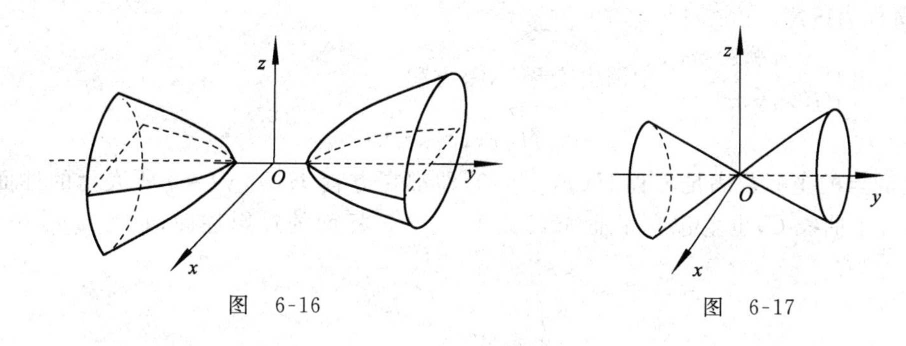

图　6-16　　　　图　6-17

常用的锥面是圆锥面 $z^2=x^2+y^2$(或 $z=\sqrt{x^2+y^2}$)(见图 6-9).

思考　用垂直于坐标轴的平面(包括坐标面)截圆锥面,截痕分别是什么曲线?

(5)抛物面

① 椭圆抛物面

方程 $z=\frac{x^2}{2p}+\frac{y^2}{2q}$ ($p,q>0$)表示的曲面叫做**椭圆抛物面**(见图 6-18),当 $2p=2q=1$ 时,方程为 $z=x^2+y^2$,成为旋转抛物面.方程 $z=a-(x^2+y^2)$也是旋转抛物面.

② 双曲抛物面

方程 $z=-\frac{x^2}{2p}+\frac{y^2}{2q}$ ($p,q>0$)表示的曲面叫做**双曲抛物面**(见图 6-19),也叫**马鞍面**.

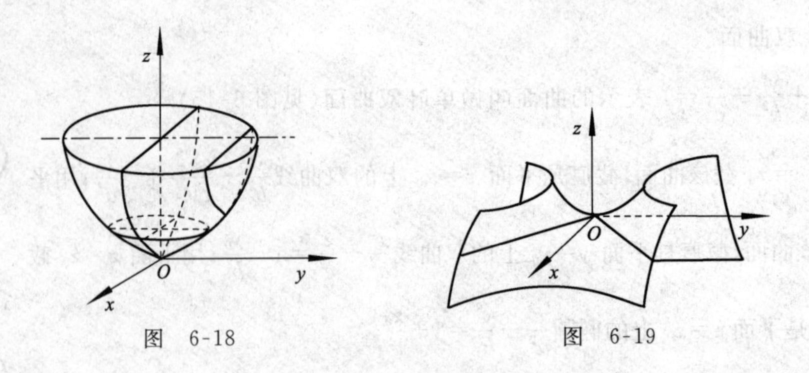

图 6-18　　　　图 6-19

思考　用垂直于坐标轴的平面(包括坐标面)截抛物面，截痕分别是什么曲线？

在平面解析几何中，方程 $xy=k$ 当 $k\neq 0$ 时表示的是双曲线，且曲线随 k 的变化而不同；当 $k=0$ 时表示的是两坐标轴. 在空间解析几何中，方程 $z=xy$ 表示的也是双曲抛物面，图形与图 6-19 相似，但要把曲面绕 z 轴(从 y 轴正向向 x 轴正向)旋转 $45°$.

三、空间曲线在坐标面上的投影

空间曲线可以看成是两个曲面的交线. 设空间曲线 C 的方程为 $\begin{cases}F(x,y,z)=0,\\G(x,y,z)=0,\end{cases}$ 过曲线 C 上的每一点作 xOy 坐标面的垂线，这些垂线形成了一个母线平行于 z 轴的柱面，称为曲线 C 关于 xOy 坐标面的**投影柱面**. 这个柱面与 xOy 坐标面的交线称为曲线 C 在 xOy 坐标面的**投影曲线**，简称为**投影**.

在方程组 $\begin{cases}F(x,y,z)=0,\\G(x,y,z)=0\end{cases}$ 中消去变量 z，得方程

$$H(x,y)=0.$$

曲线 C 上的点的坐标都满足方程 $H(x,y)=0$，即都在方程 $H(x,y)=0$ 所表示的柱面上，这个柱面包含了曲线 C，也就包含了曲线 C 关于 xOy 坐标面的投影柱面，它与 xOy 坐标面的交线

$$\begin{cases}H(x,y)=0,\\z=0\end{cases}$$

就是包含曲线 C 在 xOy 坐标面的投影曲线的方程.

同理，消去方程组 $\begin{cases}F(x,y,z)=0,\\G(x,y,z)=0\end{cases}$ 中的变量 x 或变量 y，再分别和 $x=0$ 或 $y=0$ 联立，就可得到包含曲线 C 在 yOz 坐标面或 zOx 坐标面上的投影曲线方程.

例 8　已知两球面的方程为 $x^2+y^2+z^2=1$ 和 $x^2+(y-1)^2+(z-1)^2=1$，求它们的交线 C 在 yOz 坐标面及 xOy 坐标面上的投影曲线方程.

解　两球面的球心距离为 $\sqrt{2}(<2)$，两球面有交线. 两方程相减，整理得

$$y+z=1.$$

此平面包含两球面交线 C 在 yOz 坐标面上的投影柱面. 而两个球面分别满足 $-1\leqslant z\leqslant 1$ 及 $0\leqslant z\leqslant 2$，所以，交线 C 在 yOz 坐标面上的投影曲线方程为

$$\begin{cases}y+z=1 \quad 其中\ 0\leqslant z\leqslant 1,\\x=0.\end{cases}$$

再以 $z-1=-y$ 代入第二个球面方程，得

$$x^2+2y^2-2y=0,$$

因此，两球面的交线 C 在 xOy 坐标面上的投影曲线方程为

$$\begin{cases}x^2+2y^2-2y=0,\\ z=0.\end{cases}$$

习　题　6-1

1. 已知点 $M(1,-2,3)$，求：(1)与点 M 关于坐标原点对称的点 M_1；(2)与点 M 关于 x 轴对称的点 M_2；(3)与点 M 关于 yOz 坐标面对称的点 M_3；(4)以上各点 M、M_1、M_2 和 M_3 所在卦限.

2. 试证以 $A(4,1,9)$、$B(10,-1,6)$和 $C(2,4,3)$为顶点的三角形是等腰直角三角形.

3. 一球面以两点 $A(1,2,3)$与 $B(5,-4,7)$间的线段为一条直径，求该球面的方程.

4. 指出下列方程在平面直角坐标系和空间直角坐标系中各表示什么图形：

(1) $x+y=2$；　(2) $x^2+y^2=2$；　(3) $x^2-2y=2$；

(4) $\sin(x^2+y^2)=0$；　(5) $\begin{cases}y=2x+1,\\ y=3x-2;\end{cases}$　(6) $\begin{cases}\dfrac{x^2}{4}+\dfrac{y^2}{9}=1,\\ \dfrac{x^2}{9}+\dfrac{y^2}{4}=1.\end{cases}$

5. 分别求母线平行于 x 轴、y 轴且过曲线 $\begin{cases}2x^2+y^2+z^2=16,\\ x^2-y^2+z^2=0\end{cases}$ 的柱面方程.

6. 求球面 $x^2+y^2+z^2=4$ 与平面 $x+z=1$ 的交线在 xOy 坐标面上的投影方程.

7. 指出下列方程在空间直角坐标系中所表示图形的形状：

(1) $(x-1)^2+y^2+(z+2)^2=4$；　(2) $\dfrac{x}{2}+\dfrac{y}{5}+\dfrac{z}{3}=1$；　(3) $x+2y+3z-6=0$；

(4) $z=x^2+y^2$；　(5) $z=6-x^2-2y^2$；　(6) $z=\sin x$.

8. 画出曲线 $\begin{cases}x^2+y^2=a^2,\\ x^2+z^2=a^2\end{cases}$ 在第Ⅰ卦限内的图形.

9. 画出由三个坐标面及平面 $x=1$、$y=1$ 和 $2x+3y+z=6$ 所围成立体的图形.

第二节　多元函数的基本概念

一、区域

在讨论一元函数时，常用到邻域和区间等概念，现在我们把这些概念进行推广，并引进一些其他概念.

1. 平面点集

坐标平面上一切点的集合称为**二维空间**，记为 $\mathbf{R}^2$，即

$$\mathbf{R}^2=\{(x,y)\mid x,y\in\mathbf{R}\}.$$

坐标平面上具有某种性质 P 的点的集合，称为**平面点集**，记作

$$E=\{(x,y)\mid(x,y)\text{具有性质}P\}.$$

例如,平面上以原点为中心、r 为半径的圆内所有点的集合是

$$C=\{(x,y)\mid x^2+y^2<r^2\}.$$

如果我们以 P 表示点(x,y),以$|OP|$表示点 P 到原点 O 的距离,那么集合 C 可表成

$$C=\{P\mid |OP|<r\}.$$

邻域:设 $P_0(x_0,y_0)$是 xOy 平面上的一个点,δ 是某一正数,与点 $P_0(x_0,y_0)$距离小于 δ 的点 $P(x,y)$的全体,称为点 P_0 的 δ **邻域**,记为 $U(P_0,\delta)$,即

$$U(P_0,\delta)=\{P\mid |P_0P|<\delta\}$$

或

$$U(P_0,\delta)=\{(x,y)\mid \sqrt{(x-x_0)^2+(y-y_0)^2}<\delta\}.$$

点 P_0 的去心 δ 邻域,记作 $\mathring{U}(P_0,\delta)$,即

$$\mathring{U}(P_0,\delta)=\{P\mid 0<|P_0P|<\delta\}.$$

如果不需要强调邻域的半径 δ,则用 $U(P_0)$表示点 P_0 的某个邻域,用 $\mathring{U}(P_0)$表示点 P_0 的某个去心邻域.

平面区域:整个 xOy 平面或 xOy 上(一条或)几条曲线围成的一部分平面,称为一个**平面区域**.围成区域的曲线称为**边界线**,包含边界线的区域称为**闭区域**,不包含边界线的区域称为**开区域**.能被一个圆完全包围的区域称为**有界区域**,否则称为**无界区域**.

例如,集合 $E=\{(x,y)\mid 1\leqslant x^2+y^2\leqslant 2\}$是有界闭区域;集合$\{(x,y)\mid x+y>2\}$是无界开区域.

类似地,可定义空间区域的概念.

2. n 维空间

设 n 为一取定的正整数,我们把 n 元有序数组$(x_1,x_2,\cdots,x_n)$的全体构成的集合记为 $\mathbf{R}^n$,即

$$\mathbf{R}^n=\{(x_1,x_2,\cdots,x_n)\mid x_i\in\mathbf{R},i=1,2,\cdots,n\},$$

其中的元素有时也用记号 $\vec{x}$ 表示,即 $\vec{x}=(x_1,x_2,\cdots,x_n)$,并对 $\mathbf{R}^n$ 规定线性运算:

$\forall\vec{x},\vec{y}\in\mathbf{R}^n,\lambda\in\mathbf{R}$,

$$\vec{x}+\vec{y}=(x_1+y_1,x_2+y_2,\cdots,x_n+y_n),$$

$$\lambda\vec{x}=(\lambda x_1,\lambda x_2,\cdots,\lambda x_n).$$

这样定义了线性运算的集合 $\mathbf{R}^n$ 称为 n **维空间**,其中的元素也称为**点**.

$\mathbf{R}^n$ 中点 $\vec{x}=(x_1,x_2,\cdots,x_n)$与点 $\vec{y}=(y_1,y_2,\cdots,y_n)$之间的距离,记作 $\rho(\vec{x},\vec{y})$,规定

$$\rho(\vec{x},\vec{y})=\sqrt{(x_1-y_1)^2+(x_2-y_2)^2+\cdots+(x_n-y_n)^2}.$$

二、多元函数的概念

在实际问题中,经常会遇到多个变量之间的依赖关系.如圆柱的体积 V 和它的底面半径 r、高 h 之间具有关系 $V=\pi r^2h$,当 r、h 在集合$\{(r,h)\mid r>0,h>0\}$内取定一对值时,体积 V 的值就会唯一确定.

又如,在第一节中,我们介绍过上半球面方程 $z=\sqrt{a^2-(x^2+y^2)}$,其中 x,y,z 可以看成是三个相互依赖的变量,变量 z 是随数对(x,y)变化而变化的,只要数对(x,y)在集合 $D=\{(x,y)\mid x^2+y^2\leqslant a^2\}$中取定一个元素,变量 z 就有唯一确定的实数与之对应.这种变量之间的依赖关系也是一种函数关系.

定义 1　设 D 是 $\mathbf{R}^2$ 的一个非空子集，f 为一对应法则，使得在 f 之下对于每一个有序数组 $(x,y)\in D$，都有唯一确定的实数 z 与之对应，则称对应法则 f 为定义在 D 上的**二元函数**，记作

$$z=f(x,y),$$

其中 x,y 称为**自变量**；z 称为**因变量**；集合 D 称为函数的**定义域**，也常记作 $D(f)$. 对于 $(x_0,y_0)\in D$，z 所对应的值记为

$$z_0=f(x_0,y_0)\text{或}z\Big|_{\substack{x=x_0\\y=y_0}}=f(x_0,y_0)\text{或}z_{(x_0,y_0)},$$

称为当 $(x,y)=(x_0,y_0)$ 时，函数 $z=f(x,y)$ 的**函数值**. 函数值的集合

$$\{z\,|\,z=f(x,y),(x,y)\in D\}$$

称为函数的**值域**，记作 $f(D)$，即 $f(D)=\{z\,|\,z=f(x,y),(x,y)\in D\}$.

类似地，可以定义三元函数 $u=f(x,y,z)$ 及一般的 n 元函数 $u=f(x_1,x_2,\cdots,x_n)$.

二元及二元以上的函数统称为**多元函数**，相应地，把函数 $y=f(x)$ 称为**一元函数**.

与一元函数相类似，关于多元函数的定义域，作如下约定：讨论用解析式表达的多元函数 $u=f(P)$ 时，以使这个解析式有意义的数组 $(x_1,x_2,\cdots,x_n)$ 所组成的点集作为这个多元函数的定义域，称为该函数的**自然定义域**. 以后涉及这类函数就不再特别标出它的定义域. 例如，函数 $z=\sqrt{a^2-(x^2+y^2)}$ 的定义域为 $\{(x,y)\,|\,x^2+y^2\leqslant a^2\}$，这是一个有界闭区域. 又如，函数 $u=\ln(z-x^2-y^2)$ 的定义域为 $\{(x,y,z)\,|\,z>x^2+y^2\}$，这是一个无界开区域，是开口向上的旋转抛物面内部的点集.

二元函数的图形：设函数 $z=f(x,y)$ 的定义域为 D，对于任意取定的点 $M(x,y)\in D$，对应的函数值为 $z=f(x,y)$. 这样，以 x 为横坐标、y 为纵坐标、$z=f(x,y)$ 为立坐标在空间就确定一点 $P(x,y,z)$. 当 (x,y) 遍取 D 上的一切点时，得到一个空间直角坐标系中的点集

$$\{(x,y,z)\,|\,z=f(x,y),(x,y)\in D\},$$

这个点集称为**二元函数 $z=f(x,y)$ 的图形**.

一般情况下，二元函数的图形是一张曲面，这曲面在 xOy 坐标面上的投影区域就是定义域 D 所对应的点集（见图 6-20）.

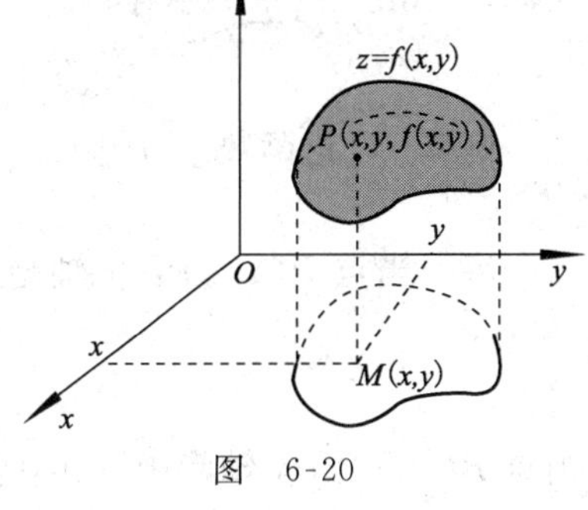

图　6-20

例如，函数 $z=\sqrt{a^2-(x^2+y^2)}$ 的图形是以坐标原点为球心、以 $|a|$ 为半径的上半球面，而函数 $z=x^2+y^2$ 的图形是开口向上的旋转抛物面（见图 6–10）.

三、二元函数的极限

与一元函数的极限、连续概念类似，我们引入二元函数极限与连续的概念.

定义 2　设 $P_0(x_0,y_0)$ 是函数 $z=f(x,y)$ 的定义域 D 内或边界上的点，如果当点 $P(x,y)$ 在 D 内以任意方式趋向于点 $P_0(x_0,y_0)$ 时，对应的函数值 $f(x,y)$ 总是趋向于一个确定的常数 A，则称 A 为函数 $z=f(x,y)$ 当 $(x,y)\to(x_0,y_0)$ 时的**极限**，记作

$$\lim_{\substack{x\to x_0\\y\to y_0}}f(x,y)=A\text{ 或}\lim_{(x,y)\to(x_0,y_0)}f(x,y)=A\text{ 或}\lim_{\rho\to 0}f(x,y)=A,$$

其中 $\rho=\sqrt{(x-x_0)^2+(y-y_0)^2}$.

类似于一元函数极限的"$\varepsilon-\delta$"定义，下面给出二元函数极限的"$\varepsilon-\delta$"定义.

定义 2′ 设二元函数 $f(P)=f(x,y)$ 的定义域为 D，$P_0(x_0,y_0)$ 是 D 内或边界上的点. 如果有常数 A，对 $\forall\varepsilon>0$，$\exists\delta>0$，当点 $P(x,y)\in D\cap\mathring{U}(P_0,\delta)$ 时，总有 $f(x,y)\in U(A,\varepsilon)$，即

$$|f(P)-A|=|f(x,y)-A|<\varepsilon$$

成立，那么就称常数 A 为函数 $f(x,y)$ 当 $(x,y)\to(x_0,y_0)$ 时的极限.

为区别一元函数的极限，把如上定义的二元函数的极限叫做**二重极限**.

二元函数极限的几何意义：直观地看，在以点 $P_0(x_0,y_0)$ 为中心的某去心邻域内，点 $P(x,y)$ 在函数的定义域内以任意方式无限地趋近于点 $P_0(x_0,y_0)$ 时，点 $M(x,y,z)$ 在函数 $z=f(x,y)$ 的图形上以点 $P(x,y)$ 为投影点无限地趋近于点 $M_0(x_0,y_0,A)$.

需要注意：(1) 二重极限存在，是指 P 以任何方式趋于 P_0 时，函数都无限接近于 A.

(2) 如果当 P 以两种不同方式趋于 P_0 时，函数趋于不同的值，则函数的极限不存在.

例 1 证明极限 $\lim\limits_{(x,y)\to(0,0)}\dfrac{x^2y}{x^4+y^2}$ 不存在.

证 当点 $P(x,y)$ 沿 y 轴趋于点 $(0,0)$ 时，$x=0$，$y\neq0$，于是

$$\lim_{\substack{(x,y)\to(0,0)\\x=0}}\frac{x^2y}{x^4+y^2}=\lim_{y\to0}\frac{0}{y^2}=0;$$

当点 $P(x,y)$ 沿曲线 $y=x^2$ 趋于点 $(0,0)$ 时，有

$$\lim_{\substack{(x,y)\to(0,0)\\y=x^2}}\frac{x^2y}{x^4+y^2}=\lim_{x\to0}\frac{x^2x^2}{x^4+x^4}=\frac{1}{2}.$$

因此，$\lim\limits_{(x,y)\to(0,0)}\dfrac{x^2y}{x^4+y^2}$ 不存在.

例 2 讨论函数 $f(x,y)=\begin{cases}\dfrac{xy}{x^2+y^2} & 当\ x^2+y^2\neq0,\\ 0 & 当\ x^2+y^2=0\end{cases}$ 当 $(x,y)\to(0,0)$ 时的极限.

解 当点 $P(x,y)$ 沿 x 轴趋于点 $(0,0)$（但 $(x,y)\neq(0,0)$）时，有

$$\lim_{\substack{(x,y)\to(0,0)\\y=0}}\frac{xy}{x^2+y^2}=\lim_{x\to0}\frac{0}{x^2}=0;$$

当点 $P(x,y)$ 沿 y 轴趋于点 $(0,0)$ 时，有

$$\lim_{\substack{(x,y)\to(0,0)\\x=0}}\frac{xy}{x^2+y^2}=\lim_{y\to0}\frac{0}{y^2}=0.$$

虽然上述两极限存在且相等，但这不能说明 $\lim\limits_{(x,y)\to(0,0)}f(x,y)$ 存在，因为当点 $P(x,y)$ 沿曲线 $y=kx\ (k\neq0)$ 趋于点 $(0,0)$ 时，有

$$\lim_{\substack{(x,y)\to(0,0)\\y=kx}}\frac{xy}{x^2+y^2}=\lim_{x\to0}\frac{xkx}{x^2+k^2x^2}=\frac{k}{1+k^2}(\neq0).$$

显然，该极限值因 k 值不同而不同. 因此，当 $(x,y)\to(0,0)$ 时，$f(x,y)$ 的极限不存在.

二元函数极限的概念，可推广到 n 元函数.

四、二元函数的连续性

与一元函数类似，下面给出二元函数连续的概念.

定义 3 设 $P_0(x_0,y_0)$ 是函数 $z=f(x,y)$ 的定义域 D 内的点，如果当点 $P(x,y)$ 在定义域

内以任意方式趋向于点 $P_0(x_0,y_0)$ 时，函数 $f(x,y)$ 的极限存在，且等于函数在 $P_0(x_0,y_0)$ 点的函数值 $f(x_0,y_0)$，即

$$\lim_{\substack{x\to x_0\\ y\to y_0}} f(x,y)=f(x_0,y_0),$$

则称**函数 $z=f(x,y)$ 在点 $P_0(x_0,y_0)$ 处连续**.

如果记 $x=x_0+\Delta x$，$y=y_0+\Delta y$，$\Delta z=f(x_0+\Delta x,y_0+\Delta y)-f(x_0,y_0)$，$\Delta x$，$\Delta y$ 分别是自变量 x，y 的增量，Δz 称为函数 $z=f(x,y)$ 在点 $P_0(x_0,y_0)$ 处的**全增量**，则函数 $z=f(x,y)$ 在点 $P_0(x_0,y_0)$ 处连续的定义又可表述如下：

定义 3′　设 $P_0(x_0,y_0)$ 是函数 $z=f(x,y)$ 的定义域 D 内的点，点 $P(x_0+\Delta x,y_0+\Delta y)$ 在定义域 D 内，如果当 $\rho=\sqrt{(\Delta x)^2+(\Delta y)^2}\to 0$ 时，$\Delta z\to 0$，即

$$\lim_{(\Delta x,\Delta y)\to(0,0)}\Delta z=\lim_{(\Delta x,\Delta y)\to(0,0)}(f(x_0+\Delta x,y_0+\Delta y)-f(x_0,y_0))=0,$$

则称函数 $z=f(x,y)$ 在点 $P_0(x_0,y_0)$ 处**连续**.

二元函数在点 $P_0(x_0,y_0)$ 处连续的几何意义：直观地看，在以点 $P_0(x_0,y_0)$ 为中心的邻域内，二元函数 $z=f(x,y)$ 所对应的图形上的点 $M_0(x_0,y_0,z_0)(z_0=f(x_0,y_0))$ 与“周围”完整地连接在一起.

如果函数 $z=f(x,y)$ 在 D 的每一点都连续，那么就称**函数 $f(x,y)$ 在 D 上连续**，或者称 $f(x,y)$ 是 D 上的**连续函数**.

二元函数连续的概念可推广到 n 元函数.

定义 4　设函数 $f(x,y)$ 的定义域为 D，$P_0(x_0,y_0)$ 是 D 内或边界上的点. 如果函数 $f(x,y)$ 在点 $P_0(x_0,y_0)$ 不连续，则称 $P_0(x_0,y_0)$ 为函数 $f(x,y)$ 的**间断点**.

例如，函数 $z=\sin\dfrac{1}{x^2+y^2-1}$，其定义域为 $D=\{(x,y)\mid x^2+y^2\neq 1\}$，也就是此函数在圆周 $C=\{(x,y)\mid x^2+y^2=1\}$ 上没有定义，当然 $f(x,y)$ 在 C 上各点都不连续，所以圆周 C 上各点都是该函数的间断点.

例 3　讨论函数 $f(x,y)=\begin{cases}\dfrac{xy}{x^2+y^2} & 当\ x^2+y^2\neq 0,\\ 0 & 当\ x^2+y^2=0\end{cases}$ 在点 $(0,0)$ 处的连续性.

解　此函数的定义域 $D\in\mathbf{R}^2$，$(0,0)$ 是定义域内的点，且 $f(0,0)=0$. 但由例 2 知 $\lim\limits_{(x,y)\to(0,0)}f(x,y)$ 不存在，所以此函数在点 $(0,0)$ 处是不连续的.

可以证明，多元连续函数的和、差、积仍为连续函数；连续函数的商在分母不为零处仍连续；多元连续函数的复合函数也是连续函数.

多元初等函数：与一元初等函数类似，多元初等函数是指可用一个式子表示的多元函数，这个式子是由具有不同自变量的一元基本初等函数经过有限次的四则运算和复合运算而得到的.

例如，$\dfrac{x+x^2-y^2}{1+y^2}$、$\sin(x+y)$、$e^{x^2+y^2+z^2}$ 都是多元初等函数，而例 3 的函数就不是初等函数.

一切多元初等函数在其定义区域内是连续的. 所谓**定义区域**是指包含在定义域内的区域或闭区域.

由多元初等函数的连续性知，如果求多元连续函数 $f(P)$ 在点 P_0 处的极限，而该点又在

此函数的定义区域内，则

$$\lim_{P\to P_0} f(P)=f(P_0).$$

例 4 求 $\lim\limits_{(x,y)\to(1,0)} \dfrac{\ln(x+e^y)}{\sqrt{x^2+y^2}}$.

解 函数 $f(x,y)=\dfrac{\ln(x+e^y)}{\sqrt{x^2+y^2}}$是初等函数，它的定义域为

$$D=\{(x,y)\mid x+e^y>0,(x,y)\neq(0,0)\}.$$

点(1,0)在定义域内，因此

$$\lim_{(x,y)\to(1,0)} \frac{\ln(x+e^y)}{\sqrt{x^2+y^2}}=\frac{\ln(1+e^0)}{\sqrt{1^2+0^2}}=\ln 2.$$

说明：多元函数的极限运算，有与一元函数类似的运算法则.

例 5 求极限 $\lim\limits_{(x,y)\to(0,0)} \dfrac{\sin(x+2y)}{2x+4y}$.

解 $\lim\limits_{(x,y)\to(0,0)} \dfrac{\sin(x+2y)}{2x+4y}=\dfrac{1}{2}\lim\limits_{(x,y)\to(0,0)} \dfrac{\sin(x+2y)}{x+2y}=\dfrac{1}{2}$.

例 6 求极限$\lim\limits_{\substack{x\to\infty\\ y\to 2}}\left(1+\dfrac{1}{xy}\right)^x$.

解 $\lim\limits_{\substack{x\to\infty\\ y\to 2}}\left(1+\dfrac{1}{xy}\right)^x=\lim\limits_{\substack{x\to\infty\\ y\to 2}}\left[\left(1+\dfrac{1}{xy}\right)^{xy}\right]^{\frac{1}{y}}=e^{\frac{1}{2}}$.

例 7 求极限 $\lim\limits_{(x,y)\to(0,0)} x^2y\sin\dfrac{1}{x+y}$.

解 因为当$(x,y)\to(0,0)$时，x^2y为无穷小，$\sin\dfrac{1}{x+y}$为有界函数，所以

$$\lim_{(x,y)\to(0,0)} x^2y\sin\frac{1}{x+y}=0.$$

例 8 求极限 $\lim\limits_{(x,y)\to(0,0)} \dfrac{xy}{\sqrt{xy+1}-1}$.

解 $\lim\limits_{(x,y)\to(0,0)} \dfrac{xy}{\sqrt{xy+1}-1}=\lim\limits_{(x,y)\to(0,0)} \dfrac{xy(\sqrt{xy+1}+1)}{xy}=\lim\limits_{(x,y)\to(0,0)}(\sqrt{xy+1}+1)=2$.

与一元连续函数的性质相类似，在有界闭区域上的多元连续函数具有如下性质.

性质 1(有界性与最大值最小值定理) 在有界闭区域 D 上的多元连续函数，必定在 D 上有界，且能取得它的最大值和最小值.

性质 1 表明，若 $f(P)$在有界闭区域 D 上连续，则必定存在常数 $M>0$，使得对一切 $P\in D$，有$|f(P)|\leqslant M$；且存在 $P_1,P_2\in D$，使得

$$f(P_1)=\min\{f(P)\mid P\in D\},f(P_2)=\max\{f(P)\mid P\in D\},$$

且对$\forall P\in D$，有 $f(P_1)\leqslant f(P)\leqslant f(P_2)$.

性质 2(介值定理) 在有界闭区域 D 上的多元连续函数必取得介于最大值和最小值之间的任何值.

性质 2 表明，若 $f(P)$在有界闭区域 D 上连续，且 M 与 m 为其最大值和最小值，则对$\forall\mu\in[m,M]$，$\exists P(\xi,\eta)\in D$，使得 $f(\xi,\eta)=\mu$.

习　题　6-2

1. 求下列函数的定义域，并画出定义域的图形：

(1) $z=\sqrt{4x^2+y^2-1}$；　(2) $z=\ln(x+y)$；

(3) $z=\sqrt{1-x^2}+\sqrt{1-y^2}$；　(4) $z=\ln(x^2+y^2-1)+\sqrt{9-x^2-y^2}$；

(5) $z=\arcsin(x^2-y^2)$；　(6) $z=\sqrt{y-\sqrt{x}}$.

2. 求下列各极限：

(1) $\lim\limits_{\substack{x\to 0\\ y\to 2}}\dfrac{1-xy}{x^2+y^2}$；　(2) $\lim\limits_{\substack{x\to 0\\ y\to 0}}\dfrac{2-\sqrt{xy+4}}{xy}$；

(3) $\lim\limits_{\substack{x\to 0\\ y\to y_0}}\dfrac{1-\cos(xy)}{x^2}\quad(y_0\neq 0)$；　(4) $\lim\limits_{\substack{x\to \infty\\ y\to \infty}}\dfrac{1}{x^2+y^2}$；

(5) $\lim\limits_{\substack{x\to 0\\ y\to 0}}(x+y)\sin\dfrac{1}{x}\sin\dfrac{1}{y}$；　(6) $\lim\limits_{\substack{x\to \infty\\ y\to \infty}}\dfrac{1+x^2+y^2}{x^2+y^2}$；

(7) $\lim\limits_{\substack{x\to 2\\ y\to 0}}\dfrac{\tan(xy)}{y}$；　(8) $\lim\limits_{\substack{x\to +\infty\\ y\to +\infty}}\sin\,(x^2+y^2)\mathrm{e}^{-(x+y)}$；

(9) $\lim\limits_{\substack{x\to \infty\\ y\to \infty}}\left(1+\dfrac{1}{x^4+y^2}\right)^{x^4+y^2}$；　(10) $\lim\limits_{\substack{x\to 0\\ y\to 0}}(x+y)\sin\dfrac{1}{xy}$.

3. 下列函数分别在何处间断？

(1) $z=\dfrac{y^2+2x}{y^2-2x}$；　(2) $z=\dfrac{x^2+y^2}{x^2y^2-4}$.

4. 证明 $\lim\limits_{\substack{x\to 0\\ y\to 0}}\dfrac{x-y}{x+y}$ 不存在.

第三节　偏导数与全微分

一、偏导数

1. 偏导数的概念

一元函数微分学从研究函数的变化率引入导数的概念. 对于多元函数同样需要讨论变化率问题. 但多元函数的自变量不只一个，因变量与自变量的关系往往较一元函数复杂. 我们首先考虑多元函数关于其中一个自变量的变化率，从而引出偏增量和偏导数的概念. 以二元函数 $z=f(x,y)$ 为例，如果只有自变量 x 变化，而自变量 y 固定(即看作常量)，这时它就是 x 的一元函数，函数 z 对 x 的增量就称为二元函数 $z=f(x,y)$ 对 x 的偏增量，对 x 的导数就称为二元函数 $z=f(x,y)$ 对于 x 的偏导数，即有如下定义.

定义 1　设函数 $z=f(x,y)$ 在点 (x_0,y_0) 的某个邻域内有定义，固定自变量 $y=y_0$，当自变量 x 在 x_0 处有增量 Δx 时，相应地函数 z 在 (x_0,y_0) 处有对 x 的**偏增量**

$$\Delta_x z=f(x_0+\Delta x,y_0)-f(x_0,y_0),$$

如果极限

$$\lim_{\Delta x\to 0}\frac{\Delta_x z}{\Delta x}=\lim_{\Delta x\to 0}\frac{f(x_0+\Delta x,y_0)-f(x_0,y_0)}{\Delta x}$$

存在,则称此极限为函数 $z=f(x,y)$ 在点 (x_0,y_0) 处关于 x 的**偏导数**,记作

$$\left.\frac{\partial z}{\partial x}\right|_{\substack{x=x_0\\y=y_0}},\quad \left.\frac{\partial f}{\partial x}\right|_{\substack{x=x_0\\y=y_0}},\quad z_x(x_0,y_0),\quad f_x(x_0,y_0)\text{或 } f'_x(x_0,y_0).$$

类似地,函数 $z=f(x,y)$ 在点 (x_0,y_0) 处关于 y 的**偏导数**定义为

$$\lim_{\Delta y\to 0}\frac{\Delta_y z}{\Delta y}=\lim_{\Delta y\to 0}\frac{f(x_0,y_0+\Delta y)-f(x_0,y_0)}{\Delta y},$$

记作

$$\left.\frac{\partial z}{\partial y}\right|_{\substack{x=x_0\\y=y_0}},\quad \left.\frac{\partial f}{\partial y}\right|_{\substack{x=x_0\\y=y_0}},\quad z_y(x_0,y_0),\quad f_y(x_0,y_0)\text{或 } f'_y(x_0,y_0).$$

如果函数 $z=f(x,y)$ 在区域 D 内每一点 (x,y) 处,对 x 的偏导数 $f_x(x,y)$ 都存在,则对于区域 D 内每一点 (x,y),都有一个偏导数的值与之对应,这样就得到了一个新的二元函数,称为函数 $z=f(x,y)$ **关于变量 x 的偏导函数**,记作

$$\frac{\partial z}{\partial x},\quad \frac{\partial f}{\partial x},\quad z_x,\quad f_x,\quad f_x(x,y)\text{或 } f'_x(x,y).$$

类似地,有函数 $z=f(x,y)$ **关于自变量 y 的偏导函数**,记作

$$\frac{\partial z}{\partial y},\quad \frac{\partial f}{\partial y},\quad z_y,\quad f_y,\quad f_y(x,y)\text{或 } f'_y(x,y).$$

由偏导数的概念可知,函数 $z=f(x,y)$ 在点 (x_0,y_0) 处关于 x 的偏导数 $f_x(x_0,y_0)$ 就是偏导函数 $f_x(x,y)$ 在点 (x_0,y_0) 的函数值,而 $f_y(x_0,y_0)$ 就是偏导函数 $f_y(x,y)$ 在点 (x_0,y_0) 处的函数值.以后,在不至于混淆的地方把偏导函数简称为**偏导数**.

从偏导数的定义可以看出,求 $z=f(x,y)$ 的偏导数无须新的方法,因为只有一个自变量在变动,另一个自变量是固定的,所以可用一元函数的求导数方法求二元函数的偏导数.

求 $\frac{\partial f}{\partial x}$ 时,只要把 y 暂时看作常量而对 x 求导数;求 $\frac{\partial f}{\partial y}$ 时,只要把 x 暂时看作常量而对 y 求导数.

三元及三元以上函数也有相类似的偏导数.例如,三元函数 $u=f(x,y,z)$ 在点 (x,y,z) 处对 x 的偏导数(存在的情况下)定义为

$$f_x(x,y,z)=\lim_{\Delta x\to 0}\frac{f(x+\Delta x,y,z)-f(x,y,z)}{\Delta x}.$$

实际计算 $f_x(x,y,z)$ 时,只要把 y,z 暂时看作常量而对 x 求导数即可.其他偏导数可类似定义和计算.

例 1 求 $f(x,y)=x^2-3xy+2y^2$ 在点 $(1,2)$ 处的偏导数.

解 把 y 看作常量,得

$$f_x(x,y)=2x-3y;$$

把 x 看作常量,得

$$f_y(x,y)=-3x+4y.$$

把 $(1,2)$ 代入上面两式,就得

$$f_x(1,2)=2\times 1-3\times 2=-4;\quad f_y(1,2)=-3\times 1+4\times 2=5.$$

例 2 已知 $f(x,y)=e^{\frac{y}{\sin x}}\cdot\ln(x^3+xy^2)$,求 $f_x(1,0)$.

解 解法一:把 y 看作常量,得

$$f_x(x,y)=e^{\frac{y}{\sin x}}\cdot\frac{-y\cos x}{\sin^2 x}\ln(x^3+xy^2)+e^{\frac{y}{\sin x}}\cdot\frac{3x^2+y^2}{x^3+xy^2},$$

把(1,0)代入,得 $f_x(1,0)=3$.

解法二:此题求 $f_x(x,y)$的过程比较麻烦.从二元函数在一点处的偏导数定义可知,若先把函数中的 y 固定在 $y=0$,则有 $f(x,0)=3\ln x$.于是 $f_x(x,0)=\dfrac{3}{x}$,$f_x(1,0)=3$.

例 3　求 $z=x^2\sin 2y$ 的偏导数.

解　$\dfrac{\partial z}{\partial x}=2x\sin 2y$,$\dfrac{\partial z}{\partial y}=2x^2\cos 2y$.

例 4　求 $r=\sqrt{x^2+y^2+z^2}$ 的偏导数.

解　$\dfrac{\partial r}{\partial x}=\dfrac{2x}{2\sqrt{x^2+y^2+z^2}}=\dfrac{x}{r}$,同理可得$\dfrac{\partial r}{\partial y}=\dfrac{y}{r}$,$\dfrac{\partial r}{\partial z}=\dfrac{z}{r}$.

例 5　求 $f(x,y)=\begin{cases}\dfrac{xy}{x^2+y^2} & 当\ x^2+y^2\neq 0,\\ 0 & 当\ x^2+y^2=0\end{cases}$ 在点(0,0)处的偏导数.

解　由于

$$f(0+\Delta x,0)-f(0,0)=\frac{\Delta x\cdot 0}{(\Delta x)^2+0^2}-0=0,f(0,0+\Delta y)-f(0,0)=\frac{0\cdot\Delta y}{0^2+\Delta y^2}-0=0,$$

于是

$$f_x(0,0)=\lim_{\Delta x\to 0}\frac{f(0+\Delta x,0)-f(0,0)}{\Delta x}=\lim_{\Delta x\to 0}\frac{0}{\Delta x}=0.$$

同理可得 $f_y(0,0)=0$.

由上节例 3 知,此函数在点(0,0)处是不连续的,但偏导数却是存在的.这与一元函数在一点处可导必连续是不同的.所以,对于多元函数来说,在某点处不连续,但偏导数却可能存在.

2. 偏导数的几何意义

如果函数 $z=f(x,y)$在点(x_0,y_0)处有偏导数 $f_x(x_0,y_0)$,则 $M_0(x_0,y_0,f(x_0,y_0))$就是曲面 $z=f(x,y)$上的一点(见图 6-21),由例 2 的解法二可知,$f_x(x_0,y_0)$实际上是关于 x 的一元函数 $z=f(x,y_0)$在点$x=x_0$ 处的导数.由一元函数导数的几何意义知,$f_x(x_0,y_0)$就是曲线

$$\begin{cases}y=y_0,\\ z=f(x,y)\end{cases}$$

在点 M_0 处的切线 M_0T 对 x 轴的斜率.

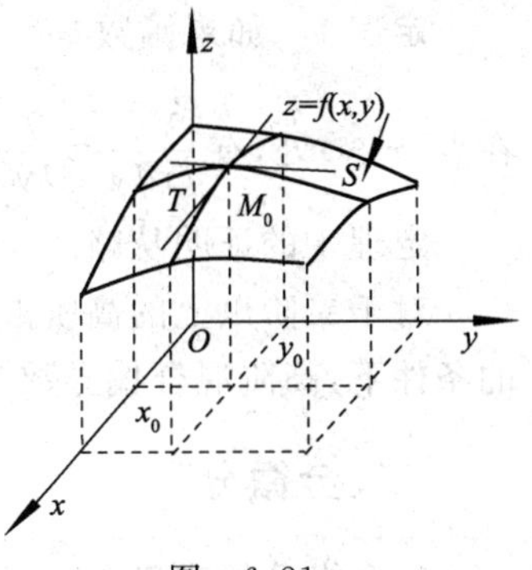

图　6-21

同样,偏导数 $f_y(x_0,y_0)$就是曲线

$$\begin{cases}x=x_0,\\ z=f(x,y)\end{cases}$$

在点 M_0 处的切线 M_0S 对 y 轴的斜率.

3. 高阶偏导数

函数 $z=f(x,y)$的偏导数 $f_x(x,y)$,$f_y(x,y)$仍然是关于 x 和 y 的二元函数,如果 $f_x(x,y)$,$f_y(x,y)$的偏导数也存在,则称之为函数 $z=f(x,y)$**二阶偏导数**.

函数 $z=f(x,y)$有如下四个二阶偏导数

$$\frac{\partial}{\partial x}\left(\frac{\partial z}{\partial x}\right)=\frac{\partial^2 z}{\partial x^2}=f_{xx}(x,y)=f''_{xx}(x,y)=z_{xx},\quad \frac{\partial}{\partial y}\left(\frac{\partial z}{\partial x}\right)=\frac{\partial^2 z}{\partial x\partial y}=f_{xy}(x,y)=f''_{xy}(x,y)=z_{xy},$$

$$\frac{\partial}{\partial x}\left(\frac{\partial z}{\partial y}\right)=\frac{\partial^2 z}{\partial y\partial x}=f_{yx}(x,y)=f''_{yx}(x,y)=z_{yx},\quad \frac{\partial}{\partial y}\left(\frac{\partial z}{\partial y}\right)=\frac{\partial^2 z}{\partial y^2}=f_{yy}(x,y)=f''_{yy}(x,y)=z_{yy}.$$

其中 $f_{xy}(x,y)$ 和 $f_{yx}(x,y)$ 称为**二阶混合偏导数**，$f_{xx}(x,y)$ 和 $f_{yy}(x,y)$ 称为**二阶纯偏导数**.

同样可以定义三阶、四阶、…、n 阶偏导数. 二阶及二阶以上的偏导数统称为**高阶偏导数**.

相对于高阶偏导数而言，把 $f_x(x,y)$ 和 $f_y(x,y)$ 称为函数 $z=f(x,y)$ 的**一阶偏导数**.

例 6 求 $z=x^4+y^4-4x^2y^2$ 的二阶偏导数.

解 由于 $\frac{\partial z}{\partial x}=4x^3-8xy^2$，$\frac{\partial z}{\partial y}=4y^3-8x^2y$，所以

$$\frac{\partial^2 z}{\partial x^2}=12x^2-8y^2,\ \frac{\partial^2 z}{\partial x\partial y}=-16xy,\quad \frac{\partial^2 z}{\partial y\partial x}=-16xy,\quad \frac{\partial^2 z}{\partial y^2}=12y^2-8x^2.$$

例 7 设 $f(x,y,z)=x^2y^3z^4+x^3y^4z^2+x^4y^2z^3$，求 $f_{xz}(1,2,-1)$，$f_{zx}(1,2,-1)$.

解 此题只要求 x、z 的二阶混合偏导数，类似于例 2 的解法二，可得

$$f(x,2,z)=8x^2z^4+16x^3z^2+4x^4z^3.$$

因此，有

$$f_x(x,2,z)=16xz^4+48x^2z^2+16x^3z^3,$$

$$f_{xz}(x,2,z)=64xz^3+96x^2z+48x^3z^2,\ f_{xz}(1,2,-1)=-112,$$

$$f_z(x,2,z)=32x^2z^3+32x^3z+12x^4z^2,$$

$$f_{zx}(x,2,z)=64xz^3+96x^2z+48x^3z^2,\ f_{zx}(1,2,-1)=-112.$$

从例 6 和例 7 中看到，两个关于一对自变量的二阶混合偏导数相等，即与求导次序无关. 事实上，有下述定理.

定理 1 如果函数 $z=f(x,y)$ 的两个二阶混合偏导数 $\frac{\partial^2 z}{\partial x\partial y}$ 和 $\frac{\partial^2 z}{\partial y\partial x}$ 在点 (x,y) 都连续，则在点 (x,y) 处，有 $\frac{\partial^2 z}{\partial x\partial y}=\frac{\partial^2 z}{\partial y\partial x}$.

定理 1 的证明从略.

对于二阶以上的高阶混合偏导数，也有与定理 1 类似的定理，即在高阶混合偏导数连续的条件下，高阶混合偏导数与求导次序无关.

二、全微分

1. 全微分的定义

偏导数研究了多元函数关于其中一个自变量的变化率问题. 在实际问题中，常常要研究多元函数中各个自变量都取得增量时函数取得的增量，即全增量问题. 一般说来，多元函数全增量的计算比较复杂，我们希望找到近似替代的方法.

对于二元函数 $z=f(x,y)$ 来说，当各个自变量的增量都很微小时，函数的全增量有什么特点呢？看一个例子.

有一个两边长分别为 x 和 y 的矩形铁片，均匀受热后边长分别增加了 Δx 和 Δy，那么它的面积 $z=xy$ 增量为

$$\Delta z=(x+\Delta x)(y+\Delta y)-xy=y\Delta x+x\Delta y+\Delta x\Delta y.$$

如果 Δx 和 Δy 都非常微小，那么，$\Delta x\Delta y$ 就是关于 $\rho=\sqrt{(\Delta x)^2+(\Delta y^2)}$ 的高阶无穷小（此处不证明），从而面积增量的主要部分就是 $y\Delta x+x\Delta y$（见图 6-22）. 这个主要部分就是从面积增量中分出微小部分 $\Delta x\Delta y$ 后剩下的部分，称为函数 $z=xy$ 的全微分.

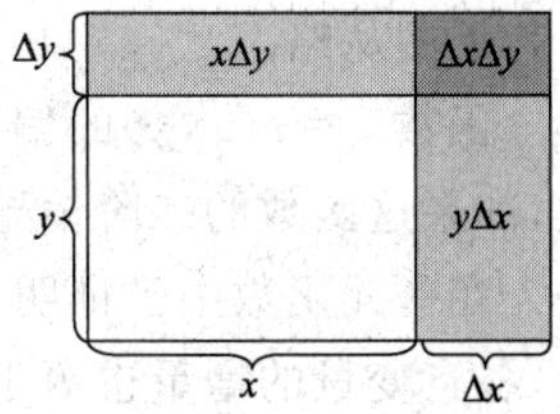

图　6-22

定义 2　若二元函数 $z=f(x,y)$ 在点 (x,y) 的全增量 $\Delta z=f(x+\Delta x,y+\Delta y)-f(x,y)$ 可表示为

$$\Delta z=A\Delta x+B\Delta y+o(\rho), \quad ①$$

其中 A 和 B 与 Δx、Δy 无关，只与 x、y 及 $z=f(x,y)$ 的对应法则有关，当 $\Delta x\to 0,\Delta y\to 0$ 时，$o(\rho)$ 是比 $\rho=\sqrt{(\Delta x)^2+(\Delta y^2)}$ 高阶的无穷小，则称二元函数 $z=f(x,y)$ 在点 (x,y) 处**可微分**（或**可微**），并称 $A\Delta x+B\Delta y$ 是函数 $z=f(x,y)$ 在点 (x,y) 处的**全微分**，记作 $\mathrm{d}z$，即

$$\mathrm{d}z=A\Delta x+B\Delta y.$$

如果函数在区域 D 内各点处都可微分，那么称这个**函数在 D 内可微分**.

全微分的定义可推广到二元以上的函数上去.

在偏导数的讨论中已经知道，多元函数在某点的偏导数存在，并不能保证函数在该点连续. 但是由全微分的定义可知，如果函数 $z=f(x,y)$ 在点 (x,y) 处可微分，则由①式可得 $\lim\limits_{\rho\to 0}\Delta z=0$，因此函数 $z=f(x,y)$ 在点 (x,y) 处连续.

由此可知，多元函数连续是可微分的必要条件，即函数不连续时，它一定不可微.

一元函数在某点可导是可微的充要条件，但对于多元函数来说，情况就不同了.

定理 2（必要条件）　若函数 $z=f(x,y)$ 在点 (x,y) 可微，则函数 $z=f(x,y)$ 在点 (x,y) 处的两个偏导数存在，且 $A=f_x(x,y)$，$B=f_y(x,y)$，即

$$\mathrm{d}z=f_x(x,y)\Delta x+f_y(x,y)\Delta y.$$

证　设函数 $z=f(x,y)$ 在点 $P(x,y)$ 处可微分. 于是对于点 P 的某个邻域内的任意一点 $P'(x+\Delta x,y+\Delta y)$，①式总成立. 当 $\Delta y=0$ 时当然成立，这时 $\rho=|\Delta x|$，①式成为

$$f(x+\Delta x,y)-f(x,y)=A\Delta x+o(|\Delta x|).$$

上式两边各除以 Δx，再令 $\Delta x\to 0$ 而取极限，得

$$\lim_{\Delta x\to 0}\frac{f(x+\Delta x,y)-f(x,y)}{\Delta x}=A+\lim_{\Delta x\to 0}\frac{o(|\Delta x|)}{\Delta x}=A.$$

此式左边是偏导数 $f_x(x,y)$，右边是常数 A. 同理可证 $B=f_y(x,y)$.

定理 2 说明多元函数在某点可微分，则函数在该点的各个一阶偏导数都存在. 反之却未必. 例如，前面讨论过的函数

$$f(x,y)=\begin{cases}\dfrac{xy}{x^2+y^2} & \text{当 } x^2+y^2\neq 0,\\ 0 & \text{当 } x^2+y^2=0.\end{cases}$$

由本节例 5 知函数 $f(x,y)$ 在点 $(0,0)$ 处有偏导数 $f_x(0,0)=0$ 及 $f_y(0,0)=0$，但由上节例 3 知函数 $f(x,y)$ 在 $(0,0)$ 处不连续，所以此函数 $f(x,y)$ 在点 $(0,0)$ 处不可微.

这说明偏导数存在是可微分的必要条件而非充分条件，但是如果再假设函数的各个偏导数连续，则可保证全微分存在.

定理 3（充分条件）　如果函数 $z=f(x,y)$ 的偏导数 $f_x(x,y)$、$f_y(x,y)$ 在点 (x,y) 处都连续，则函数在该点**可微分**.

证明从略.

函数 $z=f(x,y)$ 的偏导数 $f_x(x,y)$、$f_y(x,y)$ 在点 (x,y) 处都连续一般称为**具有连续偏导数**,如果这函数的二阶偏导数都连续,那么就称为**具有二阶连续偏导数**.

在一元函数中已证明,自变量的增量等于自变量的微分.用同样方法可证明,在多元函数中,各自变量的增量也等于相应自变量的微分,即有 $\Delta x=\mathrm{d}x$、$\Delta y=\mathrm{d}y$,并分别称为自变量 x、y 的微分,这样,函数 $z=f(x,y)$ 的全微分就写作

$$\mathrm{d}z=f_x(x,y)\mathrm{d}x+f_y(x,y)\mathrm{d}y.$$

由一元函数导数与微分的关系,可把 $f_x(x,y)\mathrm{d}x$ 称为函数 $z=f(x,y)$ 关于 x 的偏微分,记作 d_xz,把 $f_y(x,y)\mathrm{d}y$ 称为函数 $z=f(x,y)$ 关于 y 的偏微分,记作 d_yz.这样,二元函数的全微分等于它的两个偏微分之和.推广到更多元函数就是函数的全微分等于它的所有偏微分之和,这个特点称为**全微分的叠加原理**.

注:对于可导的一元函数 $u=\varphi(t)$,有 $\mathrm{d}u=\varphi'(t)\mathrm{d}t\Leftrightarrow\dfrac{\mathrm{d}u}{\mathrm{d}t}=\varphi'(t)$,且一元函数的导数可以称为微商.对于多元函数就不再有这个特点了,偏导数 $\dfrac{\partial z}{\partial x}$ 与 $\dfrac{\partial z}{\partial y}$ 只是记号.但是根据偏微分与偏导数的关系可以称偏导数为**偏微商**.

例 8 求 $z=x^2y+y^2$ 的全微分.

解 由于此函数的偏导数为 $\dfrac{\partial z}{\partial x}=2xy$ 与 $\dfrac{\partial z}{\partial y}=x^2+2y$,所以,全微分为

$$\mathrm{d}z=2xy\mathrm{d}x+(x^2+2y)\mathrm{d}y.$$

例 9 求函数 $u=x-\cos\dfrac{y}{2}+\arctan\dfrac{z}{y}$ 在点 $(2,\pi,0)$ 处的全微分.

解 因为

$$\mathrm{d}u=\mathrm{d}x+\left(\frac{1}{2}\sin\frac{y}{2}-\frac{z}{y^2+z^2}\right)\mathrm{d}y+\frac{y}{y^2+z^2}\mathrm{d}z.$$

把点 $(2,\pi,0)$ 代入,得

$$\mathrm{d}u_{(2,\pi,0)}=\mathrm{d}x+\frac{1}{2}\mathrm{d}y+\frac{1}{\pi}\mathrm{d}z.$$

2. 全微分在近似计算中的应用

由全微分的定义及全微分存在的充分条件可知,当二元函数 $z=f(x,y)$ 的两个偏导数 $f_x(x,y)$ 及 $f_y(x,y)$ 都连续并且 $|\Delta x|$ 与 $|\Delta y|$ 都较小时,有近似等式

$$\Delta z\approx\mathrm{d}z=f_x(x,y)\Delta x+f_y(x,y)\Delta y.$$

此式也可改写成

$$f(x+\Delta x,y+\Delta y)\approx f(x,y)+f_x(x,y)\Delta x+f_y(x,y)\Delta y.$$

用上式可以对二元函数作近似计算.

例 10 计算 $0.98^{2.03}$ 的近似值.

解 设函数 $z=x^y$,则要计算的就是函数在点 $(0.98,2.03)$ 处的近似值,根据数值特点,取 $x=1,y=2,\Delta x=-0.02,\Delta y=0.03$.而

$$\frac{\partial z}{\partial x}=yx^{y-1},\quad \frac{\partial z}{\partial y}=x^y\ln x,$$

因此

$$0.98^{2.03}=z\Big|_{(0.98,2.03)}\approx 1^2+\frac{\partial z}{\partial x}\Big|_{(1,2)}\Delta x\Big|_{\Delta x=-0.02}+\frac{\partial z}{\partial y}\Big|_{(1,2)}\Delta y\Big|_{\Delta y=0.03}=1-2\times 0.02=0.96.$$

例 11　一个长、宽、高分别为 5、4 和 3 cm 的长方体受压后长、宽分别增大了 0.02、0.01 cm，而高减少了 0.01 cm. 求此长方体体积变化的近似值.

解　长方体的体积为 $V=xyz$. 因为三条棱分别有微小的变化，所以，体积变化的量(即体积增量 ΔV)的近似值可用体积的微分来计算. 由

$$\mathrm{d}V=yz\mathrm{d}x+xz\mathrm{d}y+xy\mathrm{d}z,$$

将 $x=5, y=4, z=3$, $\mathrm{d}x=0.02$, $\mathrm{d}y=0.01$, $\mathrm{d}z=-0.01$ 代入上式，得

$$\Delta V\approx \mathrm{d}V=0.19,$$

即此长方体体积约增大了 0.19 cm^3.

习　题　6-3

1. 求下列函数的偏导数：

(1) $z=x^2y+y^3-x$；　(2) $z=\mathrm{e}^{xy}$；　(3) $z=\ln\frac{y}{x}$；

(4) $z=\sin(xy)+\cos(x+2y)$；(5) $z=x\ln(x^2+y^2)$；　(6) $z=\sqrt{\ln(xy)}$；

(7) $z=xy+\frac{x}{y}$；　(8) $z=\frac{y}{\sqrt{x^2+y^2}}$；　(9) $u=\arctan(x-y)^z$；

(10) $u=x^{\frac{y}{z}}$.

2. (1)设 $f(x,y)=x+(y-1)\arcsin\frac{\sqrt{x}}{y}$，求 $f_x(x,1)$；

(2)设 $f(x,y,z)=xy^2+yz^2+zx^2$，求 $f_{xx}(1,0,1)$，$f_{yz}(1,-1,0)$.

3. 求下列函数的二阶偏导数：

(1) $z=x^3+y^3-3xy^2$；　(2) $z=xy+\frac{a}{x}+\frac{a}{y}\quad(a>0)$；　(3) $z=\arctan\frac{y}{x}$.

4. 求下列函数的全微分：

(1) $z=\ln(x^2+y^2)$；　(2) $z=\mathrm{e}^{\frac{x}{y}}$；　(3) $u=x^{yz}$.

5. 已知 $yz\mathrm{d}x+xz\mathrm{d}y+f(x,y,z)\mathrm{d}z$ 是某三元函数的全微分，找一个这样的函数 $f(x,y,z)$.

6. 当 $x=2, y=3, \Delta x=0.01, \Delta y=-0.02$ 时，求函数 $z=xy$ 的 Δz、$\mathrm{d}z$ 及 $\Delta z-\mathrm{d}z$.

7. 长为 8 m 宽为 6 m 的矩形的长增加 5 cm，宽减少 10 cm，其对角线近似变化多少？

8. 用某种材料做一个开口长方体容器，其外形长 5 m、宽 4 m、高 3 m，厚度均为 0.2 m. 求所需材料的近似值与精确值.

第四节　多元复合函数与隐函数的求导法则

一、多元复合函数的求导法则

在第二章我们讨论了一元复合函数的求导法则，本节我们将一元复合函数的求导法则推广到多元复合函数的情形. 多元复合函数的求导法则在多元函数微分学中起着重要的作用.

1. 一元函数与多元函数复合的情形

定理 1 设函数 $u=\varphi(t), v=\psi(t)$ 在点 t 处可导，函数 $z=f(u,v)$ 在相应的点 (u,v) 处具有连续偏导数，则复合函数 $z=f(\varphi(t),\psi(t))$ 在点 t 处可导，且

$$\frac{\mathrm{d}z}{\mathrm{d}t}=\frac{\partial z}{\partial u}\cdot\frac{\mathrm{d}u}{\mathrm{d}t}+\frac{\partial z}{\partial v}\cdot\frac{\mathrm{d}v}{\mathrm{d}t}.$$

此定理中的函数 z 是自变量 t 通过中间变量 u、v 复合而成的一元函数，所以 z 对 t 的导数不是偏导数，称为**全导数**.

证 当 t 取得增量 Δt 时（设 $\Delta t>0$，$\Delta t<0$ 时类似），相应地 $u=\varphi(t)$、$v=\psi(t)$ 分别有增量 Δu、Δv，由于 $z=f(u,v)$ 在与 t 对应的点 (u,v) 处具有连续偏导数，因此 $z=f(u,v)$ 在点 (u,v) 处可微分，故有

$$\Delta z=\frac{\partial z}{\partial u}\Delta u+\frac{\partial z}{\partial v}\Delta v+o(\rho),$$

其中 $\rho=\sqrt{(\Delta u)^2+(\Delta v)^2}$，且 $\lim\limits_{\substack{\Delta u\to 0\\ \Delta v\to 0}}\frac{o(\rho)}{\rho}=0$. 上式两端同除以 Δt，得

$$\frac{\Delta z}{\Delta t}=\frac{\partial z}{\partial u}\frac{\Delta u}{\Delta t}+\frac{\partial z}{\partial v}\frac{\Delta v}{\Delta t}+\frac{o(\rho)}{\Delta t}. \qquad ①$$

由于 $u=\varphi(t)$、$v=\psi(t)$ 是 t 的连续函数，因此 $\Delta t\to 0$ 时，$\Delta u\to 0$、$\Delta v\to 0$，从而

$$\begin{aligned}\lim_{\Delta t\to 0}\frac{o(\rho)}{\Delta t}&=\lim_{\Delta t\to 0}\frac{o(\rho)}{\rho}\frac{\rho}{\Delta t}=\lim_{\Delta t\to 0}\frac{o(\rho)}{\rho}\sqrt{\left(\frac{\Delta u}{\Delta t}\right)^2+\left(\frac{\Delta v}{\Delta t}\right)^2}\\&=\lim_{\Delta t\to 0}\frac{o(\rho)}{\rho}\lim_{\Delta t\to 0}\sqrt{\left(\frac{\Delta u}{\Delta t}\right)^2+\left(\frac{\Delta v}{\Delta t}\right)^2}=0\cdot\sqrt{[\varphi'(t)]^2+[\psi'(t)]^2}=0,\end{aligned}$$

故在①式两边令 $\Delta t\to 0$，取极限就得

$$\frac{\mathrm{d}z}{\mathrm{d}t}=\frac{\partial z}{\partial u}\cdot\frac{\mathrm{d}u}{\mathrm{d}t}+\frac{\partial z}{\partial v}\cdot\frac{\mathrm{d}v}{\mathrm{d}t}.$$

定理 1 可以利用图 6-23 所示的关系线路图帮助理解记忆. 其解释为：从 z 到 t 有两条路径，所以 z 对 t 的导数是两项的和，第一条路径 $z—u—t$ 通过两步到达，对应的第一项是两个因子 $\frac{\partial z}{\partial u}$ 与 $\frac{\mathrm{d}u}{\mathrm{d}t}$ 的乘积，同理第二条路径 $z—v—t$ 对应 $\frac{\partial z}{\partial v}$ 与 $\frac{\mathrm{d}v}{\mathrm{d}t}$ 的乘积.

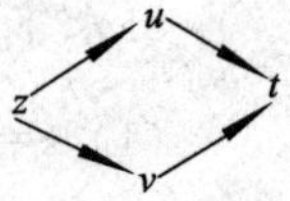

图 6-23

定理 1 的结论可推广到一个自变量、更多个中间变量的情形.

例 1 已知 $z=\arctan(x-y^2)$，$x=3t$，$y=4t^2$，求全导数 $\frac{\mathrm{d}z}{\mathrm{d}t}$.

解 由关系线路图 6-24，得

$$\frac{\mathrm{d}z}{\mathrm{d}t}=\frac{\partial z}{\partial x}\cdot\frac{\mathrm{d}x}{\mathrm{d}t}+\frac{\partial z}{\partial y}\cdot\frac{\mathrm{d}y}{\mathrm{d}t}=\frac{1}{1+(x-y^2)^2}(3-2y\times 8t)=\frac{3-64t^3}{1+(3t-16t^4)^2}.$$

注：若把 $x=3t$，$y=4t^2$ 代入 $z=\arctan(x-y^2)$ 得 $z=\arctan(3t-16t^4)$，可得相同的结果.

例 2 设 $z=x^2+\sqrt{y}$，$y=\sin x$，求全导数 $\frac{\mathrm{d}z}{\mathrm{d}x}$.

解 由关系线路图 6-25，得

$$\frac{\mathrm{d}z}{\mathrm{d}x}=\frac{\partial z}{\partial x}+\frac{\partial z}{\partial y}\cdot\frac{\mathrm{d}y}{\mathrm{d}x}=2x+\frac{1}{2\sqrt{y}}\cos x=2x+\frac{\cos x}{2\sqrt{\sin x}}.$$

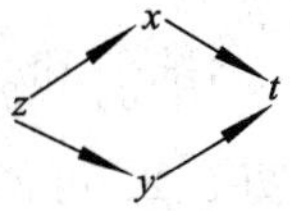

图　6-24 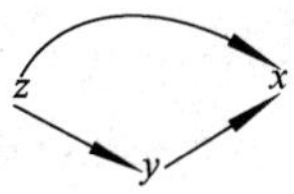　　　　图　6-25

2. 多元函数与多元函数复合的情形

定理 2　设函数 $u=\varphi(x,y)$、$v=\psi(x,y)$都在点(x,y)具有对 x 及 y 的偏导数，函数 $z=f(u,v)$在对应点(u,v)具有连续偏导数，则复合函数 $z=f(\varphi(x,y),\psi(x,y))$在点$(x,y)$的两个偏导数存在，且有

$$\frac{\partial z}{\partial x}=\frac{\partial z}{\partial u}\cdot\frac{\partial u}{\partial x}+\frac{\partial z}{\partial v}\cdot\frac{\partial v}{\partial x},\frac{\partial z}{\partial y}=\frac{\partial z}{\partial u}\cdot\frac{\partial u}{\partial y}+\frac{\partial z}{\partial v}\cdot\frac{\partial v}{\partial y}.$$

上述公式称为**复合函数求导的链式法则**.

定理 2 的证明从略.

与定理 1 类似，定理 2 也可以利用关系线路图 6-26 帮助理解记忆.

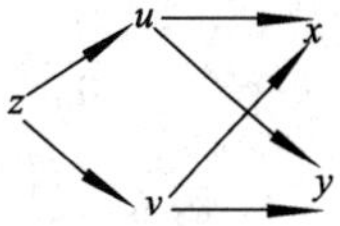

图　6-26

例 3　设 $z=u^2\ln v,u=\dfrac{x}{y},v=3x-y$，求$\dfrac{\partial z}{\partial x}$和$\dfrac{\partial z}{\partial y}$.

解　$$\frac{\partial z}{\partial x}=\frac{\partial z}{\partial u}\cdot\frac{\partial u}{\partial x}+\frac{\partial z}{\partial v}\cdot\frac{\partial v}{\partial x}=2u\ln v\cdot\frac{1}{y}+u^2\cdot\frac{1}{v}\cdot 3$$

$$=\frac{2x}{y^2}\ln(3x-y)+\frac{3x^2}{y^2(3x-y)},$$

$$\frac{\partial z}{\partial y}=\frac{\partial z}{\partial u}\cdot\frac{\partial u}{\partial y}+\frac{\partial z}{\partial v}\cdot\frac{\partial v}{\partial y}=2u\ln v\cdot\frac{-x}{y^2}+u^2\cdot\frac{1}{v}\cdot(-1)$$

$$=-\frac{2x^2}{y^3}\ln(3x-y)-\frac{x^2}{y^2(3x-y)}.$$

3. 其他情形

多元复合函数是多种多样的，公式也很多，我们均可画关系线路图帮助分析. 假设下面的函数均满足定理 1 或 2 的条件，若 $z=f(u,v)$，$u=\varphi(x,y)$，$v=\psi(x)$，则相应的关系线路图如图 6-27 所示，所以有

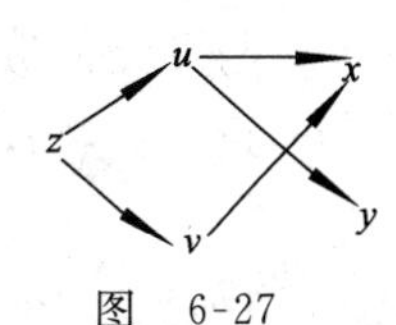

图　6-27

$$\frac{\partial z}{\partial x}=\frac{\partial z}{\partial u}\cdot\frac{\partial u}{\partial x}+\frac{\partial z}{\partial v}\cdot\frac{\mathrm{d}v}{\mathrm{d}x},\frac{\partial z}{\partial y}=\frac{\partial z}{\partial u}\cdot\frac{\partial u}{\partial y}.$$

这实际上是定理 2 的特殊情况，即变量 v 与 y 无关而是 x 的一元函数，其求导也是一元函数的导数而不是偏导数.

说明：为表达方便，若 $z=f(u,v)$，$u=\varphi(x,y)$，$v=\psi(x)$，则常用 f'_1,f'_2或 f_1,f_2 等表示 $f(u,v)$对第一、第二个中间变量的偏导数. 这里 f'_1,f'_2仍然是 x、y 的复合函数. 类似地，还可以用 f''_{12}或 f_{12}表示 f 对其第一第二个变量的二阶混合偏导数，f''_{22}或 f_{22}表示 f 对其第二个变量的纯二阶偏导数，等等.

类似地，若 $z=f(x,y,u)$，$u=\varphi(x,y)$，则关系线路图如图 6-28 所示，所以有

$$\frac{\partial z}{\partial x}=\frac{\partial f}{\partial x}+\frac{\partial f}{\partial u}\cdot\frac{\partial u}{\partial x};\quad \frac{\partial z}{\partial y}=\frac{\partial f}{\partial y}+\frac{\partial f}{\partial u}\cdot\frac{\partial u}{\partial y}.$$

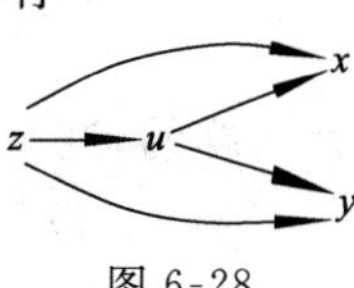

图 6-28

此处直观上 z 是三元函数，实质上 z 是 x、y 的二元函数. 而此处把 f 看成是三元函数，f 的偏导数$\dfrac{\partial f}{\partial x}$、$\dfrac{\partial f}{\partial y}$和$\dfrac{\partial f}{\partial u}$一般可记作 f_1、f_2 和 f_3 或 f'_1、f'_2和 f'_3.

例 4 设 $z=e^{ax}(u-v)$，$u=a\sin x+y$，$v=\cos x-y$，求$\frac{\partial z}{\partial x}$和$\frac{\partial z}{\partial y}$.

解 记 $z=f(x,u,v)=e^{ax}(u-v)$，则由关系线路图 6-29 可得

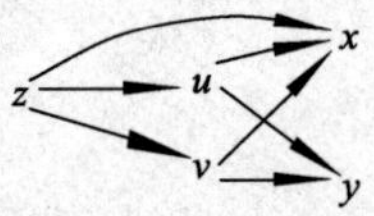

$$\frac{\partial z}{\partial x}=\frac{\partial f}{\partial x}+\frac{\partial f}{\partial u}\cdot\frac{\partial u}{\partial x}+\frac{\partial f}{\partial v}\cdot\frac{\partial v}{\partial x}$$

$$=ae^{ax}(u-v)+e^{ax}a\cos x+e^{ax}\sin x=e^{ax}[(a^2+1)\sin x+2ay],$$

$$\frac{\partial z}{\partial y}=\frac{\partial f}{\partial u}\cdot\frac{\partial u}{\partial y}+\frac{\partial f}{\partial v}\cdot\frac{\partial v}{\partial y}=e^{ax}\cdot 1-e^{ax}(-1)=2e^{ax}.$$

图 6-29

例 5 设 $z=f(x,xy)$，其中 $f(u,v)$是可微函数，求$\frac{\partial z}{\partial x}$和$\frac{\partial z}{\partial y}$.

解 设 $u=x$，$v=xy$，则由关系线路图 6-30 可得

$$\frac{\partial z}{\partial x}=\frac{\partial f}{\partial u}\cdot\frac{\mathrm{d}u}{\mathrm{d}x}+\frac{\partial f}{\partial v}\cdot\frac{\partial v}{\partial x}=f_1'+yf_2',\quad\frac{\partial z}{\partial y}=\frac{\partial f}{\partial v}\cdot\frac{\partial v}{\partial y}=xf'_2.$$

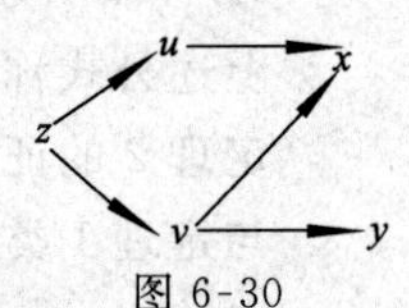

图 6-30

例 6 设 $u=\varphi(x^2+y^2)$，其中 φ 可导，证明：$x\frac{\partial u}{\partial y}-y\frac{\partial u}{\partial x}=0$.

证 设 $z=x^2+y^2$，则 $u=\varphi(z)$，于是

$$x\frac{\partial u}{\partial y}-y\frac{\partial u}{\partial x}=x\cdot\varphi'(z)\cdot 2y-y\cdot\varphi'(z)\cdot 2x=0.$$

例 7 设 $z=f(u,x,y)$，其中 f 具有对各变量的二阶连续偏导数，$u=xe^y$，求$\frac{\partial^2 z}{\partial x\partial y}$.

解 $\frac{\partial z}{\partial x}=e^y f_1'+f_2'$，

$$\frac{\partial^2 z}{\partial x\partial y}=\frac{\partial f_1'}{\partial y}e^y+e^y f_1'+\frac{\partial f_2'}{\partial y}=xe^{2y}f''_{11}+e^y f''_{13}+e^y f_1'+xe^y f''_{21}+f''_{23}.$$

4. 一阶全微分形式的不变性

与一元函数类似，多元函数的全微分也具有形式不变性.

设 $z=f(u,v)$具有连续偏导数，则有全微分

$$\mathrm{d}z=\frac{\partial z}{\partial u}\mathrm{d}u+\frac{\partial z}{\partial v}\mathrm{d}v.$$

如果 $z=f(u,v)$具有连续偏导数，而 $u=\varphi(x,y)$、$v=\psi(x,y)$也具有连续偏导数，则

$$\mathrm{d}u=\frac{\partial u}{\partial x}\mathrm{d}x+\frac{\partial u}{\partial y}\mathrm{d}y,\quad\mathrm{d}v=\frac{\partial v}{\partial x}\mathrm{d}x+\frac{\partial v}{\partial y}\mathrm{d}y;$$

$$\mathrm{d}z=\frac{\partial z}{\partial x}\mathrm{d}x+\frac{\partial z}{\partial y}\mathrm{d}y=\left(\frac{\partial z}{\partial u}\frac{\partial u}{\partial x}+\frac{\partial z}{\partial v}\frac{\partial v}{\partial x}\right)\mathrm{d}x+\left(\frac{\partial z}{\partial u}\frac{\partial u}{\partial y}+\frac{\partial z}{\partial v}\frac{\partial v}{\partial y}\right)\mathrm{d}y$$

$$=\frac{\partial z}{\partial u}\left(\frac{\partial u}{\partial x}\mathrm{d}x+\frac{\partial u}{\partial y}\mathrm{d}y\right)+\frac{\partial z}{\partial v}\left(\frac{\partial v}{\partial x}\mathrm{d}x+\frac{\partial v}{\partial y}\mathrm{d}y\right)=\frac{\partial z}{\partial u}\mathrm{d}u+\frac{\partial z}{\partial v}\mathrm{d}v.$$

由此可见，无论 u 和 v 是自变量还是中间变量，函数 $z=f(u,v)$的全微分形式

$$\mathrm{d}z=\frac{\partial z}{\partial u}\mathrm{d}u+\frac{\partial z}{\partial v}\mathrm{d}v$$

是一样的，这个性质叫做**全微分形式不变性**.

例 8 设 $z=e^u\sin v$，$u=xy$，$v=x+y$，利用一阶全微分形式不变性求全微分.

解 $\mathrm{d}z=\frac{\partial z}{\partial u}\mathrm{d}u+\frac{\partial z}{\partial v}\mathrm{d}v=e^u\sin v\,\mathrm{d}u+e^u\cos v\,\mathrm{d}v$

$$=e^u\sin v(y\mathrm{d}x+x\mathrm{d}y)+e^u\cos v(\mathrm{d}x+\mathrm{d}y)$$

$$=(y\mathrm{e}^u\sin v+\mathrm{e}^u\cos v)\mathrm{d}x+(x\mathrm{e}^u\sin v+\mathrm{e}^u\cos v)\mathrm{d}y$$
$$=\mathrm{e}^{xy}[y\sin(x+y)+\cos(x+y)]\mathrm{d}x+\mathrm{e}^{xy}[x\sin(x+y)+\cos(x+y)]\mathrm{d}y.$$

二、隐函数的求导法则

1. 一元隐函数的求导方法

在第二章里，我们已经介绍过一元隐函数的求导方法，但没有计算公式，现在根据多元复合函数的求导法则，推导隐函数的导数公式，给出隐函数存在的条件，并将它们推广到多元隐函数的情形.

定理3（两个变量的情形）　设函数 $F(x,y)$ 在点 $P_0(x_0,y_0)$ 的某一邻域内具有连续偏导数，且 $F(x_0,y_0)=0$，$F_y(x_0,y_0)\neq0$，则方程 $F(x,y)=0$ 在点 P_0 的某一邻域内恒能唯一确定一个连续且具有连续导数的函数 $y=f(x)$，它满足条件 $y_0=f(x_0)$，并有导数

$$\frac{\mathrm{d}y}{\mathrm{d}x}=-\frac{F_x}{F_y}.$$

在此不作定理的证明，仅就导数公式进行如下推导.

将方程 $F(x,y)=0$ 确定的函数 $y=f(x)$ 代入方程，得恒等式 $F(x,f(x))=0$，其左端可以看做 x 的一个复合函数，关系线路图如图 6-31 所示，两端对 x 求导，有

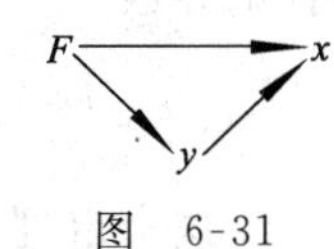

图　6-31

$$\frac{\partial F}{\partial x}+\frac{\partial F}{\partial y}\frac{\mathrm{d}y}{\mathrm{d}x}=0.$$

由于 $F_y(x,y)$ 连续，$F_y(x_0,y_0)\neq0$，可知在 P_0 的某一邻域内 $F_y(x,y)\neq0$，从而得函数 $y=f(x)$ 的导数为 $\frac{\mathrm{d}y}{\mathrm{d}x}=-\frac{F_x}{F_y}$.

如果函数 $F(x,y)$ 在点 P_0 的某一邻域内具有二阶连续偏导数，且满足定理 3 的其他条件，那么由方程 $F(x,y)=0$ 所确定的函数 $y=f(x)$ 也具有二阶连续的导数

$$\frac{\mathrm{d}^2y}{\mathrm{d}x^2}=f''(x).$$

求 $\frac{\mathrm{d}^2y}{\mathrm{d}x^2}$ 可用第二章第三节中介绍过的方法.

例 9　设 $\ln\sqrt{x^2+y^2}=\arctan\frac{y}{x}$ 确定了 y 是 x 的二阶可导函数，求 $\frac{\mathrm{d}y}{\mathrm{d}x}$ 及 $\frac{\mathrm{d}^2y}{\mathrm{d}x^2}$.

解　先求 $\frac{\mathrm{d}y}{\mathrm{d}x}$，介绍两种方法.

解法一：方程两边对 x 求导，得

$$\frac{1}{2}\cdot\frac{2x+2yy'}{x^2+y^2}=\frac{1}{1+\left(\frac{y}{x}\right)^2}\cdot\frac{y'x-y}{x^2},$$

整理得

$$\frac{\mathrm{d}y}{\mathrm{d}x}=y'=\frac{x+y}{x-y}.$$

解法二：利用定理 3 的公式，设 $F(x,y)=\frac{1}{2}\ln(x^2+y^2)-\arctan\frac{y}{x}$，

$$F_x=\frac{x}{x^2+y^2}-\frac{1}{1+\left(\frac{y}{x}\right)^2}\cdot\left(-\frac{y}{x^2}\right)=\frac{x+y}{x^2+y^2},F_y=\frac{y}{x^2+y^2}-\frac{1}{1+\left(\frac{y}{x}\right)^2}\cdot\frac{1}{x}=\frac{y-x}{x^2+y^2},$$

所以有

$$\frac{\mathrm{d}y}{\mathrm{d}x}=y'=-\frac{F_x}{F_y}=\frac{x+y}{x-y}.$$

下面求$\frac{\mathrm{d}^2y}{\mathrm{d}x^2}$. 将$\frac{\mathrm{d}y}{\mathrm{d}x}=\frac{x+y}{x-y}$再对$x$求导，得

$$\frac{\mathrm{d}^2y}{\mathrm{d}x^2}=\left(\frac{x+y}{x-y}\right)'_x=\left(1+\frac{2y}{x-y}\right)'_x=2\cdot\frac{y'(x-y)-y(1-y')}{(x-y)^2}$$

$$=2\cdot\frac{xy'-y}{(x-y)^2}=2\cdot\frac{x\cdot\frac{x+y}{x-y}-y}{(x-y)^2}=\frac{2x^2+2y^2}{(x-y)^3}.$$

2. 二元隐函数的求导方法

定理 4(三个变量的情形)　设函数$F(x,y,z)$在点$P_0(x_0,y_0,z_0)$的某一邻域内具有连续偏导数，且$F(x_0,y_0,z_0)=0$，$F_z(x_0,y_0,z_0)\neq0$，则方程$F(x,y,z)=0$在点P_0的某一邻域内恒能唯一确定一个连续且具有连续偏导数的函数$z=f(x,y)$，它满足条件$z_0=f(x_0,y_0)$，并有偏导数

$$\frac{\partial z}{\partial x}=-\frac{F_x}{F_z},\quad \frac{\partial z}{\partial y}=-\frac{F_y}{F_z}.$$

这个定理在此不作证明，与定理 3 类似，仅对偏导数公式进行如下推导.

将方程$F(x,y,z)=0$确定的函数$z=f(x,y)$代入方程，得$F(x,y,f(x,y))=0$，两边分别对x和y求导，应用复合函数求导法则，得

$$F_x+F_z\frac{\partial z}{\partial x}=0,\quad F_y+F_z\frac{\partial z}{\partial y}=0.$$

由于F_z连续，$F_z(x_0,y_0,z_0)\neq0$，可知在P_0的某一邻域内$F_z\neq0$，从而得

$$\frac{\partial z}{\partial x}=-\frac{F_x}{F_z},\quad \frac{\partial z}{\partial y}=-\frac{F_y}{F_z}.$$

若$F(x,y,z)$具有二阶连续偏导数，且满足定理 4 的其他条件，则可用类似一元隐函数求二阶导数的方法，求出方程$F(x,y,z)=0$所确定函数$z=f(x,y)$的二阶偏导数.

例 10　设$x^2+y^2+z^2-4z=0(z\neq2)$确定z是x、y的函数，求$\frac{\partial^2z}{\partial x^2}$、$\frac{\partial^2z}{\partial x\partial y}$、$\frac{\partial^2z}{\partial y^2}$.

解　设$F(x,y,z)=x^2+y^2+z^2-4z$，则$F_x=2x$，$F_y=2y$，$F_z=2z-4$. 当$z\neq2$时，得

$$\frac{\partial z}{\partial x}=-\frac{F_x}{F_z}=-\frac{2x}{2z-4}=\frac{x}{2-z},\quad \frac{\partial z}{\partial y}=-\frac{F_y}{F_z}=-\frac{2y}{2z-4}=\frac{y}{2-z}.$$

将$\frac{\partial z}{\partial x}=\frac{x}{2-z}$再对$x$求导，得

$$\frac{\partial^2z}{\partial x^2}=\frac{2-z+x\frac{\partial z}{\partial x}}{(2-z)^2}=\frac{2-z+x\frac{x}{2-z}}{(2-z)^2}=\frac{(2-z)^2+x^2}{(2-z)^3},$$

将$\frac{\partial z}{\partial x}=\frac{x}{2-z}$再对$y$求导，得

$$\frac{\partial^2z}{\partial x\partial y}=\frac{x\frac{\partial z}{\partial y}}{(2-z)^2}=\frac{x\frac{y}{2-z}}{(2-z)^2}=\frac{xy}{(2-z)^3},$$

将$\frac{\partial z}{\partial y}=\frac{y}{2-z}$再对$y$求导，得

$$\frac{\partial^2 z}{\partial y^2}=\frac{2-z+y\dfrac{\partial z}{\partial y}}{(2-z)^2}=\frac{2-z+y\dfrac{y}{2-z}}{(2-z)^2}=\frac{(2-z)^2+y^2}{(2-z)^3}.$$

※3. 由方程组确定两个二元隐函数的求导方法

定理5(方程组的情形)　设 $F(x,y,u,v)$、$G(x,y,u,v)$在点 $P_0(x_0,y_0,u_0,v_0)$的某一邻域内具有对各个变量的连续偏导数,又 $F_0(x_0,y_0,u_0,v_0)=0$,$G_0(x_0,y_0,u_0,v_0)=0$,且

$$\left[\frac{\partial F}{\partial u}\cdot\frac{\partial G}{\partial v}-\frac{\partial F}{\partial v}\cdot\frac{\partial G}{\partial u}\right]_{P_0}\neq 0,$$

则方程组$\begin{cases}F(x,y,u,v)=0,\\G(x,y,u,v)=0\end{cases}$在点 P_0 的某一邻域内恒能唯一确定一组连续且具有连续偏导数的函数 $u=u(x,y)$和 $v=v(x,y)$,并满足 $u_0=u(x_0,y_0)$、$v_0=v(x_0,y_0)$.

至于函数 $u=u(x,y)$、$v=v(x,y)$的偏导数的具体结果,可用如下方法求得.

将两方程 $F(x,y,u,v)=0$ 和 $G(x,y,u,v)=0$ 分别对 x、y 求偏导数后组成方程组,从中解出所要的偏导数.

例11　设 $xu-yv=0$、$yu+xv=1(x^2+y^2\neq 0)$确定 u 和 v 都是 x、y 的函数,求$\dfrac{\partial u}{\partial x}$、$\dfrac{\partial u}{\partial y}$、$\dfrac{\partial v}{\partial x}$和$\dfrac{\partial v}{\partial y}$.

解　将两个方程的两边对 x 求导并移项,组成方程组

$$\begin{cases}x\dfrac{\partial u}{\partial x}-y\dfrac{\partial v}{\partial x}=-u,\\ y\dfrac{\partial u}{\partial x}+x\dfrac{\partial v}{\partial x}=-v.\end{cases}$$

当 $x^2+y^2\neq 0$ 时,解得$\dfrac{\partial u}{\partial x}=-\dfrac{xu+yv}{x^2+y^2}$,$\dfrac{\partial v}{\partial x}=\dfrac{yu-xv}{x^2+y^2}$.

将两个方程的两边对 y 求导,用同样的方法可得$\dfrac{\partial u}{\partial y}=\dfrac{xv-yu}{x^2+y^2}$,$\dfrac{\partial v}{\partial y}=-\dfrac{xu+yv}{x^2+y^2}$.

习　题　6-4

1. 求下列函数的全导数或偏导数:

(1)设 $z=\dfrac{v}{u}$,$u=\ln x$,$v=e^x$,求$\dfrac{dz}{dx}$;

(2)设 $u=z^2+y^2+yz$,$y=e^x$,$z=\sin x$,求$\dfrac{du}{dx}$;

(3)设 $z=u^3\sin v+\tan x$,$u=e^x$,$v=x^5$,求$\dfrac{dz}{dx}$;

(4)设 $z=u^2+vw$,而 $u=x+y$,$v=x^2$,$w=xy$,求$\dfrac{\partial z}{\partial x}$和$\dfrac{\partial z}{\partial y}$;

(5)设 $z=e^u\ln v$,$u=x^2y$,$v=x^3+xy^2$,求$\dfrac{\partial z}{\partial x}$和$\dfrac{\partial z}{\partial y}$;

(6)设 $z=f(x^2-y^2,e^{xy})$,求$\dfrac{\partial z}{\partial x}$和$\dfrac{\partial z}{\partial y}$;

(7)设 $w=f(x,xy,xyz)$,求$\dfrac{\partial w}{\partial x}$、$\dfrac{\partial w}{\partial y}$和$\dfrac{\partial w}{\partial z}$.

2. 设 $z=f(x^2+y^2)$，其中 f 具有二阶导数，求$\frac{\partial^2 z}{\partial x^2}$、$\frac{\partial^2 z}{\partial x\partial y}$和$\frac{\partial^2 z}{\partial y^2}$.

3. 设 $z=f(xy^2,x^2y)$，其中 f 具有二阶连续偏导数，求$\frac{\partial^2 z}{\partial x^2}$、$\frac{\partial^2 z}{\partial y^2}$和$\frac{\partial^2 z}{\partial x\partial y}$.

4. 设 $z=u^2+v^2$，$u=x+y$，$v=x-y$，求 $\mathrm{d}z$.

5. 设 $\sin y+\mathrm{e}^x-xy^2=0$，求$\frac{\mathrm{d}y}{\mathrm{d}x}$.

6. 设 $xy+yz+zx=1$ 确定了隐函数 $z=z(x,y)$，求$\frac{\partial z}{\partial x}$和$\frac{\partial z}{\partial y}$.

7. 设 $x+2y+z=2\sqrt{xyz}$，求 $\mathrm{d}z$、$\frac{\partial z}{\partial x}$和$\frac{\partial z}{\partial y}$.

8. 设 $F(x,x+y,x+y+z)=0$，其中 F 具有连续偏导数，求$\frac{\partial z}{\partial x}$和$\frac{\partial z}{\partial y}$.

9. 设 $x+y+z=0$，$x^2+y^2+z^2=1$ 确定 y、z 是 x 的函数，求$\frac{\mathrm{d}y}{\mathrm{d}x}$和$\frac{\mathrm{d}z}{\mathrm{d}x}$.

第五节　多元函数的极值及其应用

一、二元函数的极值

在实际问题中，经常会遇到针对多元函数的最大值、最小值问题. 与一元函数类似，多元函数的最大值、最小值问题与极大值、极小值问题密切相关. 因此我们先以二元函数为例，讨论多元函数的极值问题.

1. 二元函数极值的概念

定义　设函数 $z=f(x,y)$ 在点 $P_0(x_0,y_0)$ 的某一邻域内有定义，对于该邻域内异于点 $P_0(x_0,y_0)$ 的点 $P(x,y)$，如果都有不等式 $f(x,y)<f(x_0,y_0)$，或表示为 $f(P)<f(P_0)$，则称函数在点 $P_0(x_0,y_0)$ 处有**极大值** $f(x_0,y_0)$，点 $P_0(x_0,y_0)$ 称为函数的一个**极大值点**；如果都有不等式 $f(x,y)>f(x_0,y_0)$，或表示为 $f(P)>f(P_0)$，则称函数在点 $P_0(x_0,y_0)$ 处有**极小值** $f(x_0,y_0)$，点 $P_0(x_0,y_0)$ 称为函数的一个**极小值点**. 极大值和极小值统称为**极值**，极大值点和极小值点统称为**极值点**，简称**极点**.

前面介绍过 $z=\sqrt{a^2-x^2-y^2}\,(a>0)$ 的图形是上半球面，当 $(x,y)=(0,0)$ 时 $z=a$，当 $(x,y)\neq(0,0)$ 时 $z<a$，由定义可知 $z=a$ 是函数 $z=\sqrt{a^2-x^2-y^2}\,(a>0)$ 的极大值，点 $(0,0)$ 是函数 $z=\sqrt{a^2-x^2-y^2}$ 的极大值点. 再看函数 $z=\sqrt{x^2+y^2}$，它的图形是开口向上的圆锥面，当 $(x,y)=(0,0)$ 时 $z=0$，当 $(x,y)\neq(0,0)$ 时 $z>0$，$z=0$ 是函数 $z=\sqrt{x^2+y^2}$ 极小值，点 $(0,0)$ 是函数 $z=\sqrt{x^2+y^2}$ 的极小值点.

注意：求函数的极值时，不但要求出极值，而且必须指出是极大值还是极小值.

与一元函数一样，多元函数的极值也是一种局部性的概念，是在一个邻域内的最值（最大值或最小值），而未必是整个定义域上的最值.

2. 极值存在的条件

与一元函数极值存在条件类似，也有二元函数极值存在的必要条件和充分条件.

定理 1（极值存在的必要条件）　设函数 $z=f(x,y)$ 在点 $P_0(x_0,y_0)$ 处具有偏导数，且在

点 $P_0(x_0,y_0)$处有极值,则在该点处必有

$$f_x(x_0,y_0)=0, f_y(x_0,y_0)=0.$$

证　设函数 $z=f(x,y)$在点 $P_0(x_0,y_0)$处有极小值(极大值的情形可类似证明),则由极小值的定义,在点 P_0 的某邻域内异于点 $P_0(x_0,y_0)$的点 $P(x,y)$,都满足不等式

$$f(x,y)>f(x_0,y_0).$$

特别地,在该邻域内的点$(x,y_0)(x\neq x_0)$,也有

$$f(x,y_0)>f(x_0,y_0),$$

这说明一元函数 $f(x,y_0)$在点 $x=x_0$ 处取得极小值.因此,其导数在 $x=x_0$ 处为零,即

$$f_x(x_0,y_0)=0.$$

同理

$$f_y(x_0,y_0)=0.$$

与一元函数类似,把能使 $f_x(x,y)=0$ 和 $f_y(x,y)=0$ 同时成立的点 $P_0(x_0,y_0)$称为函数 $z=f(x,y)$的**驻点**.定理1表明,在偏导数存在的条件下,函数的极值点必是驻点.但是,函数的驻点却不一定是极值点.比如函数 $z=xy$ 以点$(0,0)$为驻点,但该点不是此函数的极值点.

对于函数的驻点是否为极值点,下面的定理2给出一个判别方法.

定理2(极值存在的充分条件)　设函数 $z=f(x,y)$在驻点 $P_0(x_0,y_0)$的某邻域内具有连续的一阶和二阶偏导数,记

$$A=f_{xx}(x_0,y_0), B=f_{xy}(x_0,y_0), C=f_{yy}(x_0,y_0).$$

(1)当 $B^2-AC<0$ 时,$f(x_0,y_0)$为函数的极值,且当 $A<0$ 时,$f(x_0,y_0)$为极大值,当 $A>0$ 时,$f(x_0,y_0)$为极小值;

(2)当 $B^2-AC>0$ 时,$f(x_0,y_0)$不是函数的极值;

(3)当 $B^2-AC=0$ 时,$f(x_0,y_0)$可能是极值,也可能不是极值,需另行讨论.

证明从略.

例1　求函数 $f(x,y)=x^3-y^3+3x^2+3y^2-9x$ 的极值.

解　显然函数 $f(x,y)$在其定义域 $\mathbf{R}^2$ 上具有连续的一阶和二阶偏导数.由

$$\begin{cases}f_x(x,y)=3x^2+6x-9=0,\\ f_y(x,y)=-3y^2+6y=0,\end{cases}$$

得 $f(x,y)$的驻点为$(1,0)$、$(1,2)$、$(-3,0)$和$(-3,2)$.

再求出二阶偏导数

$$f_{xx}(x,y)=6x+6, f_{xy}(x,y)=0, f_{yy}(x,y)=-6y+6.$$

在点$(1,0)$处,$B^2-AC=-72<0$,又 $A=12>0$,因此在点$(1,0)$处函数取得极小值 $f(1,0)=-5$;

在点$(1,2)$处,$B^2-AC=72>0$,所以点$(1,2)$不是函数的极值点;

在点$(-3,0)$处,$B^2-AC=72>0$,所以点$(-3,0)$也不是函数的极值点;

在点$(-3,2)$处,$B^2-AC=-72<0$,又 $A=-12<0$,因此在点$(-3,2)$处函数取得极大值 $f(-3,2)=31$.

例2　求函数 $f(x,y)=xy$ 的极值.

解　显然函数 $f(x,y)$在其定义域 $\mathbf{R}^2$ 上具有连续的一阶和二阶偏导数.令

$$\begin{cases}f_x(x,y)=y=0,\\ f_y(x,y)=x=0,\end{cases}$$

得驻点(0,0),又在点(0,0)处,有

$$A=f_{xx}(0,0)=0,B=f_{xy}(0,0)=1,C=f_{yy}(0,0)=0,B^2-AC=1>0,$$

所以点(0,0)不是此函数的极值点.从而,函数 $z=xy$ 没有极值.

另外,如果函数 $z=f(x,y)$ 在某些点处的偏导数不存在(这样的点当然不是驻点),但这些点也可能是极值点.如本节开头的函数 $z=\sqrt{x^2+y^2}$,它在点(0,0)处的偏导数就不存在,但该点却是函数的极小值点,相应的极小值为 $z=0$.因此,在考虑函数的极值问题时,不仅要考虑函数的驻点,还要考虑函数的偏导数不存在的点.一般情况下,函数的极值问题可借助函数的图形或函数代表的实际意义等方面来研究.

二、条件极值

1. 条件极值

求多元函数的极值问题或最大值、最小值问题时,对自变量的取值往往要附加一定的约束条件,这类附有约束条件的极值问题,称为**条件极值**.前面所说极值中没有约束条件,一般称为**无条件极值**.

2. 拉格朗日乘数法

(1)求函数 $z=f(x,y)$ 在满足约束条件 $\varphi(x,y)=0$ 下的条件极值,常用方法是**拉格朗日乘数法**.具体步骤如下:

① 构造拉格朗日函数

$$L=L(x,y,\lambda)=f(x,y)+\lambda\varphi(x,y),$$

其中 λ 为待定常数,称其为**拉格朗日乘数**;

② 求三元函数 $L=L(x,y,\lambda)$ 的驻点,即列方程组

$$\begin{cases}L_x=f_x(x,y)+\lambda\varphi_x(x,y)=0,\\L_y=f_y(x,y)+\lambda\varphi_y(x,y)=0,\\L_\lambda=\varphi(x,y)=0.\end{cases}$$

求出该方程组的解 x,y,λ,那么驻点 (x,y) 就是可能的极值点;

③ 判别求出的点 (x,y) 是否是极值点,通常由实际问题的实际意义来确定.

类似地,可以求出三元及更多元函数在多个约束条件下的条件极值.

(2)求函数 $u=f(x,y,z)$ 在满足约束条件 $\varphi(x,y,z)=0$、$\psi(x,y,z)=0$ 下的条件极值.

① 构造拉格朗日函数

$$L=L(x,y,z,\lambda,\mu)=f(x,y,z)+\lambda\varphi(x,y,z)+\mu\psi(x,y,z),$$

其中 λ、μ 为待定常数,仍称其为拉格朗日乘数;

② 求五元函数 $L(x,y,z,\lambda,\mu)$ 的驻点,即列方程组

$$\begin{cases}L_x=f_x(x,y,z)+\lambda\varphi_x(x,y,z)+\mu\psi_x(x,y,z)=0,\\L_y=f_y(x,y,z)+\lambda\varphi_y(x,y,z)+\mu\psi_y(x,y,z)=0,\\L_z=f_z(x,y,z)+\lambda\varphi_z(x,y,z)+\mu\psi_z(x,y,z)=0,\\L_\lambda=\varphi(x,y,z)=0,\\L_\mu=\psi(x,y,z)=0,\end{cases}$$

求出上述方程组的解 x,y,z,λ,μ,那么驻点 (x,y,z) 有可能是极值点;

③ 判别求出的点 (x,y,z) 是否是极值点,通常也是由实际问题的实际意义来确定.

例 3　已知 x、y 满足条件 $\frac{x^2}{4}+\frac{y^2}{9}=1$，求 $f(x,y)=x+y$ 的极值.

解　这是条件极值问题.构造拉格朗日函数

$$L=x+y+\lambda(9x^2+4y^2-36),$$

令

$$\begin{cases}L_x=1+18\lambda x=0,\\L_y=1+8\lambda y=0,\\L_\lambda=9x^2+4y^2-36=0,\end{cases}$$

解得

$$\begin{cases}x_1=-\frac{4}{\sqrt{13}},\\y_1=-\frac{9}{\sqrt{13}},\\\lambda_1=\frac{\sqrt{13}}{72},\end{cases}\qquad\begin{cases}x_2=\frac{4}{\sqrt{13}},\\y_2=\frac{9}{\sqrt{13}},\\\lambda_2=-\frac{\sqrt{13}}{72},\end{cases}$$

驻点为 $\left(-\frac{4}{\sqrt{13}},-\frac{9}{\sqrt{13}}\right)$、$\left(\frac{4}{\sqrt{13}},\frac{9}{\sqrt{13}}\right)$.

该题为求椭圆上点的坐标 x、y 之和的极值问题，这个和必有极大值和极小值.在约束条件下函数只有两个驻点，这两个点处的函数值就是所求的条件极值.从而，所求的极小值为 $f\left(-\frac{4}{\sqrt{13}},-\frac{9}{\sqrt{13}}\right)=-\sqrt{13}$，极大值为 $f\left(\frac{4}{\sqrt{13}},\frac{9}{\sqrt{13}}\right)=\sqrt{13}$.

由于函数的条件极值与拉格朗日乘数无关，所以在用拉格朗日乘数法求解相应的方程组时，可不求出拉格朗日乘数的值，只求出满足方程组的自变量的值.

三、最大值、最小值及其应用

与一元函数类似，可用多元函数极值解决实际问题中的最大值和最小值问题.由本章第二节可知，在有界闭区域 D 上连续的二元函数，在 D 上必能取得最大值和最小值.使函数取得最大值和最小值的点可能在 D 的内部，也可能在 D 的边界上.如函数 $z=\sqrt{a^2-x^2-y^2}$ $(a>0)$，在定义域 $D=\{(x,y)\mid x^2+y^2\leqslant a^2\}$ 的边界线 $x^2+y^2=a^2$ 上取得最小值 $z=0$，在 D 内部的点 $(0,0)$ 处取得最大值 $z=a$.求有界闭区域 D 上连续函数 $f(x,y)$ 的最大值和最小值的一般方法是，先求出 D 的内部所有驻点和偏导数不存在的点处的函数值，再求出 D 的边界上的最大值和最小值，然后比较它们的大小，最大的就是最大值，最小的就是最小值.

例 4　求函数 $z=\frac{x^2}{2}+\frac{y^2}{3}$ 在椭圆域 $\frac{x^2}{4}+y^2\leqslant 1$ 上的最大值和最小值.

解　所给函数在椭圆域内部具有偏导数.先求函数在椭圆域内部的驻点，令

$$\begin{cases}z_x=x=0,\\z_y=\frac{2y}{3}=0,\end{cases}$$

得驻点 $(0,0)$，且 $z|_{(0,0)}=0$.

再求函数在椭圆域边界上的最大值和最小值.在椭圆上有 $y^2=1-\frac{x^2}{4}$，代入函数中，得 $z=$

$g(x)=\dfrac{5x^2}{12}+\dfrac{1}{3}$,这是一元函数,且 $x\in[-2,2]$.在区间$(-2,2)$内,函数 $g(x)=\dfrac{5x^2}{12}+\dfrac{1}{3}$的驻点为 $x=0$,且 $g(0)=\dfrac{1}{3}$.在区间端点 $x=\pm 2$ 处的函数值为 $g(\pm 2)=2$.

比较$z|_{(0,0)}=0$、$g(0)=\dfrac{1}{3}$与 $g(\pm 2)=2$ 的大小可知,函数 $z=\dfrac{x^2}{2}+\dfrac{y^2}{3}$在椭圆域$\dfrac{x^2}{4}+y^2\leqslant 1$上的最大值为 2(在点$(\pm 2,0)$处取得),最小值为 0(在点$(0,0)$处取得).

说明:在实际问题中,如果根据问题的性质知道函数的最大值(或最小值)一定在区域 D 的内部取得,而函数在 D 的内部有唯一驻点,则可断定该驻点就是函数在 D 上的最大值(或最小值)点.如例 4,所给函数(椭圆抛物面)的函数值非负,且一定有最小值,又函数在所给区域内部有唯一驻点,因此该驻点必是函数的最小值点.

例 5 用铁板做一个容积为 V m³ 的无盖长方体水箱,问当长、宽、高分别取多少时,才能使用料最省?

解 解法一(看作无条件极值问题):因为容积固定了,所以可设水箱的长、宽、高分别为 x m、y m、$\dfrac{V}{xy}$m$(x>0,y>0)$,水箱所用材料的面积为

$$A=xy+2x\cdot\frac{V}{xy}+2y\cdot\frac{V}{xy}=xy+\frac{2V}{y}+\frac{2V}{x}.$$

令

$$\begin{cases}A_x=y-\dfrac{2V}{x^2}=0,\\ A_y=x-\dfrac{2V}{y^2}=0,\end{cases}$$

解得唯一驻点$(\sqrt[3]{2V},\sqrt[3]{2V})$.

由问题实际意义可知面积 A 的最小值一定存在,所以这个唯一驻点就是 A 的最小值点,即当水箱的底面是边长为$\sqrt[3]{2V}$ m 的正方形、高为底边长的一半时用料最省.

解法二(看作条件极值问题):设水箱的长、宽、高分别为 x m、y m、z m$(x>0,y>0,z>0)$,则它们满足条件 $xyz=V$,水箱所用材料的面积为

$$A=xy+2xz+2yz.$$

作拉格朗日函数

$$L=xy+2xz+2yz+\lambda(xyz-V),$$

令

$$\begin{cases}L_x=y+2z+\lambda yz=0,\\ L_y=x+2z+\lambda xz=0,\\ L_z=2x+2y+\lambda xy=0,\\ L_\lambda=xyz-V=0,\end{cases}$$

解得唯一驻点$(\sqrt[3]{2V},\sqrt[3]{2V},\sqrt[3]{2V}/2)$.类似于解法一的讨论可得与解法一相同的结论.

例 6 某工厂生产两种商品,日产量分别为 x 件和 y 件,总成本函数是

$$C(x,y)=8x^2-xy+12y^2(\text{元}),$$

每日两种商品的总产量为 42 件,求使总成本最小的生产安排及最小总成本.

解 这是求在条件 $x+y-42=0$ 之下的函数 $C(x,y)$的最小值问题.作拉格朗日函数

$$L=8x^2-xy+12y^2+\lambda(x+y-42),$$

令

$$\begin{cases}L_x=16x-y+\lambda=0,\\L_y=-x+24y+\lambda=0,\\L_\lambda=x+y-42=0,\end{cases}$$

可解得唯一驻点(25,17).

由问题的实际意义可知,成本 C 的最小值一定存在,所以这个唯一驻点就是 C 的最小值点,即当两种商品分别生产 25 件和 17 件时总成本最小,且最小总成本为 $C(25,17)=8\,043$(元).

习　题　6-5

1. 求下列函数的极值:

(1) $z=2xy-3x^2-2y^2$;　(2) $z=x^3-4x^2+2xy-y^2$;　(3) $z=xy+\dfrac{a}{x}+\dfrac{a}{y}$　$(a>0)$.

2. 求 $z=xy$ 在 $x^2+y^2\leqslant1$ 上的最大值和最小值.

3. 求曲线 $2x^2+2y^2+xy=3$ 上到原点最近及最远的点.

4. 建一长方体平顶厂房,其体积为 V,前墙和屋顶的单位面积造价分别是其他墙的 3 倍和 1.5 倍,问厂房的长、宽、高各为何值时,总造价最省?

5. 某工厂生产两种产品 A 与 B,销售单价分别为 10 元与 9 元,产品 A 生产 x 件且产品 B 生产 y 件时的总成本是

$$C(x,y)=0.02x^2+0.03y^2+0.02xy+5x+2y+300(\text{元}).$$

问两种产品各生产多少时工厂可获得最大利润?最大利润是多少?

6. 现有 60 kg 肥料准备向两种农作物施肥,作物甲施肥量 x kg 与产量 u 的关系式及作物乙施肥量 y 与产量 v 的关系式分别为

$$u=218+1.79x-0.017x^2(\text{kg}),\quad v=216+2.68y-0.033y^2(\text{kg}).$$

现已知甲作物的产品单价为 1.80 元/kg,乙作物的产品单价为 1.60 元/kg.试求使总收益最大的施肥量分配方案,以及此时两种农作物各自的产量和总收益的值.

总 习 题 六

A　组

1. 填空题

(1)若 $f(x+y,x-y)=\dfrac{x^2-y^2}{x^2+y^2}$,则 $f(x,y)=$ ______.

(2)函数 $z=\sin\dfrac{1}{x+y}$ 的间断点是 ______.

(3)若 $z=\ln(x^2+y^2)$,则 $x\dfrac{\partial z}{\partial x}+y\dfrac{\partial z}{\partial y}=$ ______.

(4)若 $z=\mathrm{e}^{ax+by}\cos x$ 满足 $\dfrac{\partial z}{\partial x}+\dfrac{\partial z}{\partial y}=2az\tan x$,则常数 $a=$ ______,$b=$ ______.

下面两题在“充分”、“必要”和“充分必要”三者中选择一个正确的填入.

(5)函数 $z=f(x,y)$ 在点 (x,y) 处可微分是其在该点连续的 ______ 条件;函数

$z=f(x,y)$在点(x,y)处连续是其在该点可微分的________条件.

(6)函数 $z=f(x,y)$在点(x,y)处两个偏导数存在是其在该点可微分的________条件;函数 $z=f(x,y)$在点(x,y)处可微分是其在该点处两个偏导数存在的________条件.

2. 选择题:

(1)联立不等式$\begin{cases}0\leqslant x\leqslant 1\\ x^2\leqslant y\leqslant\sqrt{x}\end{cases}$所表示的平面区域是由(　　)中的曲线围成的.

A. $y^2=x$ 与 $y=x$　　B. $y=x^2$ 与 $y=x$

C. $y^2=x$ 与 $y=x^2$　　D. $y^2=x$ 与 $y=x^3$

(2)为使二元函数 $f(x,y)=\dfrac{x+y}{x-y}$于动点 $P(x,y)$沿某一特殊路线趋于$(0,0)$时的极限是2,这条路线应选择(　　).

A. $y=\dfrac{x}{4}$　　B. $y=\dfrac{x}{3}$

C. $y=\dfrac{x}{2}$　　D. $y=\dfrac{2x}{3}$

(3)$\lim\limits_{\substack{x\to 0\\ y\to 0}}\dfrac{x^2y}{3x^4+y^2}$的值为(　　).

A. 0　　B. $\dfrac{1}{4}$

C. $\dfrac{1}{3}$　　D. 不存在

(4)若函数 $z=f(x,y)$存在全微分,则函数的全增量与全微分之差 $\Delta z-\mathrm{d}z$ 是较 $\rho=\sqrt{(\Delta x)^2+(\Delta y)^2}$,当 $\Delta x\to 0,\Delta y\to 0$ 时的(　　).

A. 同阶无穷小　　B. 等价无穷小

C. 高阶无穷小　　D. 低阶无穷小

3. 在 yOz 面上,求与三个已知点 $A(3,1,2)$、$B(4,-2,-2)$和 $C(0,5,1)$等距离的点.

4. 求下列各极限:

(1) $\lim\limits_{\substack{x\to 1\\ y\to 0}}\dfrac{4\mathrm{e}^{xy}}{\sqrt{4x+3y}}$;　　(2) $\lim\limits_{\substack{x\to 0\\ y\to a}}\dfrac{\sin(xy)}{x}$;

(3) $\lim\limits_{\substack{x\to 0\\ y\to 0}}[1+\sin(xy)]^{\frac{1}{xy}}$;　　(4) $\lim\limits_{\substack{x\to 1\\ y\to 1}}\dfrac{\sqrt{5xy-4}-\sqrt{xy}}{xy-1}$.

5. 求下列函数的偏导数:

(1) $z=x^3y-xy^3$;　　(2) $z=\mathrm{e}^{\sin x}\cos y$;　　(3) $z=(1+x)^y$;

(4) $z=\arcsin(y\sqrt{x})$;　　(5) $z=\ln\tan\dfrac{x}{y}$;　　(6) $u=\sin(x^2+y^2+z^2)$.

6. 求函数 $z=\mathrm{e}^{x^2y^3}$的全微分.

7. 求下列函数的$\dfrac{\partial^2 z}{\partial x^2},\dfrac{\partial^2 z}{\partial y^2}$和$\dfrac{\partial^2 z}{\partial x\partial y}$:

(1) $z=x^3y^2-3xy^3-xy+1$;　　(2) $z=x\ln(x+y)$.

8. 求下列函数的全导数或偏导数:

(1) 设 $z=\mathrm{e}^{x-2y}$,$x=\sin t$,$y=t^3$,求$\dfrac{\mathrm{d}z}{\mathrm{d}t}$.

(2) 设 $z=uv+\sin t, u=e^t, v=\cos t$,求$\frac{dz}{dt}$.

(3) 设 $z=\ln(u+v), u=x^2y, v=2x+3$,求$\frac{\partial z}{\partial x}$及$\frac{\partial z}{\partial y}$.

9. 设 $z=f(u,x,y), u=xe^y$,其中 f 具有连续的二阶偏导数,求$\frac{\partial^2 z}{\partial x\partial y}$.

10. 设 $z=xy+xF(u)$,而 $u=\frac{y}{x}$,$F(u)$可导,证明 $x\frac{\partial z}{\partial x}+y\frac{\partial z}{\partial y}=z+xy$.

11. 设方程 $f\left(\frac{z}{x},\frac{y}{z}\right)=0$ 确定了函数 $z=z(x,y)$,且 f 具有连续偏导数,求$\frac{\partial z}{\partial x}$和$\frac{\partial z}{\partial y}$.

12. 求由 $x\sin y+ye^x=0$ 所确定的隐函数的导数$\frac{dy}{dx}$.

13. 求由 $z^3-xyz=a^3$ 所确定的隐函数的偏导数$\frac{\partial z}{\partial x}$及$\frac{\partial z}{\partial y}$.

14. 设$\frac{x}{z}=\ln\frac{z}{y}$,求 dz、$\frac{\partial z}{\partial x}$、$\frac{\partial z}{\partial y}$.

15. 求下列函数的极值:

(1) $z=y^3-x^2+6x-12y+5$;　　(2) $z=e^{2x}(x+y^2+2y)$.

16. 在平面 $x+y+z=1$ 上求一点,使它到两定点 $A(2,0,1)$和 $B(1,0,1)$的距离平方和最小.

17. 求由方程 $2x^2+2y^2+z^2+8xz-z+8=0$ 所确定的隐函数 $z=f(x,y)$的极值.

18. 用长为 a 的铁丝折成一个三角形,之后绕三角形一边旋转一周. 问三边各为多少时,旋转体的体积最大?

B　组

1. 填空题:

(1)设函数 $f(u,v)$具有二阶连续偏导数,$z=f(x,xy)$,则$\frac{\partial^2 z}{\partial x\partial y}=$________.

(2)设 $f(u,v)$为二元可微函数,$z=f(x^y,y^x)$,则$\frac{\partial z}{\partial x}=$____________.

(3)设函数 $f(u)$可微,且 $f'(0)=\frac{1}{2}$,则 $z=f(4x^2-y^2)$的全微分$dz\big|_{(1,2)}=$________.

(4)设函数 $f(u,v)$由关系式 $f(xg(y),y)=x+g(y)$确定,其中函数 $g(y)$可微,且 $g(y)\neq 0$,则$\frac{\partial^2 f}{\partial u\partial v}=$__________.

(5)设 $z=z(x,y)$是由方程 $e^{2yz}+x+y^2+z=\frac{7}{4}$确定的函数,则 $dz\Big|_{\left(\frac{1}{2},\frac{1}{2}\right)}=$________.

(6)设 $z=f\left(\ln x+\frac{1}{y}\right)$,其中函数 $f(u)$可微,则 $x\frac{\partial z}{\partial x}+y^2\frac{\partial z}{\partial y}=$____________.

2. 选择题:

(1)考虑二元函数 $f(x,y)$的下面 4 条性质:

①$f(x,y)$在点(x_0,y_0)处连续;②$f(x,y)$在点(x_0,y_0)处的两个偏导数连续;

③$f(x,y)$在点(x_0,y_0)处可微;④$f(x,y)$在点(x_0,y_0)处的两个偏导数存在.

若用"$P\Rightarrow Q$"表示可由性质 P 推出性质 Q,则下面的(　　)正确.

A. ②⇒③⇒①　B. ③⇒②⇒①　C. ③⇒④⇒①　D. ③⇒①⇒④

(2)二元函数 $f(x,y)$在点$(0,0)$处可微的一个充要条件是(　　).

A. $\lim\limits_{(x,y)\to(0,0)}[f(x,y)-f(0,0)]=0$

B. $\lim\limits_{x\to 0}\dfrac{f(x,0)-f(0,0)}{x}=0$，且$\lim\limits_{y\to 0}\dfrac{f(0,y)-f(0,0)}{y}=0$

C. $\lim\limits_{(x,y)\to(0,0)}\dfrac{f(x,y)-f(0,0)}{\sqrt{x^2+y^2}}=0$

D. $\lim\limits_{x\to 0}[f'_x(x,0)-f'_x(0,0)]=0$，且$\lim\limits_{y\to 0}[f'_y(0,y)-f'_y(0,0)]=0$

(3)设 $f(x,y)$ 及 $\varphi(x,y)$ 均为可微函数，且 $\varphi'_y(x,y)\neq 0$，已知(x_0,y_0)是 $f(x,y)$ 在约束条件 $\varphi(x,y)=0$ 下的一个极值点，下列选项正确的是(　　).

A. 若 $f'_x(x_0,y_0)=0$，则 $f'_y(x_0,y_0)=0$

B. 若 $f'_x(x_0,y_0)=0$，则 $f'_y(x_0,y_0)\neq 0$

C. 若 $f'_x(x_0,y_0)\neq 0$，则 $f'_y(x_0,y_0)=0$

D. 若 $f'_x(x_0,y_0)\neq 0$，则 $f'_y(x_0,y_0)\neq 0$

(4)设函数 $u(x,y)=\varphi(x+y)+\varphi(x-y)+\int_{x-y}^{x+y}\psi(t)\mathrm{d}t$，其中函数 φ 具有二阶导数，ψ 具有一阶导数，则必有(　　).

A. $\dfrac{\partial^2 u}{\partial x^2}=-\dfrac{\partial^2 u}{\partial y^2}$　　B. $\dfrac{\partial^2 u}{\partial x^2}=\dfrac{\partial^2 u}{\partial y^2}$　　C. $\dfrac{\partial^2 u}{\partial x\partial y}=\dfrac{\partial^2 u}{\partial y^2}$　　D. $\dfrac{\partial^2 u}{\partial x\partial y}=\dfrac{\partial^2 u}{\partial x^2}$

(5)设可微函数 $f(x,y)$ 在点(x_0,y_0)取得极小值，则下列结论正确的是(　　).

A. $f(x_0,y)$在 $y=y_0$ 处的导数等于零

B. $f(x_0,y)$在 $y=y_0$ 处的导数大于零

C. $f(x_0,y)$在 $y=y_0$ 处的导数小于零

D. $f(x_0,y)$在 $y=y_0$ 处的导数不存在

(6)设 $u(x,y)$在平面有界闭区域 D 上连续，在 D 的内部具有二阶连续偏导数，且满足$\dfrac{\partial^2 u}{\partial x\partial y}\neq 0$ 及$\dfrac{\partial^2 u}{\partial x^2}+\dfrac{\partial^2 u}{\partial y^2}=0$，则(　　).

A. $u(x,y)$的最大值点和最小值点必定都在区域 D 的边界上

B. $u(x,y)$的最大值点和最小值点必定都在区域 D 的内部

C. $u(x,y)$的最大值点在区域 D 的内部，最小值点在区域 D 的边界上

D. $u(x,y)$的最小值点在区域 D 的内部，最大值点在区域 D 的边界上

(7)设函数 $z=\dfrac{y}{x}f(xy)$，其中 f 可微，则$\dfrac{x}{y}\dfrac{\partial z}{\partial x}+\dfrac{\partial z}{\partial y}=$(　　).

A. $2yf'(xy)$　　B. $-2yf'(xy)$

C. $\dfrac{2}{x}f(xy)$　　D. $-\dfrac{2}{x}f(xy)$

3. 已知$\dfrac{\partial z}{\partial x}=\dfrac{x^2+y^2}{x}$，且当 $x=1$ 时，$z(x,y)=\sin y$，求 $z=z(x,y)$.

4. 设 $z=f(x+y,x-y,xy)$，其中 f 具有二阶连续偏导数，求 $\mathrm{d}z$ 与$\dfrac{\partial^2 z}{\partial x\partial y}$.

5. 设 $f(u,v)$具有二阶连续偏导数，且满足$\dfrac{\partial^2 f}{\partial u^2}+\dfrac{\partial^2 f}{\partial v^2}=1$，又有 $g(x,y)=f\left[xy,\dfrac{1}{2}(x^2-y^2)\right]$，求$\dfrac{\partial^2 g}{\partial x^2}+\dfrac{\partial^2 g}{\partial y^2}$.

6. 已知 $f(u)$有二阶导数，且 $f'(0)=1$，函数 $y=y(x)$由方程 $y-xe^{y-1}=1$ 所确定，设$z=f(\ln y-\sin x)$，求$\left.\frac{dz}{dx}\right|_{x=0}$，$\left.\frac{d^2z}{dx^2}\right|_{x=0}$.

7. 设函数 $z=f(xy,yg(x))$，其中函数 f 具有二阶连续偏导数，函数 $g(x)$可导且在 $x=1$ 处取得极值 $g(1)=1$，求$\left.\frac{\partial^2 z}{\partial x\partial y}\right|_{\substack{x=1\\y=1}}$.

8. 求二元函数 $f(x,y)=x^2(2+y^2)+y\ln y$ 的极值.

9. 求函数 $f(x,y)=xe^{-\frac{x^2+y^2}{2}}$ 的极值.

10. 求曲线 $x^3-xy+y^3=1(x\geqslant0,y\geqslant0)$上的点到坐标原点的最长距离和最短距离.

11. 已知函数 $z=f(x,y)$的全微分 $dz=2xdx-2ydy$，并且 $f(1,1)=2$，求 $f(x,y)$在椭圆域 $D=\{(x,y)|x^2+\frac{y^2}{4}\leqslant1\}$上的最大值和最小值.

第七章 二重积分及其应用

第五章介绍的定积分，被积函数是一元函数，积分范围是一个区间. 实际中还会经常遇到被积函数为多元函数，即多重积分的问题. 由于三重及其以上积分的概念与二重积分的概念类似，本章主要介绍二重积分的有关内容. 此时，被积函数为二元函数，积分范围是平面区域. 由于二重积分在概念建立、积分性质和应用等方面与定积分的思想方法相同，在学习二重积分时应随时注意与定积分的相应内容进行类比.

第一节 二重积分的概念与性质

一、二重积分的概念

定积分是针对一元函数的一种特定和式的极限，通过求曲边梯形的面积、变速运动物体的路程等实例，我们对定积分概念的本质已经有了从感性到理性的认识. 二重积分则是针对二元函数的一种特定和式的极限. 我们还是从分析两个实例开始，借以抽象出二重积分的概念.

1. 曲顶柱体的体积

设有一立体如图 7-1 所示，它的底是 xOy 面上的有界闭区域 D，侧面是以 D 的边界曲线为准线、母线平行于 z 轴的柱面，顶是曲面 $z=f(x,y)$，这里 $f(x,y)\geqslant 0$ 且在 D 上连续，称这种立体为**曲顶柱体**. 下面讨论如何计算它的体积 V.

我们知道，平顶柱体的高是不变的，它的体积可以用公式"体积＝高×底面积"来计算. 而对于曲顶柱体，当点 (x,y) 在区域 D 上变动时，高 $f(x,y)$ 是个变量，因此它的体积不能直接用上述公式来计算. 但我们可以采用类似于一元函数定积分中求曲边梯形面积的方法来求上面曲顶柱体的体积.

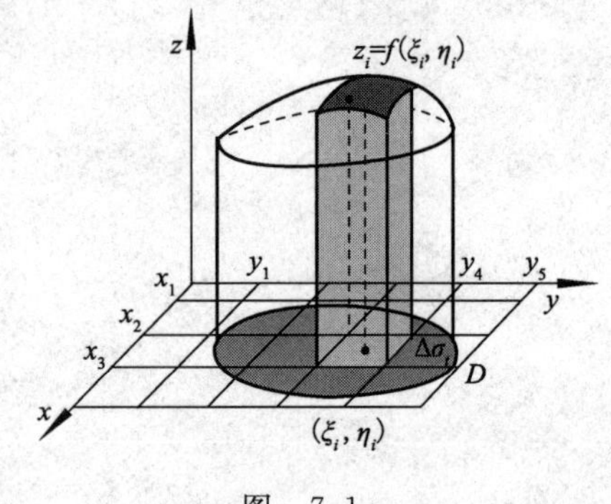

图 7-1

(1) 分割：用任意一组曲线网将区域 D 分割成 n 个小闭区域 $\Delta\sigma_i$（$\Delta\sigma_i$ 同时表示其面积），$i=1,2,\cdots,n$. 以这些小区域的边界曲线为准线，作母线平行于 z 轴的柱面，这些柱面将原来的曲顶柱体分割成 n 个小曲顶柱体. 设以小区域 $\Delta\sigma_i$ 为底的小曲顶柱体的体积为 ΔV_i，则根据体积的可加性，所求曲顶柱体的体积为

$$V=\sum_{i=1}^{n}\Delta V_i.$$

(2) 取近似：由于 $f(x,y)$ 连续，对于同一个小区域 $\Delta\sigma_i$ 来说，当小区域 $\Delta\sigma_i$ 的直径（$\Delta\sigma_i$ 中任意两点距离的最大值）很小时，$f(x,y)$ 的函数值变化不大，因此可将小曲顶柱体近似看作小平顶柱体，用小平顶柱体的体积近似代替小曲顶柱体的体积. 在 $\Delta\sigma_i$ 内任取一点 (ξ_i,η_i)，以 $f(\xi_i,\eta_i)$ 为高、$\Delta\sigma_i$ 为底的小平顶柱体的体积为 $f(\xi_i,\eta_i)\Delta\sigma_i$，从而

$$\Delta V_i\approx f(\xi_i,\eta_i)\Delta\sigma_i,\ i=1,2,\cdots,n.$$

(3)作和:n 个小平顶柱体体积之和就是体积 V 的近似值,即

$$V=\sum_{i=1}^{n}\Delta V_i\approx\sum_{i=1}^{n}f(\xi_i,\eta_i)\Delta\sigma_i.$$

(4)求极限:区域 D 分得越细,$\sum\limits_{i=1}^{n}f(\xi_i,\eta_i)\Delta\sigma_i$ 就越接近于体积 V,记 n 个小区域直径中的最大者为 λ,令 $\lambda\to0$,则所求曲顶柱体的体积为

$$V=\lim_{\lambda\to0}\sum_{i=1}^{n}f(\xi_i,\eta_i)\Delta\sigma_i.$$

2. 平面薄片的质量

设有一密度不均匀的平面薄片占有 xOy 面上的闭区域 D(见图 7-2).它在 D 上任意点 (x,y) 处的面密度为 $\mu(x,y)$($\mu(x,y)>0$)在 D 上连续,求该平面薄片的质量 M.

(1)分割:用任意一组曲线网将区域 D 分割成 n 个小闭区域 $\Delta\sigma_i$($\Delta\sigma_i$ 同时表示其面积),$i=1,2,\cdots,n$.

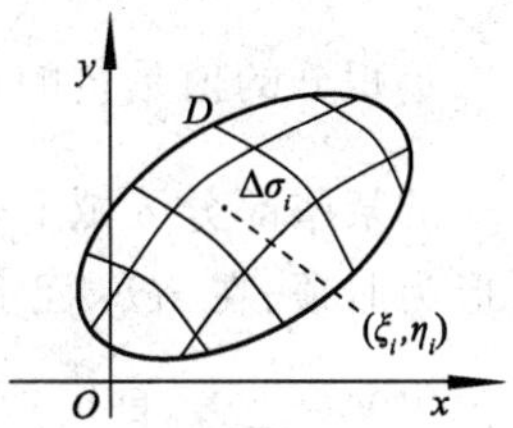

(2)取近似:由于 $\mu(x,y)$ 连续,当 $\Delta\sigma_i$ 的直径很小时,相应小块可近似看成均匀薄片.在 $\Delta\sigma_i$ 内任取一点 (ξ_i,η_i),则 $\mu(\xi_i,\eta_i)\Delta\sigma_i$ 可看作第 i 小块的质量 ΔM_i 的近似值,即

$$\Delta M_i\approx\mu(\xi_i,\eta_i)\Delta\sigma_i,i=1,2,\cdots,n.$$

图　7-2

(3)作和:n 个小块质量的近似值之和就是质量 M 的近似值,即

$$M=\sum_{i=1}^{n}\Delta M_i\approx\sum_{i=1}^{n}\mu(\xi_i,\eta_i)\Delta\sigma_i.$$

(4)求极限:区域 D 分得越细,$\sum\limits_{i=1}^{n}\mu(\xi_i,\eta_i)\Delta\sigma_i$ 就越接近于质量 M,当 n 个小区域 $\Delta\sigma_i$ 中直径的最大值 λ 趋于零时,上述和式的极限就是非均匀薄片的质量,即

$$M=\lim_{\lambda\to0}\sum_{i=1}^{n}\mu(\xi_i,\eta_i)\Delta\sigma_i.$$

3. 二重积分的定义

尽管以上两例中所求的量具有不同的实际背景,但最终都归结为求同一形式的极限问题.抛开其实际背景抽出本质,与定积分的定义类比可建立二重积分的定义如下.

定义　设 $f(x,y)$ 是定义在闭区域 D 上的有界函数,将区域 D 任意分割成 n 个小区域 $\Delta\sigma_i$($\Delta\sigma_i$ 同时表示其面积),$i=1,2,\cdots,n$.在每个小区域 $\Delta\sigma_i$ 内任取一点 (ξ_i,η_i),作乘积 $f(\xi_i,\eta_i)\Delta\sigma_i$,并作和 $\sum\limits_{i=1}^{n}f(\xi_i,\eta_i)\Delta\sigma_i$,如果当各个小区域的直径中的最大值 λ 趋于零时,该和式的极限存在,且极限值与区域 D 的分法和 (ξ_i,η_i) 的取法无关(即对 D 的任意分割及相应的任意 $(\xi_i,\eta_i)\in\Delta\sigma_i$ 而言,当 $\lambda\to0$ 时 $\sum\limits_{i=1}^{n}f(\xi_i,\eta_i)\Delta\sigma_i$ 的极限都存在且为同一个值),则称这个极限值为函数 $f(x,y)$ 在区域 D 上的**二重积分**,记作 $\iint\limits_{D}f(x,y)\mathrm{d}\sigma$,即

$$\iint\limits_{D}f(x,y)\mathrm{d}\sigma=\lim_{\lambda\to0}\sum_{i=1}^{n}f(\xi_i,\eta_i)\Delta\sigma_i,$$

其中 $f(x,y)$ 称为**被积函数**,$f(x,y)\mathrm{d}\sigma$ 称为**被积表达式**,$\mathrm{d}\sigma$ 称为**面积微元**,x、y 称为**积分变量**,D 称为**积分区域**,$\sum\limits_{i=1}^{n}f(\xi_i,\eta_i)\Delta\sigma_i$ 称为**积分和**(又称**黎曼和**).

由二重积分的定义，前面实例 1 中曲顶柱体的体积 V 和实例 2 中平面薄片的质量 M 分别为

$$V=\iint_D f(x,y)\mathrm{d}\sigma \text{ 和 } M=\iint_D \mu(x,y)\mathrm{d}\sigma.$$

4. 二重积分的存在性及几何意义

(1) 二重积分的存在性

可以证明，若 $f(x,y)$ 在闭区域 D 上连续，则 $f(x,y)$ 在 D 上的二重积分必存在.

(2) 二重积分的几何意义

如前所述，当 $f(x,y)\geqslant 0$ 时，曲顶柱体位于 xOy 坐标面上侧，此时，$\iint_D f(x,y)\mathrm{d}\sigma$ 就是曲顶柱体的体积，即体积为 $\iint_D f(x,y)\mathrm{d}\sigma=V$；如果 $f(x,y)<0$，曲顶柱体位于 xOy 平面下侧，这时二重积分的值是负的，其值等于曲顶柱体体积的相反数，即 $\iint_D f(x,y)\mathrm{d}\sigma=-V$；如果 $f(x,y)$ 在 D 的某些部分区域上是正值，而在其余部分区域上是负值，那么二重积分等于以 $f(x,y)$ 的图形为曲顶、在 xOy 面上侧所有部分曲顶柱体的体积 $V_{上}$ 与在 xOy 面下侧所有部分曲顶柱体的体积 $V_{下}$ 之差，即 $\iint_D f(x,y)\mathrm{d}\sigma=V_{上}-V_{下}$.

根据几何意义，可以规定：二元函数在曲线上的二重积分为 0.

二、二重积分的性质

二重积分与定积分有类似的性质，这里只列出这些性质的结论（假定下列各条性质中所涉及的二重积分都存在），证明从略（可借助二重积分的定义及其几何意义理解）.

性质 1　被积函数中的常数因子可提到二重积分号的外面，即

$$\iint_D kf(x,y)\mathrm{d}\sigma=k\iint_D f(x,y)\mathrm{d}\sigma.$$

性质 2　函数和（或差）的二重积分等于各函数二重积分的和（或差），即

$$\iint_D [f(x,y)\pm g(x,y)]\mathrm{d}\sigma=\iint_D f(x,y)\mathrm{d}\sigma\pm\iint_D g(x,y)\mathrm{d}\sigma.$$

性质 3　若积分区域 D 被分为两个部分区域 D_1,D_2，则

$$\iint_D f(x,y)\mathrm{d}\sigma=\iint_{D_1} f(x,y)\mathrm{d}\sigma+\iint_{D_2} f(x,y)\mathrm{d}\sigma.$$

性质 3 表明**二重积分对于积分区域具有可加性**. 它还可以推广到 D 被分为有限多个部分闭区域的情形.

性质 4　若在闭区域 D 上，$f(x,y)\equiv 1$，σ 为 D 的面积，则

$$\iint_D 1\cdot\mathrm{d}\sigma=\iint_D \mathrm{d}\sigma=\sigma.$$

性质 4 的几何意义是显然的，高为 1 的平顶柱体的体积等于柱体的底面积.

性质 5　若在区域 D 上，$f(x,y)\leqslant g(x,y)$，则有不等式

$$\iint_D f(x,y)\mathrm{d}\sigma\leqslant\iint_D g(x,y)\mathrm{d}\sigma.$$

若在区域 D 上，$f(x,y)\leqslant g(x,y)$，但 $f(x,y)$ 与 $g(x,y)$ 不恒等，则有

$$\iint_D f(x,y)\mathrm{d}\sigma < \iint_D g(x,y)\mathrm{d}\sigma.$$

特别地，由于 $-|f(x,y)| \leqslant f(x,y) \leqslant |f(x,y)|$，所以又有

$$\left|\iint_D f(x,y)\mathrm{d}\sigma\right| \leqslant \iint_D |f(x,y)|\mathrm{d}\sigma.$$

性质6(二重积分的估值定理)　设 M 与 m 分别是 $f(x,y)$ 在闭区域 D 上的最大值和最小值，σ 为 D 的面积，则有二重积分的估值不等式

$$m\sigma \leqslant \iint_D f(x,y)\mathrm{d}\sigma \leqslant M\sigma.$$

性质7(二重积分的中值定理)　设函数 $f(x,y)$ 在闭区域 D 上连续，σ 为 D 的面积，则在 D 上至少存在一点 (ξ,η)，使得

$$\iint_D f(x,y)\mathrm{d}\sigma = f(\xi,\eta)\cdot\sigma.$$

二重积分的中值定理的几何意义是：二重积分的值等于以 D 为底的某个平顶柱体的体积或体积的相反数，其平顶柱体的高为 $|f(\xi,\eta)|$，$(\xi,\eta)\in D$.

注：与一元函数的定积分相应的情形类似，若 $f(x,y)$ 在闭区域 D 上连续，则将 $f(\xi,\eta)=\dfrac{1}{\sigma}\iint_D f(x,y)\mathrm{d}\sigma$ 称为 $f(x,y)$ **在 D 上的平均值**，其中 σ 为 D 的面积.

例1　根据二重积分的几何意义或性质，比较积分 $\iint_D (x+y)^2\mathrm{d}\sigma$ 与 $\iint_D (x+y)^3\mathrm{d}\sigma$ 的大小，其中 D 由 x，y 轴与直线 $x+y=1$ 围成.

解　令 $u=x+y$，由于在区域 D 内 $u\leqslant 1$，所以 $u^2\geqslant u^3$，又因在 D 上两个被积函数不恒等，根据性质5，得 $\iint_D (x+y)^2\mathrm{d}\sigma > \iint_D (x+y)^3\mathrm{d}\sigma$.

例2　估计二重积分 $I=\iint_D (x^2+4y^2+9)\mathrm{d}\sigma$ 值的范围，积分区域 D 是圆域 $x^2+y^2\leqslant 4$.

解　求被积函数 $f(x,y)=x^2+4y^2+9$ 在区域 D 上可能的最值，由 $\begin{cases} f'_x=2x=0, \\ f'_y=8y=0, \end{cases}$ 得 $f(x,y)$ 的驻点 $(0,0)$，且 $f(0,0)=9$. 在区域 D 的边界上，有

$$f(x,y)=x^2+4(4-x^2)+9=25-3x^2,\ -2\leqslant x\leqslant 2.$$

易于求出，当 $x\in[-2,2]$ 时，$g(x)=25-3x^2$ 满足 $13\leqslant g(x)\leqslant 25$. 因此，$f(x,y)$ 在区域 D 上的最大值 $M=25$，最小值 $m=9$，又因区域 D 的面积为 4π，于是根据性质6，有

$$36\pi\leqslant I\leqslant 100\pi.$$

习　题　7-1

1. 一平面薄板占有 xOy 面上的闭区域 D，薄板上点 (x,y) 处分布有面密度为 $\mu(x,y)$ 的电荷，且 $\mu(x,y)$ 在 D 上连续，试用二重积分表示该薄板上的全部电荷 Q.

2. 设区域 $D=\{(x,y)\mid -1\leqslant x\leqslant 1,-2\leqslant y\leqslant 2\}$，试根据二重积分的几何意义计算二重积分 $\iint_D 3\mathrm{d}\sigma$.

3. 根据二重积分的几何意义或性质，比较下列积分的大小关系：

(1) $\iint\limits_D (x+y)^2 \mathrm{d}\sigma$ 与 $\iint\limits_D (x+y)^3 \mathrm{d}\sigma$，其中 D 由圆 $(x-2)^2+(y-1)^2=2$ 围成；

(2) $\iint\limits_D \ln(x+y) \mathrm{d}\sigma$ 与 $\iint\limits_D [\ln(x+y)]^2 \mathrm{d}\sigma$，其中 $D=\{(x,y) \mid 3 \leqslant x \leqslant 5, 0 \leqslant y \leqslant 1\}$；

(3) $\iint\limits_{D_1} (x^2+y^2)^3 \mathrm{d}\sigma$ 与 $\iint\limits_{D_2} (x^2+y^2)^3 \mathrm{d}\sigma$，其中 $\begin{cases} D_1=\{(x,y) \mid 1 \leqslant x \leqslant 1, -2 \leqslant y \leqslant 2\}, \\ D_2=\{(x,y) \mid 0 \leqslant x \leqslant 1, 0 \leqslant y \leqslant 2\}. \end{cases}$

4. 利用二重积分的性质估计下列积分值的范围：

(1) $I=\iint\limits_D xy(x+y) \mathrm{d}\sigma$，其中 D 是矩形闭区域：$0 \leqslant x \leqslant 1, 0 \leqslant y \leqslant 1$；

(2) $I=\iint\limits_D (x+y+1) \mathrm{d}\sigma$，其中 D 是矩形闭区域：$0 \leqslant x \leqslant 1, 0 \leqslant y \leqslant 2$.

第二节　二重积分的计算

和一元函数定积分一样，计算二重积分也需要寻找一种实用的计算方法. 为解决这个问题，我们将设法把二重积分转化为两次定积分来计算.

一、利用直角坐标计算二重积分

若 $f(x,y)$ 在闭区域 D 上的二重积分存在，则它对区域 D 的划分是任意的，如果在直角坐标系中用垂直于坐标轴的直线来划分 D，则除包含边界点的一些小区域外，其余的小区域都是小矩形，设小矩形 $\Delta\sigma$ 的边长为 Δx 和 Δy（见图 7-3），则 $\Delta\sigma=\Delta x \cdot \Delta y$，因此在直角坐标系中，有时也把面积微元 $\mathrm{d}\sigma$ 记为 $\mathrm{d}x\mathrm{d}y$，从而二重积分可表示为

$$\iint\limits_D f(x,y) \mathrm{d}x\mathrm{d}y.$$

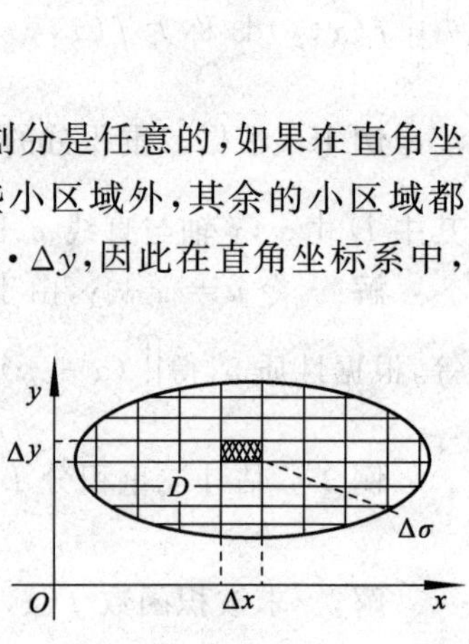

下面我们从几何直观来讨论二重积分 $\iint\limits_D f(x,y) \mathrm{d}\sigma$ 的计算问题. 讨论中我们假定 $f(x,y) \geqslant 0$ 且在区域 D 上连续.

图　7-3

设积分区域 D（见图 7-4）可用不等式

$$a \leqslant x \leqslant b,\ \varphi_1(x) \leqslant y \leqslant \varphi_2(x)$$

表示，其中 $\varphi_1(x)$、$\varphi_2(x)$ 在 $[a,b]$ 上连续. 根据二重积分的几何意义，$\iint\limits_D f(x,y) \mathrm{d}\sigma$ 的值等于以 D 为底、以曲面 $z=f(x,y)$ 为顶的曲顶柱体（见图 7-5）的体积. 下面我们用第五章第四节计算平行截面面积为已知的立体体积的方法，来计算这个曲顶柱体的体积.

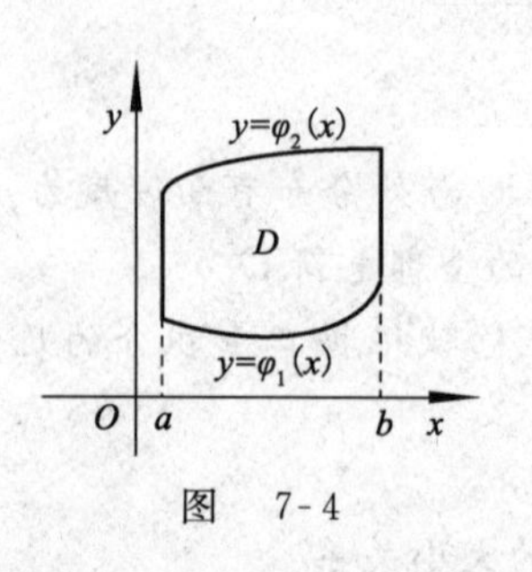

图　7-4

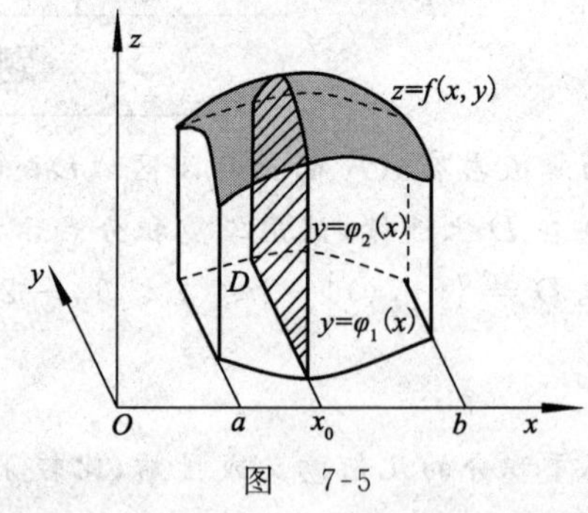

图　7-5

在$[a,b]$上任意取定一点x_0，作垂直于x轴的平面$x=x_0$，该平面截曲顶柱体所得截面是一个以区间$[\varphi_1(x_0),\varphi_2(x_0)]$为底，以曲线$\begin{cases} z=f(x,y) \\ x=x_0 \end{cases}$为曲边的曲边梯形，其面积为

$$A(x_0)=\int_{\varphi_1(x_0)}^{\varphi_2(x_0)} f(x_0,y)\mathrm{d}y.$$

一般地，过区间$[a,b]$上任意一点x且垂直于x轴的平面截曲顶柱体所得截面的面积为

$$A(x)=\int_{\varphi_1(x)}^{\varphi_2(x)} f(x,y)\mathrm{d}y.$$

于是应用计算平行截面面积为已知的立体之体积的方法，得该曲顶柱体的体积为

$$V=\int_a^b A(x)\mathrm{d}x=\int_a^b\left[\int_{\varphi_1(x)}^{\varphi_2(x)} f(x,y)\mathrm{d}y\right]\mathrm{d}x,$$

这个体积就是所求二重积分的值，从而有等式

$$\iint_D f(x,y)\mathrm{d}x\mathrm{d}y=\int_a^b\left[\int_{\varphi_1(x)}^{\varphi_2(x)} f(x,y)\mathrm{d}y\right]\mathrm{d}x.$$

上述积分叫做先对y、后对x的**二次积分**(或**累次积分**)，即先把x看作常数，把$f(x,y)$只看作y的函数，对$f(x,y)$计算从$\varphi_1(x)$到$\varphi_2(x)$的定积分，然后把所得的结果(是x的函数)再对x计算在区间$[a,b]$上的定积分.

这个先对y、后对x的二次积分也常记作

$$\int_a^b\mathrm{d}x\int_{\varphi_1(x)}^{\varphi_2(x)} f(x,y)\mathrm{d}y,$$

从而把二重积分化为先对y、后对x的二次积分的公式写作

$$\iint_D f(x,y)\mathrm{d}x\mathrm{d}y=\int_a^b\mathrm{d}x\int_{\varphi_1(x)}^{\varphi_2(x)} f(x,y)\mathrm{d}y. \qquad ①$$

类似地，若积分区域D(见图 7-6)可以用不等式

$$c\leqslant y\leqslant d,\psi_1(y)\leqslant x\leqslant\psi_2(y)$$

表示，且函数$\psi_1(y)$、$\psi_2(y)$在$[c,d]$上连续，则有

$$\iint_D f(x,y)\mathrm{d}x\mathrm{d}y=\int_c^d\mathrm{d}y\int_{\psi_1(y)}^{\psi_2(y)} f(x,y)\mathrm{d}x. \qquad ②$$

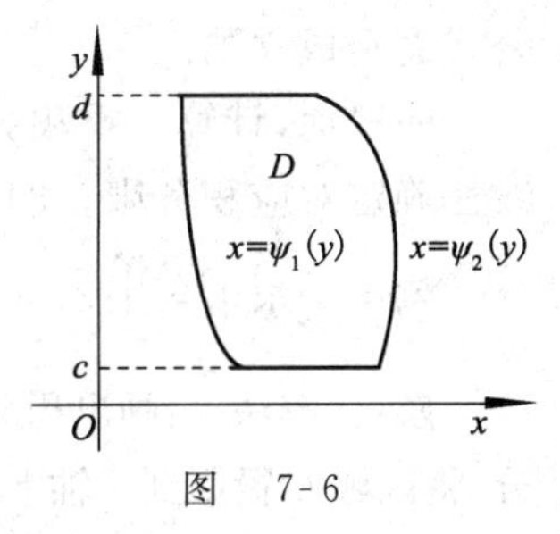

图　7-6

② 式就是把二重积分化为先对x、后对y的二次积分的公式.

无论将二重积分化成哪种形式的二次积分，都是上限大、下限小；后积分的(外层)积分上下限一定都是常数.

以后我们称图 7-4 所示的积分区域为X-**型区域**，图 7-6 所示的积分区域称为Y-**型区域**. X-型区域D的特点是：穿过D内部且垂直于x轴的直线与D的边界的交点不多于两个；Y-型区域D的特点是：穿过D内部且垂直于y轴的直线与D的边界的交点不多于两个.

应用公式①时，积分区域必须是X-型区域，而用公式②时，积分区域必须是Y-型区域. 如果积分区域D既不是X-型区域，又不是Y-型区域(如图 7-7 所示的区域D)，这时应把D分成若干个部分区域，使每一部分区域都是X-型区域或Y-型区域. 例如，图 7-7 所示的区域D可分为三个部分区域 Ⅰ、Ⅱ 和 Ⅲ，它们都是X-型区域，从而在这三部分上的二重积分都可应用公式①来计算，然后利用性质 3，就得到整个区域D上的二重积分.

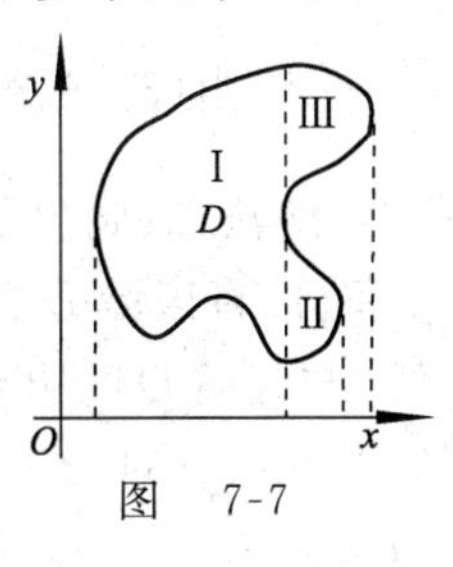

图　7-7

如果积分区域D既是X-型区域，又是Y-型区域，则由公式①与②，有

$$\int_a^b \mathrm{d}x\int_{\varphi_1(x)}^{\varphi_2(x)} f(x,y)\mathrm{d}y = \int_c^d \mathrm{d}y\int_{\psi_1(y)}^{\psi_2(y)} f(x,y)\mathrm{d}x, \qquad ③$$

这是因为上式两端都等于同一个二重积分$\iint\limits_D f(x,y)\mathrm{d}x\mathrm{d}y$.

特别地，当D是矩形区域$\{(x,y)\mid a\leqslant x\leqslant b, c\leqslant y\leqslant d\}$时，则有

$$\iint\limits_D f(x,y)\mathrm{d}x\mathrm{d}y = \int_a^b \mathrm{d}x\int_c^d f(x,y)\mathrm{d}y = \int_c^d \mathrm{d}y\int_a^b f(x,y)\mathrm{d}x. \qquad ④$$

等式③的左右两边是积分次序不同的两个二次积分，对应的是同一个积分区域D，用此公式可以改变二次积分的积分次序.

二重积分化为二次积分时，判定积分区域D类型并相应确定公式中的有关积分限是一个关键问题. 我们再根据上面公式①与②的推导过程，进一步明确一下确定二次积分限的方法——**穿线定限法**，然后给出计算二重积分的主要步骤.

以先对y、后对x的二次积分为例. 首先画出积分区域D的图形(见图7-8)，将区域D投影到x轴上，得区间$[a,b]$，在$[a,b]$上任取一点x，过x作垂直于x轴的直线，使该直线沿y轴正向自下而上穿过区域D且与区域D的边界曲线依次有两个交点$(x,\varphi_1(x))$与$(x,\varphi_2(x))$，这里的$\varphi_1(x)$与$\varphi_2(x)$就是将x看作常数而对y积分时的下限和上限；又因x是在区间$[a,b]$上任意取的，所以再将x看作变量而对x积分时，积分的下限为a，上限为b.

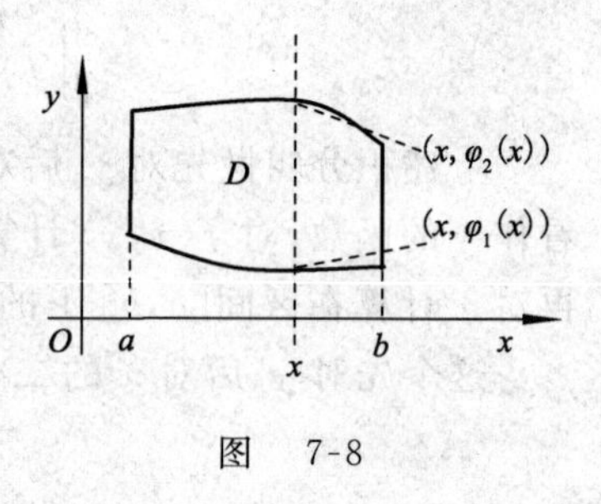

图 7-8

先对x，后对y的二次积分的定限方法与此类似.

在以上讨论中，假定了$f(x,y)\geqslant 0$，利用二重积分的几何意义，导出了二重积分的计算公式①与公式②，但实际上，公式的应用并不受此条件限制，对一般的$f(x,y)$(在D上连续)，公式总是成立的.

一般地，计算二重积分的主要步骤为：(1) 画区域D的简图，确定区域D的类型；(2) 按穿线法确定对应积分限；(3) 写出二次积分并求值.

例 1 求$I=\iint\limits_D (3x+2y)\mathrm{d}x\mathrm{d}y$，其中$D$是由两坐标轴及直线$x+y=2$所围成的闭区域.

解 解法一：画出积分区域D的图形(见图7-9(a))，它是一个X-型区域，可先对y、后对x积分. 将区域D投影到x轴上，得区间$[0,2]$. 在$[0,2]$上任取一点x，过x作垂直于x轴的直线，与区域D的边界自下而上依次交于两点$(x,0)$与$(x,2-x)$. 因此，对y积分的下限是0，上限是$2-x$(对$\forall x\in[0,2]$，$0\leqslant y\leqslant 2-x$)，而区间$[0,2]$即为对$x$积分的区间，即区域$D$可以表示为

$$D=\{(x,y)\mid 0\leqslant x\leqslant 2, 0\leqslant y\leqslant 2-x\}.$$

由公式①，得

$$\iint\limits_D (3x+2y)\mathrm{d}x\mathrm{d}y = \int_0^2 \mathrm{d}x\int_0^{2-x}(3x+2y)\mathrm{d}y = \int_0^2(-2x^2+2x+4)\mathrm{d}x = \frac{20}{3}.$$

解法二：画出积分区域D的图形(见图7-9(b))，它也是一个Y-型区域，也可先对x、后对y积分. 将区域D投影到y轴上，得区间$[0,2]$. 在$[0,2]$上任取一点y，过y作垂直于y轴的直线，与区域D的边界从左往右依次交于两点$(0,y)$与$(2-y,y)$. 因此，对x积分的下限是0，上限是$2-y$(对$\forall y\in[0,2]$，$0\leqslant x\leqslant 2-y$)，而区间$[0,2]$即为对$y$积分的区间，即区域$D$可以表示为

$$D=\{(x,y)\mid 0\leqslant y\leqslant 2, 0\leqslant x\leqslant 2-y\}.$$

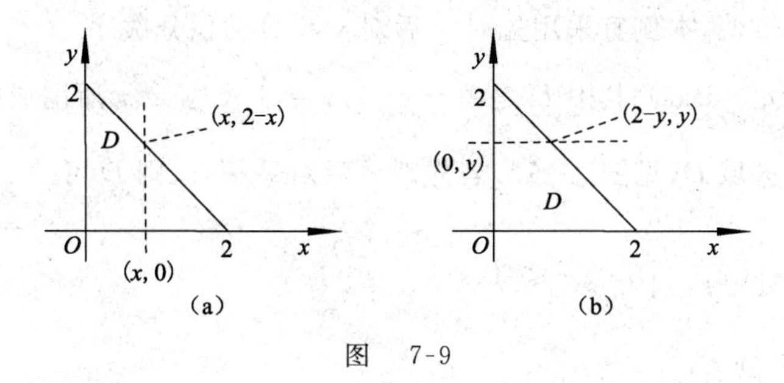

图　7-9

由公式 ②，得

$$\iint_D (3x+2y)\mathrm{d}x\mathrm{d}y=\int_0^2\mathrm{d}y\int_0^{2-y}(3x+2y)\mathrm{d}x=\int_0^2\left(-\frac{1}{2}y^2-2y+6\right)\mathrm{d}y=\frac{20}{3}.$$

本例中被积函数和积分区域都比较简单，采用两种积分次序均可.

例 2　计算 $I=\iint\limits_D xy\,\mathrm{d}\sigma$，其中 D 是由抛物线 $y^2=x$ 及直线 $y=x-2$ 所围成的闭区域.

解　由 $\begin{cases}y^2=x\\ y=x-2\end{cases}$ 得两曲线的交点为(1，−1) 及(4,2)，画出积分区域 D(见图 7-10(a))，它是一个 Y-型区域，可先对 x 后对 y 积分. 由穿线定限法得 x 的积分下限为 y^2，积分上限为 $y+2$，而 y 的积分区间为[−1,2]，因此可将区域 D 用不等式

$$-1\leqslant y\leqslant 2,\ y^2\leqslant x\leqslant y+2$$

表示，所以

$$I=\iint_D xy\,\mathrm{d}\sigma=\int_{-1}^2\mathrm{d}y\int_{y^2}^{y+2}xy\,\mathrm{d}x=\frac{45}{8}.$$

积分区域 D 也是一个 X-型区域，也可先对 y 后对 x 积分(见图 7-10(b)). 把区域 D 投影到 x 轴上，得区间[0,4]，但在[0,1] 内任取 x 时，穿线与 D 的边界交点中纵坐标较小的是 $-\sqrt{x}$，而在区间[1,4] 内任取 x 时，穿线与 D 的边界交点中纵坐标较小的是 $x-2$，二者不同，故需用 $x=1$ 把积分区域分成两部分 D_1 和 D_2，其中

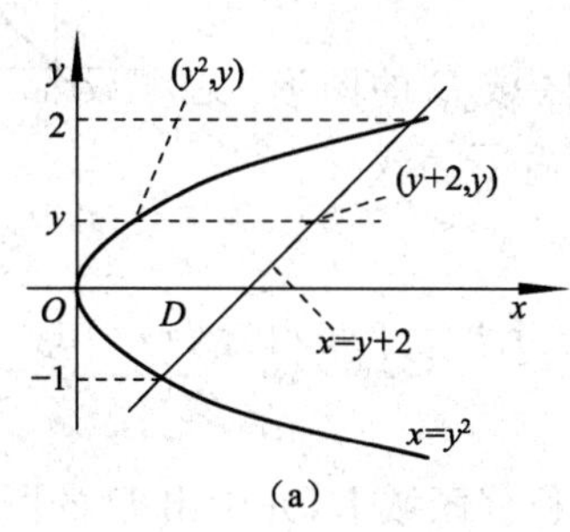

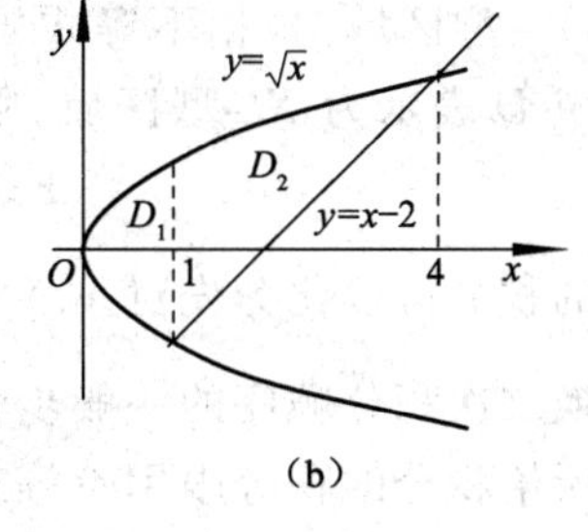

图　7-10

$$D_1=\{(x,y)\mid 0\leqslant x\leqslant 1,-\sqrt{x}\leqslant y\leqslant\sqrt{x}\},$$

$$D_2=\{(x,y)\mid 1\leqslant x\leqslant 4,x-2\leqslant y\leqslant\sqrt{x}\}.$$

因此，根据二重积分的性质 2，就有

$$I=\iint_D xy\,\mathrm{d}\sigma=\iint_{D_1}xy\,\mathrm{d}\sigma+\iint_{D_2}xy\,\mathrm{d}\sigma=\int_0^1\mathrm{d}x\int_{-\sqrt{x}}^{\sqrt{x}}xy\,\mathrm{d}y+\int_1^4\mathrm{d}x\int_{2-x}^{\sqrt{x}}xy\,\mathrm{d}y=\frac{45}{8}.$$

由此可见，为使计算方便，本例宜采用先对 x 后对 y 积分的积分次序.

例 3 计算 $\iint\limits_D x^2 e^{-y^2}\,dxdy$，其中 D 是由 $x=0, y=1$ 及 $y=x$ 所围成的闭区域.

解 画出积分区域 D（见图 7-11）. 若先对 y 后对 x 积分，则 D 可表示为

$$D=\{(x,y)\,|\,0\leqslant x\leqslant 1, x\leqslant y\leqslant 1\},$$

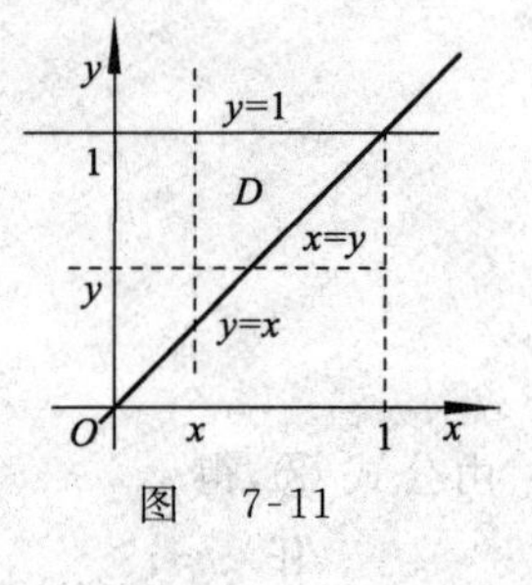

图 7-11

于是

$$\iint\limits_D x^2 e^{-y^2}\,dxdy=\int_0^1 x^2\,dx\int_x^1 e^{-y^2}\,dy.$$

上式中，由于 e^{-y^2} 的原函数无法用初等函数形式表示，因此采用这种次序不能求出积分.

改用另一种积分次序，先对 x 后对 y 积分，D 可表示为

$$D=\{(x,y)\,|\,0\leqslant y\leqslant 1,\ 0\leqslant x\leqslant y\},$$

则有

$$\begin{aligned}\iint\limits_D x^2 e^{-y^2}\,dxdy&=\int_0^1 dy\int_0^y x^2 e^{-y^2}\,dx=\frac{1}{3}\int_0^1 y^3 e^{-y^2}\,dy\\&=\frac{1}{6}\int_0^1 y^2 e^{-y^2}\,d(y^2)\xlongequal{y^2=t}\frac{1}{6}\int_0^1 te^{-t}\,dt\\&=-\frac{1}{6}\int_0^1 t\,d(e^{-t})=\frac{1}{6}\left[-te^{-t}\right]_0^1+\frac{1}{6}\int_0^1 e^{-t}\,dt\\&=-\frac{1}{6e}+\frac{1}{6}\left[-e^{-t}\right]_0^1=\frac{1}{6}-\frac{1}{3e}.\end{aligned}$$

通过上述各例可以看出，在计算二重积分时，首先必须画出积分区域，然后根据积分区域和被积函数的特点，选择适当的积分次序.

例 4 更换 $I=\int_0^1 dy\int_y^1 f(x,y)\,dx$ 的积分次序.

解 设积分区域为 D，由所给积分知 D 可由不等式

$$0\leqslant y\leqslant 1,\quad y\leqslant x\leqslant 1$$

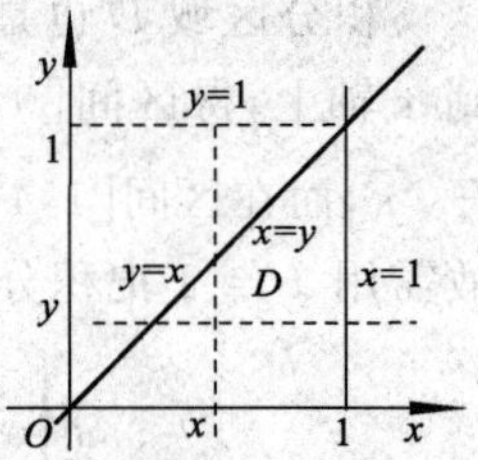

表示，这是一个 Y-型区域. 根据不等式画出积分区域 D 的图形（见图 7-12），把区域 D 表示为 X-型区域，则 D 又可由不等式

$$0\leqslant x\leqslant 1,\quad 0\leqslant y\leqslant x$$

表示，从而原来的积分可以化为先对 y、后对 x 的积分 $I=\int_0^1 dx\int_0^x f(x,y)\,dy$.

图 7-12

一般地，交换二次积分顺序的一般步骤如下：

第一，根据所给积分的积分限用不等式表示出积分区域 D，并画出 D 的图形；

第二，根据 D 的图形，按照交换积分顺序的要求，把 D 表示成另外的不等式；

第三，按照新的不等式确定新的积分限，得到交换二次积分顺序后的积分表达式.

二、利用极坐标计算二重积分

一般来说，被积函数是关于 x^2+y^2 的关系式、积分区域是圆形区域、扇形区域或环形区域时，计算二重积分用极坐标比用直角坐标更方便.

利用极坐标计算二重积分，需要考虑被积函数、面积微元和积分区域从直角坐标变换为

极坐标三个问题，第一个问题可用平面上的同一点在两种坐标间的关系解决，重点讨论后两个问题.

首先考虑极坐标系中的面积微元的表示问题. 由二重积分概念，二重积分的值与区域 D 的分法无关，也与分得的小区域中的点 (ξ_i, η_i) 的取法无关. 因此在直角坐标系中，用垂直于 x 轴和 y 轴的两组直线来划分区域 D 时，面积微元为 $d\sigma = dxdy$.

若取坐标原点为极点、x 轴为极轴建立极坐标系，在极坐标系下，为了便于表示面积微元，我们用 ρ 和 θ 分别等于常数的同心圆和过极点的射线来划分区域 D（见图 7-13）.

在区域 D 内任意一点 (ρ,θ) 处分别给极半径与极角的增量 $d\rho$、$d\theta$（见图 7-14），把以 $d\theta$ 为圆心角、以 ρ 及 $\rho + d\rho$ 为半径的两圆弧所围小区域近似看作以弧长 $dl = \rho d\theta$ 为长、以 $d\rho$ 为宽的小矩形，得到小区域的面积微元

$$d\sigma = \rho d\rho d\theta.$$

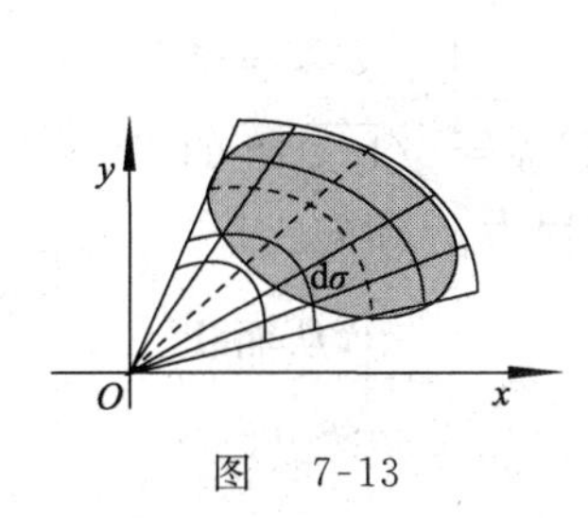

图　7-13

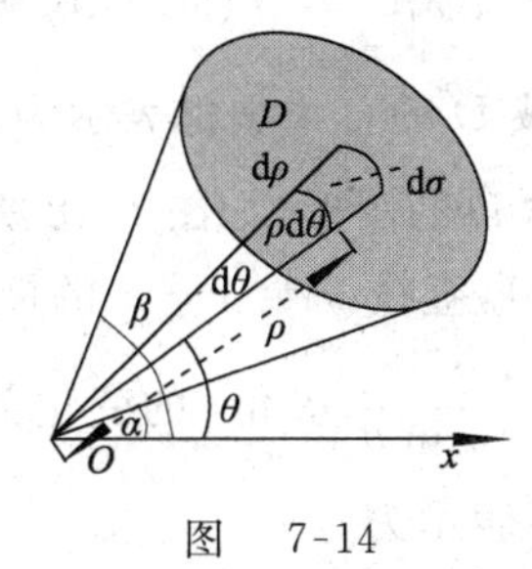

图　7-14

再由直角坐标与极坐标的关系 $x = \rho\cos\theta, y = \rho\sin\theta$ 可得

$$\iint_D f(x,y)d\sigma = \iint_D f(\rho\cos\theta, \rho\sin\theta)\rho d\rho d\theta. \qquad ⑤$$

⑤ 式就是二重积分从直角坐标到极坐标的变换公式.

下面考虑积分区域从直角坐标变换为极坐标的表示问题.

极坐标系下的二重积分，同样可以化为二次积分来计算. 为此分三种情形讨论.

(1) 极点在积分区域之外：设积分区域 D 可表示成形式

$$\alpha \leqslant \theta \leqslant \beta, \quad \rho_1(\theta) \leqslant \rho \leqslant \rho_2(\theta)(\beta - \alpha \leqslant 2\pi),$$

其中函数 $\rho_1(\theta)$、$\rho_2(\theta)$ 在 $[\alpha,\beta]$ 上连续（见图 7-15）.

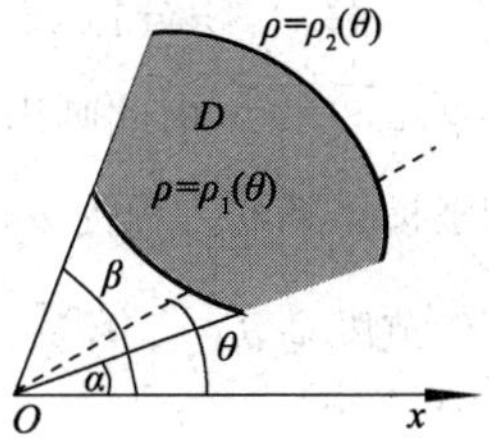

ρ=ρ₂(θ) D ρ=ρ₁(θ) β θ α O x

图 7-15

在 $[\alpha,\beta]$ 上任取一个 θ 值，对应于这个 θ 值，区域 D 上的点的极半径 ρ 从 $\rho_1(\theta)$ 变到 $\rho_2(\theta)$，又因 θ 是在 $[\alpha,\beta]$ 上任意取定的，所以 θ 的变化范围是区间 $[\alpha,\beta]$. 因此，极坐标系中的二重积分可化为二次积分的公式为

$$\iint_D f(\rho\cos\theta, \rho\sin\theta)\rho d\rho d\theta = \int_\alpha^\beta d\theta \int_{\rho_1(\theta)}^{\rho_2(\theta)} f(\rho\cos\theta, \rho\sin\theta)\rho d\rho. \qquad ⑥$$

(2) 极点在区域 D 的边界上：如果积分区域 D 为如图 7-16 所示的曲边扇形，那么可以把它看作图 7 –15 中当 $\rho_1(\theta) = 0$、$\rho_2(\theta) = \rho(\theta)$ 时的特例. 这时积分区域 D 可以用不等式

$$\alpha \leqslant \theta \leqslant \beta, 0 \leqslant \rho \leqslant \rho(\theta)(\beta - \alpha \leqslant 2\pi)$$

表示，则公式 ⑥ 成为

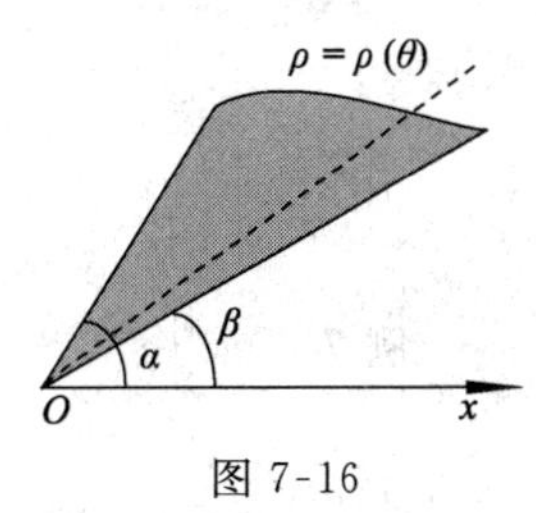

图 7-16

$$\iint_D f(\rho\cos\theta, \rho\sin\theta)\rho d\rho d\theta = \int_\alpha^\beta d\theta \int_0^{\rho(\theta)} f(\rho\cos\theta, \rho\sin\theta)\rho d\rho.$$

(3) 极点在区域 D 的内部:如果积分区域 D 如图 7-17 所示,那么可以把它看作图 7-16 中当 $\alpha=0$、$\beta=2\pi$ 时的特例. 这时积分区域 D 可以用不等式

$$0\leqslant\theta\leqslant 2\pi,0\leqslant\rho\leqslant\rho(\theta)$$

表示,则公式 ⑥ 成为

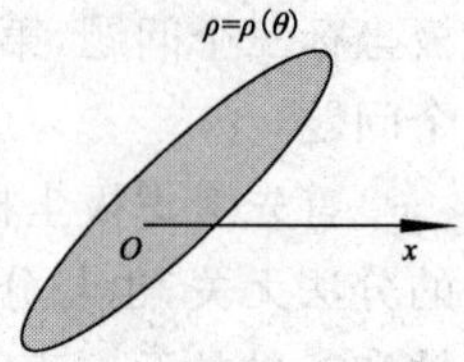

图 7-17

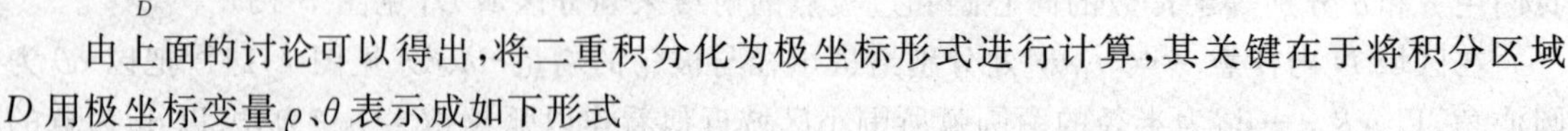

$$\iint\limits_D f(\rho\cos\theta,\rho\sin\theta)\rho\mathrm{d}\rho\mathrm{d}\theta=\int_0^{2\pi}\mathrm{d}\theta\int_0^{\rho(\theta)}f(\rho\cos\theta,\rho\sin\theta)\rho\mathrm{d}\rho.$$

由上面的讨论可以得出,将二重积分化为极坐标形式进行计算,其关键在于将积分区域 D 用极坐标变量 ρ、θ 表示成如下形式

$$\alpha\leqslant\theta\leqslant\beta,\quad \rho_1(\theta)\leqslant\rho\leqslant\rho_2(\theta).$$

例 5 化积分 $\int_0^1\mathrm{d}x\int_{1-x}^{\sqrt{1-x^2}}f(x,y)\mathrm{d}y$ 为极坐标形式的二次积分.

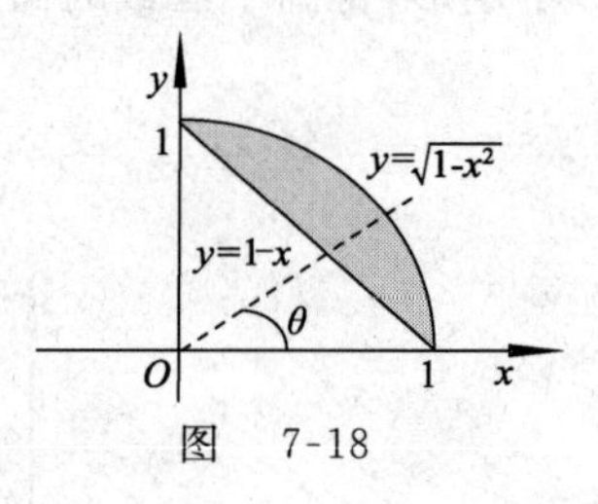

图 7-18

解 积分区域 D 的直角坐标表示为:$0\leqslant x\leqslant 1,1-x\leqslant y\leqslant\sqrt{1-x^2}$,由此画出 D 的图形,如图 7-18 所示. 圆弧 $y=\sqrt{1-x^2}$ 的极坐标方程为 $\rho=1$,直线 $y=1-x$ 的极坐标方程为 $\rho\sin\theta=1-\rho\cos\theta$,即 $\rho=\dfrac{1}{\cos\theta+\sin\theta}$,极角 θ 的变化范围是 $\theta\in\left[0,\dfrac{\pi}{2}\right]$,从而积分区域 D 的极坐标表示为

$$\alpha\leqslant\theta\leqslant\frac{\pi}{2},\quad \frac{1}{\cos\theta+\sin\theta}\leqslant\rho\leqslant 1.$$

因此,积分在极坐标形式的二次积分为

$$\int_0^1\mathrm{d}x\int_{1-x}^{\sqrt{1-x^2}}f(x,y)\mathrm{d}y=\int_0^{\frac{\pi}{2}}\mathrm{d}\theta\int_{\frac{1}{\cos\theta+\sin\theta}}^1 f(\rho\cos\theta,\rho\sin\theta)\rho\mathrm{d}\rho.$$

例 6 化积分 $\int_0^{2a}\mathrm{d}x\int_0^{\sqrt{2ax-x^2}}(x^2+y^2)\mathrm{d}y(a>0)$ 为极坐标形式的二次积分,并进行计算.

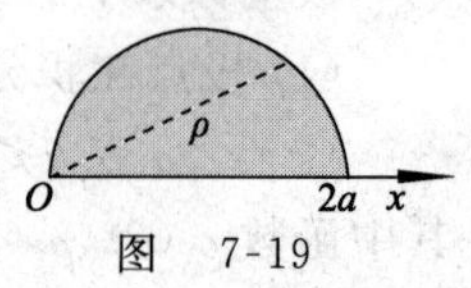

图 7-19

解 积分区域 D 在直角坐标系下可表示为:$0\leqslant x\leqslant 2a,0\leqslant y\leqslant\sqrt{2ax-x^2}$,由此画出积分区域 D,如图 7-19 所示. 半圆 $y=\sqrt{2ax-x^2}$ 在极坐标系下的方程为 $\rho\sin\theta=\sqrt{2a\rho\cos\theta-\rho^2\cos^2\theta}$,即 $\rho=2a\cos\theta$,极角 θ 的变化范围是 $\theta\in\left[0,\dfrac{\pi}{2}\right]$,从而积分区域 D 的极坐标表示为

$$0\leqslant\theta\leqslant\frac{\pi}{2},\ 0\leqslant\rho\leqslant 2a\cos\theta,$$

因此

$$\begin{aligned}\int_0^{2a}\mathrm{d}x\int_0^{\sqrt{2ax-x^2}}(x^2+y^2)\mathrm{d}y&=\iint\limits_D\rho^2\cdot\rho\mathrm{d}\rho\mathrm{d}\theta\\&=\int_0^{\frac{\pi}{2}}\mathrm{d}\theta\int_0^{2a\cos\theta}\rho^2\cdot\rho\mathrm{d}\rho=4a^4\int_0^{\frac{\pi}{2}}\cos^4\theta\,\mathrm{d}\theta=\frac{3}{4}\pi a^4.\end{aligned}$$

例 7 求 $\iint\limits_D\mathrm{e}^{-(x^2+y^2)}\mathrm{d}x\mathrm{d}y$,其中 D 是由圆心在原点、半径为 a 的圆所围成的闭区域,并利用所得结果证明 $\Gamma\left(\dfrac{1}{2}\right)=2\int_0^{+\infty}\mathrm{e}^{-y^2}\mathrm{d}y=\sqrt{\pi}$ 及 $\int_{-\infty}^{+\infty}\dfrac{1}{\sqrt{2\pi}}\mathrm{e}^{-\frac{x^2}{2}}\mathrm{d}x=1$.

解　由于被积函数中含 x^2+y^2，且积分区域 D 为圆域，故采用极坐标计算，积分区域在极坐标系中可表示为 $D:0\leqslant\theta<2\pi,0\leqslant\rho\leqslant a$，于是

$$\iint\limits_D e^{-(x^2+y^2)}dxdy=\iint\limits_D e^{-\rho^2}\rho d\rho d\theta=\int_0^{2\pi}d\theta\int_0^a e^{-\rho^2}\rho d\rho=\int_0^{2\pi}\frac{1}{2}(1-e^{-a^2})d\theta=\pi(1-e^{-a^2}).$$

注：本例若采用直角坐标计算，会因积分 $\int e^{-y^2}dy$ 不能用初等函数表示而得不到结果.

为证明题目中的两个积分结果，先考察反常积分 $\int_{-\infty}^{+\infty}e^{-x^2}dx$ 的值.

记 $D_1=\{(x,y)\mid x^2+y^2\leqslant R^2\}$，$D_2=\{(x,y)\mid x^2+y^2\leqslant 2R^2\}$，$S=\{(x,y)\mid -R\leqslant x\leqslant R,-R\leqslant y\leqslant R\}$. 显然 $D_1\subset S\subset D_2$（见图 7-20）. 因为 $e^{-(x^2+y^2)}>0$，根据二重积分的性质可知

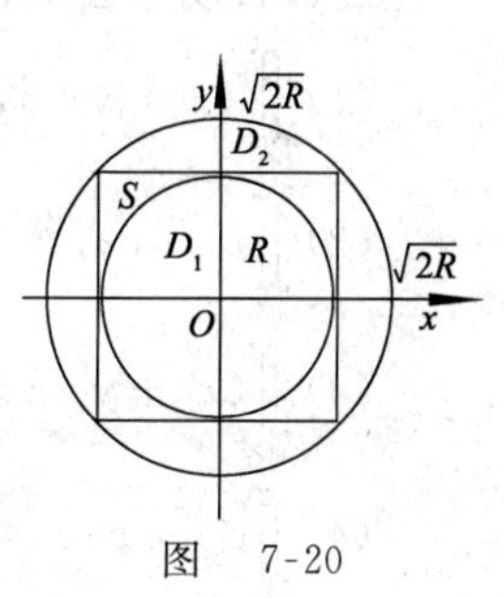

图　7-20

$$\iint\limits_{D_1}e^{-(x^2+y^2)}dxdy<\iint\limits_S e^{-(x^2+y^2)}dxdy<\iint\limits_{D_2}e^{-(x^2+y^2)}dxdy.$$

应用所得结果，有

$$\iint\limits_{D_1}e^{-(x^2+y^2)}dxdy=\pi(1-e^{-R^2}),\iint\limits_{D_2}e^{-(x^2+y^2)}dxdy=\pi(1-e^{-2R^2}),$$

而

$$\iint\limits_S e^{-(x^2+y^2)}dxdy=\int_{-R}^R e^{-x^2}dx\cdot\int_{-R}^R e^{-y^2}dy=\left(\int_{-R}^R e^{-x^2}dx\right)^2,$$

于是上面的不等式转化为

$$\pi(1-e^{-R^2})<\left(\int_{-R}^R e^{-x^2}dx\right)^2<\pi(1-e^{-2R^2}).$$

令 $R\to+\infty$，上式两端趋于同一极限 π，根据极限存在的迫敛性准则，可得

$$\int_{-\infty}^{+\infty}e^{-x^2}dx=\lim_{R\to+\infty}\int_{-R}^R e^{-x^2}dx=\sqrt{\pi}.$$

因此

$$\Gamma\left(\frac{1}{2}\right)=2\int_0^{+\infty}e^{-t^2}dt=\int_{-\infty}^{+\infty}e^{-t^2}dt=\sqrt{\pi}.$$

$$\int_{-\infty}^{+\infty}\frac{1}{\sqrt{2\pi}}e^{-\frac{x^2}{2}}dx=2\int_0^{+\infty}\frac{1}{\sqrt{2\pi}}e^{-\frac{x^2}{2}}dx\xlongequal{t=x/\sqrt{2}}\frac{2}{\sqrt{2\pi}}\int_0^{+\infty}e^{-t^2}\cdot\sqrt{2}dt=\frac{1}{\sqrt{\pi}}\Gamma\left(\frac{1}{2}\right)=1.$$

注：上面两个积分的结果在概率论中占有十分重要的地位，应该牢记.

例 8　求 $\iint\limits_D(y^2+3x-6y+9)d\sigma$，其中 $D=\{(x,y)\mid x^2+y^2\leqslant R^2\}$.

解　因为积分区域 D 为圆域，关于 y 轴及 x 轴对称，而 $f(x,y)=x$ 和 $f(x,y)=y$ 分别是自变量 x 和 y 的奇函数，所以 $\iint\limits_D 3xd\sigma=\iint\limits_D 6yd\sigma=0$，又因为

$$\iint\limits_D 9d\sigma=9\iint\limits_D d\sigma=9\pi R^2,\quad\iint\limits_D y^2d\sigma=\iint\limits_D x^2d\sigma=\frac{1}{2}\iint\limits_D(x^2+y^2)d\sigma,$$

所以

$$\iint\limits_D(y^2+3x-6y+9)d\sigma=9\pi R^2+\frac{1}{2}\iint\limits_D(x^2+y^2)d\sigma$$

$$= 9\pi R^2 + \frac{1}{2}\int_0^{2\pi} d\theta \int_0^R \rho^2 \cdot \rho d\rho = 9\pi R^2 + \frac{\pi}{4}R^4.$$

注:当积分区域关于原点或坐标轴对称,且被积函数具有奇偶性时,可利用奇、偶函数在关于坐标原点对称的区间上积分的性质(详见第五章第三节例 4),使计算简化.

习 题 7-2

1. 画出积分区域,并计算下列二重积分:

(1) $\iint\limits_D (x+y)^2 dxdy$,其中 $D=\{(x,y) \mid 0 \leqslant x \leqslant 1, 0 \leqslant y \leqslant 1\}$;

(2) $\iint\limits_D x\sqrt{y}\, d\sigma$,其中 D 是由两条抛物线 $y=\sqrt{x}$,$y=x^2$ 所围成的闭区域;

(3) $\iint\limits_D (x^2+y^2-x) d\sigma$,其中 D 是由直线 $y=2$,$y=x$ 及 $y=2x$ 所围成的闭区域;

(4) $\iint\limits_D e^{-y^2} dxdy$,其中 D 是由 $y=1$,$y=x$ 及 $x=0$ 所围成的闭区域.

2. 变换下列二次积分的积分次序:

(1) $\int_0^1 dy \int_{-\sqrt{1-y^2}}^{\sqrt{1-y^2}} f(x,y) dx$;

(2) $\int_0^2 dy \int_{y^2}^{2y} f(x,y) dx$;

(3) $\int_1^e dx \int_0^{\ln x} f(x,y) dy$;

(4) $\int_1^2 dx \int_{2-x}^{\sqrt{2x-x^2}} f(x,y) dy$.

3. 画出积分区域,把积分 $\iint\limits_D f(x,y) dxdy$ 表示为极坐标形式的二次积分,其中积分区域 D 是:

(1) $D=\{(x,y) \mid x^2+y^2 \leqslant a^2\}(a>0)$;

(2) $D=\{(x,y) \mid a^2 \leqslant x^2+y^2 \leqslant b^2\}(0<a<b)$;

(3) $D=\{(x,y) \mid 0 \leqslant x \leqslant 1, 0 \leqslant y \leqslant 1-x\}$.

4. 利用极坐标计算下列积分:

(1) $\iint\limits_D (x^2+y^2) dxdy$,其中 $D=\{(x,y) \mid x^2+y^2 \leqslant 2x\}$;

(2) $\iint\limits_D \arctan\frac{y}{x} d\sigma$,其中 D 是由圆周 $x^2+y^2=4$,$x^2+y^2=1$ 及直线 $y=0$,$y=x$ 所围成的第一象限内的闭区域.

5. 选取适当的坐标计算下列积分:

(1) $\iint\limits_D \frac{x^2}{y^2} dxdy$,其中 D 是由直线 $x=2$,$y=x$ 及曲线 $xy=1$ 所围成的闭区域;

(2) $\iint\limits_D \sqrt{\frac{1-x^2-y^2}{1+x^2+y^2}} d\sigma$,其中 D 是由圆周 $x^2+y^2=1$ 及坐标轴所围成的在第一象限内的闭区域.

第三节　二重积分的应用

本节中我们将在定积分应用中曾经介绍过的微元分析法推广到二重积分的情形，这里主要介绍二重积分在几何上的一些应用，并简单给出一个物理上应用的例子. 与定积分的微元分析法类似，首先明确能够利用二重积分计算的某个量 U 所需满足的条件：

第一，所要计算的某个量 U 对于闭区域 D 具有可加性(即：当闭区域 D 分成许多小闭区域 $\mathrm{d}\sigma$($\mathrm{d}\sigma$ 同时表示其面积) 时，所求量 U 相应地分成许多部分量 ΔU，且 $U=\sum\Delta U$)；

第二，在 D 内任取一个直径充分小的小闭区域 $\mathrm{d}\sigma$ 时，相应的部分量 ΔU 可近似地表示为 $f(x,y)\mathrm{d}\sigma$，其中 $(x,y)\in\mathrm{d}\sigma$，称 $f(x,y)\mathrm{d}\sigma$ 为所求量 U 的**微元**(或**元素**)，并记作 $\mathrm{d}U$.

在上述条件下，在区域 D 上以 $f(x,y)\mathrm{d}\sigma$ 为被积表达式的积分就是所求量 U，即

$$U=\iint\limits_D f(x,y)\mathrm{d}\sigma.$$

一、用二重积分求立体的体积

由二重积分的几何意义，如果 $f(x,y)\geqslant 0$，以曲面 $z=f(x,y)$ 为顶、以 xOy 平面上闭区域 D 为底的曲顶柱体的体积是

$$V=\iint\limits_D f(x,y)\mathrm{d}x\mathrm{d}y.$$

如果 $f(x,y)<0$，则以曲面 $z=f(x,y)$ 为顶、以 xOy 平面上闭区域 D 为底的曲顶柱体的体积是

$$V=-\iint\limits_D f(x,y)\mathrm{d}x\mathrm{d}y.$$

例 1　求球体 $x^2+y^2+z^2\leqslant 4a^2$ 被圆柱面 $x^2+y^2=2ax$ $(a>0)$ 所截得的(含在圆柱面内的部分) 立体的体积(图 7-21(a) 为其在第 Ⅰ 卦限内的图形).

解　由 $x^2+y^2+z^2=4a^2$ 及 $x^2+y^2=2ax$ 消去 z，得立体的投影柱面 $x^2+y^2=2ax$，于是立体在 xOy 面上的投影区域为 $\begin{cases}x^2+y^2\leqslant 2ax,\\ z=0,\end{cases}$ 此立体关于 xOy 坐标面、zOx 坐标面对称. 因此，所求体积等于第 Ⅰ 卦限内的部分立体体积的 4 倍.

在第 Ⅰ 卦限内的部分立体是以 $z=\sqrt{4a^2-x^2-y^2}$ 为曲顶、以 xOy 坐标面上的区域 $D=\{(x,y)\mid x^2+y^2\leqslant 2ax,a>0\}$(见图 7-21(b)) 为底的曲顶柱体. 因此，所求体积为

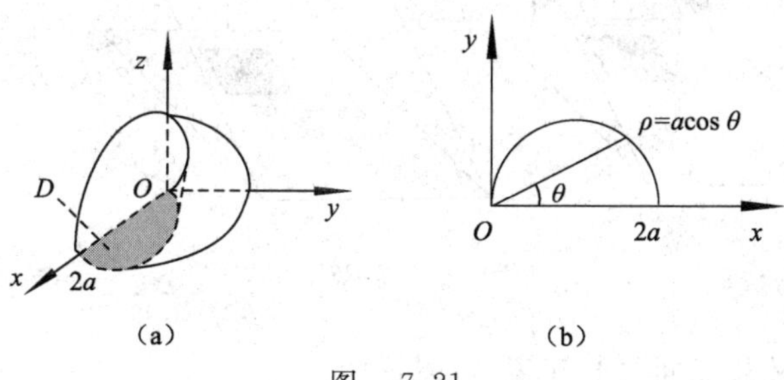

图　7-21

$$V=4\iint\limits_{D}\sqrt{4a^2-x^2-y^2}\,\mathrm{d}x\mathrm{d}y\xlongequal[y=\rho\sin\theta]{x=\rho\cos\theta}4\iint\limits_{D}\sqrt{4a^2-\rho^2}\,\rho\mathrm{d}\rho\mathrm{d}\theta$$

$$=4\int_0^{\frac{\pi}{2}}\mathrm{d}\theta\int_0^{2a\cos\theta}\sqrt{4a^2-\rho^2}\,\rho\mathrm{d}\rho=\frac{32a^3}{3}\int_0^{\frac{\pi}{2}}(1-\sin^3\theta)\mathrm{d}\theta=\frac{32a^3}{3}\left(\frac{\pi}{2}-\frac{2}{3}\right).$$

例 2 求由曲面 $z=x^2+2y^2$ 及 $z=6-2x^2-y^2$ 所围成立体的体积.

解 由 $z=x^2+2y^2$ 及 $z=6-2x^2-y^2$ 消去 z，得 $x^2+y^2=2$，故立体在 xOy 面上的投影区域为 $D=\{(x,y)\mid x^2+y^2\leqslant 2\}$（见图 7-22）.

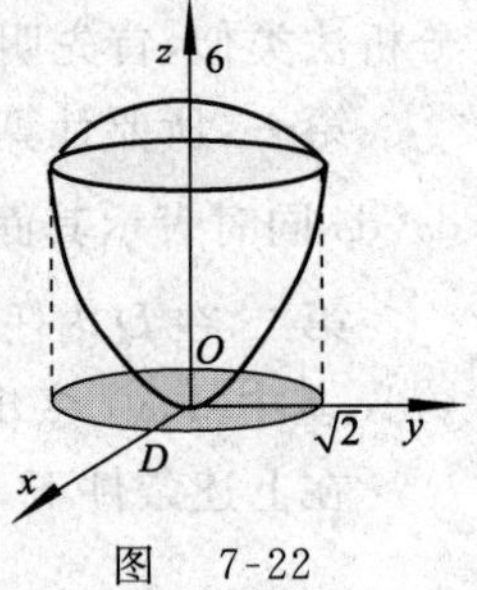

图 7-22

当 $(x,y)\in D$ 时，$x^2+2y^2\leqslant 6-2x^2-y^2$，即立体由上侧曲面 $z=6-2x^2-y^2$ 与下侧曲面 $z=x^2+2y^2$ 围成. 又因区域 D 关于 x 轴、y 轴均对称，并且两个曲面所对应的函数关于 x 与 y 都是偶函数，所以所求体积

$$V=\iint\limits_{D}[(6-2x^2-y^2)-(x^2+2y^2)]\mathrm{d}\sigma=\iint\limits_{D}(6-3x^2-3y^2)\mathrm{d}\sigma$$

$$=4\int_0^{\sqrt{2}}\mathrm{d}x\int_0^{\sqrt{2-x^2}}(6-3x^2-3y^2)\mathrm{d}y=8\int_0^{\sqrt{2}}\sqrt{(2-x^2)^3}\,\mathrm{d}x=6\pi.$$

此题中，用极坐标计算其中最后的积分更方便

$$V=\iint\limits_{D}(6-3x^2-3y^2)\mathrm{d}\sigma\xlongequal[y=\rho\sin\theta]{x=\rho\cos\theta}\int_0^{2\pi}\mathrm{d}\theta\int_0^{\sqrt{2}}(6-3\rho^2)\rho\mathrm{d}\rho=6\pi.$$

二、用二重积分求曲面的面积

设曲面 S 由方程 $z=f(x,y)$ 给出，D_{xy} 为曲面 S 在 xOy 面上的投影区域，函数 $f(x,y)$ 在 D_{xy} 上具有一阶连续偏导数 $f_x(x,y)$ 和 $f_y(x,y)$，现计算曲面 S 的面积 A.

如图 7-23 所示，在闭区域 D_{xy} 上任取一直径很小的闭区域 $\mathrm{d}\sigma$（它的面积也记作 $\mathrm{d}\sigma$），在 $\mathrm{d}\sigma$ 内取一点 $P(x,y)$，对应着曲面 S 上一点 $M(x,y,f(x,y))$，曲面 S 在点 M 处的切平面设为 T. 以小区域 $\mathrm{d}\sigma$ 的边界为准线作母线平行于 z 轴的柱面，该柱面在曲面 S 上截下一小片曲面，在切平面 T 上截下一小片平面，由于 $z=f(x,y)$ 具有连续偏导数，且 $\mathrm{d}\sigma$ 的直径很小，切平面上那一小片平面的面积 $\mathrm{d}A$ 近似地等于相应的那一小片曲面的面积 ΔA.

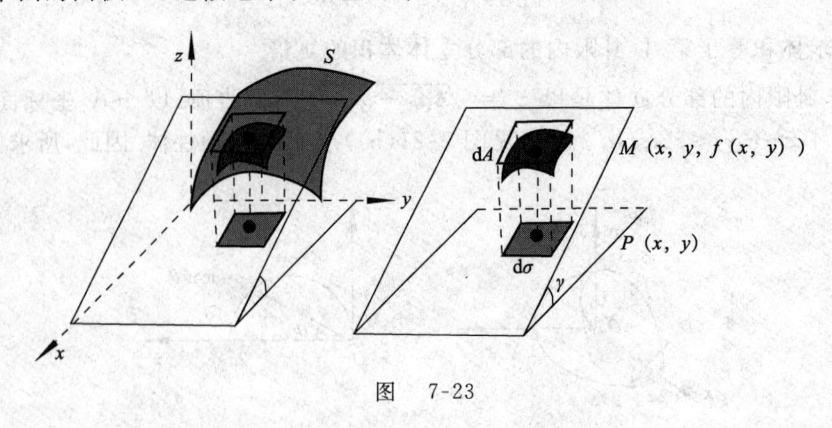

图 7-23

根据偏导数的几何意义及二面角的知识，可以证明

$$\mathrm{d}A=\sqrt{1+f_x^2(x,y)+f_y^2(x,y)}\,\mathrm{d}\sigma,$$

这就是曲面 S 的面积微元，故

$$A=\iint\limits_{D_{xy}}\sqrt{1+f_x^2(x,y)+f_y^2(x,y)}\,\mathrm{d}\sigma \text{ 或 } A=\iint\limits_{D_{xy}}\sqrt{1+\left(\frac{\partial z}{\partial x}\right)^2+\left(\frac{\partial z}{\partial y}\right)^2}\,\mathrm{d}x\mathrm{d}y.$$

如果曲面的方程为 $x=g(y,z)$ 或 $y=h(x,z)$，可分别把曲面投影到 yOz 面上（投影区域记作 D_{yz}）或 zOx 面上（投影区域记作 D_{zx}），类似可得

$$A=\iint\limits_{D_{yz}}\sqrt{1+\left(\frac{\partial x}{\partial y}\right)^2+\left(\frac{\partial x}{\partial z}\right)^2}\,\mathrm{d}y\mathrm{d}z \quad \text{或 } A=\iint\limits_{D_{zx}}\sqrt{1+\left(\frac{\partial y}{\partial z}\right)^2+\left(\frac{\partial y}{\partial x}\right)^2}\,\mathrm{d}z\mathrm{d}x.$$

例 3　求球面 $x^2+y^2+z^2=a^2$ 含在柱面 $x^2+y^2=ax(a>0)$ 内部的曲面的面积.

解　待求面积的曲面在 xOy 面上侧部分如图 7-24(a) 所示. 由 $x^2+y^2+z^2=a^2$ 及 $x^2+y^2=ax$ 消去 z，得 $x^2+y^2=ax$，故曲面在 xOy 面的投影区域为圆域 $D_{xy}=\{(x,y)\mid x^2+y^2\leqslant ax\}$（见图 7-24(b)）. 上半球面方程为 $z=\sqrt{a^2-x^2-y^2}$，从而

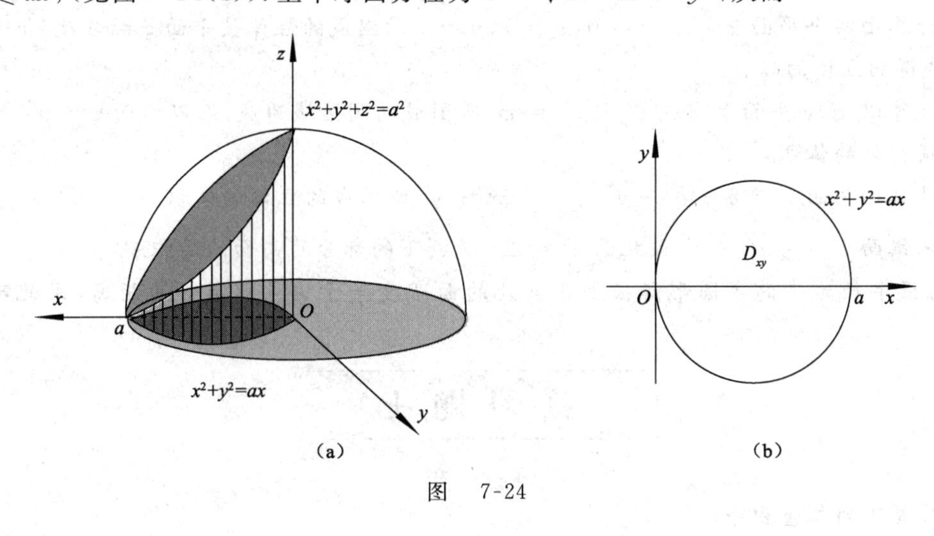

图　7-24

$$\frac{\partial z}{\partial x}=\frac{-x}{\sqrt{a^2-x^2-y^2}},\frac{\partial z}{\partial y}=\frac{-y}{\sqrt{a^2-x^2-y^2}},$$

$$\sqrt{1+\left(\frac{\partial z}{\partial x}\right)^2+\left(\frac{\partial z}{\partial y}\right)^2}=\frac{a}{\sqrt{a^2-x^2-y^2}}.$$

根据曲面的对称性，有

$$A=4\iint\limits_{D}\frac{a}{\sqrt{a^2-x^2-y^2}}\mathrm{d}x\mathrm{d}y,$$

其中 D 是圆域 D_{xy} 在第一象限的部分，利用极坐标计算，设 $x=\rho\cos\theta, y=\rho\sin\theta$，得

$$A=4\int_0^{\frac{\pi}{2}}\mathrm{d}\theta\int_0^{a\cos\theta}\frac{1}{\sqrt{a^2-\rho^2}}\rho\mathrm{d}\rho=4a\int_0^{\frac{\pi}{2}}(a-a\sin\theta)\mathrm{d}\theta=2a^2(\pi-2).$$

※ 三、二重积分的物理应用举例

由二重积分的物理意义，以 $\mu(x,y)$（其中 $\mu(x,y)>0$）为面密度、占有 xOy 平面上闭区域 D 的不均匀平面薄片的质量 M 是

$$M=\iint\limits_{D}\mu(x,y)\mathrm{d}x\mathrm{d}y.$$

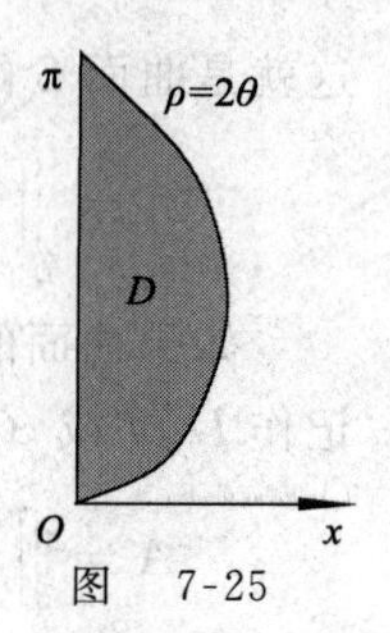

图 7-25

例 4 设平面薄片所占的闭区域 D 由螺线 $\rho=2\theta$ 上 θ 从 0 变到 $\frac{\pi}{2}$ 的一段弧与直线 $\theta=\frac{\pi}{2}$ 所围成，它的面密度为 $\mu(x,y)=x^2+y^2$，求该薄片的质量.

解 区域 D 如图 7-25 所示.在极坐标系下

$$D=\{(\rho,\theta)\mid 0\leqslant\theta\leqslant\frac{\pi}{2},0\leqslant\rho\leqslant 2\theta\},$$

所以所求质量

$$M=\iint_D\mu(x,y)\mathrm{d}\sigma=\int_0^{\frac{\pi}{2}}\mathrm{d}\theta\int_0^{2\theta}\rho^2\cdot\rho\mathrm{d}\rho=4\int_0^{\frac{\pi}{2}}\theta^4\mathrm{d}\theta=\frac{\pi^5}{40}.$$

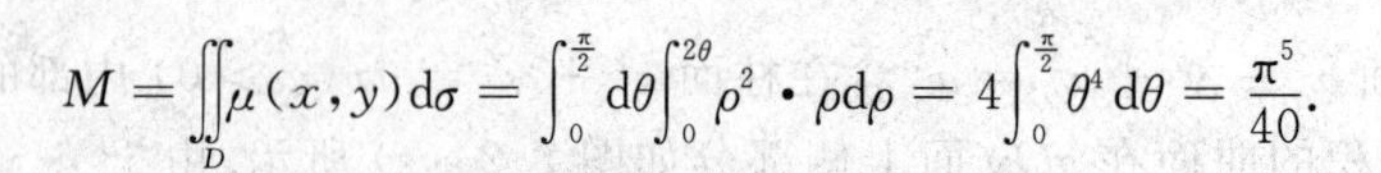

习 题 7-3

1. 计算由四个平面 $x=0,y=0,x=1,y=1$ 所围成的柱体被平面 $z=0$ 及 $2x+3y+z=6$ 截得的立体的体积.

2. 计算以 xOy 平面上圆域 $x^2+y^2=ax$ 所围成的闭区域为底，而以曲面 $z=x^2+y^2$ 为顶的曲顶柱体的体积.

3. 计算由曲面 $z=2-x^2-y^2$ 与 $z=x^2+y^2$ 所围成的立体的体积.

4. 求锥面 $z=\sqrt{x^2+y^2}$ 被柱面 $z^2=2x$ 所割下的部分的曲面的面积.

※5. 设半径为 1 的半圆形薄板上各点处的面密度等于该点到圆心的距离，求此半圆的质量.

总 习 题 七

A 组

1. 计算下列二重积分：

(1) $\iint\limits_D|y-x^2|\mathrm{d}x\mathrm{d}y$，其中 $D=\{(x,y)\mid 0\leqslant y\leqslant 1,0\leqslant x\leqslant 1\}$；

(2) $\iint\limits_D\frac{\sin x}{x}\mathrm{d}x\mathrm{d}y$，$D$ 是由直线 $y=x$ 及抛物线 $y=x^2$ 所围成的闭区域；

(3) $\iint\limits_D(1+x)\sin y\mathrm{d}\sigma$，其中 D 是顶点分别为 $(0,0)$、$(1,0)$、$(1,2)$ 和 $(0,1)$ 的梯形闭区域；

(4) $\iint\limits_D(x^2-y^2)\mathrm{d}\sigma$，其中 $D=\{(x,y)\mid 0\leqslant y\leqslant\sin x,0\leqslant x\leqslant\pi\}$；

(5) $\iint\limits_D\sqrt{R^2-x^2-y^2}\mathrm{d}\sigma$，其中 D 为圆周 $x^2+y^2=Rx$ 所围成的闭区域；

(6) $\iint\limits_D x\cos(x+y)\mathrm{d}\sigma$，其中 D 是顶点分别为 $(0,0)$，$(\pi,0)$ 和 (π,π) 的三角形闭区域；

(7) $\iint\limits_D\sin(x^2+y^2)\mathrm{d}x\mathrm{d}y$，其中 D 为由 $x^2+y^2=1$ 与 $x^2+y^2=4$ 围成的圆环形闭区域.

2. 交换下列二次积分的次序：

(1) $\int_{-1}^1\mathrm{d}x\int_0^{\sqrt{1-x^2}}f(x,y)\mathrm{d}y$；

(2) $\int_0^1 dy\int_0^{2y} f(x,y)dx+\int_1^3 dy\int_0^{3-y} f(x,y)dx$；

(3) $\int_{-1}^0 dy\int_{1-y}^2 f(x,y)dx$；

(4) $\int_0^4 dy\int_{-\sqrt{4-y}}^{\frac{1}{2}(y-4)} f(x,y)dx$.

3. 求下列曲面所围成的立体的体积.

(1) $z=1+x+y, z=0, x+y=1, x=0, y=0$；

(2) $z=x^2+y^2, z=0, y=x^2, y=1$；

(3) 求由平面 $x=0, y=0, x+y=1$ 所围成的柱体被平面 $z=0$ 及抛物面 $x^2+y^2=6-z$ 截得的立体的体积.

4. 应用二重积分，求平面上由 $y=x^2$ 与 $y=4x-x^2$ 所围成的平面图形的面积.

5. 求平面 $\frac{x}{a}+\frac{y}{b}+\frac{z}{c}=1$ 被三个坐标面所割出的有限部分的面积.

6. 求曲面 $z=x^2+y^2$ 包含在圆柱 $x^2+y^2=2x$ 内部分的面积.

7. 求函数 $f(x,y)=\sqrt{x^2+y^2}$ 在区域 D 上的平均值，其中 D 是由 x 轴与 $y=\sqrt{1-x^2}$ 所围成的闭区域.

8. 设平面薄片所占的闭区域 D 由直线 $x+y=2, y=x$ 和 x 轴围成，薄片上点 $P(x,y)$ 处的面密度为 $\rho(x,y)=x^2+y^2$，求该薄片的质量.

B　组

1. 选择题：

(1) 设 $f(x,y)$ 连续，且 $f(x,y)=xy+\iint\limits_D f(u,v)dudv$，其中 D 是由 $y=0, y=x^2, x=1$ 所围区域，则 $f(x,y)=$(　　).

A. xy　　B. $2xy$　　C. $xy+\frac{1}{8}$　　D. $xy+1$

(2) 设有下列积分 $I_1=\iint\limits_D \cos\sqrt{x^2+y^2}d\sigma$，$I_2=\iint\limits_D \cos(x^2+y^2)d\sigma$，$I_3=\iint\limits_D \cos(x^2+y^2)^2 d\sigma$，其中 $D=\{(x,y)\mid x^2+y^2\leqslant 1\}$，则(　　).

A. $I_3>I_2>I_1$　B. $I_1>I_2>I_3$　C. $I_2>I_1>I_3$　D. $I_3>I_1>I_2$

(3) 设函数 $f(x,y)$ 连续，则二次积分 $\int_{\frac{\pi}{2}}^{\pi} dx\int_{\sin x}^1 f(x,y)dy=$(　　).

A. $\int_0^1 dy\int_{\pi+\arcsin y}^{\pi} f(x,y)dx$　　B. $\int_0^1 dy\int_{\pi-\arcsin y}^{\pi} f(x,y)dx$

C. $\int_0^1 dy\int_{\frac{\pi}{2}}^{\pi+\arcsin y} f(x,y)dx$　　D. $\int_0^1 dy\int_{\frac{\pi}{2}}^{\pi-\arcsin y} f(x,y)dx$

(4) 设 $f(x,y)$ 为连续函数，则 $\int_0^{\frac{\pi}{4}} d\theta\int_0^1 f(\rho\cos\theta,\rho\sin\theta)\rho d\rho=$(　　).

A. $\int_0^{\frac{\sqrt{2}}{2}} dx\int_x^{\sqrt{1-x^2}} f(x,y)dy$　　B. $\int_0^{\frac{\sqrt{2}}{2}} dx\int_0^{\sqrt{1-x^2}} f(x,y)dy$

C. $\int_0^{\frac{\sqrt{2}}{2}} dy\int_y^{\sqrt{1-y^2}} f(x,y)dx$　　D. $\int_0^{\frac{\sqrt{2}}{2}} dy\int_0^{\sqrt{1-y^2}} f(x,y)dx$

(5) 设区域 $D=\{(x,y)\mid x^2+y^2\leqslant 4, x\geqslant 0, y\geqslant 0\}$，$f(x)$ 为 D 上的正值连续函数，a,b

为常数，则$\iint\limits_D \frac{a\sqrt{f(x)}+b\sqrt{f(y)}}{\sqrt{f(x)}+\sqrt{f(y)}}\mathrm{d}\sigma=($　　$)$.

A. $ab\pi$　　B. $\frac{ab}{2}\pi$　　C. $(a+b)\pi$　　D. $\frac{a+b}{2}\pi$

2. 计算二重积分$\iint\limits_D |x^2+y^2-1|\mathrm{d}\sigma$，其中$D=\{(x,y)|0\leqslant x\leqslant 1,0\leqslant y\leqslant 1\}$.

3. 利用对称性计算二重积分.

(1) $\iint\limits_D (|x|+|y|)\mathrm{d}x\mathrm{d}y$，其中$D=\{(x,y)||x|+|y|=1\}$；

(2) $\iint\limits_D \frac{1+xy}{1+x^2+y^2}\mathrm{d}x\mathrm{d}y$，其中$D=\{(x,y)\mid x^2+y^2\leqslant 1,x\geqslant 0\}$；

(3) $\iint\limits_D (\sqrt{x^2+y^2}+y)\mathrm{d}\sigma$，其中$D$是由圆$x^2+y^2=4$与$(x+1)^2+y^2=1$所围成的平面区域.

4. 求极限$I=\lim\limits_{x\to 0}\int_0^{\frac{x}{2}}\mathrm{d}t\int_{\frac{x}{2}}^{t}\frac{\mathrm{e}^{-(t-u)^2}}{1-\mathrm{e}^{-\frac{x^2}{4}}}\mathrm{d}u$.

5. 证明$\int_0^a \mathrm{d}y\int_0^y \mathrm{e}^{b(x-a)}f(x)\mathrm{d}x=\int_0^a (a-x)\mathrm{e}^{b(x-a)}f(x)\mathrm{d}x$，其中$a,b$均为常数，且$a>0$.

6. 设$a>0$，$f(x)=g(x)=\begin{cases}a & 当\ 0\leqslant x\leqslant 1,\\ 0 & 其他\end{cases}$ D为整个xOy坐标面，求$I=\iint\limits_D f(x)g(y-x)\mathrm{d}x\mathrm{d}y$.

7. 设有一高度为$h(t)$（t为时间）的雪堆在融化过程中，其侧面满足方程$z=h(t)-\frac{2(x^2+y^2)}{h(t)}$（设长度单位为cm，时间单位为h），已知体积减小的速率与侧面积成正比（比例系数0.9），问高度为130(cm)的雪堆全部融化需多少小时？

第八章　微分方程与差分方程简介

在研究经济管理和科学技术领域中某些现象的变化过程时，往往需要求出有关的变量之间的函数关系. 但是根据问题所提供的条件，我们常常很难直接求出所需要的函数关系，反而更容易建立这些变量、它们的导数或微分之间的关系，即得到一个关于未知函数的导数或微分的方程，我们称此方程为微分方程. 通过求解这样的微分方程，可以得到所研究的变量之间的函数关系，这样的过程称为解微分方程. 现实世界中诸如人口的增长、经济的增长等许多的问题都可以在一定的条件下抽象为微分方程. 因此微分方程是数学联系实际并应用于实际的重要途径和桥梁，是数学及其他学科进行科学研究的有力工具.

另外，许多的实际问题中已知的数据大多数是按等时间间隔周期统计的，因而相关变量的取值是离散变化的. 此时，差分方程是研究这样的离散型数学问题的有力工具.

本章首先介绍微分方程的一些基本概念，以及几种常用的一阶、二阶微分方程的求解方法. 最后简单介绍差分方程的一些基本概念及常用的求解方法.

第一节　微分方程的概念

一、引例

例 1　一曲线过点(1,3)，且该曲线上任一点 $M(x,y)$ 处的切线的斜率为 $2x$，求此曲线的方程.

解　设所求曲线的方程为 $y=y(x)$，根据导数的几何意义，$y(x)$应满足关系式

$$\frac{\mathrm{d}y}{\mathrm{d}x}=2x \qquad ①$$

及条件

$$y\big|_{x=1}=3. \qquad ②$$

把①式两端积分，得

$$y=x^2+C. \qquad ③$$

把条件②代入③，可得 $C=2$，则所求曲线方程为

$$y=x^2+2. \qquad ④$$

例 2　设质量为 m 的物体，在时刻 $t=0$ 时，在距离地面高度为 H 处以初速度$v(0)=v_0$ 垂直地面做自由落体运动，求此物体下落时高度与时间的函数关系.

解　按图 8-1 建立坐标系，设 $s=s(t)$为 t 时刻物体的位置坐标，于是物体下落速度与加速度分别为

$$v=\frac{\mathrm{d}s}{\mathrm{d}t}\text{及 } a=\frac{\mathrm{d}^2 s}{\mathrm{d}t^2},$$

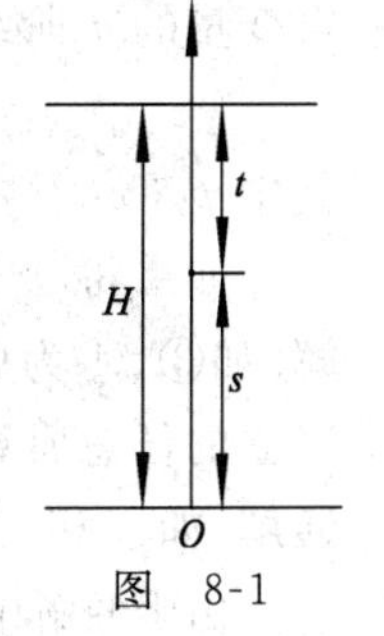

图　8-1

根据牛顿第二定律可以列出关系式

$$m\frac{d^2s}{dt^2}=-mg,$$

且满足条件 $s(0)=H, v(0)=v_0$，即

$$\frac{d^2s}{dt^2}=-g, \tag{5}$$

将上式对 t 积分两次得

$$s(t)=-\frac{1}{2}gt^2+C_1t+C_2, \tag{6}$$

其中 C_1 和 C_2 是两个独立的任意常数，把条件 $s(0)=H, v(0)=v_0$ 代入⑥式，得

$$s(t)=-\frac{1}{2}gt^2+v_0t+H$$

即为所求函数关系.

二、微分方程的基本概念

上述两个例子中的关系式①和⑤都含有未知函数及其导数，它们都是微分方程. 一般地，凡含有未知函数及其导数或微分的方程，称为**微分方程**. 未知函数为一元函数的微分方程称为**常微分方程**. 未知函数为多元函数的微分方程称为**偏微分方程**. 本章只研究常微分方程，简称为**微分方程**，例如

$$\frac{dy}{dx}=x^2+y^2, \tag{7}$$

$$\frac{d^2y}{dx^2}+p\frac{dy}{dx}+qy=f(x), \tag{8}$$

$$xdy+ydx=0, \tag{9}$$

$$\frac{d^ny}{dx^n}+1=0 \tag{10}$$

等都是常微分方程.

微分方程中出现的未知函数的导数或微分的最高阶数，称为该微分方程的**阶**，例如①、⑦和⑨为一阶微分方程，⑤和⑧为二阶微分方程，而⑩为 n 阶微分方程.

一般的，n 阶微分方程的形式是

$$F(x,y,y',\cdots,y^{(n)})=0, \tag{11}$$

其中 x 是自变量，y 是 x 的未知函数. 注意在 n 阶微分方程中 $y^{(n)}$ 必须出现，而 x、y、y'、…、$y^{(n-1)}$ 等变量则可以不出现，例如方程⑩.

在方程⑪中，如果左端函数 F 对未知函数 y 和它的各阶导数 y'、y''、…、$y^{(n-1)}$ 分别都是一次的，则称为**线性微分方程**，否则称它为**非线性微分方程**. 这样，一个以 y 为未知函数、以 x 为自变量的 n 阶线性微分方程具有如下形式

$$y^{(n)}+p_1(x)y^{(n-1)}+\cdots+p_{n-1}(x)y'+p_n(x)y=f(x),$$

其中 $p_1(x)$、$p_2(x)$、…、$p_n(x)$ 及 $f(x)$ 为 x 的连续函数.

如果将一个函数代入微分方程后能使该方程成为恒等式，则称这个函数为该微分方程的**解**. 如③、④为微分方程①的解，⑥为方程⑤的解. 如果微分方程的解中含有任意常数，且相互独立的任意常数(不能经过合并而减少)的个数与方程的阶数相同，这样的解叫做微分方程的**通解**. 如③和⑥分别是方程①和⑤的通解.

由于通解中含有任意常数，所以它还不能确切地反映某一客观事物的特定规律. 为此，要根据

问题的实际情况，提出确定这些常数的条件，这样的条件称为**定解条件**. 由定解条件确定了通解中任意常数后所得的解称为微分方程的**特解**. 如④为方程①的特解.

形如$y|_{x=0}=0$、$s|_{t=0}=H$ 或$\left.\frac{ds}{dt}\right|_{t=0}=v_0$ 的定解条件，即根据所研究系统所处的初始时刻的状态得到的定解条件，称为**初值条件**，也称为**初始条件**.

初值条件的个数通常等于微分方程的阶数，一阶微分方程的初值条件为$y|_{x=x_0}=y_0$ 或 $y(x_0)=y_0$；二阶微分方程的初值条件为$y|_{x=x_0}=y_0$、$y'|_{x=x_0}=y'_0$ 或 $y(x_0)=y_0$、$y'(x_0)=y'_0$，其中 x_0、y_0、y'_0 都是给定的值.

求微分方程满足初值条件的特解的问题称为微分方程的**初值问题**，一阶微分方程的初值问题记作

$$\begin{cases} y'=f(x,y), \\ y|_{x=x_0}=y_0. \end{cases}$$

不同的初值条件对应的特解也有所不同，其特解所对应的曲线(图形)也不同. 同一个微分方程在各种初值条件下的特解所对应的曲线集合称为**积分曲线族**.

例 3　验证函数 $x=C_1\sin t+C_2\cos t$ 是微分方程

$$\frac{d^2x}{dt^2}+x=0$$

的通解，并求方程满足初值条件 $x\left(\frac{\pi}{4}\right)=1$，$x'\left(\frac{\pi}{4}\right)=-1$ 的特解.

解　函数 $x=C_1\sin t+C_2\cos t$ 的一阶及二阶导数分别为

$$\frac{dx}{dt}=C_1\cos t-C_2\sin t,\quad \frac{d^2x}{dt^2}=-C_1\sin t-C_2\cos t,$$

把$\frac{d^2x}{dt^2}$及 x 的表达式代入方程，得恒等式

$$-C_1\sin t-C_2\cos t+C_1\sin t+C_2\cos t\equiv 0,$$

因此，函数 $x=C_1\sin t+C_2\cos t$ 是给定方程的解. 又因为此解包含两个相互独立的任意常数，所以为方程的通解.

将初值条件代入通解，得到方程组

$$\begin{cases} \frac{\sqrt{2}}{2}C_1+\frac{\sqrt{2}}{2}C_2=1, \\ \frac{\sqrt{2}}{2}C_1-\frac{\sqrt{2}}{2}C_2=-1, \end{cases}$$

解出 C_1 和 C_2 得 $C_1=0$，$C_2=\sqrt{2}$，故所求特解为 $x=\sqrt{2}\cos t$.

习　题　8-1

1. 指出下列微分方程的阶数：

(1) $\frac{dy}{dx}=x^2+y$；　(2) $\left(\frac{dx}{dy}\right)^2=4$；　(3) $\frac{d^2y}{dx^2}=x+\frac{d^3}{dx^3}\arcsin x$；

(4) $y^3\frac{d^2y}{dx^2}+1=0$；　(5) $xy+2y''+x^2y=0$；　(6) $(7x-6y)dx+(x+y)dy=0$.

2. 检验给出的函数是否为相应微分方程的解：

(1) $5\dfrac{\mathrm{d}y}{\mathrm{d}x}=3x^2+5x, y=\dfrac{1}{5}x^3+\dfrac{1}{2}x^2+C$；

(2) $(x+y)\mathrm{d}x+x\mathrm{d}y=0, y=\dfrac{C^2-x^2}{2x}$；

(3) $y''-7y'+12y=0, y=C_1\mathrm{e}^{3x}+C_2\mathrm{e}^{4x}$；

(4) $y''+3y'-10y=2x, y=C_1\mathrm{e}^{3x}+C_2\mathrm{e}^{4x}-\dfrac{1}{5}x-\dfrac{3}{50}$；

(5) $(x-2y)y'=2x-y, x^2-xy+y^2=C$；

(6) $y'^2+yy''=0, y^2=C_1x+C_2$.

第二节　一阶微分方程

本节讨论几类一阶微分方程 $y'=f(x,y)$ 及其解法.

一、可分离变量的微分方程

形如

$$\frac{\mathrm{d}y}{\mathrm{d}x}=f(x)\varphi(y) \qquad ①$$

的方程，称为**可分离变量的微分方程**，其中 $f(x)$ 和 $\varphi(y)$ 分别是 x 和 y 的连续函数.

当 $\varphi(y)\neq 0$ 时，方程①可以改写为

$$\frac{\mathrm{d}y}{\varphi(y)}=f(x)\mathrm{d}x,$$

这样，变量就"分离"开来了. 然后两边积分，得到

$$\int\frac{\mathrm{d}y}{\varphi(y)}=\int f(x)\mathrm{d}x+C. \qquad ②$$

② 式确定的函数关系式 $y=y(x,C)$ 就是方程 ① 的通解. 如果把$\int\dfrac{\mathrm{d}y}{\varphi(y)}$ 和$\int f(x)\mathrm{d}x$ 分别理解为$\dfrac{1}{\varphi(y)}$ 和 $f(x)$ 的一个原函数 $G(y)$ 和 $H(x)$，则 ② 成为 $G(y)=H(x)+C$，称之为方程 ① 的**隐式通解**.

若存在 $y=y_0$ 使得 $\varphi(y_0)=0$，则可以验证 $y=y_0$ 为方程①的常数解.

例 1　求微分方程$\dfrac{\mathrm{d}y}{\mathrm{d}x}=\dfrac{y}{x}$的通解.

解　当 $y\neq 0$ 时分离变量，得

$$\frac{\mathrm{d}y}{y}=\frac{\mathrm{d}x}{x},$$

两边积分，得

$$\ln|y|=\ln|x|+C_1 \text{ 或 } \ln\left|\frac{y}{x}\right|=C_1,$$

即

$$\frac{y}{x}=\pm\mathrm{e}^{C_1}.$$

记 $C=\pm e^{C_1}$，得

$$y=Cx \quad (C\neq 0).$$

又 $y\equiv 0$ 也是方程的解，可以表示为 $y=0\cdot x=Cx(C=0)$. 所以原方程的通解为

$$y=Cx(C\text{ 为任意常数}).$$

例 2　求微分方程

$$x(1+y^2)\mathrm{d}x-y(1+x^2)\mathrm{d}y=0$$

满足初值条件 $y|_{x=1}=1$ 的特解.

解　分离变量，得

$$\frac{x}{1+x^2}\mathrm{d}x=\frac{y}{1+y^2}\mathrm{d}y,$$

两边积分，得

$$\frac{1}{2}\ln(1+x^2)=\frac{1}{2}\ln(1+y^2)+C_1 \text{ 或 } \ln\frac{1+x^2}{1+y^2}=2C_1,$$

即

$$\frac{1+x^2}{1+y^2}=e^{2C_1}.$$

记 $e^{2C_1}=C$，得原方程的通解为

$$1+x^2=C(1+y^2).$$

再利用初值条件 $y|_{x=1}=1$ 代入上式，可得 $C=1$，从而所求特解为 $y=x$(舍去 $y=-x$，因其不满足初值条件).

例 3　物体在空气中的冷却速率与物体的温差(物体温度与所处环境的空气温度之差)成正比，如果某物体在 20 min 内由 100 ℃冷却到 60 ℃，那么在多长时间内这个物体的温度达到 30 ℃(假设空气温度为 20 ℃)?

解　设该物体在时刻 t 的温度为 T℃，则由题意得微分方程

$$\frac{\mathrm{d}T}{\mathrm{d}t}=k(T-T_0),$$

其中 T_0 为空气温度($T_0=20$)，k 为比例系数. 满足条件 $T|_{t=0}=100$，$T|_{t=20}=60$. 上述微分方程的通解为

$$T-T_0=Ce^{kt},$$

其中 C 为任意常数. 将条件 $T|_{t=0}=100$、$T|_{t=20}=60$ 分别代入通解中得 $C=80$，$e^k=2^{-\frac{1}{20}}$. 从而，物体的温度与时间的关系式为

$$T=20+80\times 2^{-\frac{t}{20}}.$$

令 $T=30$，代入上式可解得 $t=60$ min. 即 1 小时后这个物体的温度达到 30℃.

二、一阶线性微分方程

形如

$$\frac{\mathrm{d}y}{\mathrm{d}x}+P(x)y=Q(x) \qquad ③$$

的方程称为**一阶线性微分方程**，它的特点是等号左端为关于未知函数 y 及其导数 y' 的一次式，等号右端为只含 x 的函数(称为**自由项**). 如果**自由项** $Q(x)\equiv 0$，即

$$\frac{\mathrm{d}y}{\mathrm{d}x}+P(x)y=0 \qquad ④$$

称其为**一阶线性齐次微分方程**；相对的当 $Q(x)\neq 0$ 时，方程③称为**一阶线性非齐次微分方程**.

我们先来讨论一阶线性齐次微分方程的解法.

方程④是可分离变量的微分方程，当 $y\neq 0$ 时分离变量，得

$$\frac{\mathrm{d}y}{y}=-P(x)\mathrm{d}x,$$

两边积分，得

$$\ln|y|=-\int P(x)\mathrm{d}x+C_1 \text{ 或 } y=\pm \mathrm{e}^{C_1}\mathrm{e}^{-\int P(x)\mathrm{d}x}.$$

记 $C=\pm \mathrm{e}^{C_1}$，得

$$y=C\mathrm{e}^{-\int P(x)\mathrm{d}x},$$

又 $y=0$ 是方程④的常数解，对应于上式中 $C=0$ 的情形，故方程④的通解为

$$y=C\mathrm{e}^{-\int P(x)\mathrm{d}x}\ (C\text{ 为任意常数}).$$

下面我们利用所谓的**常数变易法**求一阶线性非齐次方程③的通解. 常数变易法的基本思想是：当 C 为常数时，函数 $y=C\mathrm{e}^{-\int P(x)\mathrm{d}x}$ 的导数，恰好等于该函数乘上 $-P(x)$，从而函数 $y=C\mathrm{e}^{-\int P(x)\mathrm{d}x}$ 成为齐次方程 ④ 的解. 现要求非齐次方程 ③ 的解，则需要该函数的导数还要有一项等于 $Q(x)$. 为此，联系到函数的导数公式，可将方程 ③ 对应的齐次方程 ④ 的通解 $y=C\mathrm{e}^{-\int P(x)\mathrm{d}x}$ 中的常数 C 变易为函数 $C(x)$，并令其为方程 ③ 的通解，即设

$$\tilde{y}=C(x)\mathrm{e}^{-\int P(x)\mathrm{d}x} \tag{⑤}$$

为方程 ③ 的解，其中 $C(x)$ 待定.

为求出 $C(x)$，将 ⑤ 式代入方程 ③，得

$$C'(x)\mathrm{e}^{-\int P(x)\mathrm{d}x}-P(x)C(x)\mathrm{e}^{-\int P(x)\mathrm{d}x}+P(x)C(x)\mathrm{e}^{-\int P(x)\mathrm{d}x}=Q(x),$$

即

$$C'(x)=Q(x)\mathrm{e}^{\int P(x)\mathrm{d}x},$$

积分得

$$C(x)=\int Q(x)\mathrm{e}^{\int P(x)\mathrm{d}x}\mathrm{d}x+C,$$

代入 ⑤ 式，得到一阶线性非齐次方程 ③ 的通解公式为

$$\tilde{y}=\mathrm{e}^{-\int P(x)\mathrm{d}x}\left[C+\int Q(x)\mathrm{e}^{\int P(x)\mathrm{d}x}\mathrm{d}x\right] \tag{⑥}$$

或

$$\tilde{y}=C\mathrm{e}^{-\int P(x)\mathrm{d}x}+\mathrm{e}^{-\int P(x)\mathrm{d}x}\int Q(x)\mathrm{e}^{\int P(x)\mathrm{d}x}\mathrm{d}x. \tag{⑦}$$

上述将对应的齐次方程通解中的任意常数 C 替换成 x 的待定函数，并将其代入非齐次方程中以确定函数 $C(x)$，从而求出非齐次方程的通解的方法叫做**常数变易法**.

从式 ⑦，可以发现 ③ 的通解由两项组成：第一项是对应的齐次方程的通解，第二项是非齐次方程本身的一个特解($C=0$ 时). 因此，有如下结论：**线性非齐次微分方程 ③ 的通解，等于它所对应的齐次方程的通解与非齐次方程本身的一个特解之和**. 此结论称为解的**叠加原理**.

例 4 求微分方程 $\frac{\mathrm{d}y}{\mathrm{d}x}-\frac{y}{x}=x^2$ 的通解.

解　显然，这是一个一阶线性非齐次方程. 先求出对应齐次方程

$$\frac{dy}{dx}-\frac{y}{x}=0$$

的通解为 $y=Cx$.

利用常数变易法，将 C 换成 x 的待定函数 $C(x)$，设 $\bar{y}=C(x)x$ 为原方程的解，代入原方程可得，$C'(x)x=x^2$，即 $C'(x)=x$，积分之，得

$$C(x)=\frac{1}{2}x^2+C,$$

因此原方程的通解为 $\bar{y}=Cx+\frac{1}{2}x^3$.

例 5　求微分方程 $x^2dy+(2xy-x+1)dx=0$ 在初始条件 $y|_{x=1}=0$ 下的特解.

解　原方程可化为

$$\frac{dy}{dx}+\frac{2y}{x}=\frac{x-1}{x^2},$$

这是一阶线性非齐次方程，其中 $P(x)=\frac{2}{x}$，$Q(x)=\frac{x-1}{x^2}$，代入公式 ⑥，得

$$\begin{aligned}y&=e^{-\int\frac{2}{x}dx}\left(\int\frac{x-1}{x^2}e^{\int\frac{2}{x}dx}dx+C\right)=e^{-2\ln|x|}\left(\int\frac{x-1}{x^2}e^{2\ln|x|}dx+C\right)\\&=\frac{1}{x^2}\left(\int\frac{x-1}{x^2}\cdot x^2dx+C\right)=\frac{1}{x^2}\left(\frac{x^2}{2}-x+C\right)=\frac{1}{2}-\frac{1}{x}+\frac{C}{x^2},\end{aligned}$$

再由初值条件 $y|_{x=1}=0$，得 $C=\frac{1}{2}$，故所求特解为 $y=\frac{1}{2}-\frac{1}{x}+\frac{1}{2x^2}$.

说明：不提倡死记公式 ⑥，推荐理解并掌握常数变易法的解题过程.

例 6　求微分方程 $(y^2-6x)\frac{dy}{dx}+2y=0$ 的通解.

解　显然这个方程不是关于未知函数 y 的一阶线性方程，但若把 x 看成是未知函数，y 为自变量，当 $y\neq0$ 时，原方程可化为

$$\frac{dx}{dy}-\frac{3}{y}x=-\frac{y}{2}. \tag{⑧}$$

这是一个以 y 为自变量、以 x 为未知函数的一阶线性非齐次方程，$P(y)=-\frac{3}{y}$、$Q(y)=-\frac{y}{2}$，在公式 ⑥ 中将 x 与 y 互换，再利用相应的公式可得到微分方程的通解.

下面我们直接利用常数变易法来求解. 它对应的齐次方程为

$$\frac{dx}{dy}-\frac{3}{y}x=0, \tag{⑨}$$

分离变量并对其两边积分，得

$$\ln|x|=3\ln|y|+C_1 \text{ 或 } \ln\left|\frac{x}{y^3}\right|=C_1.$$

记 $C=\pm e^{C_1}$，得方程 ⑨ 的通解

$$x=Cy^3(C\neq0).$$

注意到 $x=0$ 也是方程 ⑨ 的解，这只需在上式中允许 $C=0$，因此方程 ⑨ 的通解为

$$x=Cy^3(C\text{ 为任意常数}).$$

利用常数变易法，即令 $\tilde{x}=C(y)y^3$，代入方程 ⑧ 中，得

$$C'(y)y^3 = -\frac{y}{2} \text{ 或 } C'(y) = -\frac{1}{2y^2},$$

积分得 $C(y) = \frac{1}{2y} + C$，于是原方程的通解为

$$x = \left(\frac{1}{2y} + C\right)y^3 = Cy^3 + \frac{y^2}{2}.$$

另外，$y \equiv 0$ 是原方程的常数解.

三、伯努利方程

形如

$$\frac{\mathrm{d}y}{\mathrm{d}x} + P(x)y = Q(x)y^n (n \neq 0,1) \tag{⑩}$$

的微分方程称为**伯努利**(Bernoulli) **方程**. 当 $n = 0$ 或 1 时，就是一阶线性微分方程；当 $n \neq 0$，$n \neq 1$ 时，这个方程不是线性的，但是通过变量代换，可以把它化为一阶线性微分方程.

事实上，当 $y \neq 0$ 时方程两边同除以 y^n，得

$$y^{-n}\frac{\mathrm{d}y}{\mathrm{d}x} + P(x)y^{1-n} = Q(x),$$

即

$$\frac{1}{1-n}\frac{\mathrm{d}(y^{1-n})}{\mathrm{d}x} + P(x)y^{1-n} = Q(x),$$

引入新的未知函数 $z = y^{1-n}$，上式可化为

$$\frac{\mathrm{d}z}{\mathrm{d}x} + (1-n)P(x)z = (1-n)Q(x).$$

这是关于未知函数 z 的一阶线性微分方程，求出其通解后，以 y^{1-n} 代替 z，便可得到伯努利方程的通解.

另外，当 $n > 0$ 时，$y \equiv 0$ 是原方程 ⑩ 的常数解.

例 7 求微分方程 $\frac{\mathrm{d}y}{\mathrm{d}x} - y = xy^5$ 的通解.

解 此方程为伯努利方程. 当 $y \neq 0$ 时，方程两边同除以 y^5，得

$$y^{-5}\frac{\mathrm{d}y}{\mathrm{d}x} - y^{-4} = x,$$

即

$$-\frac{1}{4}\frac{\mathrm{d}(y^{-4})}{\mathrm{d}x} - y^{-4} = x.$$

令 $z = y^{-4}$，则上述方程成为

$$\frac{\mathrm{d}z}{\mathrm{d}x} + 4z = -4x.$$

这是一阶线性非齐次方程，用常数变易法可求出它的通解为

$$z = C\mathrm{e}^{-4x} - x + \frac{1}{4}.$$

以 y^{-4} 代替 z，得原方程的通解为

$$\frac{1}{y^4} = C\mathrm{e}^{-4x} - x + \frac{1}{4}.$$

另外，$y \equiv 0$ 是方程的常数解.

习　题　8-2

1. 求下列微分方程的通解或在给定初值条件下的特解：

(1) $y\ln x\mathrm{d}x+x\ln y\mathrm{d}y=0$；　(2) $(\mathrm{e}^{x+y}-\mathrm{e}^{x})\mathrm{d}x+(\mathrm{e}^{x+y}+\mathrm{e}^{y})\mathrm{d}y=0$；

(3) $y'\sin x-y\cos x=0,y\left(\dfrac{\pi}{2}\right)=1$；　(4) $\dfrac{y}{x}y'+\mathrm{e}^{y}=0,y(1)=0$.

2. 求下列微分方程的通解：

(1) $y'+y\tan x-\sin 2x=0$；　(2) $\dfrac{\mathrm{d}y}{\mathrm{d}x}-\dfrac{2y}{x+1}=(x+1)^{3}$；

(3) $(x^{2}+1)y'+2xy=4x^{2}$；　(4) $y\ln y\mathrm{d}x+(x-\ln y)\mathrm{d}y=0$；

(5) $x\dfrac{\mathrm{d}y}{\mathrm{d}x}-2y=x^{3}\mathrm{e}^{x}$；　(6) $(x^{2}-1)\mathrm{d}y+(2xy-\cos x)\mathrm{d}x=0$；

(7) $\dfrac{\mathrm{d}y}{\mathrm{d}x}=\dfrac{y}{2x}+\dfrac{x^{2}}{2y}$；　(8) $\dfrac{\mathrm{d}y}{\mathrm{d}x}=\dfrac{6y}{x}-xy^{2}$.

3. 求满足 $y=\mathrm{e}^{x}+\int_{0}^{x}y(t)\mathrm{d}t$ 的解 $y=y(x)$.

※4. 某商品的需求量 Q 对价格 P 的弹性为 $P\ln 3$. 已知该商品的最大需求量为 1 200(即当 $P=0$ 时,$Q=1\,200$) 单位,求需求量 Q 对价格 P 的函数关系.

第三节　可降阶的高阶微分方程

二阶及二阶以上的微分方程统称为**高阶微分方程**. 有些高阶微分方程,可通过适当的变量代换将其转化为较低阶的方程来求解. 下面介绍三种容易降阶的高阶微分方程的求解方法.

一、$y^{(n)}=f(x)$ 型的高阶微分方程

微分方程

$$y^{(n)}=f(x) \qquad ①$$

的右端只含有自变量 x 的已知函数. 容易看出,只要把 $y^{(n-1)}$ 作为新的未知函数,则方程 ① 即可化为关于新的未知函数的一阶微分方程

$$\mathrm{d}y^{(n-1)}=f(x)\mathrm{d}x,$$

两边积分一次,得到一个 $n-1$ 阶的微分方程

$$y^{(n-1)}=\int f(x)\mathrm{d}x+C_{1},$$

连续积分 n 次后,便可得到方程 ① 的含有 n 个任意常数的通解.

例 1　求微分方程 $y'''=\mathrm{e}^{2x}-\cos x$ 的通解.

解　此为 $y^{(n)}=f(x)$ 型的方程,$n=3$,对所给的微分方程连续积分三次,得

$$y''=\frac{1}{2}\mathrm{e}^{2x}-\sin x+C,$$

$$y'=\frac{1}{4}\mathrm{e}^{2x}+\cos x+Cx+C_{2},$$

$$y=\frac{1}{8}\mathrm{e}^{2x}+\sin x+C_{1}x^{2}+C_{2}x+C_{3}\left(C_{1}=\frac{C}{2}\right),$$

其中 C_1、C_2 和 C_3 是三个任意常数,这就是所求通解.

例 2 一物体由静止状态开始做直线运动,其加速度 $a=2+\sin t$. 试求其位移 s 与时间 t 的函数关系式.

解 加速度是位移对时间的二阶导数,由题意可得微分方程

$$\frac{d^2S}{dt^2}=2+\sin t.$$

这是属于 $y^{(n)}=f(x)$ 型的二阶微分方程. 物体由静止状态开始运动,所以初值条件为

$$S\big|_{t=0}=0, v\big|_{t=0}=\left.\frac{dS}{dt}\right|_{t=0}=0,$$

对上述方程积分两次,分别得

$$\frac{ds}{dt}=2t-\cos t+C_1, s=t^2-\sin t+C_1t+C_2,$$

将初值条件代入以上两式,得 $C_1=1$、$C_2=0$,故原方程的特解为

$$s=t^2-\sin t+t.$$

这即是位移与时间的函数关系式.

二、$y''=f(x,y')$ 型的微分方程

微分方程

$$y''=f(x,y') \quad ②$$

的特点是不显含未知函数 y. 如果设 $y'=p(x)$,那么 $y''=\frac{dp}{dx}=p'(x)$,方程 ② 可化为

$$p'=f(x,p),$$

这是一个关于 x、p 的一阶微分方程,求出它的通解 $p=\varphi(x,C_1)$. 但 $p=\frac{dy}{dx}$,因此又可到一个一阶微分方程 $y'=\varphi(x,C_1)$,对它进行积分,便得到方程 ② 的通解为

$$y=\int\varphi(x,C_1)dx+C_2.$$

例 3 求微分方程 $2xy'y''=1+(y')^2$ 的通解.

解 该方程不显含 y,令 $y'=p(x)$,则 $y''=p'(x)$,将其代入所给方程,得

$$2xpp'=1+p^2,$$

分离变量得

$$\frac{2pdp}{1+p^2}=\frac{dx}{x},$$

两边积分得

$$\ln(1+p^2)=\ln|x|+C,$$

即
$$\ln\frac{1+p^2}{|x|}=C \text{ 或 } 1+p^2=\pm e^C x.$$

记 $C_1=\pm e^C$,得

$$1+p^2=C_1x \text{ 或 } p=\pm\sqrt{C_1x-1},$$

其中 C_1 为任意常数($C_1\neq 0$). 所以

$$y'=\pm\sqrt{C_1x-1},$$

对上式再积分,得

$$y=\pm\int\sqrt{C_1x-1}\mathrm{d}x=\pm\frac{2}{3C_1}(C_1x-1)^{\frac{3}{2}}+C_2$$

为所求通解，其中 C_1、C_2 为任意常数.

例 4　求微分方程 $y''-y'=x$ 满足初值条件 $y|_{x=0}=0$、$y'|_{x=0}=0$ 的特解.

解　所给方程不显含 y，令 $y'=p(x)$，则 $y''=p'(x)$，将其代入所给方程，得

$$p'-p=x,$$

这是关于 x 和 p 的一阶线性微分方程，其通解为

$$p=\mathrm{e}^{-\int(-1)\mathrm{d}x}\left(\int x\mathrm{e}^{\int(-1)\mathrm{d}x}\mathrm{d}x+C_1\right)=\mathrm{e}^x\left(\int x\mathrm{e}^{-x}\mathrm{d}x+C_1\right)$$

$$=\mathrm{e}^x(-x\mathrm{e}^{-x}-\mathrm{e}^{-x}+C_1)=C_1\mathrm{e}^x-x-1.$$

由初值条件 $y'|_{x=0}=0$，可得 $C_1=1$，于是 $y'=p=\mathrm{e}^x-x-1$. 对上式两端积分，得

$$y=\mathrm{e}^x-\frac{1}{2}x^2-x+C_2.$$

再由 $y|_{x=0}=0$ 得出 $C_2=-1$，故所求特解为 $y=\mathrm{e}^x-\frac{1}{2}x^2-x-1$.

三、$y''=f(y,y')$ 型的微分方程

微分方程

$$y''=f(y,y') \tag{③}$$

的特点是不显含自变量 x. 为了把方程降阶，令 $y'=p(x)$，并利用复合函数的求导法则，把 $y''=\frac{\mathrm{d}^2y}{\mathrm{d}x^2}$ 化成对 y 的导数，即

$$y''=\frac{\mathrm{d}p}{\mathrm{d}x}=\frac{\mathrm{d}p}{\mathrm{d}y}\cdot\frac{\mathrm{d}y}{\mathrm{d}x}=p\frac{\mathrm{d}p}{\mathrm{d}y},$$

则方程 ③ 可化为

$$p\frac{\mathrm{d}p}{\mathrm{d}y}=f(y,p).$$

这是关于变量 y、p 的一阶微分方程，设法求出其通解

$$y'=p=\varphi(y,C_1),$$

分离变量并两边积分，便可得到方程 ③ 的通解为

$$\int\frac{\mathrm{d}y}{\varphi(y,C_1)}=x+C_2.$$

例 5　求微分方程 $yy''+y'^2=0$ 的通解.

解　该方程不显含 x，令 $y'=p(x)$，则 $y''=p\frac{\mathrm{d}p}{\mathrm{d}y}$，将其代入所给方程，得

$$py\frac{\mathrm{d}p}{\mathrm{d}y}+p^2=0.$$

当 $p\neq0$、$y\neq0$ 时，约去 p 并分离变量，得

$$\frac{\mathrm{d}p}{p}+\frac{\mathrm{d}y}{y}=0,$$

两边积分，得

$$\ln|p|+\ln|y|=C,$$

即

$$\ln|py|=C \text{ 或 } py=\pm\mathrm{e}^C.$$

记 $C_1 = \pm e^C$，得

$$py = C_1,$$

其中 C_1 为任意常数($C_1 \neq 0$)，亦即

$$y\frac{\mathrm{d}y}{\mathrm{d}x} = C_1.$$

分离变量得

$$y\mathrm{d}y = C_1 \mathrm{d}x,$$

两边积分后得所求通解为

$$\frac{1}{2}y^2 = C_1 x + C_2 (C_1 \neq 0、C_2 \text{ 为任意常数}).$$

若 $p = 0$，则得 $y = C$(任意常数)是原方程的解. 显然，若在上面的解中允许 $C_1 = 0$，则它包含在上述通解中(取 $C_1 = 0$、$C_2 \geqslant 0$)，所以原方程的通解可写为

$$y^2 = \overline{C}_1 x + \overline{C}_2,$$

其中 $\overline{C}_1 = 2C_1$，$\overline{C}_2 = 2C_2$ 为任意常数.

习　题　8-3

1. 求下列各微分方程的通解：

(1) $y'' = x + \sin x$；　(2) $y'' = \frac{1}{x}y'$；　(3) $xy'' + y' = 4x$；

(4) $y' = (x+1)y''$；　(5) $y'' + \frac{2}{1-y}y'^2 = 0$；　(6) $y'' - y = 0$.

2. 求下列各微分方程满足所给初值条件的特解：

(1) $y''' = e^x, y|_{x=1} = 0, y'|_{x=1} = 0, y''|_{x=1} = 0$；

(2) $(1-x^2)y'' - xy' = 0, y|_{x=0} = 0, y'|_{x=0} = 1$；

(3) $y'' = e^{2y}, y|_{x=0} = 0, y'|_{x=0} = 0$；

(4) $y^3 y'' + 1 = 0, y|_{x=1} = 1, y'|_{x=1} = 0$.

3. 试求 $y'' = x$ 的经过点 $M(0,1)$ 且在此点与直线 $y = \frac{1}{2}x + 1$ 相切的积分曲线.

4. 设有一质量为 m 的质点，受力 $A\cos\omega t$ 作用沿 Ox 轴方向作直线运动，初始状态为 $x|_{t=0} = a, x'|_{t=0} = 0$，试求质点的运动方程 $x(t)$.

第四节　二阶常系数线性微分方程

形如

$$y'' + p(x)y' + q(x)y = f(x) \quad ①$$

的方程称为**二阶线性微分方程**，其中 $p(x)$、$q(x)$ 及 $f(x)$ 均为 x 的连续函数，称 $f(x)$ 为自由项. 当 $f(x) \equiv 0$ 时，方程 ① 称为**二阶线性齐次微分方程**；当 $f(x) \equiv 0$ 时，方程 ① 称为**二阶线性非齐次微分方程**. 如果其中 y' 与 y 的系数 $p(x)$、$q(x)$ 均为常数(分别记作 p、q)，即方程

$$y'' + py' + qy = f(x) \quad ②$$

称为**二阶常系数线性微分方程**.

本节主要讨论二阶常系数线性微分方程解的性质及通解的求法.

一、通解的结构

定理1(叠加原理1)　如果函数 $y_1(x)$ 与 $y_2(x)$ 是二阶常系数线性齐次方程

$$y''+py'+qy=0 \tag{③}$$

的两个解,那么

$$y=C_1y_1(x)+C_2y_2(x) \tag{④}$$

也是方程 ③ 的解,其中 C_1、C_2 是两个任意常数.

证　由于 $y_1(x)$ 与 $y_2(x)$ 是方程 ③ 的解,所以

$$y''_1+py'_1+qy_1=0,$$
$$y''_2+py'_2+qy_2=0.$$

将 $y=C_1y_1(x)+C_2y_2(x)$ 代入方程 ③,有

$$\begin{aligned}&(C_1y_1(x)+C_2y_2(x))''+p(C_1y_1(x)+C_2y_2(x))'+q(C_1y_1(x)+C_2y_2(x))\\&=C_1(y''_1+py'_1+qy_1)+C_2(y''_2+py'_2+qy_2)=0.\end{aligned}$$

所以 ④ 式是方程 ③ 的解.

④ 式中 y 的构成结构称为函数 $y_1(x)$ 与 $y_2(x)$ 的**线性组合**,可推广到多个函数的情形.

从形式上看 ④ 式虽然含有两个任意常数 C_1、C_2,但它却不一定是方程 ③ 的通解.例如,设 $y_1(x)$ 是方程 ③ 的一个解,则 $y_2(x)=ky_1(x)$(k 为常数)也是方程 ③ 的解,这时 ④ 式成为 $y=C_1y_1(x)+kC_2y_1(x)$.进一步,它又可写成 $y=Cy_1(x)$,其中 $C=C_1+kC_2$,这显然不是方程 ③ 的通解.那么在什么情况下 ④ 式才是方程 ③ 的通解呢?事实上,当 $y_2/y_1\neq k$(常数)时,$C_1y_1+C_2y_2$ 中才确实含有两个独立的任意常数,④ 式才是方程 ③ 的通解.

如果两个函数 $y_1(x)$ 与 $y_2(x)$ 之比 y_1/y_2 在区间 I 上恒为常数,则称 $y_1(x)$ 与 $y_2(x)$ 在区间 I 上**线性相关**,否则称它们在区间 I 上**线性无关**.例如 x 与 e^x 在 $(-\infty,+\infty)$ 上是线性无关的,而 e^x 与 $2e^x$ 在 $(-\infty,+\infty)$ 上是线性相关的.

根据以上分析,我们可以得到如下关于二阶线性齐次微分方程的通解结构的定理.

定理2(叠加原理2)　如果函数 $y_1(x)$ 与 $y_2(x)$ 是二阶常系数线性齐次方程 ③ 的两个线性无关的解,那么 $y=C_1y_1(x)+C_2y_2(x)$ 是方程 ③ 的通解,其中 C_1、C_2 是两个任意常数.

接下来我们讨论二阶线性非齐次微分方程通解的结构.由本章第二节知道,一阶线性非齐次方程的通解等于它所对应的齐次方程的通解与它本身的一个特解之和(叠加原理).对于二阶及更高阶的线性非齐次方程类似的结论也成立.

定理3(叠加原理3)　设 $\bar{y}$ 是二阶常系数线性非齐次方程 ② 的一个特解,y_1、y_2 是与其对应的齐次方程 ③ 的两个线性无关的特解,那么

$$y=C_1y_1+C_2y_2+\bar{y} \tag{⑤}$$

是方程 ② 的通解,其中 C_1、C_2 是任意常数.

证　由 $\bar{y}$ 是非齐次方程 ② 的特解、$C_1y_1+C_2y_2$ 是齐次方程 ③ 的通解,将 ⑤ 式代入方程 ② 的左端,得

$$\begin{aligned}&(C_1y_1+C_2y_2+\bar{y})''+p(C_1y_1+C_2y_2+\bar{y})'+q(C_1y_1+C_2y_2+\bar{y})\\&=[(C_1y_1+C_2y_2)''+p(C_1y_1+C_2y_2)'+q(C_1y_1+C_2y_2)]+(\bar{y}''+p\bar{y}'+q\bar{y})\\&=0+f(x),\end{aligned}$$

所以 ⑤ 式为方程 ② 的解,而 ⑤ 式含有两个独立的任意常数,所以它是微分方程 ② 的通解.

注:以上三个定理对于一般的变系数二阶线性微分方程也成立.并且这三个定理的结论

可以推广到更高阶线性微分方程上去.

二、二阶常系数线性齐次微分方程

根据定理 2,要求二阶常系数线性齐次方程

$$y''+py'+qy=0$$

的通解,只需求出它的两个线性无关的特解即可. 方程 ③ 的特点是 y、y' 及 y'' 各乘以常数因子后相加之和为零,如果能找到这样的函数 y,使 y 和它的一阶及二阶导数 y' 与 y'' 间只差一个常数因子,即 $y'=ry$,$y''=ky$(其中 r,k 为常数,且由 $y''=(y')'=(ry)'=ry'=r^2y$ 可得 $k=r^2$),那么这个函数 y 就有可能是方程 ③ 的解. 由 $y'=ry$ 可取 $y=e^{rx}$,只要我们能找到待定常数 r,使 $y=e^{rx}$ 满足方程 ③,问题就解决了.

为此,将 $y=e^{rx}$,$y'=re^{rx}$,$y''=r^2e^{rx}$ 代入方程 ③,得

$$(r^2+pr+q)e^{rx}=0.$$

由于 $e^{rx}\neq 0$,上面的方程与代数方程

$$r^2+pr+q=0 \tag{⑥}$$

同解. 因此,只要 r 是方程 ⑥ 的根,函数 $y=e^{rx}$ 就是方程 ③ 的解.

我们把代数方程 ⑥ 叫做微分方程 ③ 的**特征方程**,而把特征方程的根叫做**特征根**. 求二阶常系数线性齐次方程 ③ 的通解就归结为求特征根. 由求根公式得

$$r_{1,2}=\frac{-p\pm\sqrt{p^2-4q}}{2}.$$

它们有三种不同的情形:

(1) 当 $p^2-4q>0$ 时,r_1、r_2 是两个相异实根:

$$r_1=\frac{-p+\sqrt{p^2-4q}}{2},r_2=\frac{-p-\sqrt{p^2-4q}}{2};$$

(2) 当 $p^2-4q=0$ 时,r_1、r_2 是两个相等实根:

$$r_1=r_2=-\frac{p}{2};$$

(3) 当 $p^2-4q<0$ 时,r_1、r_2 是一对共轭复根:

$$r_1=\alpha+i\beta,r_2=\alpha-i\beta,\text{其中 }\alpha=\frac{-p}{2},\beta=\frac{\sqrt{4q-p^2}}{2}.$$

相应地,微分方程 ③ 的通解也有三种不同的情形,分别讨论如下:

(1) 特征方程有两个相异实根 r_1、$r_2(r_1\neq r_2)$.

由前面的讨论可知,函数 $y_1=e^{r_1x}$、$y_2=e^{r_2x}$ 是微分方程 ③ 的两个解,并且

$$\frac{y_2}{y_1}=\frac{e^{r_2x}}{e^{r_1x}}=e^{(r_2-r_1)x}$$

不是常数,所以这两个解是线性无关的,从而微分方程 ③ 的通解为

$$y=C_1e^{r_1x}+C_2e^{r_2x}.$$

(2) 特征方程有两个相等实根 $r_1=r_2$(称 r_1 是特征方程的**二重根**).

这时只能得到齐次方程 ③ 的一个特解 $y_1=e^{r_1x}$,还要设法求出另外一个与 y_1 线性无关的特解 y_2. 为此,设 $\frac{y_2}{y_1}=u(x)$,其中 $u(x)$ 不等于常数,即 $y_2=u(x)e^{r_1x}$,下面求 $u(x)$.

将 y_2、y'_2 和 y''_2 代入方程 ③,得

$$e^{r_1x}[(u''(x)+2r_1u'(x)+r_1^2u(x))+p(u'(x)+r_1u(x))+qu(x)]=0,$$

约去 e^{r_1x}，整理得

$$u''(x)+(2r_1+p)u'(x)+(r_1^2+pr_1+q)u(x)=0.$$

由于 r_1 是特征方程的重根，因此

$$r_1^2+pr_1+q=0,2r_1+p=0.$$

于是得 $u''(x)=0$. 因为只需求出一个满足 $u(x)$ 不等于常数的解，显然取 $u(x)=x$ 即可，由此得到方程 ③ 的另一个与 y_1 线性无关的特解 $y_2=xe^{r_1x}$，从而齐次微分方程 ③ 的通解为

$$y=C_1e^{r_1x}+C_2xe^{r_1x} \text{ 或 } y=(C_1+C_2x)e^{r_1x}.$$

(3) 特征方程有一对共轭复根：$r_1=\alpha+i\beta, r_2=\alpha-i\beta, \beta\neq 0$.

这时 $y_1=e^{(\alpha+i\beta)x}$ 与 $y_2=e^{(\alpha-i\beta)x}$ 是方程 ③ 的两个线性无关的解，但它们是复值函数形式，为了得到实值函数形式的解，我们先利用欧拉公式

$$e^{i\theta}=\cos\theta+i\sin\theta,$$

将 y_1、y_2 改写为

$$y_1=e^{(\alpha+i\beta)x}=e^{\alpha x}(\cos\beta x+i\sin\beta x),\quad y_2=e^{(\alpha-i\beta)x}=e^{\alpha x}(\cos\beta x-i\sin\beta x),$$

由定理 1 可知，

$$\bar{y}_1=\frac{1}{2}(y_1+y_2)=e^{\alpha x}\cos\beta x,\quad \bar{y}_2=\frac{1}{2i}(y_1-y_2)=e^{\alpha x}\sin\beta x,$$

也是方程 ③ 的解，且 $\bar{y}_1$ 与 $\bar{y}_2$ 线性无关，所以齐次微分方程 ③ 的通解为

$$y=e^{\alpha x}(C_1\cos\beta x+C_2\sin\beta x).$$

综上所述，求二阶常系数线性齐次微分方程 ③ 的通解的主要步骤如下：

第一步：写出齐次微分方程对应的特征方程 $r^2+pr+q=0$；

第二步：求出特征方程的特征根 r_1、r_2；

第三步：根据特征根的不同情形，按照表 8-1 写出齐次微分方程 ③ 的通解.

表　8-1

特征方程 $r^2+pr+q=0$ 的两个根 r_1、r_2	微分方程 $y''+py'+qy=0$ 的通解
两个不相等的实根 r_1、r_2	$y=C_1e^{r_1x}+C_2e^{r_2x}$
两个相等的实根 $r_1=r_2$	$y=(C_1+C_2x)e^{r_1x}$
一对共轭复根 $r_{1,2}=\alpha\pm i\beta$	$y=e^{\alpha x}(C_1\cos\beta x+C_2\sin\beta x)$

例 1　求微分方程 $y''-5y'+6y=0$ 的通解及满足初值条件：$y(0)=1, y'(0)=2$ 的特解.

解　所给方程的特征方程为 $r^2-5r+6=0$，它有两个互异特征根为 $r_1=2, r_2=3$，故所求通解为

$$y=C_1e^{2x}+C_2e^{3x}(C_1\text{、}C_2\text{ 是任意常数}).$$

将初值条件代入方程组

$$\begin{cases} y=C_1e^{2x}+C_2e^{3x}, \\ y'=2C_1e^{2x}+3C_2e^{3x}, \end{cases}$$

得

$$\begin{cases} 1=C_1+C_2, \\ 2=2C_1+3C_2, \end{cases}$$

由此解得 $C_1=1, C_2=0$. 因此，所求特解为 $y=e^{2x}$.

例 2 求微分方程 $y''+4y'+4y=0$ 的通解.

解 所给方程的特征方程为 $r^2+4r+4=0$,它有两个相同实根为 $r_1=r_2=-2$,故所求通解为

$$y=(C_1+C_2x)e^{-2x}(C_1、C_2 \text{ 是任意常数}).$$

例 3 求微分方程 $y''-4y'+13y=0$ 的通解.

解 所给方程的特征方程为 $r^2-4r+13=0$,它有两个共轭复根为 $r_1=2+3i, r_2=2-3i$,故所求通解为

$$y=e^{2x}(C_1\cos 3x+C_2\sin 3x)\quad (C_1、C_2 \text{ 是任意常数}).$$

上述讨论二阶常系数线性齐次微分方程所用的方法以及方程的通解形式,可推广到 n 阶常系数线性齐次微分方程上去,在此我们不作详细讨论,只给出有关简单结论.

n 阶常系数线性齐次微分方程的一般形式为

$$y^{(n)}+p_1y^{(n-1)}+p_2y^{(n-2)}+\cdots+p_{n-1}y'+p_ny=0, \qquad ⑦$$

其中 $p_1,p_2,\cdots,p_{n-1},p_n$ 均为常数.

如同讨论二阶常系数线性齐次方程那样,称一元 n 次代数方程

$$r^n+p_1r^{n-1}+p_2r^{n-2}+\cdots+p_{n-1}r+p_n=0, \qquad ⑧$$

为方程 ⑦ **特征方程**,特征方程的根称为**特征根**.

根据特征方程的根,可以写出其对应的微分方程的解如表 8-2 所示.

表 8-2

特征方程的根	对应的微分方程的特解
单实根 r	对应一个特解:$y=e^{rx}$
一对共轭单复根 $r_{1,2}=\alpha\pm i\beta$	对应两个特解:$y=e^{\alpha x}\cos\beta x, y_2=e^{\alpha x}\sin\beta x$
k 重实根 r	对应 k 个解:$y_1=e^{rx}, y_2=xe^{rx},\cdots,y_k=x^{k-1}e^{rx}$,
一对共轭 k 重复根 $r_{1,2}=\alpha\pm i\beta$	对应 $2k$ 个特解: $y_1=e^{\alpha x}\cos\beta x, y_2=xe^{\alpha x}\cos\beta x,\cdots,y_k=x^{k-1}e^{\alpha x}\cos\beta x;\bar{y}_1=e^{\alpha x}\sin\beta x,\bar{y}_2=xe^{\alpha x}\sin\beta x,\cdots,\bar{y}_k=x^{k-1}e^{\alpha x}\sin\beta x$.

由代数学知识我们知道,n 次代数方程 ⑧ 有 n 个根(重根按照重数计算),而每个特征根都对应着微分方程 ⑦ 的一个特解,且由上表中确定的对应的特解彼此是线性无关的,这样就得到了方程 ⑦ 的 n 个线性无关的解 $y_1,y_2,\cdots,y_n$,这 n 个线性无关解的线性组合即为方程 ⑦ 的通解,即通解为

$$y=C_1y_1+C_2y_2+\cdots+C_ny_n.$$

例 4 求微分方程 $y^{(4)}-2y^{(3)}+5y''=0$ 的通解.

解 微分方程的特征方程为 $r^4-2r^3+5r^2=0$,即 $r^2(r^2-2r+5r)=0$,它的特征根 $r_1=r_2=0$ 为二重根,$r_{3,4}=1\pm 2i$ 为一对共轭的单复根,它们分别对应原方程的解为

$$y_1=e^{r_1x}=e^{0x}=1, y_2=xe^{r_1x}=xe^{0x}=x, y_3=e^x\cos 2x, y_4=e^x\sin 2x,$$

故原方程通解为

$$y=C_1+C_2x+(C_3\cos 2x+C_4\sin 2x)e^x(C_1、C_2、C_3、C_4 \text{ 是任意常数}).$$

三、二阶常系数线性非齐次微分方程

由定理3可知,求二阶常系数线性非齐次微分方程的通解,可归结为求它所对应的齐次方

程的通解和它本身的一个特解.因此,在解决了齐次方程通解的求法问题之后,我们只需讨论求非齐次方程②的一个特解 $\bar{y}$ 的方法.

这里只介绍方程②中的自由项 $f(x)$ 取两种常见形式的函数时求 $\bar{y}$ 的方法,这种方法的特点是不用积分就可以求出 $\bar{y}$ 来,称它为**待定系数法**. $f(x)$ 的两种形式是:

1. $f(x) = P_m(x)e^{\lambda x}$,其中 λ 是常数,$P_m(x)$ 是关于 x 的 m 次多项式函数

$$P_m(x) = a_0x^m + a_1x^{m-1} + \cdots + a_{m-1}x + a_m;$$

2. $f(x) = e^{\lambda x}[P_l(x)\cos \omega x + P_n(x)\sin \omega x]$,其中 λ、ω 是常数,$P_l(x)$、$P_n(x)$ 分别是关于 x 的 l 和 n 次多项式函数,且有一个可以为零.

下面针对 $f(x)$ 的这两种形式,分别介绍 $\bar{y}$ 的求法.

1. $f(x) = P_m(x)e^{\lambda x}$ 型

因为这时方程②成为

$$y'' + py' + qy = P_m(x)e^{\lambda x}, \tag{9}$$

自由项为多项式函数与指数函数的乘积,而多项式函数与指数函数乘积经过求导并线性组合之后,仍然是原类型的函数,我们自然猜想 $\bar{y} = Q(x)e^{\lambda x}$($Q(x)$ 为 x 的多项式)可能是方程⑨的特解.为此,将

$$\bar{y} = Q(x)e^{\lambda x}, \bar{y}' = e^{\lambda x}[\lambda Q(x) + Q'(x)], \bar{y}'' = e^{\lambda x}[\lambda^2 Q(x) + 2\lambda Q'(x) + Q''(x)],$$

代入方程⑨,消去 $e^{\lambda x}$,整理得

$$Q''(x) + (2\lambda + p)Q'(x) + (\lambda^2 + p\lambda + q)Q(x) = P_m(x). \tag{10}$$

$Q(x)$ 可分下列三种情形来确定:

(1) 如果 λ 不是特征方程的根,即 $\lambda^2 + p\lambda + q \neq 0$,由于 $P_m(x)$ 是 m 次多项式,要使⑩两端恒等,那么需令 $Q(x)$ 也是一个 m 次多项式,即令

$$Q(x) = Q_m(x) = b_0x^m + b_1x^{m-1} + \cdots + b_{m-1}x + b_m,$$

其中 $b_i(i = 0,1,\cdots,m)$ 为待定系数.将 $Q(x)$ 代入⑩式,比较等式两端 x 的同次幂的系数,就可得到以 $b_i(i = 0,1,\cdots,m)$ 作为未知数的 $m+1$ 个方程构成的联立方程组,解此方程组确定出这 $m+1$ 个系数 $b_i(i = 0,1,\cdots,m)$,即得所求特解 $\bar{y} = Q_m(x)e^{\lambda x}$.

(2) 如果 λ 是特征方程的单根,即 $\lambda^2 + p\lambda + q = 0$,但 $2\lambda + p \neq 0$,要使⑩两端恒等,那么 $Q'(x)$ 必须是一个 m 次多项式,即 $Q(x)$ 是 $m+1$ 次多项式,此时可令

$$Q(x) = xQ_m(x),$$

并且可用同(1)的方法确定 $Q_m(x)$ 中的系数 $b_i(i = 0,1,\cdots,m)$,即得所求特解 $\bar{y} = xQ_m(x)e^{\lambda x}$.

(3) 如果 λ 是特征方程的重根,即 $\lambda^2 + p\lambda + q = 0$,且 $2\lambda + p = 0$,要使⑩两端恒等,那么 $Q''(x)$ 必须是一个 m 次多项式,即 $Q(x)$ 是 $m+2$ 次多项式,此时可令

$$Q(x) = x^2Q_m(x),$$

并用同(1)的方法确定 $Q_m(x)$ 中的系数 $b_i(i = 0,1,\cdots,m)$,即得所求特解 $\bar{y} = x^2Q_m(x)e^{\lambda x}$.

综上所述,有如下结论:

对于二阶常系数线性非齐次方程⑨,可设其具有形如

$$\bar{y} = x^kQ_m(x)e^{\lambda x}$$

的特解,其中 $Q_m(x)$ 是与 $P_m(x)$ 同次(m 次)的多项式,而 k 按 λ 不是特征根、是特征方程的单根、是特征方程的重根依次取为 0、1、2.

注:如上所得特解 $\bar{y}$ 的形式与自由项 $f(x)$ 的构成形式基本一样(只是多项式函数的次数

有所差别)，这种方法常称为**特解与自由项同型法**.

例 5 求微分方程 $y''-y=4xe^x$ 的一个特解.

解 这是二阶常系数线性非齐次微分方程，且函数 $f(x)$ 是 $P_m(x)e^{\lambda x}$ 型，其中 $m=1$、$\lambda=1$. 所给方程对应的齐次方程的特征方程为 $r^2-1=0$，特征根为 $r_{1,2}=\pm1$.

由于 $\lambda=1$ 是特征方程的单根，$m=1$，所以可设特解为 $\bar{y}=x(b_0x+b_1)e^x=(b_0x^2+b_1x)e^x$，把它代入原方程，消去 e^x 并整理得

$$4b_0x+2b_0+2b_1=4x,$$

比较两端 x 的同次幂的系数，得 $b_0=1$、$b_1=-1$. 故可得所给方程的一个特解为

$$\bar{y}=(x^2-x)e^x.$$

例 6 求微分方程 $y''-3y'+2y=2x+4$ 的通解.

解 这是二阶常系数线性非齐次微分方程，且函数 $f(x)$ 是 $P_m(x)e^{\lambda x}$ 型，其中 $m=1$、$\lambda=0$. 所给方程对应的齐次方程的特征方程为 $r^2-3r+2=0$，特征根为 $r_1=1$、$r_2=2$. 于是原方程对应的齐次方程的通解为 $y=C_1e^x+C_2e^{2x}$.

由于 $\lambda=0$ 不是特征根，$m=1$，所以可设特解为 $\bar{y}=b_0x+b_1$，把它代入所给方程，得

$$-3b_0+2(b_0x+b_1)=2x+4,$$

比较两端 x 的同次幂的系数，得 $b_0=1$、$b_1=\frac{7}{2}$. 故所给方程的通解为

$$y=C_1e^x+C_2e^{2x}+x+\frac{7}{2}.$$

2. $f(x)=e^{\lambda x}[P_l(x)\cos\omega x+P_n(x)\sin\omega x]$ 型

应用欧拉公式，进行与上一型类似的讨论，可以证明如下结论：对于二阶常系数线性非齐次方程

$$y''+py'+qy=e^{\lambda x}[P_l(x)\cos\omega x+P_n(x)\sin\omega x],$$

可设其具有形如

$$\bar{y}=x^ke^{\lambda x}[Q_m(x)\cos\omega x+R_m(x)\sin\omega x]$$

的特解，其中 $Q_m(x)$ 和 $R_m(x)$ 都是 m 次多项式，$m=\max\{l,n\}$，而 k 按 $\lambda\pm\omega i$ 不是特征根或是特征根的情况依次取为 0 和 1.

例 7 求微分方程 $y''+y'-2y=e^x(\cos x-7\sin x)$ 的一个特解.

解 所给方程对应齐次方程的特征方程为 $r^2+r-2=0$，特征根为 $r_1=1$、$r_2=-2$.

由于 $\lambda\pm\omega i=1\pm i$ 不是特征根，$P_l(x)=1$ 与 $P_n(x)=-7$ 都是 0 次多项式，所以可设原方程特解为 $\bar{y}=(b_0\cos x+b_1\sin x)e^x$，把它代入原方程，消去 e^x 并整理得

$$(3b_1-b_0)\cos x-(b_1+3b_0)\sin x=\cos x-7\sin x,$$

比较上式两端 $\cos x$、$\sin x$ 的系数，得 $b_0=2$、$b_1=1$. 于是可得原方程的一个特解

$$\bar{y}=(2\cos x+\sin x)e^x.$$

例 8 求微分方程 $y''+y=4\sin x$ 的通解.

解 所给方程对应齐次方程为 $y''+y=0$，其特征方程为 $r^2+1=0$，特征根为 $r_{1,2}=\pm i$，所以对应的齐次方程的通解为 $y=C_1\cos x+C_2\sin x$.

由于 $\lambda\pm\omega i=\pm i$ 是特征根，故应设原方程特解为

$$\bar{y}=x(b_0\cos x+b_1\sin x),$$

把它代入原方程，整理得

$$-b_0\sin x+b_1\cos x=2\sin x,$$

比较上式两端 $\cos x$、$\sin x$ 的系数，得 $b_0=-2$、$b_1=0$，于是得到原方程的一个特解

$$\bar{y}=-2x\cos x.$$

故所给方程的通解为

$$y=C_1\cos x+C_2\sin x-2x\cos x.$$

习　题　8-4

1. 求下列微分方程的通解或在给定初值条件下的特解：

(1) $y''-4y'+3y=0$；　　(2) $y''+3y'+2y=0, y(0)=1, y'(0)=1$；

(3) $y''-4y'=0$；　　(4) $y''-6y'+9y=0, y(0)=0, y'(0)=2$；

(5) $y''+4y=0$；　　(6) $y''+4y'+29y=0, y(0)=0, y'(0)=15$.

(7) $y'''-2y''-3y'=0$；　　(8) $y^{(4)}+5y''-36y=0$.

2. 求下列微分方程的通解：

(1) $y''-7y'+12y=5$；　　(2) $y''-5y'+6y=6x^2-10x+2$；

(3) $y''-5y'=-5x^2+2x$；　　(4) $y''-4y'+4y=2e^{2x}$；

(5) $y''+y'-2y=e^x(\cos x-7\sin x)$；

(6) $y''+9y=18\cos 3x-30\sin 3x$.

3. 试求 $y''+9y=0$ 通过点 $(\pi,-1)$ 且在此点与直线 $y+1=x-\pi$ 相切的积分曲线.

4. 设函数 $\varphi(x)$ 连续，且满足 $\varphi(x)=e^x+\int_0^x t\varphi(t)dt-x\int_0^x\varphi(t)dt$，求 $\varphi(x)$.

5. 一拉紧的弹簧所受到的拉力与它的伸长长度成正比，当长度增加 1 cm 时，弹簧拉力为 10 N，今有重 2 kg 的物体挂在弹簧的下端而保持平衡，如果将它稍向下拉，然后再放开，试求由此所产生的振动运动的周期.

※第五节　差分与差分方程的基本概念

迄今为止，我们所研究的变量基本上是属于连续变化的类型. 但在经济管理或其他实际问题中，大多数变量是以定义在整数集上的数列形式变化的. 例如，银行中的定期存款按所设定的时间等间隔计息，国家财政预算按年制定，等等. 通常称这类变量为**离散型变量**，描述各离散变量之间关系的数学模型称为**离散型模型**. 求解这类模型就可以得到各离散型变量的运行规律. 差分方程是研究这样的离散型数学问题的有力工具. 本节及下一节简单介绍差分方程的概念及其解法.

一、差分的概念与性质

一般地，在科学技术和经济研究中，设 $y=y(t)$ 是时间 t 的函数. 如果 t 在某个时间范围内连续变化，变量 y 关于 t 的变化速度(率)用 $\frac{dy}{dt}$ 来刻画；如果 t 是按一定的离散时间取值，则常取规定的时间区间上的差商 $\frac{\Delta y}{\Delta t}$ 来刻画变量 y 关于 t 的变化速度(率). 若选择 $\Delta t=1$，则

$$\Delta y=y(t+1)-y(t)$$

可以近似表示变量 y 关于 t 的变化速度(率). 由此，我们给出差分的定义.

定义 1　对定义在整数集上的函数

$$y_n = f(n), n = \cdots, -2, -1, 0, 1, 2, \cdots,$$

称改变量 $y_{n+1} - y_n$ 为函数 y_n 的**差分**，也称为函数 y_n 的**一阶差分**，记为 Δy_n，即 $\Delta y_n = y_{n+1} - y_n$. 一阶差分的差分称为**二阶差分**，记为 $\Delta^2 y_n$，即

$$\Delta^2 y_n = \Delta(\Delta y_n) = \Delta y_{n+1} - \Delta y_n = (y_{n+2} - y_{n+1}) - (y_{n+1} - y_n) = y_{n+2} - 2y_{n+1} + y_n.$$

类似可定义三阶差分，四阶差分，$\Delta^3 y_n = \Delta(\Delta^2 y_n)$，$\Delta^4 y_n = \Delta(\Delta^3 y_n)$.

一般地，函数 y_n 的 $k-1$ 阶差分的差分称为 k **阶差分**，记为 $\Delta^k y_n$，即

$$\Delta^k y_n = \Delta^{k-1} y_{n+1} - \Delta^{k-1} y_n = \sum_{i=0}^{k} (-1)^i C_k^i y_{n+k-i}.$$

二阶及二阶以上的差分统称为**高阶差分**.

由定义可知，差分具有以下的性质：

(1)$\Delta(Cy_n) = C\Delta y_n$（$C$ 为常数）；(2)$\Delta(y_n \pm z_n) = \Delta y_n \pm \Delta z_n$.

例 1　设 $y_n = n^2$，求 Δy_n、$\Delta^2 y_n$ 及 $\Delta^3 y_n$.

解　$\Delta y_n = \Delta(n^2) = (n+1)^2 - n^2 = 2n+1$,

$$\Delta^2 y_n = \Delta^2(n^2) = \Delta(2n+1) = [2(n+1)+1] - (2n+1) = 2,$$

$$\Delta^3 y_n = \Delta(\Delta^2 y_n) = 2 - 2 = 0.$$

二、差分方程的基本概念

定义 2　含有自变量 n、未知函数 y_n 及其差分 $\Delta y_n, \Delta^2 y_n, \cdots$ 的等式称为**差分方程**. 方程中未知函数差分的最高阶数称为**差分方程的阶**.

k 阶差分方程的一般形式为

$$F(n, y_n, \Delta y_n, \Delta^2 y_n, \cdots, \Delta^k y_n) = 0,$$

其中 $F(n, y_n, \Delta y_n, \Delta^2 y_n, \cdots, \Delta^k y_n)$ 是 $n, y_n, \Delta y_n, \Delta^2 y_n, \cdots, \Delta^k y_n$ 的已知函数，且 $\Delta^k y_n$ 必须要在方程中出现.

利用差分公式 $\Delta y_n = y_{n+1} - y_n$，差分方程也可以作如下定义.

定义 2′　含有自变量 n、未知函数的两个或两个以上函数值 $y_n, y_{n+1}, \cdots$ 的等式称为**差分方程**. 方程中未知函数附标的最大值与最小值的差数称为**差分方程的阶**. k 阶差分方程的一般形式为

$$F(n, y_n, y_{n+1}, \cdots, y_{n+k}) = 0,$$

其中 $F(n, y_n, y_{n+1}, \cdots, y_{n+k})$ 是 $n, y_n, y_{n+1}, \cdots, y_{n+k}$ 的已知函数.

例如方程 $y_{n+1} - y_n = 2$ 为 1 阶差分方程，方程 $5y_{n+5} + 3y_{n+1} = 7$ 为 4 阶差分方程.

差分方程的两种定义形式之间是可以互相转化的，在经济学和管理科学中涉及的差分方程通常具有定义 2′ 中方程的形式. 因此我们采用这一形式来讨论差分方程.

满足差分方程的函数称为该**差分方程的解**. 例如，对于差分方程 $y_{n+1} - y_n = 2$，把函数 $y_n = 15 + 2n$ 代入此方程，则左式 $= [15 + 2(n+1)] - (15 + 2n) = 2 =$ 右式，所以是方程的解. 同样可以验证 $y_n = A + 2n$（A 为常数）也是差分方程的解.

与微分方程类似，我们往往要根据系统在初始时刻所处的状态对差分方程附加一定的条件，这种附加条件称为**初始条件**，满足初始条件的解称为**特解**. 如果差分方程的解中含有相互独立的任意常数的个数恰好等于方程的阶数，则称这个解为该差分方程的**通解**.

对 k 阶差分方程，初始条件为

$$y_0 = a_0, y_1 = a_1, \cdots, y_{k-1} = a_{k-1},$$

其中 $a_0, a_1, \cdots, a_{k-1}$ 都是已知常数.

例 2　验证 $y_n = C2^n + (n-3)3^n$ 是差分方程 $y_{n+1} - 2y_n = n3^n$ 的通解,并求满足初始条件 $y_0 = 1$ 的特解.

解　所给方程是一阶差分方程. 将 $y_n = C2^n + (n-3)3^n$ 代入所给方程,得

$$左式 = C2^{n+1} + (n-2)3^{n+1} - 2(C2^n + (n-3)3^n) = n3^n = 右式,$$

因此 $y_n = C2^n + (n-3)3^n$ 是所给方程的解,又因为它含有一个任意常数,所以它是通解.

将初始条件 $y_0 = 1$ 代入通解,得 $C = 4$,于是所求特解为 $y_n = 2^{n+2} + (n-3)3^n$.

习　题　8-5

1. 计算下列各题的差分.

(1) $y_n = n^2 \cdot 3^n$;　　(2) $y_n = n(n-1)(n-2)\cdots(n-m+1)$;

(3) $y_n = n^2 + 2n$,求 $\Delta^2 y_n$;　　(4) $y_n = \log_a n, (a > 0, a \neq 1)$,求 $\Delta^2 y_n$.

2. 验证下列各题中的函数是所给差分方程的解.

(1) $(1 + y_n)y_{n+1} = y_n$, $y_n = \dfrac{1}{n+3}$;　　(2) $y_{n+2} - 6y_{n+1} + 9y_n = 0, y_n = n3^n$.

※第六节　常系数线性差分方程

若差分方程中所含未知函数及其各阶差分均为一次的,则称该差分方程为**线性差分方程**. k 阶线性差分方程一般形式是

$$y_{n+k} + a_1(n)y_{n+k-1} + \cdots + a_{k-1}(n)y_{n+1} + a_k(n)y_n = f(n), \quad ①$$

其中 $a_1(n), a_2(n), \cdots, a_k(n)$ 和 $f(n)$ 是已知函数,且 $a_k(n) \neq 0$.

若在 ① 中 $f(n) = 0$,则相应的方程

$$y_{n+k} + a_1(n)y_{n+k-1} + \cdots + a_{k-1}(n)y_{n+1} + a_k(n)y_n = 0 \quad ②$$

称为**线性齐次差分方程**,而 ① 则称为**线性非齐次差分方程**.

例如,方程 $y_{n+1} - y_n = 2, 5y_{n+5} + 3y_{n+1} = 7$ 及 $y_{n+2} - 2y_{n+1} + 3y_n = 4$ 均为线性差分方程.

特别地,若方程 ① 中的系数 $a_i(n)$ 均为常数,即 $a_i(n) = a_i (i = 1, 2, \cdots, k)$,且 $a_k \neq 0$,

$$y_{n+k} + a_1 y_{n+k-1} + \cdots + a_{k-1}y_{n+1} + a_k y_n = f(n),$$

则称之为**常系数线性差分方程**. 我们着重介绍一阶和二阶常系数线性差分方程.

一、线性差分方程解的性质

容易得到如下类似于微分方程的定理.

定理 1　如果 $y = y_1(n)$ 和 $y = y_2(n)$ 都是线性齐次差分方程 ② 的解,则对任意常数 C_1, C_2, $y(n) = C_1y_1(n) + C_2y_2(n)$ 也是 ② 的解.

定理 2　设 $y_1(n), y_2(n), \cdots, y_k(n)$ 是线性齐次差分方程 ② 的 k 个线性无关的特解,则 $y(n) = C_1y_1(n) + C_2y_2(n) + \cdots + C_ky_k(n)$ 是 ② 的通解.

定理 3　设 $y_1(n), y_2(n), \cdots, y_k(n)$ 是线性齐次差分方程 ② 的 n 个线性无关的特解,y_n^* 是非齐次方程 ① 的一个特解,则 $y(n) = C_1y_1(n) + C_2y_2(n) + \cdots + C_ky_k(n) + y_n^*$ 是非齐次方程的通解.

二、一阶常系数线性差分方程

一阶常系数线性差分方程的一般形式为

$$y_{n+1}+py_n=f(n), \tag{③}$$

其中 p 为非零常数，$f(n)$ 为已知函数. 其对应的齐次方程为

$$y_{n+1}+py_n=0. \tag{④}$$

1. 一阶常系数线性齐次差分方程的解法

对于一阶常系数线性齐次差分方程 ④，直接运用等比数列通项公式即可得到 $y_n=(-p)^n y_0$，记 $y_0=C$，得到方程 ④ 的通解为 $y_n=C(-p)^n$，C 为任意常数.

2. 一阶常系数线性非齐次差分方程的解法

对于一阶常系数线性非齐次差分方程，我们可以采用迭代法求解.

为方便计算，记 $a=-p$，非齐次差分方程 ③ 可写作

$$y_{n+1}=ay_n+f(n).$$

分别以 $n=0,1,2,\cdots$ 代入得

$$y_1=ay_0+f(0),$$

$$y_2=ay_1+f(1)=a^2y_0+af(0)+f(1),$$

$$y_3=ay_2+f(2)=a^3y_0+a^2f(0)+af(1)+f(2),$$

$$\cdots\cdots$$

$$\begin{aligned} y_n&=a^ny_0+a^{n-1}f(0)+a^{n-2}f(1)+\cdots+af(n-2)+f(n-1)\\ &=Ca^n+\sum_{k=0}^{n-1}a^kf(n-k-1), \end{aligned} \tag{⑤}$$

其中 $C=y_0$ 是任意常数. ⑤ 式最后一个式子就是非齐次差分方程 ① 的通解，其中最右端第一项是其对应的齐次差分方程的通解，第二项是非齐次线性差分方程本身的一个特解.

特别地，当 $f(n)=b$ 时，非齐次差分方程 ③ 成为

$$y_{n+1}=ay_n+b,$$

由 ⑤ 式有

$$y_n=Ca^n+b\sum_{k=0}^{n-1}a^k.$$

若 $a\neq 1$，由等比级数求和公式，得

$$y_n=Ca^n+b\frac{1-a^n}{1-a}=C_1a^n+\frac{b}{1-a}\left(C_1=C-\frac{b}{1-a}\right); \tag{⑥}$$

若 $a=1$，则可得

$$y_n=Ca^n+bn.$$

若 $b=0$，即可得到齐次差分方程 ④ 的通解.

例 1 求差分方程 $3y_{n+1}-2y_n=0$ 的通解.

解 事实上原方程是 $y_{n+1}-\frac{2}{3}y_n=0$，所以其通解为 $y_n=C\left(\frac{2}{3}\right)^n$（$C$ 为任意常数）.

例 2 求解差分方程 $y_{n+1}+\frac{2}{3}y_n=\frac{1}{5}$.

解 由于 $a=-\frac{2}{3}$，$b=\frac{1}{5}$，$\frac{b}{1-a}=\frac{3}{25}$. 由通解公式 ⑥，差分方程的通解为

$$y_n = C\left(\frac{2}{3}\right)^n + \frac{3}{25}(C\text{为任意常数}).$$

例 3 求差分方程 $y_{n+1} - y_n = 2^n$ 的通解.

解 由于 $a = 1, f(n) = 2^n$，由通解公式 ⑤ 得非齐次线性差分方程的特解

$$y^*(n) = \sum_{k=0}^{n-1} 1^k 2^{n-k-1} = 2^{n-1}\sum_{k=0}^{n-1}\left(\frac{1}{2}\right)^k = 2^{n-1}\frac{1-\left(\frac{1}{2}\right)^n}{1-\frac{1}{2}} = 2^n - 1.$$

于是，所求通解为

$$y_n = C_1 1^n + 2^n - 1 = C_1 + 2^n - 1 = 2^n + C,$$

其中 $C = C_1 - 1$ 为任意常数.

三、二阶常系数线性差分方程

二阶常系数线性非齐次差分方程的一般形式为

$$y_{n+2} + py_{n+1} + qy_n = f(n)(p,q\text{是常数}), \quad ⑦$$

它对应的齐次方程为

$$y_{n+2} + py_{n+1} + qy_n = 0, \quad ⑧$$

方程 ⑧ 对应的代数方程

$$r^2 + pr + q = 0, \quad ⑨$$

称为方程 ⑧ 的**特征方程**.

1. 二阶常系数线性齐次差分方程的解

定理 4 $y_n = r^n$ 是方程 ⑧ 的解的充分必要条件是 r 为其特征方程 ⑨ 的根(证明略).

由代数学知识可知，特征方程 ⑨ 有两个根，分别记为 r_1、r_2，它们有三种不同的情形，对应的齐次差分方程的通解也有如下三种情形：

(1) 当 $p^2 - 4q > 0$ 时，特征方程有两个不同实根，方程 ⑧ 有通解

$$y_n = C_1 r_1^n + C_2 r_2^n.$$

(2) 当 $p^2 - 4q = 0$ 时，特征方程有两个相同实根为 $r_1 = r_2 = -\frac{p}{2}$，方程 ⑧ 有通解

$$y_n = (C_1 + C_2 n)\left(-\frac{p}{2}\right)^n.$$

(3) 当 $p^2 - 4q < 0$ 时，特征方程有两个互为共轭的复根为 $r_{1,2} = -\frac{p}{2} \pm \frac{\mathrm{i}}{2}\sqrt{4q - p^2}$，将这对复根表为三角形式 $r_{1,2} = r(\cos\theta \pm \mathrm{i}\sin\theta)$，此时方程 ⑧ 有通解

$$y_n = r^n[C_1\cos(\theta n) + C_2\sin(\theta n)].$$

例 4 求 $y_{n+2} + 4y_{n+1} + 3y_n = 0$ 的通解.

解 其特征方程 $r^2 + 4r + 3 = 0$，有两个不同实根 $r_1 = -1, r_2 = -3$. 所以原方程有通解

$$y_n = C_1(-1)^n + C_2(-3)^n(C_1, C_2\text{是任意常数}).$$

例 5 求 $y_{n+2} + 6y_{n+1} + 9y_n = 0$ 的通解.

解 其特征方程 $r^2 + 6r + 9 = 0$，有两个相同实根 $r_1 = r_2 = -3$. 于是原方程的通解为

$$y_n = C_1(-3)^n + C_2 n(-3)^n(C_1, C_2\text{是任意常数}).$$

2. 二阶常系数线性非齐次差分方程的解

对于非齐次项的 $f(n)$ 的两种特殊形式，可利用类似于线性常微分方程的待定系数法求

得非齐次差分方程的一个特解.

(1) $f(n)=\lambda^n P_m(n)$,其中 $P_m(n)$ 是 m 次多项式,λ 是非零常数.

可以直接设其特解为 $y_n^*=n^k\lambda^n Q_m(n)$,其中 $Q_m(n)$ 是与 $P_m(n)$ 同次(m 次)的待定多项式,而当 λ 不是其特征方程的特征根时 $k=0$,当 λ 是其特征方程的单特征根时 $k=1$,当 λ 是其特征方程的二重特征根时 $k=2$.

(2) $f(n)=\lambda^n[P_l(n)\cos\beta n+P_s(n)\sin\beta n]$,其中 $P_l(n)$ 与 $P_s(n)$ 分别是 l 次和 s 次多项式,λ 是非零常数,β 不是 π 的整数倍.

可以设其特解为 $y_n^*=n^k\lambda^n[A_m(n)\cos\beta n+B_m(n)\sin\beta n]$,其中 $A_m(n)$ 与 $B_m(n)$ 是 m 次的待定多项式,$m=\max\{l,s\}$,而 k 依据 $\lambda_{1,2}=\lambda(\cos\beta n+\mathrm{i}\sin\beta n)$ 不是其特征方程的特征根、是共轭复特征根分别取 $k=0,1$.

将所设特解代入原方程,再比较系数确定这 $m+1$ 个系数 $b_i(i=0,1,\cdots,m)$.

例 6 求 $y_{n+2}+4y_n=2$ 的通解.

解 已知对应齐次方程的通解为 $y_{n+2}+4y_n=0$,其特征方程为 $r^2+4=0$,特征根为 $r_{1,2}=\pm 2\mathrm{i}=2\left(\cos\dfrac{\pi}{2}\pm\mathrm{i}\sin\dfrac{\pi}{2}\right)$,所以齐次方程的通解为

$$y_n=2^n\left[C_1\cos\left(\frac{\pi}{2}n\right)+C_2\sin\left(\frac{\pi}{2}n\right)\right].$$

设非齐次方程的一个特解为 $y_n^*=b_0$,代入原方程,得 $b_0=\dfrac{1}{2}$,所以它的通解为

$$y_n=2^n\left[C_1\cos\left(\frac{\pi}{2}n\right)+C_2\sin\left(\frac{\pi}{2}n\right)\right]+\frac{1}{2}(C_1,C_2\text{ 是任意常数}).$$

习 题 8-6

1. 求差分方程 $y_{n+1}-\dfrac{1}{2}y_n=3\left(\dfrac{3}{2}\right)^n$ 在初始条件 $y_0=5$ 时的特解.

2. 求下列一阶差分方程的通解:

(1) $y_{n+1}-y_n=n+3$;　　(2) $y_{n+1}-2y_n=2n^2-1$;

(3) $y_{n+1}+2y_n=3\cdot 2^n$;　　(4) $y_{n+1}+5y_n=1$.

3. 求下列二阶差分方程的通解:

(1) $2y_{n+2}+y_{n+1}-y_n=0$;　　(2) $4y_{n+2}-12y_{n+1}+9y_n=0$;

(3) $y_{n+2}+5y_{n+1}+6y_n=n+2$;　　(4) $y_{n+2}-4y_{n+1}+4y_n=2^n$.

总 习 题 八

A 组

1. 选择题:

(1) 下列等式中有一个是微分方程,它是(　　).

A. $u'v+uv'=(uv)'$　　B. $\dfrac{u'v-uv'}{v^2}=\left(\dfrac{u}{v}\right)'\quad(v\neq 0)$

C. $\dfrac{\mathrm{d}y}{\mathrm{d}x}+\mathrm{e}^x=\dfrac{\mathrm{d}(y+\mathrm{e}^x)}{\mathrm{d}x}$　　D. $y''+3y'+4y=0$

(2) 下列方程中有一个是一阶微分方程,它是(　　).

A. $(y-xy')^2=x^2yy''$　　B. $(y'')^2+5(y')^4-y^5+x^7=0$

C. $(x^2-y^2)\mathrm{d}x+(x^2+y^2)\mathrm{d}y=0$　　D. $xy''+y'+y=0$

(3) 微分方程 $y'-2y=0$ 的通解为(　　).

A. $y=C\mathrm{e}^x$　　B. $y=\mathrm{e}^x$

C. $y=C\mathrm{e}^{2x}$　　D. $y=\mathrm{e}^{2x}$

(4) 函数 $y=C_1\mathrm{e}^x+C_2\mathrm{e}^{-2x}+x\mathrm{e}^x$ 满足的一个微分方程是(　　).

A. $y''-y'-2y=3x\mathrm{e}^x$　　B. $y''-y'-2y=3\mathrm{e}^x$

C. $y''+y'-2y=3x\mathrm{e}^x$　　D. $y''+y'-2y=3\mathrm{e}^x$

(5) 用待定系数法求方程 $y''+2y'=5$ 的特解时,应设特解(　　).

A. $\bar{y}=a$　　B. $\bar{y}=ax^2$

C. $\bar{y}=ax$　　D. $\bar{y}=ax^2+bx$

(6) 下列等式中有一个是差分方程,它是(　　).

A. $-3\Delta y_n=3y_n+a^n$　　B. $2\Delta y_n=y_n+n$

C. $\Delta^2y_n=y_{n+2}-2y_{n+1}+y_n$　　D. $\Delta(u_nv_n)=u_{n+1}\Delta v_n+v_n\Delta u_n$

(7) 下列差分方程中,不是二阶差分方程的是(　　).

A. $y_{n+3}-3y_{n+2}-y_{n+1}=2$　　B. $\Delta^2y_n-\Delta y_n=0$

C. $\Delta^3y_n+y_n+3=0$　　D. $\Delta^2y_n+\Delta y_n=0$

2. 填空题:

(1) 微分方程 $xy'+2y=x\ln x$ 满足 $y(1)=-\frac{1}{9}$ 的解为________;

(2) 将伯努利方程 $\frac{\mathrm{d}y}{\mathrm{d}x}=\frac{y}{2x}+\frac{x^2}{y}$ 化成一阶线性微分方程所进行变量代换为________;

(3) 微分方程 $y''-y=x\sin x$ 的特解的形式为________;

(4) 已知 $y=1,y=x$ 和 $y=x^2$ 是某二阶线性非齐次微分方程的三个解,则该方程的通解为________;

(5) 二阶常系数非齐次微分方程 $y''-4y'+3y=2\mathrm{e}^{2x}$ 的通解为 $y=$ ________.

3. 求下列微分方程的通解:

(1) $\frac{\mathrm{d}y}{\mathrm{d}x}-y\tan x=\sec x$;　　(2) $x\frac{\mathrm{d}y}{\mathrm{d}x}+y=3$;

(3) $y''+4y'+3y=x-2$;　　(4) $y''+y=2\sin x$.

4. 求差分方程的通解:

(1) $y_{n+1}-3y_n=-2$;　　(2) $y_{n+2}+2y_{n+1}+y_n=3\cdot 2^n$.

5. 设函数 $\varphi(x)$ 可导,且满足 $\varphi(x)\cos x+2\int_0^x\varphi(t)\sin t\mathrm{d}t=x+1$,求 $\varphi(x)$.

B　　组

1. 求下列微分方程的通解:

(1) $xy'\ln x+y=ax(\ln x+1)$;　　(2) $2xy\mathrm{d}y=(2y^2-x)\mathrm{d}x$;

(3) $\frac{\mathrm{d}y}{\mathrm{d}x}=\frac{y}{2(\ln y-x)}$;　　(4) $\frac{\mathrm{d}y}{\mathrm{d}x}=\frac{y}{x+y^3}$.

2. 如果一阶微分方程可化成形如 $\frac{\mathrm{d}y}{\mathrm{d}x}=\varphi\left(\frac{y}{x}\right)$ 的方程,则称其为齐次方程. 求解齐次方程

只要做变换 $u=\frac{y}{x}$，即可将其化为关于变量 u 与 x 的变量可分离方程，求出 $u=u(x)$，进而得通解 $y=y(x)$. 试求下列方程的解：

(1) $y'=\frac{y}{x}+e^{\frac{y}{x}}$；　　(2) $y'=\frac{y}{y-x}$.

3. 作适当的变量替换求解下列方程：

(1) $\frac{dy}{dx}=(x+y)^2$；　　(2) $\frac{dy}{dx}=\frac{1}{x-y}+1$；

(3) $\frac{dy}{dx}=\frac{x-y+5}{x-y-2}$；　　(4) $xy'+y=y(\ln x+\ln y)$.

4. 证明若函数 $y_1(x)$ 与 $y_2(x)$ 分别是二阶常系数线性非齐次方程 $y''+py'+qy=f_1(x)$ 和 $y''+py'+qy=f_2(x)$ 的解，则 $y=y_1(x)+y_2(x)$ 是方程 $y''+py'+qy=f_1(x)+f_2(x)$ 的解.

5. 利用习题 4 的结论解下列微分方程：

(1) $y''+y=e^x+\cos x$；　　(2) $y''-8y'+16y=x+e^{4x}$.

6. 设函数 $f(x)$ 具有连续一阶导数，且满足 $f(x)=\int_0^x (x^2-t^2)f'(t)dt+x^2$，求 $f(x)$ 的表达式.

7. 设连续函数 $g(t)$ 满足 $g(t)=1+\iint\limits_{x^2+y^2\leqslant t^2} g(\sqrt{x^2+y^2})dxdy$，求 $g(t)$ 的解析式.

8. 一质点沿 x 轴运动，在运动过程中只受一个与速度成正比的反力作用. 设它从原点出发时，初速度为 10 m/s，而当它到达坐标为 2.5 m 的点时，其速度为 5m/s，求质点到达坐标为 4m 的点的速度.

9. 设跳伞运动员的质量为 m，降落伞的浮力 F_0 与它下降的速度 v 成正比，求下降速度所满足的微分方程.

10. 求差分方程的通解及满足初始条件的特解：

(1) $y_{n+1}+4y_n=2n^2+n-1$　$(y_0=1)$；

(2) $y_{n+2}-4y_{n+1}+16y_n=0$　$(y_0=0, y_1=1)$；

(3) $y_{n+2}-2y_{n+1}+2y_n=0$　$(y_0=2, y_1=2)$.

第九章 无穷级数

无穷级数是高等数学的一个重要组成部分,它是表示函数、研究函数的性质以及进行数值计算的有力工具.本章首先讨论常数项级数及其敛散性的判别,然后讨论函数项级数及将函数项级数展开成幂级数问题.

第一节 常数项级数及其收敛性的判别法

一、常数项级数的基本概念

根据第三章第一节例7,我们有 $e=1+1+\frac{1}{2!}+\cdots+\frac{1}{n!}+R_n$,误差 $|R_n|<\frac{3}{(n+1)!}$.当 n 越大时, $|R_n|$ 就越小.特别地,当 $n\to\infty$ 时, $|R_n|\to 0$,从而就有

$$e=1+1+\frac{1}{2!}+\cdots+\frac{1}{n!}+\cdots.$$

上式右端出现了无穷多个数依次相加的数学式子,通常把这样的式子叫做**无穷级数**.

1. 无穷级数的概念

定义1 设给定一个无穷数列 $u_1,\ u_2,\ \cdots,\ u_n,\ \cdots$,则由此数列构成的表达式

$$u_1+u_2+\cdots+u_n+\cdots \quad ①$$

称为(**常数项**)**无穷级数**,简称(**数项**)**级数**,记作 $\sum_{n=1}^{\infty}u_n$,其中第 n 项 u_n 称为级数的**一般项**或**通项**.该级数的前 n 项和

$$S_n=u_1+u_2+\cdots+u_n=\sum_{k=1}^{n}u_k \quad ②$$

称为级数 $\sum_{n=1}^{\infty}u_n$ 的前 n 项**部分和**,并称数列 $\{S_n\}$ 为级数 $\sum_{n=1}^{\infty}u_n$ 的**部分和数列**.

2. 级数的收敛、发散与级数和

若级数 $\sum_{n=1}^{\infty}u_n$ 的部分和数列 $\{S_n\}$ 的极限存在,即 $\lim\limits_{n\to\infty}S_n=S$,则称级数 $\sum_{n=1}^{\infty}u_n$ 收敛,若部分和数列的极限不存在,则称级数 $\sum_{n=1}^{\infty}u_n$ **发散**.

当级数 $\sum_{n=1}^{\infty}u_n$ 收敛时,称其部分和数列的极限S为**级数 $\sum_{n=1}^{\infty}u_n$ 的和**,记为 $\sum_{n=1}^{\infty}u_n=S$;当级数 $\sum_{n=1}^{\infty}u_n$ 发散时,它就没有和.

当级数 $\sum_{n=1}^{\infty}u_n$ 收敛于和 S 时,有 $\lim\limits_{n\to\infty}S_n=S$.此时,将 $\{S_n\}$ 的前 k 项去掉之后构成的数列 $\{S_{n+k}\}$ 和 $\{S_n\}$ 的子列 $\{S_{n_i}\}$,根据收敛数列的性质,亦有

$$\lim_{n\to\infty}S_{n+k}=S\,,\qquad \lim_{i\to\infty}S_{n_i}=S\,.$$

定理 1(级数收敛的必要条件)　若级数 $\sum\limits_{n=1}^{\infty}u_n$ 收敛,则 $\lim\limits_{n\to\infty}u_n=0$.

证　由于 $u_n=S_n-S_{n-1}$,所以

$$\lim_{n\to\infty}u_n=\lim_{n\to\infty}(S_n-S_{n-1})=\lim_{n\to\infty}S_n-\lim_{n\to\infty}S_{n-1}=S-S=0\,.$$

由这个必要条件可知,如果 $\lim\limits_{n\to\infty}u_n\neq 0$,则级数 $\sum\limits_{n=1}^{\infty}u_n$ 必定发散.但是,满足 $\lim\limits_{n\to\infty}u_n=0$ 的级数也不一定是收敛的.

3. 余项

级数 $\sum\limits_{n=1}^{\infty}u_n$ 收敛于和 S 时,称 $r_n=S-S_n=u_{n+1}+u_{n+2}+\cdots$ 为级数的**余项**,有 $\lim\limits_{n\to\infty}r_n=0$.若用部分和 S_n 作为收敛级数 $\sum\limits_{n=1}^{\infty}u_n$ 的和 S 的近似值,所产生的误差 $|r_n|$ 随 n 的增大而减小.

例 1　判别下列级数的敛散性.

(1) $\sum\limits_{n=1}^{\infty}\dfrac{1}{2^n}$;　(2) $\sum\limits_{n=1}^{\infty}aq^n(a\neq 0)$;　(3) $\sum\limits_{n=1}^{\infty}\dfrac{1}{n(n+1)}$;　(4) $\sum\limits_{n=1}^{\infty}n^2$.

解　(1)级数的前 n 项部分和为

$$S_n=\frac{1}{2}+\frac{1}{2^2}+\frac{1}{2^3}+\cdots+\frac{1}{2^n}=\frac{\frac{1}{2}\left[1-\left(\frac{1}{2}\right)^n\right]}{1-\frac{1}{2}}=1-\left(\frac{1}{2}\right)^n,$$

于是 $\lim\limits_{n\to\infty}S_n=\lim\limits_{n\to\infty}\left[1-\left(\dfrac{1}{2}\right)^n\right]=1$,因此,级数 $\sum\limits_{n=1}^{\infty}\dfrac{1}{2^n}$ 是收敛的,和为 1;

(2)当 $q=1$ 时,级数的前 n 项部分和就是 $S_n=a+a+\cdots+a=na$,$\lim\limits_{n\to\infty}S_n=\lim\limits_{n\to\infty}(na)=\infty$,级数发散;

当 $q=-1$ 时,级数的前 n 项部分和就是

$$S_n=-a+a-a+\cdots+(-1)^na=\begin{cases}-a, & n\text{为奇数},\\ 0, & n\text{为偶数},\end{cases}$$

$\lim\limits_{n\to\infty}S_n$ 不存在,级数也发散;

当 $q\neq\pm 1$ 时,级数的前 n 项部分和为

$$S_n=aq+aq^2+aq^3+\cdots+aq^n=\frac{aq(1-q^n)}{1-q}=\frac{aq}{1-q}-\frac{a}{1-q}q^{n+1},$$

于是,$\lim\limits_{n\to\infty}S_n=\lim\limits_{n\to\infty}\left(\dfrac{aq}{1-q}-\dfrac{a}{1-q}q^{n+1}\right)=\begin{cases}\dfrac{aq}{1-q}, & |q|<1,\\ \infty, & |q|>1.\end{cases}$ 即当 $|q|<1$ 时,级数收敛于 $\dfrac{aq}{1-q}$,当 $|q|>1$ 时,级数发散.

综上所述,当 $|q|<1$ 时,级数 $\sum\limits_{n=1}^{\infty}aq^n(a\neq 0)$ 收敛,和为 $\dfrac{aq}{1-q}$;当 $|q|\geqslant 1$ 时,级数发散.通常,称例 1(2)的级数为**等比级数**.

(3)级数的前 n 项部分和为

$$S_n=\frac{1}{1\cdot 2}+\frac{1}{2\cdot 3}+\cdots+\frac{1}{n\cdot(n+1)}=\left(1-\frac{1}{2}\right)+\left(\frac{1}{2}-\frac{1}{3}\right)+\cdots+\left(\frac{1}{n}-\frac{1}{n+1}\right)$$
$$=1-\frac{1}{n+1},$$

于是$\lim\limits_{n\to\infty}S_n=\lim\limits_{n\to\infty}\left(1-\frac{1}{n+1}\right)=1$，因此级数$\sum\limits_{n=1}^{\infty}\frac{1}{n(n+1)}$是收敛的，和为1；

(4)解法一：级数的前n项部分和为

$$S_n=1^2+2^2+3^2+\cdots+n^2=\frac{n(n+1)(2n+1)}{6}$$

于是$\lim\limits_{n\to\infty}S_n=\lim\limits_{n\to\infty}\frac{n(n+1)(2n++1)}{6}=\infty$，因此级数$\sum\limits_{n=1}^{\infty}n^2$是发散的.

解法二：由于$\lim\limits_{n\to\infty}u_n=\lim\limits_{n\to\infty}n^2=+\infty$，根据级数收敛的必要条件可知此级数发散.

二、常数项级数的基本性质

根据级数收敛、发散的概念，可以得出级数的几个基本性质.

性质1　若级数$\sum\limits_{n=1}^{\infty}u_n$和$\sum\limits_{n=1}^{\infty}v_n$分别收敛于$S$与$T$，则级数$\sum\limits_{n=1}^{\infty}(u_n+v_n)$收敛于$S+T$，即

$$\sum_{n=1}^{\infty}(u_n+v_n)=\sum_{n=1}^{\infty}u_n+\sum_{n=1}^{\infty}v_n.$$

性质2　级数$\sum\limits_{n=1}^{\infty}u_n$和$\sum\limits_{n=1}^{\infty}cu_n$($c$为任一常数，$c\neq 0$)有相同的敛散性，若$\sum\limits_{n=1}^{\infty}u_n$收敛于$S$，则$\sum\limits_{n=1}^{\infty}cu_n$收敛于$cS$，即$\sum\limits_{n=1}^{\infty}cu_n=c\sum\limits_{n=1}^{\infty}u_n$.

性质3　添加、去掉或改变级数的有限项，所得级数的敛散性不变；

性质4(添括号性质)　收敛级数任意加括号后所构成的级数仍收敛，且和不变.

证　这里只证明性质4，性质1、2、3留给读者证明.

设收敛级数$\sum\limits_{n=1}^{\infty}u_n=u_1+u_2+\cdots+u_n+\cdots=S$，添括号后为

$$(u_1+\cdots+u_{n_1})+(u_{n_1+1}+\cdots u_{n_2})+\cdots+(u_{n_{k-1}+1}+\cdots+u_{n_k})+\cdots,$$

每个括号内计算后成为一个数，上式构成一个新级数，新级数的前k项部分和记为A_k，原级数的前n项部分和为S_n，则

$A_1=u_1+\cdots+u_{n_1}=S_{n_1}$，

$A_2=(u_1+\cdots+u_{n_1})+(u_{n_1+1}+\cdots+u_{n_2})=S_{n_2}$，

…………

$A_i=(u_1+\cdots+u_{n_1})+(u_{n_1+1}+\cdots+u_{n_2})+\cdots+(u_{n_{k-1}+1}+\cdots+u_{n_k})=S_{n_i}$，

…………

可见$\{A_k\}$是数列$\{S_n\}$的一个子数列. 因此$\{S_n\}$收敛时$\{A_k\}$也收敛，且收敛于$\{S_n\}$的极限.

注意：性质1与性质4的逆命题不成立. 如级数$(8-8)+(8-8)+\cdots+(8-8)+\cdots$是收敛于0的级数，但级数$8+8+\cdots+8+\cdots$与$-8-8-\cdots-8-\cdots$都是发散的，说明性质1的逆命题不成立；若把此级数去掉括号成为等比级数$8-8+8-8+\cdots+8-8+\cdots$，公比为$-1$，由例1知其为发散的，说明性质4的逆命题不成立.

另外，由性质 4 的逆否命题成立可知，如果添括号后所成的级数发散，那么原级数也发散.

例 2 证明**调和级数** $\sum_{n=1}^{\infty}\frac{1}{n}$ 发散.

证 用反证法. 假设级数 $\sum_{n=1}^{\infty}\frac{1}{n}$ 收敛于 S，由性质 4，对 $\sum_{n=1}^{\infty}\frac{1}{n}$ 加括号后所得级数

$$\left(1+\frac{1}{2}\right)+\left(\frac{1}{3}+\frac{1}{4}\right)+\left(\frac{1}{5}+\frac{1}{6}+\frac{1}{7}+\frac{1}{8}\right)+\left(\frac{1}{9}+\frac{1}{10}+\cdots+\frac{1}{16}\right)+\cdots+$$
$$\left(\frac{1}{2^{n-1}+1}+\frac{1}{2^{n-1}+2}+\cdots+\frac{1}{2^n}\right)+\cdots$$

一定是收敛的，且收敛于 S，即对它的前 n 项部分和 T_n，应有 $\lim\limits_{n\to\infty}T_n=S$. 但是

$$\begin{aligned}T_n&=\left(1+\frac{1}{2}\right)+\left(\frac{1}{3}+\frac{1}{4}\right)+\left(\frac{1}{5}+\frac{1}{6}+\frac{1}{7}+\frac{1}{8}\right)+\\&\quad\left(\frac{1}{9}+\frac{1}{10}+\cdots+\frac{1}{16}\right)+\cdots+\left(\frac{1}{2^{n-1}+1}+\frac{1}{2^{n-1}+2}+\cdots+\frac{1}{2^n}\right)\\&>\left(0+\frac{1}{2}\right)+\left(\frac{1}{4}+\frac{1}{4}\right)+\left(\frac{1}{8}+\frac{1}{8}+\frac{1}{8}+\frac{1}{8}\right)+\\&\quad\left(\frac{1}{16}+\frac{1}{16}+\cdots+\frac{1}{16}\right)+\cdots+\left(\frac{1}{2^n}+\frac{1}{2^n}+\cdots+\frac{1}{2^n}\right)\\&=\frac{1}{2}+\frac{1}{2}+\frac{1}{2}+\frac{1}{2}+\cdots+\frac{1}{2}=\frac{n}{2},\end{aligned}$$

这表明 $\lim\limits_{n\to\infty}T_n=+\infty$，与 $\lim\limits_{n\to\infty}T_n=S$ 矛盾. 因此，原级数发散.

例 3 证明级数 $\sum_{n=1}^{\infty}\frac{1}{n^2}$ 收敛.

证 先考察此级数的前 n 项部分和 S_n，

$$\begin{aligned}S_n&=1+\frac{1}{2^2}+\frac{1}{3^2}+\frac{1}{4^2}+\cdots+\frac{1}{n^2}=1+\frac{1}{2\cdot2}+\frac{1}{3\cdot3}+\frac{1}{4\cdot4}+\cdots+\frac{1}{n\cdot n}\\&<1+\frac{1}{1\cdot2}+\frac{1}{2\cdot3}+\frac{1}{3\cdot4}+\cdots+\frac{1}{(n-1)\cdot n}=2-\frac{1}{n}<2,\end{aligned}$$

即 $\{S_n\}$ 是有界数列，又因为 $\{S_n\}$ 是单调递增数列，由"单调有界数列必有极限"的准则可知，$\{S_n\}$ 的极限存在，因此级数 $\sum_{n=1}^{\infty}\frac{1}{n^2}$ 收敛.

三、正项级数收敛性的判别法

1. 正项级数

若 $u_n\geqslant0\ (n=1,2,\cdots)$，则称级数 $\sum_{n=1}^{\infty}u_n$ 为**正项级数**.

2. 正项级数收敛性的判别法

定理 2(有界判别法) 正项级数 $\sum_{n=1}^{\infty}u_n$ 收敛的充分必要条件为其部分和数列 $\{S_n\}$ 有界.

证 因为 $u_n\geqslant0\ (n=1,2,\cdots)$，所以 $\{S_n\}$ 是单调不减数列. 若 $\{S_n\}$ 有界，则其必有极限，从而正项级数 $\sum_{n=1}^{\infty}u_n$ 收敛，且当级数的和为 S 时，必有 $S_n\leqslant S$. 反之，若正项级数 $\sum_{n=1}^{\infty}u_n$ 收

敛，则$\lim\limits_{n\to\infty}S_n$ 存在，根据有极限的数列是有界数列的性质可知，数列 $\{S_n\}$ 有界.

如前例 3 就用到了这个有界判别法.

说明：对于正项级数来说，根据有界判别法可以证明添括号性质（性质 4）的逆命题也成立，即正项级数添括号后所成的级数收敛，则原级数也收敛.

定理 3（比较判别法）　设 $\sum\limits_{n=1}^{\infty}u_n$ 和 $\sum\limits_{n=1}^{\infty}v_n$ 是两个正项级数，且 $u_n \leqslant v_n (n=1, 2, \cdots)$. 若级数 $\sum\limits_{n=1}^{\infty}v_n$ 收敛，则级数 $\sum\limits_{n=1}^{\infty}u_n$ 也收敛；若级数 $\sum\limits_{n=1}^{\infty}u_n$ 发散，则级数 $\sum\limits_{n=1}^{\infty}v_n$ 也发散.

证　设级数 $\sum\limits_{n=1}^{\infty}v_n$ 收敛于和 V，则级数 $\sum\limits_{n=1}^{\infty}u_n$ 的部分和

$$S_n = u_1 + u_2 + \cdots + u_n \leqslant v_1 + v_2 + \cdots + v_n \leqslant V \ (n=1, 2, \cdots),$$

即部分和数列 $\{S_n\}$ 有界，由定理 2 可知级数 $\sum\limits_{n=1}^{\infty}u_n$ 收敛.

反之，在级数 $\sum\limits_{n=1}^{\infty}u_n$ 发散时，若级数 $\sum\limits_{n=1}^{\infty}v_n$ 收敛，由前面已经证明的结论可知级数 $\sum\limits_{n=1}^{\infty}u_n$ 也收敛，矛盾. 因此，级数 $\sum\limits_{n=1}^{\infty}v_n$ 必发散

推论 1　设 $\sum\limits_{n=1}^{\infty}u_n$ 和 $\sum\limits_{n=1}^{\infty}v_n$ 都是正项级数，若级数 $\sum\limits_{n=1}^{\infty}v_n$ 收敛，且存在正整数 N，当 $n \geqslant N$ 时有 $u_n \leqslant kv_n (k>0)$，则级数 $\sum\limits_{n=1}^{\infty}u_n$ 也收敛；若级数 $\sum\limits_{n=1}^{\infty}u_n$ 发散，且存在正整数 N，当 $n \geqslant N$ 时有 $ku_n \leqslant v_n (k>0)$，则级数 $\sum\limits_{n=1}^{\infty}v_n$ 也发散.

例 4　讨论 p-级数 $\sum\limits_{n=1}^{\infty}\dfrac{1}{n^p} = 1 + \dfrac{1}{2^p} + \dfrac{1}{3^p} + \cdots + \dfrac{1}{n^p} + \cdots$ 的敛散性.

解　当 $p>1$ 时，对 p-级数如下加括号后所得级数

$$1+\left(\frac{1}{2^p}+\frac{1}{3^p}\right)+\left(\frac{1}{4^p}+\frac{1}{5^p}+\frac{1}{6^p}+\frac{1}{7^p}\right)+\left(\frac{1}{8^p}+\frac{1}{9^p}\cdots+\frac{1}{15^p}\right)+\cdots+\left(\frac{1}{(2^{n-1})^p}+\cdots+\frac{1}{(2^n-1)^p}\right)+\cdots$$

的一般项 $u_n = \dfrac{1}{(2^{n-1})^p} + \cdots + \dfrac{1}{(2^n-1)^p} \leqslant \dfrac{1}{(2^{n-1})^p} + \cdots + \dfrac{1}{(2^{n-1})^p} = \dfrac{1}{(2^{n-1})^{p-1}} = \dfrac{1}{(2^{p-1})^{n-1}}$，

而 $\sum\limits_{n=1}^{\infty}\dfrac{1}{(2^{p-1})^{n-1}}$ 是公比为 $q=\dfrac{1}{2^{p-1}}$ 的几何级数，是收敛的. 因此，上面加括号的级数是收敛的，从而根据上面的说明可知 p-级数 $\sum\limits_{n=1}^{\infty}\dfrac{1}{n^p}$ 收敛；

当 $p \leqslant 1$ 时，p-级数的一般项 $\dfrac{1}{n^p} \geqslant \dfrac{1}{n}$，而调和级数 $\sum\limits_{n=1}^{\infty}\dfrac{1}{n}$ 发散，故 p-级数 $\sum\limits_{n=1}^{\infty}\dfrac{1}{n^p}$ 发散.

综合上述讨论可知：p-级数 $\sum\limits_{n=1}^{\infty}\dfrac{1}{n^p}$ 当 $p>1$ 时收敛，当 $p \leqslant 1$ 时发散.

注：p-级数与等比级数是比较判别法常用来作为比较标准的级数.

例 5　证明级数 $\sum\limits_{n=1}^{\infty}\dfrac{1}{n(n+1)}$ 收敛，而级数 $\sum\limits_{n=1}^{\infty}\dfrac{1}{\sqrt{n(n+1)}}$ 发散.

证 因为 $\frac{1}{n(n+1)}<\frac{1}{n^2}$，而级数 $\sum\limits_{n=1}^{\infty}\frac{1}{n^2}$ 收敛，根据比较判别法可知级数 $\sum\limits_{n=1}^{\infty}\frac{1}{n(n+1)}$ 收敛.

又 $\frac{1}{\sqrt{n(n+1)}}>\frac{1}{\sqrt{(n+1)^2}}=\frac{1}{n+1}$，而 $\sum\limits_{n=1}^{\infty}\frac{1}{n+1}$ 是调和级数去掉第1项后所成的级数，也是发散的，由比较判别法可知级数 $\sum\limits_{n=1}^{\infty}\frac{1}{\sqrt{n(n+1)}}$ 发散.

用比较判别法判别正项级数的收敛性时，需要确定一个作为比较标准的级数，而这就需要将级数的一般项进行放大或缩小，建立一个适当的不等式关系，但建立这样的不等式关系有时是困难的. 这时，用如下比较判别法的极限形式往往会更方便.

推论2（比较判别法的极限形式） 设 $\sum\limits_{n=1}^{\infty}u_n$ 和 $\sum\limits_{n=1}^{\infty}v_n$ 都是正项级数，

(1)如果 $\lim\limits_{n\to\infty}\frac{u_n}{v_n}=l\ (0\leqslant l<+\infty)$，且级数 $\sum\limits_{n=1}^{\infty}v_n$ 收敛，则级数 $\sum\limits_{n=1}^{\infty}u_n$ 收敛；

(2)如果 $\lim\limits_{n\to\infty}\frac{u_n}{v_n}=l>0$ 或 $\lim\limits_{n\to\infty}\frac{u_n}{v_n}=+\infty$，且级数 $\sum\limits_{n=1}^{\infty}v_n$ 发散，则级数 $\sum\limits_{n=1}^{\infty}u_n$ 也发散.

证 (1)由极限的定义，对 $\varepsilon=1$，存在正整数 N，当 $n>N$ 时，有 $\frac{u_n}{v_n}<l+1$，即 $u_n<(l+1)v_n$，而级数 $\sum\limits_{n=1}^{\infty}v_n$ 收敛，根据推论1可知，级数 $\sum\limits_{n=1}^{\infty}u_n$ 收敛；

(2)如果 $\lim\limits_{n\to\infty}\frac{u_n}{v_n}=l>0$，对 $\varepsilon=\frac{l}{2}$，存在正整数 N，当 $n>N$ 时，有 $l-\frac{l}{2}<\frac{u_n}{v_n}<l+\frac{l}{2}$，即 $\frac{l}{2}v_n<u_n(<\frac{3l}{2}v_n)$，而级数 $\sum\limits_{n=1}^{\infty}v_n$ 发散，根据推论1可知，级数 $\sum\limits_{n=1}^{\infty}u_n$ 也发散；

如果 $\lim\limits_{n\to\infty}\frac{u_n}{v_n}=+\infty$，对 $\forall M>0$，存在正整数 N，当 $n>N$ 时，有 $\frac{u_n}{v_n}>M$，即 $u_n>Mv_n$，而级数 $\sum\limits_{n=1}^{\infty}v_n$ 发散，再根据推论1可知，级数 $\sum\limits_{n=1}^{\infty}u_n$ 也发散.

例6 判别级数 $\sum\limits_{n=1}^{\infty}\sin\frac{1}{n}$ 的敛散性.

解 因为当 $n\to\infty$ 时，$\sin\frac{1}{n}$ 与 $\frac{1}{n}$ 是等价无穷小，所以用 $\sum\limits_{n=1}^{\infty}\frac{1}{n}$ 作为比较标准，且

$$\lim_{n\to\infty}\frac{\sin\frac{1}{n}}{\frac{1}{n}}=1>0.$$

而级数 $\sum\limits_{n=1}^{\infty}\frac{1}{n}$ 发散，由比较判别法的极限形式可知 $\sum\limits_{n=1}^{\infty}\sin\frac{1}{n}$ 发散.

有很多级数可用自身一般项的变化规律来判别敛散性，即有如下的**比值判别法**（达朗贝尔(D' Alembert)判别法），以及**根值判别法**（柯西(Cauchy)判别法）.

定理4（达朗贝尔判别法，比值判别法） 设 $\sum\limits_{n=1}^{\infty}u_n$ 是正项级数，$u_n>0\ (n=1,2,\cdots)$，且

$\lim\limits_{n\to\infty}\frac{u_{n+1}}{u_n}=\rho$，则

(1)当 $\rho<1$ 时，级数收敛；

(2)当 $\rho>1$（或 $\lim\limits_{n\to\infty}\frac{u_{n+1}}{u_n}=\infty$）时，级数发散；

(3)当 $\rho=1$ 时，级数可能收敛，也可能发散，需另行判别.

证　(1)当 $\rho<1$ 时，取 $\varepsilon=\frac{1-\rho}{2}(>0)$，根据极限定义，存在正整数 N，当 $n\geqslant N$ 时有

$$\frac{u_{n+1}}{u_n}<\rho+\frac{1-\rho}{2}=\frac{1+\rho}{2}<1.$$

因此有

$$u_{N+1}<\frac{1+\rho}{2}u_N, \ u_{N+2}<\left(\frac{1+\rho}{2}\right)^2u_N, \cdots\cdots, u_{N+k}<\left(\frac{1+\rho}{2}\right)^ku_N, \cdots\cdots.$$

而级数 $\sum\limits_{k=1}^{\infty}\left(\frac{1+\rho}{2}\right)^ku_N=u_N\sum\limits_{k=1}^{\infty}\left(\frac{1+\rho}{2}\right)^k$ 是公比小于1的等比级数，从而是收敛的. 因此，根据推论1可知级数 $\sum\limits_{n=1}^{\infty}u_n$ 收敛；

(2)当 $\rho>1$ 时，取 $\varepsilon=\frac{\rho-1}{2}(>0)$，根据极限定义，存在正整数 N，当 $n>N$ 时有

$$\frac{u_{n+1}}{u_n}>\rho-\frac{\rho-1}{2}=\frac{\rho+1}{2}>1.$$

即当 $n>N$ 时，$u_{n+1}>u_n$，级数的项逐渐增大，从而 $\lim\limits_{n\to\infty}u_n\neq0$. 根据收敛的必要条件可知级数 $\sum\limits_{n=1}^{\infty}u_n$ 发散. 当 $\lim\limits_{n\to\infty}\frac{u_{n+1}}{u_n}=\infty$ 时也有 $u_{n+1}>u_n$（$n>N$ 时），因此级数 $\sum\limits_{n=1}^{\infty}u_n$ 也发散.

(3)当 $\rho=1$ 时，如 p-级数 $\sum\limits_{n=1}^{\infty}\frac{1}{n^p}$，总有 $\lim\limits_{n\to\infty}\frac{u_{n+1}}{u_n}=\lim\limits_{n\to\infty}\frac{n^p}{(n+1)^p}=1$. 但是，当 $p>1$ 时级数 $\sum\limits_{n=1}^{\infty}\frac{1}{n^p}$ 收敛，当 $p\leqslant1$ 时级数 $\sum\limits_{n=1}^{\infty}\frac{1}{n^p}$ 发散. 即此时比值判别法失效，要用其他方法判别.

例7　判别级数 $\sum\limits_{n=1}^{\infty}\frac{1}{1+a^n}(a>0)$ 的敛散性.

解　当 $a\leqslant1$ 时，$\lim\limits_{n\to\infty}\frac{1}{1+a^n}\neq0$，由级数收敛的必要条件可知级数 $\sum\limits_{n=1}^{\infty}\frac{1}{1+a^n}$ 发散；

当 $a>1$ 时，因为 $\lim\limits_{n\to\infty}\frac{1+a^n}{1+a^{n+1}}=\lim\limits_{n\to\infty}\frac{\frac{1}{a^n}+1}{\frac{1}{a^n}+a}=\frac{1}{a}<1$，由比值判别法，级数 $\sum\limits_{n=1}^{\infty}\frac{1}{1+a^n}$ 收敛.

定理5(柯西判别法，根值判别法)　设 $\sum\limits_{n=1}^{\infty}u_n$ 是正项级数，且 $\lim\limits_{n\to\infty}\sqrt[n]{u_n}=\rho$，则

(1)当 $\rho<1$ 时，级数收敛；

(2)当 $\rho>1$（或 $\lim\limits_{n\to\infty}\sqrt[n]{u_n}=+\infty$）时，级数发散；

(3)当 $\rho=1$ 时，级数可能收敛，也可能发散，需另行判别.

此定理的证明方法与定理 4 相仿，这里从略.

例 8 判别级数 $\sum_{n=1}^{\infty}\frac{2+(-1)^n}{2^n}$ 的敛散性.

解 当 n 为奇数时，$2+(-1)^n=1$；当 n 为偶数时，$2+(-1)^n=3$，而 $\lim_{n\to\infty}\sqrt[n]{3}=1$，于是

$$\lim_{n\to\infty}\sqrt[n]{\frac{2+(-1)^n}{2^n}}=\frac{1}{2}\lim_{n\to\infty}\sqrt[n]{2+(-1)^n}=\frac{1}{2}<1,$$

所以，由根值判别法可知此级数收敛.

四、交错级数收敛性的判别法

1. 交错级数

定义 2 设 $u_n>0\ (n=1,2,\cdots)$，形如

$$\sum_{n=1}^{\infty}(-1)^{n-1}u_n=u_1-u_2+u_3-u_4+\cdots+(-1)^{n-1}u_n+\cdots, \tag{③}$$

$$\sum_{n=1}^{\infty}(-1)^n u_n=-u_1+u_2-u_3+u_4-\cdots+(-1)^n u_n+\cdots. \tag{④}$$

的级数称为**交错级数**.

2. 莱布尼茨判别法

定理 6 如果交错级数 $\sum_{n=1}^{\infty}(-1)^{n-1}u_n$，$u_n>0\ (n=1,2,\cdots)$ 满足**莱布尼茨**(Leibniz)**条件**：

(1) $u_n\geqslant u_{n+1}(n=1,2,\cdots)$；　　(2) $\lim_{n\to\infty}u_n=0$，

则该级数收敛，且其和 $S\leqslant u_1$，其余项 r_n 的绝对值 $|r_n|\leqslant u_{n+1}$.

证 考虑此交错级数的前 $2n$ 项的和 S_{2n}，有

$$S_{2n}=(u_1-u_2)+(u_3-u_4)+\cdots+(u_{2n-1}-u_{2n})$$

及

$$S_{2n}=u_1-(u_2-u_3)-(u_4-u_5)-\cdots-(u_{2n-2}-u_{2n-1})-u_{2n}.$$

根据条件 $u_n\geqslant u_{n+1}(n=1,2,\cdots)$ 可知，上述两式中所有括号中的差都是非负的. 由第一式可知 $\{S_{2n}\}$ 是单调不减数列，由第二式可知 $S_{2n}\leqslant u_1$，即 $\{S_{2n}\}$ 有界. 于是，当 $n\to\infty$ 时 $\{S_{2n}\}$ 的极限存在，设为 S，则有 $\lim_{n\to\infty}S_{2n}=S\leqslant u_1$. 又由于 $S_{2n+1}=S_{2n}+u_{2n+1}$，$\lim_{n\to\infty}u_n=0$ 意味着 $\lim_{n\to\infty}u_{2n+1}=0$，所以 $\lim_{n\to\infty}S_{2n+1}=\lim_{n\to\infty}S_{2n}+\lim_{n\to\infty}u_{2n+1}=S$.

因此，级数 $\sum_{n=1}^{\infty}(-1)^{n-1}u_n$ 的前 n 项部分和 S_n 当 $n\to\infty$ 时具有极限 S，即交错级数 $\sum_{n=1}^{\infty}(-1)^{n-1}u_n$ 收敛于和 S，且 $S\leqslant u_1$.

而余项 $r_n=(-1)^n(u_{n+1}-u_{n+2}+u_{n+3}-u_{n+4}+\cdots)$，$|r_n|=u_{n+1}-u_{n+2}+u_{n+3}-u_{n+4}+\cdots$ 也是一个交错级数，也满足收敛的两个条件，由上面的讨论可知，$|r_n|$ 收敛，且 $|r_n|\leqslant u_{n+1}$.

例如，交错级数 $1-\frac{1}{2}+\frac{1}{3}-\frac{1}{4}+\cdots+\frac{(-1)^{n-1}}{n}+\cdots$ 满足莱布尼茨判别法的收敛条件，所以，它是收敛的. 用前 n 项和作为其和的近似值时，产生的误差为 $|r_n|<\frac{1}{n+1}$.

五、绝对收敛与条件收敛

各项为任意实数构成的级数 $u_1 + u_2 + \cdots + u_n + \cdots$ 称为**任意项级数**.

定义 3　对于任意项级数 $\sum_{n=1}^{\infty} u_n$，如果级数 $\sum_{n=1}^{\infty} |u_n|$ 收敛，则称级数 $\sum_{n=1}^{\infty} u_n$ **绝对收敛**；如果级数 $\sum_{n=1}^{\infty} u_n$ 收敛而级数 $\sum_{n=1}^{\infty} |u_n|$ 发散，则称级数 $\sum_{n=1}^{\infty} u_n$ 条件收敛.

对于绝对收敛的级数 $\sum_{n=1}^{\infty} u_n$，有如下定理.

定理 7　如果级数 $\sum_{n=1}^{\infty} u_n$ 是绝对收敛的，则级数 $\sum_{n=1}^{\infty} u_n$ 也收敛.

证　令 $v_n = \frac{1}{2}(u_n + |u_n|)\ (n = 1, 2, \cdots)$，则有 $0 \leqslant v_n \leqslant |u_n|$，由于 $\sum_{n=1}^{\infty} |u_n|$ 收敛，根据比较判别法可知正项级数 $\sum_{n=1}^{\infty} v_n$ 收敛，从而，级数 $\sum_{n=1}^{\infty} 2v_n$ 收敛. 由 v_n 的定义得 $u_n = 2v_n - |u_n|$，从而 $\sum_{n=1}^{\infty} u_n = \sum_{n=1}^{\infty} 2v_n - \sum_{n=1}^{\infty} |u_n|$ 也收敛. 定理得证.

说明：一般地，如果级数 $\sum_{n=1}^{\infty} |u_n|$ 发散，不能断定级数 $\sum_{n=1}^{\infty} u_n$ 也发散. 但是，如果用比值判别法或根值判别法判定级数 $\sum_{n=1}^{\infty} |u_n|$ 发散，则级数 $\sum_{n=1}^{\infty} u_n$ 一定发散. 这是因为

$$\lim_{n \to \infty} \left| \frac{u_{n+1}}{u_n} \right| = \rho > 1 \text{ 或 } \lim_{n \to \infty} \sqrt[n]{|u_n|} = \rho > 1,$$

即有 $|u_n| \nrightarrow 0\ (n \to \infty)$，从而 $u_n \nrightarrow 0\ (n \to \infty)$，因此级数 $\sum_{n=1}^{\infty} u_n$ 一定发散.

例 9　判别级数 $\sum_{n=1}^{\infty} \frac{\sin nx}{n^2}$ 的敛散性.

解　因为 $\left| \frac{\sin nx}{n^2} \right| \leqslant \frac{1}{n^2}$，而级数 $\sum_{n=1}^{\infty} \frac{1}{n^2}$ 收敛，所以，级数 $\sum_{n=1}^{\infty} \frac{\sin nx}{n^2}$ 绝对收敛，因此收敛.

例 10　级数 $\sum_{n=1}^{\infty} \frac{a^n}{n^p}\ (p > 0)$ 是绝对收敛、条件收敛还是发散？

解　当 $a = 0$ 时级数当然是绝对收敛的；

当 $|a| < 1$ 且 $a \neq 0$ 时，因为 $p > 0$，所以 $0 < \frac{1}{n^p} \leqslant 1$，$\left| \frac{a^n}{n^p} \right| \leqslant |a|^n$，而 $\sum_{n=1}^{\infty} |a|^n$ 是公比小于 1 的等比级数，收敛，所以，由比较判别法可知原级数绝对收敛；

当 $a = 1$ 时，成为 p-级数 $\sum_{n=1}^{\infty} \frac{1}{n^p}$，若 $p > 1$，则级数收敛，也绝对收敛，若 $p \leqslant 1$，则级数发散；

当 $a = -1$ 时，成为交错级数 $\sum_{n=1}^{\infty} \frac{(-1)^n}{n^p}$，而 $p > 0$，即此交错级数满足莱布尼茨判别法的条件，级数收敛，若 $p > 1$，则级数绝对收敛，若 $p \leqslant 1$，则级数条件收敛；

当 $|a|>1$ 时，$\lim\limits_{n\to\infty}\dfrac{\left|\dfrac{a^{n+1}}{(n+1)^p}\right|}{\left|\dfrac{a^n}{n^p}\right|}=|a|\lim\limits_{n\to\infty}\left(\dfrac{n}{n+1}\right)^p=|a|>1$，由比值判别法可知，级数 $\sum\limits_{n=1}^{\infty}\left|\dfrac{a^n}{n^p}\right|$ 发散，由定理 6 的“说明”可知级数 $\sum\limits_{n=1}^{\infty}\dfrac{a^n}{n^p}$ 必发散.

在例 9、10 中的级数，实际上是对不同的数值 x 或 a 所对应的级数的敛散性进行的讨论，即级数的各项是随 x 或 a 变化而变化的函数，这样的级数就是函数项级数.

习 题 9-1

1. 根据给出的前几项规律，写出下列级数的一般项：

(1) $1-\dfrac{1}{2}+\dfrac{1}{4}-\dfrac{1}{8}+\cdots$；

(2) $\dfrac{1}{2}+\dfrac{2}{5}+\dfrac{3}{10}+\dfrac{4}{17}\cdots$；

(3) $\dfrac{1}{1\cdot 4}+\dfrac{x}{4\cdot 7}+\dfrac{x^2}{7\cdot 10}+\dfrac{x^3}{10\cdot 13}+\cdots$；

(4) $2-\dfrac{2^2}{2!}+\dfrac{2^3}{3!}-\dfrac{2^4}{4!}+\cdots$.

2. 设级数 $\sum\limits_{n=1}^{\infty}u_n$ 的前 n 项部分和 $S_n=\dfrac{5n}{n+1}$，试写出此级数，并求其和.

3. 判定下列级数的敛散性：

(1) $0.001+\sqrt{0.001}+\sqrt[3]{0.001}+\cdots+\sqrt[n]{0.001}+\cdots$；

(2) $\dfrac{3}{5}-\dfrac{3^2}{5^2}+\dfrac{3^3}{5^3}-\dfrac{5^4}{5^4}+\cdots+(-1)^{n-1}\dfrac{3^n}{5^n}+\cdots$；

(3) $1+\dfrac{1}{3}+\dfrac{1}{5}+\dfrac{1}{7}+\cdots+\dfrac{1}{2n-1}+\cdots$；

(4) $\dfrac{1}{2}+\dfrac{2}{3}+\dfrac{3}{4}+\dfrac{4}{5}+\cdots+\dfrac{n}{n+1}+\cdots$.

4. 用比值判别法判定下列级数的敛散性：

(1) $\dfrac{1}{2}+\dfrac{3}{2^2}+\dfrac{5}{2^3}+\dfrac{7}{2^4}+\cdots$；

(2) $\dfrac{2}{1\,000}+\dfrac{2^2}{2\,000}+\dfrac{2^3}{3\,000}+\dfrac{2^4}{4\,000}+\cdots$；

(3) $\sum\limits_{n=1}^{\infty}2^n\sin\dfrac{\pi}{3^n}$；

(4) $\sum\limits_{n=1}^{\infty}\dfrac{n^n}{n!}$.

5. 用根值判别法判定下列级数的敛散性：

(1) $\sum\limits_{n=1}^{\infty}\left(\dfrac{n}{3n+1}\right)^n$；

(2) $\sum\limits_{n=1}^{\infty}\left(\dfrac{3n+2}{2n+3}\right)^n$；

(3) $\sum\limits_{n=1}^{\infty} \dfrac{n^2}{\left(1+\dfrac{1}{n}\right)^{n^2}}$；

(4) $\sum\limits_{n=1}^{\infty} \left(\dfrac{b}{a_n}\right)^n$，其中 $\lim\limits_{n\to\infty} a_n = a$，$a_n$、$b$、$a$ 均为正数.

6. 判定下列级数是否收敛. 如果收敛，是绝对收敛还是条件收敛？

(1) $1-\dfrac{2}{3^2}+\dfrac{3}{5^2}-\dfrac{4}{7^2}+\cdots$；

(2) $\dfrac{1}{2}-\dfrac{3}{10}+\dfrac{1}{2^2}-\dfrac{3}{10^2}+\dfrac{1}{2^3}-\dfrac{3}{10^3}+\cdots$；

(3) $\dfrac{1}{\pi^2}\sin\dfrac{\pi}{2}-\dfrac{1}{\pi^3}\sin\dfrac{\pi}{3}+\dfrac{1}{\pi^4}\sin\dfrac{\pi}{4}-\dfrac{1}{\pi^5}\sin\dfrac{\pi}{5}+\cdots$；

(4) $\sum\limits_{n=1}^{\infty} (-1)^{n+1}\dfrac{2^n}{n!}$.

第二节　幂　级　数

一、函数项级数的一般概念

定义 1　如果级数

$$f_1(x)+f_2(x)+\cdots+f_n(x)+\cdots$$

的各项都是定义在某个区间 I 上的函数，则称该级数为**函数项级数**，$f_n(x)$ 称为**一般项或通项**. 当 x 在区间 I 中取定某个常数 x_0 时，该级数是数项级数. 如果数项级数 $\sum\limits_{n=1}^{\infty} f_n(x_0)$ 收敛，则称 x_0 为函数项级数 $\sum\limits_{n=1}^{\infty} f_n(x)$ 的一个**收敛点**；如果级数 $\sum\limits_{n=1}^{\infty} f_n(x_0)$ 发散，则称 x_0 为函数项级数的一个**发散点**，函数项级数的所有收敛点组成的集合称为它的**收敛域**.

对于收敛域内的任意一个数 x，函数项级数成为一个数项级数，于是有一个确定的和 S. 这样，在收敛域上，函数项级数的和 S 是 x 的函数，记作 $S(x)$，通常称 $S(x)$ 为函数项级数的**和函数**，即

$$S(x)=f_1(x)+f_2(x)+\cdots+f_n(x)+\cdots,$$

其中 x 是收敛域内的任意一个点.

二、幂级数及其收敛性

1. 幂级数的定义

定义 2　形如

$$\sum_{n=0}^{\infty} a_n x^n = a_0+a_1x+a_2x^2+\cdots+a_nx^n+\cdots \tag{①}$$

或

$$\sum_{n=0}^{\infty} a_n (x-x_0)^n = a_0+a_1(x-x_0)+a_2(x-x_0)^2+\cdots+a_n(x-x_0)^n+\cdots \tag{②}$$

的函数项级数称为 x 或 $(x-x_0)$ 的**幂级数**，其中 $a_n(n=0,1,2,\cdots)$ 称为该**幂级数的第 n 项**

系数.

幂级数定义中的两种表达形式可以互相转化，只要令 $t = x - x_0$，第二式就变为第一式. 因此，以下讨论幂级数的性质时，以第一式为主.

说明：幂级数①当 $x = 0$ 时一定收敛，当 $n = 0$ 且 $x = 0$ 时，约定 $a_0 x^0 = a_0 \cdot 0^0 = a_0$. 在具体幂级数中的 n 可能不是从 0 开始，而是从 1、2 或 3 等开始取值.

2. 幂级数的收敛定理

在幂级数的理论中，最基本的理论基础是阿贝尔(Abel)定理.

定理 1(阿贝尔定理)　若幂级数 $\sum\limits_{n=0}^{\infty} a_n x^n$ 在点 $x_0\ (\neq 0)$ 处收敛，则对于满足 $|x| < |x_0|$ 的一切 x，幂级数绝对收敛. 若在点 x_0 处发散，则对于满足 $|x| > |x_0|$ 的一切 x，幂级数发散.

证　设 x_0 是幂级数 $\sum\limits_{n=0}^{\infty} a_n x^n$ 的收敛点，即级数 $\sum\limits_{n=0}^{\infty} a_n x_0^n$ 收敛，由级数收敛的必要条件可知 $\lim\limits_{n\to\infty} a_n x_0^n = 0$. 于是存在常数 M，使得 $|a_n x_0^n| \leqslant M\ (n = 0, 1, 2, \cdots)$. 从而有

$$|a_n x^n| = \left| a_n x_0^n \cdot \frac{x^n}{x_0^n} \right| = |a_n x_0^n| \cdot \left| \frac{x^n}{x_0^n} \right| \leqslant M \left| \frac{x}{x_0} \right|^n.$$

因为当 $|x| < |x_0|$ 时，等比级数 $\sum\limits_{n=0}^{\infty} M \left| \frac{x}{x_0} \right|^n$ 收敛(公比 $\left| \frac{x}{x_0} \right| < 1$)，所以级数 $\sum\limits_{n=0}^{\infty} |a_n x^n|$ 收敛，即幂级数 $\sum\limits_{n=0}^{\infty} a_n x^n$ 绝对收敛.

设在点 x_0 处幂级数 $\sum\limits_{n=0}^{\infty} a_n x^n$ 发散，若存在 x_1 满足 $|x_1| > |x_0|$，且 $\sum\limits_{n=0}^{\infty} a_n x_1^n$ 收敛，则由前一部分所证可知，级数 $\sum\limits_{n=0}^{\infty} a_n x_0^n$ 绝对收敛，与假设矛盾. 因此，对于满足 $|x| > |x_0|$ 的一切 x，幂级数发散.

由定理 1 可知，如果幂级数 $\sum\limits_{n=0}^{\infty} a_n x^n$ 在点 x_0 处收敛，则开区间 $(-|x_0|, |x_0|)$ 必定包含在其收敛域内；如果幂级数 $\sum\limits_{n=0}^{\infty} a_n x^n$ 在点 x_1 处发散，则当 $x \in (-\infty, -|x_1|) \cup (|x_1|, +\infty)$ 时，幂级数必定发散. 因此，可以使 $|x_0|$ 尽可能地大，而 $|x_1|$ 尽可能地小，从而，可以找到一个临界正数 R，使幂级数 $\sum\limits_{n=0}^{\infty} a_n x^n$ 在开区间 $(-R, R)$ 内收敛，在 $(-\infty, -R) \cup (R, +\infty)$ 内发散.

推论　如果幂级数 $\sum\limits_{n=0}^{\infty} a_n x^n$ 不是仅在 $x = 0$ 一点收敛，也不是在整个数轴上都收敛，则必有一个确定的正数 R 存在，使得当 $|x| < R$ 时，幂级数绝对收敛；当 $|x| > R$ 时，幂级数发散；当 $x = R$ 与 $x = -R$ 时，幂级数可能收敛也可能发散.

推论中的正数 R 叫做幂级数的**收敛半径**，开区间 $(-R, R)$ 叫做幂级数 $\sum\limits_{n=0}^{\infty} a_n x^n$ 的**收敛区间**. 最后讨论该幂级数在 $x = R$ 及 $x = -R$ 处的敛散性，可得幂级数 $\sum\limits_{n=0}^{\infty} a_n x^n$ 的收敛域必定为四个区间 $(-R, R)$、$(-R, R]$、$[-R, R)$ 或 $[-R, R]$ 之一.

如果 $\sum\limits_{n=0}^{\infty} a_n x^n$ 仅在 $x = 0$ 一点收敛，则收敛域为 $\{0\}$，规定 $R = 0$；如果幂级数在所有实

数处都收敛，则收敛域为 $(-\infty,+\infty)$，规定 $R=+\infty$. 求幂级数的收敛半径用下面的定理.

定理 2　如果

$$\lim_{n\to\infty}\left|\frac{a_{n+1}}{a_n}\right|=\rho \text{ 或 } \lim_{n\to\infty}\sqrt[n]{|a_n|}=\rho,$$

其中 a_n、a_{n+1} 是相邻两项的系数，则幂级数 $\sum\limits_{n=0}^{\infty}a_nx^n$ 的收敛半径 R 为

$$R=\begin{cases}\dfrac{1}{\rho} & \text{当 } \rho\neq 0,\\ +\infty & \text{当 } \rho=0,\\ 0 & \text{当 } \rho=+\infty.\end{cases} \qquad ③$$

证　根据比值判别法，若 $\lim\limits_{n\to\infty}\left|\dfrac{a_{n+1}}{a_n}\right|=\rho$，则 $\lim\limits_{n\to\infty}\left|\dfrac{a_{n+1}x^{n+1}}{a_nx^n}\right|=\lim\limits_{n\to\infty}\left|\dfrac{a_{n+1}}{a_n}\right||x|=\rho|x|$. 若 $\rho\neq 0$，当 $\rho|x|<1$ 即 $|x|<\dfrac{1}{\rho}$ 时，幂级数 $\sum\limits_{n=0}^{\infty}a_nx^n$ 绝对收敛；当 $\rho|x|>1$ 即 $|x|>\dfrac{1}{\rho}$ 时，级数 $\sum\limits_{n=0}^{\infty}|a_nx^n|$ 发散，并且从某一项开始 $|a_{n+1}x^{n+1}|>|a_nx^n|$，因此一般项 $|a_nx^n|$ 不会趋于零，则 a_nx^n 也不能趋于零，从而级数 $\sum\limits_{n=0}^{\infty}a_nx^n$ 发散，于是 $R=\dfrac{1}{\rho}$；若 $\rho=0$，则对任意实数 x，有 $\rho|x|<1$，级数 $\sum\limits_{n=0}^{\infty}a_nx^n$ 绝对收敛，$R=+\infty$；若 $\rho=+\infty$，则只有 $x=0$ 时，幂级数才收敛，所以 $R=0$.

根据根值判别法，若 $\lim\limits_{n\to\infty}\sqrt[n]{|a_n|}=\rho$，则当 $\lim\limits_{n\to\infty}\sqrt[n]{|a_nx^n|}=\lim\limits_{n\to\infty}\sqrt[n]{|a_n|}\,|x|=\rho|x|<1$ 时，幂级数 $\sum\limits_{n=0}^{\infty}a_nx^n$ 绝对收敛，当 $\lim\limits_{n\to\infty}\sqrt[n]{|a_nx^n|}=\rho|x|>1$ 时，幂级数 $\sum\limits_{n=0}^{\infty}a_nx^n$ 发散. 类似可证定理结论.

例 1　求下列幂级数的收敛域：

(1) $\sum\limits_{n=1}^{\infty}\dfrac{(-1)^{n+1}}{n}x^n$；(2) $\sum\limits_{n=0}^{\infty}\dfrac{x^n}{n!}$；(3) $\sum\limits_{n=1}^{\infty}\dfrac{(x-2)^n}{3^n\cdot n}$；(4) $\sum\limits_{n=1}^{\infty}\dfrac{n}{2^n}x^{3n}$.

解　(1) $\rho=\lim\limits_{n\to\infty}\left|\dfrac{a_{n+1}}{a_n}\right|=\lim\limits_{n\to\infty}\left|\dfrac{\frac{(-1)^{n+2}}{n+1}}{\frac{(-1)^{n+1}}{n}}\right|=1$，所以，收敛半径 $R=1$.

当 $x=1$ 时，幂级数变成交错级数 $\sum\limits_{n=1}^{\infty}\dfrac{(-1)^{n+1}}{n}$，是收敛的；当 $x=-1$ 时，幂级数变成 $-\sum\limits_{n=1}^{\infty}\dfrac{1}{n}$，是发散的. 因此，幂级数的收敛域为 $(-1,1]$；

(2) $\rho=\lim\limits_{n\to\infty}\left|\dfrac{a_{n+1}}{a_n}\right|=\lim\limits_{n\to\infty}\left|\dfrac{\frac{1}{(n+1)!}}{\frac{1}{n!}}\right|=0$，所以，收敛半径 $R=+\infty$，收敛域为 $(-\infty,+\infty)$；

(3) $\rho=\lim\limits_{n\to\infty}\sqrt[n]{|a_n|}=\lim\limits_{n\to\infty}\left|\sqrt[n]{\dfrac{1}{3^n\cdot n}}\right|=\dfrac{1}{3}$，所以，$(x-2)$ 的幂级数的收敛半径 $R=3$.

当 $x-2=3$ 即 $x=5$ 时,幂级数变成 $\sum\limits_{n=1}^{\infty}\frac{1}{n}$,是发散的;当 $x-2=-3$ 即 $x=-1$ 时,幂级数变成交错级数 $\sum\limits_{n=1}^{\infty}\frac{(-1)^n}{n}$,是收敛的.因此,幂级数的收敛域为 $[-1,5)$;

(4)解法一:幂级数可变形为 $\sum\limits_{n=1}^{\infty}\frac{n}{2^n}(x^3)^n$,暂时把 x^3 当作 x ,求出 x^3 的幂级数的收敛半径.

$\rho=\lim\limits_{n\to\infty}\left|\frac{a_{n+1}}{a_n}\right|=\lim\limits_{n\to\infty}\left|\frac{\frac{n+1}{2^{n+1}}}{\frac{n}{2^n}}\right|=\frac{1}{2}$,所以关于 x^3 的幂级数的收敛半径 $R=2$.

当 $x^3=2$ 即 $x=\sqrt[3]{2}$ 时,幂级数变成 $\sum\limits_{n=1}^{\infty}n$,是发散的;当 $x^3=-2$ 即 $x=-\sqrt[3]{2}$ 时,幂级数变成交错级数 $\sum\limits_{n=1}^{\infty}(-1)^n n$,也是发散的.因此,幂级数的收敛域为 $(-\sqrt[3]{2},\sqrt[3]{2})$.

说明:形如 $\sum\limits_{n=0}^{\infty}a_n x^{pn+q}$ (p 、q 为常数, $p\neq 0$)的幂级数,由 $\lim\limits_{n\to\infty}\left|\frac{a_{n+1}}{a_n}\right|=\rho$ 或 $\lim\limits_{n\to\infty}\sqrt[n]{|a_n|}=\rho$ 求出的 R 是 x^p 的幂级数的收敛半径,再讨论 $x=\pm R^{\frac{1}{p}}$ 处级数的敛散性,从而确定收敛域.

解法二:原级数中缺少 x , x^2 , x^4 , x^5 ,…等项,可直接利用比值判别法.

$$\lim_{n\to\infty}\left|\frac{u_{n+1}}{u_n}\right|=\lim_{n\to\infty}\left|\frac{\frac{n+1}{2^{n+1}}x^{3n+3}}{\frac{n}{2^n}x^{3n}}\right|=\lim_{n\to\infty}\left|\frac{(n+1)x^3}{2n}\right|=\frac{1}{2}|x|^3,$$

所以,当 $\frac{1}{2}|x|^3<1$,即 $|x|<\sqrt[3]{2}$ 时,原级数绝对收敛;当 $\frac{1}{2}|x|^3>1$,即 $|x|>\sqrt[3]{2}$ 时,原级数发散;而当 $x=\pm\sqrt[3]{2}$ 时,原级数发散.因此,幂级数的收敛域为 $(-\sqrt[3]{2},\sqrt[3]{2})$.

三、幂级数的运算性质

性质1 设幂级数 $\sum\limits_{n=0}^{\infty}a_n x^n$ 的收敛区间为 $(-R_1,R_1)$,和函数为 $S(x)$,幂级数 $\sum\limits_{n=0}^{\infty}b_n x^n$ 的收敛区间为 $(-R_2,R_2)$,和函数为 $T(x)$,且 $R=\min(R_1,R_2)$,则当 $x\in(-R,R)$ 时,两幂级数对应项取代数和后所成幂级数收敛,即有

$$\sum_{n=0}^{\infty}a_n x^n\pm\sum_{n=0}^{\infty}b_n x^n=\sum_{n=0}^{\infty}(a_n\pm b_n)x^n=S(x)\pm T(x). \quad ④$$

且当 $x\in(-R,R)$ 时有乘积

$$\left(\sum_{n=0}^{\infty}a_n x^n\right)\cdot\left(\sum_{n=0}^{\infty}b_n x^n\right)=S(x)\cdot T(x).$$

可将等式左边展开成 x 的幂级数,得

$$a_0b_0+(a_0b_1+a_1b_0)x+\cdots+(a_0b_n+a_1b_{n-1}+\cdots+a_nb_0)x^n+\cdots=S(x)\cdot T(x). \quad ⑤$$

性质2(连续性) 设幂级数 $\sum\limits_{n=0}^{\infty}a_n x^n$ 的收敛域为 I ,则其和函数 $S(x)$ 在 I 上连续.

性质3(可积性) 幂级数 $\sum\limits_{n=0}^{\infty}a_n x^n$ 的和函数 $S(x)$ 在其收敛域 I 上可积,并有逐项积分公式

$$\int_0^x S(x)\mathrm{d}x = \int_0^x \Big(\sum_{n=0}^{\infty} a_n x^n\Big)\mathrm{d}x = \sum_{n=0}^{\infty}\Big(\int_0^x a_n x^n \mathrm{d}x\Big) = \sum_{n=0}^{\infty} \frac{a_n}{n+1} x^{n+1} (x \in I). \quad ⑥$$

逐项积分后所得到的幂级数和原级数有相同的收敛半径.

性质4(可微性)　幂级数 $\sum_{n=0}^{\infty} a_n x^n$ 的和函数 $S(x)$ 在其收敛区间 $(-R,R)$ 内可导,且有逐项求导公式

$$S'(x) = \Big(\sum_{n=0}^{\infty} a_n x^n\Big)' = \sum_{n=0}^{\infty} (a_n x^n)' = \sum_{n=1}^{\infty} n a_n x^{n-1},\ x \in (-R,R). \quad ⑦$$

逐项求导后所得到的幂级数和原级数有相同的收敛半径.

这几个性质的证明从略.

性质3、4的公式⑥、⑦可以用来求幂级数的和函数 $S(x)$. 但是,逐项积分后所得到的幂级数与原幂级数相比收敛域可能扩大,而逐项求导后所得到的幂级数与原幂级数相比收敛域可能缩小. 然而,收敛半径却不会变,只是在收敛区间端点处的敛散性可能发生变化.

例2　求幂级数 $\sum_{n=0}^{\infty} x^n$ 的和函数 $S(x)$.

解　此幂级数的收敛域为 $(-1,1)$,且为等比级数,公比为 x,所以 $x \in (-1,1)$ 时,

$$\sum_{n=0}^{\infty} x^n = 1 + x + x^2 + \cdots + x^n + \cdots = \frac{1}{1-x}. \quad ⑧$$

即幂级数 $\sum_{n=0}^{\infty} x^n$ 的和函数 $S(x) = \frac{1}{1-x}$, $x \in (-1,1)$.

注:⑧式是求幂级数的和函数时常常用到的公式,其中的 x 可以是表达式,如

$$1 - x + x^2 - x^3 + \cdots + (-1)^n x^n + \cdots = \frac{1}{1+x},\ x \in (-1,1);$$

$$1 - x^2 + x^4 - x^6 + \cdots + (-1)^n x^{2n} + \cdots = \frac{1}{1+x^2},\ x \in (-1,1).$$

例3　求下列幂级数的和函数 $S(x)$ 及所给级数的和.

(1) $\sum_{n=1}^{\infty} \frac{1}{n} x^n$,并求级数 $1 - \frac{1}{2} + \frac{1}{3} - \frac{1}{4} + \cdots + (-1)^{n-1}\frac{1}{n} + \cdots$ 的和;

(2) $\sum_{n=0}^{\infty} (n+1) x^n$,并求级数 $1 + \frac{2}{2} + \frac{3}{2^2} + \frac{4}{2^3} + \frac{5}{2^4} + \cdots + \frac{n+1}{2^n} + \cdots$ 的和;

(3) $\sum_{n=1}^{\infty} \frac{1}{n}! x^n$,并求级数 $1 + 1 + \frac{1}{2!} + \frac{1}{3!} + \frac{1}{4!} + \cdots + \frac{1}{n!} + \cdots$ 的和;

(4) $\sum_{n=0}^{\infty} \frac{(-1)^n}{2n+1} x^{2n+1}$,并求级数 $1 - \frac{1}{3} + \frac{1}{5} - \frac{1}{7} + \cdots + (-1)^{n+1}\frac{1}{2n+1} + \cdots$ 的和.

解　(1) $\sum_{n=1}^{\infty} \frac{1}{n} x^n = x + \frac{1}{2}x^2 + \cdots + \frac{1}{n}x^n + \cdots$ 的收敛域为 $[-1,1)$,当 $x \in (-1,1)$ 时,对幂级数逐项求导后,就变成⑧式. 因此,可用先求导后积分的方法求出和函数 $S(x)$,即

$$S'(x) = 1 + x + x^2 + \cdots + x^n + \cdots = \frac{1}{1-x}.$$

而 $S(0) = 0$,所以

$$S(x) = \int_0^x S'(x)\mathrm{d}x + S(0) = \int_0^x \frac{1}{1-x}\mathrm{d}x = -\ln(1-x),\ x \in (-1,1).$$

由于函数 $-\ln(1-x)$ 在 $x=-1$ 处连续，且 $x=-1$ 在幂级数收敛域内，所以，幂级数 $\sum\limits_{n=1}^{\infty}\frac{1}{n}x^n$ 的和函数为 $S(x)=-\ln(1-x)$，$x\in[-1,1)$.

令 $x=-1$，幂级数就成为 $-\left[1-\frac{1}{2}+\frac{1}{3}-\frac{1}{4}+\cdots+(-1)^{n-1}\frac{1}{n}+\cdots\right]$，和函数值为 $S(-1)=-\ln 2$，从而有

$$-\left[1-\frac{1}{2}+\frac{1}{3}-\frac{1}{4}+\cdots+(-1)^{n-1}\frac{1}{n}+\cdots\right]=S(-1)=-\ln 2,$$

即

$$1-\frac{1}{2}+\frac{1}{3}-\frac{1}{4}+\cdots+(-1)^{n-1}\frac{1}{n}+\cdots=\ln 2.$$

(2) $\sum\limits_{n=0}^{\infty}(n+1)x^n=1+2x+3x^2+\cdots+(n+1)x^n+\cdots$ 的收敛域为 $(-1,1)$，当 $x\in(-1,1)$ 时，对幂级数逐项积分后，就变成与⑧式基本相同的形式. 因此，可用先积分后求导的方法求出和函数 $S(x)$，即

$$\begin{aligned}\int_0^x S(x)\mathrm{d}x&=\int_0^x\sum_{n=0}^{\infty}(n+1)x^n\mathrm{d}x=\sum_{n=0}^{\infty}\int_0^x(n+1)x^n\mathrm{d}x\\&=x+x^2+\cdots+x^n+x^{n+1}+\cdots=\frac{1}{1-x}-1,\end{aligned}$$

$$S(x)=\left(\frac{1}{1-x}-1\right)'=\frac{1}{(1-x)^2},$$

所以幂级数 $\sum\limits_{n=0}^{\infty}(n+1)x^n$ 的和函数为 $S(x)=\frac{1}{(1-x)^2}$，$x\in(-1,1)$.

令 $x=\frac{1}{2}$，幂级数就成为 $1+\frac{2}{2}+\frac{3}{2^2}+\frac{4}{2^3}+\frac{5}{2^4}+\cdots+\frac{n+1}{2^n}+\cdots$，和函数值为 $S\left(\frac{1}{2}\right)=4$，从而得

$$1+\frac{2}{2}+\frac{3}{2^2}+\frac{4}{2^3}+\frac{5}{2^4}+\cdots+\frac{n+1}{2^n}+\cdots=4.$$

(3) $\sum\limits_{n=0}^{\infty}\frac{1}{n!}x^n=1+x+\frac{1}{2!}x^2+\frac{1}{3!}x^3+\frac{1}{4!}x^4+\cdots+\frac{1}{n!}x^n+\cdots$ 的收敛域为 $(-\infty,+\infty)$，对任意的实数 $x\in(-\infty,+\infty)$，对幂级数逐项求导后，得

$$S'(x)=1+x+\frac{1}{2!}x^2+\frac{1}{3!}x^3+\frac{1}{4!}x^4+\cdots+\frac{1}{n!}x^n+\cdots=S(x),$$

成为以 x 为自变量、以 $S(x)$ 为未知函数且满足条件 $S(0)=1$ 的一阶微分方程，解这个微分方程得 $S(x)=\mathrm{e}^x$. 即幂级数 $\sum\limits_{n=0}^{\infty}\frac{1}{n!}x^n$ 的和函数为 $S(x)=\mathrm{e}^x$，$x\in(-\infty,+\infty)$.

令 $x=1$，幂级数就成为 $1+1+\frac{1}{2!}+\frac{1}{3!}+\frac{1}{4!}+\cdots+\frac{1}{n!}+\cdots$，和函数值为 $S(1)=\mathrm{e}$，从而有

$$1+1+\frac{1}{2!}+\frac{1}{3!}+\frac{1}{4!}+\cdots+\frac{1}{n!}+\cdots=\mathrm{e}.$$

(4) $\sum\limits_{n=0}^{\infty}\frac{(-1)^n}{2n+1}x^{2n+1}=x-\frac{1}{3}x^3+\frac{1}{5}x^5-\frac{1}{7}x^7+\cdots+(-1)^n\frac{1}{2n+1}x^{2n+1}+\cdots$ 的收敛域为 $[-1,1]$，当 $x\in(-1,1)$ 时，对幂级数逐项求导后，就变成⑧式的变形公式，即有

$$S'(x)=1-x^2+x^4-x^6+\cdots+(-1)^n x^{2n}+\cdots=\frac{1}{1+x^2}\ ,x\in(-1,1).$$

注意到 $S(0)=0$,对上式积分得

$$S(x)=\int_0^x\frac{1}{1+x^2}\mathrm{d}x+S(0)=\arctan x.$$

又因为函数 $\arctan x$ 在 $x=\pm 1$ 处都连续,而 $x=\pm 1$ 也都在所给幂级数的收敛域内,因此幂级数 $\sum\limits_{n=0}^{\infty}\frac{(-1)^n}{2n+1}x^{2n+1}$ 的和函数为 $S(x)=\arctan x$, $x\in[-1,1]$.

令 $x=1$,幂级数就成为 $1-\frac{1}{3}+\frac{1}{5}-\frac{1}{7}+\cdots+(-1)^{n+1}\frac{1}{2n+1}+\cdots$,和函数值为 $S(1)=\frac{\pi}{4}$,从而有

$$1-\frac{1}{3}+\frac{1}{5}-\frac{1}{7}+\cdots+(-1)^{n+1}\frac{1}{2n+1}+\cdots=\frac{\pi}{4}.$$

由例 3 可知,利用幂级数的和函数可以求某些数项级数的和. 另外,幂级数是无穷多项的多项式函数,在收敛域内的和函数一般是一个初等函数,或者说,幂级数在收敛域内收敛于某个函数. 反之,能否把一个函数用一个幂级数表示出来呢? 或者说,在什么条件下,一个函数可以展开成幂级数? 这就是下面要讨论的问题.

四、函数展开成幂级数

由第三章第一节知道,如果函数 $f(x)$ 在开区间 $(a,\ b)$ 内具有直至 $n+1$ 阶导数,且 $x_0\in(a,\ b)$,则对任意点 $x\in(a,\ b)$,有 $f(x)$ 在 $x=x_0$ 处的 n 阶泰勒公式

$$f(x)=f(x_0)+f'(x_0)(x-x_0)+\frac{f''(x_0)}{2!}(x-x_0)^2+\cdots+\frac{f^{(n)}(x_0)}{n!}(x-x_0)^n+R_n(x),$$

其中 $R_n(x)$ 是 n 阶泰勒公式的余项,当 $x\to x_0$ 时,它是比 $(x-x_0)^n$ 高阶的无穷小,故一般可写成 $R_n(x)=o((x-x_0)^n)$. 余项 $R_n(x)$ 有多种形式,一种常用的形式为拉格朗日型余项,其表达式为

$$R_n(x)=\frac{f^{(n+1)}(\xi)}{(n+1)!}(x-x_0)^{n+1}(\xi \text{ 在 } x_0 \text{ 与 } x \text{ 之间}).$$

用 n 次多项式

$$p_n(x)=f(x_0)+f'(x_0)(x-x_0)+\frac{f''(x_0)}{2!}(x-x_0)^2+\cdots+\frac{f^{(n)}(x_0)}{n!}(x-x_0)^n$$

近似表示 $f(x)$ 时,其误差为 $|R_n(x)|$. 如果 $|R_n(x)|$ 随着 n 的增大而减小,则可以用增加多项式 $p_n(x)$ 的项数的方法来提高近似的精确度. 如果 $f(x)$ 在开区间 $(a,\ b)$ 内具有无穷阶导数,且满足 $\lim\limits_{n\to\infty}R_n(x)=0$,则可以用幂级数 $\sum\limits_{n=0}^{\infty}\frac{f^{(n)}(x_0)}{n!}(x-x_0)^n$ (其中 $f^{(0)}(x_0)=f(x_0)$)来表示 $f(x)$,这就是 $f(x)$ 的**泰勒级数**.

1. 泰勒级数

定义 3　如果 $f(x)$ 在点 x_0 的某个邻域内有任意阶导数,则称幂级数

$$f(x_0)+f'(x_0)(x-x_0)+\frac{f''(x_0)}{2!}(x-x_0)^2+\cdots+\frac{f^{(n)}(x_0)}{n!}(x-x_0)^n+\cdots \quad ⑨$$

为函数 $f(x)$ 在 $x=x_0$ 处的**泰勒级数**.

当 $x=x_0$ 时,泰勒级数收敛于 $f(x_0)$. 但是,当 $x \neq x_0$ 时,这个泰勒级数是否收敛? 以及收敛时是否收敛于 $f(x)$? 对此,有如下定理.

定理 3 设函数 $f(x)$ 在 $x=x_0$ 的某个邻域内具有任意阶导数,则函数 $f(x)$ 的泰勒级数⑨在该邻域内收敛于 $f(x)$ 的充分必要条件是: $\lim\limits_{n\to\infty}R_n(x)=0$ (其中 $R_n(x)$ 是泰勒余项).

证 因为在 $x=x_0$ 的某个邻域内 $f(x)$ 满足泰勒公式的条件,有 $f(x)$ 的 n 阶泰勒公式 $f(x)=p_n(x)+R_n(x)$,其中 $p_n(x)$ 是 $f(x)$ 在点 x_0 处的泰勒级数的前 n 项部分和. 因此,根据级数收敛的定义,当 x 在 x_0 的该邻域内时,有

$$\sum_{n=0}^{\infty}\frac{f^{(n)}(x_0)}{n!}(x-x_0)^n=f(x)\Leftrightarrow\lim_{n\to\infty}p_n(x)=f(x)\Leftrightarrow\lim_{n\to\infty}[p_n(x)-f(x)]=0$$

$$\Leftrightarrow\lim_{n\to\infty}R_n(x)=0.$$

如果 $f(x)$ 在 $x=x_0$ 处的泰勒级数收敛于 $f(x)$,则 $f(x)$ 在 $x=x_0$ 处可展开成泰勒级数,即

$$f(x)=\sum_{n=0}^{\infty}\frac{f^{(n)}(x_0)}{n!}(x-x_0)^n=f(x_0)+f'(x_0)(x-x_0)+\frac{f''(x_0)}{2!}(x-x_0)^2+\cdots+\frac{f^{(n)}(x_0)}{n!}(x-x_0)^n+\cdots,$$

称此级数为 $f(x)$ 在 $x=x_0$ 处的**泰勒展开式**,也称为 $f(x)$ 关于 $(x-x_0)$ 的**幂级数**.

2. 麦克劳林级数

在泰勒级数中,如果 $x_0=0$,则 $f(x)$ 的泰勒级数变成

$$f(x)=\sum_{n=0}^{\infty}\frac{f^{(n)}(0)}{n!}x^n=f(0)+f'(0)x+\frac{f''(0)}{2!}x^2+\cdots+\frac{f^{(n)}(0)}{n!}x^n+\cdots, \quad ⑩$$

称为 $f(x)$ 的**麦克劳林级数**,或称 $f(x)$ **展开成** x **的幂级数**.

例 4 将函数 $f(x)=e^x$ 展开成 x 的幂级数.

解 因为 $f^{(n)}(x)=e^x\ (n=1,2,\cdots)$,且 $f^{(n)}(0)=1\ (n=0,1,2,\cdots)$,所以, $f(x)=e^x$ 的关于 x 的幂级数就是

$$1+x+\frac{x^2}{2!}+\cdots+\frac{x^n}{n!}+\cdots.$$

此幂级数的收敛域为 $(-\infty,+\infty)$.

对于任何有限的数 x、ξ(ξ 在 0 与 x 之间), $f(x)=e^x$ 的泰勒余项满足

$$|R_n(x)|=\left|\frac{e^{\xi}}{(n+1)!}x^{n+1}\right|\leqslant e^{|x|}\cdot\frac{|x|^{n+1}}{(n+1)!}.$$

因 $e^{|x|}$ 是有限的数,而 $\frac{|x|^{n+1}}{(n+1)!}$ 是收敛的级数 $\sum\limits_{n=0}^{\infty}\frac{|x|^{n+1}}{(n+1)!}$ 的一般项,所以, $\lim\limits_{n\to\infty}\left[e^{|x|}\cdot\frac{|x|^{n+1}}{(n+1)!}\right]=0$,即有

$$\lim_{n\to\infty}R_n(x)=0.$$

$f(x)=e^x$ 满足定理 3 的条件,于是得展开式

$$e^x=\sum_{n=0}^{\infty}\frac{1}{n!}x^n=1+x+\frac{x^2}{2!}+\cdots+\frac{x^n}{n!}+\cdots\ (-\infty<x<+\infty).$$

把函数 $f(x)$ 展开成 x 的幂级数的步骤为:

① 求出 $f(x)$ 的各阶导数: $f'(x)$、$f''(x)$、…、$f^{(n)}(x)$、…. 如果在 $x=0$ 处某阶导数不

存在，就停止进行，函数 $f(x)$ 也就不能展开成 x 的幂级数；

② 求出函数及其各阶导数在 $x=0$ 处的值：$f(0)$、$f'(0)$、$f''(0)$、…、$f^{(n)}(0)$、…；

③ 写出幂级数 $f(0)+f'(0)x+\frac{f''(0)}{2!}x^2+\cdots+\frac{f^{(n)}(0)}{n!}x^n+\cdots$，并求出收敛域；

④ 利用余项 $R_n(x)$ 的表达式 $R_n(x)=\frac{f^{(n+1)}(\xi)}{(n+1)!}x^{n+1}$（$\xi$ 在 0 与 x 之间）考察 x 在收敛域内时，$\lim\limits_{n\to\infty}R_n(x)$ 是否为零. 如果为零，则步骤③中的级数就是函数 $f(x)$ 的幂级数（麦克劳林级数）展开式，即

$$f(x)=f(0)+f'(0)x+\frac{f''(0)}{2!}x^2+\cdots+\frac{f^{(n)}(0)}{n!}x^n+\cdots\ (x\text{ 属于收敛域}).$$

根据上述步骤可以求得几个常用初等函数的幂级数（麦克劳林级数）展开式：

(1) $e^x=\sum\limits_{n=0}^{\infty}\frac{1}{n!}x^n=1+x+\frac{x^2}{2!}+\cdots+\frac{x^n}{n!}+\cdots\ (-\infty<x<+\infty)$；

(2) $\sin x=\sum\limits_{n=0}^{\infty}(-1)^n\frac{1}{(2n+1)!}x^{2n+1}=x-\frac{x^3}{3!}+\frac{x^5}{5!}-\frac{x^7}{7!}+\cdots+(-1)^n\frac{x^{2n+1}}{(2n+1)!}+\cdots(-\infty<x<+\infty)$；

(3) $\cos x=\sum\limits_{n=0}^{\infty}(-1)^n\frac{1}{(2n)!}x^{2n}=1-\frac{x^2}{2!}+\frac{x^4}{4!}-\frac{x^6}{6!}+\cdots+(-1)^n\frac{x^{2n}}{(2n)!}+\cdots(-\infty<x<+\infty)$；

(4) $\ln(1+x)=\sum\limits_{n=0}^{\infty}(-1)^n\frac{1}{n+1}x^{n+1}=x-\frac{x^2}{2}+\frac{x^3}{3}-\frac{x^4}{4}+\cdots+(-1)^n\frac{x^{n+1}}{n+1}+\cdots(-1<x\leqslant 1)$；

(5) $(1+x)^\alpha=1+\alpha x+\frac{\alpha(\alpha-1)}{2!}x^2+\cdots+\frac{\alpha(\alpha-1)\cdots(\alpha-n+1)}{n!}x^n+\cdots(-1<x<1)$，其中 α 为任意实常数；

当 $\alpha=-1$ 时，或者(4)式两边对 x 求导，就得到

(6) $\frac{1}{1+x}=\sum\limits_{n=0}^{\infty}(-1)^nx^n=1-x+x^2-x^3\cdots+(-1)^nx^n+\cdots(-1<x<1)$.

如上将函数展开成幂级数的方法也叫做**直接展开法**，在展开过程中要讨论余项 $R_n(x)$ 当 $n\to\infty$ 时的极限是否为零. 这个过程有时也是比较复杂的. 但是，将函数展开成幂级数时，也可以利用已有的幂级数来展开，叫做**间接展开法**.

例 5　把下列函数展开为（$x-x_0$）的幂级数：

(1) $f(x)=\frac{1}{x+1}$，$x_0=-4$；(2) $f(x)=\frac{3x}{2-x-x^2}$，$x_0=0$；(3) $f(x)=\ln\frac{1+x}{1-x}$，$x_0=0$.

解　(1)利用上述展开式中的(6)，先将函数变形，构造（$x-x_0$）部分，即

$$\frac{1}{x+1}=\frac{1}{x+4-3}=-\frac{1}{3\left(1-\frac{x+4}{3}\right)},$$

将展开式(6)中的 x 换成 $-\frac{x+4}{3}$ 得

$$\frac{1}{1-\frac{x+4}{3}}=\sum_{n=0}^{\infty}\left(\frac{x+4}{3}\right)^n,$$

这里 $-1<\frac{x+4}{3}<1$，即 $-7<x<-1$，于是得展开式

$$\frac{1}{x+1}=-\sum_{n=0}^{\infty}\frac{(x+4)^n}{3^{n+1}}\quad(-7<x<-1).$$

(2)先将所给函数变形，利用前述展开式中的(6)，即

$$\begin{aligned}\frac{3x}{2-x-x^2}&=\frac{1}{1-x}-\frac{2}{2+x}=\frac{1}{1-x}-\frac{1}{1+\frac{x}{2}}\\&=(1+x+x^2+x^3\cdots+x^n+\cdots)-\\&\quad\left[1-\frac{x}{2}+\left(\frac{x}{2}\right)^2-\left(\frac{x}{2}\right)^3+\cdots+(-1)^n\left(\frac{x}{2}\right)^n+\cdots\right]\\&=\frac{3}{2}x+\frac{3}{4}x^2+\frac{9}{8}x^3+\frac{15}{16}x^4+\cdots(-1<x<1).\end{aligned}$$

由 $\frac{1}{1-x}$ 的幂级数的收敛域为 $(-1,1)$，可知 $\frac{1}{1+\frac{x}{2}}$ 的幂级数收敛域为 $(-2,2)$，$\frac{3x}{2-x-x^2}$ 的幂级数的收敛域取 $(-1,1)$ 与 $(-2,2)$ 的交集，即 $(-1,1)$.

(3)因为 $f(x)=\ln(1+x)-\ln(1-x)$，利用前述展开式中的(4)，有

$$\ln(1+x)=x-\frac{x^2}{2}+\frac{x^3}{3}-\frac{x^4}{4}+\cdots+(-1)^{n-1}\frac{x^n}{n}+\cdots(-1<x\leqslant1),$$

$$\ln(1-x)=-x-\frac{x^2}{2}-\frac{x^3}{3}-\frac{x^4}{4}-\cdots-\frac{x^n}{n}+\cdots(-1\leqslant x<1),$$

两式相减得展开式

$$\ln\frac{1+x}{1-x}=2\left(x+\frac{x^3}{3}+\frac{x^5}{5}+\cdots+\frac{x^{2n-1}}{2n-1}+\cdots\right)(-1<x<1).$$

五、幂级数在近似计算中的应用

利用函数的幂级数展开式可以进行近似计算，包括函数值的近似计算、定积分的近似计算等等.

例 6 计算 $\ln 2$ 的近似值，要求误差不超过 10^{-4}.

解 由于 $\ln(1+x)=x-\frac{x^2}{2}+\frac{x^3}{3}-\frac{x^4}{4}+\cdots+(-1)^{n-1}\frac{x^n}{n}+\cdots(-1<x\leqslant1)$，取 $x=1$，得

$$\ln 2=1-\frac{1}{2}+\frac{1}{3}-\frac{1}{4}+\cdots+(-1)^{n-1}\frac{1}{n}+\cdots.$$

如果取此级数的前 n 项和作为 $\ln 2$ 的近似值，则误差为

$$|r_n|\leqslant\frac{1}{n+1}.$$

为了使误差不超过 10^{-4}，就要取级数的前 10 000 项进行计算，计算量很大. 为了使计算量减少，选择新的级数.

利用例 5(3)的展开式

$$\ln\frac{1+x}{1-x}=2\left(x+\frac{x^3}{3}+\frac{x^5}{5}+\cdots+\frac{x^{2n-1}}{2n-1}+\cdots\right)(-1<x<1).$$

当 $-1<x<1$ 时，$0<\frac{1+x}{1-x}<+\infty$. 令 $\frac{1+x}{1-x}=2$，得 $x=\frac{1}{3}$，则

$$\ln 2=2\left[\frac{1}{3}+\frac{1}{3}\cdot\left(\frac{1}{3}\right)^{3}+\frac{1}{5}\cdot\left(\frac{1}{3}\right)^{5}+\cdots+\frac{1}{2n-1}\cdot\left(\frac{1}{3}\right)^{2n-1}+\cdots\right].$$

又因为 $\frac{1}{3^9}=\frac{1}{19\,683}<10^{-4}$，所以，取上述级数的前四项作为 ln2 的近似值，则误差为

$$|r_4|=2\left(\frac{1}{9}\cdot\frac{1}{3^9}+\frac{1}{11}\cdot\frac{1}{3^{11}}+\frac{1}{13}\cdot\frac{1}{3^{13}}+\cdots\right)<\frac{2}{3^{11}}\left(1+\frac{1}{9}+\frac{1}{9^2}+\cdots\right)=\frac{2}{3^{11}}\cdot\frac{1}{1-\frac{1}{9}}$$

$$=\frac{1}{4\cdot 3^9}=\frac{1}{78\,732}<\frac{1}{70\,000}<10^{-4},$$

于是

$$\ln 2\approx 2\left[\frac{1}{3}+\frac{1}{3}\cdot\left(\frac{1}{3}\right)^{3}+\frac{1}{5}\cdot\left(\frac{1}{3}\right)^{5}+\frac{1}{7}\cdot\left(\frac{1}{3}\right)^{7}\right]\approx 0.6931.$$

例 7　求 $\int_0^1 e^{-x^2}dx$ 的近似值，精确到 10^{-4}.

解　利用 e^x 的幂级数展开式将 e^{-x^2} 展开成幂级数

$$e^{-x^2}=1-x^2+\frac{x^4}{2\,!}-\frac{x^6}{3!}+\cdots+(-1)^n\frac{x^{2n}}{n\,!}+\cdots\ (-\infty<x<+\infty).$$

在区间 $[0,1]$ 上对展开式逐项积分得

$$\int_0^1 e^{-x^2}dx=\int_0^1\left[1-x^2+\frac{x^4}{2\,!}-\frac{x^6}{3!}+\cdots+(-1)^n\frac{x^{2n}}{n\,!}+\cdots\right]dx$$

$$=\left[x-\frac{x^3}{3}+\frac{x^5}{5\cdot 2!}-\frac{x^7}{7\cdot 3!}+\cdots\right]_0^1=1-\frac{1}{3}+\frac{1}{5\cdot 2!}-\frac{1}{7\cdot 3!}+\cdots,$$

由于 $\frac{1}{15\cdot 7!}=\frac{1}{75\,600}<\frac{1}{70\,000}<10^{-4}$，所以取上式的前 7 项作为积分的近似值就可以达到精确度. 因此

$$\int_0^1 e^{-x^2}dx\approx 1-\frac{1}{3}+\frac{1}{5\cdot 2!}-\frac{1}{7\cdot 3!}+\frac{1}{9\cdot 4!}-\frac{1}{11\cdot 5!}+\frac{1}{13\cdot 6!}\approx 0.7468.$$

习　题　9-2

1. 求下列幂级数的收敛域：

(1) $\sum\limits_{n=1}^{\infty}\frac{(-1)^{n-1}x^n}{n^3}$；　　(2) $\sum\limits_{n=0}^{\infty}\frac{x^n}{(2n)!}$；

(3) $\sum\limits_{n=1}^{\infty}\frac{(3x+2)^n}{2^n}$；　　(4) $\sum\limits_{n=1}^{\infty}\frac{2n-1}{2^{n+1}}x^{2n-2}$.

2. 求下列幂级数的和函数：

(1) $\sum\limits_{n=1}^{\infty}nx^n$；　　(2) $\sum\limits_{n=2}^{\infty}\frac{x^n}{n(n-1)}$；

(3) $\sum\limits_{n=1}^{\infty}\frac{x^{4n}}{4n}$；

(4) $\frac{x}{2}+\frac{x^2}{2\cdot 4}+\frac{x^3}{2\cdot 4\cdot 6}+\cdots+\frac{x^n}{2\cdot 4\cdot\cdots\cdot(2n)}+\cdots$.

3. 将下列函数展开成 x 的幂级数：

(1) $f(x)=\dfrac{\sin x}{x}$；　　(2) $f(x)=(1+x)\ln(1+x)$；

(3) $f(x)=\cos^2 x$；　　(4) $f(x)=\dfrac{1}{(1-x)^2}$.

4. 将函数 $f(x)=\dfrac{1}{x^2+3x+2}$ 展开成 $(x+4)$ 的幂级数.

5. 将函数 $f(x)=\dfrac{1}{x}$ 展开成 $(x-3)$ 的幂级数.

6. 利用函数的幂级数展开式求下列各数的近似值：

(1) $\sqrt{\mathrm{e}}$（精确到 10^{-3}）；　　(2) $\ln 3$（精确到 10^{-4}）；

(3) $\sqrt[9]{522}$（精确到 10^{-4}）；　　(4) $\int_0^{\frac{1}{2}}\dfrac{1}{1+x^4}\mathrm{d}x$（精确到 10^{-4}）.

总习题九

A　组

1. 填空题：

(1) 对级数 $\sum\limits_{n=1}^{\infty}u_n$，$\lim\limits_{n\to\infty}u_n=0$ 是它收敛的________条件，不是它收敛的______条件；

(2) 部分和数列 $\{S_n\}$ 有界是正项级数 $\sum\limits_{n=1}^{\infty}u_n$ 收敛的____________条件；

(3) 若级数 $\sum\limits_{n=1}^{\infty}u_n$ 绝对收敛，则 $\sum\limits_{n=1}^{\infty}u_n$ 必定______；若 $\sum\limits_{n=1}^{\infty}u_n$ 条件收敛，则 $\sum\limits_{n=1}^{\infty}|u_n|$ 必定______.

2. 判别级数 $\sum\limits_{n=1}^{\infty}\sin\dfrac{\pi}{n^2}$ 的敛散性.

3. 设正项级数 $\sum\limits_{n=1}^{\infty}u_n$ 和 $\sum\limits_{n=1}^{\infty}v_n$ 都收敛，证明级数 $\sum\limits_{n=1}^{\infty}(u_n+v_n)^2$ 也收敛.

4. 求幂级数 $\sum\limits_{n=0}^{\infty}\dfrac{1}{3^n\cdot(n+1)}x^{-2n+5}$ 的收敛域.

5. 求幂级数 $\sum\limits_{n=1}^{\infty}n(n+1)x^n$ 的和函数 $S(x)$.

6. 求幂级数 $\sum\limits_{n=0}^{\infty}\dfrac{x^{2n}}{(2n)!}$ 的和函数 $S(x)$.

7. 将函数 $\ln(x+\sqrt{x^2+1})$ 展开成 x 的幂级数.

B　组

1. 填空题：

(1) 幂级数 $\sum\limits_{n=1}^{\infty}\dfrac{\mathrm{e}^n-(-1)^n}{n^2}x^n$ 的收敛半径为____.

(2) 设幂级数 $\sum\limits_{n=0}^{\infty}a_nx^n$ 的收敛半径为 R $(0<R<+\infty)$，则幂级数 $\sum\limits_{n=0}^{\infty}a_n\left(\dfrac{x}{2}\right)^n$ 的收敛半径为______.

2. 选择题：

(1)若级数 $\sum_{n=1}^{\infty} a_n$ 收敛，则下面选项中正确的是(　　).

A. $\sum_{n=1}^{\infty} |a_n|$ 收敛　　B. $\sum_{n=1}^{\infty} (-1)^n a_n$ 收敛

C. $\sum_{n=1}^{\infty} a_n a_{n+1}$ 收敛　　D. $\sum_{n=1}^{\infty} \frac{a_n + a_{n+1}}{2}$ 收敛

(2)设 $a_n > 0$, $n = 1, 2, \cdots$，若 $\sum_{n=1}^{\infty} a_n$ 发散，$\sum_{n=1}^{\infty} (-1)^{n-1} a_n$ 收敛，则下列结论正确的是(　　).

A. $\sum_{n=1}^{\infty} a_{2n-1}$ 收敛，$\sum_{n=1}^{\infty} a_{2n}$ 发散　　B. $\sum_{n=1}^{\infty} a_{2n}$ 收敛，$\sum_{n=1}^{\infty} a_{2n-1}$ 发散

C. $\sum_{n=1}^{\infty} (a_{2n-1} + a_{2n})$ 收敛　　D. $\sum_{n=1}^{\infty} (a_{2n-1} - a_{2n})$ 收敛

(3)设有下列命题：

①若 $\sum_{n=1}^{\infty} (u_{2n-1} + u_{2n})$ 收敛，则 $\sum_{n=1}^{\infty} u_n$ 收敛；　②若 $\sum_{n=1}^{\infty} u_n$ 收敛，则 $\sum_{n=1}^{\infty} u_{n+1\,000}$ 收敛；

③若 $\lim_{n\to\infty} \frac{u_{n+1}}{u_n} > 1$，则 $\sum_{n=1}^{\infty} u_n$ 发散；　④若 $\sum_{n=1}^{\infty} (u_n + v_n)$ 收敛，则 $\sum_{n=1}^{\infty} u_n$，$\sum_{n=1}^{\infty} v_n$ 都收敛.

以上命题中正确的是(　　).

A. ①、②　　B. ②、③

C. ③、④　　D. ①、④

(4)设 $\{a_n\}$ 为正项数列，下列选项正确的是(　　).

A. 若 $a_n > a_{n+1}$，则 $\sum_{n=1}^{\infty} (-1)^{n-1} a_n$ 收敛

B. 若 $\sum_{n=1}^{\infty} (-1)^{n-1} a_n$ 收敛，则 $a_n > a_{n+1}$

C. 若 $\sum_{n=1}^{\infty} a_n$ 收敛，则存在常数 $P > 1$，使 $\lim_{n\to\infty} n^p a_n$ 存在

D. 若存在常数 $P > 1$，使 $\lim_{n\to\infty} n^p a_n$ 存在，则 $\sum_{n=1}^{\infty} a_n$ 收敛

(5)已知级数 $\sum_{n=1}^{\infty} (-1)^n \sqrt{n} \sin \frac{1}{n^\alpha}$ 绝对收敛，$\sum_{n=1}^{\infty} \frac{(-1)^n}{n^{2-\alpha}}$ 条件收敛，则 α 的取值范围为(　　).

A. $0 < \alpha \leqslant \frac{1}{2}$　　B. $\frac{1}{2} < \alpha \leqslant 1$

C. $1 < \alpha \leqslant \frac{3}{2}$　　D. $\frac{3}{2} < \alpha \leqslant 2$

(6)设 $\{u_n\}$ 是数列，则下列命题正确的是(　　).

A. 若 $\sum_{n=1}^{\infty} u_n$ 收敛，则 $\sum_{n=1}^{\infty} (u_{2n-1} + u_{2n})$ 收敛

B. 若 $\sum_{n=1}^{\infty} (u_{2n-1} + u_{2n})$ 收敛，则 $\sum_{n=1}^{\infty} u_n$ 收敛

C. 若 $\sum_{n=1}^{\infty} u_n$ 收敛，则 $\sum_{n=1}^{\infty}(u_{2n-1}-u_{2n})$ 收敛

D. 若 $\sum_{n=1}^{\infty}(u_{2n-1}-u_{2n})$ 收敛，则 $\sum_{n=1}^{\infty} u_n$ 收敛

3. 将函数 $f(x)=\dfrac{1}{x^2-3x-4}$ 展开成 $x-1$ 的幂级数，并指出其收敛区间.

4. 求幂级数 $\sum_{n=1}^{\infty}\dfrac{(-1)^{n-1}}{n(2n+1)}x^{2n+1}$ 的收敛域及其和函数 $S(x)$.

5. 求幂级数 $\sum_{n=0}^{\infty}(n+1)(n+3)x^n$ 的收敛域、和函数.

6. 求幂级数 $\sum_{n=1}^{\infty}\left(\dfrac{1}{2n+1}-1\right)x^{2n}$ 在区间 $(-1,1)$ 内的和函数 $S(x)$.

7. 设级数 $\dfrac{x^4}{2\cdot 4}+\dfrac{x^6}{2\cdot 4\cdot 6}+\dfrac{x^8}{2\cdot 4\cdot 6\cdot 8}+\cdots$ $(-\infty<x<+\infty)$ 的和函数为 $S(x)$. 求：

(1) $S(x)$ 所满足的一阶微分方程； (2) $S(x)$ 的表达式.

※第十章 数学建模初步

数学理论与方法来源于实践，又回归于实践，用于指导工农业生产、经济活动以及科学研究. 在实际中，相同或相似的问题可以用相同或相似的方法解决，形成解决问题的统一模式. 如果是采用数学理论和方法建立求解这些问题的统一模式，就称其为**数学模型**，构造这种数学模型的过程，就称为**数学建模**. 目前，计算机技术已经深入各个领域，极大地增强了用数学方法解决实际问题的能力. 基于此，中国工业与应用数学会每年均会组织一次全国大学生数学建模竞赛. 这项活动既解决了某些实际问题，又对培养大学生解决实际问题的能力和创新意识、推动数学教育教学改革起到了重要作用.

第一节 数学模型与数学建模简介

一、数学模型与数学建模

1. 什么是数学模型

数学模型(Mathematical Model)是针对现实世界的一个特定对象、一个特定目的，根据特有的内在规律，做出一些必要的假设，运用适当的数学工具，得到一个数学结构. 简单地说，数学模型就是系统的某种特征本质的数学表达式(或数学描述)，即用数学式子(如函数、图形、代数方程、微分方程、积分方程、差分方程等)来描述所研究的客观对象或系统在某一方面存在的规律. 数学模型是指对实际问题或其某些侧面通过抽象或简化，用数学语言加以刻画，以使人们更深刻地认识所研究的问题.

2. 什么是数学建模

数学建模(Mathematical Modeling)是利用数学方法解决实际问题的一种实践. 即通过抽象、简化、假设、引进变量等处理过程，将实际问题用数学方式表达，建立数学模型，然后运用先进的数学方法及计算机技术进行求解. 数学建模其实并不是什么新东西，可以说有了数学并需要用数学去解决实际问题，就一定要用数学语言、方法去近似地刻画该实际问题，这种刻画的数学表述就是一个数学模型，其过程就是数学建模的过程.

二、数学建模的一般方法与步骤

建立数学模型的方法和步骤并没有一定的模式，但一个理想的模型应能反映系统的全部重要特征，应特别注重模型的可靠性和模型的实用性.

1. 数学建模的一般方法

(1)机理分析：根据对现实对象特性的认识，分析其因果关系，找出反映内部机理的规律，所建立的模型应有明确的物理或现实意义.

(2)测试分析方法：将研究对象视为一个“黑箱”系统，内部机理无法直接寻求，通过测量系统的输入输出数据，并以此为基础运用统计分析方法，按照事先确定的准则在某一类模型中选出一个数据拟合得最好的模型. 测试分析方法也叫做系统辩识.

将上述两种方法结合起来使用，用机理分析方法建立模型的结构，用系统测试方法来确定模型的参数，也是常用的建模方法. 在实际过程中用哪一种方法建模主要是根据我们对研究对象的了解程度和建模目的来决定. 用机理分析法建模主要有以下几个过程.

表述、归纳(Formulation)：把实际问题翻译成数学问题；

求解、演绎(Solution)：解数学模型；

解释(Interpretation)：把数学语言表述的结果(解答)，翻译回现实对象，给出实际问题的解答；

验证(Verification)：用现实对象的信息检验得到的解答，以确定结果的正确性.

在解决实际问题时，上述过程可能要重复多次. 用机理分析法建模具体步骤大致如图 10-1 所示.

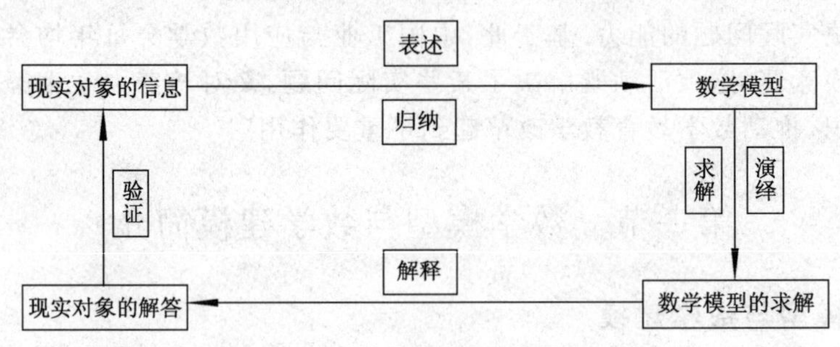

图 10-1 机理分析法建模的步骤

2. 建模的一般步骤

数学建模的一般步骤可用流程图 10-2 表示.

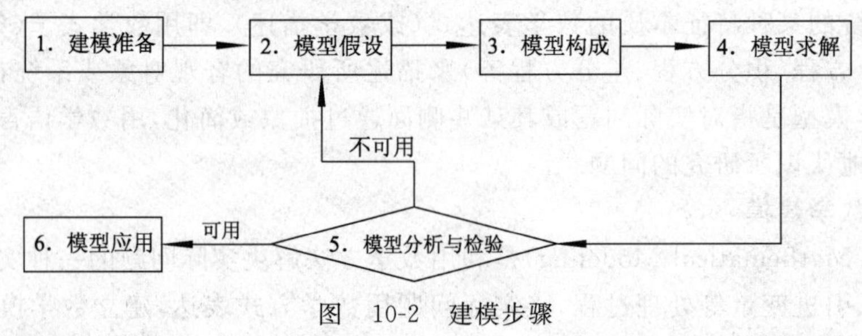

图 10-2 建模步骤

(1)建模准备

在建模前要对实际问题的背景有深刻的了解，进行全面细致的观察. 数学建模问题是来源于生活的实际问题经过简单的"加工"和"处理"而形成的. 因此，要对问题的背景作深刻的了解、全面细致的观察和分析思考，明确所要解决问题的目的要求，收集必要的相关数据，查阅相关资料，做好建模前的准备工作.

(2)模型假设

一般情况下，实际问题是复杂多样的，涉及的方面较多，建模时不可能考虑到所有因素，这就要求我们在明确目的、掌握资料的基础上抓住主要矛盾，舍去一些次要因素，将问题进行适当的简化，提出几条合理的假设. 不同的简化和假设，有可能得出不同的模型和结果. 简化和假设过程中，究竟简化、假设到什么程度，要根据经验和具体问题去处理.

(3)模型构成

在合理简化和假设的基础上，分析研究对象的因果关系，选择适当的数学工具来刻画、描述各个量之间的关系，就可得到所研究问题的数学描述，即构成数学模型，通常它是描述问题的主要因素的变量之间的一个关系式或其他的数学结构(等式、不等式或其他关系，用表格、图形、公式等来确定数学结构).在初步构成数学模型之后，一般还要进行必要的分析和化简，使它达到便于求解的形式，并根据研究的目的，对它进行检查，主要是看它能否代表所研究的实际问题.

(4)模型求解

选择合适的数学方法求解经上述步骤得到的模型.通常情况下，我们很难获得数学模型的解析解，而只能得到它的数值解(这种数值解实际上是近似解)，这就需要应用各种数值方法、软件和计算机.当现有的数学方法还不能很好解决所归结的数学问题时，就需要针对数学模型的特点，对现有的方法进行改进或提出新的方法以适应需要.

(5)模型分析与检验

建立模型的目的是为了解释自然现象、寻找规律，以便指导人们认识世界和改造世界.所以要对步骤3、4中建立的模型进行分析，即用解方程、推理、图解、计算机模拟、定理证明、稳定性讨论等数学运算和证明得到数量结果，将此结果与实际问题进行比较，以验证模型的合理性和实用性.这一步是建模成败的关键.模型检验的结果如果不符合或者部分不符合实际，问题通常出在模型假设上，要返回到第2步，对2、3步进行更深一层的研究、修改和补充，重新建模.有些模型要经过多次反复，不断完善，直到检验结果获得某种程度上的满意.

(6)模型应用

用已建立的模型分析、解释已有的现象，并预测未来的发展趋势，以便给人们的决策提供参考.

上述建模过程并不是一成不变的，这只是数学建模过程的大致描述，实际建模时，要灵活应用.

第二节　数学建模实例

在数学建模问题中，用微积分方法求解的实例也很多的.在此，只举出几个较简单的例题，使读者对数学建模有一个初步认识，也可了解用微积分方法解决实际问题的过程.

一、横渡江河问题

设河边点 O 的正对岸为点 A，河宽 $OA=h$，两岸为平行直线.有一只鸭子从点 A 游向点 O，鸭子在静水中的游速为 b，且鸭子游动时始终朝向点 O.求鸭子所游过的轨迹方程.(1)假设河中水流速度为定值 $a(b>a)$；(2)假设河中任意一点处的水流速度与该点到两岸距离的乘积成正比(比例系数为 k，$4b>kh^2$).

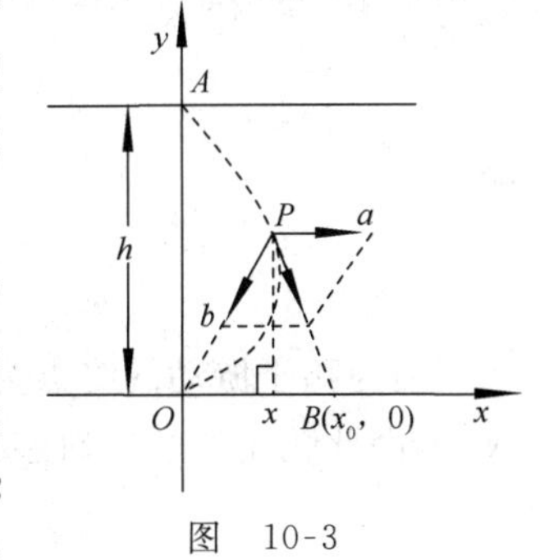

图　10-3

解　如图10-3所示，建立平面直角坐标系，点 $P(x,y)$ 为鸭子游动所经过的曲线上的任意一点，鸭子在水中运动的方向是曲线在点 $P(x,y)$ 的切线方向，且沿这切线方向游动的速度为其在静水中的游速与水流速度的合成速度.记切线与 x 交点为 $B(x_0,0)$.对于第(1)种情况，由相似三角形的性质及切线斜率与

导数的关系可得

$$\frac{b}{\sqrt{x^2+y^2}}=\frac{a}{x_0},\qquad \frac{y-0}{x-x_0}=\frac{\mathrm{d}y}{\mathrm{d}x}.$$

消去 x_0，得 $y\neq 0$ 时，P 点坐标(x,y)所满足的微分方程

$$\frac{\mathrm{d}x}{\mathrm{d}y}=\frac{x}{y}-\frac{a}{b}\sqrt{\left(\frac{x}{y}\right)^2+1}.$$

令$\frac{x}{y}=u$，即 $x=yu$，代入上述方程并整理，得

$$y\frac{\mathrm{d}u}{\mathrm{d}y}=-\frac{a}{b}\sqrt{u^2+1},$$

解这个微分方程，得

$$u+\sqrt{u^2+1}=C_0y^{-\frac{a}{b}}.$$

又因为鸭子初始位置是河对岸点 A 处，即满足初始条件$y|_{x=0}=h$，代入上述等式解得 $C_0=h^{\frac{a}{b}}$. 从而，鸭子所游过的轨迹方程为

$$\frac{x}{y}+\sqrt{\left(\frac{x}{y}\right)^2+1}=h^{\frac{a}{b}}y^{-\frac{a}{b}},$$

即

$$x=\frac{h}{2}\left[\left(\frac{y}{h}\right)^{1-\frac{a}{b}}-\left(\frac{y}{h}\right)^{1+\frac{a}{b}}\right].$$

因为鸭子游动的终点为原点$(0,0)$，鸭子游动的轨迹也包含该点，而上式对 $x=0$、$y=0$ 也成立，因此鸭子游过的轨迹方程为

$$x=\frac{h}{2}\left[\left(\frac{y}{h}\right)^{1-\frac{a}{b}}-\left(\frac{y}{h}\right)^{1+\frac{a}{b}}\right](0\leqslant y\leqslant h).$$

对于第(2)种情况，有 $a=ky(h-y)$，同上分析得 P 点坐标(x,y)所满足的微分方程为

$$\frac{\mathrm{d}x}{\mathrm{d}y}=\frac{x}{y}-\frac{k}{b}(h-y)\sqrt{x^2+y^2}\ (y\neq 0).$$

令$\frac{x}{y}=u$，即 $x=yu$，代入上述方程并整理，得

$$\frac{\mathrm{d}u}{\mathrm{d}y}=-\frac{k}{b}(h-y)\sqrt{u^2+1},$$

解这个方程并整理，得

$$u+\sqrt{u^2+1}=C_0\mathrm{e}^{-\frac{k}{b}\left(hy-\frac{1}{2}y^2\right)},$$

将初始条件$y|_{x=0}=h$ 代入解得 $C_0=\mathrm{e}^{\frac{kh^2}{2b}}$. 从而，鸭子所游过的轨迹方程为

$$\frac{x}{y}+\sqrt{\left(\frac{x}{y}\right)^2+1}=\mathrm{e}^{\frac{k}{2b}(h-y)^2},$$

即

$$x=\frac{y}{2}\left[\mathrm{e}^{\frac{k}{2b}(h-y)^2}-\mathrm{e}^{-\frac{k}{2b}(h-y)^2}\right].$$

因为鸭子游动的终点为原点$(0,0)$，鸭子游动的轨迹也包含该点，而上式对 $x=0$、$y=0$ 也成立，因此鸭子游过的轨迹方程为

$$x=\frac{y}{2}\left[\mathrm{e}^{\frac{k}{2b}(h-y)^2}-\mathrm{e}^{-\frac{k}{2b}(h-y)^2}\right](0\leqslant y\leqslant h).$$

二、生物群体增殖问题

在某个区域范围内，某种生物的数量有一个最大限度的数值，称其为**饱和值**，而其在某一时刻 t 的数量称为该时刻的**现时值**. 已知该生物的增长率与其现时值、欠饱和值（饱和值与现时值之差）都成正比. 求在该区域范围内该种生物的数量与时间的关系式，并讨论其长远发展规律.

解　设该生物在时刻 $t=0$ 的数量为 N_0，在时刻 t 的数量为 N，饱和值为 N_1. 则有

$$\frac{dN}{dt}=kN(N_1-N),$$

其中 k 为比例系数（$k>0$）. 解此微分方程得通解

$$\frac{N}{N_1-N}=Ce^{N_1kt}\text{（}C\text{ 为任意常数）}.$$

将初始条件 $N|_{t=0}=N_0$ 代入得 $C=\dfrac{N_0}{N_1-N_0}$，代入通解并整理可得该种生物的数量与时间的关系式为

$$N=\frac{N_1}{1+\dfrac{N_1-N_0}{N_0}e^{-N_1kt}}.$$

若令 $a=N_1k(>0)$，$b=\dfrac{N_1-N_0}{N_0}(>0)$，则上述关系式就是

$$N=\frac{N_1}{1+be^{-at}}.$$

由于 $\lim\limits_{t\to+\infty}N=\lim\limits_{t\to+\infty}\dfrac{N_1}{1+be^{-at}}=N_1$，即当时间长期发展下去（时间 $t\to+\infty$），此种生物的数量就会固定在饱和值上，新生命出生的数量与生物群体中减损数量持平. 此函数关系式称为**逻辑斯蒂曲线方程**，其图形如图 10-4 所示，其中点 $\left(\dfrac{\ln b}{a},\dfrac{N_1}{2}\right)$ 为曲线的唯一拐点，此曲线一般也称为 S 曲线.

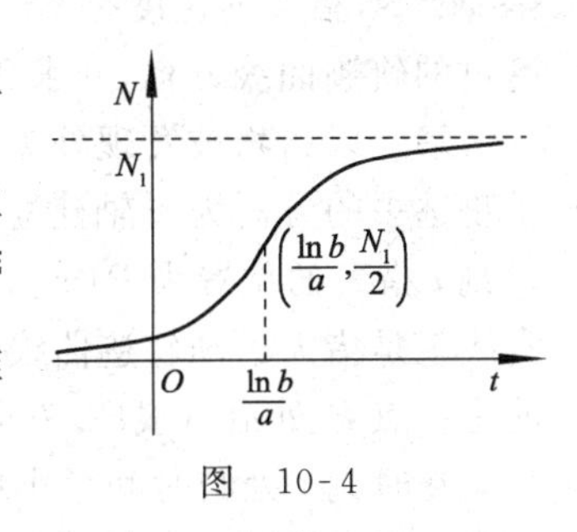

图　10-4

三、建筑打桩问题

在房屋等的建设过程中，首先要进行的是地基处理，其中的一种方法是在要建设的土地上“打桩”，之后直接在“桩”上进行地上部分的建筑. “桩”一般是用钢筋混凝土制作的，其一端做成锥状，另一端是平顶. 打桩时，用“打桩机”一锤一锤把立起来的“桩”锤击入地下. 此处的问题是：打桩机需要多少下才能把一根桩锤击入地下？

解　设一根桩锤击入地下部分的总长度为 L m，土地对桩的阻力与桩击入地下部分的长度成正比（比例系数设为 k），共需 n 锤击打完成，第 $i(i=1,2,\cdots,n)$ 锤击入地下的长度为 h_i m $(i=1,2,\cdots,n)$，有 $h_1+h_2+\cdots+h_{n-1}+h_n=L$. 打桩机的功率越大，击打次数也就越少，而打桩机的功率是一定的，因此可设每打一锤所做的功相等，都为 W. 当击入地下的长度为 x m 时，所遇到的阻力为 kx. 以地面为原点、铅直向下方向为正向建立 x 轴，单位长度为 1 m. 在 x 轴上点 x 处取微元 dx（见图 10-5），此时锤击 dx 长度的做功微元为 $dW=kxdx$. 从而，第 i $(i=2,3,\cdots,n)$ 次锤击所做的功为

$$W=\int_{\sum_{m=1}^{i-1}h_m}^{\sum_{m=1}^{i}h_m}kx\,\mathrm{d}x=\frac{k}{2}\left[\left(\sum_{m=1}^{i}h_m\right)^2-\left(\sum_{m=1}^{i-1}h_m\right)^2\right].$$

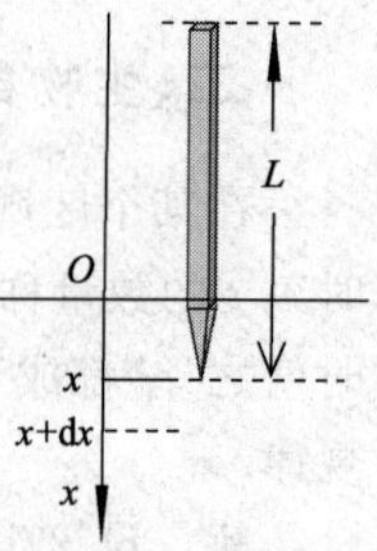

第 1 次锤击所做的功为

$$W=\int_0^{h_1}kx\,\mathrm{d}x=\frac{k}{2}h_1^2.$$

图 10-5

由上面的两个做功公式可得

$$\frac{2W}{k}=h_1^2=(h_2+h_1)^2-h_1^2=(h_3+h_2+h_1)^2-(h_2+h_1)^2=\cdots$$

$$=(h_n+\cdots+h_2+h_1)^2-(h_{n-1}+\cdots+h_2+h_1)^2.$$

进一步可得到

$$h_1^2=\frac{2W}{k},(h_2+h_1)^2=\frac{4W}{k},\cdots,(h_n+\cdots+h_2+h_1)^2=\frac{2nW}{k},$$

而 $h_1+h_2+\cdots+h_{n-1}+h_n=L$，所以 $L^2=\frac{2nW}{k}$，$n=\frac{kL^2}{2W}$. 即，打桩机共需锤击 $\frac{kL^2}{2W}$ 次，才能把一根桩锤击入地下.

从如上结论可见，打桩的次数与桩的高度的平方成正比，与打桩机每一锤所做的功成反比，锤越大，打击次数越少.

四、追踪模型

猎犬发现正前方 L m 处的猎物沿着与猎犬前进方向垂直的方向逃去，猎物逃跑的速度是 a m/s，猎犬的速度是 ka m/s($k>1$)，猎犬始终盯着猎物追击，直到捉住猎物为止. 求猎犬跑过的轨迹曲线方程，并求猎犬从发现猎物到捕捉成功需要经过的时间？

解 以猎物被发现处为原点 O、猎物与猎犬所在直线为 x 轴、猎物逃去的方向为 y 轴建立平面直角坐标系，如图10-6所示. 设在时刻 t 猎犬的位置为 $P(x,y)$，猎物的位置为 $Q(0,at)$，则 PQ 所在直线就是猎犬运动轨迹曲线上点 P 处的切线，猎犬在时刻 t 的速度就是在点 P 处沿直线 $\overrightarrow{PQ}$ 方向的速度.

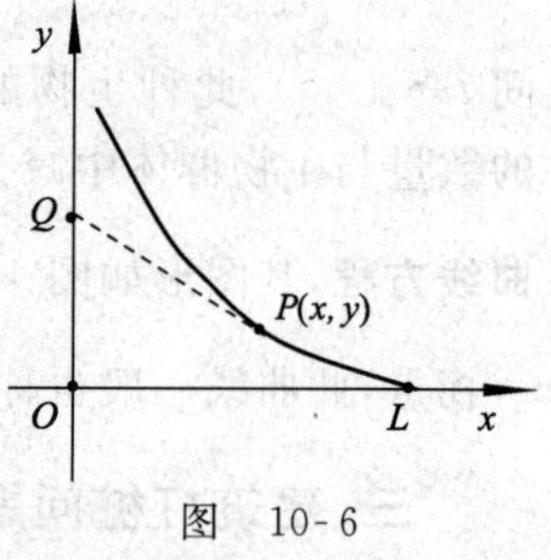

图 10-6

在时刻 t 处给时间微小增量 $\mathrm{d}t$，那么猎犬运动轨迹曲线弧上点 P 处的弧微分就是猎犬位移(对时间 t)的微分 $\mathrm{d}s=ka\mathrm{d}t$. 而 $\mathrm{d}s=\sqrt{1+(y')^2}\,\mathrm{d}x$，即有 $\sqrt{1+(y')^2}\,\mathrm{d}x=-ka\mathrm{d}t$(此处 $\mathrm{d}t>0$，$\mathrm{d}x<0$，所以此式有负号).

又由于直线 PQ 的斜率为 $\frac{\mathrm{d}y}{\mathrm{d}x}=\frac{y-at}{x-0}$，与 $\sqrt{1+(y')^2}\,\mathrm{d}x=-ka\mathrm{d}t$ 联立消去 t 得微分方程

$$xy''=\frac{1}{k}\sqrt{1+(y')^2}.$$

解这个方程得

$$y'+\sqrt{1+(y')^2}=(C_1x)^{\frac{1}{k}}.$$

猎犬发现猎物时，$t=0$，$x=L$，$y=0$，$y'=0$，代入上式得 $C_1=\frac{1}{L}$，从而有

$$y'+\sqrt{1+(y')^2}=\left(\frac{x}{L}\right)^{\frac{1}{k}},$$

从上式中解出 y'，得 $y'=\frac{1}{2}\left(\frac{x}{L}\right)^{\frac{1}{k}}-\frac{1}{2}\left(\frac{x}{L}\right)^{-\frac{1}{k}}$，积分得

$$y=\frac{kL}{2(k+1)}\left(\frac{x}{L}\right)^{1+\frac{1}{k}}-\frac{kL}{2(k-1)}\left(\frac{x}{L}\right)^{1-\frac{1}{k}}+C_2.$$

把 $x=L,y=0$ 代入得 $C_2=\frac{kL}{2(k-1)}-\frac{kL}{2(k+1)}$,代入上式得猎犬的运动轨迹曲线方程为

$$y=\frac{kL}{2(k+1)}\left[\left(\frac{x}{L}\right)^{1+\frac{1}{k}}-1\right]+\frac{kL}{2(k-1)}\left[1-\left(\frac{x}{L}\right)^{1-\frac{1}{k}}\right](0\leqslant x\leqslant L).$$

在上式中令 $x=0$ 得 $y=\frac{kL}{k^2-1}$,此时猎犬已经追上猎物,再按 $at=\frac{kL}{k^2-1}$,可得猎犬从发现猎物到捕捉成功需要经过多少时间为 $t=\frac{kL}{a(k^2-1)}(s)$.

注:此例的模型是一种通用模型,可用于制导导弹打击移动目标、鱼雷追踪水中移动目标等.

习　题　10-2

1. 在某池塘内养鱼,该池塘最多能养鱼 1 000 条.在时刻 t,鱼数 y 是时间 t 的函数 $y=y(t)$,其变化率与鱼数 y 及 $1\,000-y$ 成正比.已知在池塘内放养鱼 100 条,3 个月后池塘内有鱼 250 条,求放养 t 月后池塘内有鱼数 $y(t)$ 的公式.

2. 用汽船载重量相等的小船若干只,在两港之间来回运送货物.已知每次拖 4 只小船,一日能来回 16 次,每次拖 7 只,则一日能来回 10 次.如果小船增多的只数与来回减少的次数成正比,问每日来回多少次、每次拖几只小船能使总量最大?

3. 在离水面高度为 h(m)的岸上,有人用绳子拉船靠岸,船与岸边的水平距离为 x(m).计算当收绳速度为 v(m/s)时,船的移动速度、加速度.

4. 甲船以 6(km/s)的速率向东行驶,乙船以 8(km/s)的速率向南行驶.在早八点整,乙船位于甲船之北 16(km)处.问上午九点整两船相离的速率为多少?

5. 溶液自深 18(cm)、顶直径 12(cm)的正圆锥形漏斗中漏入直径为 10(cm)的圆柱形筒中.开始时漏斗中盛满了溶液.已知当漏斗中剩余溶液深为 12(cm)时,其表面下降的速率为 1(cm/min).问此时圆柱形筒中溶液表面上升的速率是多少?

6. 底为 8(cm)、高为 6(cm)的等腰三角形铁片,铅直地落入水里,顶在上,底在下且与水面平行.求铁片从完全进入水中到落入水底时所受压力的变化规律.假设水的密度为 μ,重力加速度为 g.

7. 用强度好、浮力大的甲种材料做实体救生圈,并且表面涂上乙种抗腐蚀性高的物质.求制做一个救生圈所用的甲种材料及乙种物质数量.假设救生圈是由一个半径为 r 的圆绕其所在平面内到圆心距离为 $R(R>r)$ 的直线旋转而成的,表面涂料厚度为 h.

附录 A　部分初等数学公式

一、代数公式

1. 牛顿二项式公式

$(a+b)^n=a^n+na^{n-1}b+\cdots+\frac{n(n-1)\cdot\cdots\cdot(n-k+1)}{k!}a^{n-k}b^k+\cdots+b^n$，$n$ 为正整数.

2. 两数 n 次方的和与差分解因式

（1）当 n 为正整数时，$a^n-b^n=(a-b)(a^{n-1}+a^{n-2}b+\cdots+ab^{n-2}+b^{n-1})$；

（2）当 n 为偶数时，$a^n-b^n=(a+b)(a^{n-1}-a^{n-2}b+\cdots+(-1)^{k-1}a^{n-k}b^{k-1}+\cdots+ab^{n-2}-b^{n-1})$；

（3）当 n 为奇数时，$a^n+b^n=(a+b)(a^{n-1}-a^{n-2}b+\cdots+(-1)^{k-1}a^{n-k}b^{k-1}+\cdots-ab^{n-2}+b^{n-1})$.

3. 数列的和

（1）$1^2+2^2+3^2+\cdots+n^2=\frac{1}{6}n(n+1)(2n+1)$；

（2）$1^3+2^3+3^3+\cdots+n^3=(1+2+3+\cdots+n)^2=\frac{1}{4}[n(n+1)]^2$；

（3）$\frac{1}{1\cdot 2}+\frac{1}{2\cdot 3}+\frac{1}{3\cdot 4}+\cdots+\frac{1}{n(n+1)}=1-\frac{1}{n+1}$；

（4）$\frac{1}{1\cdot 3}+\frac{1}{3\cdot 5}+\frac{1}{5\cdot 7}+\cdots+\frac{1}{(2n-1)(2n+1)}=\frac{1}{2}\left(1-\frac{1}{2n+1}\right)$.

二、三角与反三角公式

1. 加法公式

（1）$\sin(\alpha\pm\beta)=\sin\alpha\cos\beta\pm\cos\alpha\sin\beta$；

（2）$\cos(\alpha\pm\beta)=\cos\alpha\cos\beta\mp\sin\alpha\sin\beta$；

（3）$\tan(\alpha\pm\beta)=\frac{\tan\alpha\pm\tan\beta}{1\mp\tan\alpha\tan\beta}$.

2. 倍角公式

（1）$\sin 2\alpha=2\sin\alpha\cos\alpha=\frac{2\tan\alpha}{1+\tan^2\alpha}$；

（2）$\cos 2\alpha=\cos^2\alpha-\sin^2\alpha=2\cos^2\alpha-1=1-2\sin^2\alpha=\frac{1-\tan^2\alpha}{1+\tan^2\alpha}$；

（3）$\tan 2\alpha=\frac{2\tan\alpha}{1-\tan^2\alpha}$；

（4）$\sin 3\alpha=3\sin\alpha-4\sin^3\alpha$；

（5）$\cos 3\alpha=4\cos^3\alpha-3\cos\alpha$.

3. 和差化积公式

(1) $\sin\alpha+\sin\beta=2\sin\frac{\alpha+\beta}{2}\cos\frac{\alpha-\beta}{2}$;

(2) $\sin\alpha-\sin\beta=2\cos\frac{\alpha+\beta}{2}\sin\frac{\alpha-\beta}{2}$;

(3) $\cos\alpha+\cos\beta=2\cos\frac{\alpha+\beta}{2}\cos\frac{\alpha-\beta}{2}$;

(4) $\cos\alpha-\cos\beta=-2\sin\frac{\alpha+\beta}{2}\sin\frac{\alpha-\beta}{2}$;

(5) $\sin\alpha\pm\cos\alpha=\sqrt{2}\sin\left(\alpha\pm\frac{\pi}{4}\right)$.

4. 积化和差公式

(1) $\sin\alpha\cos\beta=\frac{1}{2}[\sin(\alpha+\beta)+\sin(\alpha-\beta)]$;

(2) $\cos\alpha\cos\beta=\frac{1}{2}[\cos(\alpha+\beta)+\cos(\alpha-\beta)]$;

(3) $\sin\alpha\sin\beta=-\frac{1}{2}[\cos(\alpha+\beta)-\cos(\alpha-\beta)]$.

5. 反三角公式

(1) $\cos(\arcsin x)=\sqrt{1-x^2}, -1\leqslant x\leqslant 1$;

(2) $\sin(\arccos x)=\sqrt{1-x^2}, -1\leqslant x\leqslant 1$;

(3) $\tan(\arcsin x)=\frac{x}{\sqrt{1-x^2}}, -1<x<1$;

(4) $\tan(\arccos x)=\frac{\sqrt{1-x^2}}{x}, 0<|x|\leqslant 1$.

6. 不等式

(1) $|\sin x|\leqslant|x|$;

(2) $\sin x<x<\tan x \quad (0<x<\frac{\pi}{2})$.

三、几何公式

1. 三角形面积

$S=\sqrt{p(p-a)(p-b)(p-c)}$,其中 $p=\frac{a+b+c}{2}$,而 a,b,c 为三角形三边长.

2. (圆)扇形面积

$S=\frac{1}{2}r^2\alpha$,其中 α 为扇形的圆心角的弧度数,r 为半径.

3. 通用体积

$V=\frac{h}{6}(S_{上}+4S_{中}+S_{下})$,适用于柱、锥、台、拟柱体、球及球缺、球台体的体积,其中 h 为高,$S_{上}$、$S_{下}$、$S_{中}$ 分别为上底、下底、中截面面积.

附录B 极坐标系及几种常用曲线

一、极坐标系

在平面上选定一点称为**极点**，记为O，从O点出发作一条规定了单位长度的射线Ox称为**极轴**（通常取与平面直角坐标系的x轴正向相同的指向）. 由极点和极轴组成了极坐标系（见图B-1）. 在建立了极坐标系的平面上的任何一点P都可以用如下定义的一对有序数组(ρ,θ)确定：ρ称为**极半径**（或**极径**），表示从O到P的有向距离，θ称为**极角**，表示以极轴为始边、$\overrightarrow{OP}$为终边转过的有向角（按逆时针方向为正，顺时针方向为负）. 在极坐标系中如此规定的有序数组(ρ,θ)称为点P的**极坐标**.

在极坐标系中的点的坐标是不唯一的. 如$P\left(2,\frac{\pi}{6}\right)=P\left(2,-\frac{11\pi}{6}\right)=P\left(-2,-\frac{5\pi}{6}\right)$（见图B-2）. 此处最后的表示中$\rho=-2$的规定是：极半径先转过$\theta$角（此处为$-\frac{5\pi}{6}$），之后在其反向延长线上取点$P$，使$|\overrightarrow{OP}|=2$，则点$P$为所求. 极点的坐标可表示为$O(0,\theta)$，其中极角$\theta$为任意值.

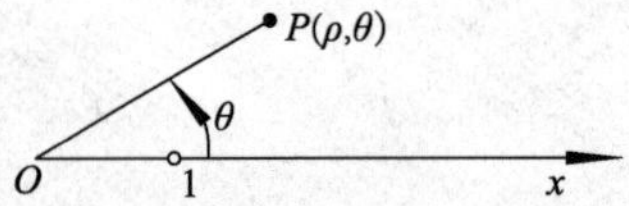

图 B-1

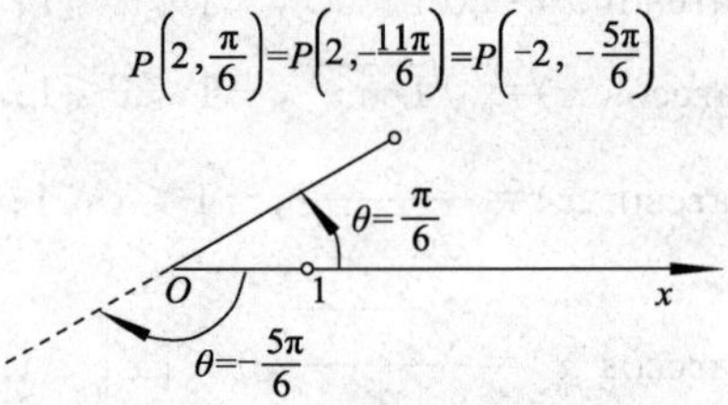

$P\left(2,\frac{\pi}{6}\right)=P\left(2,-\frac{11\pi}{6}\right)=P\left(-2,-\frac{5\pi}{6}\right)$

图 B-2

二、极坐标系中的曲线与方程

像直角坐标系一样，在极坐标系内也有曲线的极坐标方程，一般表示为$\rho=\rho(\theta)$的形式，就是把极半径看作是随极角变化而变化的.

这里主要研究的问题也是两个：①根据已知条件，求出曲线的极坐标方程；②通过方程，画出曲线.

例1 求以极点为圆心、以$a(a>0)$为半径的圆的极坐标方程.

解 设$P(\rho,\theta)$为圆上任意一点，则P到极点O的距离都等于极半径（见图B-3），所以这个圆的方程就是$\rho=a$，极角θ可取任意实数值.

例2 求以点$M_0(a,\theta_0)$为圆心、通过极点的圆的方程.

解 作直径OM_1，设$P(\rho,\theta)$为圆上任意一点（见图B-4），则$\frac{OP}{OM_1}=\cos(\theta-\theta_0)$，所以此圆的方程为$\rho=2a\cos(\theta-\theta_0)$.

当圆心在极轴上时就是$\rho=2a\cos\theta$. 当$\theta_0=\pi/2$时，圆的极坐标方程为$\rho=2a\sin\theta$.

例3 求过极点、极角为θ_0的直线方程.

解 设$P(\rho,\theta)$为此直线上的任意一点（见图B-5所示），则极半径可以取任意值，但极角固定在θ_0，因此，该直线的极坐标方程就是$\theta=\theta_0$.

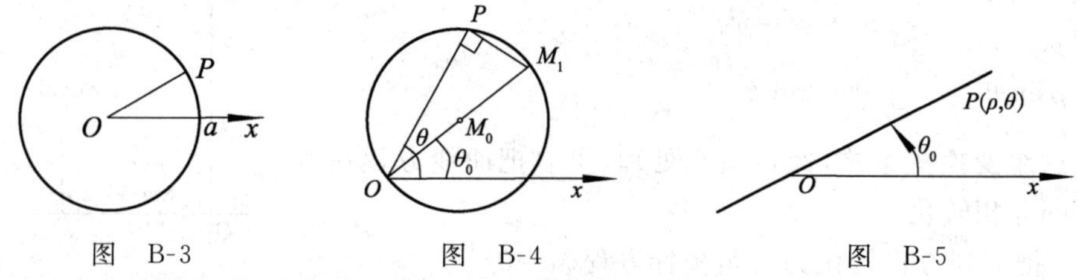

图　B-3　　图　B-4　　图　B-5

例 4　(1)求到极点的距离为 a、且垂直于极轴的直线方程；

(2)求到极轴的距离为 a、且平行于极轴的直线方程.

解　(1)设 $P(\rho,\theta)$ 为此直线上的任意一点(见图 B-6)，则有

$$\rho=\frac{a}{\cos\theta};$$

(2)设 $P(\rho,\theta)$ 为此直线上的任意一点(见图 B-7)，则有

$$\rho=\frac{a}{\sin\theta}.$$

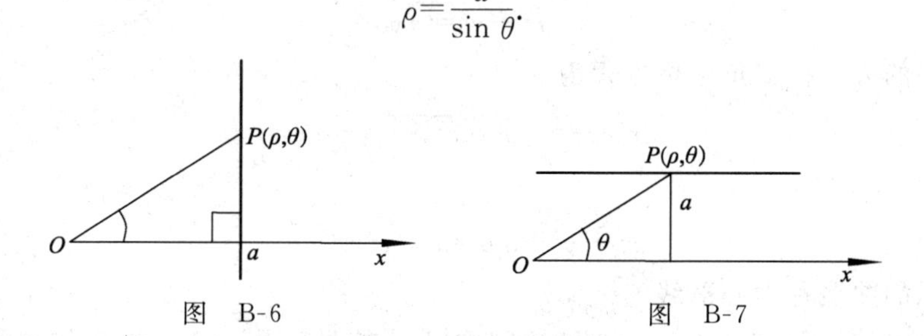

图　B-6　　图　B-7

例 5　设曲线的极坐标方程为 $\rho=a\cos 3\theta(a>0)$，试画出曲线.

分析　因为 θ 是极半径转过的角，ρ 又是随极角的变化而变化的，所以，画极坐标方程表示的曲线时，原则上，极角依次取 0°, 1°, 2°, …, 360°, …，并求出对应的极半径 ρ 的值，在极坐标系中找到相应的各点 (ρ,θ)，顺次连线就画出了曲线.

解　根据 $\cos x$ 在一个周期内的单调性，可以画出 $\rho=a\cos 3\theta$ 的图形(见图 B-8)，此曲线称为三叶玫瑰线.

用同样办法可以画出另一种三叶玫瑰线 $\rho=a\sin 3\theta$ 的图形(见图 B-9).

还有一些常用曲线，其方程及图形附后.

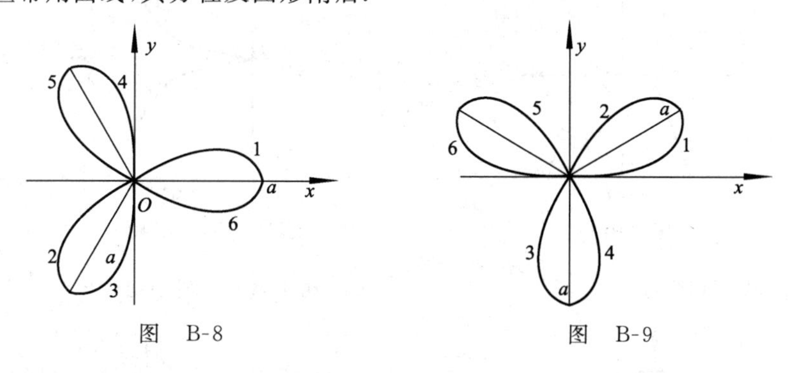

图　B-8　　图　B-9

三、极坐标与直角坐标的关系

把极坐标系与平面直角坐标系放在同一平面上，单位长度相同，极点与原点重合，极轴与 x 轴正半轴重合(见图 B-10).

设 P 为平面上一点，坐标为 (ρ,θ) 及 (x,y)，则两种坐标之间有如下的变换关系式：

$$\begin{cases}x=\rho\cos\theta\\ y=\rho\sin\theta\end{cases}. \qquad \begin{cases}x^2+y^2=\rho^2\\ \dfrac{y}{x}=\tan\theta\end{cases}(x\neq 0).$$

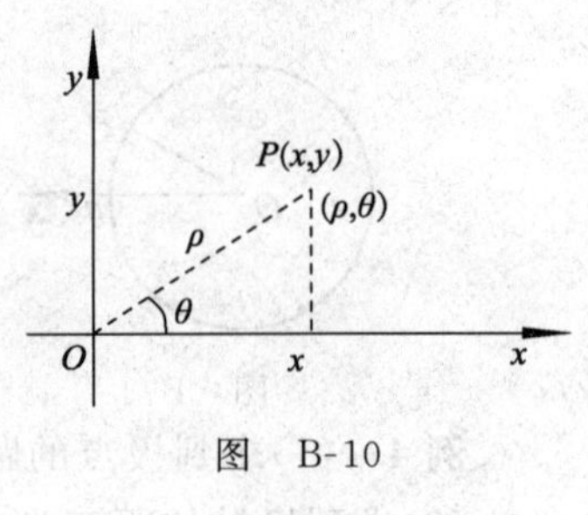

图 B-10

有了这组变换关系式，经过适当处理，可以把曲线方程在两种坐标之间互相转化.

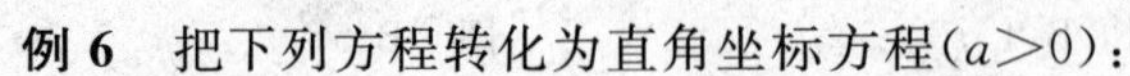

例 6 把下列方程转化为直角坐标方程($a>0$)：

(1) $\rho=2a\cos\theta$； (2) $\rho=a\sin\theta$； (3) $\rho=a(1-\cos\theta)$；

(4) $\rho^2=a\sin 2\theta$.

解 (1)方程两边同乘以 ρ 就是 $\rho^2=2a\rho\cos\theta$，把变换式代入得直角坐标方程为

$$x^2+y^2=2ax.$$

此方程表示的是以点$(a,0)$为圆心、半径为 a 的圆(与例 2 比较一下).

(2)同(1)的方法得直角坐标方程为

$$x^2+y^2=ay.$$

(3)同(1)的方法得直角坐标方程为

$$x^2+y^2=a\sqrt{x^2+y^2}-ax,$$

移项得

$$x^2+y^2+ax=a\sqrt{x^2+y^2}.$$

此方程所表示的曲线称为**心形线**.

(4)方程变形为 $\rho^2=2a\sin\theta\cos\theta$，两边同乘以 ρ^2 就是$(\rho^2)^2=2a\rho\sin\theta\cdot\rho\cos\theta$，所以，此方程的直角坐标方程为

$$(x^2+y^2)^2=2axy.$$

此方程所表示的曲线称为**伯努利双纽线**.

四、几种常用的曲线

(1)立方抛物线(见图 B-11)

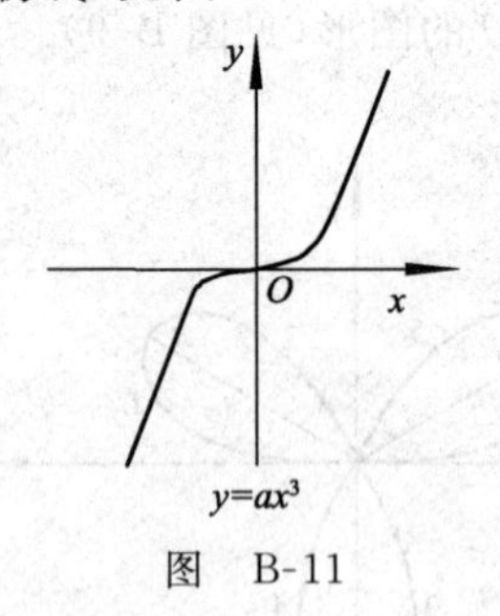

图 B-11

(2)半立方抛物线(见图 B-12)

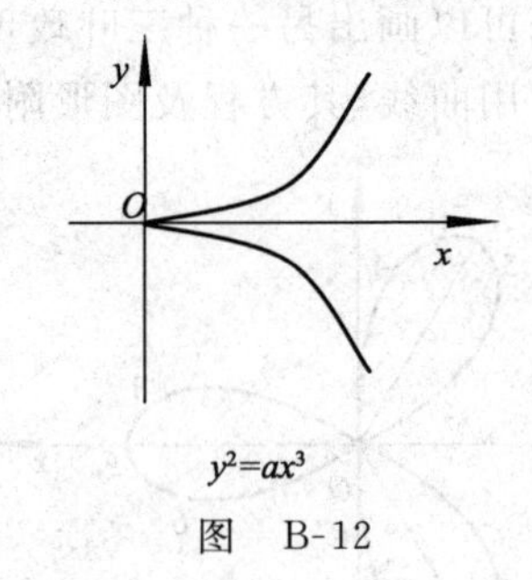

图 B-12

(3)概率曲线(见图 B-13)

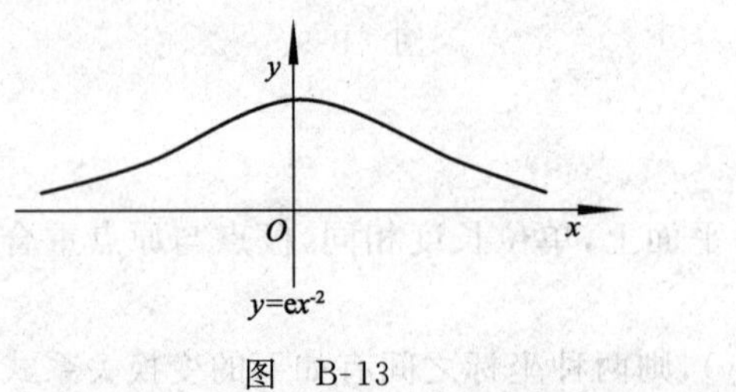

图 B-13

(4)箕舌线(见图 B-14)

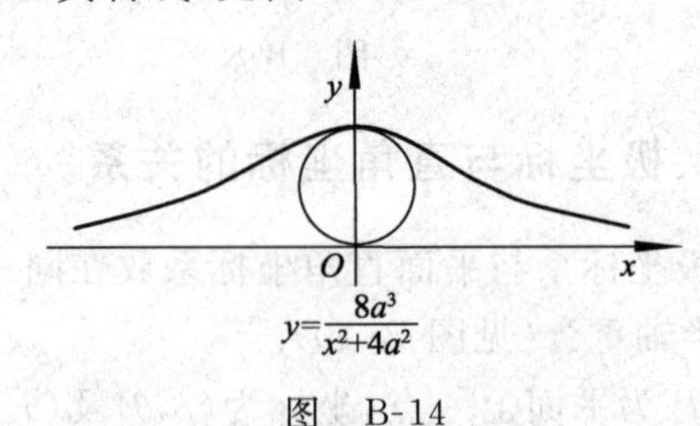

图 B-14

(5)蔓叶线(见图 B-15)

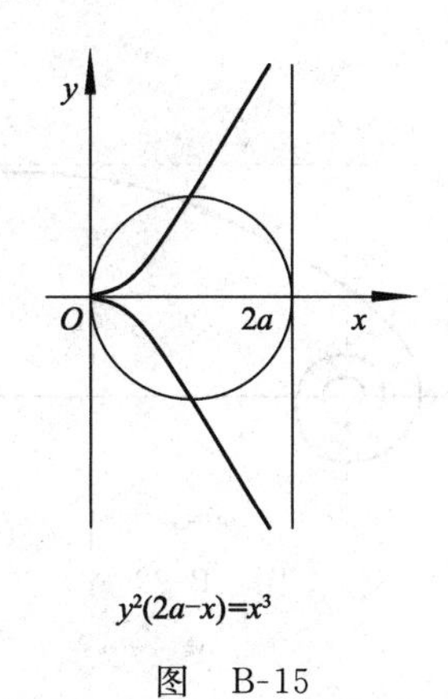

图 B-15

(6)笛卡儿叶形线(见图 B-16)

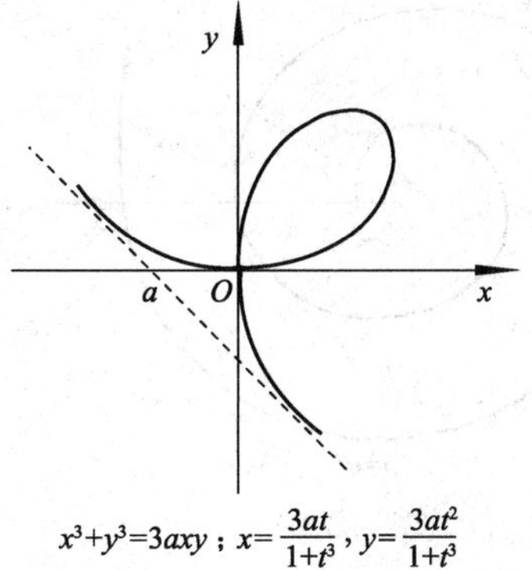

图 B-16

(7)星形线(内摆线的一种,见图 B-17)

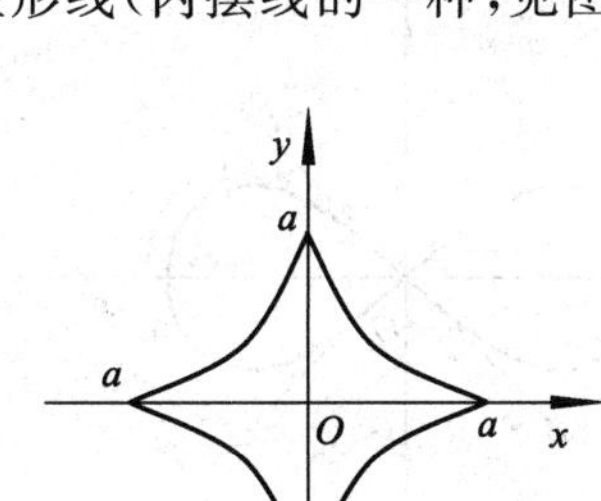

$$x^{\frac{2}{3}}+y^{\frac{2}{3}}=a^{\frac{2}{3}},\begin{cases}x=a\cos^3\theta\\ y=a\sin^3\theta\end{cases}$$

图 B-17

(8)摆线(直线滚圆摆线,见图 B-18)

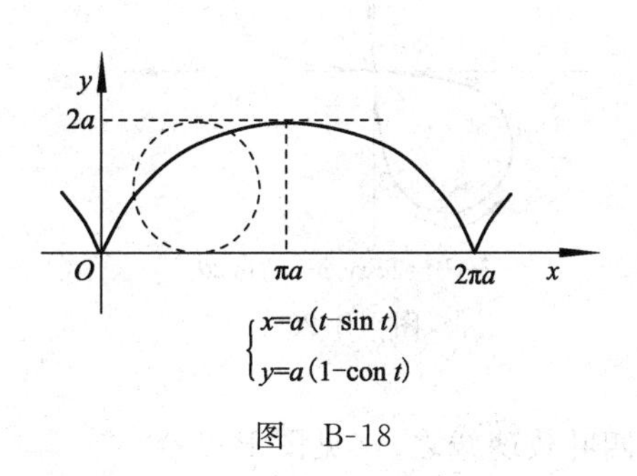

图 B-18

(9)心形线(外摆线的一种,见图 B-19)

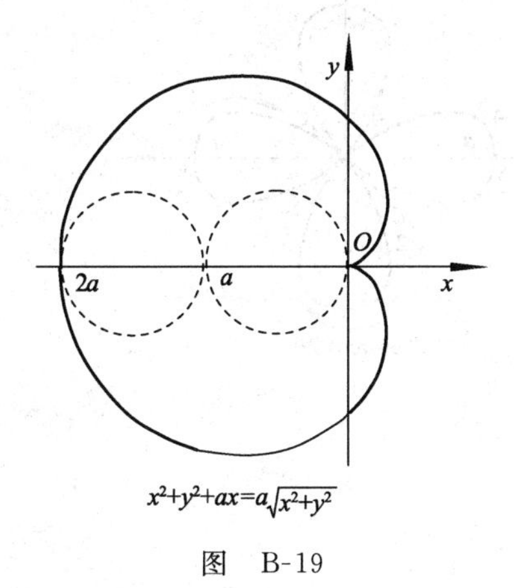

图 B-19

(10)阿基米德螺线(见图 B-20)

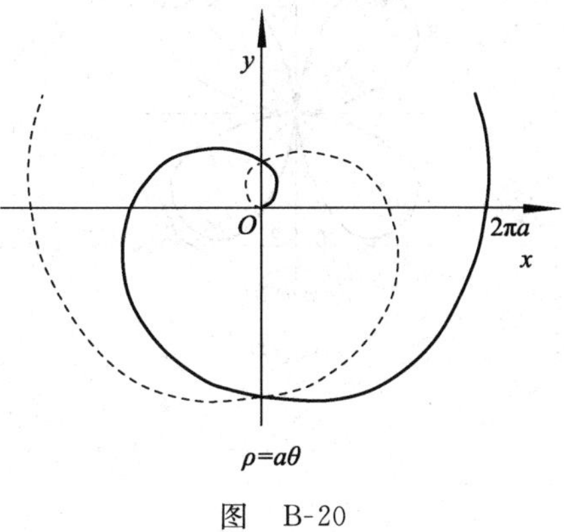

图 B-20

(11)对数螺线(见图 B-21)

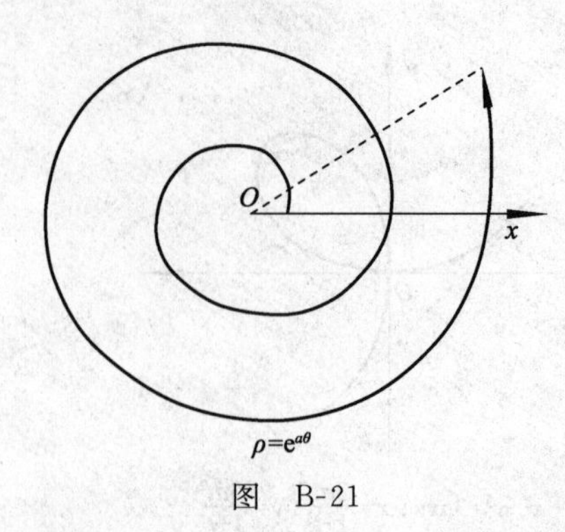

图 B-21

(12)双曲螺线(见图 B-22)

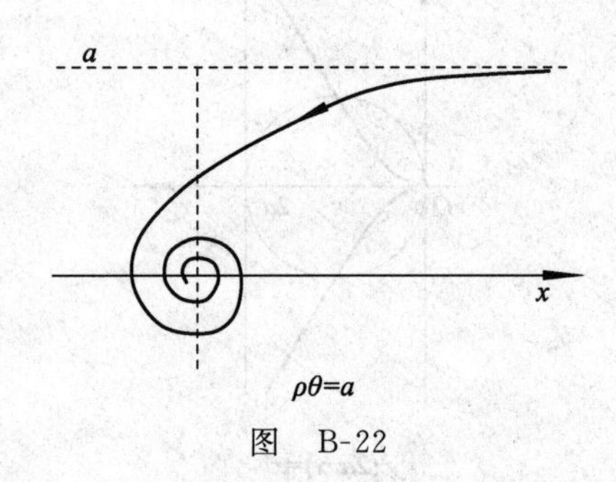

图 B-22

(13)伯努利双纽线之一(见图 B-23)

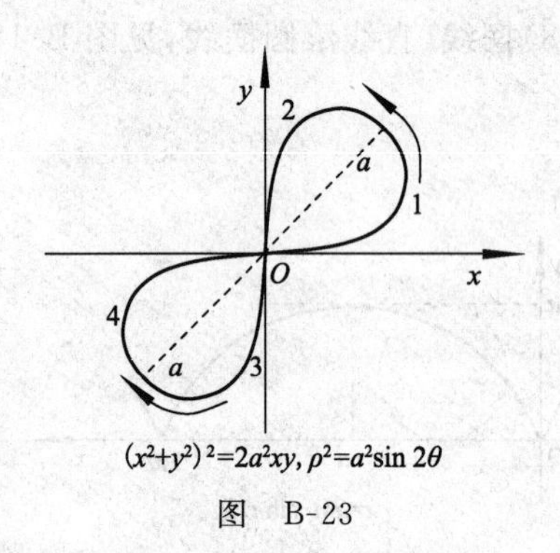

图 B-23

(14)伯努利双纽线之二(见图 B-24)

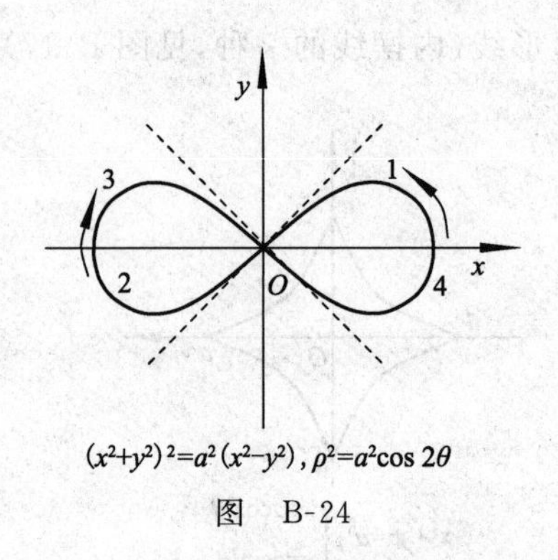

图 B-24

(15)四叶玫瑰线之一(见图 B-25)

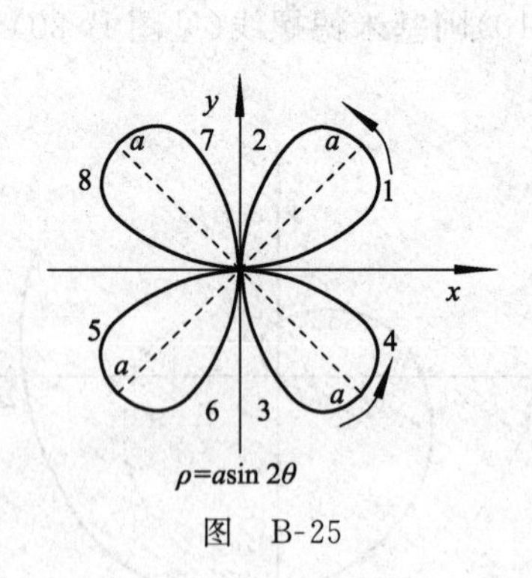

图 B-25

(16)四叶玫瑰线之二(见图 B-26)

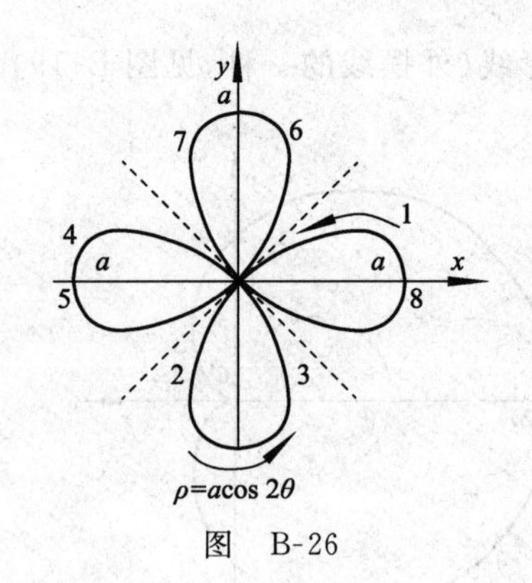

图 B-26

附录C 积 分 表

一、含有 $ax+b$ 的积分($a\neq 0$)

1. $\int \frac{\mathrm{d}x}{ax+b}=\frac{1}{a}\ln|ax+b|+C$;

2. $\int (ax+b)^{\mu}\mathrm{d}x=\frac{1}{a(\mu+1)}(ax+b)^{\mu+1}+C(\mu\neq -1)$;

3. $\int \frac{x}{ax+b}\mathrm{d}x=\frac{1}{a^2}(ax+b-b\ln|ax+b|)+C$;

4. $\int \frac{x^2}{ax+b}\mathrm{d}x=\frac{1}{a^3}\left[\frac{1}{2}(ax+b)^2-2b(ax+b)+b^2\ln|ax+b|\right]+C$;

5. $\int \frac{\mathrm{d}x}{x(ax+b)}=-\frac{1}{b}\ln\left|\frac{ax+b}{x}\right|+C$;

6. $\int \frac{\mathrm{d}x}{x^2(ax+b)}=-\frac{1}{bx}+\frac{a}{b^2}\ln\left|\frac{ax+b}{x}\right|+C$;

7. $\int \frac{x}{(ax+b)^2}\mathrm{d}x=\frac{1}{a^2}\left(\ln|ax+b|+\frac{b}{ax+b}\right)+C$;

8. $\int \frac{x^2}{(ax+b)^2}\mathrm{d}x=\frac{1}{a^3}\left(ax+b-2b\ln|ax+b|-\frac{b^2}{ax+b}\right)+C$;

9. $\int \frac{\mathrm{d}x}{x(ax+b)^2}=\frac{1}{b(ax+b)}-\frac{1}{b^2}\ln\left|\frac{ax+b}{x}\right|+C$.

二、含有 $\sqrt{ax+b}$ 的积分

10. $\int \sqrt{ax+b}\,\mathrm{d}x=\frac{2}{3a}\sqrt{(ax+b)^3}+C$;

11. $\int x\sqrt{ax+b}\,\mathrm{d}x=\frac{2}{15a^2}(3ax-2b)\sqrt{(ax+b)^3}+C$;

12. $\int x^2\sqrt{ax+b}\,\mathrm{d}x=\frac{2}{105a^3}(15a^2x^2-12abx+8b^2)\sqrt{(ax+b)^3}+C$;

13. $\int \frac{x}{\sqrt{ax+b}}\mathrm{d}x=\frac{2}{3a^2}(ax-2b)\sqrt{ax+b}+C$;

14. $\int \frac{x^2}{\sqrt{ax+b}}\mathrm{d}x=\frac{2}{15a^3}(3a^2x^2-4abx+8b^2)\sqrt{ax+b}+C$;

15. $\int \frac{\mathrm{d}x}{x\sqrt{ax+b}}=\begin{cases}\frac{1}{\sqrt{b}}\ln\left|\frac{\sqrt{ax+b}-\sqrt{b}}{\sqrt{ax+b}+\sqrt{b}}\right|+C & \text{当} b>0\\ \frac{2}{\sqrt{-b}}\arctan\sqrt{\frac{ax+b}{-b}}+C & \text{当} b<0\end{cases}$;

16. $\int \frac{dx}{x^2\sqrt{ax+b}} = -\frac{\sqrt{ax+b}}{bx} - \frac{a}{2b}\int \frac{dx}{x\sqrt{ax+b}}$;

17. $\int \frac{\sqrt{ax+b}}{x}dx = 2\sqrt{ax+b} + b\int \frac{dx}{x\sqrt{ax+b}}$;

18. $\int \frac{\sqrt{ax+b}}{x^2}dx = -\frac{\sqrt{ax+b}}{x} + \frac{a}{2}\int \frac{dx}{x\sqrt{ax+b}}$.

三、含有 $x^2 \pm a^2$ 的积分

19. $\int \frac{dx}{x^2+a^2} = \frac{1}{a}\arctan\frac{x}{a} + C$;

20. $\int \frac{dx}{(x^2+a^2)^n} = \frac{x}{2(n-1)a^2(x^2+a^2)^{n-1}} + \frac{2n-3}{2(n-1)a^2}\int \frac{dx}{(x^2+a^2)^{n-1}}$;

21. $\int \frac{dx}{x^2-a^2} = \frac{1}{2a}\ln\left|\frac{x-a}{x+a}\right| + C$.

四、含有 $ax^2+b(a>0)$ 的积分

22. $\int \frac{dx}{ax^2+b} = \begin{cases} \frac{1}{\sqrt{ab}}\arctan\sqrt{\frac{a}{b}}\ x + C & \text{当 } b>0, \\ \frac{1}{2\sqrt{-ab}}\ln\left|\frac{\sqrt{a}x-\sqrt{-b}}{\sqrt{a}x+\sqrt{-b}}\right| + C & \text{当 } b<0; \end{cases}$

23. $\int \frac{x}{ax^2+b}dx = \frac{1}{2a}\ln|ax^2+b| + C$;

24. $\int \frac{x^2}{ax^2+b}dx = \frac{x}{a} - \frac{b}{a}\int \frac{dx}{ax^2+b}$;

25. $\int \frac{dx}{x(ax^2+b)} = \frac{1}{2b}\ln\frac{x^2}{|ax^2+b|} + C$;

26. $\int \frac{dx}{x^2(ax^2+b)} = -\frac{1}{bx} - \frac{a}{b}\int \frac{dx}{ax^2+b}$;

27. $\int \frac{dx}{x^3(ax^2+b)} = \frac{a}{2b^2}\ln\frac{|ax^2+b|}{x^2} - \frac{1}{2bx^2} + C$;

28. $\int \frac{dx}{(ax^2+b)^2} = \frac{x}{2b(ax^2+b)} + \frac{1}{2b}\int \frac{dx}{ax^2+b}$.

五、含有 $ax^2+bx+c(a>0)$ 的积分

29. $\int \frac{dx}{ax^2+bx+c} = \begin{cases} \frac{2}{\sqrt{4ac-b^2}}\arctan\frac{2ax+b}{\sqrt{4ac-b^2}} + C & \text{当 } b^2<4ac, \\ \frac{1}{\sqrt{b^2-4ac}}\ln\left|\frac{2ax+b-\sqrt{b^2-4ac}}{2ax+b+\sqrt{b^2-4ac}}\right| + C & \text{当 } b^2>4ac; \end{cases}$

30. $\int \frac{x}{ax^2+bx+c}dx = \frac{1}{2a}\ln|ax^2+bx+c| - \frac{b}{2a}\int \frac{dx}{ax^2+bx+c}$.

六、含有 $\sqrt{x^2+a^2}\,(a>0)$ 的积分

31. $\int \frac{\mathrm{d}x}{\sqrt{x^2+a^2}} = \operatorname{arsh}\frac{x}{a} + C_1 = \ln(x+\sqrt{x^2+a^2}) + C$；

32. $\int \frac{\mathrm{d}x}{\sqrt{(x^2+a^2)^3}} = \frac{x}{a^2\sqrt{x^2+a^2}} + C$；

33. $\int \frac{x}{\sqrt{x^2+a^2}}\mathrm{d}x = \sqrt{x^2+a^2} + C$；

34. $\int \frac{x}{\sqrt{(x^2+a^2)^3}}\mathrm{d}x = -\frac{1}{\sqrt{x^2+a^2}} + C$；

35. $\int \frac{x^2}{\sqrt{x^2+a^2}}\mathrm{d}x = \frac{x}{2}\sqrt{x^2+a^2} - \frac{a^2}{2}\ln(x+\sqrt{x^2+a^2}) + C$；

36. $\int \frac{x^2}{\sqrt{(x^2+a^2)^3}}\mathrm{d}x = -\frac{x}{\sqrt{x^2+a^2}} + \ln(x+\sqrt{x^2+a^2}) + C$；

37. $\int \frac{\mathrm{d}x}{x\sqrt{x^2+a^2}} = \frac{1}{a}\ln\frac{\sqrt{x^2+a^2}-a}{|x|} + C$；

38. $\int \frac{\mathrm{d}x}{x^2\sqrt{x^2+a^2}} = -\frac{\sqrt{x^2+a^2}}{a^2x} + C$；

39. $\int \sqrt{x^2+a^2}\,\mathrm{d}x = \frac{x}{2}\sqrt{x^2+a^2} + \frac{a^2}{2}\ln(x+\sqrt{x^2+a^2}) + C$；

40. $\int \sqrt{(x^2+a^2)^3}\,\mathrm{d}x = \frac{x}{8}(2x^2+5a^2)\sqrt{x^2+a^2} + \frac{3}{8}a^4\ln(x+\sqrt{x^2+a^2}) + C$；

41. $\int x\sqrt{x^2+a^2}\,\mathrm{d}x = \frac{1}{3}\sqrt{(x^2+a^2)^3} + C$；

42. $\int x^2\sqrt{x^2+a^2}\,\mathrm{d}x = \frac{x}{8}(2x^2+a^2)\sqrt{x^2+a^2} - \frac{a^4}{8}\ln(x+\sqrt{x^2+a^2}) + C$；

43. $\int \frac{\sqrt{x^2+a^2}}{x}\mathrm{d}x = \sqrt{x^2+a^2} + a\ln\frac{\sqrt{x^2+a^2}-a}{|x|} + C$；

44. $\int \frac{\sqrt{x^2+a^2}}{x^2}\mathrm{d}x = -\frac{\sqrt{x^2+a^2}}{x} + \ln(x+\sqrt{x^2+a^2}) + C$.

七、含有 $\sqrt{x^2-a^2}\,(a>0)$ 的积分

45. $\int \frac{\mathrm{d}x}{\sqrt{x^2-a^2}} = \frac{x}{|x|}\operatorname{arch}\frac{|x|}{a} + C_1 = \ln\left|x+\sqrt{x^2-a^2}\right| + C$；

46. $\int \frac{\mathrm{d}x}{\sqrt{(x^2-a^2)^3}} = -\frac{x}{a^2\sqrt{x^2-a^2}} + C$；

47. $\int \frac{x}{\sqrt{x^2-a^2}}\mathrm{d}x = \sqrt{x^2-a^2} + C$；

48. $\int \frac{x}{\sqrt{(x^2-a^2)^3}}\mathrm{d}x = -\frac{1}{\sqrt{x^2-a^2}} + C$；

49. $\int \frac{x^2}{\sqrt{x^2-a^2}}\mathrm{d}x = \frac{x}{2}\sqrt{x^2-a^2} + \frac{a^2}{2}\ln\left|x+\sqrt{x^2-a^2}\right| + C$；

50. $\int \frac{x^2}{\sqrt{(x^2-a^2)^3}}\mathrm{d}x = -\frac{x}{\sqrt{x^2-a^2}} + \ln\left|x+\sqrt{x^2-a^2}\right| + C$；

51. $\int \frac{\mathrm{d}x}{x\sqrt{x^2-a^2}} = \frac{1}{a}\arccos\frac{a}{|x|} + C$；

52. $\int \frac{\mathrm{d}x}{x^2\sqrt{x^2-a^2}} = \frac{\sqrt{x^2-a^2}}{a^2x} + C$；

53. $\int \sqrt{x^2-a^2}\,\mathrm{d}x = \frac{x}{2}\sqrt{x^2-a^2} - \frac{a^2}{2}\ln\left|x+\sqrt{x^2-a^2}\right| + C$；

54. $\int \sqrt{(x^2-a^2)^3}\,\mathrm{d}x = \frac{x}{8}(2x^2-5a^2)\sqrt{x^2-a^2} + \frac{3}{8}a^4\ln\left|x+\sqrt{x^2-a^2}\right| + C$；

55. $\int x\sqrt{x^2-a^2}\,\mathrm{d}x = \frac{1}{3}\sqrt{(x^2-a^2)^3} + C$；

56. $\int x^2\sqrt{x^2-a^2}\,\mathrm{d}x = \frac{x}{8}(2x^2-a^2)\sqrt{x^2-a^2} - \frac{a^4}{8}\ln\left|x+\sqrt{x^2-a^2}\right| + C$；

57. $\int \frac{\sqrt{x^2-a^2}}{x}\mathrm{d}x = \sqrt{x^2-a^2} - a\arccos\frac{a}{|x|} + C$；

58. $\int \frac{\sqrt{x^2-a^2}}{x^2}\mathrm{d}x = -\frac{\sqrt{x^2-a^2}}{x} + \ln\left|x+\sqrt{x^2-a^2}\right| + C$.

八、含有 $\sqrt{a^2-x^2}\,(a>0)$ 的积分

59. $\int \frac{\mathrm{d}x}{\sqrt{a^2-x^2}} = \arcsin\frac{x}{a} + C$；

60. $\int \frac{\mathrm{d}x}{\sqrt{(a^2-x^2)^3}} = \frac{x}{a^2\sqrt{a^2-x^2}} + C$；

61. $\int \frac{x}{\sqrt{a^2-x^2}}\mathrm{d}x = -\sqrt{a^2-x^2} + C$；

62. $\int \frac{x}{\sqrt{(a^2-x^2)^3}}\mathrm{d}x = \frac{1}{\sqrt{a^2-x^2}} + C$；

63. $\int \frac{x^2}{\sqrt{a^2-x^2}}\mathrm{d}x = -\frac{x}{2}\sqrt{a^2-x^2} + \frac{a^2}{2}\arcsin\frac{x}{a} + C$；

64. $\int \frac{x^2}{\sqrt{(a^2-x^2)^3}}\mathrm{d}x = \frac{x}{\sqrt{a^2-x^2}} - \arcsin\frac{x}{a} + C$；

65. $\int \frac{\mathrm{d}x}{x\sqrt{a^2-x^2}} = \frac{1}{a}\ln\frac{a-\sqrt{a^2-x^2}}{|x|} + C$；

66. $\int \frac{\mathrm{d}x}{x^2\sqrt{a^2-x^2}} = -\frac{\sqrt{a^2-x^2}}{a^2x} + C$；

67. $\int \sqrt{a^2-x^2}\,\mathrm{d}x = \frac{x}{2}\sqrt{a^2-x^2} + \frac{a^2}{2}\arcsin\frac{x}{a} + C$；

68. $\int \sqrt{(a^2-x^2)^3}\,dx = \frac{x}{8}(5a^2-2x^2)\sqrt{a^2-x^2}+\frac{3}{8}a^4\arcsin\frac{x}{a}+C$；

69. $\int x\sqrt{a^2-x^2}\,dx = -\frac{1}{3}\sqrt{(a^2-x^2)^3}+C$；

70. $\int x^2\sqrt{a^2-x^2}\,dx = \frac{x}{8}(2x^2-a^2)\sqrt{a^2-x^2}+\frac{a^4}{8}\arcsin\frac{x}{a}+C$；

71. $\int \frac{\sqrt{a^2-x^2}}{x}dx = \sqrt{a^2-x^2}+a\ln\frac{a-\sqrt{a^2-x^2}}{|x|}+C$；

72. $\int \frac{\sqrt{a^2-x^2}}{x^2}dx = -\frac{\sqrt{a^2-x^2}}{x}-\arcsin\frac{x}{a}+C$.

九、含有$\sqrt{\pm ax^2+bx+c}\,(a>0)$的积分

73. $\int \frac{dx}{\sqrt{ax^2+bx+c}} = \frac{1}{\sqrt{a}}\ln\left|2ax+b+2\sqrt{a}\sqrt{ax^2+bx+c}\right|+C$；

74. $\int \sqrt{ax^2+bx+c}\,dx = \frac{2ax+b}{4a}\sqrt{ax^2+bx+c}+\frac{4ac-b^2}{8\sqrt{a^3}}\ln\left|2ax+b+2\sqrt{a}\sqrt{ax^2+bx+c}\right|+C$；

75. $\int \frac{x}{\sqrt{ax^2+bx+c}}dx = \frac{1}{a}\sqrt{ax^2+bx+c}-\frac{b}{2\sqrt{a^3}}\ln\left|2ax+b+2\sqrt{a}\sqrt{ax^2+bx+c}\right|+C$；

76. $\int \frac{dx}{\sqrt{c+bx-ax^2}} = -\frac{1}{\sqrt{a}}\arcsin\frac{2ax-b}{\sqrt{b^2+4ac}}+C$；

77. $\int \sqrt{c+bx-ax^2}\,dx = \frac{2ax-b}{4a}\sqrt{c+bx-ax^2}+\frac{b^2+4ac}{8\sqrt{a^3}}\arcsin\frac{2ax-b}{\sqrt{b^2+4ac}}+C$；

78. $\int \frac{x}{\sqrt{c+bx-ax^2}}dx = -\frac{1}{a}\sqrt{c+bx-ax^2}+\frac{b}{2\sqrt{a^3}}\arcsin\frac{2ax-b}{\sqrt{b^2+4ac}}+C$.

十、含有$\sqrt{\pm\frac{x-a}{x-b}}$或$\sqrt{(x-a)(b-x)}$的积分

79. $\int \sqrt{\frac{x-a}{x-b}}dx = (x-b)\sqrt{\frac{x-a}{x-b}}+(b-a)\ln(\sqrt{|x-a|}+\sqrt{|x-b|})+C$；

80. $\int \sqrt{\frac{x-a}{b-x}}dx = (x-b)\sqrt{\frac{x-a}{b-x}}+(b-a)\arcsin\sqrt{\frac{x-a}{b-a}}+C$；

81. $\int \frac{dx}{\sqrt{(x-a)(b-x)}} = 2\arcsin\sqrt{\frac{x-a}{b-x}}+C\,(a<b)$；

82. $\int \sqrt{(x-a)(b-x)}\,dx = \frac{2x-a-b}{4}\sqrt{(x-a)(b-x)}+\frac{(b-a)^2}{4}\arcsin\sqrt{\frac{x-a}{b-a}}+C \quad (a<b)$.

十一、含有三角函数的积分

83. $\int \sin x\,dx = -\cos x+C$；

84. $\int \cos x\,dx = \sin x+C$；

85. $\int \tan x\,dx = -\ln|\cos x|+C$；

86. $\int \cot x\mathrm{d}x = \ln|\sin x| + C$；

87. $\int \sec x\mathrm{d}x = \ln\left|\tan\left(\frac{\pi}{4}+\frac{x}{2}\right)\right| + C = \ln|\sec x + \tan x| + C$；

88. $\int \csc x\mathrm{d}x = \ln\left|\tan\frac{x}{2}\right| + C = \ln|\csc x - \cot x| + C$；

89. $\int \sec^2 x\mathrm{d}x = \tan x + C$；

90. $\int \csc^2 x\mathrm{d}x = -\cot x + C$；

91. $\int \sec x\tan x\mathrm{d}x = \sec x + C$；

92. $\int \csc x\cot x\mathrm{d}x = -\csc x + C$；

93. $\int \sin^2 x\mathrm{d}x = \frac{x}{2} - \frac{1}{4}\sin 2x + C$；

94. $\int \cos^2 x\mathrm{d}x = \frac{x}{2} + \frac{1}{4}\sin 2x + C$；

95. $\int \sin^n x\mathrm{d}x = -\frac{1}{n}\sin^{n-1}x\cos x + \frac{n-1}{n}\int \sin^{n-2}x\mathrm{d}x$；

96. $\int \cos^n x\mathrm{d}x = \frac{1}{n}\cos^{n-1}x\sin x + \frac{n-1}{n}\int \cos^{n-2}x\mathrm{d}x$；

97. $\int \frac{\mathrm{d}x}{\sin^n x} = -\frac{1}{n-1}\cdot\frac{\cos x}{\sin^{n-1}x} + \frac{n-2}{n-1}\int\frac{\mathrm{d}x}{\sin^{n-2}x}$；

98. $\int \frac{\mathrm{d}x}{\cos^n x} = \frac{1}{n-1}\cdot\frac{\sin x}{\cos^{n-1}x} + \frac{n-2}{n-1}\int\frac{\mathrm{d}x}{\cos^{n-2}x}$；

99. $\int \cos^m x\sin^n x\mathrm{d}x = \frac{1}{m+n}\cos^{m-1}x\sin^{n+1}x + \frac{m-1}{m+n}\int \cos^{m-2}x\sin^n x\mathrm{d}x$

$$= -\frac{1}{m+n}\cos^{m+1}x\sin^{n-1}x + \frac{n-1}{m+n}\int \cos^m x\sin^{n-2}x\mathrm{d}x；$$

100. $\int \sin ax\cos bx\mathrm{d}x = -\frac{1}{2(a+b)}\cos(a+b)x - \frac{1}{2(a-b)}\cos(a-b)x + C$；

101. $\int \sin ax\sin bx\mathrm{d}x = -\frac{1}{2(a+b)}\sin(a+b)x + \frac{1}{2(a-b)}\sin(a-b)x + C$；

102. $\int \cos ax\cos bx\mathrm{d}x = \frac{1}{2(a+b)}\sin(a+b)x + \frac{1}{2(a-b)}\sin(a-b)x + C$；

103. $\int \frac{\mathrm{d}x}{a+b\sin x} = \frac{2}{\sqrt{a^2-b^2}}\arctan\frac{a\tan\frac{x}{2}+b}{\sqrt{a^2-b^2}} + C \quad (a^2 > b^2)$；

104. $\int \frac{\mathrm{d}x}{a+b\sin x} = \frac{1}{\sqrt{b^2-a^2}}\ln\left|\frac{a\tan\frac{x}{2}+b-\sqrt{b^2-a^2}}{a\tan\frac{x}{2}+b+\sqrt{b^2-a^2}}\right| + C \quad (a^2 < b^2)$；

105. $\int \frac{\mathrm{d}x}{a+b\cos x} = \frac{2}{a+b}\sqrt{\frac{a+b}{a-b}}\arctan\left(\sqrt{\frac{a-b}{a+b}}\tan\frac{x}{2}\right) + C \quad (a^2 < b^2)$；

106. $\int \frac{dx}{a+b\cos x}=\frac{1}{a+b}\sqrt{\frac{a+b}{b-a}}\ln\left|\frac{\tan\frac{x}{2}+\sqrt{\frac{a+b}{b-a}}}{\tan\frac{x}{2}-\sqrt{\frac{a+b}{b-a}}}\right|+C\quad(a^2<b^2)$；

107. $\int \frac{dx}{a^2\cos^2 x+b^2\sin^2 x}=\frac{1}{ab}\arctan\left(\frac{b}{a}\tan x\right)+C$；

108. $\int \frac{dx}{a^2\cos^2 x-b^2\sin^2 x}=\frac{1}{2ab}\ln\left|\frac{b\tan x+a}{b\tan x-a}\right|+C$；

109. $\int x\sin ax\,dx=\frac{1}{a^2}\sin ax-\frac{1}{a}x\cos ax+C$；

110. $\int x^2\sin ax\,dx=-\frac{1}{a}x^2\cos ax+\frac{2}{a^2}x\sin ax+\frac{2}{a^3}\cos ax+C$；

111. $\int x\cos ax\,dx=\frac{1}{a^2}\cos ax+\frac{1}{a}x\sin ax+C$；

112. $\int x^2\cos ax\,dx=\frac{1}{a}x^2\sin ax+\frac{2}{a^2}x\cos ax-\frac{2}{a^3}\sin ax+C$.

十二、含有反三角函数的积分($a>0$)

113. $\int \arcsin\frac{x}{a}dx=x\arcsin\frac{x}{a}+\sqrt{a^2-x^2}+C$；

114. $\int x\arcsin\frac{x}{a}dx=\left(\frac{x^2}{2}-\frac{a^2}{4}\right)\arcsin\frac{x}{a}+\frac{x}{4}\sqrt{a^2-x^2}+C$；

115. $\int x^2\arcsin\frac{x}{a}dx=\frac{x^3}{3}\arcsin\frac{x}{a}+\frac{1}{9}(x^2+2a^2)\sqrt{a^2-x^2}+C$；

116. $\int \arccos\frac{x}{a}dx=x\arccos\frac{x}{a}-\sqrt{a^2-x^2}+C$；

117. $\int x\arccos\frac{x}{a}dx=\left(\frac{x^2}{2}-\frac{a^2}{4}\right)\arccos\frac{x}{a}-\frac{x}{4}\sqrt{a^2-x^2}+C$；

118. $\int x^2\arccos\frac{x}{a}dx=\frac{x^3}{3}\arccos\frac{x}{a}-\frac{1}{9}(x^2+2a^2)\sqrt{a^2-x^2}+C$；

119. $\int \arctan\frac{x}{a}dx=x\arctan\frac{x}{a}-\frac{a}{2}\ln(a^2+x^2)+C$；

120. $\int x\arctan\frac{x}{a}dx=\frac{1}{2}(a^2+x^2)\arctan\frac{x}{a}-\frac{a}{2}x+C$；

121. $\int x^2\arctan\frac{x}{a}dx=\frac{x^3}{3}\arctan\frac{x}{a}-\frac{a}{6}x^2+\frac{a^3}{6}\ln(a^2+x^2)+C$.

十三、含有指数函数的积分

122. $\int a^x dx=\frac{1}{\ln a}a^x+C$；

123. $\int e^{ax}dx=\frac{1}{a}e^{ax}+C$；

124. $\int xe^{ax}dx=\frac{1}{a^2}(ax-1)e^{ax}+C$；

125. $\int x^n e^{ax} dx = \frac{1}{a}x^n e^{ax} - \frac{n}{a}\int x^{n-1} e^{ax} dx$；

126. $\int xa^x dx = \frac{x}{\ln a}a^x - \frac{1}{(\ln a)^2}a^x + C$；

127. $\int x^n a^x dx = \frac{1}{\ln a}x^n a^x - \frac{n}{\ln a}\int x^{n-1} a^x dx$；

128. $\int e^{ax} \sin bx dx = \frac{1}{a^2 + b^2}e^{ax}(a\sin bx - b\cos bx) + C$；

129. $\int e^{ax} \cos bx dx = \frac{1}{a^2 + b^2}e^{ax}(b\sin bx + a\cos bx) + C$；

130. $\int e^{ax} \sin^n bx dx = \frac{1}{a^2 + b^2 n^2}e^{ax} \sin^{n-1} bx(a\sin bx - nb\cos bx) + \frac{n(n-1)b^2}{a^2 + b^2 n^2}\int e^{ax} \sin^{n-2} bx dx$；

131. $\int e^{ax} \cos^n bx dx = \frac{1}{a^2 + b^2 n^2}e^{ax} \cos^{n-1} bx(a\cos bx + nb\sin bx) + \frac{n(n-1)b^2}{a^2 + b^2 n^2}\int e^{ax} \cos^{n-2} bx dx$.

十四、含有对数函数的积分

132. $\int \ln x dx = x\ln x - x + C$；

133. $\int \frac{dx}{x\ln x} = \ln|\ln x| + C$；

134. $\int x^n \ln x dx = \frac{1}{n+1}x^{n+1}\left(\ln x - \frac{1}{n+1}\right) + C$；

135. $\int (\ln x)^n dx = x(\ln x)^n - n\int (\ln x)^{n-1} dx$；

136. $\int x^m (\ln x)^n dx = \frac{1}{m+1}x^{m+1}(\ln x)^n - \frac{n}{m+1}\int x^m (\ln x)^{n-1} dx$.

十五、含有双曲函数的积分

137. $\int \text{sh}\, x dx = \text{ch}\, x + C$；

138. $\int \text{ch}\, x dx = \text{sh}\, x + C$；

139. $\int \text{th}\, x dx = \ln\text{ch}\, x + C$；

140. $\int \text{sh}^2 x dx = -\frac{x}{2} + \frac{1}{4}\text{sh}\, 2x + C$；

141. $\int \text{ch}^2 x dx = \frac{x}{2} + \frac{1}{4}\text{sh}\, 2x + C$.

十六、定积分

142. $\int_{-\pi}^{\pi} \cos nx dx = \int_{-\pi}^{\pi} \sin nx dx = 0$；

143. $\int_{-\pi}^{\pi} \cos mx \sin nx dx = 0$；

144. $\int_{-\pi}^{\pi} \cos mx \cos nx \, \mathrm{d}x = \begin{cases} 0 & 当\ m \neq n, \\ \pi & 当\ m = n; \end{cases}$

145. $\int_{-\pi}^{\pi} \sin mx \sin nx \, \mathrm{d}x = \begin{cases} 0 & 当\ m \neq n, \\ \pi & 当\ m = n; \end{cases}$

146. $\int_{0}^{\pi} \sin mx \sin nx \, \mathrm{d}x = \int_{0}^{\pi} \cos mx \cos nx \, \mathrm{d}x = \begin{cases} 0 & 当\ m \neq n, \\ \dfrac{\pi}{2} & 当\ m = n; \end{cases}$

147. $I_n = \int_{0}^{\frac{\pi}{2}} \sin^n x \, \mathrm{d}x = \int_{0}^{\frac{\pi}{2}} \cos^n x \, \mathrm{d}x$；

$$I_n = \frac{n-1}{n} I_{n-2} = \begin{cases} \dfrac{n-1}{n} \cdot \dfrac{n-3}{n-2} \cdot \cdots \cdot \dfrac{4}{5} \cdot \dfrac{2}{3} & (n\ 为大于\ 1\ 的正奇数, I_1 = 1), \\ \dfrac{n-1}{n} \cdot \dfrac{n-3}{n-2} \cdot \cdots \cdot \dfrac{3}{4} \cdot \dfrac{1}{2} \cdot \dfrac{\pi}{2} & \left(n\ 为正偶数, I_0 = \dfrac{\pi}{2}\right). \end{cases}$$

习题参考答案与提示

第 一 章

习题 1-1(第 7 页)

1. (1)$(-\infty,-2]\cup[2,+\infty)$;

(2)$(5,+\infty)$; (3)$[0,+\infty)$;(4)$[-2,0]$;

(5)$(-\infty,0)\cup(0,2]$;

(6)$(-\infty,-3)\cup(-3,3)\cup(3,+\infty)$.

2. (1)不相等;(2)不相等;(3)相等.

3. 略

4. (1)$y=\frac{x-1}{1+x}$; (2)$y=x^3-1$;

(3)$y=\frac{1}{5}\arcsin\frac{x}{2}$.

5. (1)$y=\cos u,u=3x$;

(2)$y=\ln u,u=2x-1$;

(3)$y=\ln u,u=\cos v,v=e^x$;

(4)$y=u^3,u=\sin v,v=x+5$;

(5)$y=\arccos u,u=x^{-2}$.

6. (1)$\left[\frac{1}{2},1\right]$;

(2)$\bigcup\limits_{n\in Z}[2n\pi,(2n+1)\pi]$; (3)$[a,1+a]$.

7. $V=\pi h(r^2-\frac{h^2}{4}),0<h<2r$.

8. $L=\frac{S_0}{h}+\frac{2-\cos 40^\circ}{\sin 40^\circ}h,h\in(0,\sqrt{S_0\tan 40^\circ})$.

9. (1)$P=\begin{cases}90 & \text{当 } 0\leqslant x\leqslant 100,\\ 90-0.01(x-100) & \text{当 } 100<x<1600,\\ 75 & \text{当 } x\geqslant 1600;\end{cases}$

(2)$L=(P-60)x$

$=\begin{cases}30x & \text{当 } 0\leqslant x\leqslant 100,\\ 31x-0.01x^2 & \text{当 } 100<x<1600,\\ 15x & \text{当 } x\geqslant 1600.\end{cases}$

(3)$L=21\,000$(元).

习题 1-2(第 14 页)

1. (1)0; (2)0; (3)1; (4)1; (5)没有极限.

2. 略

习题 1-3(第 16 页)

1. (1)无穷大;

(2)既非无穷小,又非无穷大;

(3)无穷小; (4)无穷大;

(5)无穷小; (6)既非无穷小,又非无穷大.

2. $x\to 2$ 时函数是无穷大;$x\to\infty$ 时函数是无穷小.

3. 略. 4. (1)0; (2)0.

习题 1-4(第 19 页)

(1)-2; (2)-2; (3)0; (4)$\frac{1}{2}$;

(5)$-2x$; (6)$-\frac{3}{2}$; (7)2;

(8)0; (9)∞; (10)$\frac{1}{2}$.

习题 1-5(第 24 页)

1. (1)5; (2)2; (3)$\frac{a}{b}$; (4) e^2;

(5)e^2; (6)$\frac{2}{3}$; (7)2.

2. (1)1; (2)2. 3. 略.

习题 1-6(第 30 页)

1. (1)$x=-2$,第二类间断点(无穷间断点);

(2)$x=1$,第一类间断点(可去间断点),$x=2$,第二类间断点(无穷间断点);

(3)$x=0$,第一类间断点(可去间断点);

(4)$x=1$,第一类间断点(可去间断点).

2. (1)不连续; (2)连续; (3)连续;

(4)不连续.

3. 略. 4. 略.

5. 提示:证明方程 $e^x-2-x=0$ 在$(0,2)$内至少有一个实根.

习题 1-7(第 33 页)

1. (1)$\frac{\sqrt{3}}{18}$; (2)2; (3)1.

2. (1)$\frac{1}{2}$; (2)$\frac{1}{2\sqrt{2}}$; (3)2; (4)$-\sin a$;

(5)1； (6)$\frac{1}{2}$.

总习题一(第 34 页)

A 组

一、填空题：

1. 2. 2. (1)必要，充分； (2)必要，充分； (3)充分必要.

二、单选题：

1. B； 2. D.

三、计算、证明题：

1. (1)$(-\infty,0]$； (2)$[1,\mathrm{e}]$； (3)$[0,\tan 1]$；

(4)$\bigcup\limits_{n\in\mathbf{Z}}\left[2n\pi-\frac{\pi}{2},2n\pi+\frac{\pi}{2}\right]$.

2. $V=\frac{r^3}{24\pi^2}(2\pi-\alpha)^2\sqrt{4\pi\alpha-\alpha^2}\quad(0<\alpha<2\pi)$.

3. (1) $\frac{21}{8}$；(2)2；(3)$\frac{1}{2}$；(4)e^{-4}；(5)e.

4. $a=0$； 5. 略.

B 组

一、选择题：

1. D； 2. D； 3. B； 4. C； 5. A、C、D.

二、填空题：

1. $a=-\frac{1}{4}$； 2. 0； 3. $a=4,b=-5$； 4. 2.

5. $f(x)$在 x_0 处有定义，$\lim\limits_{x\to x_0}f(x)$存在，$\lim\limits_{x\to x_0}f(x)=f(x_0)$.

三、计算、证明题：

1. (1)0； (2)∞； (3)1； (4)$\mathrm{e}^{-\frac{1}{2}}$；

(5)$-\frac{5}{2}$； (6)$\frac{\sqrt{3}}{3}$.

2. $a=-15$. 3. $a=\frac{1}{2}$. 4. 略.

5. $x=0,x=1,x=2$ 均为 $f(x)$的间断点.

6. 略. 7. (1)$(-\infty,1)$、$(1,2)$、$(2,+\infty)$，$\frac{\sqrt[3]{4}}{2}$；(2)$[4,6]$，2.

第 二 章

习题 2-1(第 42 页)

1. $y'|_{x=1}=4$. 2. $f'(0)=0$. 3. $2x-3y+1=0$； $3x+2y-5=0$. 4. $2x+y-3=0$.

5. (1)$A=-2f'(x_0)$； (2)$A=2f'(x_0)$； (3)$A=2f'(x_0)$； (4)$A=f'(0)$.

6. 连续，不可导，左、右导数不相等.

习题 2-2(第 48 页)

1. (1)$y'=3x^2-\frac{28}{x^5}+\frac{2}{x^2}$；

(2)$y'=\frac{1}{\sqrt{x}}+\frac{1}{x^2}$；

(3)$y'=-\frac{1}{2}\left(\frac{1}{\sqrt{x^3}}+\frac{1}{\sqrt{x}}\right)$；

(4)$y'=\frac{7}{8}x^{-\frac{1}{8}}$.

2. (1)$y'=x\cos x$；

(2)$y'=\frac{1}{x}$；

(3)$y'=\frac{1+\cos x+x\sin x}{(1+\cos x)^2}$；

(4)$y'=\frac{2}{1+\cos x}$；

(5)$y'=\frac{x\cos x-\sin x}{x^2}+\frac{\sin x-x\cos x}{\sin^2 x}$；

(6)$y'=\sin x\cdot\ln x+x\cos x\cdot\ln x+\sin x$.

3. (1)$y'=10x(1+x^2)^4$；

(2)$y'=\frac{2x}{\sqrt{1-x^4}}$； (3)$y'=\frac{2x}{a^2+x^2}$；

(4)$y'=\frac{1}{2x}+\frac{1}{2x\sqrt{\ln x}}$；

(5)$y'=\frac{1}{\sqrt{x}(1-x)}$；

(6)$y'=\frac{1}{\sin x}$；

(7)$y'=\frac{1}{3}\tan^2\frac{x}{3}$； (8)$y'=\frac{1}{x\ln x}$.

(9)$y'=2x\ln 3\cdot 3^{x^2}\cos(3^{x^2})$

4. $a=2,b=-1,f'(x)=\begin{cases}2x, & x\leqslant 1,\\ 2, & x>1.\end{cases}$

5. (1)$y''=\frac{2(1-x^2)}{(1+x^2)^2}$；

(2)$y''=2\cos x-x\sin x$；

(3)$y''=2\arctan x+\frac{2x}{1+x^2}$；

(4)$y''=2x(3+2x^2)\mathrm{e}^{x^2}$.

6. (1)$y^{(n)}=(-1)^{n-1}(n-1)!\,(1+x)^{-n}$；

(2)$y^{(n)}=\alpha(\alpha-1)\cdots(\alpha-n+1)(1+x)^{\alpha-n}$.

习题 2-3(第 51 页)

1. (1)$y'=\frac{y-2x}{2y-x}$； (2)$y'=\frac{\sqrt{1-y^2}\,\mathrm{e}^{x+y}}{1-\sqrt{1-y^2}\,\mathrm{e}^{x+y}}$；

(3)$y'=\frac{\mathrm{e}^x-y\cos(xy)}{\mathrm{e}^y+x\cos(xy)}$.

2. (1) $y'=-\frac{b^4}{a^2y^3}$； (2) $y'=\frac{e^{2y}(y-3)}{(y-2)^3}$.

3. (1) $y'=(\ln x)^{\sin x}\left[\cos x\ln(\ln x)+\frac{\sin x}{x\ln x}\right]$；

(2) $y'=(\sin x)^{x^2}\left[2x\ln(\sin x)+x^2\cot x\right]$；

(3) $y'=\frac{1}{5}\sqrt[5]{\frac{x^3(x+1)^2}{(x^4+1)(x+\sin x)}}$

$$\left[\frac{3}{x}+\frac{2}{x+1}-\frac{4x^3}{x^4+1}-\frac{1+\cos x}{x+\sin x}\right].$$

4. (1) $\frac{dy}{dx}=\frac{3(1+t)}{2}$； (2) $\left.\frac{dy}{dx}\right|_{\theta=\frac{\pi}{3}}=\sqrt{3}$.

5. (1) $\frac{d^2y}{dx^2}=\frac{1}{t^3}$； (2) $\frac{d^2y}{dx^2}=\frac{4t}{3(t^2+1)^3}$.

习题 2-4(第 57 页)

1. (1) $dy=\frac{1}{2}\sec^2\frac{x}{2}dx$； (2) $dy=\frac{2x}{1+x^4}dx$；

(3) $dy=-(\sin x+\cos x)e^{-x}dx$.

2. $\Delta A=2.01\pi(cm^2)$；$dA=2\pi(cm^2)$.

3. 略.

4. (1) 0.99； (2) 1.05；

(3) 0.495； (4) 0.7954.

总习题二(第 57 页)

A 组

一、单选题：

1. C； 2. B； 3. C； 4. C； 5. B.

二、填空题：

1. $a=1,b=-1$.

2. $f'(x_0)=\frac{2}{3}$.

3. $f'_-(0)=-1,f'_+(0)=1$.

4. $f'_-(0)=0,f'_+(0)=1$.

三、计算、证明题：

1. $y=-x-e^{-2}$.

2. (1) $y'=\ln x$； (2) $y'=\tan x$；

(3) $y'=\arcsin x$； (4) $y'=\arctan x$.

3. $\left.\frac{dy}{dx}\right|_{x=1}=2f'(1)+\frac{1}{2}f'\left(\frac{\pi}{4}\right)$.

4. $\frac{dy}{dx}=2xe^{2x}(1+x)\sin(xe^x)(x>0)$.

5. $f'(x)=e^{2x}$.

6. (1) $y'=\frac{y}{e^y-x}$；

(2) $y'=\frac{y-2x\cos(x^2+y)}{\cos(x^2+y)-x}$；

(3) $y'=\frac{\sqrt{1-x^2y^2}-y}{3y^2\sqrt{1-x^2y^2}+x}$.

7. (1) $y'=(1+x)^{\frac{1}{x}}\left[\frac{1}{x(1+x)}-\frac{1}{x^2}\ln(1+x)\right]$；

(2) $y'=\frac{y^2-xy\ln y}{x^2-xy\ln x}$；

(3) $y'=\frac{1}{2}\sqrt{x\sin x\sqrt{1-e^x}}\cdot$

$$\left[\frac{1}{x}+\cot x-\frac{e^x}{2(1-e^x)}\right].$$

8. (1) $y''=-2\csc^2(x+y)\cdot\cot^3(x+y)$；

(2) $y''=-\frac{a^2}{y^3}$.

9. (1) $\frac{d^2y}{dx^2}=-\frac{1}{t^3}$； (2) $\frac{d^2y}{dx^2}=\frac{1}{f''(t)}$.

10. (1) $y''=\frac{2[f'(x)]^2-f(x)f''(x)}{f^3(x)}$；

(2) $y''=f''(\sin x)\cdot\cos^2x-\sin x\cdot f'(\sin x)$；

(3) $y''=f''[f(x)]\cdot[f'(x)]^2+f'[f(x)]\cdot f''(x)$；

(4) $y''=\frac{f(x)f''(x)-[f'(x)]^2}{f^2(x)}$.

11. (1) $dy=\frac{2^x\ln 2-y}{2^y\ln 2+x}dx$；

(2) $dy=\frac{y^3}{1-3xy^2-f'(y)}dx$.

B 组

一、填空题：

1. $f'(0)=100!$. 2. $y''(0)=-2$.

3. $f'(0)=3$.

二、计算、证明题：

1. $\frac{d}{dx}f[g(x)]=x2^{x^2+1}\ln 2$.

2. $\frac{dy}{dx}=e^{f(x)}[e^xf'(e^x)+f'(x)f(e^x)]$.

3. 略. 4. $f'(x)=-\frac{1}{2x},f'\left(\frac{1}{2}\right)=1$.

5. 略.

6. 提示：用定义求出函数在点 $x=0$ 处的一阶导数及 $x\neq 0$ 处的导函数，用定义求出函数在点 $x=0$ 处的二阶导数.

7. 略.

8. 提示：先求出极限

$$F(x)=\lim_{t\to+\infty}\left[\frac{f\left(x+\frac{\pi}{t}\right)-f(x)}{\frac{1}{t}}\cdot\frac{\sin\frac{x}{t}}{\frac{1}{t}}\right]$$

$$=\pi xf'(x).$$

第 三 章

习题 3-1(第 67 页)

1. 略. 2. 如：(1) $f(x)=\frac{\sin x}{x},x\in[-\pi,\pi]$；(2)

$f(x)=x, x\in[-1,1]$.

3.(1)提示:用推论1;(2)、(3)提示:仿例4的方法分别选取 $f(x)=\arctan x$ 和 $f(x)=\ln x$.

4.提示:对 $f(x)=x^n+a_1x^{n-1}+\cdots+a_{n-1}x$ 在 $[0,x_0]$ 上用罗尔中值定理.

5.对 $f(x)$ 分别在 $[x_1,x_2]$ 和 $[x_2,x_3]$ 上用罗尔中值定理,再对 $f'(x)$ 用罗尔中值定理.

6.提示:仿例5的方法,作辅助函数 $F(x)=xf(x)$.

7.提示:作辅助函数 $F(x)=\mathrm{e}^{-x}f(x)$,利用推论1证明 $F(x)\equiv 1$.

8. $f(x)=1+(\ln a)x+\dfrac{(\ln a)^2}{2!}x^2+\dfrac{(\ln a)^3}{3!}x^3+\dfrac{(\ln a)^4}{4!}a^{\theta x}x^4$,其中 $x\in\mathbf{R}$, $0<\theta<1$.

习题 3-2(第71页)

1.(1) $\dfrac{3}{5}$; (2) $-\sin a$; (3)1;

(4) -1; (5) $+\infty$; (6) $\dfrac{1}{2}$;

(7)0; (8)1; (9) e^{-1}; (10)1.

2.极限为1.

3.极限不存在.提示: $\lim\limits_{x\to+\infty}\dfrac{\ln(1+\mathrm{e}^x)}{x}=1$, $\lim\limits_{x\to-\infty}\dfrac{\ln(1+\mathrm{e}^x)}{x}=0$.

习题 3-3(第73页)

1.(1)增区间为 $(-\infty,1]$ 与 $[2,+\infty)$,减区间为 $[1,2]$;

(2)增区间为 $\left[\dfrac{1}{2},+\infty\right)$,减区间为 $\left(-\infty,\dfrac{1}{2}\right]$;

(3)增区间为 $\left(-\infty,-\dfrac{1}{3}\right]$ 与 $[1,+\infty)$,减区间为 $\left[-\dfrac{1}{3},1\right]$;

(4)增区间为 $[-1,1]$,减区间为 $(-\infty,-1]$ 与 $[1,+\infty)$.

2.略.

3.(1)错误,如: $f(x)=\ln x, g(x)=\mathrm{e}^{-x}$;

(2)正确;(3)正确.

习题 3-4(第78页)

1.(1)极大值为 $f(1)=2$,极小值为 $f(2)=1$;

(2)极小值为 $f\left(\dfrac{1}{2}\right)=-\dfrac{27}{16}$,没有极大值;

(3)极大值为 $f\left(-\dfrac{1}{3}\right)=\dfrac{2\sqrt[3]{4}}{3}$,极小值为 $f(1)=0$;

(4)极大值为 $f(1)=1$,极小值为 $f(-1)=-1$;

(5)极小值为 $f(0)=0$,没有极大值.

2.(1)最大值为 $f(\pm 2)=13$,最小值为 $f(\pm 1)=4$;

(2)最大值为 $f(-0.5)=f(1)=0.5$,最小值为 $f(0)=0$.

3. $a=2, b=3$.

4.(1)错误,如点 $x=0$ 是 $y=|x|$ 的极小值点,非驻点;点 $x=0$ 是 $y=x^3$ 的驻点,但非极值点.

(2)错误,如函数 $y=x+\dfrac{1}{x}$;

(3)错误,如函数 $y=x^4$.

5.底半径为 $\sqrt[3]{\dfrac{150}{\pi}}\approx 3.628$ m,高等于底直径为 $2\sqrt[3]{\dfrac{150}{\pi}}\approx 7.256$ m.

6. $P=6.5$.

7. $\dfrac{2\sqrt{6}}{3}\pi\approx 293°56'20''$.

习题 3-5(第81页)

1.(1)凹区间为 $\left[-\dfrac{1}{2},+\infty\right)$,凸区间为 $\left(-\infty,-\dfrac{1}{2}\right]$,点 $\left(-\dfrac{1}{2},\dfrac{1}{2}\right)$ 为拐点;

(2)凹区间为 $\left(-\infty,-\dfrac{1}{2}\right]$ 及 $(1,+\infty)$,凸区间为 $\left(-\dfrac{1}{2},1\right)$,点 $\left(-\dfrac{1}{2},-\dfrac{81}{16}\right)$ 及 $(1,0)$ 为拐点;

(3)凹区间为 $(-\infty,-1)$,凸区间为 $(-1,1)$ 及 $(1,+\infty)$,点 $(-1,0)$ 为拐点;

(4)凹区间为 $(-1,1)$,凸区间为 $(-\infty,-1)$ 及 $(1,+\infty)$,点 $(-1,\ln 2)$ 及 $(1,\ln 2)$ 为拐点.

2.略.

3. $a=-\dfrac{1}{2}, b=\dfrac{3}{2}, c=0, d=0$.

4.(1)错误,如 $f(x)=x^4$;

(2)正确,提示:用定义表示 $f'''(x_0)$,再根据极限的局部保号性可证.

习题 3-6(第84页)

1.略. 2. $y=2x+1$.

3.提示:函数严格递增,在点 $\left(\dfrac{\ln b}{a},\dfrac{c}{2}\right)$ 左侧是凹的、右侧是凸的,在两条水平渐近线 $y=0$ 与 $y=c$ 之间.一般称此型曲线为 S 型曲线,其应用见第八章.

习题 3-7(第87页)

1.曲率 $K=\dfrac{\sqrt{2}}{2}$.

2. 曲率 $K=2$,曲率半径 $\rho=\frac{1}{2}$.

3. 曲率 $K=\frac{\sqrt{2}}{4}$,曲率半径 $\rho=2\sqrt{2}$.

4. $\left(\frac{\sqrt{2}}{2},-\frac{\ln 2}{2}\right)$处曲率半径最小,该点处的曲率半径为$\frac{3\sqrt{2}}{2}$.

习题 3-8(第 91 页)

1. 边际成本函数为 $C'(Q)=\frac{1}{\sqrt{Q}}$,边际收入函数为 $R'(Q)=\frac{5}{(Q+1)^2}$,边际利润函数为 $R'(Q)=\frac{5}{(Q+1)^2}-\frac{1}{\sqrt{Q}}$.

2. 产量为 20 单位时,总利润最大,最大利润是 150 元.

3. (1)$\eta=\frac{P}{4}$;

(2)$\eta|_{P=2}=0.5$,此时为低弹性,此时适当涨价会增加总收益;$\eta|_{P=4}=1$,此时为单位弹性,此时提价或降价对总收益没有明显的影响;$\eta|_{P=6}=1.5$,此时为高弹性,此时适当降价会增加总收益.

总习题三(第 91 页)

A　组

1. 100(个).　2. (1)1;　(2)$e^{-\frac{2}{\pi}}$;

(3)$a_1a_2\cdots a_n$.

3. ak,提示:用拉格朗日中值公式.

4. 提示:利用根的存在定理和函数的单调性.

5. 当 $a\leqslant 0$ 时,有唯一实根;当 $0<a<\frac{1}{e}$时,有两个实根;当 $a=\frac{1}{e}$时,只有一个实根;当 $a>\frac{1}{e}$时,没有实根. 提示:讨论函数 $y=\ln x-ax$ 的极值的符号.

6. 极小值为$y|_{x=\frac{\pi}{2}}=\frac{2}{3}$,极大值为$y|_{x=\frac{\pi}{4}}=y|_{x=\frac{3\pi}{4}}=\frac{2\sqrt{2}}{3}$.

7. 纵坐标最大的点为$\left(\frac{2}{3},\frac{2\sqrt{3}}{9}\right)$,此时 $t=\frac{\sqrt{3}}{3}$;纵坐标最小的点为$\left(\frac{2}{3},-\frac{2\sqrt{3}}{9}\right)$,此时 $t=-\frac{\sqrt{3}}{3}$.

8. $x=25-5\sqrt{7}\approx 11.77$ cm.

9. $x=\frac{x_1+x_2+\cdots+x_n}{n}$.

10. 5 批.

11. 总收益函数 $R(x)=200x-0.01x^2$,平均收益函数 $\overline{R}(x)=\frac{R(x)}{x}=200-0.01x$,边际收益函数 $R'(x)=200-0.02x$;所以,$R(100)=19\,900$ 元,$\overline{R}(100)=199$ 元,$R(100)=198$ 元.

12. 总利润函数为 $L(x)=R(x)-C(x)=5x-0.01x^2-200$,边际利润函数为 $L'(x)=5-0.02x$;每批生产 250 单位才能使总利润最大.

13. (1)-8;　(2)0.54;　(3)0.46%;　(4)-0.85%;　(5)5.

14. 略.

15. t 从 0 变化到$\frac{\pi}{2}$及从$\frac{\pi}{2}$变化到 π 时,曲线为凹的;t 从 π 变化到$\frac{3\pi}{2}$及从$\frac{3\pi}{2}$变化到 2π 时,曲线为凹的.

B　组

1. (1)(A);　(2)(B);　(3)(C);

(4)(A);　(5)(B);　(6)(B);

(7)(D);　(8)(C);　(9)(C);

(10)(D);　(11)(D).

2. (1)$\frac{3}{4}$;　(2)-4;　(3)0;　(4)$\frac{(\ln 2)^n}{n!}$;

(5)$e^{-\frac{2}{e}}$;　(6)$(-\infty,1]$;　(7)e^2;　(8)800.

3. (1)$\frac{1}{4}$;　(2)$-\frac{1}{6}$;　(3)$\frac{3}{2}$;　(4)$-\frac{1}{6}$.

4. 任取 $x_0\in(0,\delta)$,则 $f(x)$在$[0,x_0]$满足拉格朗日中值定理:$\exists\xi\in(0,x_0)\subset(0,\delta)$,使得 $f'(\xi)=\frac{f(x_0)-f(0)}{x_0-0}$,取极限得 $f'_+(0)=\lim\limits_{x_0\to 0^+}\frac{f(x_0)-f(0)}{x_0-0}=\lim\limits_{x_0\to 0^+}f'(\xi)=A$.

5. 提示:作辅助函数 $F(x)=f(x)-g(x)$. 若 $f(x)$和 $g(x)$的最大值点相同,为 c,则对 $F(x)$分别在$[a,c]$,$[c,b]$上用罗尔中值定理后再对 $F'(x)$用罗尔中值定理即可. 若最大值点不同:为 c_1,c_2,则在 c_1,c_2 之间存在点 c_3 使 $F(c_3)=0$,在$[a,c_3]$,$[c_3,b]$上用罗尔中值定理后再应用罗尔中值定理即可.

6. 提示:(1)作辅助函数 $F(x)=f(x)-1+x$,用介值定理即可.

(2)由(1)求出的 ξ,在$[0,\xi]$,$[\xi,1]$上对 $f(x)$分别应用拉格朗日中值定理即可.

7. $A=\frac{1}{3}$,$B=-\frac{2}{3}$,$C=\frac{1}{6}$. 提示:将 e^x 按麦克劳林公式展开到三阶,代入对比.

8. 提示:设 $f(x)=\ln^2 x-\frac{4}{e^2}x$,证明 $f'(x)$在$[e,e^2]$上单调减少,$f(x)$在$[e,e^2]$上单调增加.

9. $t(a)=1-\frac{\ln\ln a}{\ln a}$；$a=e^e$ 时，$t(a)_{\min}=1-\frac{1}{e}$.

10. 是凸的.

11. (1)$E_d=\left|\frac{P}{Q}\frac{dQ}{dP}\right|=\frac{P}{20-P}$；

(2)由 $E_d=\frac{P}{20-P}=1$，得 $P=10$. 当 $10<P<20$ 时，$E_d>1$，于是$\frac{dR}{dP}<0$，故当 $10<P<20$ 时，降低价格反而使收益增加.

12. $a=-1$ 为连续点；$a=-2$ 为可去间断点.

第 四 章

习题 4-1(第 98 页)

1. (1)$\frac{2}{5}x^{\frac{5}{2}}+C$；

(2)$\frac{4}{5}x^{\frac{5}{4}}-\frac{24}{17}x^{\frac{17}{12}}+\frac{4}{3}x^{\frac{3}{4}}+C$；

(3)$\frac{1}{2}x^2+2\ln|x|-\frac{1}{2x^2}+C$；

(4)$\frac{1}{3}x^3-x+\arctan x+C$；

(5)$2x-\frac{5\left(\frac{2}{3}\right)^x}{\ln 2-\ln 3}+C$；

(6)$-\frac{1}{2}\cos x-\tan x+6\arctan x+C$；

(7)$\tan x-\sec x+C$；

(8)$\sin x+\cos x+C$；

(9)$\frac{1}{2}x+\frac{1}{2}\sin x+C$；

(10)$\frac{1}{2}\tan x+C$；

(11)e^t+t+C；

(12)$-\frac{1}{x}-\arctan x+C$；

(13)$-\cot x-x+C$；

(14)$\frac{1}{2}\tan x+\frac{1}{2}x+C$；

(15)$\arctan x-\frac{1}{x}+C$.

2. $f(x)=-2e^{-2x}$.

3. $s(t)=\frac{1}{3}t^3-t^2+3t$.

习题 4-2(第 105 页)

1. (1)$\frac{1}{2}e^{2x}+C$；

(2)$\ln|x|+C$；

(3)$-\frac{1}{x}+C$；

(4)$\frac{1}{2}\tan 2x+C$；

(5)$\sqrt{x^2+a^2}+C$；

(6)$-\frac{2}{3}$；

(7)-2； (8)-1；

(9)$\frac{1}{3}$； (10)$-\frac{1}{5}$.

2. (1)$\frac{1}{16}(x+1)^{16}+C$；

(2)$-\frac{1}{2}e^{-x^2}+C$；

(3)$-\frac{1}{2}(2-3x)^{\frac{2}{3}}+C$；

(4)$-\sqrt{1-x^2}+C$；

(5)$\frac{2}{9}(1+x^3)^{\frac{3}{2}}+C$；

(6)$2\arctan\sqrt{x}+C$；

(7)$-\frac{1}{2}e^{-2x+1}+C$；

(8)$\arctan e^x+C$；

(9)$-e^{\cos x}+C$；

(10)$\frac{1}{3}\ln^3 x+C$；

(11)$-\arcsin e^{-x}+C$；

(12)$\frac{1}{2}(\arctan x)^2+C$；

(13)$\frac{1}{3}\cos^3 x-\cos x+C$；

(14)$\frac{1}{3}\tan^3 x-\tan x+x+C$；

(15)$-\frac{1}{3}\cot^3 x-\cot x+C$；

(16)$\frac{1}{3}\sec^3 x-\sec x+C$；

(17)$\ln|\arcsin x|+C$；

(18)$\frac{1}{2}\ln(1+x^2)-\arctan x+C$；

(19)$2\sqrt{1+\sin^2 x}+C$；

(20)$\arctan f(x)+C$；

(21)$3\left[\frac{1}{2}\sqrt[3]{(1+x)^2}-\sqrt[3]{x+1}+\ln(1+\sqrt[3]{x+1})\right]+C$；

(22)$6\left(\frac{1}{7}\sqrt[6]{x^7}-\frac{1}{5}\sqrt[6]{x^5}+\frac{1}{3}\sqrt{x}-\sqrt[6]{x}+\arctan\sqrt[6]{x}\right)+C$；

(23)$\frac{x}{\sqrt{1+x^2}}+C$；

(24) $\arcsin x-\frac{x}{1+\sqrt{1-x^2}}+C$；

(25) $\frac{\sqrt{x^2-9}}{18x^2}-\frac{1}{54}\arctan\frac{3}{\sqrt{x^2-9}}+C$；

(26) $\frac{x}{2(1+x^2)}+\frac{1}{2}\arctan x+C$；

(27) $\frac{1}{3}\ln\left|\sqrt{9x^2-4}+3x\right|+C$；

(28) $\frac{1}{3}\ln\left|\sqrt{9x^2-6x+7}+3x-1\right|+C$；

(29) $\ln|e^x-1|-x+C$；

(30) $\frac{1}{2}(\arcsin x+\ln|x+\sqrt{1-x^2}|)+C$.

习题 4－3(第 108 页)

1. (1) $\frac{1}{2}x^2\ln(x-1)-\frac{1}{4}x^2-\frac{1}{2}x-\frac{1}{2}\ln(x-1)+C$；

(2) $x(\ln x)^2-2x\ln x+2x+C$；

(3) $2x\sin\frac{x}{2}+4\cos\frac{x}{2}+C$；

(4) $2e^{\sqrt{x}}(\sqrt{x}-1)+C$；

(5) $x(\arcsin x)^2+2\sqrt{1-x^2}\arcsin x-2x+C$；

(6) $-\frac{1}{x}(\ln^3 x+3\ln^2 x+6\ln x+6)+C$；

(7) $\frac{1}{2}e^{-x}(\sin x-\cos x)+C$；

(8) $\frac{e^{ax}}{a^2+b^2}(-b\cos bx+a\sin bx)+C$；

(9) $-\frac{1}{2}\cot x\csc x+\frac{1}{2}\ln|\csc x-\cot x|+C$；

(10) $2\sqrt{x}(\ln x-2)+C$.

2. (1) $\frac{1}{a}f(ax+b)+C$；

(2) $xf'(x)-f(x)+C$.

习题 4－4(第 112 页)

(1) $\ln|x-2|+\ln|x+5|+C$；

(2) $\ln|x+1|-\frac{1}{2}\ln(x^2-x+1)+\sqrt{3}\arctan\frac{2x+1}{\sqrt{3}}+C$；

(3) $\frac{1}{x+1}+\frac{1}{2}\ln|x^2-1|+C$；

(4) $\frac{1}{4}\ln\left|\frac{x-1}{x+1}\right|-\frac{1}{2}\arctan x+C$；

(5) $\sqrt{2}\arctan\frac{\tan\frac{x}{2}}{\sqrt{2}}+C$；

(6) $x-4\sqrt{x+1}+4\ln(\sqrt{x+1}+1)+C$；

(7) $\ln\left|1+\tan\frac{x}{2}\right|+C$；

(8) $\frac{3}{2}\sqrt[3]{(x+1)^2}-3\sqrt[3]{x+1}+3\ln|1+\sqrt[3]{x+1}|+C$.

总习题四(第 112 页)

A 组

1. (1) $\frac{x^2}{4}+\frac{x^2}{2}\ln x+C$；

(2) $\sin(2x-1)+C$；

(3) $\ln|f(x)|+C$；

(4) $f(x)$；　(5) $2^x\ln 2+\cos x$；

(6) $-\sin x+C$；

(7) $\frac{1}{4}f^2(x^2)+C$；

(8) $x\cos x-\sin x+C$.

2. (1) $\frac{x^2}{2}-\sqrt{2}x+C$；

(2) $\frac{1}{3\ln 2}2^{-x}-\frac{2}{\ln 3}3^{-x}+C$；

(3) $2\ln|\ln x|+C$；

(4) $\ln|x+\cos x|+C$；

(5) $-2\cot\frac{x}{2}-x+C$；

(6) $\ln x(\ln\ln x-1)+C$；

(7) $\frac{1}{2}\ln^2\tan x+C$；

(8) $(x+1)\arctan\sqrt{x}-\sqrt{x}+C$；

(9) $(\arctan\sqrt{x})^2+C$；

(10) $\arcsin x+\sqrt{1-x^2}+C$；

(11) $\frac{1}{2}(\ln|\sin x+\cos x|+x)+C$；

(12) $\frac{1}{6}\ln\frac{(x+1)^2}{|x^2-x+1|}+\frac{\sqrt{3}}{3}\arctan\frac{2x-1}{\sqrt{3}}+C$；

(13) $\arcsin(2x-1)+C$；

(14) $\frac{x}{x-\ln x}+C$；

(15) $\frac{1}{4}\ln|x|-\frac{1}{24}\ln(x^6+4)+C$；

(16) $\ln\frac{x}{(\sqrt[6]{x}+1)^6}+C$；

(17) $\frac{1}{1+e^x}+\ln\frac{e^x}{1+e^x}+C$；

(18) $\frac{1}{4}\sin 2x-\frac{1}{16}\sin 8x+C$；

(19)$\frac{1}{10}xe^{10x}-\frac{1}{100}e^{10x}+C$;

(20)$-\cot x\ln\sin x-\cot x-x+C$.

3. $f(x)=\frac{1}{3}x^3+x+1$.

B 组

1. (1)$2x\sqrt{e^x-1}-4\sqrt{e^x-1}+4\arctan\sqrt{e^x-1}+C$;

(2)$-\frac{x^2e^x}{2+x}+xe^x-e^x+C$;

(3)$-\frac{2}{5}(x+1)^2\sqrt{x+1}+\frac{2}{3}(x+1)\sqrt{x+1}+\frac{2}{5}x^2\sqrt{x}+\frac{2}{3}x\sqrt{x}+C$;

(4)$\sec x+x-\tan x+C$;

(5)$-\ln|\csc x+1|+C$;

(6)$\frac{1}{(x+1)^{97}}\left[-\frac{1}{97}+\frac{1}{49(x+1)}-\frac{1}{99(x+1)^2}\right]+C$;

(7)$x+3\ln\left|\frac{x-3}{x-2}\right|+C$;

(8)$\frac{2}{\sqrt{3}}\arctan\frac{2\tan\frac{x}{2}+1}{\sqrt{3}}+C$;

(9)$2\sqrt{1+\sin^2 x}+C$;

(10)$\frac{1}{2}\arctan\sin^2 x+C$;

(11)$\frac{2}{3}(\ln x+1)^{\frac{3}{2}}-2(\ln x+1)^{\frac{1}{2}}+C$;

(12)$\tan x-\sec x+C$;

(13)$e^x\tan\frac{x}{2}+C$;

(14)$e^{2x}\tan x+C$;

(15)$-e^{-x}\arcsin e^x+\ln\left|\sqrt{1-e^{2x}}-1\right|-x+C$;

(16)$x\ln\left(1+\sqrt{\frac{1+x}{x}}\right)+\frac{1}{2}\ln(\sqrt{1+x}+\sqrt{x})-\frac{1}{2}\sqrt{x}(\sqrt{1+x}-\sqrt{x})+C$.

2. $\int f(x)\mathrm{d}x=\begin{cases}\frac{x^3}{3}-\frac{x^2}{4}+x+C & 当 x\leqslant 0,\\ e^x-1+C & 当 x>0.\end{cases}$

第 五 章

习题 5-1(第 120 页)

1. (1)0; (2)$\frac{\pi}{2}$.

2. (1)$\int_0^{\frac{\pi}{2}}x\mathrm{d}x>\int_0^{\frac{\pi}{2}}\sin x\mathrm{d}x$;

(2)$\int_1^2 x^2\mathrm{d}x<\int_1^2 x^3\mathrm{d}x$;

(3)$\int_0^1 x\mathrm{d}x>\int_0^1\ln(1+x)\mathrm{d}x$.

3. (1)$1\leqslant\int_1^2 x^2\mathrm{d}x\leqslant 4$;

(2)$e^{-\frac{1}{2}}<\int_0^1 e^{-\frac{x^2}{2}}\mathrm{d}x<1$;

(3)$6\leqslant\int_1^4(x^2+1)\mathrm{d}x\leqslant 51$;

(4)$-2e^2\leqslant\int_2^0 e^{x^2-x}\mathrm{d}x\leqslant-2e^{-\frac{1}{4}}$.

4. $\frac{\pi}{4}$.

习题 5-2(第 124 页)

1. (1)e^{x^2};

(2)$\cos x\sin(\sin^2 x)+\sin x\sin(\cos^2 x)$;

(3)$\tan t$.

2. (1)$\frac{1}{2}$; (2)$\frac{1}{2}$.

3. (1)$\ln 2$; (2)-2; (3)$\frac{25-\ln 26}{2}$;

(4)$3(e-1)$; (5)$e-e^{\frac{1}{2}}$; (6)$\frac{7}{3}$;

(7)$\frac{4}{3}$; (8)1; (9)4; (10)$\frac{7}{6}$.

习题 5-3(第 128 页)

1. (1)$\frac{7}{6}$; (2)$\frac{2}{3}\ln 3$; (3)$2\sqrt{3}-2$;

(4)$\frac{2}{3}$; (5)$2+2\ln\frac{2}{3}$; (6)0;

(7)$\frac{4}{3}$; (8)$2\sqrt{2}$; (9)$2-\frac{\pi}{2}$;

(10)$\frac{1}{4}$; (11)$\sqrt{3}-\frac{\pi}{3}$; (12)$\frac{\sqrt{2}}{2}$;

(13)e^2; (14)$\frac{8}{9}e^3+\frac{4}{9}$; (15)$\frac{6+\sqrt{3}\pi}{12}$;

(16)$\frac{e}{2}(\sin 1-\cos 1)+\frac{1}{2}$;

(17)$\frac{1}{2}(e^{\frac{\pi}{2}}+1)$; (18)$\frac{\pi}{4}-\frac{1}{2}\ln 2$;

(19)$e-2$; (20)$2(e^2-e)$.

2. 略. 3. 略. 4. $\frac{1}{2}\left(\frac{1}{e}-1\right)$.

习题 5-4(第 138 页)

1. (1) $\frac{4}{3}a^{\frac{3}{2}}$； (2) $\frac{8}{3}$； (3) $\frac{1}{3}$；

(4) $e+\frac{1}{e}-2$； (5) $b-a$； (6) $\frac{28}{3}$.

2. (1) $\frac{3}{8}\pi a^2$； (2) 4π.

3. (1) $\frac{15}{2}\pi$； (2) $\frac{3}{10}\pi$； (3) $\frac{64}{5}\pi$；

(4) $160\pi^2$； (5) $2\pi^2$.

4. (1) $2\sqrt{3}-\frac{4}{3}$；

(2) $6a$； (3) $\frac{\sqrt{1+a^2}}{a}(e^{a\pi}-1)$.

5. (1) $\frac{62}{3}\pi$；

(2) $2\pi b^2+2\pi a^2 b\dfrac{\arcsin\dfrac{\sqrt{a^2-b^2}}{a}}{\sqrt{a^2-b^2}}$.

6. 57 697.5(J).

7. $\frac{196\times 10^2}{3}$(N).

8. $\frac{1}{3}x^3-2x^2+6x+2$； $\frac{20}{3}$.

习题 5-5(第 144 页)

1. (1) $\frac{1}{3}$； (2) π； (3)发散；

(4) $\frac{\pi}{4}+\frac{1}{2}\ln 2$； (5) $\frac{8}{3}$；

(6)发散； (7)1.

2. $F(x)=\begin{cases} 0 & 当\ x\leqslant 0, \\ \dfrac{x^2}{2} & 当\ 0<x\leqslant 1, \\ 2x-\dfrac{x^2}{2}-1 & 当\ 1<x\leqslant 2, \\ 1 & 当\ x>2. \end{cases}$

3. (1) $2\Gamma(2)$； (2) $\frac{1}{4}\sqrt{\pi}$.

总习题五(第 144 页)

A 组

1. (1) k； (2) $\frac{1}{2}$.

2. (1) $\ln(1+\sqrt{2})$； (2) $\frac{2}{\pi}$； (3) $\ln 2$.

3. (1)0； (2) $\sin x^2$； (3)1；

(4)2； (5) $-x^{-2}$；

(6) $g(x)f(x)+g'(x)\int_a^x f(t)\,dt$； (7) -4.

4. -1；$-\frac{\pi}{4}\sqrt{2}-2\sqrt{2}$.

5. (1) $\frac{\pi^2}{4}$； (2) $\frac{1}{3}$.

6. 12(m/s).

7. (1)43； (2) $e^b(e^b-e^a)$；

(3) $\frac{\sqrt{2}}{2}\arctan\frac{\sqrt{2}}{2}$；

(4) $\frac{4}{3}\sqrt{2}\ln 2-\frac{4}{9}(2\sqrt{2}-1)$；

(5) -2； (6) $\frac{32}{5}+\sin 1$；

(7) $\frac{\pi}{2}-1$； (8) $\frac{\pi}{6}$.

8. $k=1$. 9. 4. 10. $1+\frac{1}{2}\ln\frac{3}{2}$.

11. (1) $\frac{5}{4}\pi$； (2) $\frac{\pi}{3}+2-\sqrt{3}$.

12. $4ab\pi^2$.

13. $\frac{\pi R^2 h}{2}$.

14. $\frac{6\times 128}{7}\pi$.

15. $kMm\left(\frac{1}{a}-\frac{1}{a+l}\right)$.

16. (1) $\frac{1}{2}\pi g R^2 h^2$；

(2) $\frac{1}{2}\pi g R^2 h^2(2\mu-1)$.

17. 当 $k>1$ 时收敛于 $\frac{1}{(k-1)(\ln 2)^{k-1}}$，当 $k\leqslant 1$ 时发散；当 $k=1-\frac{1}{\ln\ln 2}$ 时反常积分取最小值.

B 组

1. 略.

2. $\frac{3}{4}$，提示：定积分的换元法.

3. $\frac{1}{3}$.

4. $f(x)=\ln|\sin x+\cos x|$.

5. 0.

6. 提示：由所证不等式构造函数.

7. $2\left(1-\frac{2}{e}\right)$.

8. $\left(\frac{2}{3}\pi+\frac{\sqrt{3}}{4}\right)abl\rho$.

9. 提示：由 t 的取值情况分段求表达式.

10. (1) $\frac{a^2\pi}{\ln^2 a}$； (2) $a=e, V_{\min}=\pi e^2$.

11. $\frac{1}{2}$.

12. (1) $k=3$；

(2) $F(x)=\begin{cases}1-e^{-3x} & 当 x>0,\\ 0 & 当 x\leqslant 0;\end{cases}$

(3) $\int_1^{+\infty} f(x)dx=e^{-3}$.

13. $f(x)=x^2\cos x+\frac{\pi^2-8}{2(2-\pi)}$.

14. $\frac{1}{2}$.

第　六　章

习题 6-1(第 155 页)

1. (1) $M_1(-1,2,-3)$；

(2) $M_2(1,2,-3)$；

(3) $M_3(-1,-2,3)$；

(4) 分别在第 Ⅳ、Ⅵ、Ⅴ、Ⅲ 卦限.

2. 提示：求出三边的长，再用勾股定理.

3. $(x-3)^2+(y+1)^2+(z-5)^2=17$.

4. 略.

5. $3y^2-z^2=16$；$3x^2+2z^2=16$.

6. $\begin{cases}2x^2+y^2-2x=3,\\ z=0.\end{cases}$

7. (1) 以 $(1,0,-2)$ 为球心，2 为半径的球面.

(2) 在 x 轴、y 轴、z 轴上的截距分别为 2、5、3 的平面.

(3) 平面，可求得其在 x 轴、y 轴、z 轴上的截距分别为 6、3、2.

(4) 由 yOz 坐标面上的曲线 $z=y^2$ 绕 z 轴旋转一周所得的旋转抛物面.

(5) 顶点在 $(0,0,6)$ 开口向下的椭圆抛物面，与 xOy 坐标面的交线是一个椭圆.

(6) 以 zOx 坐标面上的正弦曲线 $z=\sin x$ 为准线、母线平行于 y 轴的柱面.

8. 略.　9. 略.

习题 6-2(第 161 页)

1. (1) $\{(x,y)\mid 4x^2+y^2\geqslant 1\}$，焦点在 y 轴上的椭圆及其外部的所有点.

(2) $\{(x,y)\mid x+y>0\}$，直线 $y=-x$ 右上方部分的半个平面的所有点.

(3) $\{(x,y)\mid -1\leqslant x\leqslant 1, -1\leqslant y\leqslant 1\}$，中心在原点、边长为 2 且边平行于坐标轴的正方形及内部的所有点.

(4) $\{(x,y)\mid 1<x^2+y^2\leqslant 9\}$，圆环内的点，外圆半径为 3、内圆半径为 1，包含外圆不含内圆.

(5) $\{(x,y)\mid -1\leqslant x^2-y^2\leqslant 1\}$，两个等轴双曲线 $x^2-y^2=1$ 与 $y^2-x^2=1$ 及其之间的无限星形区域内的所有点.

(6) $\{(x,y)\mid y\geqslant\sqrt{x}, x\geqslant 0\}$，$y$ 轴及其右侧、半抛物线 $y=\sqrt{x}$ 及其上侧无限区域内的所有点.

2. (1) $\frac{1}{4}$； (2) $-\frac{1}{4}$；

(3) $\frac{y_0^2}{2}$； (4) 0； (5) 0；

(6) 1； (7) 2； (8) 0； (9) e； (10) 0.

3. (1) 在抛物线 $y^2=2x$ 上各点都间断；

(2) 在两个双曲线 $xy=2$ 及 $xy=-2$ 上各点都间断.

4. 提示：沿不同的直线 $y=kx$ 求极限，结果不同.

习题 6-3(第 167 页)

1. (1) $z_x=2xy-1, z_y=x^2+3y^2$；

(2) $z_x=ye^{xy}, z_y=xe^{xy}$；

(3) $z_x=-\frac{1}{x}, z_y=\frac{1}{y}$；

(4) $z_x=y\cos(xy)-\sin(x+2y)$,

$z_y=x\cos(xy)-2\sin(x+2y)$；

(5) $z_x=\ln(x^2+y^2)+\frac{2x^2}{x^2+y^2}, z_y=\frac{2xy}{x^2+y^2}$；

(6) $z_x=\frac{1}{2x\sqrt{\ln(xy)}}, z_y=\frac{1}{2y\sqrt{\ln(xy)}}$；

(7) $z_x=y+\frac{1}{y}, z_y=x-\frac{x}{y^2}$

(8) $z_x=\frac{-xy}{\sqrt{(x^2+y^2)^3}}$,

$z_x=\frac{x^2}{\sqrt{(x^2+y^2)^3}}$；

(9) $u_x=\dfrac{z(x-y)^{z-1}}{1+(x-y)^{2z}}$,

$u_y=-\dfrac{z(x-y)^{z-1}}{1+(x-y)^{2z}}, u_z=\dfrac{(x-y)^z\ln(x-y)}{1+(x-y)^{2z}}$;

(10) $u_x=\dfrac{y}{z}x^{\frac{y}{z}-1}, u_y=\dfrac{1}{z}x^{\frac{y}{z}}\ln x$,

$u_z=-\dfrac{y}{z^2}x^{\frac{y}{z}}\ln x$.

2. (1) $f_x(x,1)=1$; (2) $f_{xx}(1,0,1)=2$, $f_{yz}(1,-1,0)=0$.

3. (1) $\dfrac{\partial^2 z}{\partial x^2}=6x, \dfrac{\partial^2 z}{\partial x\partial y}=\dfrac{\partial^2 z}{\partial y\partial x}=-6y$,

$\dfrac{\partial^2 z}{\partial y^2}=6y-6x$;

(2) $\dfrac{\partial^2 z}{\partial x^2}=\dfrac{2a}{x^3}, \dfrac{\partial^2 z}{\partial x\partial y}=\dfrac{\partial^2 z}{\partial y\partial x}=1, \dfrac{\partial^2 z}{\partial y^2}=\dfrac{2a}{y^3}$;

(3) $\dfrac{\partial^2 z}{\partial x^2}=\dfrac{2xy}{(x^2+y^2)^2}$, $\dfrac{\partial^2 z}{\partial x\partial y}=\dfrac{\partial^2 z}{\partial y\partial x}=\dfrac{y^2-x^2}{(x^2+y^2)^2}, \dfrac{\partial^2 z}{\partial y^2}=-\dfrac{2xy}{(x^2+y^2)^2}$.

4. (1) $\mathrm{d}z=\dfrac{2x\mathrm{d}x+2y\mathrm{d}y}{x^2+y^2}$;

(2) $\mathrm{d}z=\mathrm{e}^{\frac{x}{y}}\dfrac{y\mathrm{d}x-x\mathrm{d}y}{y^2}$; (3) $\mathrm{d}u=yzx^{yz-1}\mathrm{d}x+zx^{yz}\ln x\mathrm{d}y+yx^{yz}\ln x\mathrm{d}z$.

5. $f(x,y,z)=xy+g(z)$，其中 $g(z)$ 为 z 的有原函数的一元函数.

6. $\Delta z=-0.0102, \mathrm{d}z=-0.01, \Delta z-\mathrm{d}z=-0.0002$.

7. 大约减少 2 cm.

8. 14.8 m^3 与 13.632 m^3. 提示：长方体内部比外部长、宽各减少 0.4 m，而高减少 0.2 m.

习题 6－4(第 173 页)

1. (1) $\dfrac{\mathrm{d}z}{\mathrm{d}x}=\dfrac{(x\ln x-1)\mathrm{e}^x}{x\ln^2 x}$;

(2) $\dfrac{\mathrm{d}u}{\mathrm{d}x}=(2\mathrm{e}^x+\sin x)\mathrm{e}^x+(2\sin x+\mathrm{e}^x)\cos x$;

(3) $\dfrac{\mathrm{d}z}{\mathrm{d}x}=\mathrm{e}^{3x}(3\sin x^5+5x^4\cos x^5)+\sec^2 x$;

(4) $\dfrac{\partial z}{\partial x}=2(x+y)+3x^2y; \dfrac{\partial z}{\partial y}=2(x+y)+x^3$;

(5) $\dfrac{\partial z}{\partial x}=2xy\mathrm{e}^{x^2y}\ln(x^3+xy^2)+\dfrac{3x^2+y^2}{x^3+xy^2}\mathrm{e}^{x^2y}$;

$\dfrac{\partial z}{\partial y}=x^2\mathrm{e}^{x^2y}\ln(x^3+xy^2)+\dfrac{2y\mathrm{e}^{x^2y}}{x^2+y^2}$;

(6) $\dfrac{\partial z}{\partial x}=2xf_1+y\mathrm{e}^{xy}f_2; \dfrac{\partial z}{\partial y}=-2yf_1+x\mathrm{e}^{xy}f_2$;

(7) $\dfrac{\partial w}{\partial x}=f_1+yf_2+yzf_3; \dfrac{\partial w}{\partial y}=xf_2+xzf_3$;

$\dfrac{\partial w}{\partial z}=xyf_3$.

2. $\dfrac{\partial^2 z}{\partial x^2}=2f'+4x^2f''; \dfrac{\partial^2 z}{\partial x\partial y}=4xyf''$;

$\dfrac{\partial^2 z}{\partial y^2}=2f'+4y^2f''$.

3. $\dfrac{\partial^2 z}{\partial x^2}=2yf_2+y^4f_{11}+4xy^3f_{12}+4x^2y^2f_{22}$;

$\dfrac{\partial^2 z}{\partial y^2}=2xf_1+4x^2y^2f_{11}+4x^3yf_{12}+x^4f_{22}$;

$\dfrac{\partial^2 z}{\partial x\partial y}=2yf_1+2xf_2+2xy^3f_{11}+2x^3yf_{22}+5x^2y^2f_{12}$.

4. $\mathrm{d}z=4x\mathrm{d}x+4y\mathrm{d}y$.

5. $\dfrac{\mathrm{d}y}{\mathrm{d}x}=\dfrac{y^2-\mathrm{e}^x}{\cos y-2xy}$.

6. $\dfrac{\partial z}{\partial x}=-\dfrac{y+z}{x+y}, \dfrac{\partial z}{\partial y}=-\dfrac{x+z}{x+y}$.

7. $\mathrm{d}z=\dfrac{yz-\sqrt{xyz}}{\sqrt{xyz}-xy}\mathrm{d}x+\dfrac{xz-2\sqrt{xyz}}{\sqrt{xyz}-xy}\mathrm{d}y$;

$\dfrac{\partial z}{\partial x}=\dfrac{yz-\sqrt{xyz}}{\sqrt{xyz}-xy}, \dfrac{\partial z}{\partial y}=\dfrac{xz-2\sqrt{xyz}}{\sqrt{xyz}-xy}$.

8. $\dfrac{\partial z}{\partial x}=-1-\dfrac{F_1+F_2}{F_3}; \dfrac{\partial z}{\partial y}=-1-\dfrac{F_2}{F_3}$.

9. $\dfrac{\mathrm{d}y}{\mathrm{d}x}=\dfrac{x-z}{z-y}, \dfrac{\mathrm{d}z}{\mathrm{d}x}=\dfrac{y-x}{z-y}$.

习题 6－5(第 179 页)

1. (1) 极大值 $z|_{(0,0)}=0$;

(2) 极大值 $z|_{(0,0)}=0$;

(3) 极小值 $z|_{(\sqrt[3]{a},\sqrt[3]{a})}=3\sqrt[3]{a^2}$.

2. 当 $x=-y=\pm\dfrac{\sqrt{2}}{2}$ 时，取得最小值 $z=-\dfrac{1}{2}$；当 $x=y=\pm\dfrac{\sqrt{2}}{2}$ 时，取得最大值 $z=\dfrac{1}{2}$.

3. 最近点是 $\left(\dfrac{\sqrt{15}}{5},\dfrac{\sqrt{15}}{5}\right)$ 与 $\left(-\dfrac{\sqrt{15}}{5},-\dfrac{\sqrt{15}}{5}\right)$，最远点是 $(1,-1)$ 与 $(-1,1)$.

4. 长 $2\sqrt[3]{\dfrac{2V}{3}}$、宽 $\sqrt[3]{\dfrac{2V}{3}}$、高 $\dfrac{3}{4}\sqrt[3]{\dfrac{2V}{3}}$.

5. 生产 A 产品 80 件、B 产品 90 件时，可获得最大利润，且最大利润为 215 元.

6. 作物甲施肥量 31.59(kg)，作物乙施肥量 28.41(kg)，此时作物甲产量 257.58(kg)，作物乙产量 265.50(kg)，最大总收益为 888.45(元).

总习题六(第 179 页)

A 组

1. (1) $\frac{2xy}{x^2+y^2}$； (2) $x+y=0$； (3) 2；

(4) $a=-\frac{1}{2}, b=\frac{1}{2}$；

(5) 充分；必要； (6) 必要；充分.

2. (1) C； (2) B； (3) D； (4) C.

3. $(0,1,-2)$.

4. (1) 2； (2) a； (3) e； (4) 2.

5. (1) $\frac{\partial z}{\partial x}=3x^2y-y^3$；$\frac{\partial z}{\partial y}=x^3-3xy^2$.

(2) $\frac{\partial z}{\partial x}=e^{\sin x}\cos x\cos y$；$\frac{\partial z}{\partial y}=-e^{\sin x}\sin y$.

(3) $\frac{\partial z}{\partial x}=y(1+x)^{y-1}$；$\frac{\partial z}{\partial y}=(1+x)^y\ln(1+x)$.

(4) $\frac{\partial z}{\partial x}=\frac{y}{2\sqrt{x-y^2x^2}}$；$\frac{\partial z}{\partial y}=\sqrt{\frac{x}{1-y^2x}}$.

(5) $\frac{\partial z}{\partial x}=\frac{2}{y}\csc\frac{2x}{y}$；$\frac{\partial z}{\partial y}=-\frac{2x}{y^2}\csc\frac{2x}{y}$.

(6) $\frac{\partial u}{\partial x}=2x\cos(x^2+y^2+z^2)$；$\frac{\partial u}{\partial y}=2y\cos(x^2+y^2+z^2)$；$\frac{\partial u}{\partial z}=2z\cos(x^2+y^2+z^2)$.

6. $dz=2xy^3e^{x^2y^3}dx+3x^2y^2e^{x^2y^3}dy$.

7. (1) $\frac{\partial^2 z}{\partial x^2}=6xy^2$；$\frac{\partial^2 z}{\partial y^2}=2x^3-18xy$；$\frac{\partial^2 z}{\partial x\partial y}=6x^2y-9y^2-1$.

(2) $\frac{\partial^2 z}{\partial x^2}=\frac{x+2y}{(x+y)^2}$；$\frac{\partial^2 z}{\partial y^2}=-\frac{x}{(x+y)^2}$；$\frac{\partial^2 z}{\partial x\partial y}=\frac{y}{(x+y)^2}$.

8. (1) $\frac{dz}{dt}=e^{\sin t-2t^3}(\cos t-6t^2)$；

(2) $\frac{dz}{dt}=e^t(\cos t-\sin t)+\cos t$；

(3) $\frac{\partial z}{\partial x}=\frac{2xy+2}{x^2y+2x+3}$；

$\frac{\partial z}{\partial y}=\frac{x^2}{x^2y+2x+3}$.

9. $\frac{\partial^2 z}{\partial x\partial y}=xe^{2y}f''_{11}+e^yf''_{13}+xe^yf''_{21}+f''_{23}+e^yf'_1$.

10. 略.

11. $\frac{\partial z}{\partial x}=\frac{z^3f'_1}{xz^2f'_1-x^2yf'_2}$，

$\frac{\partial z}{\partial y}=\frac{xzf'_2}{xyf'_2-z^2f'_1}$.

12. $\frac{dy}{dx}=-\frac{\sin y+ye^x}{x\cos y+e^x}$.

13. $\frac{\partial z}{\partial x}=\frac{yz}{3z^2-xy}$；$\frac{\partial z}{\partial y}=\frac{xz}{3z^2-xy}$.

14. $dz=\frac{z}{x+z}dx+\frac{z^2}{y(x+z)}dy$，$\frac{\partial z}{\partial x}=\frac{z}{x+z}$，$\frac{\partial z}{\partial y}=\frac{z^2}{y(x+z)}$.

15. (1) 极大值 $z|_{(3,-2)}=30$；

(2) 极小值 $z_{(0.5,-1)}=-0.5e$.

16. $(1,-0.5,0.5)$.

17. 在点 $(-2,0)$ 取得极小值 1，在点 $\left(\frac{16}{7},0\right)$ 取得极大值 $-\frac{8}{7}$.

18. 作为轴的边长 $\frac{a}{4}$，另两边均长 $\frac{3a}{8}$. 提示：设作为轴的边长为 x，另两边分别为 y,z，长为 x 的边上的高为 h，则三角形的面积 $S=\frac{1}{2}xh$. 另由海伦公式 $S=\sqrt{\frac{a}{2}\left(\frac{a}{2}-x\right)\left(\frac{a}{2}-y\right)\left(\frac{a}{2}-z\right)}$，可得 $h=\frac{1}{2x}\sqrt{a(a-2x)(a-2y)(a-2z)}$.

B 组

1. (1) $\frac{\partial^2 z}{\partial x\partial y}=xf''_{12}+xyf''_{22}+f'_2$；

(2) $yx^{y-1}f'_1+(y^x\ln y)f'_2$；

(3) $4dx-2dy$；

(4) $\frac{\partial^2 f}{\partial u\partial v}=-\frac{g'(v)}{g^2(v)}$；

(5) $dz|_{(\frac{1}{2},\frac{1}{2})}=-\frac{1}{2}dx-\frac{1}{2}dy$； (6) 0.

2. (1) A； (2) C； (3) D； (4) B； (5) A； (6) A； (7) A.

3. $z=z(x,y)=\frac{1}{2}(x^2-1)+y^2\ln|x|+\sin y$.

4. $dz=(f'_1+f'_2+yf'_3)dx+(f'_1-f'_2+xf'_3)dy$；

$\frac{\partial^2 z}{\partial x\partial y}=f'_3+f''_{11}-f''_{22}+xyf''_{33}+(x+y)f''_{13}+(x-y)f''_{23}$.

5. x^2+y^2.

6. $\left.\frac{dz}{dx}\right|_{x=0}=0$；$\left.\frac{d^2 z}{dx^2}\right|_{x=0}=1$.

7. $\left.\frac{\partial^2 z}{\partial x\partial y}\right|_{\substack{x=1\\y=1}}=f'_1(1,1)+f''_{11}(1,1)+f''_{12}(1,1)$.

8. 极小值 $f(0,e^{-1})=-e^{-1}$.

9. 极大值 $f(1,0)=e^{-\frac{1}{2}}$，极小值 $f(-1,0)=-e^{-\frac{1}{2}}$.

10. 最长距离为 $f(1,1)=\sqrt{2}$，最短距离为 $f(0,1)=f(1,0)=1$.

11. 最大值为 $f(\pm 1,0)=3$，最小值为 $f(0,\pm 2)=-2$.

第七章

习题 7-1(第 187 页)

1. $\iint\limits_{D}\mu(x,y)\mathrm{d}\sigma$.

2. $\iint\limits_{D}3\mathrm{d}\sigma=24$.

3. (1) $\iint\limits_{D}(x+y)^2\mathrm{d}\sigma<\iint\limits_{D}(x+y)^3\mathrm{d}\sigma$;

(2) $\iint\limits_{D}\ln(x+y)\mathrm{d}\sigma<\iint\limits_{D}[\ln(x+y)]^2\mathrm{d}\sigma$;

(3) $\iint\limits_{D_1}(x^2+y^2)^3\mathrm{d}\sigma>\iint\limits_{D_2}(x^2+y^2)^3\mathrm{d}\sigma$.

4. (1) $0\leqslant I\leqslant 2$;

(2) $2\leqslant I\leqslant 8$.

习题 7-2(第 196 页)

1. (1) $\frac{7}{6}$; (2) $\frac{6}{55}$; (3) $\frac{13}{6}$;

(4) $\frac{1}{2}(1-\mathrm{e}^{-1})$.

2. (1) $\int_{-1}^{1}\mathrm{d}x\int_{0}^{\sqrt{1-x^2}}f(x,y)\mathrm{d}y$;

(2) $\int_{0}^{4}\mathrm{d}x\int_{\frac{x}{2}}^{\sqrt{x}}f(x,y)\mathrm{d}y$;

(3) $\int_{0}^{1}\mathrm{d}y\int_{\mathrm{e}^y}^{\mathrm{e}}f(x,y)\mathrm{d}x$;

(4) $\int_{0}^{1}\mathrm{d}y\int_{2-y}^{1+\sqrt{1-y^2}}f(x,y)\mathrm{d}x$.

3. (1) $\int_{0}^{2\pi}\mathrm{d}\theta\int_{0}^{a}f(\rho\cos\theta,\rho\sin\theta)\rho\mathrm{d}\rho$;

(2) $\int_{0}^{2\pi}\mathrm{d}\theta\int_{a}^{b}f(\rho\cos\theta,\rho\sin\theta)\rho\mathrm{d}\rho$.

(3) $\int_{0}^{\frac{\pi}{2}}\mathrm{d}\theta\int_{0}^{\frac{1}{\cos\theta+\sin\theta}}f(\rho\cos\theta,\rho\sin\theta)\rho\mathrm{d}\rho$.

4. (1) $\frac{3}{2}\pi$; (2) $\frac{3\pi^2}{64}$.

5. (1) $\frac{9}{4}$; (2) $\frac{\pi}{8}(\pi-2)$.

习题 7-3(第 200 页)

1. $\frac{7}{2}$.

2. $\frac{3}{32}a^4\pi$.

3. π.

4. $\sqrt{2}\pi$.

5. $\frac{\pi}{3}$.

总习题七(第 200 页)

A 组

1. (1) $\frac{11}{30}$; (2) $1-\sin 1$;

(3) $\frac{3}{2}+\cos 1+\sin 1-\cos 2-2\sin 2$;

(4) $\pi^2-\frac{40}{9}$; (5) $\frac{1}{9}(3\pi-4)R^3$;

(6) $-\frac{3}{2}\pi$; (7) $\pi(\cos 1-\cos 4)$.

2. (1) $\int_{0}^{1}\mathrm{d}y\int_{-\sqrt{1-y^2}}^{\sqrt{1-y^2}}f(x,y)\mathrm{d}x$;

(2) $\int_{0}^{2}\mathrm{d}x\int_{\frac{1}{2}x}^{3-x}f(x,y)\mathrm{d}y$;

(3) $\int_{1}^{2}\mathrm{d}x\int_{1-x}^{0}f(x,y)\mathrm{d}y$;

(4) $\int_{-2}^{0}\mathrm{d}x\int_{2x+4}^{-x^2+4}f(x,y)\mathrm{d}y$.

3. (1) $\frac{5}{6}$; (2) $\frac{88}{105}$; (3) $\frac{17}{6}$.

4. $\frac{8}{3}$.

5. $\frac{1}{2}\sqrt{a^2b^2+b^2c^2+c^2a^2}$.

6. 2π.

7. $\frac{2}{3}$.

8. $\frac{4}{3}$.

B 组

1. (1) C，提示：二重积分概念及运算性质；

(2) A; (3) B; (4) C;

(5) D，提示：由轮换对称性，有原式 $=\iint\limits_{D}\frac{a\sqrt{f(y)}+b\sqrt{f(x)}}{\sqrt{f(y)}+\sqrt{f(x)}}\mathrm{d}\sigma$.

2. $\frac{\pi}{4}-\frac{1}{3}$，提示：利用二重积分的区域可加性.

3. (1) $\frac{4}{3}$; (2) $\frac{\pi\ln 2}{2}$; (3) $\frac{16}{9}(3\pi-2)$.

4. $-\frac{1}{2}$，提示：交换二次积分的次序，利用洛必达法则.

5. 略，提示：交换二次积分的次序.

6. a^2. 7. 100(h).

第八章

习题 8-1(第 205 页)

1. (1) 一阶； (2) 一阶； (3) 二阶； (4) 二阶； (5) 三阶； (6) 一阶. 2. 略.

习题 8-2(第 211 页)

1. (1) $\ln^2 x+\ln^2 y=C$;

(2) $(\mathrm{e}^x+1)(\mathrm{e}^y-1)=C$;

(3) $y=\sin x$;

(4)$(y+1)e^{-y}=\frac{1}{2}x^2+\frac{1}{2}$.

2. (1)$y=C\cos x-2\cos^2 x$;

(2)$y=\frac{1}{2}(x+1)^4+C(x+1)^2$;

(3)$y=\frac{4x^3+3C}{3(x^2+1)}$;

(4)$2x\ln y=\ln^2 y+C$;

(5)$y=Cx^2+x^2e^x$;

(6)$y=\frac{C-\sin x}{1-x^2}$;

(7)$\frac{1}{y^2}=Cx+\frac{1}{2}x^3$;

(8)$\frac{1}{y}=Cx^{-6}+\frac{1}{8}x^2, y=0$.

3. $y=(1+x)e^x$.

4. $Q=1200\times 3^{-p}$.

习题 8-3(第 214 页)

1. (1)$y=\frac{1}{6}x^3-\sin x+C_1x+C_2$;

(2)$y=\frac{1}{2}C_1x^2+C_2$;

(3)$y=x^2+C_1\ln|x|+C_2$;

(4)$y=C_1\left(\frac{1}{2}x^2+x\right)+C_2$;

(5)$y=\frac{1}{C_1x+C_2}$;

(6)$y=C_1e^x+C_2e^{-x}$.

2. (1)$y=e^x-\frac{e}{2}x^2-\frac{e}{2}$;

(2)$y=\arcsin x$;

(3)$y=-\ln\cos x$;

(4)$y=\sqrt{2x-x^2}$.

3. $y=\frac{1}{6}x^3+\frac{1}{2}x+1$.

4. $x=a+\frac{A}{m\omega^2}(1-\cos\omega t)$.

习题 8-4(第 221 页)

1. (1)$y=C_1e^x+C_2e^{3x}$;

(2)$y=3e^{-x}-2e^{-2x}$;

(3)$y=C_1+C_2e^{4x}$;

(4)$y=2xe^{3x}$;

(5)$y=C_1\cos 2x+C_2\sin 2x$;

(6)$y=3e^{-2x}\sin 5x$;

(7)$y=C_1\cos 3x+C_2\sin 3x+C_3e^{2x}+C_4e^{-2x}$;

(8)$C_1+C_2e^{-x}+C_3e^{3x}$.

2. (1)$y=C_1e^{4x}+C_2e^{3x}+\frac{5}{12}$;

(2)$y=C_1e^{2x}+C_2e^{3x}+x^2$;

(3)$y=C_1+C_2e^{5x}+\frac{1}{3}x^3$;

(4)$y=(C_1+C_2x)e^{2x}+x^2e^{2x}$;

(5)$y=C_1e^x+C_2e^{-2x}+e^x(2\cos x+\sin x)$;

(6)$y=C_1\cos 3x+C_2\sin 3x+5x\cos 3x+3x\sin 3x$.

3. $y=\cos 3x-\frac{1}{3}\sin 3x$.

4. $\varphi(x)=\frac{1}{2}(\cos x+\sin x+e^x)$.

5. $\frac{2}{g}\frac{d^2x}{dt^2}=2-k(x+2), T=2\pi\sqrt{\frac{2}{g}}s$.

习题 8-5(第 223 页)

1. (1)$\Delta y_n=3^n(2n^2+6n+3)$

(2)$\Delta y=mn(n-1)(n-2)\cdots(n-m+2)$

(3)$\Delta^2 y_n=2$;

(4) $\Delta^2 y_n=\log_a\left[1-\frac{1}{(n+1)^2}\right]$.

2. 略.

习题 8-6(第 226 页)

1. $y_n=3\left(\frac{3}{2}\right)^n+2\left(\frac{1}{2}\right)$.

2. (1)$y_n=\frac{1}{2}n^2+\frac{5}{2}n+C_1$;

(2)$y_n=-2n^2-4n+5+2^nC$;

(3)$y_n=\frac{3}{4}\cdot 2^n+(-2)^nC$;

(4)$y_n=\frac{1}{6}+(-5)^nC$.

3. (1)$y_n=C_1(-1)^n+C_2\left(\frac{1}{2}\right)^n$;

(2)$y_n=\left(\frac{3}{2}\right)^n(C_1+C_2n)$;

(3)$y_n=C_1(-2)^n+C_2(-3)^n+\frac{1}{12}n+\frac{17}{144}$;

(4)$y_n=C_12^n+C_22^nn+\frac{1}{8}2^nn^2$.

总习题八(第 226 页)

A 组

1. (1)D; (2)C; (3)C; (4)D; (5)C; (6)B; (7)C.

2. (1)$y=\frac{1}{3}x\ln x-\frac{1}{9}x$;

(2)$z=y^2$;

(3)$\bar{y}=(ax+b)\cos x+(cx+d)\sin x$;

(4)$y=C_1(x-1)+C_2(x^2-1)+1$;

(5)$y=C_1e^x+C_2e^{3x}-2e^{2x}$.

3. (1)$y=\frac{x+C}{\cos x}$;

(2)$y=3+\frac{C}{x}$;

(3)$y=C_1e^{-x}+C_2e^{-3x}+\frac{1}{3}x-\frac{10}{9}$;

(4)$y=C_1\cos x+C_2\sin x-x\cos x$.

4. (1)$y_n=C3^n+1$;

(2) $y_n = \frac{2^n}{3} + (-1)^n (C_1 + C_2 n)$.

5. $\varphi(x) = \cos x + \sin x$.

B　组

1. (1) $y = ax + \frac{C}{\ln x}$；　(2) $y^2 = x + Cx^2$；

(3) $x = Cy^{-2} + \ln y - \frac{1}{2}$；

(4) $x = cy + \frac{1}{2}y^3$.

2. (1) $\ln|x| = C - e^{-\frac{y}{x}}$，

(2) $2xy - y^2 = C$.

3. (1) $y = \tan(x+C) - x$；

(2) $(x-y)^2 = -2x + C$；

(3) $x^2 + y^2 - 2xy + 4y + 10x = C$；

(4) $y = \frac{1}{x}e^{Cx}$.

4. 略.

5. (1) $y = C_1 \cos x + C_2 \sin x + \frac{e^x}{2} + \frac{x}{2}\sin x$；

(2) $y = e^{4x}\left(\frac{x^2}{2} + C_2 x + C_1\right) + \frac{x}{16} + \frac{1}{32}$.

6. $f(x) = e^{x^2} - 1$.

7. $g(t) = e^{\pi t^2}$.

8. $2(m/s)$.

9. $\frac{dv}{dt} + \frac{k}{m}v = g$.

10. (1) $y_n = -\frac{36}{125} + \frac{1}{25}n + \frac{2}{5}n^2 + C(-4)^n$，

$y_n = -\frac{36}{125} + \frac{1}{25}n + \frac{2}{5}n^2 + \frac{161}{125}(-4)^n$；

(2) $y_n = 4^n\left(C_1 \cos\frac{\pi}{3}n + C_2 \sin\frac{\pi}{3}n\right)$，

$y_n = 4^n\left(\frac{1}{2\sqrt{3}}\right)\sin\frac{\pi}{3}n$；

(3) $y_n = (\sqrt{2})^n\left(C_1\cos\frac{\pi}{4}n + C_2\sin\frac{\pi}{4}n\right)$，

$y_n = (\sqrt{2})^n 2\cos\frac{\pi}{4}n$.

第　九　章

习题 9-1(第 238 页)

1. (1) $\frac{(-1)^{n-1}}{2^{n-1}}$；　(2) $\frac{n}{n^2+1}$；

(3) $\frac{x^{n-1}}{(3n-2)(3n+1)}$；

(4) $-\frac{(-2)^n}{n!}$.

2. $\sum_{n=1}^{\infty}\frac{5}{n(n+1)}$，和为 5.

3. (1) 发散；(2) 收敛；(3) 发散；(4) 发散.

4. (1) 收敛；(2) 发散；(3) 收敛；(4) 发散.

5. (1) 收敛；(2) 发散；(3) 收敛；(4) $b < a$ 时收敛，$b > a$ 时发散，$b = a$ 时不能确定.

6. (1) 条件收敛；(2) 绝对收敛；(3) 绝对收敛；(4) 绝对收敛.

习题 9-2(第 249 页)

1. (1) $[-1,1]$；　(2) $(-\infty,+\infty)$；

(3) $\left(-\frac{4}{3},0\right)$；　(4) $(-\sqrt{2},\sqrt{2})$.

2. (1) $\frac{x}{(1-x)^2}$，$x \in (-1,1)$；

(2) $x + (1-x)\ln(1-x)$，$x \in [-1,1]$；

(3) $-\frac{1}{4}\ln(1-x^4)$，$x \in (-1,1)$；

(4) $e^{\frac{x}{2}} - 1$，$x \in (-\infty,+\infty)$.

3. (1) $1 - \frac{x^2}{3!} + \frac{x^4}{5!} - \frac{x^6}{7!} + \cdots + (-1)^n\frac{x^{2n}}{(2n+1)!} + \cdots (x \neq 0)$；

(2) $x + \frac{x^2}{1\cdot 2} - \frac{x^3}{2\cdot 3} + \frac{x^4}{3\cdot 4} - \frac{x^5}{4\cdot 5} + \cdots + (-1)^{n+1}\frac{x^{n+1}}{n(n+1)} + \cdots\ (-1 < x \leqslant 1)$；

(3) $1 - \frac{2x^2}{2!} + \frac{2^3x^4}{4!} - \frac{2^5x^6}{6!} + \cdots + (-1)^n\frac{2^{2n-1}x^{2n}}{(2n)!} + \cdots (-\infty < x < +\infty)$；

(4) $1 + 2x + 3x^2 + 4x^3 \cdots + (n+1)x^n + \cdots (-1 < x < 1)$.

4. $\sum_{n=0}^{\infty}\left(\frac{1}{2^{n+1}} - \frac{1}{3^{n+1}}\right)(x+4)^n$，$x \in (-6,-2)$.

5. $\frac{1}{3}\sum_{n=0}^{\infty}(-1)^n\frac{(x-3)^n}{3^n}$，$x \in (0,6)$.

6. (1) 1.648；　(2) 1.098 6；　(3) 2.004 3；

(4) 0.494 0.

总习题九(第 250 页)

A　组

1. (1) 必要，充分；(2) 充分必要；(3) 收敛，发散.

2. 收敛.

3. 提示：由收敛级数的线性运算知 $\sum_{n=1}^{\infty}(u_n + v_n)$ 收敛，由比较判别法知 $\sum_{n=1}^{\infty}(u_n + v_n)^2$ 也收敛.

4. 提示：先求出关于 x^{-2} 的级数的收敛半径，就可求出 x 收敛范围：$\left(-\infty,-\frac{1}{\sqrt{3}}\right) \cup \left(\frac{1}{\sqrt{3}},+\infty\right)$.

5. 提示：各项提出 x 后积分两次，用等比级数求和再求导两次. $S(x) = \frac{2x}{(1-x)^3}$，$x \in (-1,1)$.

6. 提示：求 $S''(x) = S(x)$ 满足 $S(0) = 1$、$S'(0) = 0$ 的特解. $S(x) = \frac{e^x + e^{-x}}{2}$，$x \in (-\infty,+\infty)$.

7. 提示：将函数求导，将$\frac{1}{\sqrt{x^2+1}}=(1+x)^{-\frac{1}{2}}$展开，再积分. $x+\sum\limits_{n=0}^{\infty}(-1)^n\frac{(2n-1)!!}{(2n)!!}\frac{x^{2n+1}}{2n+1}, x\in[-1,1]$.

B 组

1. (1) $R=\frac{1}{e}$； (2) $2R$.

2. (1)D； (2)D； (3)B； (4)D； (5)D； (6)A.

3. 提示：用间接展开法.

$f(x)=\frac{1}{5}\sum\limits_{n=0}^{\infty}\left[-\frac{1}{3^{n+1}}+\frac{(-1)^n}{2^{n+1}}\right](x-1)^n$，收敛区间为$(-1, 3)$.

4. 收敛域为$[-1,1]$，和函数$S(x)=x\ln(1+x^2)-2x+2\arctan x$.

5. 收敛域为$(-1,1)$，和函数$S(x)=\frac{3-x}{(1-x)^3}$.

6. 提示：分成两个幂级数.

$$S(x)=\begin{cases}\frac{1}{2x}\ln\frac{1+x}{1-x}-\frac{1}{1-x^2} & 当 0<|x|<1,\\ 0 & 当 x=0.\end{cases}$$

7. (1) $S(x)$是初值问题$y'=xy+\frac{x^3}{2}, y(0)=0$的解； (2) $S(x)=-\frac{x^2}{2}+e^{\frac{x^2}{2}}-1$.

第　十　章

习题 10－2(第 259 页)

1. $y(t)=\frac{1000}{1+3^{2-\frac{t}{3}}}$.

2. 12 次，6 只.

3. $v_{船}=\frac{\sqrt{h^2+x^2}}{x}v(\mathrm{m/s})$,

$a_{船}=-\frac{h^2v^2}{x^3}(\mathrm{m/s^2})$.

4. $-2.8(\mathrm{km/h})$.

5. $0.64(\mathrm{cm/min})$.

6. $16\mu g(h^2+6h+12)$.

7. 所用的甲种材料的体积为$2\pi^2Rr^2$，乙种物质的体积约为$2\pi^2R(2r+h)$.

参考文献

[1] 同济大学数学系.高等数学[M].6版.北京:高等教育出版社,2007.
[2] 白银凤,罗蕴玲,王爱茹.微积分及其应用[M].2版.北京:高等教育出版社,2006.
[3] 赵树嫄.微积分[M].3版.北京:中国人民大学出版社,2007.
[4] 孙洪波,张文国,赵志红,等.高等数学[M].北京:中国铁道出版社,2007.
[5] 陈克东.高等数学[M].北京:中国铁道出版社,2009.
[6] 王来生,卢恩双.高等数学[M].北京:中国农业大学出版社,2009.
[7] 侯风波,蔡谋全.经济数学[M].沈阳:辽宁大学出版社,2006.
[8] 范周田,张汉林.高等数学[M].北京:机械工业出版社,2008.
[9] 高孟宁,徐梅.高等数学[M].北京:中国农业大学出版社,2009.
[10] 唐焕文,贺明峰.数学模型引论[M].北京:高等教育出版社,2001.
[11] 姜启源.数学建模[M].2版.北京:高等教育出版社,2000.
[12] 东北师范大学微分方程教研室.常微分方程[M].北京:高等教育出版社,2005.